ARM64体系结构编程与实践

奔跑吧 Linux 社区◎编著

人 民 邮 电 出 版 社

北 京

图书在版编目（CIP）数据

ARM64体系结构编程与实践 / 奔跑吧Linux社区编著
. -- 北京 : 人民邮电出版社, 2022.4
ISBN 978-7-115-58210-2

Ⅰ. ①A… Ⅱ. ①奔… Ⅲ. ①微处理器－系统设计
Ⅳ. ①TP332

中国版本图书馆CIP数据核字(2021)第257023号

内 容 提 要

本书旨在详细介绍 ARM64 体系结构的相关技术。本书首先介绍了 ARM64 体系结构的基础知识、搭建树莓派实验环境的方法，然后讲述了 ARM64 指令集中的加载与存储指令、算术与移位指令、比较与跳转等指令以及 ARM64 指令集中的陷阱，接着讨论了 GNU 汇编器、链接器、链接脚本、GCC 内嵌汇编代码、异常处理、中断处理、GIC-V2，最后剖析了内存管理、高速缓存、缓存一致性、TLB 管理、内存屏障指令、原子操作、操作系统等内容。

本书适合嵌入式开发人员阅读。

◆ 编　　著　奔跑吧 Linux 社区
　责任编辑　谢晓芳
　责任印制　王　郁　焦志炜

◆ 人民邮电出版社出版发行　　北京市丰台区成寿寺路 11 号
　邮编　100164　　电子邮件　315@ptpress.com.cn
　网址　https://www.ptpress.com.cn
　北京盛通印刷股份有限公司印刷

◆ 开本：787×1092　1/16
　印张：28.5　　　2022 年 4 月第 1 版
　字数：731 千字　　　2024 年 12 月北京第 13 次印刷

定价：119.80 元

读者服务热线：(010)81055410　印装质量热线：(010)81055316
反盗版热线：(010)81055315
广告经营许可证：京东市监广登字 20170147 号

ARM64 体系结构自测题

在阅读本书之前，请读者尝试完成以下自测题，从而了解自己对 ARM64 体系结构的掌握程度。一共有 20 道题，每道题 5 分，总分 100 分。

1．A64 指令集支持 64 位宽的数据和地址寻址，为什么指令的编码宽度只有 32 位？

2．下面几条 MOV 指令中，哪些能执行成功？哪些会执行失败？

```
mov x0, 0x1234
mov x0, 0x1abcd
mov x0, 0x12bc0000
mov x0, 0xffff0000ffff
```

3．在下面的示例代码中，X0 和 X1 寄存器的值分别是多少？

```
string1:
      .string "Booting at EL"
ldr x0,  string1
ldr x1,  =string1
```

4．在下面的示例代码中，X0 寄存器的值是多少？

```
mov x1, #3
mov x2, #1
sbc x0, x1, x2
```

5．检查数组 array[0, index−1]是否越界需要判断两个条件，一是输入值是否大于或等于 index，二是输入值是否小于 0。如下两条指令可实现数组越界检查的功能，其中 X0 寄存器存储了数组的边界 index，X1 为输入值 input。请解释这两条指令为什么能实现数组越界检查。

```
subs xzr, x1, x0
b.hs OutOfIndex
```

6．下面是 kernel_ventry 宏的定义。

```
    .macro kernel_ventry, el, label
    b    el\()\el\()_\label
    .endm
```

下面的语句调用 kernel_ventry 宏，请解释该宏是如何展开的。

```
kernel_ventry   1, irq
```

7．关于链接器，请解释链接地址、虚拟地址以及加载地址。当一个程序的代码段的链接地址与加载地址不一致时，我们应该怎么做才能让程序正确运行？

8．在 ARM64 处理器中，异常发生后 CPU 自动做了哪些事情？软件需要做哪些事情？在发生异常后，CPU 是返回发生异常的指令还是下一条指令？什么是中断现场？对于 ARM64 处理器来说，中断现场应该保存哪些内容？中断现场保存到什么地方？

9．为什么页表要设计成多级页表？直接使用一级页表是否可行？多级页表又引入了什么问题？请简述 ARM64 处理器的 4 级页表的映射过程，假设页面粒度为 4 KB，地址宽度为 48 位。

10．ARMv8 体系结构处理器主要提供两种类型的内存属性，分别是普通类型内存（normal memory）和设备类型内存（device memory），它们之间有什么区别？

11．在使能 MMU 时，为什么需要建立恒等映射？

12．请简述直接映射、全相连映射以及组相连映射的高速缓存的区别。什么是高速缓存的重名问题？什么是高速缓存的同名问题？VIPT 类型的高速缓存会产生重名问题吗？

13．在 ARM64 处理器中，什么是内部共享和外部共享的高速缓存？什么是 PoU 和 PoC？

14．假设系统中有 4 个 CPU，每个 CPU 都有各自的一级高速缓存，处理器内部实现的是 MESI 协议，它们都想访问相同地址的数据 *a*，大小为 64 字节，这 4 个 CPU 的高速缓存在初始状态下都没有缓存数据 *a*。在 *T*0 时刻，CPU0 访问数据 *a*。在 *T*1 时刻，CPU1 访问数据 *a*。在 *T*2 时刻，CPU2 访问数据 *a*。在 *T*3 时刻，CPU3 想更新数据 *a* 的内容。请依次说明，*T*0～*T*3 时刻，4 个 CPU 中高速缓存行的变化情况。

15．DMA 缓冲区和高速缓存容易产生缓存一致性问题。从 DMA 缓冲区向设备的 FIFO 缓冲区搬运数据时，应该如何保证缓存一致性？从设备的 FIFO 缓冲区向 DMA 缓冲区搬运数据时，应该如何保证缓存一致性？

16．为什么操作系统在切换（或修改）页表项时需要先刷新对应的 TLB 表项后切换页表项？

17．下面是关于无效指令高速缓存的代码片段，请解释为什么在使指令高速缓存失效之后要发送一个 IPI，而且这个 IPI 的回调函数还是空的。

```
void flush_icache_range(unsigned long start, unsigned long end)
{
  flush_icache_range(start, end);
  smp_call_function(do_nothing, NULL, 1);
}
```

18．假设在下面的执行序列中，CPU0 先执行了 *a*=1 和 *b*=1，接着 CPU1 一直循环判断 *b* 是否等于 1，如果等于 1 则跳出 while 循环，最后执行“assert (*a* == 1)”语句来判断 *a* 是否等于 1，那么 assert 语句有可能会出错吗？

```
CPU0                          CPU1
-------------------------------------------------------------
void func0()                 void func1()
{                            {
     a = 1;                     while (b == 0) continue;
     b = 1;                     assert (a == 1)
}                             }
```

19．假设 CPU0 使用 LDRXB/STXRB 指令对 0x341B0 地址进行独占访问操作，CPU1 也使用 LDRXB/STXRB 指令对 0x341B4 地址进行独占读操作，CPU1 能成功独占访问吗？

20．假设函数调用关系为 main()→func1()→func2()，请画出 ARM64 体系结构的函数栈的布局。

以上题目的答案都分布在本书的各章中。

前　言

站在 2021 年来看处理器的发展，x86_64 体系结构与 ARM64 体系结构是目前市场上的主流处理器体系结构，而 RISC-V 有可能成为第三大体系结构。在手机芯片和嵌入式芯片领域，ARM64 体系结构的处理器占了 90%以上的市场份额，而在个人计算机和服务器领域，x86_64 体系结构的处理器占了 90%以上的市场份额。在这样的背景下，越来越多的芯片公司（例如海思、展讯、瑞芯微、全志等）基于 ARM64 体系结构来打造国产芯片。此外，苹果公司也切换到 ARM64 体系结构上，在 2020 年年底发布的基于 ARM64 体系结构的 M1 处理器芯片惊艳了全球。

基于 ARM64 体系结构处理器打造的产品越来越多，ARM64 生态也越来越繁荣。面对几千页的英文原版 ARM 公司官方技术手册，不少开发者感到力不从心。有不少开发者希望有一本快速入门的 ARM64 体系结构编程图书，来帮助他们快速入门与提高。出于这个目的，奔跑吧 Linux 社区组织国内优秀的工程师，以社区合作的方式编写了本书，结合大学课程特色以及实际工程项目经验，精心制作了几十个有趣的实验，读者可以通过实验来深入学习和理解 ARM64 体系结构与编程。

本书特色

本书有如下一些特色。

- 突出动手实践。学习任何一门新技术，动手实践是非常有效的方法。本书基于树莓派 4B 开发板展示了几十个有趣的实验。从编写第一行代码开始，通过慢慢深入 ARM64 体系结构的学习，我们最终可以编写一个能在树莓派 4B 开发板上运行的简易的小型 OS（具有 MMU 以及进程调度等功能）。
- 以问题为导向。有不少读者面对 8000 多页的官方 ARMv8 体系结构手册感觉力不从心，问题导向式的学习方法有利于提高学习效率。本书在每章前面列举了一些思考题，用于激发读者探索未知知识的兴趣。这些思考题也是各大公司的高频面试题，相信仔细解答这些问题对读者的面试大有裨益。
- 基于 ARMv8.6 体系结构。本书基于 ARMv8.6 体系结构，介绍了 ARM64 指令集、ARM64 寄存器、页表、内存管理、TLB、内存屏障指令等方面的知识。本书把 ARMv8.6 体系结构中难理解的部分通过通俗易懂的语言呈现给读者，并通过有趣的案例分析加深读者的理解。
- 总结常见陷阱与项目经验。本书总结了众多一线工程师在实际项目中遇到的陷阱，例如使用指令集时的陷阱等，这些宝贵的项目经验会对读者有所帮助。

本书主要内容

本书主要介绍 ARM64 体系结构的相关内容。本书重点介绍 ARM64 指令集、GNU 汇编器、链接器、ARM64 内存管理、高速缓存管理等。在每章开始之前会先列出一些思考题，读者可以围绕这些题目进行深入学习。

本书一共有 23 章，包含如下内容。

第 1 章主要介绍 ARMv8/ARMv9 体系结构基础知识以及 Cortex-A72 处理器等内容。

第 2 章介绍树莓派 4B 开发板的情况，以及如何利用树莓派 4B 来搭建一个实验环境。

第 3 章讨论 A64 指令集中加载与存储指令的使用以及常见陷阱。

第 4 章介绍 A64 指令集中的算术与移位指令。

第 5 章介绍 A64 指令集中的比较与跳转指令。

第 6 章介绍 A64 指令集中其他重要指令，例如 PC 相对地址加载指令、内存独占访问指令、异常处理指令、系统寄存器访问指令、内存屏障指令等。

第 7 章总结 A64 指令集常见的陷阱。

第 8 章介绍 GNU 汇编器的语法、常见伪指令、AArch64 依赖特性等内容。

第 9 章介绍链接器的使用、链接脚本以及重定位等内容。

第 10 章介绍 GCC 内嵌汇编代码的语法、内嵌汇编宏的使用以及常见错误等内容。

第 11 章介绍 ARM64 体系结构异常处理的触发与返回、异常向量表、异常现场、同步异常的解析等相关内容。

第 12 章介绍 ARM64 体系结构中断处理的基本概念和流程，包括树莓派 4B 上的传统中断控制器、保存和恢复中断现场的方法等。

第 13 章介绍 GIC-V2 的相关内容，包括中断源分配、中断路由、树莓派 4B 上的 GIC-400 等。

第 14 章介绍 ARM64 体系结构下的内存管理，包括 ARM64 的页表、页表项属性、页表遍历过程、内存属性以及恒等映射等相关内容。

第 15 章介绍高速缓存的基础知识，包括高速缓存的工作原理、映射方式，虚拟高速缓存与物理高速缓存，重名与同名问题，高速缓存的共享属性、维护指令等相关内容。

第 16 章介绍缓存一致性相关问题，包括缓存一致性的分类、MESI 协议、CCI 与 CCN 缓存一致性控制器、高速缓存伪共享等内容。

第 17 章介绍 TLB 基础知识、TLB 重名与同名问题、ASID、TLB 管理指令等相关内容。

第 18 章介绍内存屏障指令基础知识，包括内存屏障指令产生的原因、ARM64 中的内存屏障指令等相关内容。

第 19 章介绍如何使用内存屏障指令。

第 20 章介绍原子操作，包括原子操作基本概念、原子内存访问指令、独占内存访问工作原理、原子内存访问操作指令等相关内容。

第 21 章介绍与操作系统相关的内容，包括 64 位编程下常见的 C 语言陷阱、ARM64 函数调用标准、ARM64 栈布局、简易进程调度器等内容。

第 22 章介绍浮点运算以及 NEON 指令方面的相关内容。

第 23 章介绍 SVE 以及 SVE2 指令，还结合 3 个实际案例分析如何使用 SVE/SVE2 指令来进行优化。

本书由奔跑吧 Linux 社区中众多工程师共同完成。奔跑吧 Linux 社区由一群热爱开源的热心工程师组成，参与编写本书的人有魏汉武、寇朝阳、王乐、王晓华、蔡琛、余云波、牛立群、代祥军、何花、徐国栋、徐彦飞、郑律、张馨雨、Xiao Guangrong、Gavin Guo、Horry Zheng、Cherry Chen、Peter Chen、贾献华等。在编写过程中，作者还得到了大连理工大学软件学院吴国伟老师、上海交通大学软件学院古金宇老师以及南昌大学信息工程学院陈悦老师的支持和帮助。感谢这些老师的帮助。感谢 Linaro 组织的徐国栋认真审阅了大部分书稿，提出了很多修改意见。另外，本书还得到安谋科技教育计划的支持和帮助，特别感谢宋斌老师的无私帮助。

由于作者知识水平有限，书中难免存在纰漏，敬请各位读者批评指正。要下载本书配套的实验环境、实验参考代码以及配套视频课程，请扫描下方的二维码，在“奔跑吧 Linux 社区”微信公众号中输入“arm64”。

本书约定

为了帮助读者更好地阅读本书以及完成本书的实验，我们对本书一些术语、实验环境做了一些约定。

1. ARMv8 与 ARM64 术语

本书介绍 ARMv8/v9 系列的体系结构方面的内容，书中提到的 ARMv8 体系结构指的是运行在 AArch64 状态的 ARMv8-A 处理器体系结构，ARMv9 体系结构指的是 ARMv9-A 处理器体系结构。

本书提到的 ARM64 体系结构指的是运行在 AArch64 状态的处理器体系结构，本书混用了 ARM64 和 AArch64 这两个术语。本书不介绍 AArch32 状态的处理器体系结构。

2. 实现案例

本书基于 Linux 内核以及小型 OS（BenOS）进行讲解。Linux 内核采用 Linux 5.0 版本。本书大部分实验以 BenOS 为基础，使读者从最简单的裸机程序不断进行扩展，最终完成一个具有内存管理、进程调度、系统调用等现代操作基本功能的小操作系统，从而学习和掌握 ARM64 体系结构的相关知识。在实验的设计过程中参考了 Linux 内核等开源代码的实现，在此对开源社区表示感谢。

3. 实验环境

本书推荐的实验环境如下。

- 主机硬件平台：Intel x86_64 处理器兼容主机。
- 主机操作系统：Ubuntu Linux 20.04。本书推荐使用 Ubuntu Linux。当然，读者也可以使用其他 Linux 发行版。另外，读者也可以在 Windows 平台上使用 VMware Player 或者 VirtualBox 等虚拟机安装 Linux 发行版。
- GCC 版本：9.3（aarch64-linux-gnu-gcc）。
- QEMU 版本：4.2[①]。
- GDB 版本：gdb-multiarch 或者 aarch64-linux-gnu-gdb。

读者在安装完 Ubuntu Linux 20.04 系统后可以通过如下命令来安装本书需要的软件包。

```
$ sudo apt update -y
$ sudo apt install net-tools libncurses5-dev libssl-dev build-essential openssl qemu-
  system-arm libncurses5-dev gcc-aarch64-linux-gnu git bison flex bc vim universal-ctags
  cscope cmake python3-dev gdb-multiarch
```

我们基于 VMware 映像搭建了全套开发环境，读者可以通过“奔跑吧 Linux 社区”微信公众号来获取下载地址。使用本书配套的 VMware 映像可以减少配置开发环境带来的麻烦。

---

① Ubuntu Linux 20.04 内置的 QEMU 4.2 还不支持树莓派 4B。若要在 QEMU 中模拟树莓派 4B，还需要打上一系列补丁，然后重新编译 QEMU。本书配套的实验平台 VMware 映像会提供支持树莓派 4B 的 QEMU 程序。

4. 实验平台

本书的所有实验都可以在如下两个实验平台上完成。

1）树莓派 4B 实验平台

实验中使用的设备如下。

- 树莓派 4B 开发板。
- MicroSD 卡。
- USB MicroSD 读卡器。
- USB 转串口线。
- J-Link EDU 仿真器。

我们可以使用真实的树莓派开发板或者使用 QEMU 模拟器来模拟树莓派，读者可以根据实际情况来选择。

2）QEMU + ARM64 实验平台

我们基于 QEMU + ARM64 实现了一个简易的 Linux/ARM64 系统，本书部分实验（例如第 22 章和第 23 章的实验）可以基于此系统来完成。它有如下新特性。

- 支持 ARM64 体系结构。
- 支持 Linux 5.0 内核。
- 支持 Debian 根文件系统。

要下载本书配套的 QEMU+ARM64 实验平台的仓库，请访问 GitHub 网站，搜索“runninglinuxkernel/runninglinuxkernel-5.0”。

5. 关于实验参考代码和配套资料

本书为了节省篇幅，大部分实验只列出了实验目的和实验要求，希望读者能独立完成实验。

本书提供部分实验的参考代码，在 GitHub 网站，搜索“runninglinuxkernel/arm64_programming_practice”即可找到。

本书有如下的配套资料。

- 部分实验参考代码。
- 实验平台 VMware/VirtualBox 映像。
- 配套视频课程。

读者可以通过微信公众号“奔跑吧 Linux 社区”获取下载地址。

6. 芯片资料

本书在编写过程中参考了 ARM 公司的大量芯片手册和技术资料以及与 GNU 工具链相关的文档。下面是本书涉及的技术手册，这些技术手册都是公开发布的，读者可以在 ARM 官网以及 GNU 官网上下载。

- 《ARM Architecture Reference Manual, ARMv8, for ARMv8-A architecture profile, v8.6》：ARMv8.6 体系结构开发手册，这是 ARMv8 体系结构权威的官方手册。
- 《ARM Cortex-A Series Programmer’s Guide for ARMv8-A, version 1.0》：ARMv8-A 体系结构开发者参考手册。
- 《Cortex-A72 MPCore Processor Technical Reference Manual》：Cortex-A72 处理器核心技术手册。

- 《Using the GNU Compiler Collection, v9.3》：GCC 官方手册。
- 《Using AS, the GNU Assembler, v2.34》：汇编器 AS 官方手册。
- 《Using LD, the GNU Linker, v2.34》：链接器 LD 官方手册。
- 《BCM2711 ARM Peripherals, v3》：树莓派 4B 上与 BCM2711 芯片外设相关的手册。
- 《ARM Generic Interrupt Controller Architecture Specification, v2》：GIC-V2 体系结构手册。
- 《CoreLink GIC-400 Generic Interrupt Controller Technical Reference Manual》：GIC-400 手册。
- 《Arm Architecture Reference Manual Supplement, the Scalable Vector Extension》：SVE 开发手册。
- 《Arm A64 Instruction Set Architecture Armv9, for Armv9-A Architecture Profile》：ARMv9 指令手册，包含 SVE/SVE2 指令说明。
- 《Arm Architecture Reference Manual Supplement Armv9, for Armv9-A Architecture Profile》：ARMv9 体系结构开发手册。

7. 指令的大小写

ARM64 指令集允许使用大写形式或者小写形式来书写汇编代码，在 ARM 官方的芯片手册中默认采用大写形式，而 GNU AS 汇编器默认使用小写形式，如 Linux 内核的汇编代码。本书的示例代码采用小写形式，正文说明采用大写形式。

8. 选址方式

在 ARM64 汇编代码中，本书有如下约定。

Xn 表示 Xn 寄存器，例如，

```
mov x2, x1  //把 X1 寄存器的值搬移到 X2 寄存器中
```

[Xn]表示直接寻址模式，即以 Xn 寄存器的值为基地址进行寻址，在本书中简称为 Xn 地址，例如，

```
ldr x2, [x1]  //从 X1 地址中加载 8 字节数据到 X2 寄存器中
str x2, [x1]  //把 X2 寄存器的值存储到 X1 地址中
```

服务与支持

本书由异步社区出品，社区（https://www.epubit.com/）为您提供后续服务。

提交勘误信息

作者和编辑尽最大努力来确保书中内容的准确性，但难免会存在疏漏。欢迎您将发现的问题反馈给我们，帮助我们提升图书的质量。

当您发现错误时，请登录异步社区，按书名搜索，进入本书页面，单击“提交勘误”，输入勘误信息，单击“提交”按钮即可，如下图所示。本书的作者和编辑会对您提交的勘误信息进行审核，确认并接受后，您将获赠异步社区的 100 积分。积分可用于在异步社区兑换优惠券、样书或奖品。

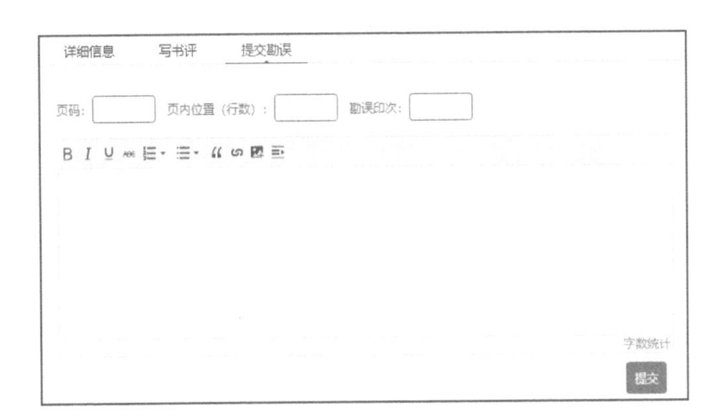

与我们联系

我们的联系邮箱是 contact@epubit.com.cn。

如果您对本书有任何疑问或建议，请您发邮件给我们，并请在邮件标题中注明本书书名，以便我们更高效地做出反馈。

如果您有兴趣出版图书、录制教学视频，或者参与图书翻译、技术审校等工作，可以发邮件给我们；有意出版图书的作者也可以到异步社区投稿（直接访问 www.epubit.com/contribute 即可）。

如果您所在的学校、培训机构或企业想批量购买本书或异步社区出版的其他图书，也可以发邮件给我们。

如果您在网上发现有针对异步社区出品图书的各种形式的盗版行为，包括对图书全部或部分内容的非授权传播，请您将怀疑有侵权行为的链接通过邮件发送给我们。您的这一举动是对作者权益的保护，也是我们持续为您提供有价值的内容的动力之源。

关于异步社区和异步图书

“异步社区”是人民邮电出版社旗下 IT 专业图书社区，致力于出版精品 IT 图书和相关学习产品，为作译者提供优质出版服务。异步社区创办于 2015 年 8 月，提供大量精品 IT 图书和电子书，以及高品质技术文章和视频课程。更多详情请访问异步社区官网 https://www.epubit.com。

“异步图书”是由异步社区编辑团队策划出版的精品 IT 专业图书的品牌，依托于人民邮电出版社的计算机图书出版积累和专业编辑团队，相关图书在封面上印有异步图书的 LOGO。异步图书的出版领域包括软件开发、大数据、人工智能、测试、前端、网络技术等。

异步社区

微信服务号

目　录

第1章　ARM64体系结构基础知识

本章思考题

1. ARMv8 体系结构处理器包含多少个通用寄存器？
2. AArch64 执行状态包含多少个异常等级？它们分别有什么作用？
3. 请简述 PSTATE 寄存器中 NZCV 标志位的含义。
4. 请简述 PSTATE 寄存器中 DAIF 异常掩码标志位的含义。

本章主要介绍 ARM64 体系结构基础知识。

1.1 ARM 介绍

ARM 公司主要向客户提供处理器 IP。通过这种独特的盈利模式，ARM 软硬件生态变得越来越强大。表 1.1 展示了 ARM 公司重大的历史事件。

表 1.1　ARM 公司重大的历史事件

时　间	重 大 事 件
1978 年	在英国剑桥创办了 CPU（Cambridge Processing Unit）公司
1985 年	第一款 ARM 处理器问世，它采用 RISC 架构，简称 ARM（Acorn RISC Machine）
1995 年	发布 ARM7 处理器核心，它支持 3 级流水线和 ARMv4 指令集
1997 年	发布了 ARM9 处理器核心，它支持 5 级流水线，支持 ARMv4T 指令集，支持 MMU 内存管理以及指令/数据高速缓存。兼容 ARMv4T 指令集的处理器核心有 ARM920T，典型 SoC 芯片是三星 S3C2410
2003 年	发布 ARM11 处理器，它支持 8 级流水线和 ARMv6 指令集，典型的 IP 核心有 ARM1176JZF
2005 年	发布 Cortex-A8 处理器核心，第一个引入超标量技术的 ARM 处理器
2007 年	发布 Cortex-A9 处理器核心，它引入了乱序执行和猜测执行机制，并扩大了 L2 高速缓存的容量
2010 年	发布 Cortex-A15 处理器核心，它的最高主频可以到 2.5 GHz，最多可支持 8 个处理器内核，单个簇最多支持 4 个处理器内核
2012 年	发布 64 位 Cortex-A53 和 Cortex-A57 处理器内核
2015 年	发布 Cortex-A72 处理器内核。树莓派 4B 开发板采用 Cortex-A72 处理器内核
2019 年	发布 Neoverse 系列处理器，它细分为 E 系列、N 系列和 V 系列。V 系列适用于性能优先的场景，例如高性能计算（HPC）。N 系列适用于需要均衡的 CPU 设计优化的场景，例如网络应用、智能网卡、5G 应用等，以提供出色的能耗比。E 系列适用于高性能与低功耗的场景，例如网络数据平面处理器、5G 低功耗网关等
2021 年	发布 ARMv9 体系结构。Cortex-X2 处理器支持 ARMv9.0 体系结构

ARM 体系结构是一种硬件规范，主要是用来约定指令集、芯片内部体系结构（如内存管理、高速缓存管理）等。以指令集为例，ARM 体系结构并没有约定每一条指令在硬件描述语言（Verilog 或 VHDL）中应该如何实现，它只约定每一条指令的格式、行为规范、参数等。为了降低客户基于 ARM 体系结构开发处理器的难度，ARM 公司通常在发布新版本的体系结构之后，根据不同的应用需求开发出兼容体系结构的处理器 IP，然后授权给客户。客户获得处理器 IP 之后，再用它来设计不同的 SoC 芯片。以 ARMv8 体系结构为例，ARM 公司先后开发出 Cortex-A53、Cortex-A55、Cortex-A72、Cortex-A73 等多款处理器 IP。

ARM 公司一般有两种授权方式。

- 体系结构授权。客户可以根据这个规范自行设计与之兼容的处理器。
- 处理器 IP 授权。ARM 公司根据某个版本的体系结构来设计处理器，然后把处理器的设计方案授权给客户。

从最早的 ARM 处理器开始，ARM 体系结构已经从 v1 版本发展到目前的 v8 版本。在每一个版本的体系结构里，指令集都有相应的变化，其主要变化如表 1.2 所示。

表 1.2 ARM 体系结构的变化

ARM 体系结构版本	典型处理器核心	主 要 特 性
v1	—	仅支持 26 位地址空间
v2	—	新增乘法指令和乘加法指令、支持协处理器指令等
v3	—	地址空间扩展到 32 位，新增 SPSR 和 CPSR 等
v4	ARM7TDMI/ARM920T	新增 Thumb 指令集等
v5	ARM926EJ-S	新增 Jazelle 和 VFPv2 扩展
v6	ARM11 MPCore	新增 SIMD、TrustZone 以及 Thumb-2 扩展
v7	Cortex-A8/Cortex-A9	增强 NEON 和 VFPv3/v4 扩展
v8	Cortex-A72	同时支持 32 位以及 64 位指令集的处理器体系结构
v9	Cortex-X2	支持可伸缩矢量扩展计算、机密计算体系结构

ARM 体系结构又根据不同的应用场景分成如下 3 种系列。

- A 系列：面向性能密集型系统的应用处理器内核。
- R 系列：面向实时应用的高性能内核。
- M 系列：面向各类嵌入式应用的微控制器内核。

1.2 ARMv8 体系结构基础知识

1.2.1 ARMv8 体系结构

ARMv8 是 ARM 公司发布的第一代支持 64 位处理器的指令集和体系结构。它在扩充 64 位寄存器的同时提供了对上一代体系结构指令集的兼容，因此它提供了运行 32 位和 64 位应用程序的环境。

ARMv8 体系结构除了提高了处理能力，还引入了很多吸引人的新特性。

- 具有超大物理地址（physical address）空间，提供超过 4 GB 物理内存的访问。
- 具有 64 位宽的虚拟地址（virtual address）空间。32 位宽的虚拟地址空间只能供 4 GB

大小的虚拟地址空间访问，这极大地限制了桌面操作系统和服务器等的应用。64 位宽的虚拟地址空间可以提供更大的访问空间。
- 提供 31 个 64 位宽的通用寄存器，可以减少对栈的访问，从而提高性能。
- 提供 16 KB 和 64 KB 的页面，有助于降低 TLB 的未命中率（miss rate）。
- 具有全新的异常处理模型，有助于降低操作系统和虚拟化的实现复杂度。
- 具有全新的加载-获取指令（Load-Acquire Instruction）、存储-释放指令（Store-Release Instruction），专门为 C++11、C11 以及 Java 内存模型设计。

ARMv8 体系结构一共有 8 个小版本，分别是 ARMv8.0、ARMv8.1、ARMv8.2、ARMv8.3、ARMv8.4、ARMv8.5、ARMv8.6、ARMv8.7，每个小版本都对体系结构进行小幅度升级和优化，增加了一些新的特性。

1.2.2 采用 ARMv8 体系结构的常见处理器内核

下面介绍市面上常见的采用 ARMv8 体系结构的处理器（简称 ARMv8 处理器）内核。
- **Cortex-A53 处理器内核**：ARM 公司第一批采用 ARMv8 体系结构的处理器内核，专门为低功耗设计的处理器。通常可以使用 1～4 个 Cortex-A53 处理器组成一个处理器簇或者和 Cortex-A57/Cortex-A72 等高性能处理器组成大/小核体系结构。
- **Cortex-A57 处理器内核**：采用 64 位 ARMv8 体系结构的处理器内核，而且通过 AArch32 执行状态，保持与 ARMv7 体系结构完全后向兼容。除 ARMv8 体系结构的优势之外，Cortex-A57 还提高了单个时钟周期的性能，比高性能的 Cortex-A15 高出了 20%～40%。它还改进了二级高速缓存的设计和内存系统的其他组件，极大地提高了性能。
- **Cortex-A72 处理器内核**：2015 年年初正式发布的基于 ARMv8 体系结构并在 Cortex-A57 处理器上做了大量优化和改进的一款处理器内核。在相同的移动设备电池寿命限制下，Cortex-A72 相对于基于 Cortex-A15 的设备具有 3.5 倍的性能提升，展现出了优异的整体功效。

1.2.3 ARMv8 体系结构中的基本概念

ARM 处理器实现的是精简指令集体系结构。在 ARMv8 体系结构中有如下一些基本概念和定义。
- 处理机（Processing Element，PE）：在 ARM 公司的官方技术手册中提到的一个概念，把处理器处理事务的过程抽象为处理机。
- 执行状态（execution state）：处理器运行时的环境，包括寄存器的位宽、支持的指令集、异常模型、内存管理以及编程模型等。ARMv8 体系结构定义了两个执行状态。
  - AArch64：64 位的执行状态。
    - 提供 31 个 64 位的通用寄存器。
    - 提供 64 位的程序计数（Program Counter，PC）指针寄存器、栈指针（Stack Pointer，SP）寄存器以及异常链接寄存器（Exception Link Register，ELR）。
    - 提供 A64 指令集。
    - 定义 ARMv8 异常模型，支持 4 个异常等级，即 EL0～EL3。

        - 提供 64 位的内存模型。
        - 定义一组处理器状态（PSTATE）用来保存 PE 的状态。
    - AArch32：32 位的执行状态。
        - 提供 13 个 32 位的通用寄存器，再加上 PC 指针寄存器、SP 寄存器、链接寄存器（Link Register，LR）。
        - 支持两套指令集，分别是 A32 和 T32（Thumb 指令集）指令集。
        - 支持 ARMv7-A 异常模型，基于 PE 模式并映射到 ARMv8 的异常模型中。
        - 提供 32 位的虚拟内存访问机制。
        - 定义一组 PSTATE 用来保存 PE 的状态。
- ARMv8 指令集：ARMv8 体系结构根据不同的执行状态提供不同指令集的支持。
    - A64 指令集：运行在 AArch64 状态下，提供 64 位指令集支持。
    - A32 指令集：运行在 AArch32 状态下，提供 32 位指令集支持。
    - T32 指令集：运行在 AArch32 状态下，提供 16 位和 32 位指令集支持。
- 系统寄存器命名：在 AArch64 状态下，很多系统寄存器会根据不同的异常等级提供不同的变种寄存器。系统寄存器的使用方法如下。

```
<register_name>_Elx   //最后一个字母 x 可以表示 0、1、2、3
```

如 SP_EL0 表示在 EL0 下的 SP 寄存器，SP_EL1 表示在 EL1 下的 SP 寄存器。

本书重点介绍 ARMv8 体系结构下的 AArch64 执行状态以及 A64 指令集，对 AArch32 执行状态、A32 以及 T32 指令集不做过多介绍，感兴趣的读者可以阅读 ARMv8 相关技术手册。

1.2.4　A64 指令集

指令集是处理器体系结构设计的重点之一。ARM 公司定义与实现的指令集一直在变化和发展中。ARMv8 体系结构最大的改变是增加了一个新的 64 位的指令集，这是早前 ARM 指令集的有益补充和增强。它可以处理 64 位宽的寄存器和数据并且使用 64 位的指针来访问内存。这个新的指令集称为 A64 指令集，运行在 AArch64 状态下。ARMv8 兼容旧的 32 位指令集——A32 指令集，它运行在 AArch32 状态下。

A64 指令集和 A32 指令集是不兼容的，它们是两套完全不一样的指令集，它们的指令编码是不一样的。需要注意的是，A64 指令集的指令宽度是 32 位，而不是 64 位。

1.2.5　ARMv8 处理器执行状态

ARMv8 处理器支持两种执行状态——AArch64 状态和 AArch32 状态。AArch64 状态是 ARMv8 新增的 64 位执行状态，而 AArch32 是为了兼容 ARMv7 体系结构的 32 位执行状态。当处理器运行在 AArch64 状态下时，运行 A64 指令集；而当运行在 AArch32 状态下时，可以运行 A32 指令集或者 T32 指令集。

如图 1.1 所示，AArch64 状态的异常等级（exception level）确定了处理器当前运行的特权级别，类似于 ARMv7 体系结构中的特权等级。

- EL0：用户特权，用于运行普通用户程序。
- EL1：系统特权，通常用于操作系统内核。如果系统使能了虚拟化扩展，运行虚拟机操作系统内核。

- EL2：运行虚拟化扩展的虚拟机监控器（hypervisor）。
- EL3：运行安全世界中的安全监控器（secure monitor）。

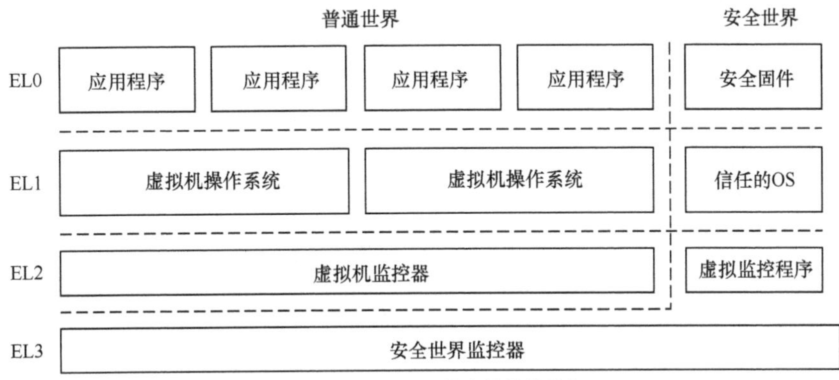

▲图 1.1　AArch64 状态的异常等级

ARMv8 体系结构允许切换应用程序的运行模式。如在一个运行 64 位操作系统的 ARMv8 处理器中，我们可以同时运行 A64 指令集的应用程序和 A32 指令集的应用程序，但是在一个运行 32 位操作系统的 ARMv8 处理器中就不能运行 A64 指令集的应用程序了。当需要运行 A32 指令集的应用程序时，需要通过一条管理员调用（Supervisor Call，SVC）指令切换到 EL1，操作系统会做任务的切换并且返回 AArch32 的 EL0，从而为这个应用程序准备好 AArch32 状态的运行环境。

1.2.6　ARMv8 支持的数据宽度

ARMv8 支持如下几种数据宽度。

- 字节（byte）：8 位。
- 半字（halfword）：16 位。
- 字（word）：32 位。
- 双字（doubleword）：64 位。
- 四字（quadword）：128 位。

1.3 ARMv8 寄存器

1.3.1　通用寄存器

AArch64 执行状态支持 31 个 64 位的通用寄存器，分别是 X0～X30 寄存器，而 AArch32 状态支持 16 个 32 位的通用寄存器。

除用于数据运算和存储之外，通用寄存器还可以在函数调用过程中起到特殊作用，ARM64 体系结构的函数调用标准和规范对此有所约定，如图 1.2 所示。

在 AArch64 状态下，使用 X（如 X0、X30 等）表示 64 位通用寄存器。另外，还可以使用 W 来表示低 32 位的数据，如 W0 表示 X0 寄存器的低 32 位数据，W1 表示 X1 寄存器的低 32 位数据，如图 1.3 所示。

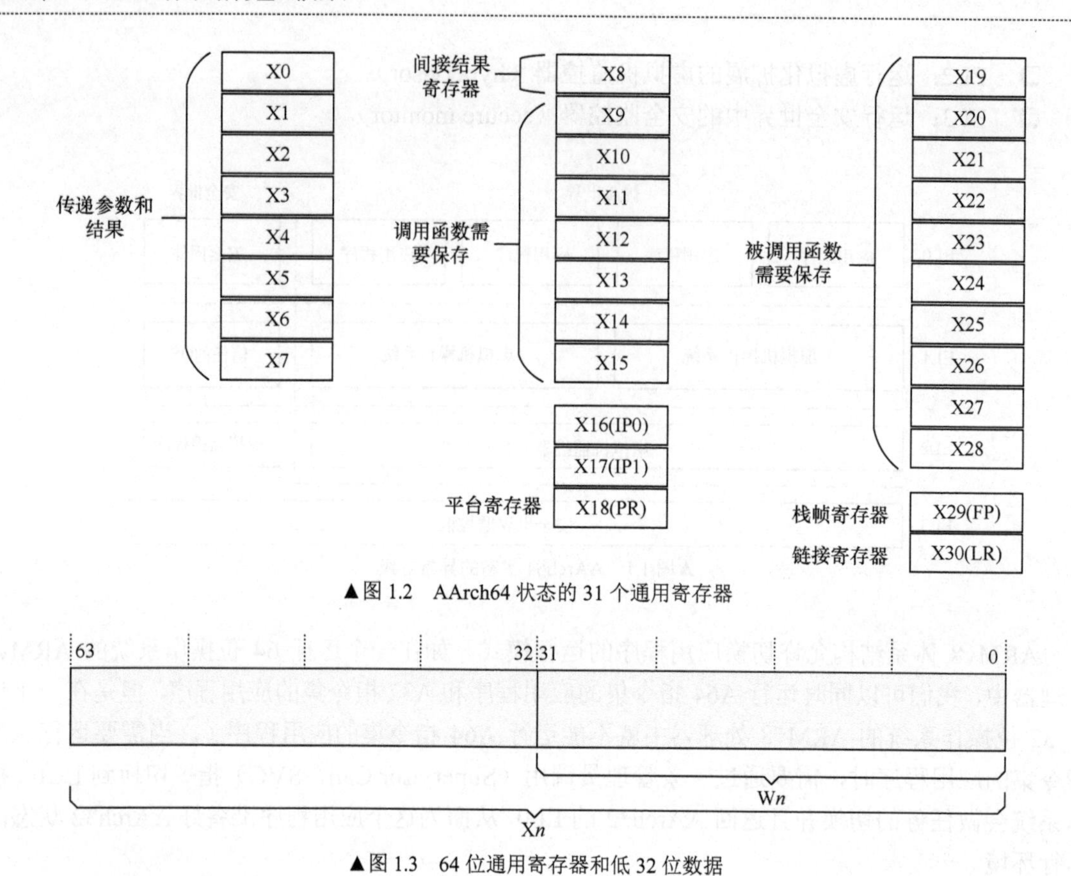

▲图 1.2　AArch64 状态的 31 个通用寄存器

▲图 1.3　64 位通用寄存器和低 32 位数据

1.3.2　处理器状态

AArch64 体系结构使用 PSTATE 寄存器来表示当前处理器状态（processor state），如表 1.3 所示。

表 1.3　PSTATE 寄存器

分　类	字　段	描　述
条件标志位	*N*	负数标志位。 在结果是有符号的二进制补码的情况下，如果结果为负数，则 *N*=1；如果结果为非负数，则 *N*=0
	Z	0 标志位。 如果结果为 0，则 *Z*=1；如果结果不为 0，则 *Z*=0
	C	进位标志位。 当发生无符号数溢出时，*C*=1。 其他情况下，*C*=0
	V	有符号数溢出标志位。 ❑ 对于加/减法指令，在操作数和结果是有符号的整数时，如果发生溢出，则 *V*=1；如果未发生溢出，则 *V*=0。 ❑ 对于其他指令，*V* 通常不发生变化
执行状态控制	SS	软件单步。该位为 1，说明在异常处理中使能了软件单步功能
	IL	不合法的异常状态
	nRW	当前执行状态。 ❑ 0：处于 AArch64 状态。 ❑ 1：处于 AArch32 状态

续表

分　类	字　段	描　述
执行状态控制	EL	当前异常等级。 ❑ 0：表示 EL0。 ❑ 1：表示 EL1。 ❑ 2：表示 EL2。 ❑ 3：表示 EL3
	SP	选择 SP 寄存器。当运行在 EL0 时，处理器选择 EL0 的 SP 寄存器，即 SP_EL0；当处理器运行在其他异常等级时，处理器可以选择使用 SP_EL0 或者对应的 SP_EL*n* 寄存器
异常掩码标志位	*D*	调试位。使能该位可以在异常处理过程中打开调试断点和软件单步等功能
	A	用来屏蔽系统错误（SError）
	I	用来屏蔽 IRQ
	F	用来屏蔽 FIQ
访问权限	PAN	特权模式禁止访问（Privileged Access Never）位是 ARMv8.1 的扩展特性。 ❑ 1：在 EL1 或者 EL2 访问属于 EL0 的虚拟地址时会触发一个访问权限错误。 ❑ 0：不支持该功能，需要软件来模拟
	UAO	用户访问覆盖标志位，是 ARMv8.2 的扩展特性。 ❑ 1：当运行在 EL1 或者 EL2 时，没有特权的加载存储指令可以和有特权的加载存储指令一样访问内存，如 LDTR 指令。 ❑ 0：不支持该功能

1.3.3 特殊寄存器

ARMv8 体系结构除支持 31 个通用寄存器之外，还提供多个特殊的寄存器，如图 1.4 所示。

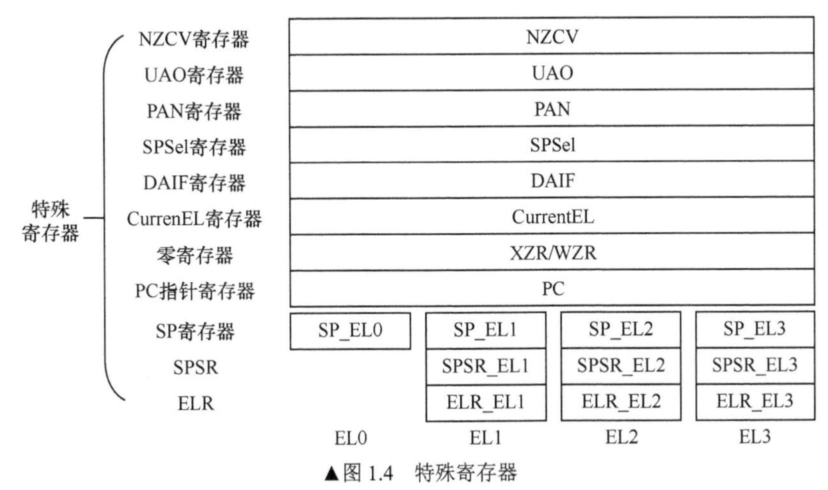

▲图 1.4　特殊寄存器

1. 零寄存器

ARMv8 体系结构提供两个零寄存器（zero register），这些寄存器的内容全是 0，可以用作源寄存器，也可以用作目标寄存器。WZR 是 32 位的零寄存器，XZR 是 64 位的零寄存器。

2. PC 指针寄存器

PC 指针寄存器通常用来指向当前运行指令的下一条指令的地址，用于控制程序中指令的运行顺序，但是编程人员不能通过指令来直接访问它。

3. SP 寄存器

ARMv8 体系结构支持 4 个异常等级，每一个异常等级都有一个专门的 SP 寄存器 SP_EL*n*，如处理器运行在 EL1 时选择 SP_EL1 寄存器作为 SP 寄存器。

- SP_EL0：EL0 下的 SP 寄存器。
- SP_EL1：EL1 下的 SP 寄存器。
- SP_EL2：EL2 下的 SP 寄存器。
- SP_EL3：EL3 下的 SP 寄存器。

当处理器运行在比 EL0 高的异常等级时，处理器可以访问如下寄存器。

- 当前异常等级对应的 SP 寄存器 SP_EL*n*。
- EL0 对应的 SP 寄存器 SP_EL0 可以当作一个临时寄存器，如 Linux 内核使用该寄存器存放进程中 task_struct 数据结构的指针。

当处理器运行在 EL0 时，它只能访问 SP_EL0，而不能访问其他高级的 SP 寄存器。

4. 备份程序状态寄存器

当我们运行一个异常处理程序时，处理器的备份程序会保存到备份程序状态寄存器（Saved Program Status Register，SPSR）里。当异常将要发生时，处理器会把 PSTATE 寄存器的值暂时保存到 SPSR 里；当异常处理完成并返回时，再把 SPSR 的值恢复到 PSTATE 寄存器。SPSR 的格式如图 1.5 所示。SPSR 的重要字段如表 1.4 所示。

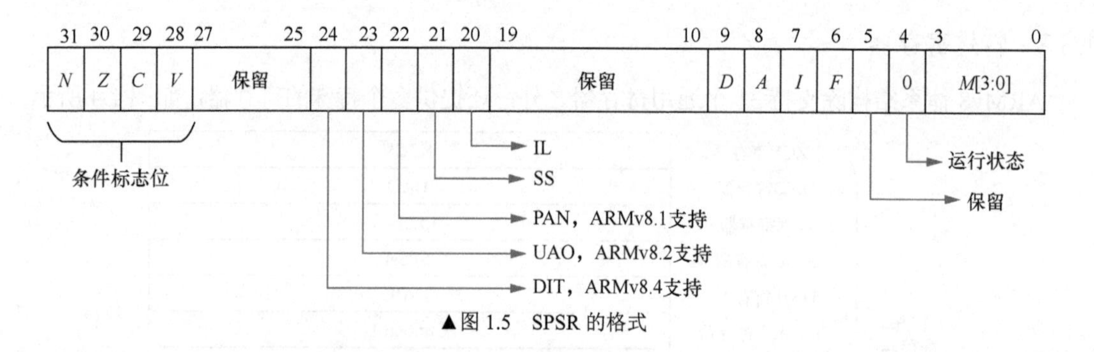

▲图 1.5　SPSR 的格式

表 1.4　SPSR 的重要字段

字　段	描　述
N	负数标志位
Z	零标志位
C	进位标志位
V	有符号数溢出标志位
DIT	与数据无关的指令时序（Data Independent Timing），ARMv8.4 的扩展特性
UAO	用户访问覆盖标志位，ARMv8.2 的扩展特性
PAN	特权模式禁止访问位，ARMv8.1 的扩展特性
SS	表示是否使能软件单步功能。若该位为 1，说明在异常处理中使能了软件单步功能
IL	不合法的异常状态
D	调试位。使能该位可以在异常处理过程中打开调试断点和软件单步等功能
A	用来屏蔽系统错误
I	用来屏蔽 IRQ

续表

字　段	描　述
F	用来屏蔽 FIQ
M[4]	用来表示异常处理过程中处于哪个执行状态，若为 0，表示 AArch64 状态
M[3:0]	异常模式

5. ELR

ELR 存放了异常返回地址。

6. CurrentEL 寄存器

该寄存器表示 PSTATE 寄存器中的 EL 字段，其中保存了当前异常等级。使用 MRS 指令可以读取当前异常等级。

- 0：表示 EL0。
- 1：表示 EL1。
- 2：表示 EL2。
- 3：表示 EL3。

7. DAIF 寄存器

该寄存器表示 PSTATE 寄存器中的{*D*，*A*，*I*，*F*}字段。

8. SPSel 寄存器

该寄存器表示 PSTATE 寄存器中的 SP 字段，用于在 SP_EL0 和 SP_EL*n* 中选择 SP 寄存器。

9. PAN 寄存器

PAN 寄存器表示 PSTATE 寄存器中的 PAN（Privileged Access Never，特权禁止访问）字段。可以通过 MSR 和 MRS 指令来设置 PAN 寄存器。当内核态拥有访问用户态内存或者执行用户态程序的能力时，攻击者就可以利用漏洞轻松地执行用户的恶意程序。为了修复这个漏洞，在 ARMv8.1 中新增了 PAN 特性，防止内核态恶意访问用户态内存。如果内核态需要访问用户态内存，那么需要主动调用内核提供的接口，例如 copy_from_user()或者 copy_to_user()函数。

PAN 寄存器的值如下。

- 0：表示在内核态可以访问用户态内存。
- 1：表示在内核态访问用户态内存会触发一个访问权限异常。

10. UAO 寄存器

该寄存器表示 PSTATE 寄存器中的 UAO（User Access Override，用户访问覆盖）字段。我们可以通过 MSR 和 MRS 指令设置 UAO 寄存器。UAO 为 1 表示在 EL1 和 EL2 执行非特权指令（例如 LDTR、STTR）的效果与特权指令（例如 LDR、STR）是一样的。

11. NZCV 寄存器

该寄存器表示 PSTATE 寄存器中的｛*N*，*Z*，*C*，*V*｝字段。

1.3.4　系统寄存器

除上面介绍的通用寄存器和特殊寄存器之外，ARMv8 体系结构还定义了很多的系统寄存器，通过访问和设置这些系统寄存器来完成对处理器不同的功能配置。在 ARMv7 体系结构中，我们需要通过访问 CP15 协处理器来间接访问这些系统寄存器，而在 ARMv8 体系结构中没有协处理器，可直接访问系统寄存器。ARMv8 体系结构支持如下 7 类系统寄存器：

- 通用系统控制寄存器；
- 调试寄存器；
- 性能监控寄存器；
- 活动监控寄存器；
- 统计扩展寄存器；
- RAS 寄存器；
- 通用定时器寄存器。

系统寄存器支持不同的异常等级的访问，通常系统寄存器会使用“Reg_EL*n*”的方式来表示。

- Reg_EL1：处理器处于 EL1、EL2 以及 EL3 时可以访问该寄存器。
- Reg_EL2：处理器处于 EL2 和 EL3 时可以访问该寄存器。
- 大部分系统寄存器不支持处理器处于 EL0 时访问，但也有一些例外，如 CTR_EL0。

程序可以通过 MSR 和 MRS 指令访问系统寄存器。

```
mrs X0, TTBR0_EL1      //把 TTBR0_EL1 的值复制到 X0 寄存器
msr TTBR0_EL1, X0      //把 X0 寄存器的值复制到 TTBR0_EL1
```

1.4　Cortex-A72 处理器介绍

基于 ARMv8 体系结构设计的处理器内核有很多，例如常见的 Cortex-A53、Cortex-A55、Cortex-A72、Cortex-A77 以及 Cortex-A78 等。本书的实验环境采用树莓派 4B 开发板，内置了 4 个 Cortex-A72 处理器内核，因此我们重点介绍 Cortex-A72 处理器内核。

Cortex-A72 是 2015 年发布的一个高性能处理器内核。它最多可以支持 4 个内核，内置 L1 和 L2 高速缓存，如图 1.6 所示。

Cortex-A72 处理器支持如下特性。

- 采用 ARMv8 体系结构规范来设计，兼容 ARMv8.0 协议。
- 超标量处理器设计，支持乱序执行的流水线。
- 基于分支目标缓冲区（BTB）和全局历史缓冲区（GHB）的动态分支预测，返回栈缓冲器以及间接预测器。
- 支持 48 个表项的全相连指令 TLB，可以支持 4 KB、64 KB 以及 1 MB 大小的页面。
- 支持 32 个表项的全相连数据 TLB，可以支持 4 KB、64 KB 以及 1 MB 大小的页面。
- 每个处理器内核支持 4 路组相连的 L2 TLB。
- 48 KB 的 L1 指令高速缓存以及 32 KB 的 L1 数据高速缓存。
- 可配置大小的 L2 高速缓存，可以配置为 512 KB、1 MB、2 MB 以及 4 MB 大小。
- 基于 AMBA4 总线协议的 ACE（AXI Coherency Extension）或者 CHI（Coherent Hub Interface）。
- 支持 PMUv3 体系结构的性能监视单元。

❑ 支持多处理器调试的 CTI（Cross Trigger Interface）。
❑ 支持 GIC（可选）。
❑ 支持多电源域（power domain）的电源管理。

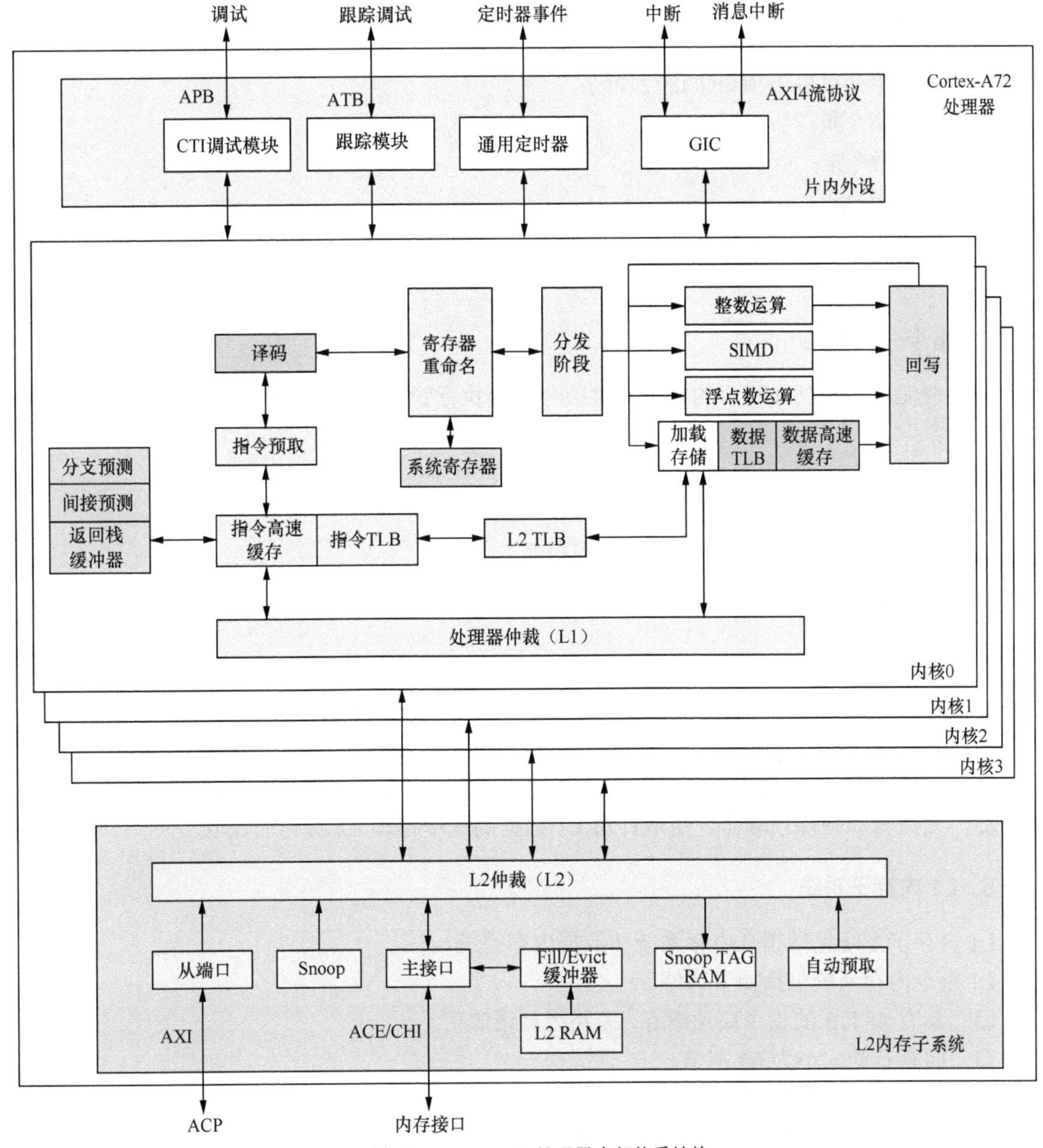

▲图 1.6 Cortex-A72 处理器内部体系结构

1. 指令预取单元

指令预取单元用来从 L1 指令高速缓存中获取指令，并在每个周期向指令译码单元最多发送 3 条指令。它支持动态和静态分支预测。指令预取单元包括如下功能。

❑ L1 指令高速缓存是一个 48 KB 大小、3 路组相连的高速缓存，每个缓存行的大小为 64 字节。
❑ 支持 48 个表项的全相连指令 TLB，可以支持 4 KB、64 KB 以及 1 MB 大小的页面。
❑ 带有分支目标缓冲器的 2 级动态预测器，用于快速生成目标。

- ❑ 支持静态分支预测。
- ❑ 支持间接预测。
- ❑ 返回栈缓冲器。

2. 指令译码单元

指令译码单元对以下指令集进行译码：

- ❑ A32 指令集；
- ❑ T32 指令集；
- ❑ A64 指令集。

指令译码单元会执行寄存器重命名，通过消除写后写（WAW）和读后写（WAR）的冲突来实现乱序执行。

3. 指令分派单元

指令分派单元控制译码后的指令何时被分派到执行管道以及返回的结果何时终止。它包括以下部分：

- ❑ ARM 核心通用寄存器；
- ❑ SIMD 和浮点寄存器集；
- ❑ AArch32 CP15 和 AArch64 系统寄存器。

4. 加载/存储单元

加载/存储单元（LSU）执行加载和存储指令，包含 L1 数据存储系统。另外，它还处理来自 L2 内存子系统的一致性等服务请求。加载/存储单元的特性如下。

- ❑ 具有 32 KB 的 L1 数据高速缓存，两路组相连，缓存行大小为 64 字节。
- ❑ 支持 32 个表项的全相连数据 TLB，可以支持 4 KB、64 KB 以及 1 MB 大小的页面。
- ❑ 支持自动硬件预取器，生成针对 L1 数据高速缓存和 L2 缓存的预取。

5. L1 内存子系统

L1 内存子系统包括指令内存系统和数据内存系统。

L1 指令内存系统包括如下特性。

- ❑ 具有 48 KB 的指令高速缓存，3 路组相连映射。
- ❑ 缓存行的大小为 64 字节。
- ❑ 支持物理索引物理标记（PIPT）。
- ❑ 高速缓存行的替换算法为 LRU（Least Recently Used）算法。

L1 数据内存系统包括如下特性。

- ❑ 具有 32 KB 的数据高速缓存，两路组相连映射。
- ❑ 缓存行的大小为 64 字节。
- ❑ 支持物理索引物理标记。
- ❑ 对于普通内存，支持乱序发射、预测以及非阻塞的加载请求访问；对于设备内存，支持非预测以及非阻塞的加载请求访问。
- ❑ 高速缓存行的替换算法为 LRU 算法。
- ❑ 支持硬件预取。

6. MMU

MMU 用来实现虚拟地址到物理地址的转换。在 AArch64 状态下支持长描述符的页表格式，支持不同的页面粒度，例如 4 KB、16 KB 以及 64 KB 页面。

MMU 包括以下部分：

- 48 表项的全相连的 L1 指令 TLB；
- 32 表项的全相连的 L1 数据 TLB；
- 4 路组相连的 L2 TLB；

TLB 不仅支持 8 位或者 16 位的 ASID，还支持 VMID（用于虚拟化）。

7. L2 内存子系统

L2 内存子系统不仅负责处理每个处理器内核的 L1 指令和数据高速缓存未命中的情况，还通过 ACE 或者 CHI 连接到内存系统。其特性如下。

- 可配置 L2 高速缓存的大小，大小可以是 512 KB、1 MB、2 MB、4 MB。
- 缓存行大小为 64 字节。
- 支持物理索引物理标记。
- 具有 16 路组相连高速缓存。
- 缓存一致性监听控制单元（Snoop Control Unit，SCU）。
- 具有可配置的 128 位宽的 ACE 或者 CHI。
- 具有可选的 128 位宽的 ACP 接口。
- 支持硬件预取。

1.5 ARMv9 体系结构介绍

2021 年 ARM 公司发布 ARMv9 体系结构。ARMv9 体系结构在兼容 ARMv8 体系结构的基础上加入了一些新的特性，其中：

- ARMv9.0 兼容 ARMv8.5 体系结构；
- ARMv9.1 兼容 ARMv8.6 体系结构；
- ARMv9.2 兼容 ARMv8.7 体系结构。

ARMv9 体系结构新加入的特性包括：

- 全新的可伸缩矢量扩展（Scalable Vector Extension version 2，SVE2）计算；
- 机密计算体系结构（Confidential Compute Architecture，CCA），基于硬件提供的安全环境来保护用户敏感数据；
- 分支记录缓冲区扩展（Branch Record Buffer Extension，BRBE），它以低成本的方式捕获控制路径历史的分支记录缓冲区；
- 内嵌跟踪扩展（Embedded Trace Extension，ETE）以及跟踪缓冲区扩展（Trace Buffer Extension，TRBE），用于增强对 ARMv9 处理器内核的调试和跟踪功能；
- 事务内存扩展（Transactional Memory Extension，TME）。

另外，ARMv9 体系结构对 AArch32 执行环境的支持发生了变化。在 EL0 中，ARM64 体系结构对 AArch32 状态的支持是可选的，取决于芯片设计；而在 EL1/EL2/EL3 中，ARM64 体系结构将不再提供对 AArch32 状态的支持。

第 2 章　搭建树莓派实验环境

本书中大部分实验是基于 BenOS 的。BenOS 是一个简单的小型操作系统实验平台，可以在树莓派 4B 上运行。我们可以通过在最简单裸机程序上慢慢添加功能，实现一个具有任务调度功能的小 OS。

BenOS 实验可以在树莓派 4B 开发板上运行，也可以在 QEMU 的模拟环境中运行。读者可以根据实际情况选择。

2.1 树莓派介绍

树莓派（Raspberry Pi）是树莓派基金会为普及计算机教育而设计的开发板。它以低廉的价格、强大的计算能力以及丰富的教学资源得到全球技术爱好者的喜爱。

树莓派截至 2020 年一共发布了 4 代产品。

- 2012 年发布第一代树莓派，采用 ARM11 处理器内核。
- 2014 年发布第二代树莓派，采用 ARM Cortex-A7 处理器内核。
- 2016 年发布第三代树莓派，采用 ARM Cortex-A53 处理器内核，支持 ARM64 体系结构。
- 2019 年发布第四代树莓派，采用 ARM Cortex-A72 处理器内核，支持 ARM64 体系结构。

建议读者选择树莓派 4B 作为实验硬件平台。

树莓派 4B 采用性能强大的 Cortex-A72 处理器内核，性能比树莓派 3B 快 3 倍。树莓派 4B 的结构如图 2.1 所示。

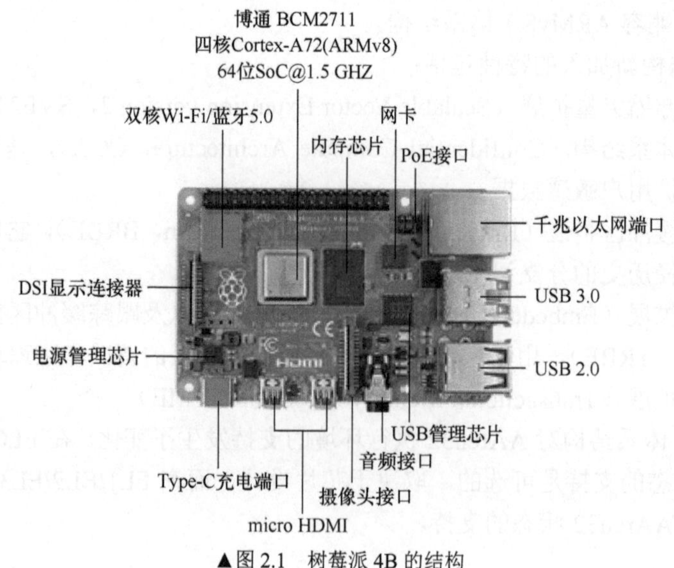

▲图 2.1　树莓派 4B 的结构

表 2.1 对树莓派 3B 和树莓派 4B 做了比较。

表 2.1　　树莓派 3B 和树莓派 4B 的比较

对比项	树莓派 3B	树莓派 4B
SoC	博通 BCM2837B	博通 BCM2711
CPU	Cortex-A53 处理器内核，4 核	Cortex-A72 处理器内核，4 核
GPU	VideoCore IV	400 MHz VideoCore VI
内存	1 GB DDR2 内存	1 GB ~ 8 GB DDR4 内存
视频输出	单个 HDMI	双 micro HDMI
分辨率	1920×1200 像素	4K 像素
USB 端口	4 个 USB 2.0	两个 USB 3.0，两个 USB 2.0
有线网络	330 Mbit/s 以太网	千兆以太网
无线网络	802.11ac	802.11ac
蓝牙	4.2	5.0
充电端口	micro USB	Type-C USB

树莓派 4B 采用的是博通 BCM2711 芯片。BCM2711 芯片在 BCM2837 芯片的基础上做了如下改进。

- CPU 内核：使用性能更好的 Cortex-A72。采用 4 核 CPU 的设计，最高频率可以达到 1.5 GHz。
- L1 缓存：具有 32 KB 数据缓存，48 KB 指令缓存。
- L2 缓存：大小为 1 MB。
- GPU：采用 VideoCore VI 核心，最高主频可以达到 500 MHz。
- 内存：1 GB～4 GB LPDDR4。
- 支持 USB 3.0。

BCM2711 芯片支持两种地址模式。

- 低地址模式：外设的寄存器地址空间为 0xFC000000～0xFF7FFFFF，通常外设的寄存器基地址为 0xFE000000。
- 35 位全地址模式：可以支持更大的地址空间。在这种地址模式下，外设的寄存器地址空间为 0x47C000000～0x47FFFFFFF。

树莓派 4B 默认情况下使用低地址模式，本书配套的实验也默认使用低地址模式，读者也可以通过修改配置文件来使能 35 位全地址模式。

2.2 搭建树莓派实验环境

熟悉和掌握一个处理器体系结构最有效的方法是多做练习、多做实验。本书采用树莓派 4B 作为硬件实验平台。

本章需要准备的实验设备如图 2.2 所示。

- 硬件开发平台：树莓派 4B 开发板。
- 处理器体系结构：ARMv8 体系结构。

- ❑ 开发主机：Ubuntu Linux 20.04。
- ❑ MicroSD 卡一张以及读卡器。
- ❑ USB 转串口模块。
- ❑ 杜邦线若干。
- ❑ Type-C USB 线一根。
- ❑ J-Link EDU 仿真器[①]，如图 2.3 所示。J-Link EDU 是针对高校教育的版本。

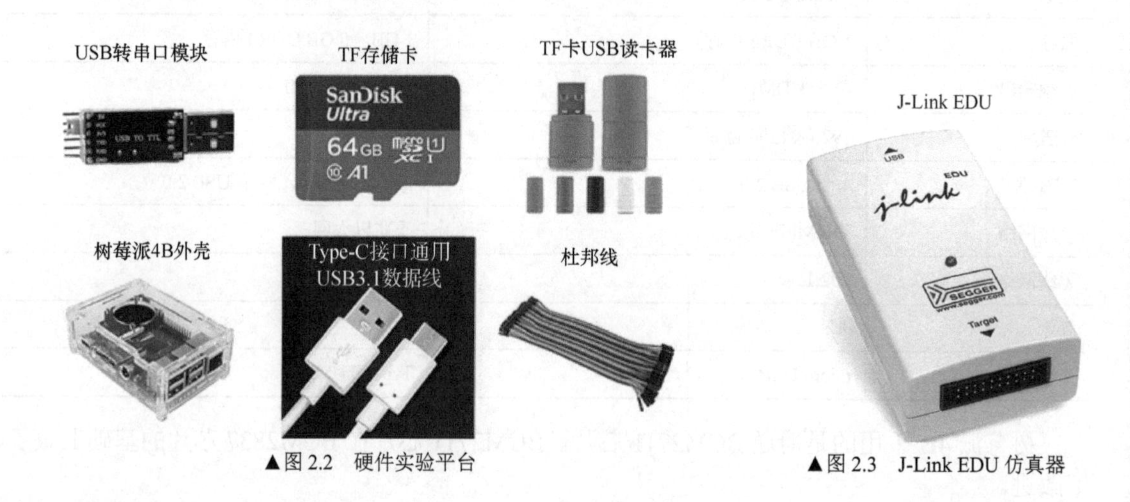

▲图 2.2　硬件实验平台

▲图 2.3　J-Link EDU 仿真器

2.2.1　配置串口线

要在树莓派 4B 上运行实验代码，我们需要一根 USB 转串口线，这样在系统启动时便可通过串口输出信息来协助调试。读者可从网上商店购买 USB 转串口线，图 2.4 所示是某个厂商售卖的一款 USB 转串口线。串口一般有 3 根线。另外，串口还有一根额外的电源线（可选）。

- ❑ 电源线（红色[②]）：5 V 或 3.3 V 电源线（可选）。
- ❑ 地线（黑色）。
- ❑ 接收线（白色）：串口的接收线 RXD。
- ❑ 发送线（绿色）：串口的发送线 TXD。

▲图 2.4　USB 转串口线

树莓派 4B 支持包含 40 个 GPIO 引脚的扩展接口，这些扩展接口的定义如图 2.5 所示。根据扩展接口的定义，我们需要把串口的三根线连接到扩展接口，如图 2.6 所示。

- ❑ 地线：连接到第 6 个引脚。
- ❑ RXD 线：连接到第 8 个引脚。
- ❑ TXD 线：连接到第 10 个引脚。

在 Windows 10 操作系统中需要在设备管理器中查看串口号，如图 2.7 所示。你还需要在 Windows 10 操作系统中安装用于 USB 转串口的驱动。

---

① J-Link EDU 仿真器需要额外购买，请登录 SEGGER 公司官网以了解详情。

② 对于上述颜色，可能每个厂商不太一样，读者需要认真阅读厂商的说明文档。

树莓派扩展接口的定义

引脚	名称	名称	引脚
01	3.3V DC Power	DC Power 5V	02
03	GPIO02(SDA1，I²C)	DC Power 5V	04
05	GPIO03(SCL1，I²C)	Ground	06
07	GPIO04(GPIO_GCLK)	(TXD0)GPIO14	08
09	Ground	(RXD0)GPIO15	10
11	GPIO17(GPIO_GEN0)	(GPIO_GEN1)GPIO18	12
13	GPIO27(GPIO_GEN2)	Ground	14
15	GPIO22(GPIO_GEN3)	(GPIO_GEN4)GPIO23	16
17	3.3V DC Power	(GPIO_GEN5)GPIO24	18
19	GPIO10(SPI_MOSI)	Ground	20
21	GPIO09(SPI_MISO)	(GPIO_GEN6)GPIO25	22
23	GPIO11(SPI_CLK)	(SPI_CE0_N)GPIO08	24
25	Ground	(SPI_CE1_1)GPIO07	26
27	ID_SD(I²C ID EEPROM)	(I²C ID EERPOM)ID_SC	28
29	GPIO05	Ground	30
31	GIPI06	GPIO12	32
33	GPIO13	Ground	34
35	GPIO19	GPIO16	36
37	GPIO26	GPIO20	38
39	Ground	GPIO21	40

▲图 2.5　树莓派扩展接口的定义

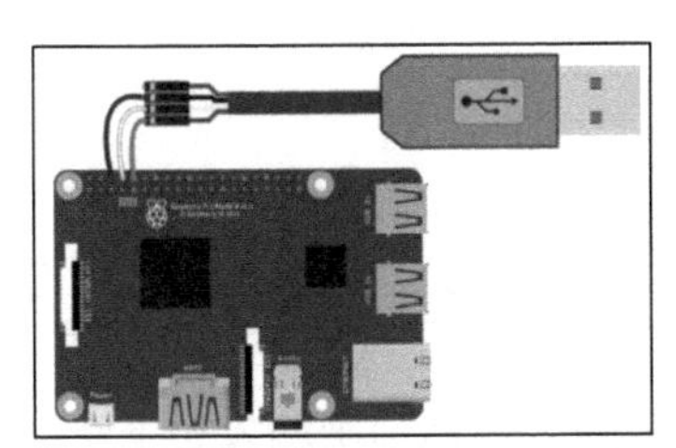

▲图 2.6　将串口线连接到树莓派扩展接口

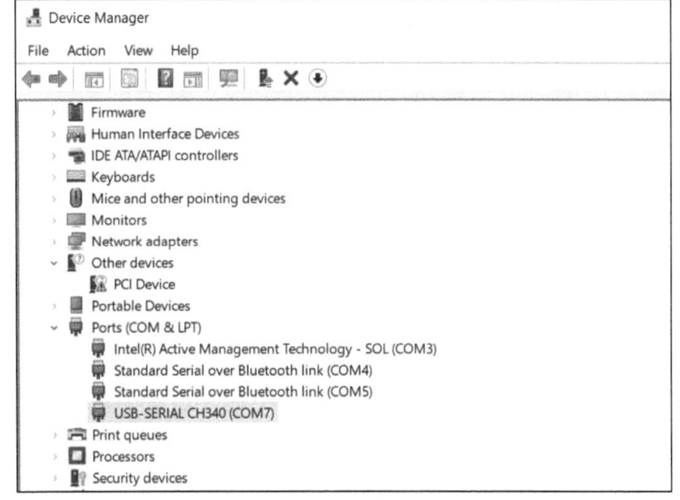

▲图 2.7　在设备管理器中查看串口号

接上 USB 电源，在串口终端软件（如 PuTTY 或 MobaXterm 等）中查看是否有输出，如图 2.8 所示。即使没有插入 MicroSD 卡，串口也能输出信息，如果能看到串口输出信息，那么说明串口设备已经配置。这些信息是树莓派固件输出的。图 2.8 中的日志信息显示系统没有找到 MicroSD 卡。

```
2. COM7 (USB-SERIAL CH340 (CO
PM_RSTS: 0x00001000
RPi: BOOTLOADER release VERSION:c305221a DATE: Sep  3 2020 TIME: 13:11:46 BOOTMODE: 0x00000006 part: 0 BUILD_TIMESTAN
uSD voltage 3.3V
Initialising SDRAM 'Samsung' 16Gb x2 total-size: 32 Gbit 3200
XHCI-STOP
xHC ver: 256 HCS: 05000420 fc000031 00e70004 HCC: 002841eb
xHC ports 5 slots 32 intrs 4
Reset USB port-power 1000 ms
Boot mode: SD (01) order 0
SD HOST: 250000000 CTL0: 0x00000000 BUS: 100000 Hz actual: 100000 HZ div: 2500 (1250) status: 0x1fff0000 delay: 1080
SD HOST: 250000000 CTL0: 0x00000f00 BUS: 100000 Hz actual: 100000 HZ div: 2500 (1250) status: 0x1fff0000 delay: 1080
EMMC
SD HOST: 250000000 CTL0: 0x00000000 BUS: 100000 Hz actual: 100000 HZ div: 2500 (1250) status: 0x1fff0000 delay: 1080
SD HOST: 250000000 CTL0: 0x00000000 BUS: 100000 Hz actual: 100000 HZ div: 2500 (1250) status: 0x1fff0000 delay: 1080
SDV1
SD HOST: 250000000 CTL0: 0x00000000 BUS: 100000 Hz actual: 100000 HZ div: 2500 (1250) status: 0x1fff0000 delay: 1080
SD CMD: 0x371a0010 (55) 0x0 0x1fff0001
Failed to open device: 'sdcard' (cmd 371a0010 status 1fff0001)
Retry SD 1
```

▲图 2.8　在串口终端软件中查看是否有输出

2.2.2　安装树莓派官方 OS

树莓派的映像文件需要安装（烧录）到 MicroSD 卡里。第一次使用树莓派时，我们先给树莓派安装一个官方的 OS——Raspberry Pi OS（简称树莓派 OS），用来验证开发板是否正常工作。另外，要在树莓派上运行 BenOS，也需要准备一张格式化好的 MicroSD 卡。格式化的要求如下。

❑ 使用 MBR 分区表。

❑ 格式化 boot 分区为 FAT32 文件系统。

下面是安装树莓派 OS 的步骤。

（1）到树莓派官方网站上下载 ARM64 版本的树莓派 OS 映像文件，例如 2021-03-04-raspios-buster-arm64.img。

（2）为了将映像文件烧录到 MicroSD 卡中，将 MicroSD 卡插入 USB 读卡器。在 Windows 主机上，安装 Win32DiskImager 软件来进行烧录，如图 2.9 所示。而在 Linux 主机上通过简单地执行 dd 命令将映像文件烧录至 MicroSD 卡。

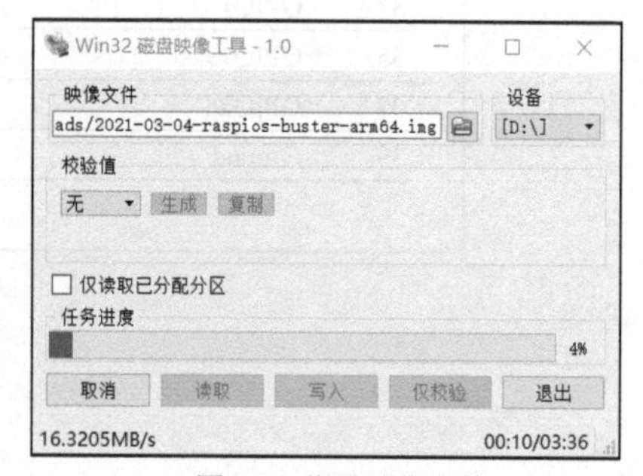

▲图 2.9　烧录映像文件

```
#dd if= 2021-03-04-raspios-buster-arm64.img of=/dev/sdX status=progress
```

其中，/dev/sdX 中的 X 需要修改为存储卡实际的映射值，可以通过“fdisk -l”命令来查看。

（3）把 MicroSD 卡重新插入主机，此时会看到有一个名为“boot”的分区。修改 boot 分区里面的 config.txt 配置文件，在这个文件中新增两行，目的是使能串口输出功能。

```
uart_2ndstage=1
enable_uart=1
```

（4）启动树莓派。把 MicroSD 卡插入树莓派中，通过 USB 线给树莓派供电。树莓派 OS 的用户名为 pi，密码为 raspberry。

（5）配置树莓派 4B 上的 Wi-Fi。使用树莓派上的配置工具来配置，在串口中输入如下命令。

```
$ sudo raspi-config
```

（6）选择 System Options→S1 Wireless LAN，配置 SSID 和密码，如图 2.10 所示。

（7）更新系统，这样会自动更新树莓派 4B 上的固件。

```
sudo apt update
sudo apt full-upgrade
sudo reboot
```

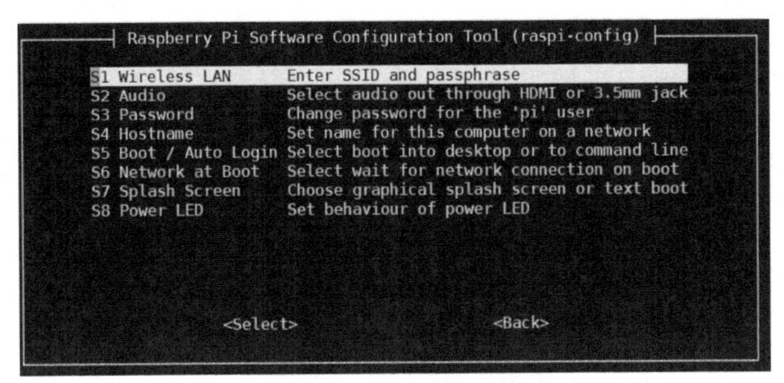

▲图 2.10　配置 SSID 和密码

经过上面的步骤，我们得到格式化好的 boot 分区和最新版本的树莓派固件。boot 分区主要包括如下几个文件。

- bootcode.bin：引导程序。树莓派复位上电时，CPU 处于复位状态，由 GPU 负责启动系统。GPU 首先会启动固化在芯片内部的固件（BootROM 代码），读取 MicroSD 卡中的 bootcode.bin 文件，并装载和运行 bootcode.bin 中的引导程序。树莓派 4B 已经把 bootcode.bin 引导程序固化到 BootROM 里。
- start4.elf：树莓派 4B 上的 GPU 固件。bootcode.bin 引导程序检索 MicroSD 卡中的 GPU 固件，加载固件并启动 GPU。
- start.elf：树莓派 3B 上的 GPU 固件。
- config.txt：配置文件。GPU 启动后读取 config.txt 配置文件，读取 Linux 内核映像（比如 kernel8.img 等）以及内核运行参数等，然后把内核映像加载到共享内存中并启动 CPU，CPU 结束复位状态后开始运行 Linux 内核。

2.2.3　实验 2-1：输出“Welcome BenOS!”

1. 实验目的

了解和熟悉如何在树莓派 4B 上运行最简单的 BenOS 程序。

2. 实验详解

首先，在 Linux 主机中安装相关工具[①]。

```
$ sudo apt-get install qemu-system-arm libncurses5-dev gcc-aarch64-linux-gnu build-
  essential git bison flex libssl-dev
```

然后，在 Linux 主机上使用 make 命令编译 BenOS。

```
$ cd benos
$ make
```

编译完成之后会生成 benos.bin 可执行文件以及 benos.elf 文件。在把 benos.bin 可执行文件放到树莓派 4B 上之前，我们可以使用 QEMU 虚拟机来模拟树莓派运行，可直接输入“make run”命令。

① Ubuntu Linux 20.04 内置的 QEMU 4.2 还不支持树莓派 4B。若要在 QEMU 中模拟树莓派 4B，那么还需要打上一系列补丁，然后重新编译 QEMU。本书配套的实验平台 VMware/VirtualBox 映像会提供支持树莓派 4B 的 QEMU 程序，请读者使用本书配套的 VMware/Virtualbox 映像。

```
$ make run
qemu-system-aarch64 -machine raspi4 -nographic -kernel benos.bin
Welcome BenOS!
```

把 benos.bin 文件复制到 MicroSD 卡的 boot 分区（可以通过 USB 的 MicroSD 读卡器进行复制），并且修改 boot 分区里面的 config.txt 文件。

```
<config.txt 文件>

[pi4]
kernel=benos.bin
max_framebuffers=2

[pi3]
kernel=benos.bin

[all]
arm_64bit=1

enable_uart=1

kernel_old=1
disable_commandline_tags=1
```

插入 MicroSD 卡到树莓派，连接 USB 电源线，使用 Windows 端的串口软件可以看到输出，如图 2.11 所示。

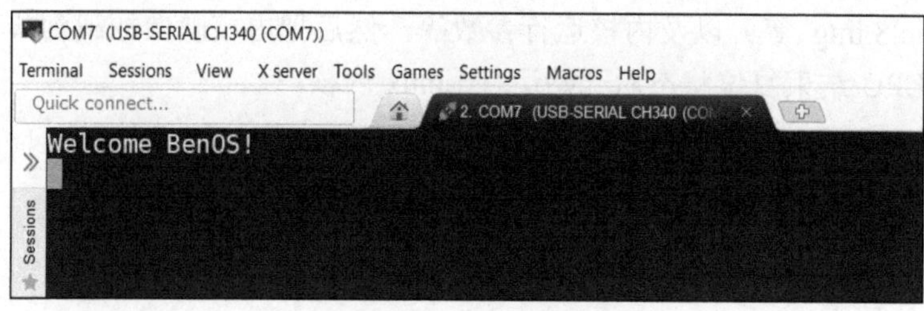

▲图 2.11　输出欢迎语句

2.2.4　实验 2-2：使用 GDB 与 QEMU 虚拟机调试 BenOS

我们可以使用 GDB 和 QEMU 虚拟机单步调试裸机程序。

本节以实验 2-1 为例，在终端启动 QEMU 虚拟机的 gdbserver。

```
$ qemu-system-aarch64 -machine raspi4 -serial null -serial mon:stdio -nographic -kernel
  benos.bin -S -s
```

在另一个终端输入如下命令来启动 GDB，可以使用 aarch64-linux-gnu-gdb 命令或者 gdb-multiarch 命令。

```
$ aarch64-linux-gnu-gdb --tui build/benos.elf
```

在 GDB 的命令行中输入如下命令。

```
(gdb) target remote localhost:1234
(gdb) b _start
Breakpoint 1 at 0x0: file src/boot.S, line 7.
(gdb) c
```

此时，可以使用 GDB 命令来进行单步调试，如图 2.12 所示。

```
src/boot.S
    1          #include "mm.h"
    2
    3          .section ".text.boot"
    4
    5          .globl _start
    6          _start:
B+  7                  mrs     x0, mpidr_el1
  > 8                  and     x0, x0,#0xFF            // Check processor id
    9                  cbz     x0, master              // Hang for all non-primary CPU
   10                  b       proc_hang
   11
   12          proc_hang:
   13                  b       proc_hang
   14
   15          master:
   16                  adr     x0, bss_begin
   17                  adr     x1, bss_end
   18                  sub     x1, x1, x0
   19                  bl      memzero
   20
   21                  mov     sp, #LOW_MEMORY

remote Thread 1.1 In: _start
(gdb) target remote localhost:1234
Remote debugging using localhost:1234
0x0000000000000000 in ?? ()
(gdb) b _start
Breakpoint 1 at 0x80000: file src/boot.S, line 7.
(gdb) c
Continuing.

Thread 1 hit Breakpoint 1, _start () at src/boot.S:7
(gdb) s
(gdb)
```

▲图 2.12 使用 GDB 调试裸机程序

2.2.5 实验 2-3：使用 J-Link EDU 仿真器调试树莓派

调试 BenOS 是通过 QEMU 虚拟机中内置的 gdbserver 来实现的，但 gdbserver 只能调试在 QEMU 虚拟机上运行的程序。如果需要调试在硬件开发板上运行的程序，例如把 BenOS 放到树莓派上运行，那么 GDB 与 QEMU 虚拟机就无能为力了。如果我们编写的程序在 QEMU 虚拟机上能运行，而在实际的硬件开发板上无法运行，那就只能借助硬件仿真器来调试和定位问题。

硬件仿真器指的是使用仿真头完全取代目标板（例如树莓派 4B 开发板）上的 CPU，通过完全仿真目标开发板上的芯片行为，提供更加深入的调试功能。目前流行的硬件仿真器是 JTAG 仿真器。JTAG（Joint Test Action Group）是一种国际标准测试协议，主要用于芯片内部测试。JTAG 仿真器通过现有的 JTAG 边界扫描口与 CPU 进行通信，实现对 CPU 和外设的调试功能。

目前市面上支持 ARM 芯片调试的仿真器主要有 ARM 公司的 DSTREAM 仿真器、德国 Lauterbach 公司的 Trace32 仿真器以及 SEGGER 公司的 J-Link 仿真器。J-Link EDU 是 SEGGER 公司推出的面向高校和教育的版本，本章提到的 J-Link 仿真器指的是 J-Link EDU 版本。本节介绍如何使用 J-Link 仿真器[①]调试树莓派 4B。

1. 硬件连线

为了在树莓派 4B 上使用 J-Link 仿真器，首先需要把 J-Link 仿真器的 JTAG 接口连接到树莓派 4B 的扩展板。树莓派 4B 的扩展接口已经内置了 JTAG 接口。我们可以使用杜邦线来连接。

J-Link 仿真器提供 20 引脚的 JTAG 接口，如图 2.13 所示。

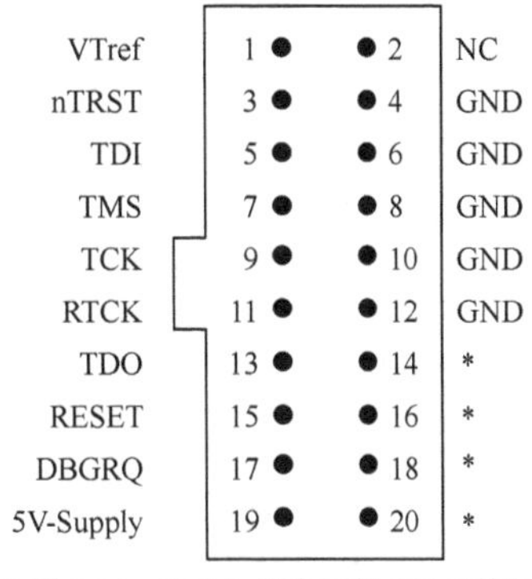

▲图 2.13 J-Link 仿真器的 JTAG 接口

① J-Link 仿真器需要额外购买，读者可以登录 SEGGER 公司官网以了解详情。

JTAG 接口引脚的说明如表 2.2 所示。

表 2.2　JTAG 接口引脚的说明

引　脚　号	名　　称	类　　型	说　　明
1	VTref	输入	目标机的参考电压
2	NC	悬空	悬空引脚
3	nTRST	输出	复位信号
5	TDI	输出	JTAG 数据信号，从 JTAG 输出数据到目标 CPU
7	TMS	输出	JTAG 模式设置
9	TCK	输出	JTAG 时钟信号
11	RTCK	输入	从目标 CPU 反馈回来的时钟信号
13	TDO	输入	从目标 CPU 反馈回来的数据信号
15	RESET	输入输出	目标 CPU 的复位信号
17	DBGRQ	悬空	保留
19	5V-Supply	输出	输出 5V 电压

树莓派与 J-Link 仿真器的连接需要 8 根线，如表 2.3 所示。读者可以参考图 2.5 和图 2.13 来仔细连接线路。

表 2.3　树莓派与 J-Link 仿真器的连接

JTAG 接口	树莓派引脚号	树莓派引脚名称
TRST	15	GPIO22
RTCK	16	GPIO23
TDO	18	GPIO24
TCK	22	GPIO25
TDI	37	GPIO26
TMS	13	GPIO27
VTref	01	3.3V
GND	39	GND

2. 复制树莓派固件到 MicroSD 卡

在实验 2-1 的基础上，复制 loop.bin 程序到 MicroSD 卡。另外，还需要修改 config.txt 配置文件，打开树莓派对 JTAG 接口的支持。

完整的 config.txt 文件如下。

```
# BenOS for JLINK debug

[pi4]
kernel=loop.bin

[pi3]
kernel=loop.bin

[all]
arm_64bit=1
enable_uart=1
uart_2ndstage=1

enable_jtag_gpio=1
gpio=22-27=a4
init_uart_clock=48000000
init_uart_baud=115200
```

- uart_2ndstage=1：打开固件的调试日志。
- enable_jtag_gpio =1：使能 JTAG 接口。
- gpio=22-27=a4：表示 GPIO22～GPIO27 使用可选功能配置 4。
- init_uart_clock=48000000：设置串口的时钟。
- init_uart_baud=115200：设置串口的波特率。

复制完之后，把 MicroSD 卡插入树莓派中，接上电源。

3. 下载和安装 OpenOCD 软件

OpenOCD（Open On-Chip Debugger，开源片上调试器）是一款开源的调试软件。OpenOCD 提供针对嵌入式设备的调试、系统编程和边界扫描功能。OpenOCD 需要使用硬件仿真器来配合完成调试，例如 J-Link 仿真器等。OpenOCD 内置了 GDB server 模块，可以通过 GDB 命令来调试硬件。

首先，通过 git clone 命令下载 OpenOCD 软件[①]。

然后，安装如下依赖包。

```
$ sudo apt install make libtool pkg-config autoconf automake texinfo
```

接下来，编译和安装。

```
$ cd openocd
$ ./ bootstrap
$ ./configure
$ make
$ sudo make install
```

另外，也可以从 xPack OpenOCD 项目中下载编译好的二进制文件。

4. 连接 J-Link 仿真器

为了使用 openocd 命令连接 J-Link 仿真器，需要指定配置文件。OpenOCD 的安装包里内置了 jlink.cfg 文件，该文件保存在/usr/local/share/openocd/scripts/interface/目录下。jlink.cfg 配置文件比较简单，可通过“adapter”命令连接 J-Link 仿真器。

```
<jlink.conf 配置文件>
# SEGGER J-Link

adapter driver jlink
```

下面通过 openocd 命令来连接 J-Link 仿真器，可使用“-f”选项来指定配置文件。

```
$ openocd -f jlink.cfg

Open On-Chip Debugger 0.10.0+dev-01266-gd8ac0086-dirty (2020-05-30-17:23)
Licensed under GNU GPL v2
For bug reports, read
     ****://openocd.***/doc/doxygen/bugs.html
Info : Listening on port 6666 for tcl connections
Info : Listening on port 4444 for telnet connections
Info : J-Link V11 compiled Jan  7 2020 16:52:13
Info : Hardware version: 11.00
Info : VTarget = 3.341 V
```

① 读者可以到 OpenOCD 官网上下载源代码。另外，本书配套的实验平台 VMware 映像安装了 OpenOCD 软件。

从上述日志可以看到，OpenOCD 已经检测到 J-Link 仿真器，版本为 11。

5. 连接树莓派

接下来，使用 J-Link 仿真器连接树莓派，这里需要描述树莓派的配置文件 raspi4.cfg。树莓派的这个配置文件的主要内容如下。

```
<raspi4.cfg 配置文件>
set _CHIPNAME bcm2711
set _DAP_TAPID 0x4ba00477

adapter speed 1000

transport select jtag
reset_config trst_and_srst

telnet_port 4444

# 创建 tap
jtag newtap auto0 tap -irlen 4 -expected-id $_DAP_TAPID

# 创建 dap
dap create auto0.dap -chain-position auto0.tap

set CTIBASE {0x80420000 0x80520000 0x80620000 0x80720000}
set DBGBASE {0x80410000 0x80510000 0x80610000 0x80710000}

set _cores 4

set _TARGETNAME $_CHIPNAME.a72
set _CTINAME $_CHIPNAME.cti
set _smp_command ""

for {set _core 0} {$_core < $_cores} { incr _core} {
   cti create $_CTINAME.$_core -dap auto0.dap -ap-num 0 -ctibase [lindex $CTIBASE $_core]

   set _command "target create ${_TARGETNAME}.$_core aarch64 \
                -dap auto0.dap  -dbgbase [lindex $DBGBASE $_core] \
                -coreid $_core -cti $_CTINAME.$_core"
   if {$_core != 0} {
      set _smp_command "$_smp_command $_TARGETNAME.$_core"
   } else {
      set _smp_command "target smp $_TARGETNAME.$_core"
   }

   eval $_command
}

eval $_smp_command
targets $_TARGETNAME.0
```

使用如下命令连接树莓派，结果如图 2.14 所示。

```
$ openocd -f jlink.cfg -f raspi4.cfg
```

如图 2.14 所示，OpenOCD 已经成功连接 J-Link 仿真器，并且找到了树莓派的主芯片 BCM2711。OpenOCD 开启了几个服务，其中 Telnet 服务的端口号为 4444，GDB 服务的端口号为 3333。

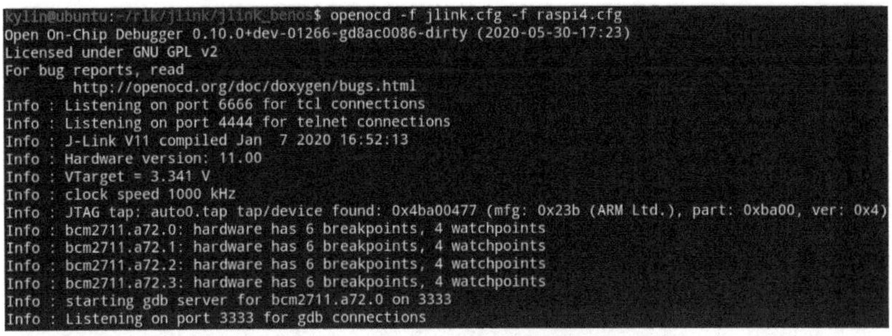

```
kylin@ubuntu:~/rlk/jlink/jlink_benos$ openocd -f jlink.cfg -f raspi4.cfg
Open On-Chip Debugger 0.10.0+dev-01266-gd8ac0086-dirty (2020-05-30-17:23)
Licensed under GNU GPL v2
For bug reports, read
        http://openocd.org/doc/doxygen/bugs.html
Info : Listening on port 6666 for tcl connections
Info : Listening on port 4444 for telnet connections
Info : J-Link V11 compiled Jan  7 2020 16:52:13
Info : Hardware version: 11.00
Info : VTarget = 3.341 V
Info : clock speed 1000 kHz
Info : JTAG tap: auto0.tap tap/device found: 0x4ba00477 (mfg: 0x23b (ARM Ltd.), part: 0xba00, ver: 0x4)
Info : bcm2711.a72.0: hardware has 6 breakpoints, 4 watchpoints
Info : bcm2711.a72.1: hardware has 6 breakpoints, 4 watchpoints
Info : bcm2711.a72.2: hardware has 6 breakpoints, 4 watchpoints
Info : bcm2711.a72.3: hardware has 6 breakpoints, 4 watchpoints
Info : starting gdb server for bcm2711.a72.0 on 3333
Info : Listening on port 3333 for gdb connections
```

▲图 2.14　使用 J-Link 仿真器连接树莓派

6. 登录 Telnet 服务

在 Linux 主机中新建终端，输入如下命令以登录 OpenOCD 的 Telnet 服务。

```
$ telnet localhost 4444
Trying 127.0.0.1...
Connected to localhost.
Escape character is '^]'.
Open On-Chip Debugger
>
```

在 Telnet 服务的提示符下输入“halt”命令以暂停树莓派的 CPU，等待调试请求。

```
> halt
bcm2711.a72.0 cluster 0 core 0 multi core
bcm2711.a72.1 cluster 0 core 1 multi core
target halted in AArch64 state due to debug-request, current mode: EL2H
cpsr: 0x000003c9 pc: 0x78
MMU: disabled, D-Cache: disabled, I-Cache: disabled
bcm2711.a72.2 cluster 0 core 2 multi core
target halted in AArch64 state due to debug-request, current mode: EL2H
cpsr: 0x000003c9 pc: 0x78
MMU: disabled, D-Cache: disabled, I-Cache: disabled
bcm2711.a72.3 cluster 0 core 3 multi core
target halted in AArch64 state due to debug-request, current mode: EL2H
cpsr: 0x000003c9 pc: 0x78
MMU: disabled, D-Cache: disabled, I-Cache: disabled
target halted in AArch64 state due to debug-request, current mode: EL2H
cpsr: 0x000003c9 pc: 0x80000
MMU: disabled, D-Cache: disabled, I-Cache: disabled
>
```

接下来，使用 load_image 命令加载 BenOS 可执行程序，这里把 benos.bin 加载到内存的 0x80000 地址处，因为在链接脚本中设置的链接地址为 0x80000。

```
> load_image /home/rlk/rlk/lab01/benos.bin 0x80000
936 bytes written at address 0x80000
downloaded 936 bytes in 0.101610s (8.996 KiB/s)
```

下面使用 step 命令让树莓派的 CPU 停在链接地址（此时的链接地址为 0x80000）处，等待用户输入命令。

```
> step 0x80000
target halted in AArch64 state due to single-step, current mode: EL2H
cpsr: 0x000003c9 pc: 0x4
MMU: disabled, D-Cache: disabled, I-Cache: disabled
```

7. 使用 GDB 进行调试

现在可以使用 GDB 调试代码了。首先使用 aarch64-linux-gnu-gdb 命令（或者 gdb-multiarch

命令）启动 GDB，并且使用端口号 3333 连接 OpenOCD 的 GDB 服务。

```
$ aarch64-linux-gnu-gdb --tui build/benos.elf

(gdb) target remote localhost:3333   <=连接 OpenOCD 的 GDB 服务
```

当连接成功之后，我们可以看到 GDB 停在 BenOS 程序的入口点（_start），如图 2.15 所示。

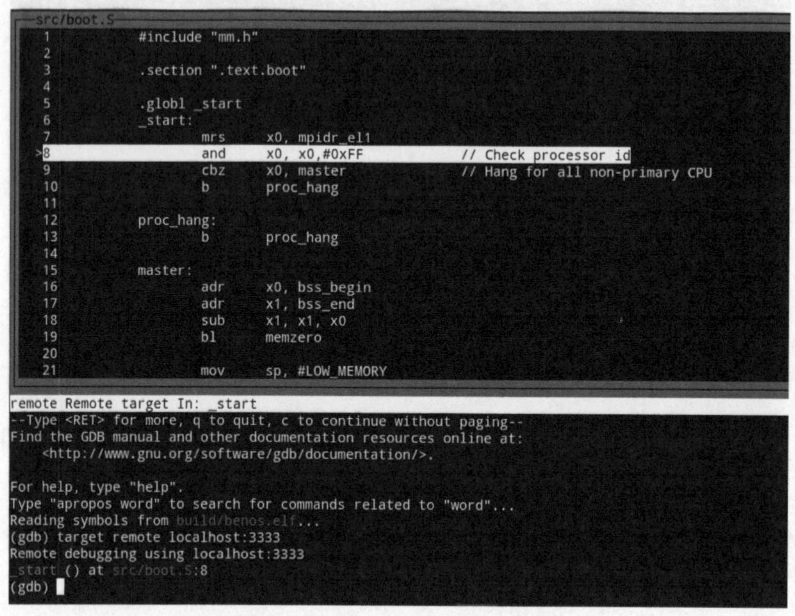

▲图 2.15　连接 OpenOCD 的 GDB 服务

此时，我们可以使用 GDB 的"step"命令单步调试程序，也可以使用"info reg"命令查看树莓派上的 CPU 寄存器的值。

使用"layout reg"命令打开 GDB 的寄存器窗口，这样就可以很方便地查看寄存器的值。如图 2.16 所示，当单步执行完第 16 行的"adr x0, bss_begin"汇编语句后，寄存器窗口中马上显示了 X0 寄存器的值。

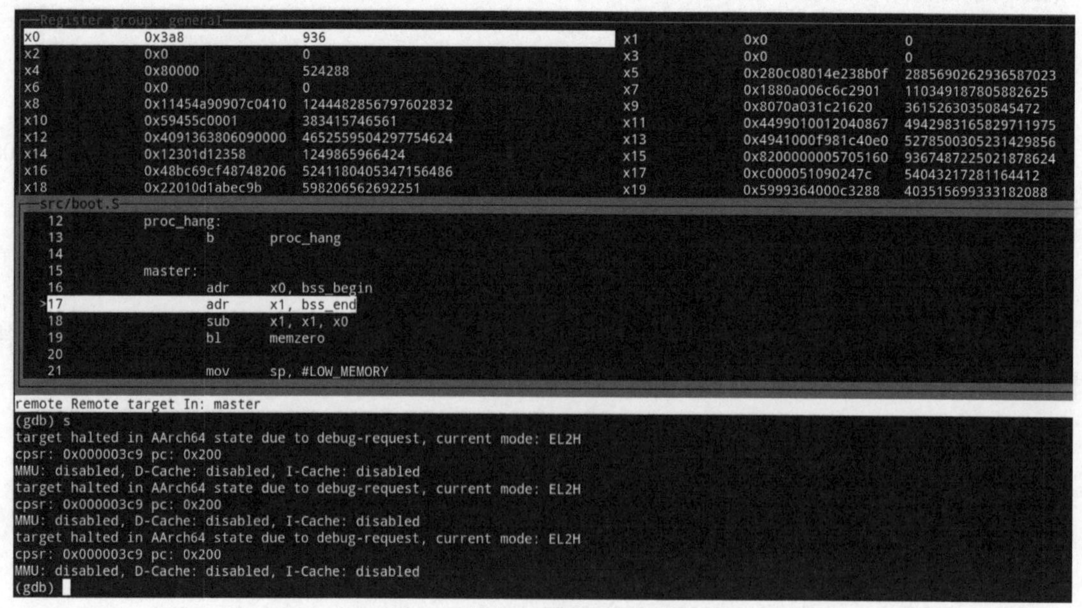

▲图 2.16　单步调试和查看寄存器的值

2.3 BenOS 基础实验代码解析

本书中大部分的实验代码是基于 BenOS 来实现的。BenOS 是一个基于 ARM64 体系结构的小型操作系统。本书的实验会从最简单的裸机程序开始，逐步扩展和丰富，让其具有进程调度、系统调用等现代操作系统的基本功能。

本节介绍最简单的 BenOS 的代码体系结构，目前它仅仅有串口显示功能，类似于裸机程序。

由于我们写的是裸机程序，因此需要手动编写 Makefile 和链接脚本。对于任何一种可执行程序，不论是.elf 还是.exe 文件，都是由代码（.text）段、数据（.data）段、未初始化数据（.bss）段等段（section）组成的。链接脚本最终会把一大堆编译好的二进制文件（.o 文件）整合为二进制可执行文件，也就是把所有二进制文件整合到一个大文件中。这个大文件由总体的.text/.data/.bss 段描述。下面是本实验中的一个链接文件，名为 link.ld。

```
1    SECTIONS
2    {
3        . = 0x80000;
4        .text.boot : { *(.text.boot) }
5        .text : { *(.text) }
6        .rodata : { *(.rodata) }
7        .data : { *(.data) }
8        . = ALIGN(0x8);
9        bss_begin = .;
10       .bss : { *(.bss*) }
11       bss_end = .;
12   }
```

在第 1 行中，SECTIONS 是 LS（Linker Script）语法中的关键命令，用来描述输出文件的内存布局。SECTIONS 命令告诉链接文件如何把输入文件的段映射到输出文件的各个段，如何将输入段整合为输出段，以及如何把输出段放入程序地址空间和进程地址空间。

在第 3 行中，“.”非常关键，它代表位置计数（Location Counter，LC），这里把.text 段的链接地址设置为 0x80000，这里的链接地址指的是加载地址（load address）。

在第 4 行中，输出文件的.text.boot 段内容由所有输入文件（其中的“*”可理解为所有的.o 文件，也就是二进制文件）的.text.boot 段组成。

在第 5 行中，输出文件的.text 段内容由所有输入文件（其中的“*”可理解为所有的.o 文件，也就是二进制文件）的.text 段组成。

在第 6 行中，输出文件的.rodata 段由所有输入文件的.rodata 段组成。

在第 7 行中，输出文件的.data 段由所有输入文件的.data 段组成。

在第 8 行中，设置为按 8 字节对齐。

在第 9～11 行中，定义了一个.bss 段。

因此，上述链接文件定义了如下几个段。

- .text.boot 段：启动首先要执行的代码。
- .text 段：代码段。
- .rodata 段：只读数据段。
- .data 段：数据段。
- .bss 段：包含未初始化的全局变量和静态变量。

下面开始编写启动用的汇编代码，将代码保存为 boot.S 文件。

```
1    #include "mm.h"
2
3    .section ".text.boot"
4
5    .globl _start
6    _start:
7        mrs x0, mpidr_el1
8        and x0, x0,#0xFF
9        cbz x0, master
10       b   proc_hang
11
12   proc_hang:
13       b   proc_hang
14
15   master:
16       adr x0, bss_begin
17       adr x1, bss_end
18       sub x1, x1, x0
19       bl  memzero
20
21       mov sp, #LOW_MEMORY
22       bl  start_kernel
23       b   proc_hang
```

启动用的汇编代码不长，下面做简要分析。

在第 3 行中，把 boot.S 文件编译链接到.text.boot 段中。我们可以在链接文件 link.ld 中把.text.boot 段链接到这个可执行文件的开头，这样当程序执行时将从这个段开始执行。

在第 6 行中，_start 为程序的入口点。

在第 7 行中，由于树莓派 4B 有 4 个 CPU 内核，但是本实验的裸机程序不希望 4 个 CPU 内核都运行，我们只想让第一个 CPU 内核运行起来。mpidr_el1 寄存器是表示处理器内核的编号。

在第 8 行中，and 指令用于完成与操作。

第 9 行，cbz 为比较并跳转指令。如果 X0 寄存器的值为 0，则跳转到 master 标签处。若 X0 寄存器的值为 0，则表示第 1 个 CPU 内核。其他 CPU 内核则跳转到 proc_hang 标签处。

在第 12 和 13 行，proc_hang 标签这里是死循环。

在第 15 行，对于 master 标签，只有第一个 CPU 内核才能运行到这里。

在第 16～19 行，初始化.bss 段。

在第 21 行中，使 SP 指向内存的 4 MB 地址处。树莓派至少有 1 GB 内存，我们这个裸机程序用不到那么大的内存。

在第 22 行中，跳转到 C 语言的 start_kernel 函数，这里最重要的一步是设置 C 语言运行环境，即栈。

总之，上述汇编代码还是比较简单的，我们只做了 3 件事情。

- 只让第一个 CPU 内核运行，让其他 CPU 内核进入死循环。
- 初始化.bss 段。
- 设置栈，跳转到 C 语言入口。

接下来，编写 C 语言的 start_kernel 函数。本实验的目的是输出一条欢迎语句，因而这个函数的实现比较简单。将代码保存为 kernel.c 文件。

```
#include "mini_uart.h"

void start_kernel(void)
{
	uart_init();
	uart_send_string("Welcome BenOS!\r\n");

	while (1) {
		uart_send(uart_recv());
	}
}
```

上述代码很简单，主要操作是初始化串口和向串口中输出欢迎语句。

接下来，实现一些简单的串口驱动代码。树莓派有两个串口设备。

- PL011 串口，在 BCM2711 芯片手册中简称 UART0，是一种全功能的串口设备。
- Mini 串口，在 BCM2711 芯片手册中简称 UART1。

本实验使用 PL011 串口设备。Mini 串口设备比较简单，不支持流量控制（flow control），在高速传输过程中还有可能丢包。

BCM2711 芯片里有不少片内外设复用相同的 GPIO 接口，这称为 GPIO 可选功能配置（GPIO Alternative Function）。GPIO14 和 GPIO15 可以复用 UART0 与 UART1 串口的 TXD 引脚和 RXD 引脚，如表 2.4 所示。关于 GPIO 可选功能配置的详细介绍，读者可以查阅 BCM2711 芯片手册。在使用 PL011 串口之前，我们需要通过编程来使能 TXD0 和 RXD0 引脚。

表 2.4　GPIO 可选功能配置

GPIO	电平	可选项 0	可选项 1	可选项 2	可选项 3	可选项 4	可选项 5
GPIO0	高	SDA0	SA5				
GPIO1	高	SCL0	SA4				
GPIO14	低	TXD0	SD6				TXD1
GPIO15	低	RXD0					RXD1

BCM2711 芯片提供了 GFPSEL*n* 寄存器来设置 GPIO 可选功能配置，其中 GPFSEL0 用来配置 GPIO0～GPIO9，而 GPFSEL1 用来配置 GPIO10～GPIO19，以此类推。其中，每个 GPIO 使用 3 位来表示不同的含义。

- 000：表示 GPIO 配置为输入
- 001：表示 GPIO 配置为输出。
- 100：表示 GPIO 配置为可选项 0。
- 101：表示 GPIO 配置为可选项 1。
- 110：表示 GPIO 配置为可选项 2。
- 111：表示 GPIO 配置为可选项 3。
- 011：表示 GPIO 配置为可选项 4。
- 010：表示 GPIO 配置为可选项 5。

首先，在 include/asm/base.h 头文件中加入树莓派寄存器的基地址。

```
#ifndef  _P_BASE_H
#define  _P_BASE_H

#ifdef CONFIG_BOARD_PI3B
```

```
#define PBASE 0x3F000000
#else
#define PBASE 0xFE000000
#endif

#endif  /*_P_BASE_H */
```

下面是 PL011 串口的初始化代码。

```
void uart_init ( void )
{
    unsigned int selector;

    selector = readl(GPFSEL1); selector &= ~(7<<12);
    /* 为 GPIO14 设置可选项 0*/
    selector |= 4<<12;
    selector &= ~(7<<15);
    /* 为 GPIO15 设置可选项 0 */
    selector |= 4<<15;
    writel(selector, GPFSEL1);
```

上述代码把 GPIO14 和 GPIO15 设置为可选项 0，也就是用作 PL011 串口的 RXD0 和 TXD0 引脚。

```
/*设置 gpio14/15 为下拉状态*/
selector = readl(GPIO_PUP_PDN_CNTRL_REG0);
selector |= (0x2 << 30) | (0x2 << 28);
writel(selector, GPIO_PUP_PDN_CNTRL_REG0);
```

通常 GPIO 引脚有 3 个状态——上拉（pull-up）、下拉（pull-down）以及连接（connect）。连接状态指的是既不上拉也不下拉，仅仅连接。上述代码已把 GPIO14 和 GPIO15 设置为下拉状态。

下列代码用来初始化 PL011 串口。

```
/* 暂时关闭串口 */
writel(0, U_CR_REG);

/* 设置波特率 */
writel(26, U_IBRD_REG);
writel(3, U_FBRD_REG);

/* 使能 FIFO 设备 */
writel((1<<4) | (3<<5), U_LCRH_REG);

/* 屏蔽中断 */
writel(0, U_IMSC_REG);
/* 使能串口，打开收发功能 */
writel(1 | (1<<8) | (1<<9), U_CR_REG);
```

接下来，实现如下几个函数以收发字符串。

```
void uart_send(char c)
{
    while (readl(U_FR_REG) & (1<<5))
        ;

    writel(c, U_DATA_REG);
}
```

```
char uart_recv(void)
{
    while (readl(U_FR_REG) & (1<<4))
        ;

    return(readl(U_DATA_REG) & 0xFF);
}
```

uart_send()和 uart_recv()函数分别用于在 while 循环中判断是否有数据需要发送和接收，这里只需要判断 U_FR_REG 寄存器的相应位即可。

接下来，编写 Makefile 文件。

```
board ?= rpi3

ARMGNU ?= aarch64-linux-gnu

COPS += -DCONFIG_BOARD_PI4B
QEMU_FLAGS  += -machine raspi4

COPS += -g -Wall -nostdlib -nostdinc -Iinclude
ASMOPS = -g -Iinclude

BUILD_DIR = build
SRC_DIR = src

all : benos.bin

clean :
    rm -rf $(BUILD_DIR) *.bin

$(BUILD_DIR)/%_c.o: $(SRC_DIR)/%.c
    mkdir -p $(@D)
    $(ARMGNU)-gcc $(COPS) -MMD -c $< -o $@

$(BUILD_DIR)/%_s.o: $(SRC_DIR)/%.S
    $(ARMGNU)-gcc $(ASMOPS) -MMD -c $< -o $@

C_FILES = $(wildcard $(SRC_DIR)/*.c)
ASM_FILES = $(wildcard $(SRC_DIR)/*.S)
OBJ_FILES = $(C_FILES:$(SRC_DIR)/%.c=$(BUILD_DIR)/%_c.o)
OBJ_FILES += $(ASM_FILES:$(SRC_DIR)/%.S=$(BUILD_DIR)/%_s.o)

DEP_FILES = $(OBJ_FILES:%.o=%.d)
-include $(DEP_FILES)

benos.bin: $(SRC_DIR)/linker.ld $(OBJ_FILES)
    $(ARMGNU)-ld -T $(SRC_DIR)/linker.ld -o $(BUILD_DIR)/benos.elf  $(OBJ_FILES)
    $(ARMGNU)-objcopy $(BUILD_DIR)/benos.elf -O binary benos.bin

QEMU_FLAGS  += -nographic

run:
    qemu-system-aarch64 $(QEMU_FLAGS) -kernel benos.bin
debug:
    qemu-system-aarch64 $(QEMU_FLAGS) -kernel benos.bin -S -s
```

ARMGNU 用来指定编译器，这里使用 aarch64-linux-gnu-gcc。

COPS 和 ASMOPS 用来在编译 C 语言与汇编语言时指定编译选项。

- -g：表示编译时加入调试符号表等信息。
- -Wall：表示打开所有警告信息。
- -nostdlib：表示不连接系统的标准启动文件和标准库文件，只把指定的文件传递给连接器。这个选项常用于编译内核、bootloader 等程序，它们不需要标准启动文件和标准库文件。
- -nostdinc：表示不包含 C 语言的标准库的头文件。

上述文件最终会被编译、链接成名为 benos.elf 的.elf 文件，这个.elf 文件包含了调试信息，最后使用 objcopy 命令把 elf 文件转换为可执行的二进制文件。

2.4 QEMU 虚拟机与 ARM64 实验平台

本书中少部分实验可以在 ARM64 的 Linux 主机上完成，例如指令集实验和部分高速缓存伪共享实验。ARM64 的 Linux 主机可以通过如下两个方式获取：一种是在树莓派 4B 上安装树莓派 OS，另一种是使用 QEMU 虚拟机与 ARM64 实验平台。

第一种方式请参考 2.2.2 节的介绍，下面介绍 QEMU 虚拟机与 ARM64 实验平台。Linux 主机使用 Ubuntu 20.04 系统。

1）安装工具

首先，在 Linux 主机中安装相关工具。

```
$ sudo apt-get install qemu-system-arm libncurses5-dev gcc-aarch64-linux-gnu build-
  essential git bison flex libssl-dev
```

然后，在 Linux 主机系统中默认安装 ARM64 GCC 的 9.3 版本。

```
$ aarch64-linux-gnu-gcc -v
gcc version 9.3.0 (Ubuntu 9.3.0-8ubuntu1)
```

2）下载仓库

下载 runninglinuxkernel_5.0 的 git 仓库并切换到 runninglinuxkernel_5.0 分支。

```
$
$ git clone *****://github.***/runninglinuxkernel/runninglinuxkernel_5.0.git
```

3）编译内核以及创建文件系统

runninglinuxkernel_5.0 目录中有一个 rootfs_arm64.tar.xz 文件，这个文件基于 Ubuntu Linux 20.04 系统的根文件系统创建。

注意，该脚本会使用 dd 命令生成一个 4 GB 大小的映像文件，因此主机系统需要保证至少 10 GB 的空余磁盘空间。如果读者需要生成更大的根文件系统映像，那么可以修改 run_rlk_arm64.sh 脚本文件。

首先，编译内核。

```
$ cd runninglinuxkernel_5.0
$ ./run_rlk_arm64.sh build_kernel
```

执行上述脚本需要几十分钟时间，具体依赖于主机的计算能力。

然后，编译根文件系统。

```
$ cd runninglinuxkernel_5.0
$ sudo ./run_rlk_arm64.sh build_rootfs
```

注意，编译根文件系统需要管理员权限，而编译内核则不需要。执行完上述命令后，将会生成名为 rootfs_arm64.ext4 的根文件系统。

4）运行刚才编译好的 ARM64 版本的 Linux 系统

要运行 run_rlk_arm64.sh 脚本，输入 run 参数即可。

```
$./run_rlk_arm64.sh run
```

或者，输入以下代码。

```
$ qemu-system-aarch64 -m 1024 -cpu max,sve=on,sve256=on -M virt -nographic -smp 4 -kernel
  arch/arm64/boot/Image  -append "noinintrd sched_debug root=/dev/vda rootfstype=ext4
  rw crashkernel=256M loglevel=8"  -drive if=none,file=rootfs_debian_arm64.ext4,id=hd0
  -device virtio-blk-device,drive=hd0 --fsdev local,id=kmod_dev,path=./kmodules,security_
  model=none -device virtio-9p-pci,fsdev=kmod_dev,mount_tag=kmod_mount
```

运行结果如下。

```
rlk@ runninglinuxkernel_5.0 $ ./run_rlk_arm64.sh run
[    0.000000] Booting Linux on physical CPU 0x0000000000 [0x411fd070]
[    0.000000] Linux version 5.0.0+ (rlk@ubuntu) (gcc version 9.3.0 (Ubuntu 9.3.0-
  8ubuntu1)) #5 SMP Sat Mar 28 22:05:46 PDT 2020
[    0.000000] Machine model: linux,dummy-virt
[    0.000000] efi: Getting EFI parameters from FDT:
[    0.000000] efi: UEFI not found.
[    0.000000] crashkernel reserved: 0x0000000070000000 - 0x0000000080000000 (256 MB)
[    0.000000] cma: Reserved 64 MiB at 0x000000006c000000
[    0.000000] NUMA: No NUMA configuration found
[    0.000000] NUMA: Faking a node at [mem 0x0000000040000000-0x000000007fffffff]
[    0.000000] NUMA: NODE_DATA [mem 0x6bdf0f00-0x6bdf1fff]
[    0.000000] Zone ranges:
[    0.000000]   Normal   [mem 0x0000000040000000-0x000000007fffffff]
[    0.000000] Movable zone start for each node
[    0.000000] Early memory node ranges
…
[    2.269567] systemd[1]: systemd 245.2-1ubuntu2 running in system mode.
Ubuntu Focal Fossa (development branch) ubuntu ttyAMA0
rlk login:
```

登录系统时使用的用户名和密码如下。

- 用户名：root。
- 密码：123。

5）在线安装软件包

QEMU 虚拟机可以通过 VirtIO-Net 技术来生成虚拟的网卡，并通过 NAT（Network Address Translation，网络地址转换）技术和主机进行网络共享。下面使用 ifconfig 命令检查网络配置。

```
root@ubuntu:~# ifconfig
enp0s1: flags=4163<UP,BROADCAST,RUNNING,MULTICAST>  mtu 1500
        inet 10.0.2.15  netmask 255.255.255.0  broadcast 10.0.2.255
        inet6 fec0::ce16:adb:3e70:3e71  prefixlen 64  scopeid 0x40<site>
        inet6 fe80::c86e:28c4:625b:2767  prefixlen 64  scopeid 0x20<link>
        ether 52:54:00:12:34:56  txqueuelen 1000  (Ethernet)
        RX packets 23217  bytes 33246898 (31.7 MiB)
        RX errors 0  dropped 0  overruns 0  frame 0
        TX packets 4740  bytes 267860 (261.5 KiB)
        TX errors 0  dropped 0 overruns 0  carrier 0  collisions 0
```

可以看到，这里生成了名为 enp0s1 的网卡设备，分配的 IP 地址为 10.0.2.15。

可通过 apt update 命令更新 Debian 系统的软件仓库。

```
root@ubuntu:~# apt update
```

如果更新失败，有可能因为系统时间比较旧了，使用 date 命令来设置日期。

```
root@ubuntu:~# date -s 2020-03-29 #假设最新日期是 2020 年 3 月 29 日
Sun Mar 29 00:00:00 UTC 2020
```

使用 apt install 命令安装软件包，比如，在线安装 gcc 等软件包。

```
root@ubuntu:~# apt install gcc build-essential
```

6）在主机和 QEMU 虚拟机之间共享文件

主机和 QEMU 虚拟机可以通过 NET_9P 技术进行文件共享，这需要 QEMU 虚拟机和主机的 Linux 内核都使能 NET_9P 的内核模块。本实验平台已经支持主机和 QEMU 虚拟机的共享文件，可以通过如下简单方法来测试。

首先，复制一个文件到 runninglinuxkernel_5.0/kmodules 目录中。

```
$ cp test.c  runninglinuxkernel_5.0/kmodules
```

启动 QEMU 虚拟机之后，检查一下/mnt 目录中是否有 test.c 文件。

```
root@ubuntu:/# cd /mnt
root@ubuntu:/mnt # ls
README    test.c
```

后续的实验（例如第 22 章和第 23 章的实验）会经常利用这个特性，比如把编写好的代码文件放入 QEMU 虚拟机。

第3章 A64指令集1——加载与存储指令

本章思考题

1. A64指令集有什么特点？
2. A64指令集支持64位宽的数据和地址寻址，为什么指令的编码宽度只有32位？
3. 下面两条指令有什么区别？

```
LDR X0, [X1]
LDR X0, [X1, #8]
```

4. 在加载和存储指令中，什么是前变基模式与后变基模式？
5. 在下面的代码中，X0寄存器的值是多少？

```
my_data:
      .word 0x40

ldr x0,  my_data
```

6. 请解释下面的代码。

```
#define LABEL_1 0x100000
ldr x0, LABEL_1
```

7. 在下面的代码片段中，X1和X2寄存器的值分别是多少？

```
my_data:
        .quad  0x8a

ldr x5, =my_data
ldrb x1, [x5]
ldrsb x2, [x5]
```

8. 在加载与存储指令中，什么是可扩展（scaled）模式和不可扩展（unscaled）模式？
9. 下面几条MOV指令中，哪些能成功执行？哪些会无法正常执行？

```
mov x0, 0x1234
mov x0, 0x1abcd
mov x0, 0x12bc0000
mov x0, 0xffff0000ffff
```

10. 要加载一个很大的立即数到通用寄存器中，该如何加载？
11. 使用如下MOV指令来设置某个寄存器的值，有什么问题？

```
mov x0,(1 << 0) | (1 << 2) | (1<< 20) | (1<< 40) | (1<<55)
```

12. 在下面的示例代码中，X0和X1寄存器的值分别是多少？

```
string1:
      .string "Booting at EL"
```

```
ldr x0,  string1
ldr x1,  =string1
```

13. 在下面的示例代码中，X0 和 X1 寄存器的值分别是多少？

```
my_data:
      .word 0x40

ldr x0,  my_data
ldr x1, =my_data
```

本章主要介绍 A64 指令集中与加载和存储指令相关的内容。

3.1 A64 指令集介绍

指令集是处理器体系结构设计的重点之一。ARM 公司定义和实现的指令集一直在变化和发展中。ARMv8 体系结构最大的改变是增加了一个新的 64 位的指令集，这是早前 ARM 指令集的有益补充和增强。它可以处理 64 位宽的寄存器和数据并且使用 64 位的指针来访问内存。这个新的指令集称为 A64 指令集，运行在 AArch64 状态。ARMv8 兼容旧的 32 位指令集——A32 指令集，它运行在 AArch32 状态。

A64 指令集和 A32 指令集是不兼容的，它们是两套完全不一样的指令集，它们的指令编码是不一样的。需要注意的是，A64 指令集的指令宽度是 32 位，而不是 64 位。

A64 指令集有如下特点。

- 具有特有的指令编码格式。
- 只能运行在 AArch64 状态。
- 指令的宽度为 32 位。

A64 指令汇编需要注意的地方如下。

- A64 支持指令助记符和寄存器名全是大写字母或者全是小写字母的书写方式。不过，程序和数据标签是区分大小写的。
- 在使用立即操作数时前面可以使用“#”或者不使用“#”。
- “//”符号可以用于汇编代码的注释。
- 通用寄存器前面使用“w”表示仅使用通用寄存器的低 32 位，“x”表示 64 位通用寄存器。

A64 指令集可以分成如下几类：

- 内存加载和存储指令；
- 多字节内存加载和存储指令；
- 算术和移位指令；
- 移位操作指令；
- 位操作指令；
- 条件操作指令；
- 跳转指令；
- 独占访存指令；
- 内存屏障指令；
- 异常处理指令；

❑ 系统寄存器访问指令。

3.2 A64 指令编码格式

A64 指令集中每条指令的宽度为 32 位，其中第 24～28 位用来识别指令的分类，如图 3.1 所示。

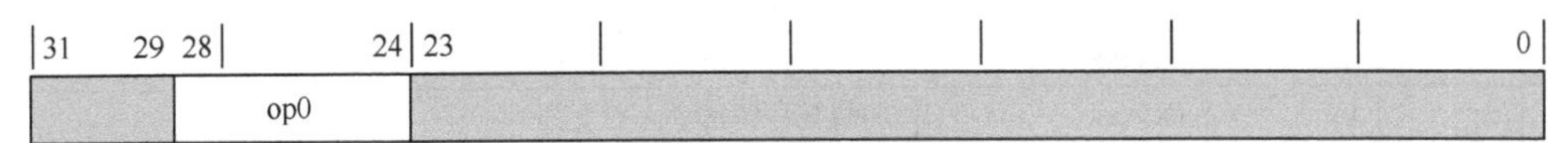

▲图 3.1 A64 指令分类

op0 字段的值见表 3.1。

表 3.1 op0 字段的值

op0 字段的值	说　明
0000x	保留
0010x	可伸缩矢量扩展（SVE）指令
100xx	数据处理指令（立即数）
101xx	分支处理指令、异常处理指令以及系统寄存器访问指令
x1x0x	加载与存储指令
x101x	数据处理指令（基于寄存器）
x111x	数据处理指令（浮点数与 SIMD）

表中，x 表示该位可以是 1 或者 0。以加载与存储指令为例，第 25 位必须为 0，第 27 位为 1，其他 3 位可以是 0 或者 1。

当根据 op0 字段确定了指令的分类之后，还需要进一步确定指令的细分类别。以加载与存储指令为例，加载与存储指令的格式如图 3.2 所示。

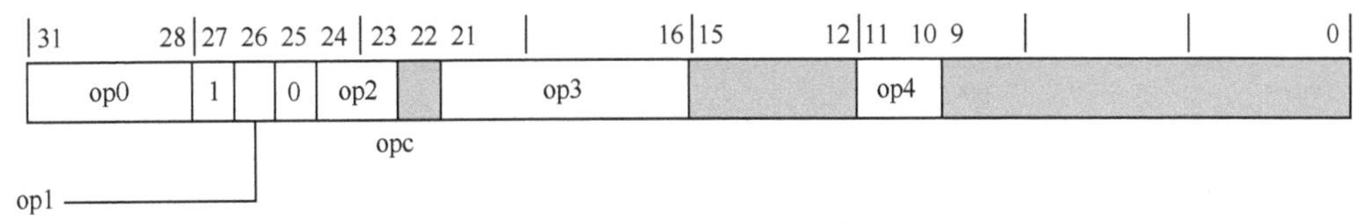

▲图 3.2 加载与存储指令的格式

如图 3.2 所示，加载与存储指令格式可以细分为 op0、op1、op2、op3 以及 op4 这几个字段。这些字段不同的编码又可以对加载与存储指令继续细分，如表 3.2 所示。

表 3.2 加载与存储指令的分类

op0	op1	op2	op3	op4	说　明
0x00	1	00	000000	—	SIMD 加载/存储指令，多个结构模式
0x00	1	01	0xxxxx	—	SIMD 加载/存储指令，多个结构模式（后变基）
0x00	1	10	x00000	—	SIMD 加载/存储指令，单个结构模式
0x00	1	11	—	—	SIMD 加载/存储指令，单个结构模式（后变基）
1101	0	1x	1xxxxx	—	基于内存标签的加载与存储指令
xx00	0	0x	—	—	独占内存加载与存储指令
xx01	0	1x	0xxxxx	00	LDAPR/STLR 指令
xx01	—	0x	—	—	加载指令（基于标签）
xx10	—	00	—	—	LDNP/STNP 指令
xx10	—	01	—	—	LDP/STP 指令（后变基）

续表

op0	op1	op2	op3	op4	说　明
xx10	—	10	—	—	LDP/STP 指令
xx10	—	11	—	—	LDP/STP 指令（前变基）
xx11	—	0x	0xxxxx	00	加载与存储指令（不可扩展）
xx11	—	0x	0xxxxx	01	加载与存储指令（后变基）
xx11	—	0x	0xxxxx	10	加载与存储指令（非特权）
xx11	—	0x	0xxxxx	11	加载与存储指令（前变基）
xx11	—	0x	1xxxxx	00	原子内存操作指令
xx11	—	0x	1xxxxx	10	加载与存储指令（寄存器偏移）
xx11	—	0x	1xxxxx	X1	加载与存储指令（PAuth 模式）
xx11	—	1x	—	—	加载与存储指令（无符号立即数）

A64 指令集支持 64 位宽的数据和地址寻址，为什么指令的编码宽度只有 32 位？

因为 A64 指令集基于寄存器加载和存储的体系结构设计，所有的数据加载、存储以及处理都是在通用寄存器中完成的。ARM64 一共有 31 个通用寄存器，即 X0~X30，因此在指令编码中使用 5 位宽，这样一共可以索引 32（$2^5 = 32$）个通用寄存器。另外，在下面的条件下，我们还可以描述第 31 个寄存器。

- 当使用寄存器作为基地址时，把 SP（栈指针）寄存器当作第 31 个通用寄存器。
- 当用作源寄存器操作数时，把 XZR 当作第 31 个通用寄存器。

前变基模式的 LDR 指令的编码如图 3.3 所示。

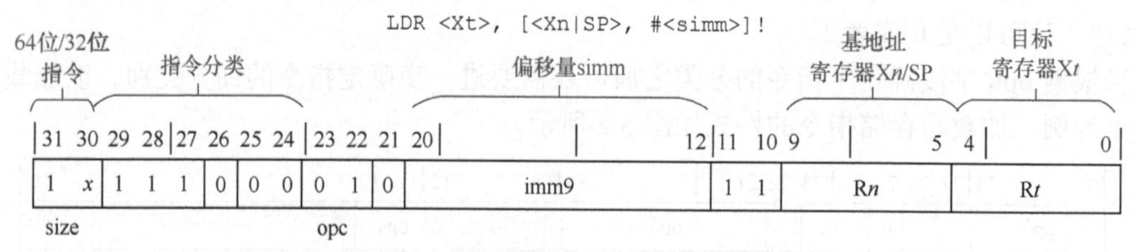

▲图 3.3　前变基模式的 LDR 指令的编码

- 第 0～4 位为 R*t* 字段，它用来描述目标寄存器 X*t*，可以从 X0～X30 中选择。
- 第 5～9 位为 R*n* 字段，它用来描述基地址寄存器 X*n*，可以从 X0～X30 中选择，也可以选择 SP 寄存器作为第 31 个寄存器。
- 第 12～20 位为 imm9 字段，用于偏移量 simm。
- 第 21～29 位用于指令分类。
- 第 30～31 位为 size 字段，当 size 为 0b11 时表示 64 位宽数据，当 size 为 0b10 时表示 32 位宽数据。

3.3 加载与存储指令

和早期的 ARM 体系结构一样，ARMv8 体系结构也基于指令加载和存储的体系结构。在这种体系结构下，所有的数据处理都需要在通用寄存器中完成，而不能直接在内存中完成。因此，首先把待处理数据从内存加载到通用寄存器，然后进行数据处理，最后把结果写入内存中。

常见的内存加载指令是 LDR 指令，存储指令是 STR 指令。LDR 和 STR 指令的基本格式如下。

```
LDR 目标寄存器, <存储器地址>   //把存储器地址中的数据加载到目标寄存器中
STR 源寄存器, <存储器地址>     //把源寄存器的数据存储到存储器中
```

在 A64 指令集中，加载和存储指令有多种寻址模式，如表 3.3 所示。

表 3.3　　寻址模式

寻址模式	说明
基地址模式	[X*n*]
基地址加偏移量模式	[X*n*, #offset]
前变基模式	[X*n*, #offset]!
后变基模式	[X*n*], #offset
PC 相对地址模式	<label>

3.3.1　基于基地址的寻址模式

基地址模式首先使用寄存器的值来表示一个地址，然后把这个内存地址的内容加载到通用寄存器中。基地址加偏移量模式是指在基地址的基础上再加上偏移量，从而计算内存地址，并且把这个内存地址的值加载到通用寄存器中。偏移量可以是正数，也可以是负数。

常见的指令格式如下。

1. 基地址模式

以下指令以 X*n* 寄存器中的内容作为内存地址，加载此内存地址的内容到 X*t* 寄存器，如图 3.4 所示。

```
LDR Xt, [Xn]
```

以下指令把 X*t* 寄存器中的内容存储到 X*n* 寄存器的内存地址中。

```
STR Xt, [Xn]
```

2. 基地址加偏移量模式

以下指令把 X*n* 寄存器中的内容加一个偏移量（offset 必须是 8 的倍数），以相加的结果作为内存地址，加载此内存地址的内容到 X*t* 寄存器，如图 3.5 所示。

```
LDR Xt, [Xn, $offset]
```

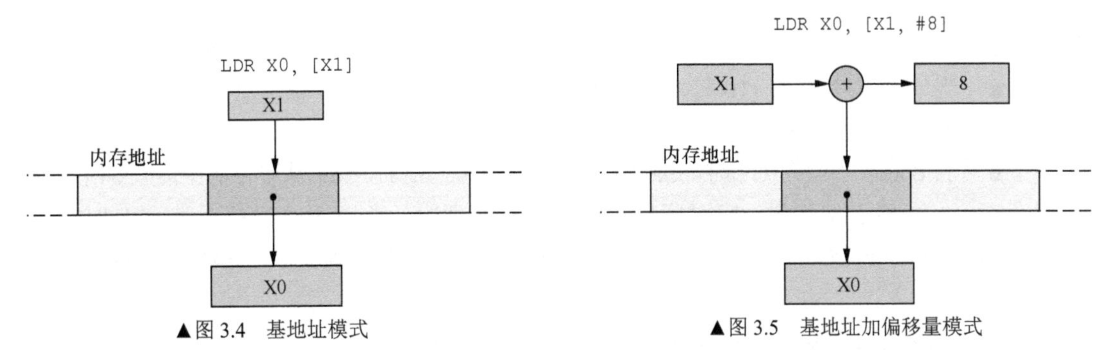

▲图 3.4　基地址模式　　▲图 3.5　基地址加偏移量模式

这种模式称为可扩展模式，偏移量是数据大小的倍数并且是正数，这样就可以寻址更大的地址范围。偏移量可以从指令编码的 imm12 字段获取，然后乘以数据大小。imm12 字段可以寻址的范围是 0～4095B，如果按照 8 字节的数据大小来扩展，那么寻址范围可达 0～32 760B。

基地址加偏移量模式加载指令的编码如图 3.6 所示。

- ❑ X*t*：目标寄存器，对应指令编码中的 R*t* 字段。
- ❑ X*n*：用来表示基地址寄存器，对应指令编码中的 R*n* 字段。
- ❑ offset：表示地址偏移量，偏移量的大小为 imm12 的 8 倍。它对应指令编码中的 imm12 字段，取值范围为 0～32 760B。

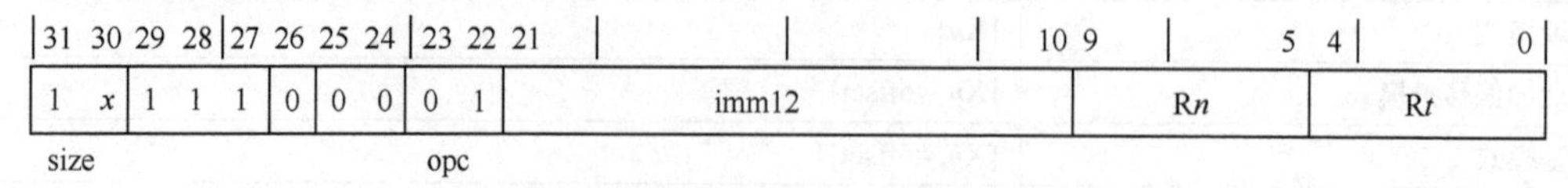

▲图 3.6　基地址加偏移量模式加载指令的编码（加载指令）

基地址加偏移量模式存储指令的格式如下。

```
STR Xt, [Xn, $offset]
```

该指令把 X*t* 寄存器的值存储到以 X*n* 寄存器的值加一个偏移量（offset 是 8 的倍数）表示的内存地址中。

3. 基地址扩展模式

基地址扩展模式的命令如下。

```
LDR <Xt>, [<Xn>, (<Xm>){, <extend> {<amount>}}]
STR <Xt>, [<Xn>, (<Xm>){, <extend> {<amount>}}]
```

基地址扩展模式加载指令的编码如图 3.7 所示。

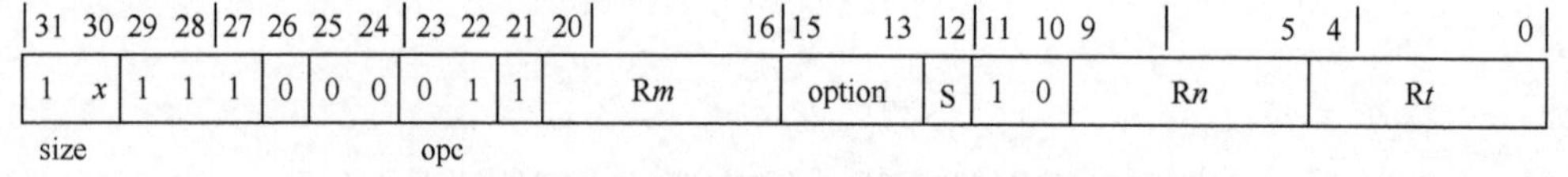

▲图 3.7　基地址扩展模式加载指令的编码（加载指令）

基地址扩展模式的指令参数如下。

- ❑ X*t*：目标寄存器，它对应指令编码中的 R*t* 字段。
- ❑ X*n*：基地址寄存器，它对应指令编码中的 R*n* 字段。
- ❑ X*m*：用来表示偏移的寄存器，它对应指令编码中的 R*m* 字段。
- ❑ extend：扩展/移位指示符，默认是 LSL，它对应指令编码中的 option 字段。
  - ■ 当 option 字段为 010 时，extend 编码为 UXTW。UXTW 表示从寄存器中提取 32 位数据，其余高位填充 0。
  - ■ 当 option 字段为 011 时，extend 编码为 LSL。LSL 表示逻辑左移。
  - ■ 当 option 字段为 110 时，extend 编码为 SXTW。SXTW 表示从寄存器中提取 32 位数据，其余高位需要有符号扩展。
  - ■ 当 option 字段为 111 时，extend 编码为 SXTX。SXTX 表示从寄存器中提取 64 位数据。
- ❑ amount：索引偏移量，它对应指令编码中的 *S* 字段，当 extend 参数不是 LSL 时，需要指定 amount 参数；当 extend 参数是 LSL 时，可以省略 amount 参数，amount 参数默认为 0。
  - ■ 当 *S* 字段为 0 时，amount 为 0。
  - ■ 当 *S* 字段为 1 时，amount 为 3。

即 amount 的值只能是 0 或者 3，如果是其他值，汇编器会报错。

【例 3-1】如下代码使用了基地址加偏移量模式。

```
LDR X0, [X1]  //内存地址为 X1 寄存器的值，加载此内存地址的值到 X0 寄存器
LDR X0, [X1, #8] //内存地址为 X1 寄存器的值再加上偏移量（8），加载此内存地址的值到 X0 寄存器

LDR X0, [X1, X2] //内存地址为 X1 寄存器的值加 X2 寄存器的值，加载此内存地址的值到 X0 寄存器

LDR X0,[X1, X2, LSL #3] //内存地址为 X1 寄存器的值加(X2 寄存器的值<<3)，加载此内存地址的值到 X0 寄存器

LDR X0, [X1, W2 SXTW] //先对 W2 的值做有符号的扩展，和 X1 寄存器的值相加后，将结果作为内存地址，
                      //加载此内存地址的值到 X0 寄存器

LDR X0, [X1, W2, SXTW #3] //先对 W2 的值做有符号的扩展，然后左移 3 位，和 X1 寄存器的值相加后，将
                          //结果作为内存地址，加载此内存地址的值到 X0 寄存器
```

3.3.2　变基模式

变基模式主要有如下两种。

- 前变基（pre-index）模式：先更新偏移量地址，后访问内存地址。
- 后变基（post-index）模式：先访问内存地址，后更新偏移量地址。

1. 前变基模式

前变基模式的指令格式如下。

```
LDR <Xt>, [<Xn|SP>, #<simm>]!
```

首先，更新 X*n*/SP 寄存器的值为 X*n*/SP 寄存器的值加 simm。然后，以新的 X*n*/SP 寄存器的值为内存地址，加载该内存地址的值到 X*t* 寄存器，如图 3.8 所示。

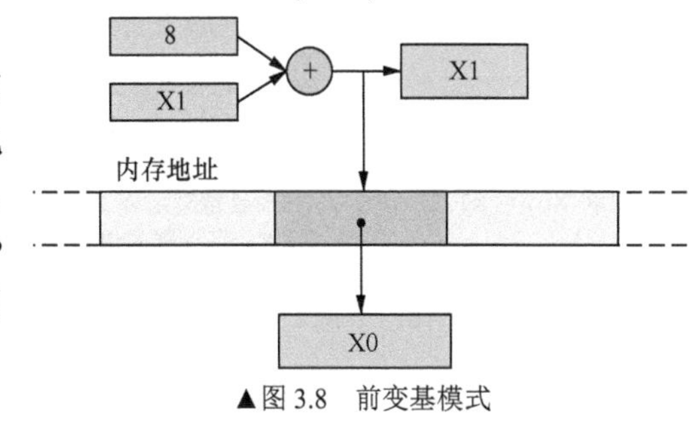

▲图 3.8　前变基模式

以下指令首先更新 X*n*/SP 寄存器的值为 X*n*/SP 寄存器的值加 simm，然后把 X*t* 寄存器的值存储到以 X*n*/SP 寄存器的新值为地址的内存单元中。

```
STR <Xt>, [<Xn|SP>, #<simm>]!
```

前变基模式加载指令的编码如图 3.9 所示。

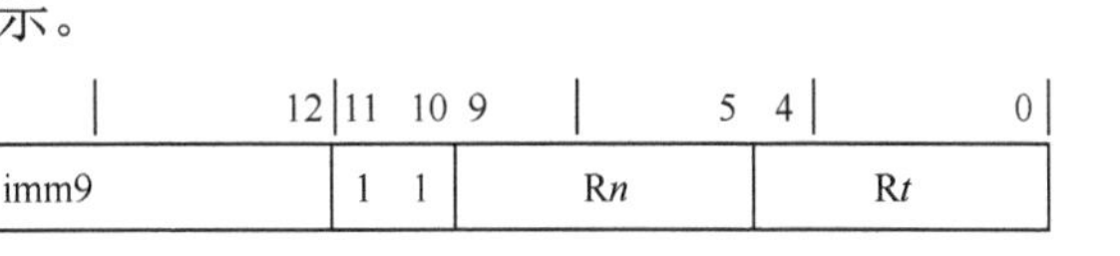

▲图 3.9　前变基模式加载指令的编码

- X*t*：目标寄存器，它对应指令编码中的 R*t* 字段。
- X*n*/SP：基地址的寄存器，它对应指令编码中的 R*n* 字段。
- simm：表示偏移量，带符号的立即数，取值范围−256～255，它对应指令编码中的 imm9 字段。

2. 后变基模式

后变基模式的指令格式如下。

```
LDR <Xt>, [<Xn|SP>], #<simm>
```

首先以 X*n*/SP 寄存器的值为内存地址，加载该内存地址的值到 X*t* 寄存器，然后更新 X*n* 寄存器的值为 X*n*/SP 寄存器的值加 simm，如图 3.10 所示。

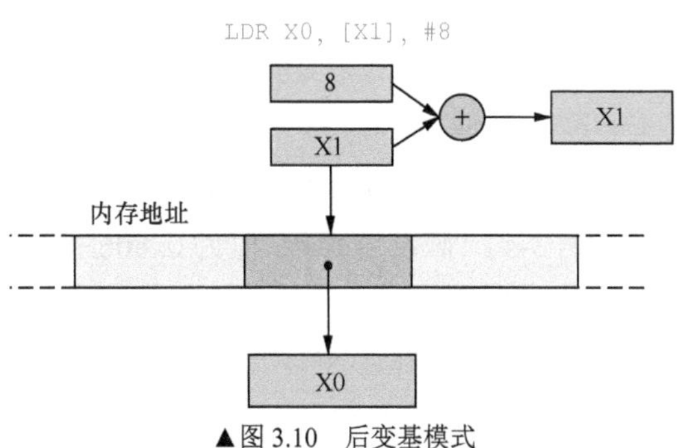

▲图 3.10　后变基模式

后变基模式加载指令的指令编码如图 3.11 所示。

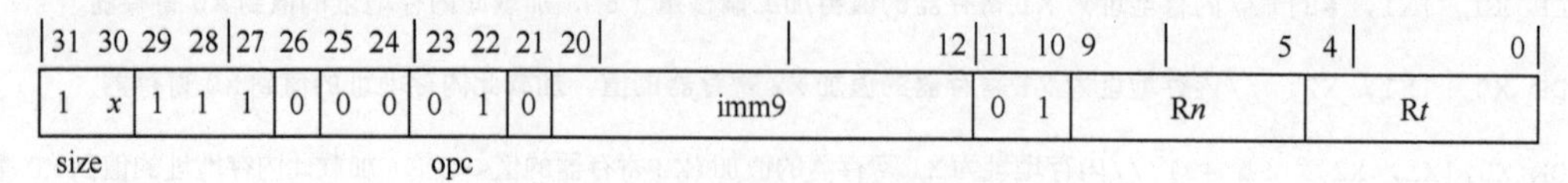

▲图 3.11　后变基模式指令编码（加载指令）

- Xt：目标寄存器，它对应指令编码中的 Rt 字段。
- Xn/SP：基地址寄存器，它对应指令编码中的 Rn 字段。
- simm：表示偏移量，带符号的立即数，取值范围−256～255，它对应指令编码中的 imm9 字段。

从前变基模式和后变基模式的指令编码可以看到，偏移量 simm 是一个有符号的立即数，也就是说，地址偏移量可以是正数也可以是负数，取值范围为−256～255。

后变基模式的存储指令格式如下。

```
STR <Xt>, [<Xn|SP>], #<simm>
```

首先把 Xt 寄存器的值存储到以 Xn/SP 寄存器的值为地址的内存单元中，然后更新 Xn/SP 寄存器的值为 Xn/SP 寄存器的值加 simm。

【例 3-2】如下代码使用了后变基模式。

```
LDR X0,  [X1, #8]! //前变基模式。先更新 X1 寄存器的值为 X1 寄存器的值加 8，然后以新的 X1 寄存器的值
                   //为内存地址，加载该内存地址的值到 X0 寄存器中

LDR X0, [X1], #8  //后变基模式。以 X1 寄存器的值为内存地址，加载该内存地址的值到 X0 寄存器，然后更
                  //新 X1 寄存器的值为 X1 寄存器的值加 8 中

STP X0, X1, [SP, #-16]!  //把 X0 和 X1 寄存器的值压回栈中

LDP X0, X1, [SP], #16 //把 X0 和 X1 寄存器的值弹出栈
```

3.3.3　PC 相对地址模式

汇编代码里常常会使用标签（label）来标记代码片段。LDR 指令还提供一种访问标签的地址模式，指令格式如下。

```
LDR <Xt>, <label>
```

这条指令读取 label 所在内存地址的内容到 Xt 寄存器中。但是这个 label 必须在当前 PC 地址前后 1 MB 的范围内，若超出这个范围，汇编器会报错。

【例 3-3】如下 LDR 指令会把标签 my_data 的数据读出来。

```
my_data:
       .word 0x40

ldr x0,  my_data
```

最终 X0 寄存器的值为 0x40。

【例 3-4】假设当前 PC 值为 0x806E4，那么这条 LDR 指令读取 0x806E4 + 0x20 地址的内容到 X6 寄存器中。

```
#define MY_LABEL 0x20

ldr x6, MY_LABEL
```

【例 3-5】下面的代码有问题。

```
#define LABEL_1 0x100000

ldr x0, LABEL_1
```

运行上面的代码后，汇编器会报错，因为 0x100000 的偏移量已经超过这条指令规定的范围了。

```
test.S: Assembler messages:
test.S:70: Error: immediate out of range at operand 2 -- `ldr x0,0x100000'
```

3.3.4 LDR 伪指令

伪指令是对汇编器发出的命令，它在源程序汇编期间由汇编器处理。伪指令可以完成选择处理器、定义程序模式、定义数据、分配存储区、指示程序结束等功能。总之，伪指令可以分解为几条指令的集合。

LDR 指令既可以是在大范围内加载地址的伪指令，也可以是普通的内存访问指令。当它的第二个参数前面有“=”时，表示伪指令；否则，表示普通的内存访问指令。注意，GNU 汇编器没有对应的 STR 伪指令。

LDR 伪指令的格式如下。

```
LDR Xt, =<label> //把 label 标记的地址加载到 Xt 寄存器
```

【例 3-6】如下代码使用了伪指令。

```
#define MY_LABEL 0x20
ldr x6, =MY_LABEL
```

其中，LDR 是一条伪指令，它会把 MY_LABEL 宏的值加载到 X6 寄存器中。

【例 3-7】如下代码也使用了伪指令。

```
my_data1:
        .quad  0x8

ldr x5, =my_data1
ldr x6, [x5]
```

标签 my_data1 定义了一个数据，数据的值为 0x8。第一条 LDR 指令是伪指令，它把标签 my_data1 对应的地址加载到 X5 寄存器中。第二条 LDR 指令是普通的内存访问指令，它以 X5 寄存器的值作为内存地址，加载这个内存地址的值到 X6 寄存器中，最终 X6 寄存器的值为 0x8。

利用这个特性可以实现地址重定位，如在 Linux 内核的文件 head.S 中，启动 MMU 之后，使用该特性来实现从运行地址定位到链接地址。

【例 3-8】下面是 Linux 内核实现重定位的伪代码。

```
<arch/arm64/kernel/head.S>

1    __primary_switch:
2        adrp  x1, init_pg_dir
3        bl  __enable_mmu
4
5        ldr  x8, =__primary_switched
6        adrp  x0, __PHYS_OFFSET
7        br  x8
8    ENDPROC(__primary_switch)
```

第 3 行的__enable_mmu()函数打开 MMU，第 5 行和第 7 行用于跳转到__primary_switched()函数，其中__primary_switched()函数的地址是链接地址，即内核空间的虚拟地址；而在启动 MMU 之前，处理器运行在实际的物理地址（即运行地址）上，上述指令实现了地址重定位功能。

读者容易对下面 3 条指令产生困扰。

```
LDR X0, [X1, #8] //内存地址为 X1 寄存器的值加上 8 的偏移量，加载此内存地址的值到 X0 寄存器
LDR X0,  [X1, #8]! //前变基模式。先更新 X1 寄存器的值为 X1 寄存器的值加 8，然后以新的值为内存地址，
                   //加载该内存地址的值到 X0 寄存器
LDR X0, [X1], #8  //后变基模式。以 X1 寄存器的值为内存地址，加载该内存地址的值到 X0 寄存器，然后更
                  //新 X1 寄存器的值为 X1 寄存器的值加 8
```

方括号（[ ]）表示从该内存地址中读取或者存储数据，而指令中的感叹号（!）表示是否更新存放内存地址的寄存器，即写回和更新寄存器。

3.4 加载与存储指令的变种

加载与存储指令有多种不同的变种。

3.4.1 不同位宽的加载与存储指令

LDR 和 STR 指令根据不同的数据位宽有多种变种，如表 3.4 所示。

表 3.4　不同位宽的 LDR 和 STR 指令

指　令	说　明
LDR	数据加载指令
LDRSW	有符号的数据加载指令，单位为字
LDRB	数据加载指令，单位为字节
LDRSB	有符号的加载指令，单位为字节
LDRH	数据加载指令，单位为半字
LDRSH	有符号的数据加载指令，单位为半字
STRB	数据存储指令，单位为字节
STRH	数据存储指令，单位为半字

访问和存储 4 字节和 8 字节的无符号数都使用 LDR 和 STR 指令，只不过目标寄存器使用 W*n* 或者 X*n* 寄存器。

下面以 LDRB 和 LDRSB 指令为例来说明相关指令的区别。

- ❑ LDRB 指令加载一字节的数据，这些数据是按照无符号数来处理的。
- ❑ LDRSB 指令加载一字节的数据，这些数据是按照有符号数来进行扩展的。

【例 3-9】下面的代码使用了存储指令。

```
1    my_data:
2              .quad  0x8a
3
4    ldr x5, =my_data
5
6    ldrb x1, [x5]
7    ldrsb x2, [x5]
```

在第 1 行中，使用标签 my_data 来定义一个数据，数据的值为 0x8A。

在第 4 行中，使用 LDR 伪指令来加载标签 my_data 的内存地址。

在第 6 行中，使用 LDRB 指令来读取标签 my_data 内存地址中第 1 字节的数据，此时读到的数据为 0x8A。LDRB 指令读取的数据是按照无符号数来处理的，因此高字节部分填充为 0，如图 3.12 所示。

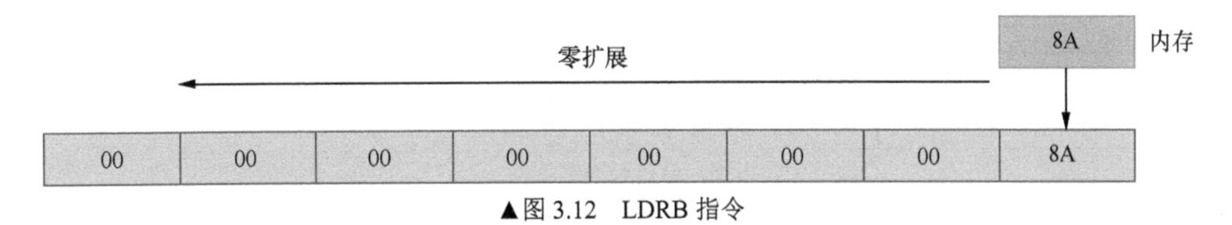

▲图 3.12　LDRB 指令

在第 7 行中，使用 LDRSB 指令来读取标签 my_data 内存地址中第 1 字节的数据，此时读到的数据为 0xFFFFFFFFFFFFFF8A。LDRSB 指令读取的数据是按照有符号数来处理的，高字节部分会做符号扩展。数值 0x8A 的第 7 位为 1，表明这是一个有符号的 8 位数据，因此高字节部分填充为 0xFF，如图 3.13 所示。

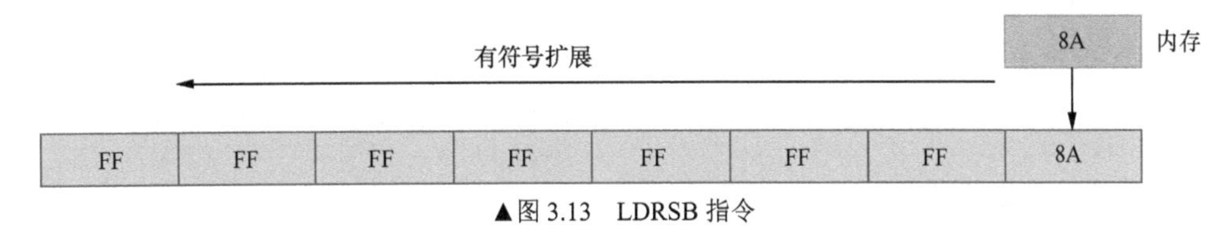

▲图 3.13　LDRSB 指令

3.4.2　不可扩展的加载和存储指令

LDR 指令中的基地址加偏移量模式为可扩展模式，即偏移量按照数据大小来扩展并且是正数，取值范围为 0～32 760。A64 指令集还支持一种不可扩展模式的加载和存储指令，即偏移量只能按照字节来扩展，还可以是正数或者负数，取值范围为−256～255，例如 LDUR 指令。因此，可扩展模式和不可扩展模式的区别在于是否按照数据大小来进行扩展，扩大寻址范围。

LDUR 指令的格式如下。

```
LDUR <Xt>, [<Xn|SP>{, #<simm>}]
```

LDUR 指令的意思是以 X*n*/SP 寄存器的内容加一个偏移量（simm）作为内存地址，加载此内存地址的内容（8 字节数据）到 X*t* 寄存器。

LDUR 指令的编码如图 3.14 所示。

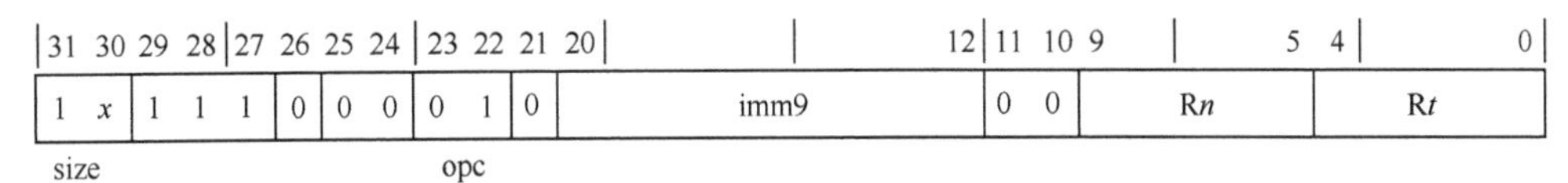

▲图 3.14　LDUR 指令的编码

- X*t*：目标寄存器，它对应指令编码中的 R*t* 字段。
- X*n*/SP：用来表示基地址的寄存器，它对应指令编码中的 R*n* 字段。
- simm：表示地址偏移量，以字节为单位的偏移量。它对应指令编码中的 imm9 字段，取值范围为−256～255。

同理，不可扩展模式的存储指令为 STUR，其指令格式如下。

```
STUR <Xt>, [<Xn|SP>{, #<simm>}]
```

STUR 指令是把 X*t* 寄存器的内容存储到 X*n*/SP 寄存器加上 simm 偏移量的地方。

不可扩展模式的 LDUR 和 STUR 指令根据数据位宽有多种变种，如表 3.5 所示。

表 3.5　不可扩展模式的 LDUR 和 STUR 指令

指　　令	说　　明
LDUR	数据加载指令
LDURSW	有符号的数据加载指令，单位为字
LDURB	数据加载指令，单位为字节
LDURSB	有符号的加载指令，单位为字节
LDURH	数据加载指令，单位为半字
LDURSH	有符号的数据加载指令，单位为半字
STUR	数据存储指令
STURB	数据存储指令，单位为字节
STURH	数据存储指令，单位为半字

3.4.3　多字节内存加载和存储指令

A32 指令集提供 LDM 和 STM 指令来实现多字节内存加载与存储，而 A64 指令集不再提供 LDM 和 STM 指令，而提供 LDP 和 STP 指令。LDP 和 STP 指令支持 3 种寻址模式。

1. 基地址偏移量模式

基地址偏移量模式 LDP 指令的格式如下。

```
LDP <Xt1>, <Xt2>, [<Xn|SP>{, #<imm>}]
```

它以 X*n*/SP 寄存器的值为基地址，然后读取 X*n*/SP 寄存器的值 + imm 地址的值到 X*t*1 寄存器，读取 X*n*/SP 寄存器的值 + imm + 8 地址的值到 X*t*2 寄存器中。这类指令的编码如图 3.15 所示。

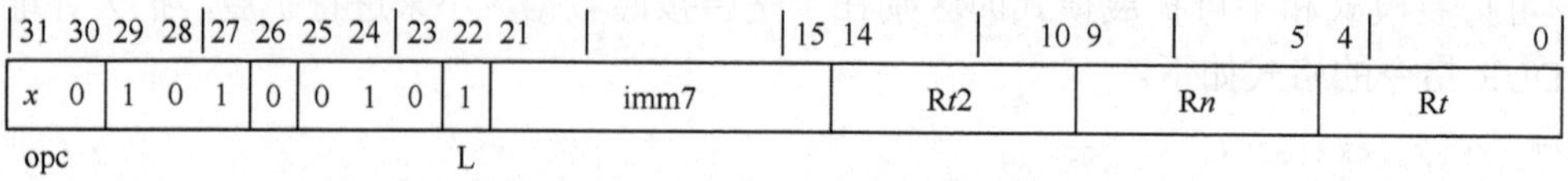

31 30	29 28 27	26	25 24 23	22	21　　15	14　　10	9　　5	4　　0
x 0	1 0 1	0	0 1 0	1	imm7	R*t*2	R*n*	R*t*
opc				L				

▲图 3.15　基地址偏移模式 LDP 指令的编码

- X*t*1：目标寄存器 1，它对应指令编码中的 R*t* 字段。*t* 可以取 0～30 的整数。
- X*t*2：目标寄存器 2，它对应指令编码中的 R*t*2 字段。*t* 可以取 0～30 的整数。
- X*n*/SP：用于基地址寄存器，它对应指令编码中的 R*n* 字段，也可以使用 SP 寄存器。*n* 可以取 0～30 的整数。
- imm7：偏移量，该值必须是 8 的整数倍，取值范围为−512～504。

基地址偏移模式 STP 指令的格式如下。

```
STP <Xt1>, <Xt2>, [<Xn|SP>{, #<imm>}]
```

它以 X*n*/SP 寄存器的值为基地址，然后把 X*t*1 寄存器的内容存储到[X*n*/SP + imm]处，把 X*t*2 寄存器的内容存储到[X*n*/SP + imm + 8]处。

2. 前变基模式

前变基模式 LDP 指令的格式如下。

```
LDP <Xt1>, <Xt2>, [<Xn|SP>, #<imm>]!
```

它先计算 X*n* 寄存器的值加 imm，并存储到 X*n* 寄存器中，然后以 X*n* 寄存器的最新值作为基地址，读取[X*n*]的值到 X*t*1 寄存器，读取[X*n* + 8]的值到 X*t*2 寄存器中。X*n* 寄存器可以使用 SP 寄存器。

前变基模式 STP 指令的格式如下。

```
STP <Xt1>, <Xt2>, [<Xn|SP>, #<imm>]!
```

它先计算 X*n* 寄存器的值加 imm，并存储到 X*n* 寄存器中，然后以 X*n* 寄存器的最新值作为基地址，把 X*t*1 寄存器的内容存储到 X*n* 内存地址处，把 X*t*2 寄存器的值存储到 X*n* 寄存器的值加 8 对应的内存地址处。

3. 后变基模式

后变基模式 LDP 指令的格式如下。

```
LDP <Xt1>, <Xt2>, [<Xn|SP>], #<imm>
```

它以 X*n* 寄存器的值为基地址，读取[X*n*]的值到 X*t*1 寄存器，读取[X*n* + 8]的值到 X*t*2 寄存器中，最后更新 X*n* 寄存器的值为[X*n*]的值+imm。X*n* 寄存器可以使用 SP 寄存器。

后变基模式 STP 指令格式如下。

```
STP <Xt1>, <Xt2>, [<Xn|SP>], #<imm>
```

它以 X*n* 寄存器的值为基地址，把 X*t*1 寄存器的内容存储到[X*n*]处，X*t*2 寄存器的值存储到[X*n* + 8]处，并更新 X*n*=X*n*+imm。X*n* 寄存器可以使用 SP 寄存器。

【例 3-10】如下代码使用了前变基模式。

```
LDP X3, X7, [X0]   //以 X0 寄存器的值为内存地址，加载此内存地址的值到 X3 寄存器中，然后以 X0 寄存器的
                   //值加 8 作为内存地址，加载此内存地址的值到 X7 寄存器中

LDP X1, X2, [X0, #0x10]!    //前变基模式。先计算 X0 + 0x10，然后以 X0 寄存器的值作为内存地址，
                            //加载此内存地址的值到 X1 寄存器中，接着以 X0 寄存器的值加 8 作为内存地址，
                            //加载此内存地址的值到 X2 寄存器中

STP X1, X2, [X4]  //存储 X1 寄存器的值到地址为 X4 寄存器的值的内存单元中，然后存储 X2 寄存器的值到地址为
                  //X4 寄存器的值加 8 的内存单元中
```

读者需要注意偏移量（imm）使用的两个条件，否则汇编器就会报错。

- imm 的取值范围为−512～504。
- imm 必须为 8 的整数倍。

【例 3-11】下面的代码是错误的。

```
ldp x0, x1, [x5, #512]
ldp x0, x1, [x5, #1]
```

编译时显示的错误日志如图 3.16 所示。第一条 LDP 指令使用的立即数超过了范围，第二条 LDP 指令使用的立即数不是 8 的整数倍。

```
rlk@master:lab01$ make
aarch64-linux-gnu-gcc -g -Iinclude  -MMD -c src/asm_test.S -o build/asm_test_s.o
src/asm_test.S: Assembler messages:
src/asm_test.S:62: Error: immediate offset out of range -512 to 504 at operand 3 -- `ldp x0,x1,[x5,#512]'
src/asm_test.S:63: Error: immediate value must be a multiple of 8 at operand 3 -- `ldp x0,x1,[x5,#1]'
make: *** [Makefile:29: build/asm_test_s.o] Error 1
rlk@master:lab01$ 
```

▲图 3.16　错误的 LDP 指令

3.4.4　独占内存访问指令

ARMv8 体系结构提供独占内存访问（exclusive memory access）的指令。在 A64 指令集中，LDXR 指令尝试在内存总线中申请一个独占访问的锁，然后访问一个内存地址。STXR 指令会往刚才 LDXR 指令已经申请独占访问的内存地址中写入新内容。LDXR 和 STXR 指令通常组合使用来完成一些同步操作，如 Linux 内核的自旋锁。

另外，ARMv7 和 ARMv8 还提供多字节独占内存访问指令，即 LDXP 和 STXP 指令。独占内存访问指令如表 3.6 所示。

表 3.6　独占内存访问指令

指　令	描　述
LDXR	独占内存访问指令。指令的格式如下。 `LDXR Xt, [Xn|SP{,#0}] ;`
STXR	独占内存访问指令。指令的格式如下。 `STXR Ws, Xt, [Xn|SP{,#0}] ;`
LDXP	多字节独占内存访问指令。指令的格式如下。 `LDXP Xt1, Xt2, [Xn|SP{,#0}] ;`
STXP	多字节独占内存访问指令。指令的格式如下。 `STXP Ws, Xt1, Xt2, [Xn|SP{,#0}] ;`

3.4.5　隐含加载-获取/存储-释放内存屏障原语

ARMv8 体系结构还提供一组新的加载和存储指令，其中包含了内存屏障原语，如表 3.7 所示。

表 3.7　隐含屏障原语的加载和存储指令

指　令	描　述
LDAR	加载-获取（load-acquire）指令。LDAR 指令后面的读写内存指令必须在 LDAR 指令之后执行
STLR	存储-释放（store-release）指令。所有的加载和存储指令必须在 STLR 指令之前完成

3.4.6　非特权访问级别的加载和存储指令

ARMv8 体系结构中实现了一组非特权访问级别的加载和存储指令，它适用于在 EL0 进行的访问，如表 3.8 所示。

表 3.8　非特权访问级别的加载和存储指令

指　令	描　述
LDTR	非特权加载指令
LDTRB	非特权加载指令，加载 1 字节
LDTRSB	非特权加载指令，加载有符号的 1 字节
LDTRH	非特权加载指令，加载 2 字节
LDTRSH	非特权加载指令，加载有符号的 2 字节
LDTRSW	非特权加载指令，加载有符号的 4 字节
STTR	非特权存储指令，存储 8 字节
STTRB	非特权存储指令，存储 1 字节
STTRH	非特权存储指令，存储 2 字节

当 PSTATE 寄存器中的 UAO 字段为 1 时，在 EL1 和 EL2 执行这些非特权指令的效果和执行特权指令是一样的，这个特性是在 ARMv8.2 的扩展特性中加入的。

3.5 入栈与出栈

栈（stack）是一种后进先出的数据存储结构。栈通常用来保存以下内容。

- 临时存储的数据，例如局部变量等。
- 参数。在函数调用过程中，如果传递的参数少于或等于 8 个，那么使用 X0~X7 通用寄存器来传递。当参数多于 8 个时，则需要使用栈来传递。

通常，栈是一种从高地址往低地址扩展（生长）的数据存储结构。栈的起始地址称为栈底，栈从高地址往低地址延伸到某个点，这个点称为栈顶。栈需要一个指针来指向栈最新分配的地址，即指向栈顶。这个指针是栈指针（Stack Pointer，SP）。把数据往栈里存储称为入栈，从栈中移除数据称为出栈。当数据入栈时，SP 减小，栈空间扩大；当数据出栈时，SP 增大，栈空间缩小。

栈在函数调用过程中起到非常重要的作用，包括存储函数使用的局部变量、传递参数等。在函数调用过程中，栈是逐步生成的。为单个函数分配的栈空间，即从该函数栈底（高地址）到栈顶（低地址）这段空间，称为栈帧（stack frame）。

A32 指令集提供了 PUSH 与 POP 指令来实现入栈和出栈操作，不过，A64 指令集已经去掉了 PUSH 和 POP 指令。我们需要使用本章介绍的加载与存储指令来实现入栈和出栈操作。

【例 3-12】下面的代码片段使用加载与存储指令来实现入栈和出栈操作。

```
1     .global main
2     main:
3         /*栈往下扩展 16 字节*/
4         stp x29, x30, [sp, #-16]!
5
6         /*把栈继续往下扩展 8 字节*/
7         add sp, sp, #-8
8
9         mov x8, #1
10
11        /*x8 保存到 SP 指向的位置上*/
12        str x8, [sp]
13
14        /*释放刚才扩展的 8 字节的栈空间*/
15        add sp, sp, #8
16
17        /*main 函数返回 0*/
18        mov w0, 0
19
20        /*恢复 x29 和 x30 寄存器的值，使 SP 指向原位置*/
21        ldp x29, x30, [sp], #16
22        ret
```

上述 main 汇编函数演示了入栈和出栈的过程。

在第 2 行中，栈还没有申请空间，如图 3.17（a）所示。

在第 4 行中，这里使用前变基模式的 STP 指令，首先 SP 寄存器的值减去 16，相当于把栈空间往下扩展 16 字节，然后把 X29 和 X30 寄存器的值压入栈，其中 X29 寄存器的值保存到 SP 指向的地址中，X30 寄存器的值保存到 SP 指向的值加 8 对应的内存地址中，如图 3.17（b）所示。

在第 7 行中，把 SP 寄存器的值减去 8，相当于把栈的空间继续往下扩展 8 字节，如图 3.17（c）所示。

在第 12 行中，把 X8 寄存器的值保存到 SP 指向的地址中，如图 3.17（d）所示。此时，已经把 X29、X30 以及 X8 寄存器的值全部压入栈，完成了入栈操作。

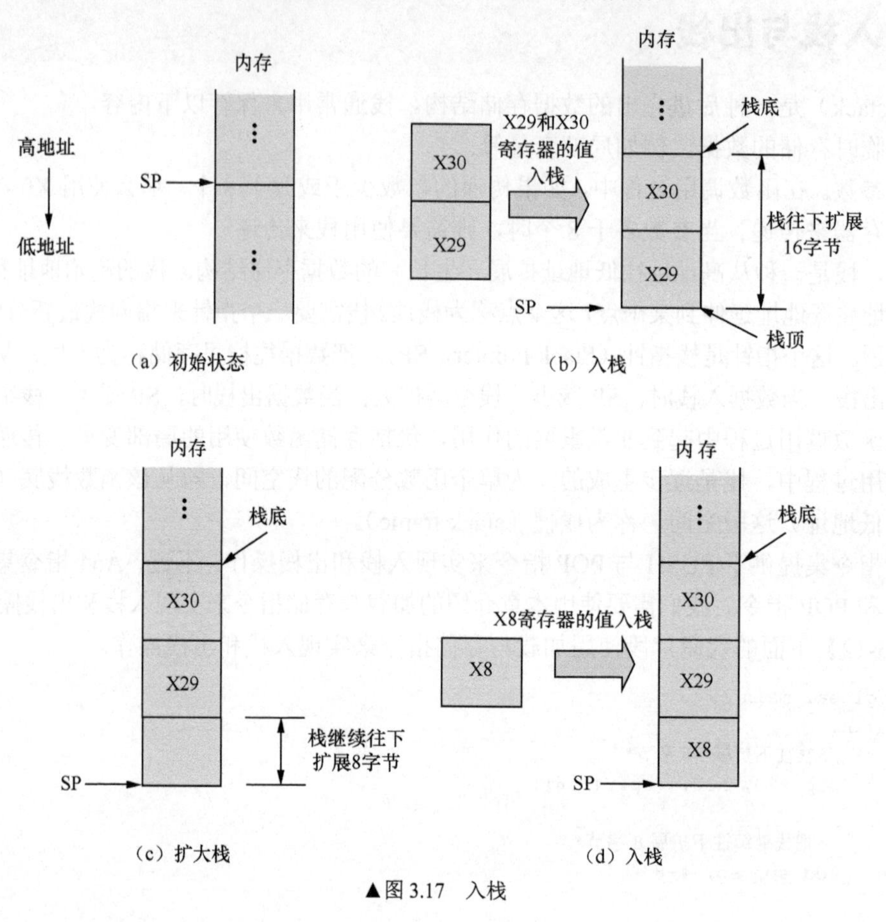

（a）初始状态　（b）入栈

（c）扩大栈　（d）入栈

▲图 3.17　入栈

接下来是出栈操作了。

在第 15 行中，使 SP 指向的值加 8，相当于把栈空间缩小，也就是释放了刚才申请的 8 字节空间的栈，这样把 X8 寄存器的值弹出栈，如图 3.18（a）所示。

在第 21 行中，使用 LDP 指令把 X29 和 X30 寄存器中的值弹出栈。这是一条后变基模式的加载指令，加载完成之后会修改 SP 指向的值，让 SP 指向的值加上 16 从而释放栈空间，如图 3.18（b）所示。

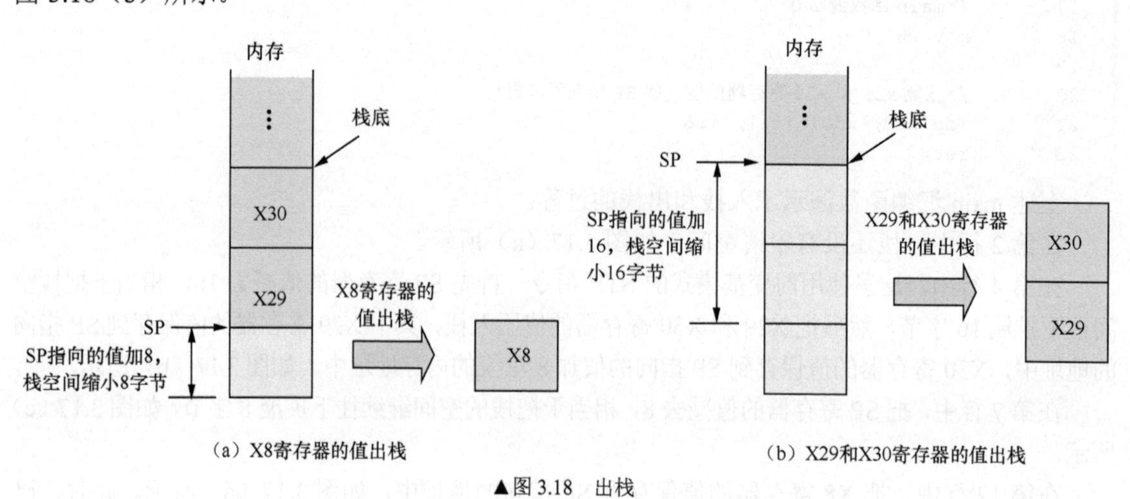

（a）X8寄存器的值出栈　（b）X29和X30寄存器的值出栈

▲图 3.18　出栈

3.6 MOV 指令

MOV 指令常常用于寄存器之间的搬移和立即数搬移。

用于寄存器之间搬移的 MOV 指令格式如下。

```
MOV <Xd|SP>, <Xn|SP>
```

用于立即数搬移的 MOV 指令格式如下。

```
MOV <Xd>, #<imm>
```

这里能搬移的立即数只有两种：

- ❑ 16 位立即数；
- ❑ 16 位立即数左移 16 位、32 位或者 48 位后的立即数。

因此用于立即数搬移的 MOV 指令等同于如下的 MOVZ 指令。

```
MOVZ <Xd>, #<imm16>, LSL #<shift>
```

MOV 指令还能搬移一些用于位图的立即数，此时它等同于 ORR 指令。

```
ORR <Xd|SP>, XZR, #<imm>
```

【例 3-13】下面的代码是错误的。

```
mov x0, 0x1abcd
```

0x1ABCD 不是一个有效的 16 位立即数，汇编器会有如下错误。

```
test.S: Assembler messages:
test.S:65: Error: immediate cannot be moved by a single instruction
```

【例 3-14】在下面的代码中，0x12BC0000 已经超过 16 位立即数的范围了，为什么上面的代码可以编译成功呢？

```
my_test1:
    mov x0, 0x12bc0000
    ret
```

我们可以使用 objdump 命令来查看 MOV 指令究竟发生了什么。

```
# aarch64-linux-gnu-objdump -s -d -M no-aliases test.o
```

反汇编之后可以看到 Mov 指令变成 MOVZ 指令，并且把 16 位立即数左移了 16 位，如图 3.19 所示。

【例 3-15】在下面的代码中，0xFFFF0000FFFF 既不是有效的 16 位立即数，也不是通过把 16 位立即数左移得到的，那为什么它能编译成功的？

```
my_test1:
    mov x0,  0xffff0000ffff
    ret
```

我们可以通过 objdump 命令来观察反汇编代码。如图 3.20 所示，反汇编之后，MOV 指令变成 ORR 指令。

```
000000000000020c <my_test1>:
 20c:    d2a25780       movz    x0, #0x12bc, lsl #16
 210:    d65f03c0       ret
```

▲图 3.19 MOV 指令反汇编成 MOVZ 指令

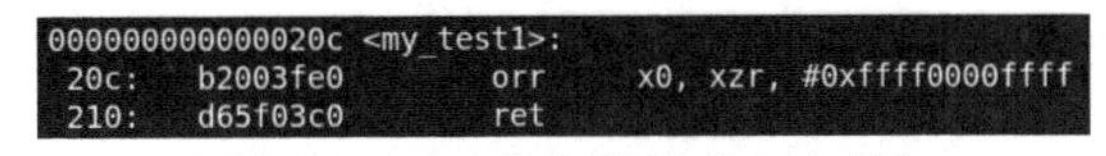

000000000000020c <my_test1>:
20c: b2003fe0 orr x0, xzr, #0xffff0000ffff
210: d65f03c0 ret

▲图 3.20 MOV 指令反汇编成 ORR 指令

3.7 陷阱：你用对加载与存储指令了吗

加载与存储指令有很多陷阱，接下来我们展示几个常见的使用场景。

1. 加载一个很大的立即数到通用寄存器

我们常常使用 MOV 指令来加载以下立即数。

- 16 位立即数。
- 16 位立即数左移 16 位、32 位或者 48 位后的立即数。
- 有效的位图立即数。

不过 MOV 指令有不少用法。

0xFFFF000FFFFFFFF 显然不符合上述三个条件，因此我们只能使用 LDR 伪指令来实现，如下面的代码片段所示。

```
#define BIG_DATA 0xffff_000_ffff_ffff
ldr x0, = BIG_DATA
```

2. 设置寄存器的值

【例 3-16】假设需要设置 sctrl_value 到 sctrl_el1 寄存器中，sctrl_value 的值用如下 C 语言描述。

```
sctrl_value = (1 << 0) | (1 << 2) | (1<< 20) | (1<< 40) | (1<<55)
```

请使用汇编指令把 sctrl_value 值加载到 X0 寄存器中。

如果读者使用如下 MOV 指令初始化，那么汇编器将会报错。

```
mov x0,(1 << 0) | (1 << 2) | (1<< 20) | (1<< 40) | (1<<55)
```

汇编器报如下错误信息。

```
test.S: Assembler messages:
test.S:67: Error: immediate cannot be moved by a single instruction
```

正确的做法是使用 LDR 伪指令。

```
ldr x0, =(1 << 0)| (1 << 2) | (1<< 20) | (1<< 40) | (1<<55)
```

【例 3-17】在下面的代码中，X0 和 X1 寄存器的值分别是多少？

```
#define MY_LABEL 0x30

ldr x0, =MY_LABEL
ldr x1, MY_LABEL
```

第一条 LDR 指令是伪指令，它把 0x30 加载到 X0 寄存器中。

第二条 LDR 指令是基于 PC 相对地址模式的加载指令，它会加载 PC + 0x30 内存单元中的值到 X1 寄存器中。

【例 3-18】在下面的代码中，X0 和 X1 寄存器的值分别是多少？

```
string1:
      .string "Booting at EL"


ldr x0,  string1
ldr x1,  =string1
```

第一条 LDR 指令把字符串的 ASCII 值加载到 X0 寄存器中。

第二条 LDR 指令是一条伪指令，它把 string1 的地址加载到 X1 寄存器中。

【例 3-19】在下面的代码中，X0 和 X1 寄存器的值分别是多少？

```
my_data:
      .word 0x40

ldr x0,  my_data
ldr x1, =my_data
```

第一条 LDR 指令把 my_data 存储的数据读出来，即读出 0x40。

第二条 LDR 指令把标签 my_data 的地址读出来。

3.8 实验

3.8.1 实验 3-1：熟悉 MOV 和 LDR 指令

1. 实验目的

熟悉 MOV 和 LDR 指令的使用。

2. 实验要求

为了在 BenOS 里做如下练习，要新建一个汇编文件。

（1）使用 MOV 指令把 0x80000 加载到 X1 寄存器中。

（2）使用 MOV 指令把立即数 16 加载到 X3 寄存器中。

（3）使用 LDR 指令读取 0x80000 地址的值。

（4）使用 LDR 指令读取 0x80008 地址的值。

（5）使用 LDR 指令读取[X1 + X3]的值。

（6）使用 LDR 指令读取[X1+ X3 << 3]的值

编写汇编代码，并使用 GDB 来单步调试。

提示：在 GDB 中可以使用 x 命令来读取内存地址的值，然后和寄存器的值进行比较来验证是否正确。

3.8.2 实验 3-2：前变基与后变基寻址模式 1

1. 实验目的

熟悉前变基与后变基寻址模式。

2. 实验要求

在 BenOS 中做如下练习。

（1）新建一个汇编文件，在汇编函数里实现如下功能：

- 使用 MOV 指令把 0x80000 加载到 X1 寄存器中；
- 使用 MOV 指令把立即数 16 加载到 X3 寄存器中。

然后使用前变基模式的 LDR 指令来加载地址 0x80000 处的内容。

```
ldr x6,   [x1, #8]!
```

X1 寄存器的值是多少？X6 寄存器的值是多少？

请使用 GDB 单步调试并观察寄存器的变化。

（2）使用后变基模式的 LDR 指令。

```
ldr x7, [x1], #8
```

X1 寄存器的值是多少？X7 寄存器的值是多少？

请使用 GDB 单步调试并观察寄存器的变化。

3.8.3　实验 3-3：前变基与后变基寻址模式 2

1. 实验目的

熟悉前变基与后变基寻址模式。

2. 实验要求

在 BenOS 中做如下练习。

（1）请输入下面的汇编代码。

```
mov x2, 0x400000
ldr x6, =0x1234abce
str x6, [x2, #8]!
```

X2 寄存器的值是多少？地址 0x400000 处的值是多少？

请使用 GDB 单步调试并观察寄存器的变化。

（2）请输入下面的汇编代码。

```
    mov x2, 0x500000
    str x6, [x2], #8
```

X2 寄存器的值是多少？地址 0x500000 处的值是多少？

请使用 GDB 单步调试并观察寄存器的变化。

3.8.4　实验 3-4：PC 相对地址寻址

1. 实验目的

熟悉 PC 相对地址寻址的加载和存储指令。

2. 实验要求

在 BenOS 中做如下练习。

在汇编文件中输入如下代码：

```
 #define MY_LABEL 0x20

  ldr x6, MY_LABEL
  ldr x7, =MY_LABEL
```

X6 和 X7 寄存器的值分别是多少？

请使用 GDB 单步调试并观察寄存器的变化。

3.8.5　实验 3-5：memcpy()函数的实现

1. 实验目的

熟悉前变基和后变基的加载与存储指令。

2. 实验要求

在 BenOS 中做如下练习。

实现一个小的 memcpy()函数，从 0x80000 地址复制 32 字节到 0x200000 地址处，并使用 GDB 来比较数据是否复制正确。

提示：可以使用 CMP 命令来比较，b 命令是跳转指令，b 命令后面可以带条件操作码。

3.8.6 实验 3-6：LDP 和 STP 指令的使用

1. 实验目的

熟悉 LDP 和 STP 指令。

2. 实验要求

在 BenOS 中做如下练习。

（1）memset()函数的 C 语言原型如下。

```
void *memset(void *s, int c, size_t count)
{
     char *xs = s;

     while (count--)
         *xs++ = c;
     return s;
}
```

假设内存地址 s 是 16 字节对齐的，count 也是 16 字节对齐的。请使用 LDP 和 STP 指令来实现这个函数。

（2）假设内存地址 s 以及 count 不是 16 字节对齐的，请继续优化 memset()函数，例如 memset (0x200004, 0x55, 102)。

第4章　A64指令集2——算术与移位指令

本章思考题

1. 请简述N、Z、C、V这4个条件标志位的作用。
2. 下面两条ADD指令能否编译成功？

```
add x0, x1, #4096
add x0, x1, #1, LSL 1
```

3. 下面的示例代码中，X0寄存器的值是多少？

```
mov x1, 0xffffffffffffffff
mov x2, #2
adc x0, x1, x2
```

4. 下面的示例代码中，SUBS指令对PSTATE寄存器有什么影响？

```
mov x1, 0x3
mov x2, 0x1
subs x0, x1, x2
```

5. 在下面的示例代码中，X0寄存器的值是多少？

```
mov x1, #3
mov x2, #1
sbc x0, x1, x2
```

6. 检查数组array[0, index−1]是否越界，需要判断两个条件：一是输入值是否大于或等于index，二是输入值是否小于0。如下两条指令可实现数组边界检查的功能，其中X0寄存器的值为数组的边界index，X1寄存器的值为输入值input。请解释这两条指令为什么能实现数组越界检查。

```
subs xzr, x1, x0
b.hs OutOfInex
```

7. 在下面的示例代码中，W2和W3的值是多少？

```
ldr w1, =0x8000008a
asr w2, w1, 1
lsr w3, w1, 1
```

8. 如果想在汇编代码中使某些特定的位翻转，该如何操作？
9. 设置某个寄存器A的Bit[7, 4]为0x5。下面是C语言的伪代码，用变量val来表示寄存器A的值2，请使用BFI指令来实现。

```
val &=~ (0xf << 4)
val |= ((u64)0x5 << 4)
```

10. 下面的示例代码中，X0 和 X1 寄存器的值分别是多少？

```
mov x2, #0x8a
ubfx x0, x2, #4, #4
sbfx x1, x2, #4, #4
```

11. 下面是用 C 语言来读取 pmcr_el0 寄存器 Bit[15:11]的值，请使用汇编代码来实现。

```
val = read_sysreg(pmcr_el0)
val = val >> 11;
val &= 0x1f;
```

本章主要介绍 A64 指令集中的算术运算和移位指令。

4.1 条件操作码

A64 指令集沿用了 A32 指令集中的条件操作，在 PSTATE 寄存器中有 4 个条件标志位，即 N、Z、C、V，如表 4.1 所示。

表 4.1 条件标志位

条件标志位	描　述
N	负数标志（上一次运算结果为负值）
Z	零结果标志（上一次运算结果为零）
C	进位标志（上一次运算结果发生了无符号数溢出）
V	溢出标志（上一次运算结果发生了有符号数溢出）

常见的条件操作后缀如表 4.2 所示。

表 4.2 常见的条件操作后缀

后　缀	含义（整数运算）	条件标志位	条　件　码
EQ	相等	Z=1	0b0000
NE	不相等	Z=0	0b0001
CS/HS	发生了无符号数溢出	C=1	0b0010
CC/LO	没有发生无符号数溢出	C=0	0b0011
MI	负数	N=1	0b0100
PL	正数或零	N=0	0b0101
VS	溢出	V=1	0b0110
VC	未溢出	V=0	0b0111
HI	无符号数大于	(C=1) && (Z=0)	0b1000
LS	无符号数小于或等于	(C=0) || (Z=1)	0b1001
GE	有符号数大于或等于	N == V	0b1010
LT	有符号数小于	N!=V	0b1011
GT	有符号数大于	(Z==0) && (N==V)	0b1100
LE	有符号数小于或等于	(Z==1) || (N!=V)	0b1101
AL	无条件执行	—	0b1110
NV	无条件执行	—	0b1111

4.2 加法与减法指令

下面介绍常见的与加法和减法相关的指令。

4.2.1　ADD 指令

普通的加法指令有下面几种用法。

- 使用立即数的加法。
- 使用寄存器的加法。
- 使用移位操作的加法。

1. 使用立即数的加法指令

使用立即数的加法指令格式如下。

```
ADD <Xd|SP>, <Xn|SP>, #<imm>{, <shift>}
```

它的作用是把 X*n*/SP 寄存器的值再加上立即数 imm，把结果写入 X*d*/SP 寄存器里。指令编码如图 4.1 所示。

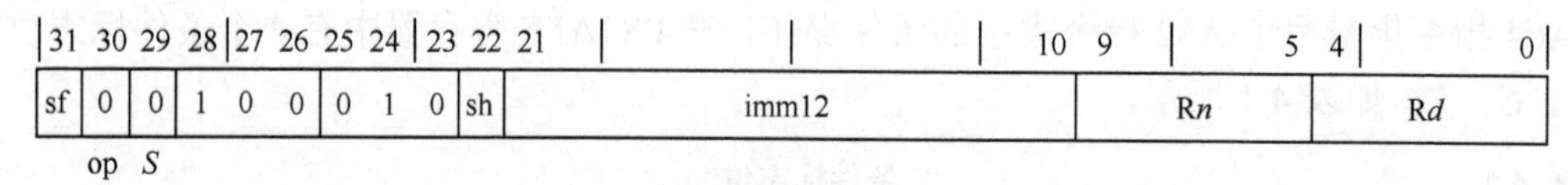

▲图 4.1　使用立即数的加法指令的编码

- X*d*/SP：目标寄存器，它对应指令编码中的 R*d* 字段。
- X*n*/SP：源寄存器，它对应指令编码中的 R*n* 字段。
- imm：立即数，它对应指令编码中的 imm12 字段。它是一个无符号的立即数，取值范围为 0～4095。
- shift：可选项，用来表示算术左移操作。它对应指令编码中的 sh 字段。
  - 当 sh 字段为 0 时，表示“LSL　#0”。
  - 当 sh 字段为 1 时，表示“LSL　#12”。

【例 4-1】下面是正确的用法。

```
add x0, x1, #1 //把 x1 寄存器的值加上立即数 1，结果写入 x0 寄存器中
add x0, x1, #1, LSL 12   //把立即数 1 算术左移 12 位，然后再加上 x1 寄存器的值，结果写入 x0 寄存器中
```

【例 4-2】下面是错误的用法。

```
add x0, x1, #4096
add x0, x1, #1, LSL 1
```

汇编器会报如下错误，其中第一条语句中立即数超过了范围，第二条语句中左移的位数只能是 0 或者 12。

```
test.S: Assembler messages:
test.S: Error: immediate out of range
test.S: Error: shift amount must be 0 or 12 at operand 3 -- 'add x0,x1,#1,LSL 1'
```

2. 使用寄存器的加法指令

使用寄存器的加法指令格式如下。

```
ADD <Xd|SP>, <Xn|SP>, <R><m>{, <extend> {#<amount>}}
```

这条指令的作用是先把 R*m* 寄存器做一些扩展，例如左移操作，然后再加上 X*n*/SP 寄存器的值，把结果写入 X*d*/SP 寄存器中。

指令编码如图 4.2 所示。

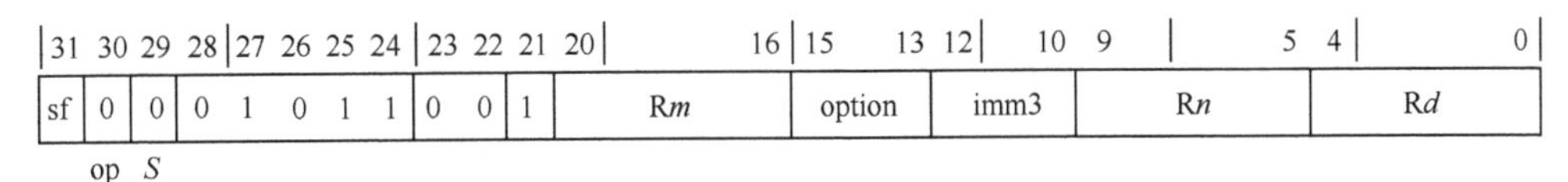

▲图 4.2 使用寄存器的加法指令编码

- Xd/SP：目标寄存器，它对应指令编码中的 Rd 字段。
- Xn/SP：第一个源操作数，它对应指令编码中的 Rn 字段。
- R：表示第二个源操作数是 64 位还是 32 位的通用寄存器，它对应指令编码中的 option 字段。当 option 字段等于 X11 寄存器的值时，使用 64 位通用寄存器，其他情况下使用 32 位通用寄存器。
- m：通用寄存器编号，和 R 结合来描述第二个源操作数，可以表示 X0~X30 或者 W0~W30 通用寄存器，它对应指令编码中的 Rm 字段。
- extend：可选项，用于对第二个源操作数进行扩展计算，它对应指令编码中的 option 字段。
  - 当 option = 000 时，表示 UXTB 操作。UXTB 表示对 8 位的数据进行无符号扩展。
  - 当 option = 001 时，表示 UXTH 操作。UXTH 表示对 16 位的数据进行无符号扩展。
  - 当 option = 010 时，表示 UXTW 操作。UXTW 表示对 32 位的数据进行无符号扩展。
  - 当 option = 011 时，表示 LSL|UXTX 操作。LSL 表示逻辑左移，UXTX 表示对 64 位数据进行无符号扩展。
  - 当 option = 100 时，表示 SXTB 操作。SXTB 表示对 8 位的数据进行有符号扩展。
  - 当 option = 101 时，表示 SXTH 操作。SXTH 表示对 16 位的数据进行有符号扩展。
  - 当 option = 110 时，表示 SXTW 操作。SXTW 表示对 32 位的数据进行有符号扩展。
  - 当 option = 111 时，表示 SXTX 操作。SXTX 表示对 64 位的数据进行有符号扩展。
- amount：当 extend 为 LSL 操作时，它的取值范围是 0～4，它对应指令编码中的 imm3 字段。

【例 4-3】使用寄存器的加法指令如下。

```
add x0, x1, x2 //x0 = x1 + x2
add x0, x1, x2, LSL 2 //x0 = x1 + (x2 << 2)
```

【例 4-4】下面也是使用寄存器的加法指令。

```
1 mov x1, #1
2 mov x2, #0x108a
3 add x0, x1, x2, UXTB
4 add x0, x1, x2, SXTB
```

上面的示例代码中，第 3 行的运行结果为 0x8B，因为 UXTB 对 X2 寄存器的低 8 位数据进行无符号扩展，结果为 0x8A，然后再加上 X1 寄存器的值，最终结果为 0x8B。

在第 4 行中，SXTB 对 X2 寄存器的低 8 位数据进行有符号扩展，结果为 0xFFFFFFFFFFFFFF8A，然后再加上 X1 寄存器的值，最终结果为 0xFFFFFFFFFFFFFF8B。

3. 使用移位操作的加法指令

使用移位操作的加法指令的格式如下。

```
ADD <Xd>, <Xn>, <Xm>{, <shift> #<amount>}
```

这条指令的作用是先把 X*m* 寄存器做一些移位操作，然后再加上 X*n* 寄存器的值，结果写入 X*d* 寄存器中。

指令编码如图 4.3 所示。

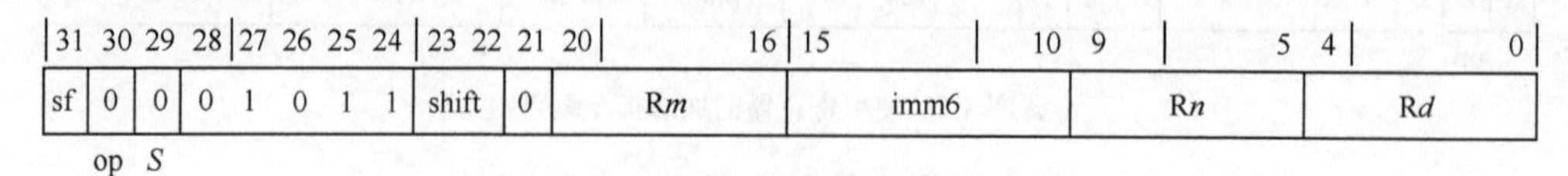

▲图 4.3　使用移位操作的加法指令的编码

- ❑ X*d*：目标寄存器，它对应指令编码中的 R*d* 字段。
- ❑ X*n*：第一个源操作数，它对应指令编码中的 R*n* 字段。
- ❑ X*m*：第二个源操作数，它对应指令编码中的 R*m* 字段。
- ❑ shift：移位操作，它对应指令编码中的 shift 字段。
  - ■ 当 shift = 00 时，表示 LSL 操作。
  - ■ 当 shift = 01 时，表示 LSR 操作。
  - ■ 当 shift = 10 时，表示 ASR 操作。
- ❑ amount：移位的数量，取值范围是 0～63，它对应指令编码中的 imm6 字段。

【例 4-5】如下代码用于实现移位操作加法。

```
add x0, x1, x2, LSL 3 //x0 = x1 + (x2 << 3)
```

【例 4-6】下面的代码是错误的。

```
add x0, x1, x2, LSL 64
```

amount 参数已经超过了取值范围，汇编器会报错，报错的信息如下。

```
test.S: Assembler messages:
test.S: Error: shift amount out of range 0 to 63 at operand 3 - 'add x0,x1,x1,LSL 64'
```

4.2.2　ADDS 指令

ADDS 指令是 ADD 指令的变种，唯一的区别是指令执行结果会影响 PSTATE 寄存器的 *N*、*Z*、*C*、*V* 标志位，例如当计算结果发生无符号数溢出时，*C*=1。

【例 4-7】下面的代码使用了 ADDS 指令。

```
mov x1, 0xffffffffffffffff

adds x0, x1, #2

mrs x2, nzcv
```

X1 的值（0xFFFFFFFFFFFFFFFF）加上立即数 2 一定会触发无符号数溢出，最终 X0 寄存器的值为 1，同时还设置 PSTATE 寄存器的 *C* 标志位为 1。我们可以通过读取 NZCV 寄存器来判断，最终 X2 寄存器的值为 0x20000000，说明第 29 位的 *C* 字段置 1，如图 4.4 所示。

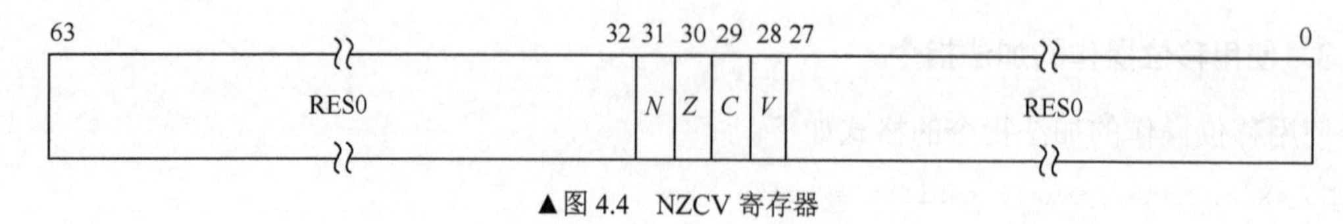

▲图 4.4　NZCV 寄存器

4.2.3　ADC 指令

ADC 是进位的加法指令，最终的计算结果需要考虑 PSTATE 寄存器的 *C* 标志位。ADC 指令的格式如下。

```
ADC <Xd>, <Xn>, <Xm>
```

X*d* 寄存器的值等于 X*n* 寄存器的值加上 X*m* 寄存器的值加上 *C*，其中 *C* 表示 PSTATE 寄存器的 *C* 标志位。

指令编码如图 4.5 所示。

31	30	29	28–21	20–16	15–10	9–5	4–0
sf	0	0	1 1 0 1 0 0 0 0	R*m*	0 0 0 0 0 0	R*n*	R*d*
	op	*S*					

▲图 4.5　ADC 指令的编码

- X*d*：目标寄存器，它对应指令编码中的 R*d* 字段。
- X*n*：第一个源操作数，它对应指令编码中的 R*n* 字段。
- X*m*：第二个源操作数，它对应指令编码中的 R*m* 字段。

【例 4-8】如下代码使用了 ADC 指令。

```
mov x1, 0xffffffffffffffff
mov x2, #2

adc x0, x1, x2

mrs x3, nzcv
```

ADC 指令的计算过程是 0xFFFFFFFFFFFFFFFF + 2 + *C*，此时，*C*=0，所以最终计算 X0 寄存器的值为 1。注意，SBC 指令最终不会更新 PSTATE 寄存器的 NZCV，而 SUBS 指令会根据最终结果更新 PSTATE 寄存器中的 NZCV。若读取 NZCV 寄存器，我们发现 *C* 标志位也被置位了。

4.2.4　SUB 指令

普通的减法指令与加法指令类似，也有下面几种用法。

- 使用立即数的减法。
- 使用寄存器的减法。
- 使用移位操作的减法。

1．使用立即数的减法指令

使用立即数的减法指令格式如下。

```
SUB <Xd|SP>, <Xn|SP>, #<imm>{, <shift>}
```

它的作用是把 X*n*/SP 寄存器的值减去立即数 imm，结果写入 X*d*/SP 寄存器里。指令编码如图 4.6 所示。

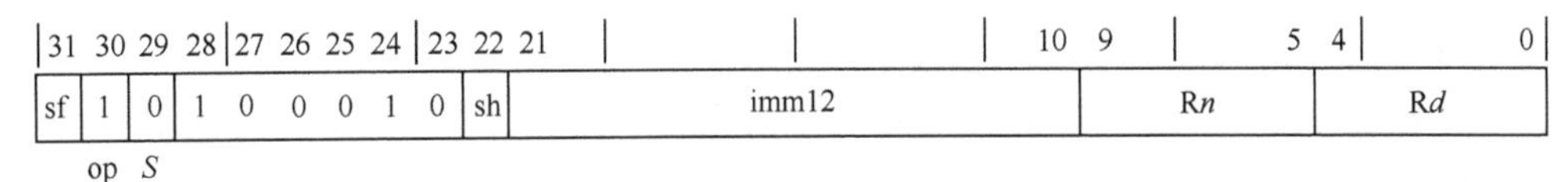

▲图 4.6　使用立即数的减法指令的编码

- ❑ X*d*/SP：目标寄存器，它对应指令编码中的 R*d* 字段。
- ❑ X*n*/SP：源寄存器，它对应指令编码中的 R*n* 字段。
- ❑ imm：立即数，它对应指令编码中的 imm12 字段。它是一个无符号的立即数，取值范围为 0～4095。
- ❑ shift：可选项，用来表示算术左移操作。它对应指令编码中的 sh 字段。
  - ■ 当 sh 字段为 0 时，表示“LSL　#0”。
  - ■ 当 sh 字段为 1 时，表示“LSL　#12”。

【例 4-9】如下代码使用了 SUB 指令。

```
sub x0, x1, #1 //把 x1 寄存器的值减去立即数 1，结果写入 x0 寄存器
sub x0, x1, #1, LSL 12  //把立即数 1 算术左移 12 位，然后把 x1 寄存器中的值减去(1<<12)，把结果值写入
                        //x0 寄存器中
```

【例 4-10】下面的用法是错误的。

```
sub x0, x1, #4097
sub x0, x1, #1, LSL 1
```

汇编器会报如下错误，其中第一条语句中立即数超过了范围，第二条语句中左移的位数只能是 0 或者 12。

```
test.S: Assembler messages:
test.S: Error: immediate out of range
test.S: Error: unexpected characters following instruction at operand 3 -- 'sub x0,x1,
  #1, LSL 1'
```

2. 使用寄存器的减法指令

使用寄存器的减法指令格式如下。

```
SUB <Xd|SP>, <Xn|SP>, <R><m>{, <extend> {#<amount>}}
```

这条指令的作用是先对 R*m* 寄存器做一些扩展，例如左移操作，然后 X*n*/SP 寄存器的值减 R*m* 寄存器的值，把结果写入 X*d*/SP 寄存器中。

指令编码如图 4.7 所示。

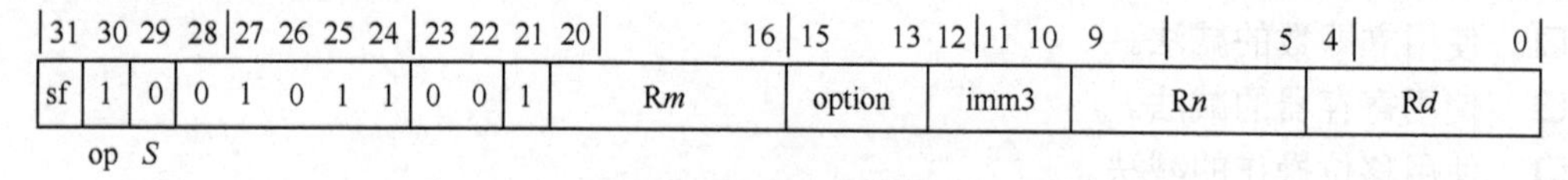

▲图 4.7　使用寄存器的减法指令的编码

- ❑ X*d*/SP：目标寄存器，它对应指令编码中的 R*d* 字段。
- ❑ X*n*/SP：第一个源操作数，它对应指令编码中的 R*n* 字段。
- ❑ R：表示第二个源操作数是 64 位还是 32 位的通用寄存器，它对应指令编码中的 option 字段。当 option 字段等于二进制位 x11 时，使用 64 位通用寄存器，其他情况下使用 32 位通用寄存器。
- ❑ *m*：通用寄存器编号，和 R 结合来描述第二个源操作数，可以表示 X0～X30 或者 W0～W30 通用寄存器，它对应指令编码中的 R*m* 字段。
- ❑ extend：可选项，用于对第二个源操作数进行扩展计算，它对应指令编码中的 option 字段。
  - ■ 当 option=000 时，表示 UXTB 操作。UXTB 表示对 8 位的数据进行无符号扩展。

- 当 option = 001 时，表示 UXTH 操作。UXTH 表示对 16 位的数据进行无符号扩展。
- 当 option = 010 时，表示 UXTW 操作。UXTW 表示对 32 位的数据进行无符号扩展。
- 当 option = 011 时，表示 LSL|UXTX 操作。LSL 表示逻辑左移，UXTX 表示对 64 位数据进行无符号扩展。
- 当 option = 100 时，表示 SXTB 操作。SXTB 表示对 8 位的数据进行有符号扩展。
- 当 option = 101 时，表示 SXTH 操作。SXTH 表示对 16 位的数据进行有符号扩展。
- 当 option = 110 时，表示 SXTW 操作。SXTW 表示对 32 位的数据进行有符号扩展。
- 当 option = 111 时，表示 SXTX 操作。SXTX 表示对 64 位的数据进行有符号扩展。

❑ amount：当 extend 为 LSL 操作时，它的取值范围是 0～4，它对应指令编码中的 imm3 字段。

【例 4-11】如下代码使用了寄存器的减法指令。

```
sub x0, x1, x2 //x0 = x1 - x2
sub x0, x1, x2, LSL 2 //x0 = x1 - x2 << 2
```

【例 4-12】下面的代码也使用了寄存器的减法指令。

```
1    mov x1, #1
2    mov x2, #0x108a
3    sub x0, x1, x2, UXTB
4    sub x0, x1, x2, SXTB
```

上面的示例代码中，UXTB 对 X2 寄存器的低 8 位数据进行无符号扩展，结果为 0x8A，然后再计算 1 − 0x8A 的值，最终结果为 0xFFFFFFFFFFFFFF77。

在第 4 行中，SXTB 对 X2 寄存器的低 8 位数据进行有符号扩展，结果为 0xFFFFFFFFFFFFFF8A，然后再计算 1 − 0xFFFFFFFFFFFFFF8A，最终结果为 0x77。

3. 使用移位操作的减法指令

使用移位操作的减法指令的格式如下。

```
SUB <Xd>, <Xn>, <Xm>{, <shift> #<amount>}
```

这条指令的作用是先把 X*m* 寄存器做一些移位操作，然后使 X*n* 寄存器中的值减去 X*m* 寄存器中的值，把结果写入 X*d* 寄存器中。

指令编码如图 4.8 所示。

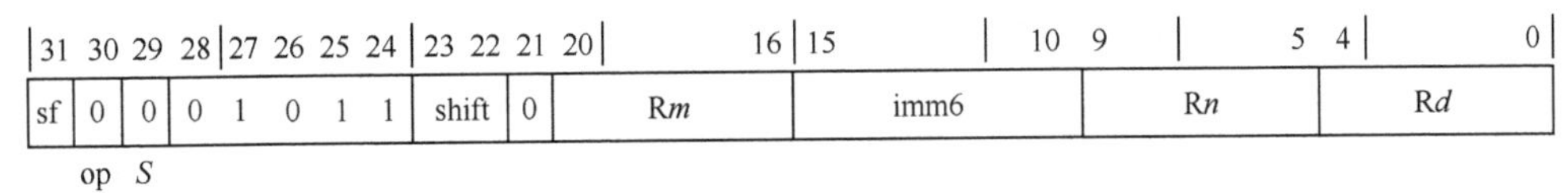

▲图 4.8 使用移位操作的减法指令的编码

❑ X*d*：目标寄存器，它对应指令编码中的 R*d* 字段。

❑ X*n*：第一个源操作数，它对应指令编码中的 R*n* 字段。

❑ X*m*：第二个源操作数，它对应指令编码中的 R*m* 字段。

❑ shift：移位操作，它对应指令编码中的 shift 字段。
  - 当 shift = 00 时，表示 LSL 操作。
  - 当 shift=01 时，表示 LSR 操作。
  - 当 shift=10 时，表示 ASR 操作。

❑ amount：移位的数量，取值范围是 0～63，它对应指令编码中的 imm6 字段。

【例 4-13】下面的代码用于实现移位操作减法。

```
sub x0, x1, x2, LSL 3 //x0 = x1 - (x2 << 3)
```

【例 4-14】下面的代码是错误的。

```
sub x0, x1, x2, LSL 64
```

上述示例代码中的 amount 参数超过了取值范围，汇编器会报错，报错的信息如下。

```
test.S: Assembler messages:
test.S: Error: shift amount out of range 0 to 63 at operand 3 -- 'sub x0,x1,x1,LSL 64'
```

4.2.5　SUBS 指令

SUBS 指令是 SUB 指令的变种，唯一的区别是指令执行结果会影响 PSTATE 寄存器的 *N*、*Z*、*C*、*V* 标志位。SUBS 指令判断是否影响 *N*、*Z*、*C*、*V* 标志位的方法比较特别，对应的伪代码如下。

```
operand2 = NOT(imm);
(result, nzcv) = AddWithCarry(operand1, operand2, '1');
PSTATE.<N,Z,C,V> = nzcv;
```

首先，把第二个操作数做取反操作。然后，根据式（4-1）计算。

$$\text{operand1} + \text{NOT(operand2)} + 1 \tag{4-1}$$

NOT(operand2)表示把 operand2 按位取反。在这个计算过程中要考虑是否影响 *N*、*Z*、*C*、*V* 标志位。当计算结果发生无符号数溢出时，*C*=1；当计算结果为负数时，*N*=1。

【例 4-15】如下代码会导致 *C* 标志位为 1。

```
mov x1, 0x3
mov x2, 0x1

subs x0, x1, x2

mrs x3, nzcv
```

SUBS 指令仅仅执行“3 − 1”的操作，为什么会发生无符号溢出呢？

第二个操作数为 X2 寄存器的值，对应值为 1，按位取反之后为 0xFFFFFFFFFFFFFFFE。根据计算公式，计算 3 + 0xFFFFFFFFFFFFFFFE + 1，这个过程会发生无符号数溢出，因此 4 个标志位中的 *C*=1，最终计算结果为 2。因此，最后一行读取 NZCV 寄存器的值——0x20000000。

【例 4-16】如下代码会导致 *C* 和 *Z* 标志位都置 1。

```
mov x1, 0x3
mov x2, 0x3

subs x0, x1, x2

mrs x3, nzcv
```

第二个操作数为 X2 寄存器的值，该值为 3，按位取反之后为 0xFFFFFFFFFFFFFFFC。根据公式计算 3 + 0xFFFFFFFFFFFFFFFC + 1 的过程中会发生无符号数溢出，因此 *C*=1。另外，最终结果为 0，所以 *Z*=1。

4.2.6　SBC 指令

SBC 是进位的减法指令，也就是最终的计算结果需要考虑 PSTATE 寄存器的 *C* 标志位。SBC 指令的格式如下。

```
SBC <Xd>, <Xn>, <Xm>
```

下面是 SBC 指令中对应的伪代码。

```
operand2 = NOT(operand2);
(result, -) = AddWithCarry(operand1, operand2, PSTATE.C);
X[d] = result;
```

所以，SBC 指令的计算过程是，首先对第二个操作数做取反操作，然后把第一个操作数、第二个操作数相加，这个过程会影响 PSTATE 寄存器的 *C* 标志位，最后把 *C* 标志位加上。

综上所述，SBC 指令的计算公式为

```
Xd = Xn + NOT(Xm) + C
```
（4-2）

指令编码如图 4.9 所示。

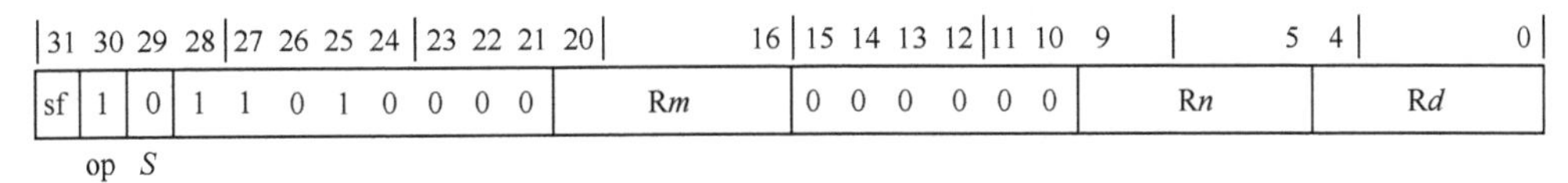

▲图 4.9 SBC 指令的编码

- ❑ X*d*：目标寄存器，它对应指令编码中的 R*d* 字段。
- ❑ X*n*：第一个源操作数，它对应指令编码中的 R*n* 字段。
- ❑ X*m*：第二个源操作数，它对应指令编码中的 R*m* 字段。

【例 4-17】如下代码使用了 SBC 指令。

```
mov x1, #3
mov x2, #1

sbc x0, x1, x2

mrs x3, nzcv
```

SBC 指令的计算过程是 3 + NOT(1) + *C*。NOT(1)表示对立即数 1 按位取反，结果为 0xFFFFFFFFFFFFFFFE。那么，计算 3 + 0xFFFFFFFFFFFFFFFE 的过程中会发生无符号数溢出，*C*=1，再加上 *C* 标志位，最后计算结果为 2。

4.3 CMP 指令

CMP 指令用来比较两个数的大小。在 A64 指令集的实现中，CMP 指令内部调用 SUBS 指令来实现。

1. 使用立即数的 CMP 指令

使用立即数的 CMP 指令的格式如下。

```
CMP <Xn|SP>, #<imm>{, <shift>}
```

上述指令等同于如下指令。

```
SUBS XZR, <Xn|SP>, #<imm> {, <shift>}
```

2. 使用寄存器的 CMP 指令

使用寄存器的 CMP 指令的格式如下。

```
CMP <Xn|SP>, <R><m>{, <extend> {#<amount>}}
```

上述指令等同于如下指令。

```
SUBS XZR, <Xn|SP>, <R><m>{, <extend> {#<amount>}}
```

3. 使用移位操作的 CMP 指令

使用移位操作的 CMP 指令的格式如下。

```
CMP <Xn>, <Xm>{, <shift> #<amount>}
```

上述指令等同于如下指令。

```
SUBS XZR, <Xn>, <Xm> {, <shift> #<amount>}
```

4. CMP 指令与条件操作后缀

CMP 指令常常和跳转指令与条件操作后缀搭配使用，例如条件操作后缀 CS 表示是否发生了无符号数溢出，即 *C* 标志位是否置位，CC 表示 *C* 标志位没有置位。

【例 4-18】使用 CMP 指令来比较如下两个寄存器。

```
cmp x1,  x2
b.cs  label
```

CMP 指令判断两个寄存器是否触发无符号溢出的计算公式与 SUBS 指令类似：

$$X1 + NOT(X2) + 1 \tag{4-3}$$

如果上述过程中发生了无符号数溢出，那么 *C* 标志位会置 1，则 b.cs 指令将会跳转到 label 处。

【例 4-19】下面的代码用来比较 3 和 2 两个立即数。

```
my_test:

    mov x1, #3
    mov x2, #2
1:
    cmp x1, x2
    b.cs 1b

    ret
```

至于如何比较，需要根据 b 指令后面的条件操作后缀来定。CS 表示判断是否发生无符号数溢出。根据式（4-3）可得，3 + NOT(2) +1，其中 NOT(2)把立即数 2 按位取反，取反后为 0xFFFFFFFFFFFFFFFD。3 + 0xFFFFFFFFFFFFFFFD + 1 的最终结果为 1，这个过程中发生了无符号数溢出，*C* 标志位为 1。所以，b.cs 的判断条件成立，跳转到标签 1 处，继续执行。

【例 4-20】下面的代码比较 X1 和 X2 寄存器的值大小。

```
my_test:

    mov x1, #3
    mov x2, #2
1:
    cmp x1, x2
    b.ls 1b

    ret
```

在比较 X1 和 X2 寄存器的值大小时，判断条件为 LS，表示无符号数小于或者等于。那么，这个比较过程中，我们就不需要判断 *C* 标志位了，直接判断 X1 寄存器的值是否小于或者等于 X2 寄存器的值即可，因此这里 b 指令不会跳转到标签 1 处。

4.4 关于条件标志位的示例

本节介绍两个巧妙使用 PSTATE 条件标志位的示例。

【例 4-21】array_index_mask_nospec()是 Linux 内核中的一个函数，用来实现一个掩码。当 index 大于或等于 size 时，返回 0；当 index 小于 size 时，返回掩码 0xFFFFFFFFFFFFFFFF。

```
unsigned long array_index_mask_nospec(unsigned long idx,
                                       unsigned long sz)
{
      unsigned long mask;

      asm volatile(
      "cmp%1, %2\n"
      "sbc%0, xzr, xzr\n"
      : "=r" (mask)
      : "r" (idx), "Ir" (sz)
      : "cc");

      return mask;
}
```

上述是内嵌汇编的形式，转换成纯汇编代码如下。

```
cmp x0, x1
sbc x0, xzr, xzr
```

X0 寄存器的值是 index，X1 寄存器的值为 size，并且 index 和 size 都是无符号数，最终结果存储在 X0 寄存器里。

CMP 指令比较 index 和 size 时，它会影响到 PSTATE 寄存器的 *C* 标志位。当 idx 小于 sz 时，CMP 指令没有产生无符号数溢出，*C* 标志位为 0。当 idx 大于或等于 sz 时，CMP 指令产生了无符号数溢出（CMP 指令在内部是使用 SUBS 指令来实现的，SUBS 指令会检查是否发生无符号数溢出，然后设置 *C* 标志位），*C* 标志位被设置为 1。

SBC 指令的计算是要考虑 *C* 标志位的，根据式（4-2）可得：

$$0 + \mathrm{NOT}(0) + C = 0 - 1 + C$$

- 当 index 小于 size 时，C=0，最终计算结果为−1，即 0xFFFFFFFFFFFFFFFF。
- 当 index 大于或等于 size 时，C=1，最终计算结果为 0。

【例 4-22】为了检查数组 array[0, index−1]是否越界，需要判断：

- 输入值是否大于或等于 index？
- 输入值是否小于 0？

我们可以通过如下两条指令来实现这个边界检查的功能。

```
    subs xzr, x1, x0
    b.hs OutOfIndex
```

其中，X0 寄存器的值为数组的边界 index，X1 寄存器的值为输入值 input。

第一条语句是带 *N*、*Z*、*C*、*V* 标志位的减法指令。第二条语句中的 HS 表示是否发生了无符号数溢出，即判断 *C* 标志位是否为 1。如果 *C* 为 1，跳转到 OutOfIndex 标签处，说明发生了溢出。

第一条语句根据式（4-3）可得：

```
X1 + NOT(X0)+ 1
```

假设数组的 index 为 2，input 为 3，那么 3 + NOT(2) +1 = 3 + 0xFFFFFFFFFFFFFFFD + 1，计算过程中发生无符号数溢出，C=1，因此跳转到 OutOfIndex 标签处，这说明越界了。

若 input 为−1，则−1 + NOT(2) +1 =0xFFFFFFFFFFFFFFFF + 0xFFFFFFFFFFFFFFFD + 1，也一定发生无符号数溢出，C=1，这说明越界了，跳转到 OutOfIndex 标签处。

4.5 移位指令

常见的移位指令如下。

- LSL：逻辑左移指令，最高位会被丢弃，最低位补 0，如图 4.10（a）所示。
- LSR：逻辑右移指令，最高位补 0，最低位会被丢弃，如图 4.10（b）所示。
- ASR：算术右移指令，最低位会被丢弃，最高位会按照符号进行扩展，如图 4.10（c）所示。
- ROR：循环右移指令，最低位会移动到最高位，如图 4.10（d）所示。

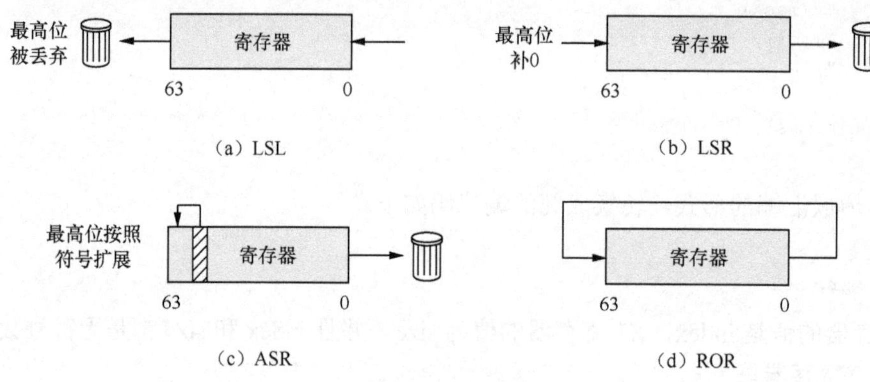

▲图 4.10　移位操作

关于移位操作指令有两点需要注意。

- A64 指令集里没有单独设置算术左移的指令，因为 LSL 指令会把最高位丢弃。
- 逻辑右移和算术右移的区别在于是否考虑符号问题。

例如，对于二进制数 1010101010，逻辑右移一位后变成[0]101010101（在最高位永远补 0），算术右移一位后变成[1]101010101（算术右移，最高位需要按照源二进制数的符号进行扩展）。

【例 4-23】如下代码使用了 ASR 和 LSR 指令。

```
ldr w1, =0x8000008a
asr w2, w1, 1
lsr w3, w1, 1
```

在上述代码中，ASR 是算术右移指令，把 0x8000008A 右移一位并且对最高位进行有符号扩展，最后结果为 0xC0000045。LSR 是逻辑右移指令，把 0x8000008A 右移一位并且在最高位补 0，最后结果为 0x40000045。

4.6 位操作指令

4.6.1　与操作指令

与操作主要有两条指令。

- AND：按位与操作。
- ANDS：带条件标志位的与操作，影响 *Z* 标志位。

1. AND 指令

AND 指令的格式如下。

```
AND <Xd|SP>, <Xn>, #<imm>
AND <Xd>, <Xn>, <Xm>{, <shift> #<amount>}
```

AND 指令支持两种方式。

- 立即数方式：对 X*n* 寄存器的值和立即数 imm 进行与操作，把结果写入 X*d*/SP 寄存器中。
- 寄存器方式：先对 X*m* 寄存器的值移位操作，然后再与 X*n* 寄存器的值进行与操作，把结果写入 X*d*/SP 寄存器中。

指令参数说明如下。

- shift 表示移位操作，支持 LSL、LSR、ASR 以及 ROR。
- amount 表示移位数量，取值范围为 0～63。

2. ANDS 指令

ANDS 指令的格式如下。

```
ANDS <Xd>, <Xn>, #<imm>
ANDS <Xd>, <Xn>, <Xm>{, <shift> #<amount>}
```

ANDS 指令支持两种方式。

- 立即数方式：对 X*n* 寄存器的值和立即数 imm 进行与操作，把结果写入 X*d*/SP 寄存器中。
- 寄存器方式：先对 X*m* 寄存器的值做移位操作，然后再与 X*n* 寄存器的值进行与操作，把结果写入 X*d*/SP 寄存器中。

指令参数说明如下。

- shift 表示移位操作，支持 LSL、LSR、ASR 以及 ROR。
- amount 表示移位数量，取值范围为 0～63。
- 与 AND 指令不一样的地方是它会根据计算结果来影响 PSTATE 寄存器的 *N*、*Z*、*C*、*V* 标志位。

【例 4-24】如下代码使用 ANDS 指令来对 0x3 和 0 做“与”操作。

```
mov x1, #0x3
mov x2, #0

ands x3, x1, x2

mrs x0, nzcv
```

“与”操作的结果为 0。通过读取 NZCV 寄存器，我们可以看到其中的 *Z* 标志位置位了。

4.6.2 或操作指令

ORR（或）操作指令的格式如下。

```
ORR <Xd|SP>, <Xn>, #<imm>
ORR <Xd>, <Xn>, <Xm>{, <shift> #<amount>}
```

ORR 指令支持两种方式。

- 立即数方式：对 X*n* 寄存器的值与立即数 imm 进行或操作。
- 寄存器方式：先对 X*m* 寄存器的值做移位操作，然后再与 X*n* 寄存器的值进行或操作。

指令参数说明如下。

- shift 表示移位操作，支持 LSL、LSR、ASR 以及 ROR。
- amount 表示移位数量，取值范围为 0～63。

EOR（异或）操作指令的格式如下。

```
EOR <Xd|SP>, <Xn>, #<imm>
EOR <Xd>, <Xn>, <Xm>{, <shift> #<amount>}
```

EOR 指令支持两种方式。

- 立即数方式：对 X*n* 寄存器的值与立即数 imm 进行异或操作
- 寄存器方式：先对 X*m* 寄存器的值做移位操作，然后再与 X*n* 寄存器的值进行异或操作。

指令参数说明如下。

- shift 表示移位操作，支持 LSL、LSR、ASR 以及 ROR。
- amount 表示移位数量，取值范围为 0～63。

异或操作的真值表如下。

```
0 ^ 0 = 0
0 ^ 1 = 1
1 ^ 0 = 1
1 ^ 1 = 0
```

从上述真值表可以发现 3 个特点。

- 0 异或任何数 ＝ 任何数。
- 1 异或任何数 ＝ 任何数取反。
- 任何数异或自己都等于 0。

利用上述特点，异或操作有如下几个非常常用的场景。

- 使某些特定的位翻转。例如，想把 0b10100001 的第 2 位和第 3 位翻转，则可以对该数与 0b00000110 进行按位异或运算。

```
10100001 ^ 00000110 = 10100111
```

- 交换两个数。例如，交换两个整数 *a*=0b10100001 和 *b*=0b00000110 的值可通过下列语句实现。

```
a = a^b;      //a=10100111
b = b^a;      //b=10100001
a = a^b;      //a=00000110
```

- 在汇编程序里把变量设置为 0。

```
eor x0, x0
```

- 判断两个整数是否相等。

```
bool is_identical(int a, int b)
{
```

```
    return ((a ^ b) == 0);
}
```

4.6.3 位清除操作指令

BIC（位清除操作）指令的格式如下。

```
BIC <Xd>, <Xn>, <Xm>{, <shift> #<amount>}
```

BIC 指令支持寄存器方式：先对 X*m* 寄存器的值做移位操作，然后再与 X*n* 寄存器的值进行位清除操作。BIC 指令的参数说明如下。

- shift 表示移位操作，支持 LSL、LSR、ASR 以及 ROR。
- amount 表示移位数量，取值范围为 0～63。

4.6.4 CLZ 指令

CLZ 指令的格式如下。

```
CLZ <Xd>, <Xn>
```

CLZ 指令计算为 1 的最高位前面有几个为 0 的位。

【例 4-25】如下代码使用了 CLZ 指令。

```
ldr x1, =0x1100000034578000

clz x0, x1
```

X1 寄存器里为 1 的最高位是第 60 位，前面还有 3 个为 0 的位，最终 X0 寄存器的值为 3。

4.7 位段操作指令

4.7.1 位段插入操作指令

BFI 指令的格式如下。

```
BFI <Xd>, <Xn>, #<lsb>, #<width>
```

BFI 指令的作用是用 X*n* 寄存器中的 Bit[0, width−1]替换 X*d* 寄存器中的 Bit[lsb, lsb + width −1]，X*d* 寄存器中的其他位不变。

BFI 指令常用于设置寄存器的字段。

【例 4-26】设置某个寄存器 A 的 Bit[7, 4]为 0x5。下面用 C 语言来实现这个功能，用变量 val 来表示寄存器 A 的值，代码如下。

```
val &=~ (0xf << 4)
val |= ((u64)0x5 << 4)
```

用 BFI 指令来实现这个功能，代码如下。

```
mov x0, #0  //寄存器 A 的初始值为 0
mov x1, #0x5

bfi x0, x1, #4, #4  //往寄存器 A 的 Bit[7,4]字段设置 0x5
```

BFI 指令把 X1 寄存器中的 Bit[3, 0]设置为 X0 寄存器中的 Bit[7, 4]，X0 寄存器的值是 0x50，如图 4.11 所示。

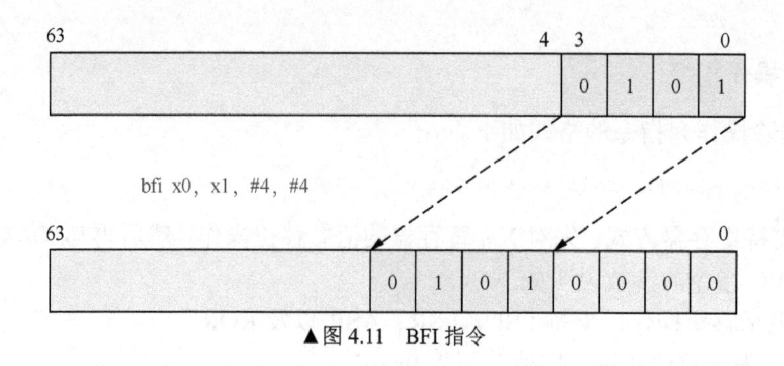

▲图 4.11　BFI 指令

4.7.2　位段提取操作指令

UBFX 指令的格式如下。

```
UBFX <Xd>, <Xn>, #<lsb>, #<width>
```

UBFX 指令的作用是提取 X*n* 寄存器的 Bit[lsb, lsb+width−1]，然后存储到 X*d* 寄存器中。

UBFX 还有一个变种指令 SBFX，它们之间的区别在于：SBFX 会进行符号扩展，例如，如果 Bit[lsb+width−1]为 1，那么写到 X*d* 寄存器之后，所有的高位都必须写 1，以实现符号扩展。

UBFX 和 SBFX 指令常常用于读取寄存器的某些字段。

【例 4-27】我们假设需要读取寄存器 A 的 Bit[7, 4]字段的值，那么我们可以使用 UBFX 指令。寄存器 A 的值为 0x8A，那么下面的示例代码中，X0 和 X1 寄存器的值分别是多少？

```
mov x2, #0x8a

ubfx x0, x2, #4, #4
sbfx x1, x2, #4, #4
```

UBFX 指令提取字段之后并不会做符号扩展，如图 4.12 所示，最终 X0 寄存器的值是 0x8。

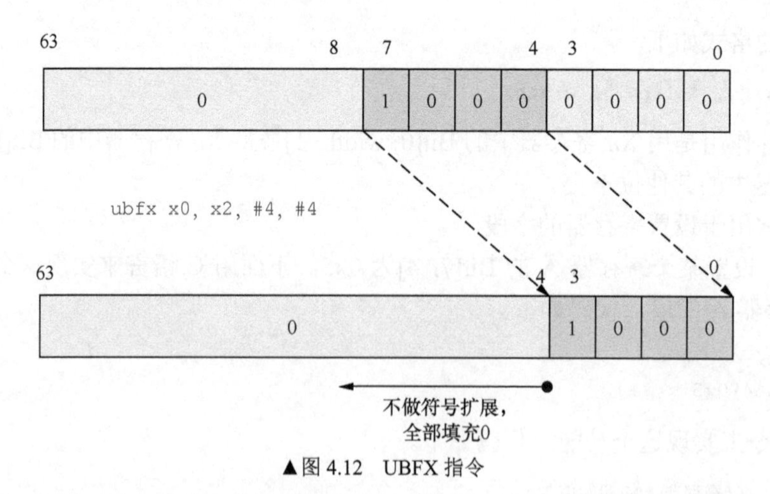

▲图 4.12　UBFX 指令

SBFX 指令在提取字段之后需要做符号扩展，如图 4.13 所示。当提取后的字段中最高位为 1 时，X*d* 寄存器里最高位都要填充 1。当提取后的字段中最高位为 0 时，X*d* 寄存器里最高位都要填充 0。最终，X1 寄存器的值为 0xFFFFFFFFFFFFFFF8。

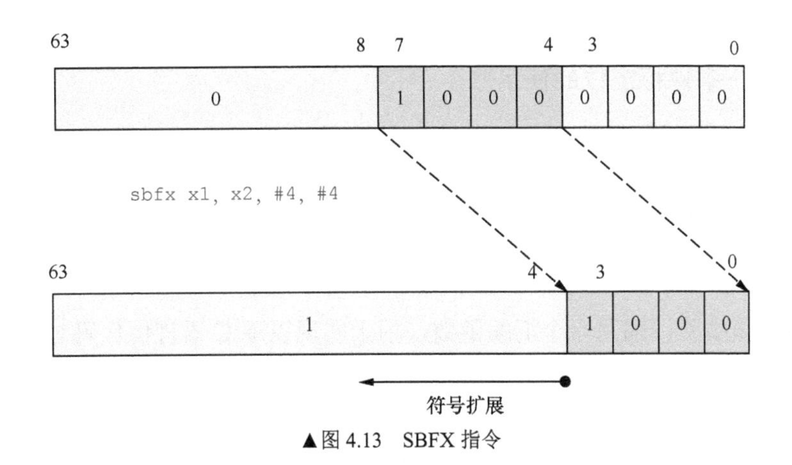

▲图 4.13 SBFX 指令

下面举一个实际例子，假设我们需要把 pmcr_el0 寄存器中 *N* 字段的值提取到 X0 寄存器中，pmcr_el0 寄存器如图 4.14 所示。

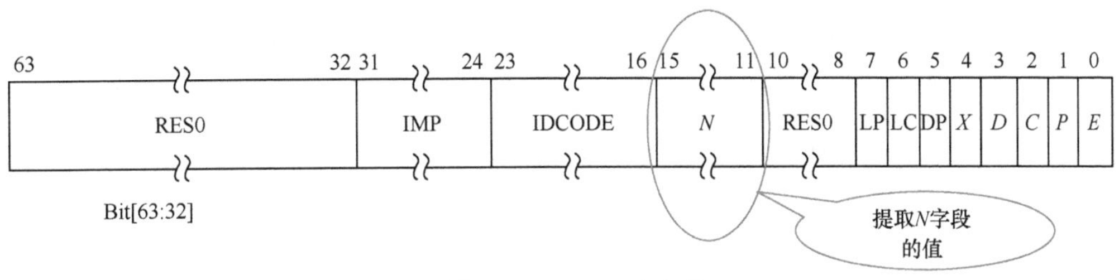

▲图 4.14 pmcr_el0 寄存器

下面用 C 语言来实现这个功能。

```
val = read_sysreg(pmcr_el0)

val = val >> 11;
val &= 0x1f;
```

使用 UBFX 指令来实现更简洁。

```
mrs x0, pmcr_el0
ubfx x0, x0, #11,  #5
```

4.8 实验

4.8.1 实验 4-1：测试 ADDS 和 CMP 指令的 *C* 标志位

1. 实验目的

熟练掌握 *C* 标志位。

2. 实验要求

在 BenOS 里做实验。

（1）使用 ADDS 指令来创建一个无符号数溢出场景，然后使用 ADC 指令来测试 *C* 条件标志位。

（2）使用 CMP 来比较两个数，然后使用 ADC 指令来测试。

4.8.2　实验 4-2：条件标志位的使用

1. 实验目的

熟练掌握 *C* 标志位。

2. 实验要求

在 BenOS 里做实验。编写一个汇编函数，用于实现以下 C 语言伪代码对应的功能。

```
unsigned long compare_and_return(unsigned long a, unsigned long b)
{
     if (a >= b)
        return 0;
     else
        return 0xffffffffffffffff;
}
```

提示：在 ARM64 函数参数传递，X0 寄存器传递函数的第一个参数，X1 寄存器传递函数的第二参数。在函数返回时 X0 寄存器传递返回值。

4.8.3　实验 4-3：测试 ANDS 指令以及 *Z* 标志位

1. 实验目的

熟练掌握 ANDS 指令以及 *Z* 标志位的影响。

2. 实验要求

在 BenOS 里做实验。编写一个汇编函数来测试 ANDS 指令对 *Z* 标志位的影响，这可以通过读取 NZCV 寄存器来查看。

4.8.4　实验 4-4：测试位段操作指令

1. 实验目的

熟练掌握位段相应的指令，如 BFI、UBFX、SBFX 等。

2. 实验要求

在 BenOS 里做实验。

（1）使用 BFI 指令把 0x345 中的低 4 位插入 X0 寄存器的 Bit[8, 11]。

（2）假设 X2=0x5678abcd，那么使用 UBFX 指令来提取第 4～11 位的数据到 X3 寄存器，使用 SBFX 指令来提取第 4～11 位的数据到 X4 寄存器。X3 和 X4 寄存器的值分别是多少？

4.8.5　实验 4-5：使用位段指令来读取寄存器

1. 实验目的

熟练掌握位段相应的指令，如 BFI、UBFX、SBFX 等。

2. 实验要求

在实验 4-4 的基础上做如下实验。

（1）读取 ID_AA64ISAR0_EL1 寄存器（如图 4.15 所示）中 Atomic 字段的值到 X0 寄存器，用来判断该寄存器是否支持 LSE 指令。

（2）读取 AES 字段到 X2 寄存器中，用来判断该寄存器是否支持 AES 指令。

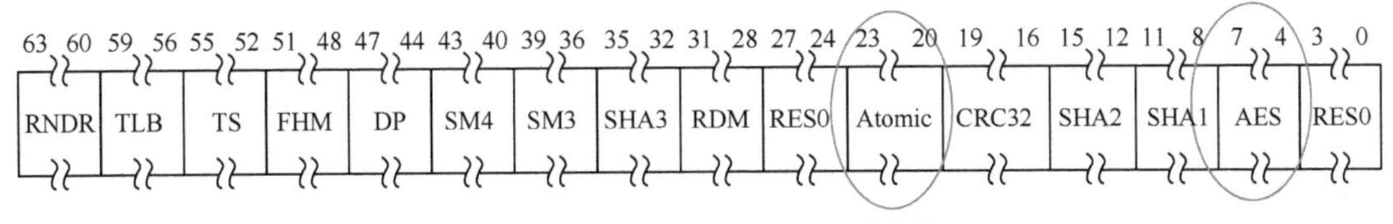

▲图 4.15 ID_AA64ISAR0_EL1 寄存器

第5章　A64指令集3——比较指令与跳转指令

本章思考题

1. 请用汇编代码来实现如下C语言代码。

```
unsigned long csel_test(unsigned long a, unsigned long b)
{
    if (a >= b)
            return b + 2;
    else
            return b - 1;
}
```

2. RET和ERET指令有什么区别?
3. 下面的汇编代码中，bl_test函数调用add_test子函数，请找出代码有什么问题。

```
    .global add_test
    add_test:
        add x0, x0, x1
        ret

    .global bl_test
    bl_test:
        mov x0, 1
        mov x1, 3
        bl add_test
    ret
```

本章主要介绍A64指令集中的比较与跳转指令。

5.1 比较指令

A64指令集中最常见的比较指令是CMP指令，除此之外，还有以下3种指令。

- CSEL：条件选择指令。
- CSET：条件置位指令。
- CSINC：条件选择并增加指令。

5.1.1 CMN指令

4.3节已经介绍了CMP指令，CMP指令还有另外一个变种——CMN，CMN指令用来将一个数与另一个数的相反数进行比较。CMN指令的基本格式如下。

```
CMN <Xn|SP>, #<imm>{, <shift>}
CMN <Xn|SP>, <R><m>{, <extend> {#<amount>}}
```

上述两条 CMN 指令分别等同于如下的 ADDS 指令。

```
ADDS XZR, <Xn|SP>, #<imm> {, <shift>}
ADDS XZR, <Xn|SP>, <R><m> {, <extend> {#<amount>}}
```

CMN 指令的计算过程就是把第一个操作数加上第二个操作数，计算结果会影响 PSTATE 寄存器的 *N*、*C*、*V*、*Z* 标志位。如果 CMN 后面的跳转指令使用与标志位相关的条件后缀，例如 CS 或者 CC 等，那么可以根据 *N*、*C*、*V*、*Z* 标志位来进行跳转。

【例 5-1】如下代码使用了 CMN 指令。

```
1    .global cmn_test
2    cmn_test:
3        mov x1, 2
4        mov x2, -2
5    1:
6        cmn x1, x2
7        b.eq 1b
8
9        ret
```

上述代码中，X1 寄存器的值为 2，X2 寄存器的值为−2，那么 X2 寄存器中值的相反数为 2，CMN 指令会让 X1 寄存器和 X2 寄存器中值的相反数进行比较。第 7 行的 EQ 会判断成功，并跳转到标签 1 处。

5.1.2 CSEL 指令

CSEL 指令的格式如下。

```
CSEL <Xd>, <Xn>, <Xm>, <cond>
```

CSEL 指令的作用是判断 cond 是否为真。如果为真，则返回 X*n*；否则，返回 X*m*，把结果写入 X*d* 寄存器中。

CSEL 指令编码如图 5.1 所示。

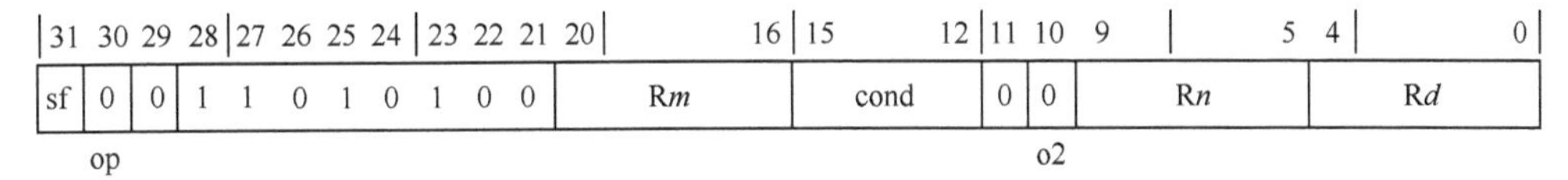

▲图 5.1 CSEL 指令编码

- X*d*：目标寄存器，它对应指令编码中的 R*d* 字段。
- X*n*：第一源寄存器，它对应指令编码中的 R*n* 字段。
- X*m*：第二源寄存器，它对应指令编码中的 R*m* 字段。
- cond：条件判断，它对应指令编码中的 cond 字段。

CSEL 指令常常需要和 CMP 比较指令搭配使用。

【例 5-2】使用 CSEL 指令来实现下面的 C 语言函数。

```
unsigned long csel_test(unsigned long a, unsigned long b)
{
    if (a >= b)
            return b + 2;
    else
            return b - 1;
}
```

上述C语言代码可改成如下汇编代码。

```
.global csel_test
csel_test:
    cmp x0, x1
    add x2, x1, #2
    sub x3, x1, #1
    csel x0, x2, x3, ge

    ret
```

汇编函数采用X0寄存器的值作为第一个形参，以X1寄存器的值作为第二个形参。CSEL指令里采用GE这个条件判断码，它会根据前面的CMP比较指令的结果进行判断，GE表示有符号大于或者等于。

5.1.3 CSET指令

CSET指令的格式如下。

```
CSET <Xd>, <cond>
```

CSET指令的意思是当cond条件为真时设置X*d*寄存器为1，否则设置为0。CSET指令的编码如图5.2所示。

- ❑ X*d*：目标寄存器，它对应指令编码中的R*d*字段。
- ❑ cond：条件码，它对应指令编码中的cond字段。

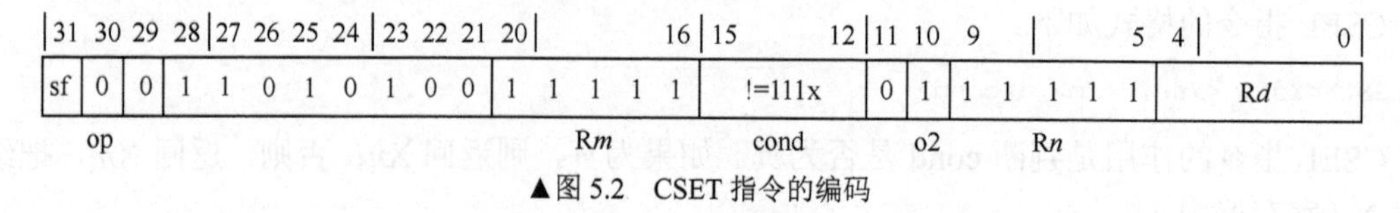

▲图5.2 CSET指令的编码

【例5-3】使用CSET指令来实现下面的C语言函数。

```
boot cset_test(unsigned long a, unsigned long b)
{
    return (a > b) ? true : false;
}
```

上述C语言代码改成汇编代码如下。

```
.global cset_test
cset_test:
    cmp x0, x1
    cset x0, hi
    ret
```

CSET指令里采用HI这个条件判断码，它会根据前面的CMP比较指令的结果进行判断，HI表示无符号大于。当满足条件时，cset_test函数返回1；否则，返回0。

5.1.4 CSINC指令

CSINC指令的格式如下。

```
CSINC <Xd>, <Xn>, <Xm>, <cond>
```

CSINC指令的意思是当cond为真时，返回X*n*寄存器的值；否则，返回X*m*寄存器的值加1。CSINC指令的编码如图5.3所示。

- Xd：目标寄存器，它对应指令编码中的 Rd 字段。
- Xn：第一源寄存器，它对应指令编码中的 Rn 字段。
- Xm：第二源寄存器，它对应指令编码中的 Rm 字段。
- cond：条件码，它对应指令编码的 cond 字段。

31	30	29	28	27	26	25	24	23	22	21	20–16	15–12	11	10	9–5	4–0
sf	0	0	1	1	0	1	0	1	0	0	Rm	cond	0	1	Rn	Rd
op														o2		

▲图 5.3　CSINC 指令的编码

5.2 跳转与返回指令

5.2.1　跳转指令

编写汇编代码常常会使用跳转指令，A64 指令集提供了多种不同功能的跳转指令，如表 5.1 所示。

表 5.1　跳转指令

指　令	描　述
B	跳转指令。指令的格式如下。 `B label` 该跳转指令可以在当前 PC 偏移量±128 MB 的范围内无条件地跳转到 label 处
B.cond	有条件的跳转指令。指令的格式如下。 `B.cond label` 如 B.EQ，该跳转指令可以在当前 PC 偏移量±1 MB 的范围内有条件地跳转到 label 处
BL	带返回地址的跳转指令。指令的格式如下。 `BL label` 和 B 指令类似，不同的地方是，BL 指令将返回地址设置到 LR（X30 寄存器）中，保存的值为调用 BL 指令的当前 PC 值加上 4
BR	跳转到寄存器指定的地址。指令的格式如下。 `BR Xn`
BLR	跳转到寄存器指定的地址。指令的格式如下。 `BLR Xn` 和 BR 指令类似，不同的地方是，BLR 指令将返回地址设置到 LR（X30 寄存器）中

B 指令的编码如图 5.4 所示，其中 label 在指令编码的 imm26 字段中。

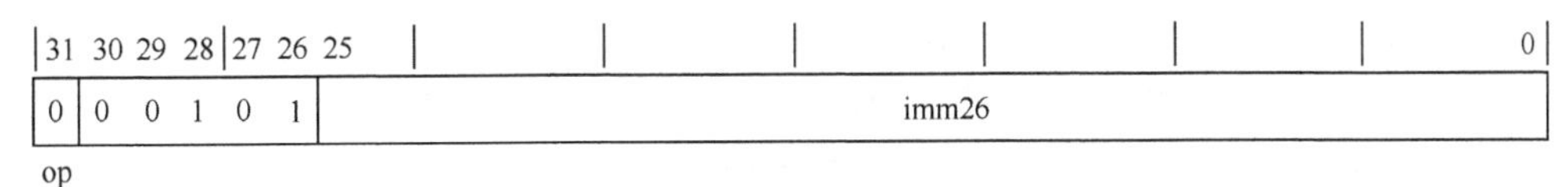

▲图 5.4　B 指令的编码

B.cond 指令的编码如图 5.5 所示，其中 label 在指令编码的 imm19 字段中，cond 在指令编码的 cond 字段中。

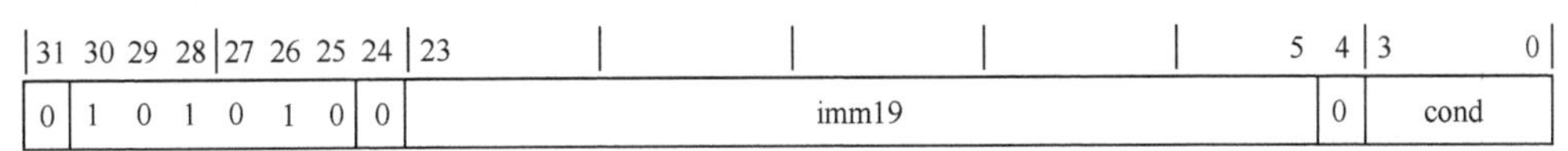

▲图 5.5　B.cond 指令的编码

从图 5.4 和图 5.5 可知 B 与 B.cond 指令的跳转范围的差别。BL 指令为分支与链接（Branch and Link）指令，链接的意思是包含了调用者的地址，以便子函数返回到正确的地址。通常，调用者（caller）

把参数放到 X0～X7 寄存器中，然后使用 BL 指令来跳转到子函数中，这里子函数通常称为被调用者（callee）。调用者在调用 BL 指令时会把当前程序执行的地址（即 PC 值）加上 4，保存到 LR（X30 寄存器）中，从而保证被调用者返回时能正确链接（返回）到 BL 指令的下一条指令。

5.2.2　返回指令

A64 指令集提供了两条返回指令。

- RET 指令：通常用于子函数的返回，其返回地址保存在 LR 里。
- ERET 指令：从当前的异常模式返回。它会把 SPSR 的内容恢复到 PSTATE 寄存器中，从 ELR 中获取跳转地址并返回到该地址。ERET 指令可以实现处理器模式的切换，比如从 EL1 切换到 EL0。

5.2.3　比较并跳转指令

A64 指令集还提供了几个比较并跳转指令，如表 5.2 所示。

表 5.2　比较并跳转指令

指　令	描　述
CBZ	比较并跳转指令。指令的格式如下。 `CBZ Xt, label` 判断 X*t* 寄存器是否为 0，若为 0，则跳转到 label 处，跳转范围是当前 PC 相对偏移量±1 MB
CBNZ	比较并跳转指令。指令的格式如下。 `CBNZ Xt, label` 判断 X*t* 寄存器是否不为 0，若不为 0，则跳转到 label 处，跳转范围是当前 PC 相对偏移量±1 MB
TBZ	测试位并跳转指令。指令的格式如下。 `TBZ R<t>, #imm, label` 判断 R*t* 寄存器中第 imm 位是否为 0，若为 0，则跳转到 label 处，跳转范围是当前 PC 相对偏移量±32 KB
TBNZ	测试位并跳转指令。指令的格式如下。 `TBNZ R<t>, #imm, label` 判断 R*t* 寄存器中第 imm 位是否不为 0，若不为 0，则跳转到 label 处，跳转范围是当前 PC 相对偏移量±32 KB

5.3　陷阱：为什么在 RET 指令之后系统就崩溃了

在汇编代码里可以使用 BL 指令来调用子函数，不过处理不当会导致系统崩溃。因为使用 BL 指令跳转到子函数时会修改 LR（X30 寄存器）的值，把当前 PC+4 的值写入 LR 中。这就把父函数的 LR 给修改了，导致父函数调用 RET 指令返回时系统崩溃。

【例 5-4】下面的代码中，bl_test 函数调用 csel_test 子函数。

```
1   /*
2     bl_test 函数调用 csel_test 子函数
3   */
4   .global csel_test
5   csel_test:
6       cmp x0, 0
7       sub x2, x1, 1
8       add x3, x1, 2
9       csel x0, x3, x2, eq
10      ret
```

```
11
12    .global bl_test
13    bl_test:
14        mov x0, 1
15        mov x1, 3
16        bl csel_test
17        ret
```

在上述代码中，bl_test 函数通过 RET 指令（第 17 行）返回时系统就会崩溃，如图 5.6 所示。下面是分析的过程。

在第 13 行中，假设程序执行到 bl_test 函数时，LR 的值为 0x80508。

在第 16 行中，调用子函数 csel_test，此时 PC 值为 0x806C0。

在第 5 行中，程序执行 csel_test 子函数，此时 LR 的值被改写为 0x806C4。因为 LR 的值为调用子函数的 BL 指令的 PC 值加上 4。

子函数 csel_test 执行 ret，返回第 17 行，此时的 LR 的值为 0x806C4。而对于父函数 bl_test 来说，只有它的 LR 的值为 0x80508，才能正确返回，因此在这里系统会崩溃。

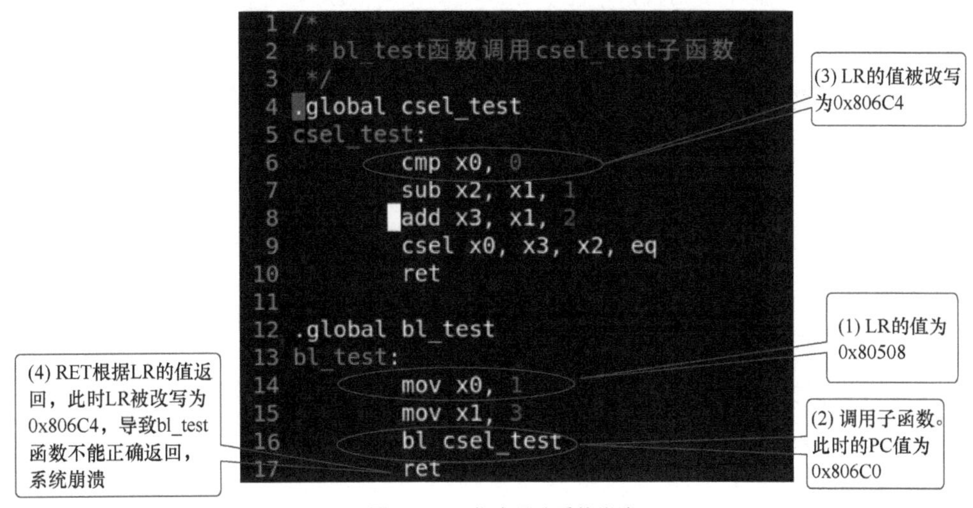

▲图 5.6　BL 指令导致系统崩溃

解决办法是在遇到嵌套调用函数时在父函数里把 LR 的值保存到一个临时寄存器。在父函数返回之前，先从临时寄存器中恢复 LR 的值，再执行 RET 指令。如图 5.7 所示，使用 MOV 指令先把 LR（X30 寄存器）的值存储到 X6 寄存器中，然后在父函数返回之前从 X6 寄存器中取回 LR 的内容。

总之，这里涉及 LR 中值的保存，常见的做法是在函数入口中把 LR 和 FP 寄存器的值都保存到栈中，在函数返回时从栈中恢复 LR 和 FP 寄存器的值，如图 5.8 所示。

```
.global bl_test
bl_test:
        /*
         * 把x30寄存器的值保存到临时寄存器里
         */
        mov x6, x30
        mov x0, 1
        mov x1, 3
        bl csel_test

        /*
         * 恢复bl_test函数的返回地址，否则会出错
         */
        mov x30, x6
        ret
```

▲图 5.7　解决方案

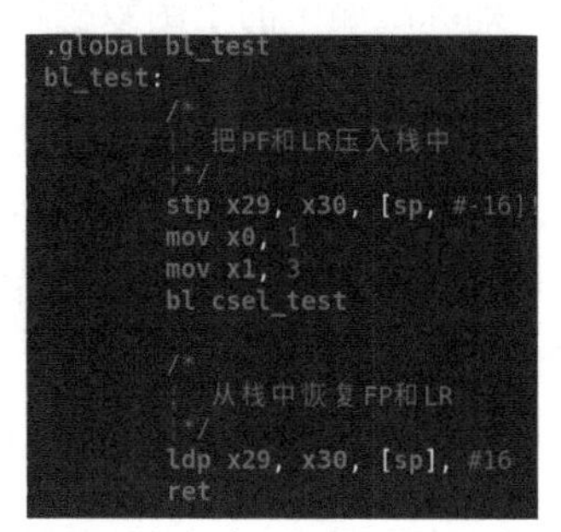

▲图 5.8　把 LR 中的值保存到栈中

5.4 实验

5.4.1　实验 5-1：CMP 和 CMN 指令

1. 实验目的

熟练使用 CMP 和 CMN 指令以及条件操作后缀。

2. 实验要求

请在 BenOS 里做如下练习。

（1）练习 CMN 指令。假设 X1=1，X2=-3，使用 CMN 指令来比较两个数，当结果为负数的时候，继续循环和比较，并且令 X2+=1。使用 NZCV 寄存器来查看条件标志位变化情况。

（2）练习 CMP 指令。假设 X1=1，X2=3，使用 CMP 指令来比较 X1 和 X2 两个数，当结果为大于或等于时继续循环和比较，并且令 X1+=1。使用 NZCV 寄存器来查看对应的条件标志位变化情况。

5.4.2　实验 5-2：条件选择指令

1. 实验目的

熟练使用条件选择指令。

2. 实验要求

请在 BenOS 里做如下练习。

请使用条件选择指令来实现如下 C 语言函数。

```
unsigned long csel_test(unsigned long a, unsigned long b)
{
    if (a == 0)
            return b +2;
    else
            return b - 1;
}
```

5.4.3　实验 5-3：子函数跳转

1. 实验目的

熟练汇编中的子函数跳转。

2. 实验要求

请在 BenOS 里做如下练习。

（1）创建 bl_test 的汇编函数，在该汇编函数里使用 BL 指令来跳转到实验 5-2 实现的 csel_test 汇编函数。

（2）在 kernel.c 文件中，使用 C 语言调用 bl_test 的汇编函数。

第 6 章　A64 指令集 4——其他重要指令

本章思考题

1. ADR/ADRP 与伪指令 LDR 有什么区别？
2. ADRP 指令获取的是与 4 KB 对齐的地址，4 KB 以内的偏移量如何获取？
3. 下面的 SVC 指令中，0x0 是什么意思？

```
mov    x8, #__NR_clone
svc      0x0
```

本章主要介绍 A64 指令集中其他重要的指令，例如 PC 相对地址加载指令、内存独占访问指令、异常处理指令、系统寄存器访问指令等。

6.1 PC 相对地址加载指令

A64 指令集提供了 PC 相对地址加载指令——ADR 和 ADRP 指令。

ADR 指令的格式如下。

```
ADR <Xd>, <label>
```

ADR 指令加载一个在当前 PC 值±1 MB 范围内的 label 地址到 X*d* 寄存器中。

ADR 指令的编码如图 6.1 所示。

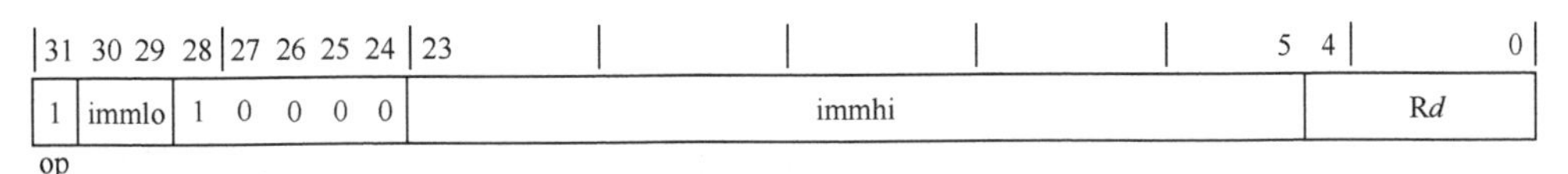

▲图 6.1　ADR 指令的编码

- X*d*：目标寄存器，它对应指令编码中的 R*d* 字段。
- Label：标签的地址，它对应指令编码中的"immhi:immlo"字段，它是相对于该指令地址（即 PC 值）的偏移量，偏移量的范围为−1 MB～1 MB。

ADRP 指令的格式如下。

```
ADRP <Xd>, <label>
```

ADRP 指令加载一个在当前 PC 值一定范围内的 label 地址到 X*d* 寄存器中，这个地址与 label 所在的地址按 4 KB 对齐，偏移量的范围为−4 GB～4 GB。

ADRP 指令的编码如图 6.2 所示。

- X*d*：目标寄存器，它对应指令编码中的 R*d* 字段。
- Label：标签的地址，它对应指令编码中的"immhi:immlo"字段，它是相对于该指令地址（即 PC 值）的偏移量，并且这个偏移量需要左移 12 位，因此偏移量的范围变成了−4 GB～4 GB。

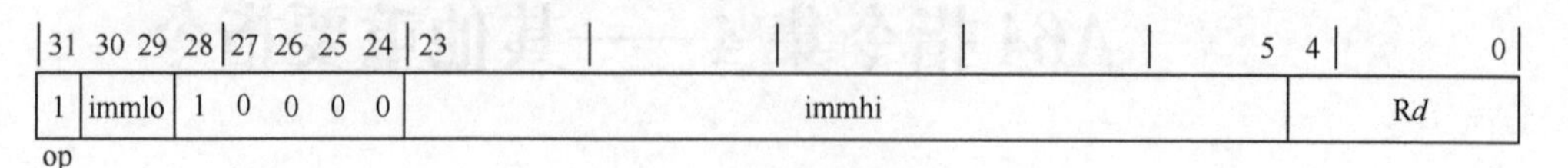

▲图 6.2　ADRP 指令的编码

ADRP 指令返回的地址如图 6.3 所示。图中地址 B 为 label 的实际地址，地址 A 与 label 所在地址按 4 KB 对齐，因此 ADR 指令返回地址 B，而 ADRP 指令返回地址 A。

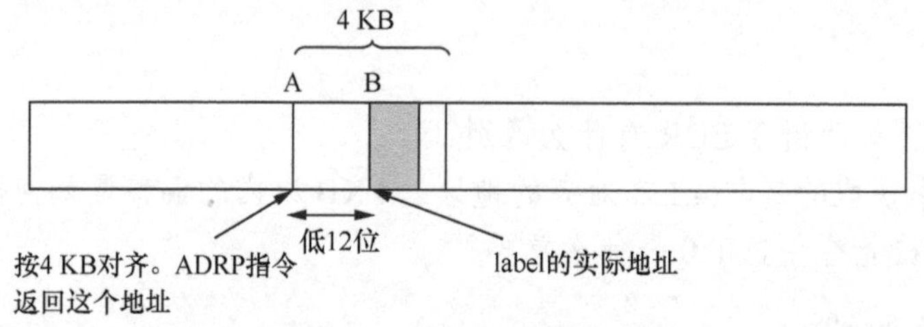

▲图 6.3　ADRP 指令返回的地址

【例 6-1】如下代码通过 ADR 和 ADRP 指令来读取 my_data1 标签的地址以及对应的内容。

```
1     /*8 字节对齐*/
2
3     align 3
4     my_data1:
5         .dword 0x8a
6
7     /*adrp_test 测试函数*/
8     adrp_test:
9         adr x0, my_data1
10        ldr x1, [x0]
11
12        adrp x2, my_data1
13        ldr x3, [x2]
14
15        ret
```

通过 GDB 调试上述代码，我们会发现 X0 寄存器的值为 0x806A8，这是 my_data1 标签的地址，而 X2 寄存器的值为 0x80000，这显然是 my_data1 标签的地址按 4 KB 对齐的地址，如图 6.4 所示。第 10 行读出的内容为 0x8A，即 my_data1 标签处定义的数据，而第 13 行读取的数据不是 my_data1 标签处定义的数据。

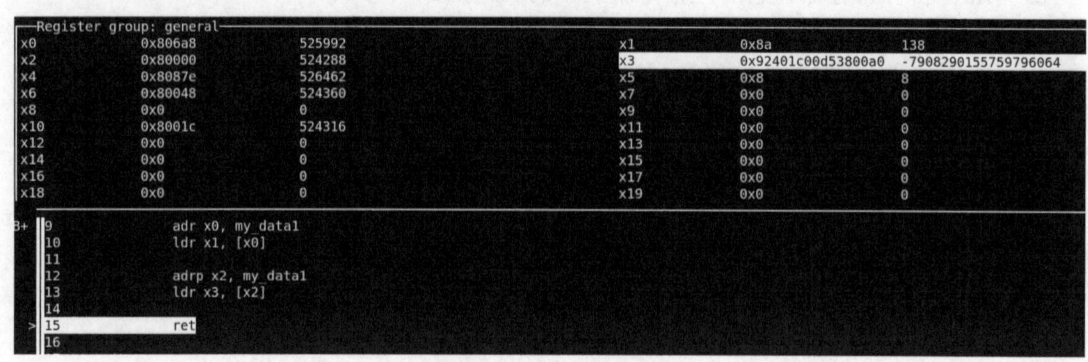

▲图 6.4　使用 GDB 调试

如果想通过 ADRP 指令来获取 my_data1 标签的地址，那么需要使用 GNU 汇编器中的“#:lo12:”功能，它表示 4 KB 大小的偏移量。修改后的代码如下。

```
adrp x2, my_data1
add x2, x2, #:lo12:my_data1
ldr x3, [x2]
```

6.2 LDR 和 ADRP 指令的区别

既然 LDR 伪指令和 ADRP 指令都可以加载 label 的地址，而且 LDR 伪指令可以寻址 64 位的地址空间，而 ADRP 指令的寻址范围为当前 PC 地址 ± 4 GB，那么有了 LDR 伪指令为什么还需要 ADRP 指令呢？

下面以一个例子来说明。

【例 6-2】假设我们编译的树莓派程序的链接地址为 0xFFFF000000080000。树莓派在上电复位后，固件（比如 BOOTROM）会把程序加载到 0x80000 地址处，如图 6.5 所示，此时，运行地址不等于链接地址。如果需要加载程序中定义的一个变量地址，例如 init_pg_dir，应该使用“adrp x0, init_pg_dir”还是“ldr x0, = init_pg_dir”呢？

在这个示例中，我们只能使用 ADR/ADRP 指令，因为 LDR 伪指令和 ADR/ADRP 指令有本质的区别。

LDR 伪指令加载的是绝对地址，即程序编译时的链接地址。ADR/ADRP 指令加载的是当前 PC 的相对地址（PC relative-address），即当前 PC 值加上 label 的偏移量，可以理解为当前运行时 label 的物理地址。

因此，我们需要根据运行地址和链接地址是否相同来区别对待。

- 当运行地址等于链接地址时，LDR 伪指令加载的地址等于 ADR/ADRP 指令加载的地址。
- 当运行地址不等于链接地址时，LDR 伪指令加载的是 label 的链接地址，ADR/ADRP 指令加载的是 label 的物理地址。

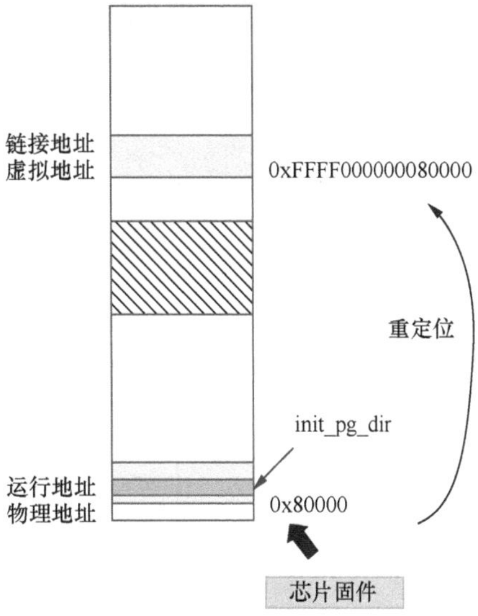

▲图 6.5 重定位

在本例中，由于当前程序的运行地址为 0x80000，而程序编译时的链接地址为 0xFFFF000000080000，因此我们应该使用“adrp x0, init_pg_dir”来加载 init_pg_dir 标签的地址。如果使用“ldr x0, = init_pg_dir”这条指令，就加载了 init_pg_dir 标签的链接地址，例如 0xFFFF000000088800，这是一个虚拟地址。此时，由于 CPU 还没有建立虚拟地址到物理地址的映射，因此程序就会出错。

6.3 内存独占访问指令

ARMv8 体系结构都提供独占内存访问（exclusive memory access）的指令。在 A64 指令集中，LDXR 指令尝试在内存总线中申请一个独占访问的锁，然后访问一个内存地址。STXR 指令会往刚才 LDXR 指令已经申请独占访问的内存地址中写入新内容。通常组合使用 LDXR 和 STXR 指令来完成一些同步操作。

另外，ARMv8 还提供多字节（16 字节）独占访问的指令，即 LDXP 和 STXP 指令。独占内存访问指令如表 6.1 所示。

表 6.1　独占内存访问指令

指　　令	描　　述
LDXR	独占内存访问指令。指令的格式如下。 `LDXR Xt, [Xn|SP{,#0}]`
STXR	独占内存访问指令。指令的格式如下。 `STXR Ws, Xt, [Xn|SP{,#0}]`
LDXP	多字节独占内存访问指令。指令的格式如下。 `LDXP Xt1, Xt2, [Xn|SP{,#0}]`
STXP	多字节独占内存访问指令。指令的格式如下。 `STXP Ws, Xt1, Xt2, [Xn|SP{,#0}]`

关于内存独占访问指令的应用，请参考第 20 章。

6.4 异常处理指令

A64 指令集支持多个异常处理指令，如表 6.2 所示。

表 6.2　异常处理指令

指　　令	描　　述
SVC	系统调用指令。指令的格式如下。 `SVC #imm` 允许应用程序通过 SVC 指令自陷到操作系统中，通常会陷入 EL1
HVC	虚拟化系统调用指令。指令的格式如下。 `HVC #imm` 允许主机操作系统通过 HVC 指令自陷到虚拟机管理程序（hypervisor）中，通常会陷入 EL2
SMC	安全监控系统调用指令。指令的格式如下。 `SMC #imm` 允许主机操作系统或者虚拟机管理程序通过 SMC 指令自陷到安全监管程序（secure monitor）中，通常会陷入 EL3

以 SVC 指令为例，SVC 指令的格式如下。

```
SVC #imm
```

SVC 指令后面带一个参数 imm，这个参数在指令编码的 imm16 字段里，它的取值范围为 0～65 535，如图 6.6 所示。

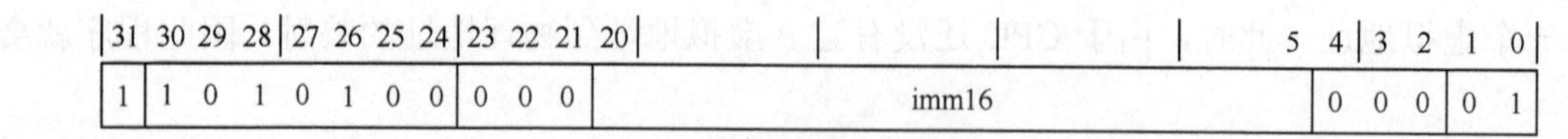

▲图 6.6　SVC 指令的编码

CPU 执行 SVC 指令之后进入 EL1，此时的异常类型为 SVC，在 ISS 编码里可以读出 imm 参数的值。

操作系统一般不使用 imm 参数来传递系统调用号（system call number），而通过通用寄存器来传递。CPU 执行 SVC 指令之后，进入了异常处理，在异常处理中需要把异常触发的现场保存到内核栈里。操作系统可以利用这个特性，使用一个通用寄存器来传递系统调用号，而 imm 参数一般用于调试。

【例 6-3】如下代码使用了异常处理指令。

```
mov    x8, #__NR_clone
svc    0x0
```

关于 SVC 指令在操作系统中的应用，请参考第 21 章。

6.5 系统寄存器访问指令

在 ARMv7 体系结构中，通过访问 CP15 协处理器访问系统寄存器；而在 ARMv8 体系结构中访问方式有大幅改进和优化。MRS 和 MSR 两条指令可用于直接访问系统寄存器，如表 6.3 所示。

表 6.3　系统寄存器访问指令

指　令	描　述
MRS	读取系统寄存器的值到通用寄存器
MSR	更新系统寄存器的值

ARMv8 体系结构支持如下 7 类系统寄存器：

- 通用系统控制寄存器；
- 调试寄存器；
- 性能监控寄存器；
- 活动监控寄存器；
- 统计扩展寄存器；
- RAS 寄存器；
- 通用定时器寄存器。

【例 6-4】要访问系统控制寄存器（System Control Register，SCTLR），指令如下。

```
mrs  x20, sctlr_el1    //读取 SCTLR_EL1
msr  sctlr_el1, x20    //设置 SCTLR_EL1
```

SCTLR_EL1 可以用来设置很多系统属性，如系统大/小端等。

除访问系统寄存器之外，MSR 和 MRS 指令还能访问与 PSTATE 寄存器相关的字段。这些字段可以看作特殊的系统寄存器，如表 6.4 所示。

表 6.4　特殊的系统寄存器

特殊的系统寄存器	说　明
CurrentEL	获取当前系统的异常等级
DAIF	获取和设置 PSTATE 寄存器中的 DAIF 掩码
NZCV	获取和设置 PSTATE 寄存器中的条件掩码
PAN	获取和设置 PSTATE 寄存器中的 PAN 字段
SPSel	获取和设置当前寄存器的 SP 寄存器
UAO	获取和设置 PSTATE 寄存器中的 UAO 字段

【例 6-5】在 Linux 内核代码中使用如下指令来关闭本地处理器的中断。

```
<arch/arm64/include/asm/assembler.h>

.macro disable_daif
    msr      daifset, #0xf
.endm
```

```
.macro enable_daif
    msr     daifclr, #0xf
.endm
```

disable_daif 宏用来关闭本地处理器中 PSTATE 寄存器中的 DAIF 功能，也就是关闭处理器调试、系统错误、IRQ 以及 FIQ。而 enable_daif 宏用来打开上述功能。

【例 6-6】下面的代码用于设置 SP 寄存器和获取当前异常等级，代码实现参见 arch/arm64/kernel/head.S 汇编文件。

```
<arch/arm64/kernel/head.S>

ENTRY(el2_setup)
    msr SPsel, #1               //设置 SP 寄存器，使用 SP_EL1
    mrs x0, CurrentEL           //获取当前异常等级
    cmp x0, #CurrentEL_EL2
    b.eq    1f
```

6.6 内存屏障指令

ARMv8 体系结构实现了一个弱一致性内存模型，内存的访问次序可能和程序预期的次序不一样。A64 和 A32 指令集提供了内存屏障指令，如表 6.5 所示。

表 6.5　内存屏障指令

指　令	描　述
DMB	数据存储屏障（Data Memory Barrier，DMB）确保在执行新的存储器访问前所有的存储器访问都已经完成
DSB	数据同步屏障（Data Synchronization Barrier，DSB）确保在下一个指令执行前所有的存储器访问都已经完成
ISB	指令同步屏障（Instruction Synchronization Barrier，ISB）清空流水线，确保在执行新的指令前，之前所有的指令都已经完成

除此之外，ARMv8 体系结构还提供一组新的加载和存储指令，显式包含了内存屏障功能，如表 6.6 所示。

表 6.6　新的加载和存储指令

指　令	描　述
LDAR	加载-获取（load-acquire）指令。 LDAR 指令后面的读写内存指令必须在 LDAR 指令之后才能执行
STLR	存储-释放（store-release）指令。 所有的加载和存储指令必须在 STLR 指令之前完成

6.7 实验

6.7.1　实验 6-1：测试 ADRP 和 LDR 伪指令

1．实验目的

熟悉使用 ADRP 和 LDR 伪指令。

2. 实验要求

在 BenOS 里完成如下练习。

（1）在汇编代码中定义 my_test_data 的标签。

```
.align 3
.globl my_test_data
my_test_data:
        .dword 0x12345678abcdabcd
```

请使用 ADR 和 ADRP 指令来读取 my_test_data 的地址以及该地址的值。

请使用 LDR 伪指令来读取 my_test_data 的地址以及该地址的值。

（2）修改链接文件 linker.ld，在树莓派 4B 的 4 MB 内存地址上分配一个 4 KB 大小的页面 init_pg_dir，用来存储页表。请使用 ADRP 和 LDR 伪指令加载 init_pg_dir 的地址到通用寄存器中。

6.7.2 实验 6-2：ADRP 和 LDR 伪指令的陷阱

1. 实验目的

熟悉使用 ADRP 和 LDR 伪指令。

2. 实验要求

在实验 6-1 的基础上做如下实验。

修改链接文件 linker.ld，让 BenOS 编译链接地址从 0x80000 修改成 0xFFFF000000080000，然后执行实验 6-1 的代码，使用 GDB 来观察 ADRP 和 LDR 伪指令有何不同。

提示：当程序的链接地址不等于运行地址时，不能直接使用“file benos.elf”命令来加载符号表，否则会加载链接地址上的符号表，导致 GDB 不能单步调试。

使用运行地址来加载符号表，例如：

```
add-symbol-file benos.elf  0x80030 -s .text.boot 0x80000 -s .rodata 0x80758
```

其中，部分内容的含义如下。

- 0x80030：text 段的起始地址。
- 0x80000：text.boot 段的起始地址。
- 0x805758：只读数据段的起始地址。

我们可以通过“aarch64-linux-gnu-readelf -S benos.elf”来查看各个段的链接地址，计算出每个段的偏移量，从而得到最终的运行地址。以 text 段为例，从图 6.7 可知其链接地址为 0xFFFF000000080030，从而知道它的偏移量为 0x30，加上运行地址的基地址 0x80000，可得到 text 段的运行地址为 0x80030。

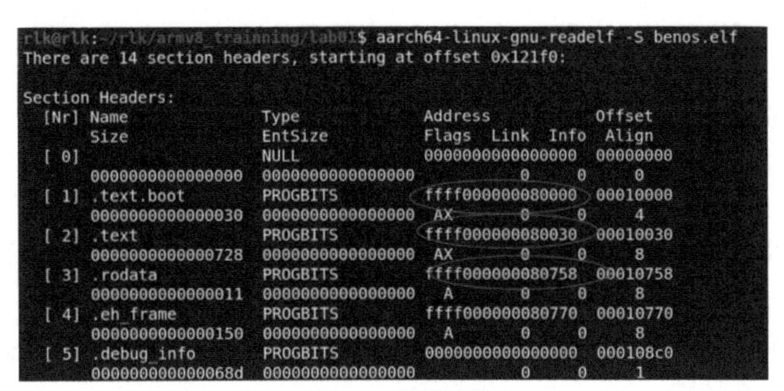

```
rlk@rlk:~/rlk/armv8_trainning/lab01$ aarch64-linux-gnu-readelf -S benos.elf
There are 14 section headers, starting at offset 0x121f0:

Section Headers:
  [Nr] Name              Type             Address           Offset
       Size              EntSize          Flags  Link  Info  Align
  [ 0]                   NULL             0000000000000000  00000000
       0000000000000000  0000000000000000           0     0     0
  [ 1] .text.boot        PROGBITS         ffff000000080000  00010000
       0000000000000030  0000000000000000  AX       0     0     4
  [ 2] .text             PROGBITS         ffff000000080030  00010030
       0000000000000728  0000000000000000  AX       0     0     8
  [ 3] .rodata           PROGBITS         ffff000000080758  00010758
       0000000000000011  0000000000000000   A       0     0     8
  [ 4] .eh_frame         PROGBITS         ffff000000080770  00010770
       0000000000000150  0000000000000000   A       0     0     8
  [ 5] .debug_info       PROGBITS         0000000000000000  000108c0
       000000000000068d  0000000000000000           0     0     1
```

▲图 6.7 链接地址

6.7.3　实验 6-3：LDXR 和 STXR 指令的使用 1

1. 实验目的

熟悉使用 LDXR 和 STXR 指令。

2. 实验要求

在 QEMU+ARM64 系统上做如下实验。

（1）在汇编代码里定义数据 my_data，初始化为 0，并实现一个汇编函数 my_atomic_write()，在 C 语言中调用该函数来写入新数据。

```
p1 = my_atomic_write(0x34); //往 my_data 中写入 0x34
```

（2）某开发人员实现了上面的汇编函数 my_atomic_write()，编译运行之后出现了段错误，如图 6.8 所示。

```
gcc -g atomic_test.c atomic_test.S -o atomic
```

这名开发人员写的汇编代码如图 6.9 所示，请找出段错误的原因。

```
debian:lab06-3# ./atomic
p1 address: 0xffff68b9218
Segmentation fault
debian:lab06-3#
```

▲图 6.8　段错误

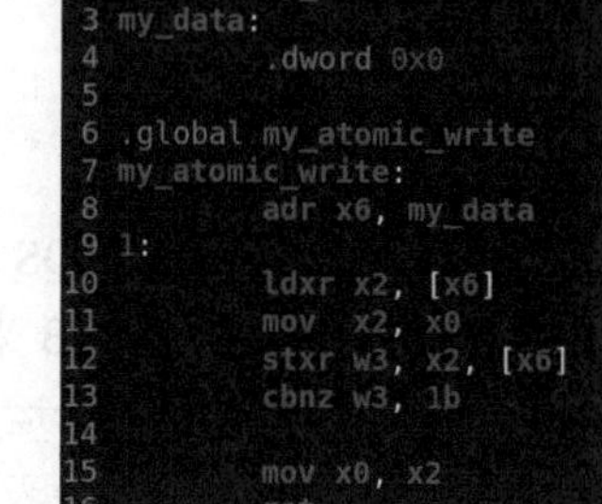

1 .align 3
2 .global my_data
3 my_data:
4   .dword 0x0
5
6 .global my_atomic_write
7 my_atomic_write:
8   adr x6, my_data
9 1:
10   ldxr x2, [x6]
11   mov x2, x0
12   stxr w3, x2, [x6]
13   cbnz w3, 1b
14
15   mov x0, x2
16   ret

▲图 6.9　错误的汇编代码

提示：请从代码段和数据段的角度来思考这个问题。

（3）请使用 LDXR 和 STXR 指令写一段汇编代码来实现 atomic_set()函数，用来设置某位。atomic_set()函数的 C 语言实现如下。

```
void atomic_set(int nr, volatile unsigned long *addr)
{
    unsigned long mask = 1UL << nr;

    *p  |= mask;
}
```

6.7.4　实验 6-4：LDXR 和 STXR 指令的使用 2

1. 实验目的

熟悉使用 LDXR 和 STXR 指令。

2. 实验要求

（1）请在 BenOS 上练习实验 6-3 的 my_atomic_write()函数和 atomic_set()函数。请在 QEMU 虚拟机里单步调试。

（2）在树莓派 4B 上使用 J-link EDU 仿真器来单步调试 my_atomic_write()函数和 atomic_set()函数，观察会发生什么情况。

第 7 章　A64 指令集的陷阱

本章主要介绍 A64 指令集中常见的陷阱。

7.1 案例 7-1：加载宏标签

在树莓派 4B 开发板上使用 J-link EDU 仿真器来单步调试如下代码，在单步调试到 LDR 指令时系统就死机了。

```
1
2    #define MY_LABEL 0x20
3
4    my_data1:
5       .dword 0x8a
6
7    .global ldr_test
8    ldr_test:
9        mov x0, #0
10
11       ldr x6, MY_LABEL
12
13       ret
```

图 7.1 展示了单步调试到 LDR 指令时的结果，通过“info reg pc”命令来查看当前 PC 值——0x806B4，该地址不是按 8 字节对齐的。第 11 行的 LDR 指令是一条 PC 相对地址的访问指令，它会根据当前 PC 值，再加上 0x20 偏移量，得到访问地址。也就是说，访问 0x806D4 这个地址，然后读取 8 字节内容。这显然是一个数据未对齐访问的问题。

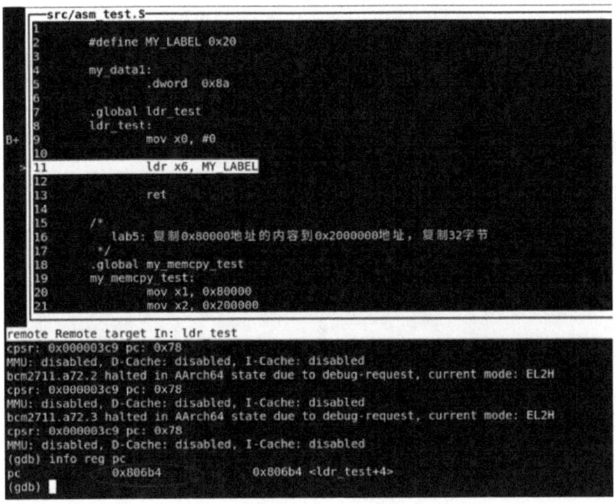

```
src/asm_test.S
   1
   2        #define MY_LABEL 0x20
   3
   4        my_data1:
   5                .dword  0x8a
   6
   7        .global ldr_test
   8        ldr_test:
B+ 9                mov x0, #0
   10
 > 11               ldr x6, MY_LABEL
   12
   13               ret
   14
   15       /*
   16          lab5: 复制0x80000地址的内容到0x2000000地址，复制32字节
   17        */
   18       .global my_memcpy_test
   19       my_memcpy_test:
   20               mov x1, 0x80000
   21               mov x2, 0x200000
remote Remote target In: ldr_test
cpsr: 0x000003c9 pc: 0x78
MMU: disabled, D-Cache: disabled, I-Cache: disabled
bcm2711.a72.2 halted in AArch64 state due to debug-request, current mode: EL2H
cpsr: 0x000003c9 pc: 0x78
MMU: disabled, D-Cache: disabled, I-Cache: disabled
bcm2711.a72.3 halted in AArch64 state due to debug-request, current mode: EL2H
cpsr: 0x000003c9 pc: 0x78
MMU: disabled, D-Cache: disabled, I-Cache: disabled
(gdb) info reg pc
pc             0x806b4             0x806b4 <ldr_test+4>
(gdb)
```

▲图 7.1　使用 GDB 调试的结果

在 ARMv8 体系结构里，在没有使能 MMU 的情况下，访问内存地址变成访问设备类型的内存（device memory）。内存类型一般可以分成普通类型内存和设备类型内存。

如果对设备类型内存发起不对齐访问，会触发对齐异常（alignment abort）。系统的 MMU 使能之后，访问内存变成了访问普通类型的内存。如果对普通类型的内存发起一个不对齐访问，就需要分两种情况。

- 当 SCTLR_EL*x* 寄存器的 A 字段为 1 时，触发一个对齐异常。
- 当 SCTLR_EL*x* 寄存器的 A 字段为 0 时，系统可以自动完成这次不对齐访问。

在本案例中，当前系统还没有使能 MMU，因此对内存地址的访问变成了对设备类型内存的访问。第 11 行的 LDR 指令尝试读取 8 字节的数据，而地址不是按 8 字节对齐的，从而触发了一个对齐异常，导致系统死机。

解决办法是把第 11 行改成读取 4 字节数据的指令。

```
ldr w6, MY_LABEL
```

7.2 案例 7-2：加载字符串

在树莓派 4B 开发板上使用 J-link EDU 仿真器来单步调试如下代码，在单步调试到 LDR 指令时系统就崩溃了。

```
1     mydata:
2         .byte 4
3
4     /*string1 表示字符串*/
5     .global string1
6     string1:
7         .string "Boot at EL"
8
9     .global ldr_test
10    ldr_test:
11
12        ldr x1, =string1
13        ldr x0, [x1]
14
15        ret
```

其实这也是一个不对齐访问导致的问题，因为没有办法保证字符串 string1 的起始地址是按 8 字节对齐的。使用 J-link EDU 仿真器和 GDB 调试发现，string1 的起始地址为 0x80581，如图 7.2 所示。显然，这不是按 8 字节对齐的地址。

另外，我们也可以查看 BenOS 编译的符号表信息（benos.map 文件），如图 7.3 所示。

这个问题的解决办法是使用“.align”伪操作来让 string1 按 8 字节对齐，代码如下。

```
.align 3
.global string1
string1:
      .string "Boot at EL"
```

```
Register group: general
x0             0x0                 0                     x1    0x80581             525697
x2             0x0                 0                     x3    0x0                 0
x4             0x80000             524288                x5    0x2c1d8a23ce638b0f  3178848798384556815
x6             0x0                 0                     x7    0x218cca013d4e3917  2417529206663428375
x8             0x10454e909cbe2618  1172429661011846680   x9    0x8590f5a4a0c25670  9624462491111282288
x10            0x160c167d67fc4109  1588669496426250505   x11   0xc4f86960a8018c77  14193210089514568823
x12            0x1102802c90806     299239008176134       x13   0x5969332b189a6088  6442737002119585928
x14            0x901081a381916358  10380939680342434648  x15   0x8241082105747149  9385792036335284553
x16            0x40b861ff49758a06  4663585163219143174   x17   0x8e8aa47109024ec   641950169097577708
x18            0x48222411d1cfeef9  5197756578892082937   x19   0x1dbb9366888033d9  2142468116330853337

src/asm_test.S
   8
   9        .global ldr_test
   10       ldr_test:
   11
B+ 12               ldr x1, =string1
>  13               ldr x0, [x1]
   14
   15               ret
   16
   17       /*

remote Remote target In: ldr_test
(gdb) s
bcm2711.a72.1 halted in AArch64 state due to debug-request, current mode: EL2H
cpsr: 0x000003c9 pc: 0x78
MMU: disabled, D-Cache: disabled, I-Cache: disabled
bcm2711.a72.2 halted in AArch64 state due to debug-request, current mode: EL2H
cpsr: 0x000003c9 pc: 0x78
MMU: disabled, D-Cache: disabled, I-Cache: disabled
bcm2711.a72.3 halted in AArch64 state due to debug-request, current mode: EL2H
cpsr: 0x000003c9 pc: 0x78
MMU: disabled, D-Cache: disabled, I-Cache: disabled
(gdb)
```

▲图 7.2　字符串对齐问题

```
.text          0x0000000000080580      0x198 build/asm_test_s.o
               0x0000000000080581            string1
               0x000000000008058c            ldr_test
               0x0000000000080598            my_memcpy_test
               0x00000000000805b8            my_data
               0x00000000000805c0            access_label_test
               0x00000000000805dc            add_inst_test
               0x00000000000805fc            compare_and_return
               0x0000000000080608            ands_test
               0x000000000008061c            bitfield_test
               0x0000000000080644            cmp_cmn_test
               0x0000000000080674            csel_test
               0x0000000000080688            bl_test
               0x00000000000806a0            my_test_data
               0x00000000000806a8            adrp_test
```

▲图 7.3　BenOS 符号表信息

7.3 案例 7-3：读写寄存器导致树莓派 4B 死机

当使用 STR 指令设置寄存器时，一定要注意寄存器的位宽，否则会出现死机问题。例如，树莓派 4B 上的寄存器位宽都是 32 位，即 4 字节大小。在下面的代码片段中，若尝试设置数值 0x301 到 U_CR_REG，会有什么问题？

```
1    #define U_CR_REG (U_BASE+0x30)
2    #define U_IFLS_REG (U_BASE+0x34)
3
4    ldr x1, = U_IBRD_REG
5
6    mov x2,  #0x301
7    str x2,  [x1]
```

根据树莓派 4B 芯片手册，U_CR_REG 的偏移量为 0x30，下一个寄存器 U_IFLS_REG 的偏移量为 0x34，因此第 7 行的 STR 指令会修改 U_IFLS_REG 的内容（由于 STR 指令使用了 64 位的寄存器）。

修改办法是采用 32 位的通用寄存器，第 6～7 行修改后的代码如下。

```
mov w2,  #0x301
str w2,  [x1]
```

注意，在读取和存储 32 位宽的寄存器时，如果处理不当，也可能造成对齐异常，从而导致系统死机。下面的示例代码往 U_IBRD_REG 中写入数值 26。

```
1    #define U_IBRD_REG (U_BASE+0x24)
2
3    ldr x1, = U_IBRD_REG
4
5    mov x2,  #26
6
7    str x2,  [x1]
```

由于 U_IBRD_REG 的偏移量为 0x24，不按 8 字节对齐，因此第 7 行的 STR 指令会造成对齐异常。解决办法是使用 32 位的通用寄存器，第 7 行修改后的代码如下。

```
mov w2,  #26
str w2,  [x1]
```

7.4　案例 7-4：LDXR 指令导致树莓派 4B 死机

在树莓派 4B 开发板上使用 J-link EDU 仿真器来单步调试如下代码，在单步调试到 CBNZ 指令时系统就崩溃了，如图 7.4 所示。

```
1    .section.data
2    .align 3
3    .global my_atomic_data
4    my_atomic_data:
5         .dword  0x0
6
     …
17   .global my_atomic_write
18   my_atomic_write:
19           adr x6, my_atomic_data
20   1:
21          ldxr x2, [x6]
22          orr x2, x2, x0
23          stxr w3, x2, [x6]
24          cbnz w3, 1b
25
26          mov x0, x2
27          ret
```

```
Register group: general
x0             0x345               837
x2             0x345               837
x4             0x80720             526112
x6             0x80910             526608
x8             0x10400a1000300000  1170946966955229184
x10            0x4000009411c0001   288230415898771457
x12            0x1100800110000     299101523607552
x14            0x200900050         8599371856
x16            0x48c001c540148086  5242191912954527878
x18            0x22010910a0689     598205478340233
src/atomic.S
   17          .global my_atomic_write
   18          my_atomic_write:
   19                  adr x6, my_atomic_data
   20          1:
   21                  ldxr x2, [x6]
   22                  orr x2, x2, x0
   23                  stxr w3, x2, [x6]
  >24                  cbnz w3, 1b
   25
   26                  mov x0, x2
remote Remote target In: my atomic write
MMU: disabled, D-Cache: disabled, I-Cache: disabled
bcm2711.a72.3 halted in AArch64 state due to debug-request, current mode: EL2H
cpsr: 0x000003c9 pc: 0x78
MMU: disabled, D-Cache: disabled, I-Cache: disabled
(gdb) s
Warning:
Cannot insert breakpoint 1.
Cannot access memory at address 0x80638

Command aborted.
(gdb)
```

▲图 7.4　系统崩溃

其实 LDXR 和 STXR 指令的使用是有很多限制条件的。

首先，确保访问的内存是普通类型的内存，并且高速缓存是内部共享或者外部共享的。

其次，LDXR 和 STXR 指令的工作原理是在芯片内部使用独占监视器来监视内存的操作。以树莓派 4B 开发板为例，内部使用 BCM2711 芯片。这块芯片没有实现外部全局独占监视器。因此，在 MMU 没有使能的情况下，访问物理内存变成了访问设备类型的内存，此时，使用 LDXR 和 STXR 指令会产生不可预测的错误。

解决办法是在 BenOS 里填充好页表，打开 MMU 和高速缓存之后再使用 LDXR 和 STXR 指令。我们会在后面学习完 MMU 和高速缓存内容之后重新做这个实验。

7.5 汇编大作业 7-1：在汇编中实现串口输出功能

1. 实验目的

熟练使用 A64 汇编指令。

2. 实验要求

在实际项目开发中，如果没有硬件仿真器（如 J-link EDU），那么可以在汇编代码中利用下面几个常见的调试技巧。

- 利用 LED 实现一个跑马灯。
- 串口输出。

树莓派 4B 上有两个串口设备，分别是 Mini 串口和 PL 串口。请在 BenOS 上用汇编代码实现 PL 串口的输出功能，并输出当前 EL，如图 7.5 所示。

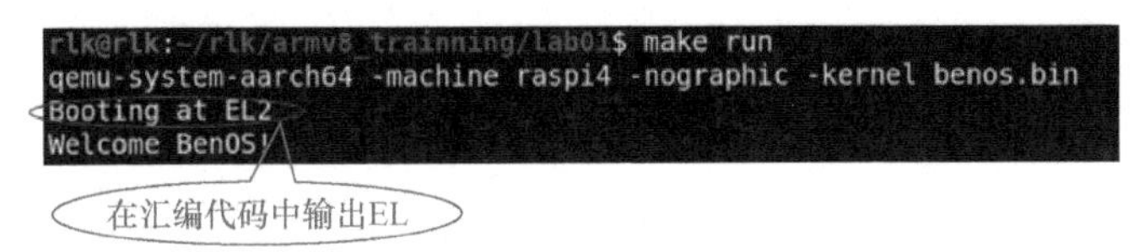

▲图 7.5　输出 EL

7.6 汇编大作业 7-2：分析 Linux 5.0 的启动汇编代码

1. 实验目的

熟练使用 A64 汇编指令。

2. 实验要求

Linux 内核的入口函数是 stext，它在 arch/arm64/kernel/head.S 汇编文件中实现。系统上电复位后，经过启动引导程序（bootloader）或者 BIOS 的初始化，最终会跳转到 Linux 内核的入口函数（stext 汇编函数）。启动引导程序会做必要的初始化，如内存设备初始化、磁盘设备初始化以及将内核映像文件加载到运行地址等，然后跳转到 Linux 内核的入口。广义上，启动引导程序也包括虚拟化扩展和安全特性扩展中的引导程序。

请读者阅读从内核汇编入口到 C 语言入口 start_kernel()函数之间的汇编代码，并尝试写一份分析汇编代码的报告。

第8章　GNU汇编器

本章思考题

1. 什么是汇编器？
2. 如何给汇编代码添加注释？
3. 什么是符号？
4. 什么是伪指令？
5. 在ARM64汇编中，“.align 3”表示什么意思？
6. 下面这条伪指令是什么意思？

```
.section ".idmap.text","awx"
```

7. 在汇编宏里，如何使用参数？
8. 下面是kernel_ventry宏的定义。

```
.macro kernel_ventry, el, label
b    el\()\el\()_\label
.endm
```

下面的语句调用kernel_ventry宏，请解释该宏是如何展开的。

```
kernel_ventry   1, irq
```

9. ADRP指令加载label地址，它只能加载与该地址按4 KB对齐的地址，怎么加载它在前后4 KB以内的偏移量呢？
10. LDR可以作为普通的加载指令，也可以作为伪指令，请解释下面的代码片段。

```
my_data1:
     .quad  0x100

ldr x1, =my_data1
ldr x2, [x1]
```

本章主要介绍GNU汇编器的相关内容。汇编器是将汇编语言翻译为机器目标代码的程序。通常，汇编代码通过汇编器来生成目标代码，然后由链接器来链接成最终的可执行二进制程序。对于ARM64的汇编语言来说，常用的汇编器有两种：一种是ARM公司提供的汇编器，另一种是GNU项目提供的AS汇编器。ARM公司的汇编器采用的ARM体系结构官方的汇编格式（简称ARM格式），而AS汇编器采用的AT&T格式。AT&T格式源自贝尔实验室，是为开发UNIX系统而产生的汇编语法。

GNU工具链提供了一个名为“as”的命令。如图8.1所示，as命令的版本为2.35.2，汇编目标文件配置成“aarch64-linux-gnu”，即汇编后的文件为aarch64体系结构的。

```
debian:mnt# as --version
GNU assembler (GNU Binutils for Debian) 2.35.2
Copyright (C) 2020 Free Software Foundation, Inc.
This program is free software; you may redistribute it under the terms of
the GNU General Public License version 3 or later.
This program has absolutely no warranty.
This assembler was configured for a target of `aarch64-linux-gnu'.
```

▲图 8.1　as 命令

8.1 编译流程与 ELF 文件

本节以一个简单的 C 语言程序为例。

```
<test.c>

#include <stdio.h>

int data = 10;

int main(void)
{
    printf("%d\n", data);
    return 0;
}
```

GCC 的编译流程主要分成如下 4 个步骤。

（1）预处理（pre-process）。GCC 的预编译器（cpp）对各种预处理命令进行处理，例如对头文件的处理、宏定义的展开、条件编译的选择等。预处理完成之后，会生成 test.i 文件。另外，我们也可以通过如下命令来生成 test.i 文件。

```
gcc -E test.c -o test.i
```

（2）编译（compile）。C 语言的编译器（ccl）首先对预处理之后的源文件进行词法、语法以及语义分析，然后进行代码优化，最后把 C 语言代码翻译成汇编代码。编译完成之后，生成 test.s 文件。另外，我们也可以通过如下命令来生成汇编文件。

```
gcc -S test.i -o test.s
```

（3）汇编（assemble）。汇编器（as）把汇编代码翻译成机器语言，并生成可重定位目标文件。汇编完成之后，生成 test.o 文件。另外，我们可以通过如下命令来生成 test.o 文件。

```
as test.s -o test.o
```

（4）链接（link）。链接器（ld）会把所有生成的可重定位目标文件以及用到的库文件综合成一个可执行二进制文件。另外，我们可以通过如下命令来手动生成可执行二进制文件。

```
ld -o test  test.o -lc
```

图 8.2 是编译 test.c 源代码的过程。

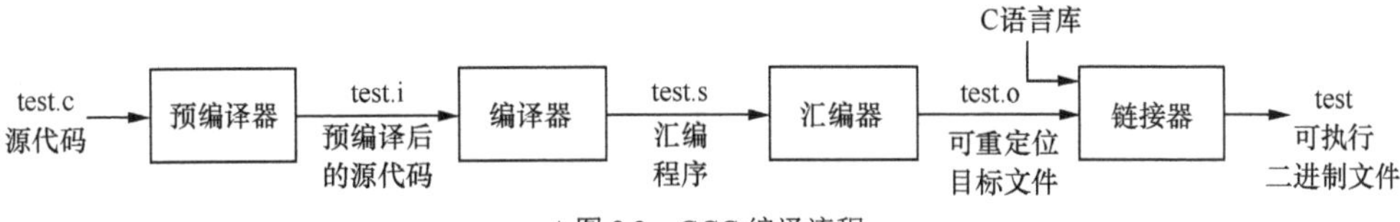

▲图 8.2　GCC 编译流程

汇编阶段生成的可重定位目标文件以及链接阶段生成的可执行二进制文件都是按照一定文件格式（例如 ELF 格式）组成的二进制目标文件。在 Linux 系统中，应用程序常用的可执行文件格式是可执行与可链接格式（Executable and Linkable Format，ELF），它是对象文件的一种格式，用于定义不同类型的对象文件中都放了什么内容，以及以什么格式存放这些内容。ELF 结构如图 8.3 所示。

ELF 最开始的部分是 ELF 文件头（ELF header），它包含了描述整个文件的基本属性，如 ELF 文件版本、目标计算机型号、程序入口地址等信息。程序头表（program header table）描述如何创建一个进程的内存映像。程序头表后面是各个段[①]（section），包括代码（.text）段、只读数据（.rodata）段、数据（.data）段、未初始化的数据（.bss）段等。段头表（section header table）用于描述 ELF 文件中包含的所有段信息，如每个段的名字、段的长度、在文件中的偏移量、读写权限以及段的其他属性等。

ELF文件头
程序头表
.text段
.rodata段
.data段
.bss段
.symtab段
⋮
段头表
⋮

▲图 8.3　ELF 结构

下面介绍常见的几个段。

- 代码段：存放程序源代码编译后的机器指令等。
- 只读数据段：存储只能读取不能写入的数据。
- 数据段：存放已初始化的全局变量和已初始化的局部静态变量。
- 未初始化的数据段：存放未初始化的全局变量以及未初始化的局部静态变量。
- 符号表（.symtab）段：存放函数和全局变量的符号表信息。
- 可重定位代码（.rel.text）段：存储代码段的重定位信息。
- 可重定位数据（.rel.data）段：存储数据段的重定位信息。
- 调试符号表（.debug）段：存储调试使用的符号表信息。

我们可以通过 readelf 命令来了解一个目标二进制文件的组成，例如，通过读取 test 文件的 ELF 文件头信息来了解。

```
debian:mnt# readelf -h test
ELF Header:
  Magic:   7f 45 4c 46 02 01 01 00 00 00 00 00 00 00 00 00
  Class:                             ELF64
  Data:                              2's complement, little endian
  Version:                           1 (current)
  OS/ABI:                            UNIX - System V
  ABI Version:                       0
  Type:                              EXEC (Executable file)
  Machine:                           AArch64
  Version:                           0x1
  Entry point address:               0x4002e0
  Start of program headers:          64 (bytes into file)
  Start of section headers:          5352 (bytes into file)
  Flags:                             0x0
  Size of this header:               64 (bytes)
  Size of program headers:           56 (bytes)
  Number of program headers:         7
  Size of section headers:           64 (bytes)
  Number of section headers:         21
  Section header string table index: 20
```

① 有的中文教材使用“节”。

从上面的信息可知，test 文件是一个 ELF64 类型的可执行文件（executable file）。test 程序的入口地址为 0x4002E0。段头（section header）的数量是 21，程序头（program header）的数量是 7。

下面通过 readelf 命令读取 test 可执行二进制文件的段头表的信息。

```
debian:mnt# readelf -S test
There are 21 section headers, starting at offset 0x14e8:

Section Headers:
  [Nr] Name              Type             Address           Offset
       Size              EntSize          Flags  Link  Info  Align
  …
  [10] .text             PROGBITS         00000000004002e0  000002e0
       0000000000000030  0000000000000000  AX       0     0     4
  [11] .rodata           PROGBITS         0000000000400310  00000310
       0000000000000004  0000000000000000  A        0     0     8
  [16] .data             PROGBITS         0000000000411008  00001008
       0000000000000004  0000000000000000  WA       0     0     4
[17] .comment            PROGBITS         0000000000000000  0000100c
       0000000000000027  0000000000000001  MS       0     0     1
  …
Key to Flags:
  W (write), A (alloc), X (execute), M (merge), S (strings), I (info),
  L (link order), O (extra OS processing required), G (group), T (TLS),
  C (compressed), x (unknown), o (OS specific), E (exclude),
  p (processor specific)
```

从上面的信息可知，test 文件一共有 21 个段，段头表从 0x14E8 地址开始。这里除常见的代码段、数据段以及只读数据段之外，还包括其他的一些段。以代码段为例，它的起始地址为 0x4002E0，偏移量为 0x2E0，大小为 0x30B，属性为可分配（A）和可执行（X）。

汇编阶段生成的可重定位目标文件和链接阶段生成的可执行二进制文件的主要区别在于，可重定位目标文件的所有段的起始地址都是 0，读者可以通过“readelf -S test.o”命令来查看 test.o 文件的段头表信息；而链接器在链接过程中根据链接脚本的要求会把所有可重定位目标文件中相同的段（在链接脚本中称为输入段）合并生成一个新的段（在链接脚本中称为输出段）。合并好的输出段会根据链接脚本的要求来重新确定每个段的虚拟地址和加载地址。

在默认情况下，链接器使用自带的链接脚本，读者可以通过如下命令来查看自带的链接脚本。

```
$ ld --verbose
```

符号表（symbol table）最初在生成可重定位目标文件时创建，存储在符号表段中。不过，此时的符号还没有一个确定的地址，所有符号的地址都是 0。符号表包括全局符号、本地符号以及外部符号。链接器在链接过程中对所有输入可重定位目标文件的符号表进行符号解析和重定位，每个符号在输出文件的相应段中得到了一个确定的地址，最终生成一个符号表。

8.2 一个简单的汇编程序

我们使用两种方式来编译和运行一个简单的汇编程序：一是在运行 ARM64 版本的 Linux 中编译和运行汇编程序，例如运行 Linux 系统的树莓派 4B 或者运行 ARM64 Linux 的 QEMU

系统；二是编写一个裸机的汇编程序并烧写到树莓派 4B 中。对于本节的例子，采用第一种方式。

【例 8-1】下面是一段用汇编指令写的程序代码，文件名为 test.S。

```
1    # 测试程序：往终端中输出 my_data1 数据与 my_data2 数据之和
2    .section .data
3    .align 3
4
5    my_data1:
6            .quad  100
7
8    my_data2:
9            .word  50
10
11   print_data:
12       .string "data: %d\n"
13
14   .align3
15   .section .text
16
17   .global main
18   main:
19       stp     x29, x30, [sp, -16]!
20
21       ldr x5, =my_data1
22       ldr x2, [x5]
23
24       ldr x6, =my_data2
25       ldr x3, [x6]
26
27       add x1, x2, x3
28
29       ldr x0, =print_data
30       bl printf
31
32       ldp  x29, x30, [sp], 16
33       ret
```

首先，把上述代码文件（test.S 文件）复制到 Linux/ARM64 系统中。使用 as 命令来编译 test.S 文件。

```
# as test.S -o test.o
```

其中，as 为 GNU 汇编器命令，test.S 为汇编源文件，-o 选项告诉汇编器编译输出的目标文件为 test.o。目标文件 test.o 是机器语言构成的文件，但是它还不是可执行二进制文件，我们需要使用链接器把目标文件合并与链接成一个可执行文件。

```
# ld test.o -o test -Map test.map -lc
```

ld 为 GNU 链接器命令。其中，test.o 是输入文件，-o 选项告诉链接器最终链接输出的二进制文件为 test，-Map 输出符号表（用于调试），-lc 表示链接 libc 库。

运行 test 程序。

```
benshushu:lab# ./test
data: 150
```

一个可执行二进制文件由代码段、数据段以及未初始化数据段等组成。代码段存放程序执行代码，数据段存放程序中已初始化的全局变量等，未初始化数据段包含未初始化的全局变量和未初始化的局部静态变量。此外，可执行二进制文件还包含符号表（symbol table），这个表包含了程序中定义的所有符号相关信息。

下面分析这个 test.S 汇编文件。

第 1 行以“#”字符开始，是注释。

在第 2 行中，以“.”字符开始的指令是汇编器能识别的伪操作，它不会直接被翻译成机器指令，而由汇编器来预处理。“.section .data”用来表明数据段的开始。程序中需要用的数据可以存储在数据段中。在第 15 行中，“.section .text”表示接下来的代码为代码段。

在第 3 行中，.align 是对齐伪操作，参数为 3，因此对齐的字节大小为 2^3，即接下来的数据所在的起始地址能被 8 整除。

在第 5～9 行中，“.quad”是数据定义的伪指令，用来定义数据元素，数据元素的标签为 my_data1/ my_data2，它存储了一个 64 位的数据。在汇编代码中，任何以“:”符号结束的字符串都被视为标签（label）或者符号（symbol）。

在第 11～12 行中，“.string”是数据定义伪指令，用来定义一个字符串。

在第 17 行中，“.global main”表示把 main 设置为全局可以访问的符号，main 是一个特殊符号，用来标记该程序的入口地址。符号一般用来标记程序或数据的位置，而不是用内存地址来标记它们。“.global”是用来定义全局符号的伪指令，用来定义一个全局符号，该符号可以是函数的符号，也可以是全局变量的符号。

在第 18 行中，定义 main 标签。标签是一个符号，后面跟着一个冒号。标签定义一个符号的值，当汇编器对程序进行编译时会为每个符号分配地址。标签的作用是告诉汇编器以该符号的地址作为下一个指令或者数据的起始地址。

第 19～33 行是这个程序的主体。

在第 19 行中，把 X29 和 X30 寄存器的值保存到栈中。

第 21 行是一条 LDR 伪指令，用于加载 my_data1 标签的地址到 X5 寄存器中。

在第 22 行中，读取 my_data1 标签的地址的内容到 X2 寄存器。

在第 24～25 行中，读取 my_data2 标签的地址的内容到 X3 寄存器。

在第 27 行中，使用 ADD 指令把 X2 和 X3 寄存器的值相加，把结果存储在 X1 寄存器中。

第 29 行也是一条 LDR 伪指令，用于加载 print_data 标签的地址到 X0 寄存器。

在第 30 行中，通过 BL 指令调用 C 库的 printf 函数。

在第 32 行中，从栈中恢复 X29 和 X30 寄存器的值。

在第 33 行中，函数返回并结束。

我们可以通过 readelf 命令来获取 test 程序的符号表。readelf 命令通常用于查看 ELF 格式的文件信息，其中“-s”选项用来显示符号表的内容。

```
debian:mnt# readelf -s test

Symbol table '.symtab' contains 35 entries:
   Num:    Value          Size Type    Bind   Vis      Ndx Name
     0: 0000000000000000     0 NOTYPE  LOCAL  DEFAULT  UND
    15: 0000000000000000     0 FILE    LOCAL  DEFAULT  ABS test.o
    16: 0000000000411008     0 NOTYPE  LOCAL  DEFAULT   14 $d
    17: 0000000000411008     0 NOTYPE  LOCAL  DEFAULT   14 my_data1
    18: 0000000000411010     0 NOTYPE  LOCAL  DEFAULT   14 my_data2
    19: 0000000000411014     0 NOTYPE  LOCAL  DEFAULT   14 print_data
    26: 0000000000411020     0 NOTYPE  GLOBAL DEFAULT   14 __bss_start__
```

```
27: 0000000000411020     0 NOTYPE  GLOBAL DEFAULT   14 _bss_end__
28: 0000000000411020     0 NOTYPE  GLOBAL DEFAULT   14 _edata
29: 0000000000411020     0 NOTYPE  GLOBAL DEFAULT   14 __bss_end__
30: 0000000000411020     0 NOTYPE  GLOBAL DEFAULT   14 _end
31: 00000000004002b0     0 NOTYPE  GLOBAL DEFAULT   10 main
32: 0000000000411020     0 NOTYPE  GLOBAL DEFAULT   14 __end__
33: 0000000000411020     0 NOTYPE  GLOBAL DEFAULT   14 __bss_start
```

从上面的日志可知，test 程序的符号表包含 35 个表项。其中，my_data1 标签的地址为 0x411008，my_data2 标签的地址为 0x411010，而 main 符号的地址为 0x4002B0。

8.3 汇编语法

下面介绍 as 汇编器中常见的语法。

8.3.1 注释

汇编代码可以通过如下方式来注释。

- "//" 或者 "#"：如果在一行的开始，表示注释整行；如果出现在一行中间，可以注释后面的内容。
- "/* */"：可以跨行注释。

8.3.2 符号

符号（symbol）是一个核心概念。程序员使用符号来命名事物，链接器使用符号来链接，调试器使用符号来调试。符号一般用来标记程序或数据的位置，而不用内存地址来标记它们，如果使用内存地址来标记，那么程序员必须记住每行代码或者数据的内存地址，这将是一件很痛苦的事情。

符号可以由下面几种字符组合而成：

- 所有字母（包括大写和小写）；
- 数字；
- "_" "." 以及 "$" 这三个字符。

符号可以代表它所在的地址，也可以当作变量或者函数来使用。

全局符号（global symbol）可以使用.global 来声明。全局符号可以被其他模块引用，例如，C 语言可以引用全局符号。

本地符号（local symbol）主要在本地汇编代码中引用。在 ELF 格式中，通常使用 ".L" 前缀来定义一个本地符号。本地符号不会出现在符号表中。

本地标签（local label）可供汇编器和程序员临时使用。标签的符号要保证在汇编文件的范围内都是唯一的，并且可以用简单的符号来引用。标签通常使用 0～99 的整数作为编号，和 f 指令与 b 指令一起使用。其中，f 表示汇编器向前搜索，b 表示汇编器向后搜索。

我们可以重复定义相同的本地标签，例如，使用相同的数字 *N*。跳转指令只能引用最近定义的本地标签（向后引用或者向前引用）。

【例 8-2】下面的汇编代码使用数字来定义标签的编号。

```
1:
    b 1f
2:
```

```
    b 1b
1:
    b 2f
2:
    b 1b
```

上述汇编代码等同于如下汇编代码。

```
label_1:
        b label_3
label_2:
        b label_1
label_3:
        b label_4
label_4:
        b label_3
```

8.4 常用的伪指令

伪指令是对汇编器发出的命令，它在源程序汇编期间由汇编器处理。伪指令是由汇编器预处理的指令，它可以分解为几条指令的集合。另外，伪指令仅仅在汇编器编译期间起作用。当汇编结束时，伪指令的使命也就结束了。伪操作可以实现如下功能：

- 符号定义；
- 数据定义和对齐；
- 汇编控制；
- 汇编宏；
- 段描述。

8.4.1 对齐伪指令

.align 伪指令用来对齐或者填充数据等。align 伪指令通常有 3 个参数。第一个参数表示对齐的要求。第二个参数表示要填充的值，它可以省略。如果省略，填充字节通常为零。在大多数系统上，如果需要在代码段中填充，则用 nop 指令来填充。第三个参数表示这个对齐指令应该跳过的最大字节数。如果为了对齐需要跳过比指定的最大字节数更多的字节，则不会执行对齐操作。通常我们只使用第一个参数。在 ARM64 中，第一个参数表示 2^nB。

【例 8-3】下面的.align 伪指令表示按照 4 字节对齐。

```
.align 2
```

【例 8-4】下面是使用 3 个参数的.align 伪指令。

```
.align 5,0,100

.align 5,0,8
```

上述两条伪指令都要求按照 32 字节对齐。其中，第一条伪指令设置最多跳过的字节数为 100，填充的值为 0，而第二条伪指令设置最多跳过的字节数小于对齐的字节数，因此该伪指令不会执行。

8.4.2 数据定义伪指令

下面是汇编代码中常用的数据定义伪指令。

- .byte：把 8 位数当成数据插入汇编代码中。
- .hword 和.short：把 16 位数当成数据插入汇编代码中。
- .long 和.int：这两个伪指令的作用相同，都把 32 位数当成数据插入汇编代码中。
- .word：把 32 位数当成数据插入汇编代码中。
- .quad：把 64 位数当成数据插入汇编代码中。
- .float：把浮点数当成数据插入汇编代码中。
- .ascii 和.string：把 string 当作数据插入汇编代码中，对于 ascii 伪操作定义的字符串，需要自行添加结尾字符'\0'。
- .asciz：类似于 ascii，在 string 后面自动插入一个结尾字符'\0'。
- .rept 和.endr：重复执行伪操作。
- .equ：给符号赋值。

【例 8-5】下面的代码片段使用数据定义伪指令。

```
.rept 3
.long 0
.endr
```

上述的.rept 伪操作会重复“.long 0”指令 3 次，等同于下面的代码片段。

```
.long 0
.long 0
.long 0
```

.equ 伪指令给符号赋值，其指令格式如下。

```
.equ symbol, expression
```

【例 8-6】下面使用“.equ”伪指令来改写例 8-1。

```
.equ my_data1, 100 // 为my_data1 符号赋值 100
.equ my_data2, 50  // 为my_data2 符号赋值 50

.global main
main:
    …
    ldr x2, =my_data1
    ldr x3, =my_data2

    add x1, x2, x3
    …
```

8.4.3 与函数相关的伪指令

下面是汇编代码中与函数相关的伪指令。

- .global：定义一个全局的符号，可以是函数的符号，也可以是全局变量的符号。
- .include：引用头文件。
- .if, .else, .endif：控制语句。
- .ifdef symbol：判断 symbol 是否定义。
- .ifndef symbol：判断 symbol 是否没有定义。
- .ifc string1,string2：判断字符串 string1 和 string2 是否相等。
- .ifeq expression：判断 expression 的值是否为 0。
- .ifeqs string1,string2：等同于.ifc。

- .ifge expression：判断 expression 的值是否大于或等于 0。
- .ifle expression：判断 expression 的值是否小于或等于 0。
- .ifne expression：判断 expression 的值是否不为 0。

8.4.4 与段相关的伪指令

1. .section 伪指令

.section 伪指令表示接下来的汇编会链接到某个段，例如代码段、数据段等。.section 伪指令的格式如下。

```
.section name, "flags"
```

其中，name 表示段的名称；flags 表示段的属性，如表 8.1 所示。

表 8.1 段的属性

属　性	说　明
a	段具有可分配属性
d	具有 GNU_MBIND 属性的段
e	段被排除在可执行和共享库之外
w	段具有可写属性
x	段具有可执行属性
M	段具有可合并属性
S	段包含零终止字符串
G	段是段组（section group）的成员
T	段用于线程本地存储（thread-local-storage）

.section 伪指令定义的段会以一个段的名称开始，以下一个段或者文件的结尾结束。

【例 8-7】Linux 5.0 内核定义了.idmap.text 段来表示这些内容用于恒等映射，arch/arm64/kernel/head.S 汇编文件使用了.section 伪指令。恒等映射指的是虚拟地址映射到相等数值的物理地址上，即虚拟地址（VA）= 物理地址（PA）。

如下指令表示接下来的代码在.idmap.text 段里，具有可分配、可写和可执行的属性。

```
.section ".idmap.text","awx"
```

.section 伪指令可用于在一个汇编文件中定义多个不同的段。下面这个例子定义了两个不同的段，如图 8.4 所示。

在第 1 行中，使用.section 伪指令来定义一个数据段，该段从第 1 行开始，到第 5 行结束。

在第 7 行中，使用.section 伪指令来定义一个代码段，该段从第 7 行开始，到文件结束。

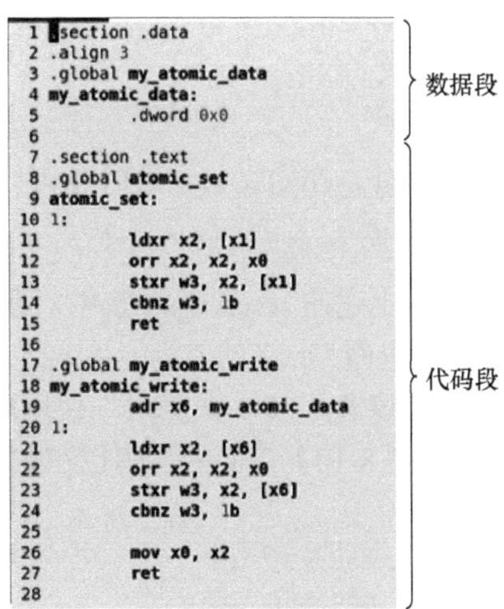

▲图 8.4 定义两个段

2. .pushsection 和.popsection 伪指令

.pushsection 和.popsection 伪指令通常需要配对使用，把代码链接到指定的段，而其他代码还保留在原来的段中。

【例 8-8】下面的代码片段使用了.pushsection 和.popsection 伪指令。

```
1     .section .text
2
3     .global atomic_add
4     atomic_add:
5         ...
6         ret
7
8     .pushsection ".idmap.text", "awx"
9     .global atomic_set
10    atomic_set:
11    1:
12        ldxr x2, [x1]
13        orr x2, x2, x0
14        stxr w3, x2, [x1]
15        cbnz w3, 1b
16        ret
17    .popsection
18
19    ...
```

第 1 行使用.section 伪指令来定义一个代码段。

第 4～6 行的 atomic_add 函数会链接到代码段。

第 8～17 行使用.pushsection 和.popsection 伪指令把 atomic_set 函数链接到.idmap.text 段。

8.4.5 与宏相关的伪指令

.macro 和.endm 伪指令可以用来组成一个宏。.macro 伪指令的格式如下。

```
.macro macname macargs ...
```

.macro 伪指令后面依次是宏名称与宏的参数。

1. 宏的参数使用

在宏里使用参数，需要添加前缀"\"。

【例 8-9】下面的代码片段在宏里使用参数。

```
.macro add_1 p1 p2
add x0, \p1, \p2
.endm
```

另外，在定义宏参数时还可以设置一个初始化值，例如下面的代码片段。

```
.macro reserve_str p1=0 p2
```

在上述的 reserve_str 宏中，参数 p1 有一个默认值 0。当使用"reserve_str a,b"来调用该宏时，宏里面"\p1"的值为 a，"\p2"的值为 b。同时，如果省略第一个参数，即使用"reserve_str ,b"来调用该宏，宏参数"\p1"使用默认值 0，"\p2"的值为 b。

【例 8-10】下面的代码也在宏里使用参数。

```
1     .macro add_data p1=0 p2
2     mov x5, \p1
3     mov x6, \p2
4     add x1, x5, x6
5     .endm
6
```

```
7     .globl main
8     main:
9         mov x2, #3
10        mov x3, #3
11
12        add_data x2, x3
13        add_data , x3
```

第 1～5 行实现了 add_data 宏，其中参数 p1 有一个默认值 0。

在第 12 行中，调用 add_data 宏，它会把 X2 和 X3 寄存器的值传递给宏的参数 p1 和 p2，最终 X1 寄存器的结果为 6。

第 13 行同样调用了 add_data 宏，但是没有传递第一个参数，此时，add_data 宏会使用 p1 的默认值 0，最终 X1 寄存器的计算结果为 3。

若设置宏的参数有默认值，调用该宏时，可以省略这个参数，例如第 13 行中的参数 1。此时，这个参数会使用默认值。

在宏参数后面加入“:req”表示在宏调用过程中必须传递一个值，否则在编译中会报错。

【例 8-11】请编译下面的代码片段。

```
1     .macro add_data_1 p1:req p2
2     mov x5, \p1
3     mov x6, \p2
4     add x1, x5, x6
5     .endm
6
7     .globl main
8     main:
9         add_data_1 , x3
```

通过 as 命令编译上述汇编代码，会得到如下编译错误，说明第 9 行调用 add_data_1 宏时缺失了 p1 参数。

```
benshushu:lab# as test.S -o test
test.S: Assembler messages:
test.S:27: Error: Missing value for required parameter `p1' of macro `add_data_1'
test.S:27: Error: bad expression at operand 2 -- `mov x5,'
benshushu:lab#
```

2. 宏的特殊字符

在一些场景下需要把宏的多个参数作为字符串连接在一起。

【例 8-12】下面的代码使用宏的多个参数作为字符串。

```
.macro opcode base length
\base.\length
.endm
```

在这个例子中，opcode 宏想把两个参数串成一个字符串，例如“base.length”，但是上述的代码是错误的。例如，当调用“opcode store l”时，它并不会生成“store.l”的字符串。因为汇编器不知道如何解析参数 base，它不知道 base 参数的结束字符在哪里。

我们可以使用“\()”来告知汇编器，宏的参数什么时候结束，例如在下面的代码片段中，“\base”后面加入了“\()”，那么汇编器就知道字母 e 为参数的最后一个字符。

```
.macro opcode base length
\base\().\length
.endm
```

【例 8-13】在 Linux 内核的汇编代码（例如在 kernel_ventry 宏）中也常常有这样的妙用。

```
<arch/arm64/kernel/entry.S>

    .macro kernel_ventry, el, label, regsize = 64
    .align 7
    sub   sp, sp, #S_FRAME_SIZE
    b     el\()\el\()_\label
    .endm
```

上述的 b 指令比较有意思，这里出现了两个“el”和 3 个“\”。其中，第一个“el”表示 el 字符，第一个“\()”在汇编宏实现中可以用来表示宏参数的结束字符，第二个“\el”表示宏的参数 el，第二个“\()”也用来表示结束字符，最后的“\label”表示宏的参数 label。

以发生在 EL1 的 IRQ 为例，通过下面的代码调用 kernel_ventry 宏。

```
kernel_ventry   1, irq    // IRQ EL1h
```

宏展开之后上述的 b 指令变成了“b el1_irq”。

8.5 AArch64 依赖特性

GNU 汇编器为支持几十种处理器体系结构，提供了一些与特定体系结构相关的额外的指令或命令行选项。本节介绍与 AArch64 状态的体系结构相关的一些额外指令和命令行选项。

8.5.1 AArch64 特有的命令行选项

GNU 汇编器中 AArch64 特有的命令行选项如表 8.2 所示。

表 8.2　AArch64 特有的命令行选项

选　项	说　明
-EB	大端（big-endian）处理器编码
-EL	小端（little-endian）处理器编码
-mabi=abi	指定源代码使用哪个 ABI。可识别的参数是 ilp32 和 lp64，它们分别决定生成 ELF32 或者 ELF64 格式的对象文件。默认值是 lp64
-mcpu=processor[+extension...]	用来指定目标处理器和扩展特性，例如指定 cortex-a72 等。如果试图使用一个不会在目标处理器上执行的指令，汇编器将发出错误消息
-march=architecture[+extension...]	用来指定目标体系结构，例如 armv8.1-a 等。如果同时指定了-mcpu 和-march，汇编器将使用-mcpu 指定的特性
-mverbose-error	启用详细的错误消息
-mno-verbose-error	关闭详细的错误消息

8.5.2 语法

1. 特殊字符

在一行中出现的“//”表示注释的开始，注释扩展到当前行的末尾。如果一行的第一个字符是“#”，则整行被视为注释。另外，“#”还可以用于立即操作数。

2. 重定位

ADRP 指令加载 label 地址，这个地址是当前 PC 值的相对地址，它加载的地址是按 4 KB 对齐的地址。ADRP 指令的寻址范围为−4 GB～4 GB。例如，如果使用 ADRP 指令来加载 foo

标签的地址，那么它会加载 foo 标签所在的地址按 4 KB 对齐的地址。在 4 KB 范围内的偏移量可以使用“#:lo12:”来表示。如图 8.5 所示，如果 foo 标签的地址为 B，那么 ADRP 指令只能读取到 foo 标签所在的地址按 4 KB 对齐的地方，即地址 A。

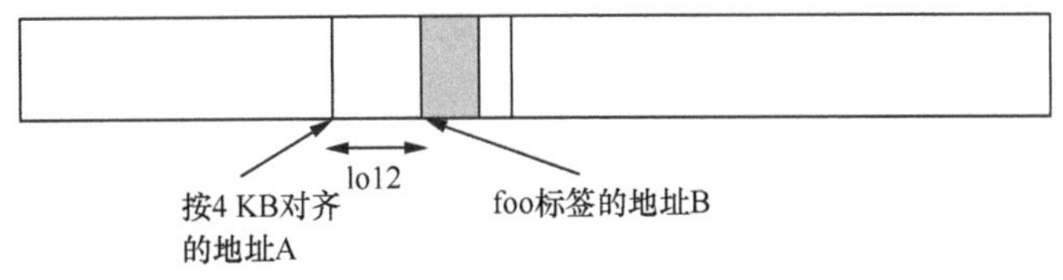

▲图 8.5　加载 foo 标签地址

地址 B 在 4 KB 里面的偏移量 lo12 则需要使用“#:lo12:”来读取，如下面的代码片段所示。

```
adrp x0, foo
add x0, x0, #:lo12:foo
```

ADRP 指令常常用于程序的重定位，请参考本书其他章节。

8.5.3　AArch64 特有的伪指令

AArch64 特有的伪指令如下。

- .arch name：设置目标体系结构。
- .arch_extension name：向目标体系结构添加扩展或从目标体系结构删除扩展。
- .bss：切换到.bss 段。
- .cpu name：设置目标处理器。
- .dword expressions：把 64 位数当成数据插入汇编代码中。
- .even：将输出对齐到下一个偶数字节边界。
- .inst expressions：将表达式作为指令（而不是数据）插入输出段中。
- name .req register name：为寄存器定义一个别名。例如，“foo .req w0”为 W0 寄存器定义了一个别名 foo。
- .xword expressions：把 64 位数当成数据插入汇编代码中。

8.5.4　LDR 伪指令

GNU 汇编器还为 AArch64 准备了一条完成加载操作的伪指令。LDR 伪指令的格式如下。

```
ldr <register>, =<expression>
```

汇编器把 expression 放到一个文字池里，然后使用一条 PC 相对形式的 LDR 指令把这个值从文字池读取到寄存器里。expression 通常是符号或者标签，所以会加载 expression 在链接时产生的地址。

【例 8-14】下面的代码片段使用了 LDR 伪指令。

```
#define MY_LABEL 0x30
ldr x1, =MY_LABEL
```

MY_LABEL 宏的值定义为 0x30，通过 LDR 伪指令加载该宏的值到 X1 寄存器中。

【例 8-15】下面的代码片段使用了两条 LDR 指令。

```
my_data1:
        .quad  0x100
```

```
ldr x1, =my_data1
ldr x2, [x1]
```

标签 my_data1 里定义了一个 64 位的数据，这个数据的值为 0x100。这里有两条 LDR 指令。第一条是 LDR 伪指令，它会读取 my_data1 标签的链接地址到 X1 寄存器。第二条 LDR 指令是普通的加载指令，它通过读取地址来获取 my_data1 数据的值。

8.6 实验

8.6.1 实验 8-1：汇编语言练习——求最大数

1. 实验目的

通过本实验了解和熟悉 ARM64 汇编语言。

2. 实验要求

使用 ARM64 汇编语言实现如下功能：在给定的一组数中求最大数，通过 printf 函数输出这个最大数。程序可使用 GCC（AArch64 版本）工具来编译，并且可在树莓派 Linux 系统或者 QEMU + ARM64 实验平台上运行。

8.6.2 实验 8-2：汇编语言练习——通过 C 语言调用汇编函数

1. 实验目的

通过本实验了解和熟悉 C 语言中如何调用汇编函数。

2. 实验要求

使用汇编语言实现一个汇编函数，用于比较两个数的大小并返回最大值，然后用 C 语言代码调用这个汇编函数。程序可使用 GCC（AArch64 版本）工具来编译，并且可在树莓派 Linux 系统或者 QEMU + ARM64 实验平台上运行。

8.6.3 实验 8-3：汇编语言练习——通过汇编语言调用 C 函数

1. 实验目的

通过本实验了解和熟悉汇编语言中如何调用 C 函数。

2. 实验要求

使用 C 语言实现一个函数，用于比较两个数的大小并返回最大值，然后用汇编代码调用这个 C 函数。程序可使用 GCC（AArch64 版本）来编译，并且可在树莓派 Linux 系统或者 QEMU + ARM64 实验平台上运行。

8.6.4 实验 8-4：使用汇编伪操作来实现一张表

1. 实验目的

熟悉常用的汇编伪操作。

2. 实验要求

使用汇编的数据定义伪指令，可以实现表的定义。Linux 内核使用.quad 和.asciz 来定义一个 kallsyms 的表，地址和函数名的对应关系如下。

```
0x800800 -> func_a
0x800860 -> func_b
0x800880 -> func_c
```

请用汇编语言定义一个这样的表，然后在 C 语言中根据函数的地址来查找表，并且输出函数的名称，如图 8.6 所示。

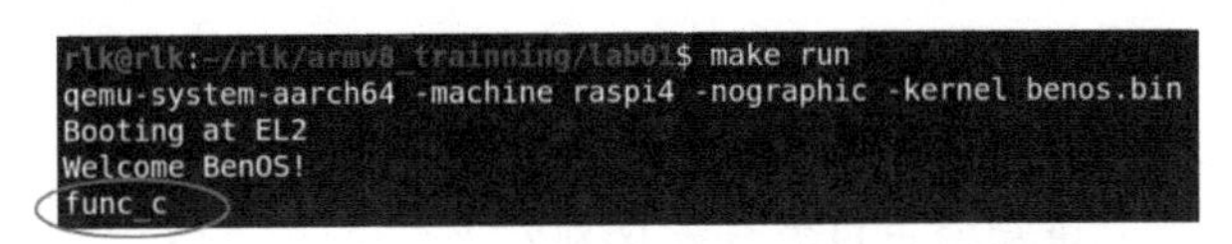

▲图 8.6　输出函数名称

8.6.5 实验 8-5：汇编宏的使用

1. 实验目的

熟悉汇编宏的使用。

2. 实验要求

在汇编文件中，首先实现如下两个函数。

```
long add_1(a, b)
long add_2(a, b)
```

然后，写一个汇编宏。

```
.macro add a, b, label
//这里调用 add_1 或者 add_2 函数，label 等于 1 或者 2
.endm
```

第9章 链接器与链接脚本

本章思考题

1. 什么是链接器？为什么链接器简称LD？

2. 链接脚本中的输入段和输出段有什么区别？

3. 什么是加载地址和虚拟地址？

4. 在链接脚本中定义一个符号，例如

```
foo = 0x100
```

foo和0x100分别代表什么意思？

5. 在C语言中，如何引用链接脚本定义的符号？

6. 为了构建一个基于ROM的映像文件，常常会设置输出段的虚拟地址和加载地址不一致，在一个输入段中，如何表示一个段的虚拟地址和加载地址？

7. 什么是链接地址？

8. 当一个程序的代码段的链接地址与加载地址不一致时，我们应该怎么做才能让程序正确运行？

9. 什么是与位置无关的代码？什么是与位置有关的代码？请举例说明在A64指令集中哪些指令是与位置无关的指令，哪些是与位置有关的指令。

10. 什么是重定位？

11. UBoot是如何实现重定位的？

12. 在Linux内核中，当打开MMU之后如何实现重定位？

本章主要介绍链接器和链接脚本的相关内容。

9.1 链接器介绍

在现代软件工程中，一个大的程序通常由多个源文件组成，其中包含以高级语言编写的源文件以及以汇编语言编写的汇编文件。在编译过程中会分别对这些源文件进行汇编或者编译，并生成目标文件。这些目标文件包含代码段、数据段、符号表等内容。而链接指的是把这些目标文件（也包括用到的标准库函数目标文件）的代码段、数据段以及符号表等内容收集起来并按照某种格式（例如ELF格式）组合成一个可执行二进制文件的过程。而链接器（linker）用来完成上述链接过程。在操作系统发展的早期并没有链接器的概念，操作系统的加载器（Loader，LD）做了所有的工作。后来操作系统越来越复杂，慢慢出现了链接器，所以LD成为链接器的代名词。

链接器采用 AT&T 链接脚本（Linker Script，LS）语言，而链接脚本最终会把一大堆编译（汇编）好的二进制文件（.o 文件）综合成最终可执行二进制文件，也就是把每一个二进制文件整合到一个可执行二进制文件中。这个可执行二进制文件有一个总的代码段/数据段，这就是链接的过程。

GNU 工具链提供了一个名为“ld”的命令，如图 9.1 所示。

```
debian:mnt# ld --version
GNU ld (GNU Binutils for Debian) 2.35.2
Copyright (C) 2020 Free Software Foundation, Inc.
This program is free software; you may redistribute it under the terms of
the GNU General Public License version 3 or (at your option) a later version.
This program has absolutely no warranty.
```

▲图 9.1　ld 命令

下面是 ld 命令最简单的用法。

```
$ ld -o mytest  test1.o test2.o -lc
```

上述命令把 test1.o、test2.o 以及库文件 libc.a 链接成名为 mytest 的可执行文件。其中，“-lc”表示把 C 语言库文件也链接到 mytest 可执行文件中。若上述命令没有使用“-T”选项来指定一个链接脚本，则链接器会默认使用内置的链接脚本。读者可以通过“ld --verbose”命令来查看内置链接脚本的内容。

不过，在操作系统实现中常常需要编写一个链接脚本来描述最终可执行文件的代码段/数据段等布局。

【例 9-1】使用本书的 BenOS，下面的命令可链接、生成 benos.elf 可执行文件，其中 linker.ld 为链接脚本。

```
$ aarch64-linux-gnu-ld -T src/linker.ld  -Map benos.map -o build/benos.elf  build/printk_
  c.o build/irq_c.o build/string_c.o
```

ld 命令的常用选项如表 9.1 所示。

表 9.1　ld 命令的常用选项

选　项	说　明
-T	指定链接脚本
-Map	输出一个符号表文件
-o	输出最终可执行二进制文件
-b	指定目标代码输入文件的格式
-e	使用指定的符号作为程序的初始执行点
-l	把指定的库文件添加到要链接的文件清单中
-L	把指定的路径添加到搜索库的目录清单中
-S	忽略来自输出文件的调试器符号信息
-s	忽略来自输出文件的所有符号信息
-t	在处理输入文件时显示它们的名称
-Ttext	使用指定的地址作为代码段的起始点
-Tdata	使用指定的地址作为数据段的起始点
-Tbss	使用指定的地址作为未初始化的数据段的起始点
-Bstatic	只使用静态库
-Bdynamic	只使用动态库
-defsym	在输出文件中定义指定的全局符号

9.2 链接脚本

链接器在链接过程中需要使用一个链接脚本，当没有通过“-T”参数指定链接脚本时，链接器会使用内置的链接脚本。链接脚本控制着如何把输入文件的段综合到输出文件的段里，以及这些段的地址空间布局等。本节主要介绍如何编写一个链接脚本。

9.2.1 一个简单的链接程序

任何一种可执行程序（不论是 ELF 还是 EXE）都是由代码段、数据段、未初始化的数据段等段组成的。链接脚本最终会把大量编译好的二进制文件（.o 文件）合并为一个可执行二进制文件，也就是把每一个二进制文件整合到一个大文件中。这个大文件有总的代码段、数据段、未初始化的数据段。在 Linux 内核中链接脚本是 vmlinux.lds.S 文件，这个文件有点复杂。我们先看一个简单的链接文件。

【例 9-2】如下是一个简单的链接脚本。

```
1  SECTIONS
2  {
3          . = 0x10000;
4          .text : { *(.text) }
5          . = 0x8000000;
6          .data : { *(.data) }
7          .bss : { *(.bss) }
8  }
```

在第 1 行中，SECTIONS 是链接脚本语法中的关键命令，它用来描述输出文件的内存布局。SECTIONS 命令告诉链接文件如何把输入文件的段映射到输出文件的各个段，如何将输入段整合为输出段，如何把输出段放入程序地址空间和进程地址空间中。SECTIONS 命令的格式如下。

```
SECTIONS
{
  sections-command
  sections-command
  ...
}
```

sections-command 有如下几种。

- ENTRY 命令，用来设置程序的入口。
- 符号赋值语句，用来给符号赋值。
- 输出段的描述语句。

在第 3 行中，“.”代表当前位置计数器（Location Counter，LC），意思是把代码段的链接地址设置为 0x10000。

在第 4 行中，输出文件的代码段由所有输入文件（其中“*”表示所有的.o 文件，即二进制文件）的代码段组成。

在第 5 行中，链接地址变为 0x8000000，即重新指定后面的数据段的链接地址。

在第 6 行中，输出文件的数据段由所有输入文件的数据段组成。

在第 7 行中，输出文件的未初始化的数据段由所有输入文件的未初始化的数据段组成。

9.2.2 设置入口点

程序执行的第一条指令称为入口点（entry point）。在链接脚本中，使用 ENTRY 命令设置程序的入口点。例如，设置符号 symbol 为程序的入口点。

```
ENTRY(symbol)
```

除此之外，还有几种方式来设置入口点。链接器会依次尝试下列方法来设置入口点，直到成功为止。

- 在 GCC 工具链的 LD 命令通过“-e”参数指定入口点。
- 在链接脚本中通过 ENTRY 命令设置入口点。
- 通过特定符号（例如“start”符号）设置入口点。
- 使用代码段的起始地址。
- 使用地址 0。

9.2.3 基本概念

通常链接脚本用来定义如何把多个输入文件的段合并成一个输出文件，描述输入文件的布局。输入文件和输出文件指的是汇编或者编译后的目标文件，它们按照一定的格式（例如 ELF 格式）组成，只不过输出文件具有可执行属性。这些目标文件都由一系列的段组成。段是目标文件中具有相同特征的最小可处理信息单元，不同的段描述目标文件不同类型的信息以及特征。

在链接脚本中，我们把输入文件中的一个段称为输入段（iutput section），把输出文件中的一个段称为输出段（onput section）。输出段告诉链接器最终的可执行文件在内存中是如何布局的。输入段告诉链接器如何将输入文件映射到内存布局中。

输出段和输入段包括段的名字、大小、可加载（loadable）属性以及可分配（allocatable）属性等属性。可加载属性用于在运行时加载这些段的内容到内存中。可分配属性用于在内存中预留一个区域，并且不会加载这个区域的内容。

链接脚本还有两个关于段的地址概念，分别是**加载地址**（load address）和**虚拟地址**（virtual address）。加载地址是加载时段所在的地址，虚拟地址是运行时段所在的地址，也称为**运行时地址**。通常情况下，这两个地址是相同的。不过，它们也有可能不相同，例如，一个代码段被加载到 ROM 中，在程序启动时被复制到 RAM 中。在这种情况下，ROM 地址将是加载地址，RAM 地址将是虚拟地址。

9.2.4 符号赋值与引用

在链接脚本中，符号可以像 C 语言一样进行赋值和操作，允许的操作包括赋值、加法、减法、乘法、除法、左移、右移、与、或等。

```
symbol = expression ;
symbol += expression ;
symbol -= expression ;
symbol *= expression ;
symbol /= expression ;
symbol <<= expression ;
symbol >>= expression ;
symbol &= expression ;
symbol |= expression ;
```

高级语言（例如 C 语言）常常需要引用链接脚本定义的符号。链接脚本定义的符号与 C 语言中定义的符号有本质的区别。例如，在C语言中定义全局变量foo并且赋值为100。

```
int foo = 100
```

当在高级语言（如C语言）中声明一个符号时，编译器在程序内存中保留足够的空间来保存符号的值。另外，编译器在程序的符号表中创建一个保存该符号地址的条目，即符号表包含保存符号值的内存块的地址。因此，编译器会在符号表中存储foo这个符号，这个符号保存在某个内存地址里，这个内存地址用来存储初始值100。当程序再一次访问foo变量时，如果设置foo为1，程序就在符号表中查找符号“foo”，获取与该符号关联的内存地址，然后把1写入该内存地址。而链接脚本定义的符号仅仅在符号表中创建了一个符号，并没有分配内存来存储这个符号。也就是说，它有地址，但是没有存储内容。所以链接脚本中定义的符号只代表一个地址，而链接器不能保证这个地址存储了内容。例如在链接脚本中定义一个foo符号并赋值。

```
foo = 0x100
```

链接器会在符号表中创建一个名为“foo”的符号，0x100表示的是内存地址的位置，但是地址0x100没有存储任何特别的东西。换句话说，“foo”符号仅仅用来记录某个内存地址。

在实际编程中，我们常常需要访问链接脚本中定义的符号。例9-3在链接脚本中定义ROM的起始地址start_of_ROM、ROM的结束地址end_of_ROM以及FLASH的起始地址start_of_FLASH，这样在C语言程序中就可以访问这些地址。例如把ROM的内存复制到FLASH中。

【例9-3】下面是链接脚本。

```
start_of_ROM = .ROM;
end_of_ROM = .ROM + sizeof (.ROM);
start_of_FLASH = .FLASH;
```

在上述链接脚本中，ROM和FLASH分别表示存储在ROM与闪存中的段。在C语言中，我们可以通过如下代码片段把ROM的内容搬移到FLASH中。

```
extern char start_of_ROM, end_of_ROM, start_of_FLASH;
memcpy (& start_of_FLASH, & start_of_ROM, & end_of_ROM - & start_of_ROM);
```

上面的C语言代码使用“&”符号来获取符号的地址。这些符号在C语言中也可以看成数组，所以上述C语言代码改写成如下代码。

```
extern char start_of_ROM[], end_of_ROM[], start_of_FLASH[];

memcpy (start_of_FLASH, start_of_ROM, end_of_ROM - start_of_ROM);
```

一个常用的编程技巧是在链接脚本里，为每个段都设置一些符号，以方便C语言访问每个段的起始地址和结束地址。例9-4中的链接脚本定义了代码段的起始地址（start_of_text）、代码段的结束地址（end_of_text）、数据段的起始地址（start_of_data）以及数据段的结束地址（end_of_data）。

【例9-4】下面是一个链接脚本。

```
SECTIONS
{
    start_of_text = . ;
    .text: { *(.text) }
    end_of_text = . ;

    start_of_data = . ;
```

```
    .data: { *(.data) }
    end_of_data = . ;
}
```

在C语言中，使用以下代码可以很方便地访问这些段的起始地址和结束地址。

```
extern char start_of_text[];
extern char end_of_text[];
extern char start_of_data[];
extern char end_of_data[];
```

9.2.5 当前位置计数器

有一个特殊的符号“.”，它表示当前位置计数器（location counter）。下面举例说明。

【例9-5】下面是一个链接脚本。

```
1    floating_point = 0;
2    SECTIONS
3    {
4        .text :
5        {
6        *(.text)
7        _etext = .;
8        }
9        _bdata = (. + 3) & ~ 3;
10       .data : { *(.data) }
11   }
```

上述链接脚本中，第7行和第9行使用了当前位置计数器。在第7行中，_etext设置为当前位置，当前位置为代码段结束的地方。在第9行中，设置_bdata的起始地址为当前位置后下一个与4字节对齐的地方。

9.2.6 SECTIONS命令

SECTIONS命令告诉链接器如何把输入段映射到输出段，以及如何在内存中存放这些输出段。

1. 输出段

输出段的描述格式如下。

```
section [address] [(type)] :
  [AT(lma)]
  [ALIGN(section_align)]
  [constraint]
  {
    output-section-command
    output-section-command
    ...
  } [>region] [AT>lma_region] [:phdr :phdr ...] [=fillexp]
```

其中，部分内容的含义如下。

- section：段的名字，例如代码（.text）段、数据（.data）段等。
- address：虚拟地址。
- type：输出段的属性。
- lma：加载地址。
- ALIGN：对齐要求。

- output-section-command：描述输入段如何映射到输出段。
- region：特定的内存区域。
- phdr：特定的程序段（program segment）。

一个输出段有两个地址，分别是虚拟地址（Virtual Address，VA）和加载存储器地址（Load Memory Address，LMA）。

- 虚拟存储器地址是运行时段所在的地址，可以理解为运行地址。
- 加载存储器地址是加载时段所在的地址，可以理解为加载地址。

如果没有通过“AT”来指定 LMA，那么 LMA = VA，即加载地址等于虚拟地址。但在嵌入式系统中，经常存在加载地址和虚拟地址不同的情况，如将映像文件加载到开发板的闪存中（由 LMA 指定），而 BootLoader 将闪存中的映像文件复制到 SDRAM 中（由 VA 指定）。

2. 输入段

输入段用来告诉链接器如何将输入文件映射到内存布局。输入段包括输入文件以及对应的段。通常，使用通配符来包含某些特定的段，例如：

```
*(.text)
```

这里的' * '是一个通配符，可以匹配任何文件名的代码段。另外，如果想从所有文件中剔除一些文件，可以使用“EXCLUDE_FILE”列出哪些文件是需要剔除的，剩余的文件用作输入段，例如：

```
EXCLUDE_FILE (*crtend.o *otherfile.o) *(.ctors)
```

上面的例子中，除 crtend.o 和 otherfile.o 文件之外，把剩余文件的 ctors 段加入输入段中。下面两条语句是有区别的。

```
*(.text .rdata)
*(.text) *(.rdata)
```

第一条语句按照加入输入文件的顺序把相应的代码段和只读数据段加入；而第二句条语句先加入所有输入文件的代码段，再加入所有输入文件的只读数据段。

```
*(EXCLUDE_FILE (*somefile.o) .text .rdata)
```

除 somefile.o 文件的代码段之外，把其他文件的代码段加入输入段里。另外，所有文件的只读数据段都加入输入段里。

如果你想剔除 somefile.o 文件的只读数据段，可以这么写。

```
*(EXCLUDE_FILE (*somefile.o) .text EXCLUDE_FILE (*somefile.o) .rdata)
EXCLUDE_FILE (*somefile.o) *(.text .rdata)
```

要指定文件名中特定的段，例如，把 data.o 文件中的数据段加入输入段里，使用以下代码。

```
data.o(.data)
```

下面举一个例子来说明输入段的作用。

【例 9-6】下面是一个链接脚本。

```
1    SECTIONS {
2        outputa 0x10000 :
3        {
4            all.o
5            foo.o (.input1)
6        }
7        outputb :
8        {
```

```
9            foo.o (.input2)
10           foo1.o (.input1)
11       }
12       outputc :
13       {
14           *(.input1)
15           *(.input2)
16       }
17   }
```

这个链接脚本一共有 3 个输出段——outputa、outputb 和 outputc。outputa 输出段的起始地址为 0x10000，首先在这个起始地址里存储 all.o 文件中所有的段，然后存储 foo.o 文件的 input1 段。outputb 输出段包括 foo.o 文件的 input2 段以及 foo1.o 文件的 input1 段。outputc 段包括所有文件的 input1 段和所有文件的 input2 段。

3. 例子

通常，为了构建一个基于 ROM 的映像文件，要设置输出段的虚拟地址和加载地址不一致。映像文件存储在 ROM 中，运行程序时需要把映像文件复制到 RAM 中。此时，ROM 中的地址为加载地址，RAM 中的地址为虚拟地址，即运行地址。在例 9-7 中，链接文件会创建 3 个段。其中，代码段的虚拟地址和加载地址均为 0x1000，.mdata（用户自定义的数据）段的虚拟地址设置为 0x2000，但是通过 AT 符号指定了加载地址是代码段的结束地址，而符号_data 指定了.mdata 段的虚拟地址为 0x2000。未初始化的数据段的虚拟地址是 0x3000。

【例 9-7】创建 3 个段。

```
SECTIONS
  {
  .text 0x1000 : { *(.text) _etext = . ; }
  .mdata 0x2000 :
    AT ( ADDR (.text) + SIZEOF (.text) )
    { _data = . ; *(.data); _edata = . ;  }
  .bss 0x3000 :
    { _bstart = . ;  *(.bss) *(COMMON) ; _bend = . ;}
}
```

.mdata 段的加载地址和链接地址（虚拟地址）不一样，因此程序的初始化代码需要把.mdata 段从 ROM 中的加载地址复制到 SDRAM 中的虚拟地址。如图 9.2 所示，.mdata 段的加载地址在_etext 起始的地方，数据段的虚拟地址在_data 起始的地方，数据段的大小为_edata－_data。下面这段代码把数据段从_etext 起始的地方复制到从_data 起始的地方。

```
<程序初始化>

extern char _etext, _data, _edata, _bstart, _bend;
char *src = &_etext;
char *dst = &_data;

/* ROM 中包含了数据段，数据段位于代码段的结束地址处，把数据段复制到数据段的链接地址处 */
while (dst < &_edata)
  *dst++ = *src++;

/* 清除未初始化的数据段  */
for (dst = &_bstart; dst< &_bend; dst++)
  *dst = 0;
```

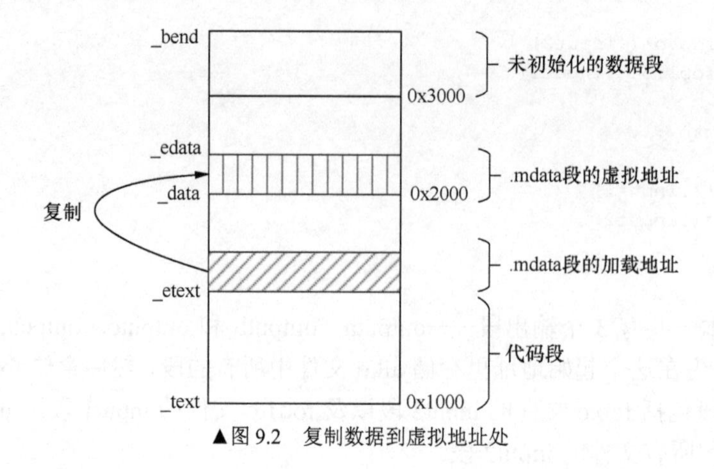

▲图 9.2 复制数据到虚拟地址处

9.2.7 常用的内建函数

链接脚本语言包含了一些内建的函数。

1. ABSOLUTE(exp)

ABSOLUTE(exp)返回表达式（exp）的绝对值。它主要用于在段定义中给符号赋绝对值。

【例 9-8】下面的链接脚本使用了 ABSOLUTE()内建函数。

```
SECTIONS
{
    . = 0xb0000,
    .my_offset : {
        my_offset1 = ABSOLUTE(0x100);
        my_offset2 = (0x100);
    }
}
```

上述链接脚本定义了一个名为.my_offset 的段。其中，符号 my_offset1 使用了 ABSOLUTE()内建函数，它把数值 0x100 赋值给符号 my_offset1；而符号 my_offset2 没有使用内建函数，因此符号 my_offset2 属于.my_offset 段里的符号，于是符号 my_offset2 的地址为 0xB0000 + 0x100。下面是通过链接器生成的符号表信息。

```
my_offset      0x00000000000b0000          0x0
               0x0000000000000100          my_offset1 = ABSOLUTE (0x100)
               0x00000000000b0100          my_offset2 = 0x100
```

2. ADDR(section)

ADDR(section)返回段的虚拟地址。

3. ALIGN(align)

ALIGN(align)返回下一个与 align 字节对齐的地址，它是基于当前的位置来计算对齐地址的。

【例 9-9】下面是一个使用 ALIGN(align)的链接脚本。

```
SECTIONS {
    ...
    .data ALIGN(0x2000): {
    *(.data)
```

```
        variable = ALIGN(0x8000);
        }
        ...
}
```

上述链接脚本的.data 段会设置在下一个与 0x2000 字节对齐的地址上。另外，定义一个variable 变量，这个变量的地址是下一个与 0x8000 字节对齐的地址。

4. SIZEOF(section)

.SIZEOF(section)返回一个段的大小。

【例 9-10】在下面的代码中，symbol_1 和 symbol_2 都用来返回.output 段的大小。

```
SECTIONS{
    ...
    .output {
        .start = . ;
        ...
        .end = . ;
    }
    symbol_1 = .end - .start ;
    symbol_2 = SIZEOF(.output);
    ...
}
```

5. 其他内建函数

其他内建函数如下。

- LOADADDR(section)：返回段的加载地址。
- MAX(exp1, exp2)：返回两个表达式中的最大值。
- MIN(exp1, exp2)：返回两个表达式中的最小值。

9.3 重定位

我们首先要知道下面几个重要概念。

- 加载地址：存储代码的物理地址，在 GNU 链接脚本里称为 LMA。例如，ARM64 处理器上电复位后是从异常向量表开始取第一条指令的，所以通常这个地方存放代码最开始的部分，如异常向量表的处理代码。
- 运行地址：程序运行时的地址，在 GNU 链接脚本里称为 VMA。
- 链接地址：在编译、链接时指定的地址，编程人员设想将来程序要运行的地址。程序中所有标号的地址在链接后便确定了，不管程序在哪里运行都不会改变。当使用 aarch64-linux-gnu-objdump（简称 objdump）工具进行反汇编时，查看的就是链接地址。

链接地址和运行地址可以相同，也可以不同。那运行地址和链接地址什么时候不相同？什么时候相同呢？我们分别以 BenOS 和 Uboot/Linux 为例说明。

9.3.1 BenOS 重定位

树莓派 4B 上电之后，首先运行芯片内部的固件（包括引导程序 bootcode.bin 和 GPU 的固件 start4.elf），然后启动 CPU，把 benos.bin 加载到 0x80000 地址处，并且跳转到 0x80000 地址处运行。

1. 链接地址等于运行地址与加载地址的情况

BenOS 的一个链接脚本文件如下所示。

```
1     SECTIONS
2     {
3         . = 0x80000;
4         .text.boot : { *(.text.boot) }
5         .text : { *(.text) }
6         .rodata : { *(.rodata) }
7         .data : { *(.data) }
8         . = ALIGN(0x8);
9         bss_begin = .;
10        .bss : { *(.bss*) }
11        bss_end = .;
12    }
```

链接地址是从 0x80000 开始的。此时加载地址也是 0x80000，运行地址也从 0x80000 开始。我们打开 benos.map 文件来查看链接地址，如图 9.3 所示，.text.boot 的链接地址为 0x80000。

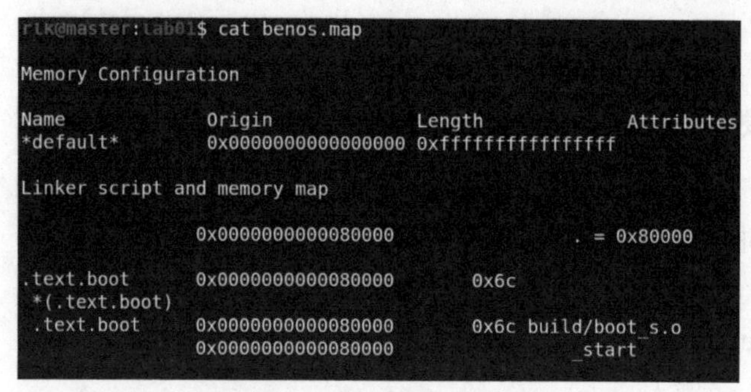

▲图 9.3　链接地址为 0x80000

2. 加载地址不等于链接地址的情况

BenOS 的另一个链接脚本文件如下所示。

```
1     TEXT_ROM = 0x90000;
2
3     SECTIONS
4     {
5
6         . = 0x80000,
7
8         _text_boot = .;
9         .text.boot : { *(.text.boot) }
10        _etext_boot = .;
11
12        _text = .;
13        .text : AT(TEXT_ROM)
14        {
15            *(.text)
16        }
17        _etext = .;
18
```

```
19          ...
20      }
```

在第 13 行里使用 AT 表明代码段的加载地址为 TEXT_ROM（0x90000）。此时，代码段的加载地址就与链接地址不一样，而链接地址与运行地址一样。代码段的链接地址可以通过 benos.map 来查看。如图 9.4 所示，代码段的起始链接地址可以通过符号表中的_text 符号获得，地址为 0x80088，结束链接地址可以通过_etext 符号来获取。

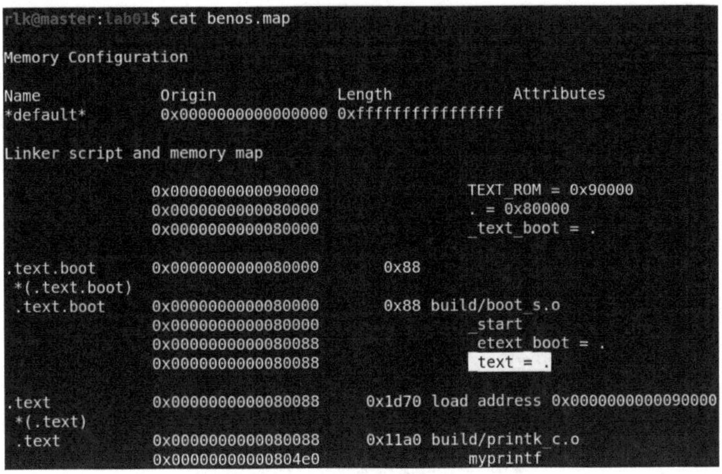

```
rlk@master:lab01$ cat benos.map

Memory Configuration

Name             Origin             Length             Attributes
*default*        0x0000000000000000 0xffffffffffffffff

Linker script and memory map

                0x0000000000090000                TEXT_ROM = 0x90000
                0x0000000000080000                . = 0x80000
                0x0000000000080000                _text_boot = .

.text.boot      0x0000000000080000       0x88
 *(.text.boot)
 .text.boot     0x0000000000080000       0x88 build/boot_s.o
                0x0000000000080000                _start
                0x0000000000080088                _etext_boot = .
                0x0000000000080088                _text = .

.text           0x0000000000080088     0x1d70 load address 0x0000000000090000
 *(.text)
 .text          0x0000000000080088     0x11a0 build/printk_c.o
                0x00000000000804e0                myprintf
```

▲图 9.4 代码段的链接地址

在这种情况下，如果想要 BenOS 正常运行，我们需要把代码段从加载地址复制到链接地址。

```
master:
      /*
        假设代码段在 ROM 中，而 ROM 中的地址为 0x90000，
        我们需要把代码段从加载地址复制到运行地址
       */
      adr x0, TEXT_ROM
      adr x1, _text
      adr x2, _etext
1:
      ldr x4, [x0], #8
      str x4, [x1], #8
      cmp x1, x2
      b.cc 1b
```

3. 运行地址不等于链接地址

当 BenOS 的 MMU 使能之后，我们可以把 DDR 内存映射到内核空间，例如，使用下面的链接脚本。

```
1     OUTPUT_ARCH(aarch64)
2     ENTRY(_start)
3
4     SECTIONS
5     {
6         . = 0xffff000010080000;
7         _text_boot = .;
```

```
8        .text.boot : {
9            *(.text.boot)
10       }
11       _etext_boot = .;
12       _text = .;
13       .text : {
14           *(.text)
15       }
16       _etext = .;
17       ...
18   }
```

在第 6 行中，当前位置计数器（LC）把代码段的链接地址设置为 0xFFFF000010080000，这是内核空间的一个地址。树莓派 4B 上电复位后使 benos.bin 加载并跳转到 0x80000 地址处。此时，运行地址和加载地址都为 0x80000，而链接地址为 0xFFFF000010080000，如图 9.5 所示。

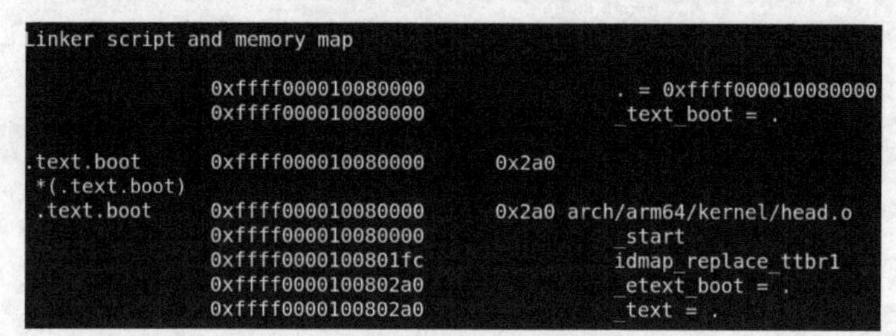

▲图 9.5　链接地址与运行地址不一样

我们需要在汇编代码里初始化 MMU，并且把 DDR 内存映射到内核空间，然后做一次重定位的操作，让 CPU 的运行地址重定位到链接地址。这在 UBoot 和 Linux 内核中是很常见的做法。

9.3.2　UBoot 和 Linux 内核重定位

我们以一块 ARM64 开发板为例，芯片内部有 SRAM，起始地址为 0x0，DDR 内存的起始地址为 0x40000000。

通常代码存储在 Nor Flash 存储器或者 Nand Flash 存储器中，芯片内部的 BOOT ROM 会把开始的小部分代码装载到 SRAM 中。芯片上电复位之后，从 SRAM 中取指令。由于 UBoot 的映像太大了，SRAM 放不下，因此该映像必须要放在 DDR 内存中。通常编译 UBoot 时链接地址都设置到 DDR 内存中，也就是 0x40000000 地址处。这时运行地址和链接地址就不一样了。运行地址为 0x0，链接地址变成 0x40000000，那么程序为什么还能运行呢？

这就涉及汇编编程的一个重要问题——与位置无关的代码和与位置有关的代码。

从字面意思看，与位置无关的代码的执行是与内存地址无关的；无论运行地址和链接地址是否相等，这些代码都能正常运行。在汇编语言中，BL、B、MOV 等指令属于与位置无关的指令，不管程序装载在哪个位置，它们都能正确地运行。

从字面意思看，与位置有关的代码的执行是与内存地址有关的，和当前 PC 值无关。ARM 汇编里面通过绝对跳转指令修改 PC 值为当前链接地址的值。

```
ldr pc, =on_sdram                    @ 跳到 SDRAM 中并继续执行
```

因此，当通过 LDR 指令跳转到链接地址并执行时，运行地址就等于链接地址了。这个过程叫作**重定位**。在重定位之前，程序只能执行和位置无关的一些汇编代码。

为什么要刻意设置加载地址、运行地址以及链接地址不一样呢？

如果所有代码都在 ROM（或 Nor Flash 存储器）中执行，那么链接地址可以与加载地址相同。而在实际项目应用中，往往想要把程序加载到 DDR 内存中，DDR 内存的访问速度比 ROM 的要快很多，而且容量也大，所以设置链接地址在 DDR 内存中，而程序的加载地址设置到 ROM 中，这两个地址是不相同的。如何让程序能在链接地址上运行呢？常见的思路就是，让程序的加载地址等于 ROM 的起始地址（或者片内 SRAM 地址），而链接地址等于 DDR 内存中某一处的起始地址（暂且称为 ram_start）。程序先从 ROM 中启动，最先启动的部分要实现代码复制功能（把整个 ROM 代码复制到 DDR 内存中），并通过 LDR 指令来跳转到 DDR 内存中，也就是在链接地址里运行（B 指令没法实现这个跳转）。上述重定位过程在 Uboot 中实现，如图 9.6 所示。

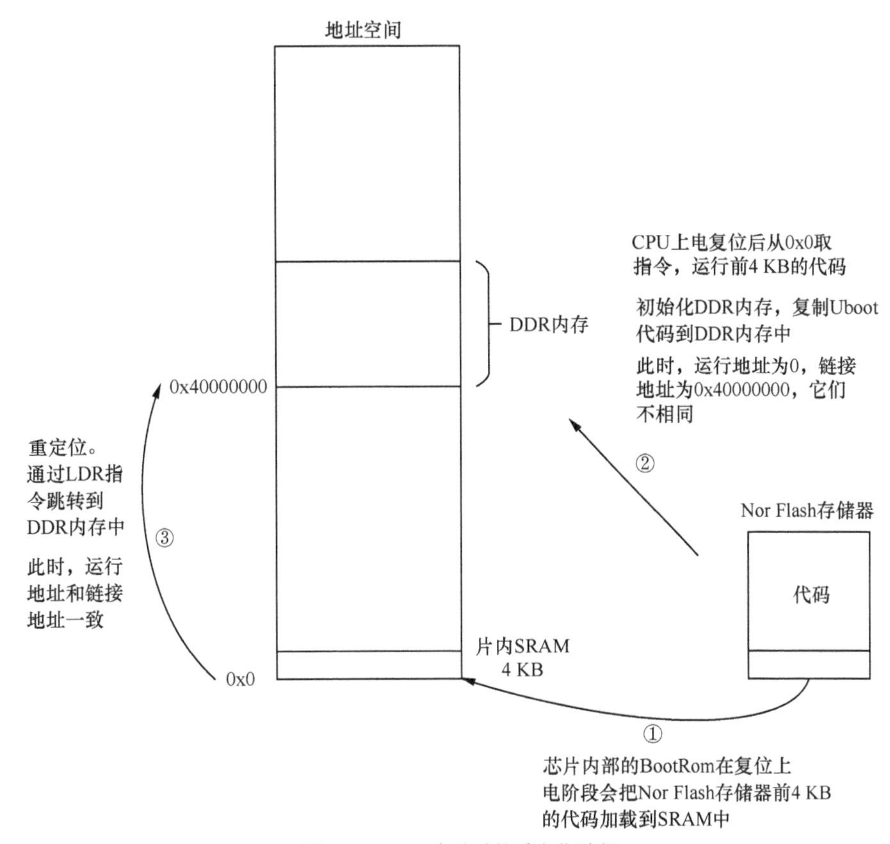

▲图 9.6　Uboot 启动时的重定位过程

当跳转到 Linux 内核中时，Uboot 需要把 Linux 内核映像的内容复制到 DDR 内存中，然后跳转到内核入口地址处（stext 函数）。当跳转到内核入口地址（stext 函数）时，程序运行在运行地址，即 DDR 内存的地址。但是我们从 vmlinux 看到的 stext 函数的链接地址是虚拟地址（如图 9.7 中的内核虚拟地址空间）。内核启动汇编代码也需要一个重定位过程。这个重定位过程在 __primary_switch 汇编函数中完成，__primary_switch 汇编函数的主要功能是初始化 MMU 和实现重定位。启动 MMU 之后，通过 LDR 指令把__primary_switched 函数的链接地址加载到 X8 寄存器中，然后通过 BR 指令跳转到__primary_switched 函数的链接地址处，从而实现重定位，如图 9.7 所示。__primary_switch 汇编函数的代码片段如下。

```
<linux5.0/arch/arm64/kernel/head.S>

1    __primary_switch:
```

```
2    adrp    x1, init_pg_dir
3    bl      __enable_mmu
4
5    ldr     x8, =__primary_switched
6    adrp    x0, __PHYS_OFFSET
7    br      x8
```

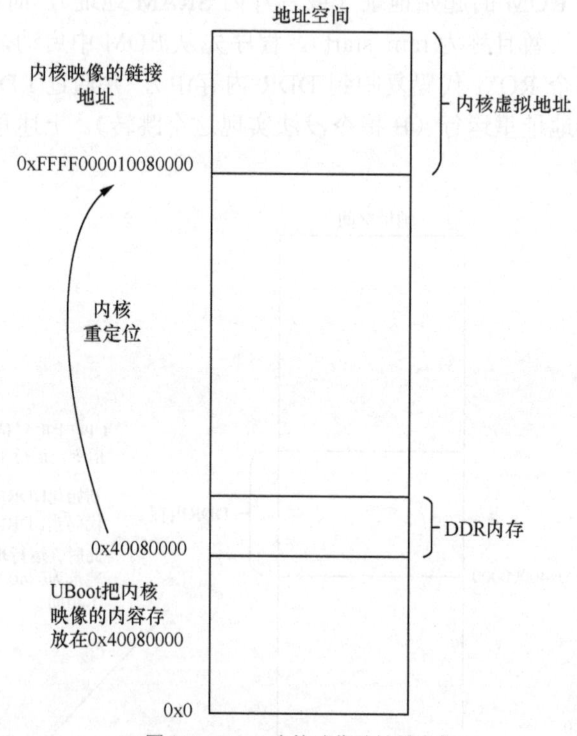

▲图 9.7　Linux 内核映像地址重定位

9.4 实验

9.4.1　实验 9-1：分析链接脚本文件

1. 实验目的

熟悉 GNU 链接脚本文件的语法。

2. 实验要求

分析图 9.8 所示的链接脚本文件中每一条语句的含义。

```
s/linker.ld
1 SECTIONS
2 {
3         . = 0x80000,
4         .text.boot : { *(.text.boot) }
5         .text : { *(.text) }
6         .rodata : { *(.rodata) }
7         .data : { *(.data) }
8         . = ALIGN(0x8);
9         bss_begin = .;
10        .bss : { *(.bss*) }
11        bss_end = .;
12
13        . = ALIGN(4096);
14        init_pg_dir = .;
15        . += 4096;
16 }
```

▲图 9.8　链接脚本文件

9.4.2 实验 9-2：输出每个段的内存布局

1. 实验目的

熟悉链接脚本里符号的使用。

2. 实验要求

（1）在 C 语言中输出 BenOS 映像文件的内存布局，如图 9.9 所示，即每个段的起始地址和结束地址，以及段的大小。查看 benos.map 文件，进行对比，确认输出的内存布局是否正确。

```
BenOS image layout:
  .text.boot: 0x00080000 - 0x0008006c (   108 B)
       .text: 0x0008006c - 0x00081e70 (  7684 B)
     .rodata: 0x00081e70 - 0x0008201e (   430 B)
       .data: 0x0008201e - 0x000822a0 (   642 B)
        .bss: 0x00082330 - 0x000a2740 (132112 B)
```

▲图 9.9 内存布局

（2）修改链接文件，把.data 段的 VMA 修改成 0x90000，然后再查看内存布局有什么变化。

9.4.3 实验 9-3：加载地址不等于运行地址

1. 实验目的

熟悉链接脚本的运行地址和加载地址。

2. 实验要求

假设代码段存储在 ROM 中，ROM 的起始地址为 0x90000，而运行地址在 RAM 里面，起始地址为 0x8000。其他段（例如.text、.boot、.data、.rodata 以及.bss 段）的加载地址和运行地址都在 RAM 中。请修改 BenOS 的链接脚本以及汇编源代码，让 BenOS 可以正常运行。

9.4.4 实验 9-4：分析 Linux 5.0 内核的链接脚本文件

1. 实验目的

熟悉链接脚本的语法和使用。

2. 实验要求

Linux 5.0 的链接脚本文件目录是 arch/arm64/kernel/vmlinux.lds.S，请详细分析该链接脚本，写一个分析报告。

第 10 章　GCC 内嵌汇编代码

本章思考题

1. 在内嵌汇编代码中，关键字 asm、volatile、inline 以及 goto 分别代表什么意思？
2. 在内嵌汇编代码的输出部分里，=和+代表什么意思？
3. 在内嵌汇编代码中，如何表示输出部分和输入部分的参数？
4. 在内嵌汇编代码与 C 语言宏结合时，#与##分别代表什么意思？

本章主要介绍 AArch64 状态的体系结构的 GCC（GNU C Compiler，GNU C 编译器）内嵌汇编代码。

10.1 内嵌汇编代码基本用法

内嵌汇编代码指的是在 C 语言中嵌入汇编代码。其作用是对于特定重要和时间敏感的代码进行优化，同时在 C 语言中访问某些特殊指令（例如内存屏障指令）来实现特殊功能。

内嵌汇编代码主要有两种形式。

- 基础内嵌汇编代码（basic asm）：不带任何参数。
- 扩展内嵌汇编代码（extended asm）：可以带输入/输出参数。

10.1.1 基础内嵌汇编代码

基础内嵌汇编代码是不带任何参数的，其格式如下。

```
asm ( "汇编指令" )
```

其中 asm 关键字是一个 GNU 扩展。汇编指令是汇编代码块，它有如下几个特点。

- GCC 把汇编代码块当成一个字符串。
- GCC 不会解析和分析汇编代码块。
- 汇编代码块包含多条汇编指令时需要使用“\n”来换行。

基础内嵌汇编代码最常见的用法是简单调用一条汇编指令。

【例 10-1】调用一条高速缓存维护指令。

```
asm("icialluis");
```

10.1.2 扩展内嵌汇编代码

扩展内嵌汇编代码是常用的形式，它可以使用 C 语言中的变量作为参数，其格式如下。

```
asm 修饰词(
            指令部分
            : 输出部分
            : 输入部分
            : 损坏部分)
```

内嵌汇编代码在处理变量和寄存器的问题上提供了一个模板与一些约束条件。

常用的修饰词如下。

- volatile：用于关闭 GCC 优化。
- inline：用于内联，GCC 会把汇编代码编译为尽可能短的代码。
- goto：用于在内嵌汇编里会跳转到 C 语言的标签里。

在指令部分中，数字前加上%（如%0、%1 等）表示需要使用寄存器的样板操作数。指令部分用到了几个不同的操作数，就说明有几个变量需要和寄存器结合。

指令部分后面的输出部分用于描述在指令部分中可以修改的 C 语言变量以及约束条件。注意以下两点。

- 输出约束（constraint）通常以“=”或者“+”号开头，然后是一个字母（表示对操作数类型的说明），接着是关于变量结合的约束。“=”号表示被修饰的操作数只具有可写属性；“+”号表示被修饰的操作数只具有可读、可写属性。
- 输出部分可以是空的。

输入部分用来描述在指令部分只能读取的 C 语言变量以及约束条件。输入部分描述的参数只有只读属性，不要试图修改输入部分的参数内容，因为 GCC 假定输入部分的参数在内嵌汇编之前和之后都是一致的。注意以下两点。

- 在输入部分中不能使用“=”或者“+”约束条件，否则编译器会报错。
- 输入部分可以是空的。

损坏部分一般以“memory”结束。

- “memory”告诉 GCC，如果内联汇编代码改变了内存中的值，那么让编译器做如下优化：在执行完汇编代码之后重新加载该值，目的是防止编译乱序。
- “cc”表示内嵌代码修改了状态寄存器的相关标志位，例如，内嵌汇编代码中使用 CNBZ 等比较语句。
- 当输入部分和输出部分显式地使用了通用寄存器时，应该在损坏部分明确告诉编译器，编译器在选择使用哪个寄存器来表示输入和输出操作数时，不会使用损坏部分里声明的任何寄存器，以免发生冲突。

对于指令部分，在内嵌汇编代码中使用%0 来表示输出部分和输入部分的第一个参数，使用%1 表示第二个参数，以此类推。

【例 10-2】图 10.1 所示是一段内嵌汇编代码。

第 58～63 行是内嵌汇编代码。

在第 58 行中，volatile 用来关闭 GCC 优化。

第 59～60 行是指令部分，这里包含了两条汇编语句，每一条汇编语句都必须使用引号，并且使用“\n”来换行，因为 GCC 会把指令部分当成一个字符串，并不会解析汇编语句。

第 61 行是输出部分。这里输出部分只有一个参数 mask，“=”号表示 mask 只具有可写属性，它会在第 60 行中使用到，使用“%0”来表示该参数。

第 62 行是输入部分，一共有两个参数，分别是 idx 和 sz。

第 63 行是损坏部分。

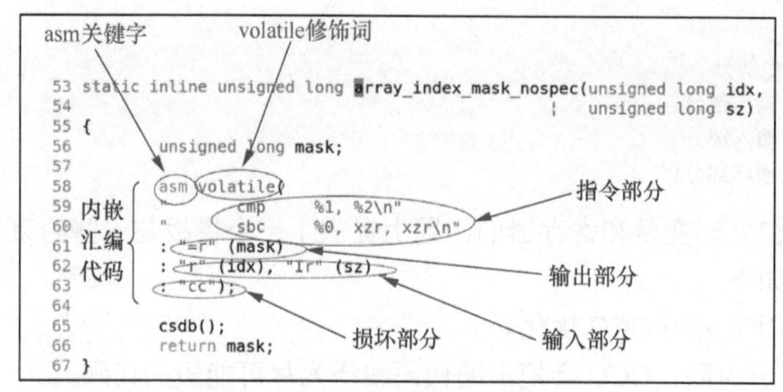

▲图 10.1 内嵌汇编代码

【例 10-3】下面的代码中，arch_local_irq_save()函数用来关闭本地 IRQ。

```
static inline unsigned long arch_local_irq_save(void)
{
    unsigned long flags;
    asm volatile(
        "mrs    %0, daif            //读取 PSTATE 寄存器中的 DAIF 字段
        "msr    daifset, #2"        //关闭 IRQ
        : "=r" (flags)
        :
        : "memory");
    return flags;
}
```

先看输出部分，%0 操作数对应"=r" (flags)，即 flags 变量。其中，“=”表示被修饰的操作数的属性是只写的，“r”表示使用一个通用寄存器。然后看输入部分，输入部分是空的，没有指定参数。最后看损坏部分，它以“memory”结束。

arch_local_irq_save()函数主要用于把 PSTATE 寄存器中的 DAIF 字段保存到临时变量 flags 中，然后关闭 IRQ。

在输出部分和输入部分，使用%来表示参数的序号，如%0 表示第一个参数，%1 表示第二个参数。

10.1.3 内嵌汇编代码的修饰符和约束符

内联汇编代码的常见修饰符如表 10.1 所示。

表 10.1 内嵌汇编代码的常见修饰符

修 饰 符	说 明
=	被修饰的操作数只能写
+	被修饰的操作数具有可读、可写属性
&	用于输出限定符。这个操作数在用于输入参数的指令执行完成之后才能写入。这个操作数不在指令所读的寄存器里，也不可作为任何内存地址的一部分

内嵌汇编代码的常见约束符如表 10.2 所示。

表 10.2 内嵌汇编代码的常见约束符

约 束 符	说 明
p	内存地址
m	内存变量
r	通用寄存器
o	内存地址，基地址寻址

续表

约　束　符	说　　明
i	立即数
V	内存变量，不允许偏移的内存操作数
n	立即数

ARM64 体系结构中特有的约束符如表 10.3 所示。

表 10.3　　ARM64 体系结构中特有的约束符

约　束　符	说　　明
k	SP 寄存器
w	浮点寄存器、SIMD 寄存器、SVE 寄存器
Upl	使用 P0～P7 中任意一个 SVE 寄存器
Upa	使用 P0～P15 中任意一个 SVE 寄存器
I	整数，常常用于 ADD 指令
J	整数，常常用于 SUB 指令
K	整数，常常用于 32 位逻辑指令
L	整数，常常用于 64 位逻辑指令
M	整数，常常用于 32 位的 MOV 指令
N	整数，常常用于 64 位的 MOV 指令
S	绝对符号地址或者标签引用
Y	浮点数，其值为 0
Z	整数，其值为 0
Ush	表示一个符号（symbol）的 PC 相对偏移量的高位部分（包括第 12 位以及高于第 12 位的部分），这个 PC 相对偏移量介于 0～4 GB
Q	表示使用单个基地址寄存器的内存地址，不包含偏移量
Ump	一个适用于 SI、DI、SF 和 DF 模式下的加载-存储指令的内存地址

在上述约束符中，“Q”约束符常常用在原子操作中。例如，下面是一个原子加法函数。

```
void my_atomic_add(unsigned long val, void *p)
```

my_atomic_add()函数把 val 的值原子地加到指针变量 p 指向的变量中。下面的内嵌汇编代码没有使用约束符“Q”。

```
1    void my_atomic_add(unsigned long val, void *p)
2    {
3        unsigned long tmp;
4        int result;
5        asm volatile (
6                "1: ldxr %0, [%2]\n"
7                "add %0, %0, %3\n"
8                "stxr %w1, %0, [%2]\n"
9                "cbnz %w1, 1b\n"
10               : "+r" (tmp), "+r"(result)
11               : "r"(p), "r" (val)
12               : "cc", "memory"
13                );
14   }
```

在第 6 行中，“ldxr %0, [%2]” 指令用来加载指针变量 p 的值到 tmp 变量中，这里使用“[ ]”表示访问内存地址的内容。在损坏部分中需要使用“memory”告诉编译器，上述内嵌汇编改变了内存中的值，在执行完汇编代码之后应重新加载该值，否则会出错。

另外，我们可以使用约束符“Q”来改写上面的汇编代码。

```
1    void my_atomic_add(unsigned long val, void *p)
2    {
3        unsigned long tmp;
4        int result;
5        asm volatile (
6                "1: ldxr %0, %2\n"
7                "add %0, %0, %3\n"
8                "stxr %w1, %0, %2\n"
9                "cbnz %w1, 1b\n"
10               : "+r" (tmp), "+r"(result), "+Q"(*(unsigned long *)p)
11               : "r" (val)
12               : "cc"
13                );
14   }
```

在第 10 行中，输出部分的第一个参数使用了约束符“Q”，参数变成了“*(unsigned long *)p”，并且第 6 行指令也变成了“ldxr %0, %2”。这在 Linux 5.0 内核的原子操作函数里有广泛应用，见 arch/arm64/include/atomic_ll_sc.h 文件。约束符“Q”隐含了损坏部分的“memory”声明。

10.1.4　使用汇编符号名

在输出部分和输入部分，使用“%”来表示参数的序号，如%0 表示第一个参数，%1 表示第二个参数。为了增强代码可读性，我们还可以使用汇编符号名来替代以%表示的操作数，比如，例 10-4 中的 add()函数。

【例 10-4】下面是一段很简单的 GCC 内联汇编代码。

```
int add(int i, int j)
{
    int res = 0;

    asm volatile (
    "add %w[result], %w[input_i], %w[input_j]"
    : [result] "=r" (res)
    : [input_i] "r" (i), [input_j] "r" (j)
    );

    return res;
}
```

上述代码的主要功能是把参数 i 的值和参数 j 的值相加，并返回结果。

先看输出部分，其中只定义了一个操作数。“[result]”定义了一个汇编符号操作数，符号名为 result，它对应"=r" (res)，并使用了函数中定义的 res 变量，在汇编代码中对应%w[result]。其中，w 表示 ARM64 中的 32 位通用寄存器。

再看输入部分，其中定义了两个操作数。同样使用定义汇编符号操作数的方式来定义。第一个汇编符号操作数是 input_i，对应的是函数形参 i；第二个汇编符号操作数是 input_j，对应的是函数形参 j。

10.1.5 内嵌汇编函数与宏的结合

内嵌汇编函数与 C 语言宏可以结合起来使用，让代码变得高效和简洁。我们可以巧妙地使用 C 语言宏中的“#”以及“##”符号。

若在宏的参数前面使用“#”，预处理器会把这个参数转换为一个字符串。

“##”用于连接参数和另一个标识符，形成新的标识符。

图 10.2 是 ATOMIC_OP 宏，它实现在 Linux 5.0 内核里，代码路径为 arch/arm64/include/asm/atomic_lse.h。

```
30 #define ATOMIC_OP(op, asm_op)                                              \
31 static inline void atomic_##op(int i, atomic_t *v)                         \
32 {                                                                          \
33         register int w0 asm ("w0") = i;                                    \
34         register atomic_t *x1 asm ("x1") = v;                              \
35                                                                            \
36         asm volatile(ARM64_LSE_ATOMIC_INSN(__LL_SC_ATOMIC(op),              \
37 "       " #asm_op "     %w[i], %[v]\n")                                     \
38         : [i] "+r" (w0), [v] "+Q" (v->counter)                             \
39         : "r" (x1)                                                         \
40         : __LL_SC_CLOBBERS);                                               \
41 }
42
43 ATOMIC_OP(andnot, stclr)
44 ATOMIC_OP(or, stset)
45 ATOMIC_OP(xor, steor)
46 ATOMIC_OP(add, stadd)
```

▲图 10.2 ATOMIC_OP 宏

第 43～46 行通过调用 ATOMIC_OP 宏实现了 atomic_andnot()、atomic_or()、atomic_xor()、atomic_add()函数。

在第 31 行中，使用“##”号，把“atomic_”与宏的参数 op 拼接在一起，构成函数名。

在第 37 行中，使用“#”号，把参数 asm_op 转换成一个字符串。例如，假设 asm_op 参数为 stclr，那么第 37 行就变成“stclr %w[i], %[v]\n”。

另外，我们还可以通过一个宏来实现多个类似的函数，这也是 C 语言常用的技巧。

10.1.6 使用 goto 修饰词

内嵌汇编代码还可以从指令部分跳转到 C 语言的标签处，这使用的是 goto 修饰词。goto 模板的格式如下。

```
asm goto (
                指令部分
                : /*输出部分是空的*/
                : 输入部分
                : 损坏部分
                : GotoLabels)
```

goto 模板与常见的内嵌汇编模板有如下不一样的地方。

- 输出部分必须是空的。
- 新增一个 GotoLabels，里面列出了 C 语言的标签，即允许跳转的标签。

【例 10-5】下面的代码使用了 goto 模板。

```
static int test_asm_goto(int a)
{
     asm goto (
             "cmp %w0, 1\n"
             "b.eq %l[label]\n"
             :
             : "r" (a)
```

```
            : "memory"
            : label);

    return 0;

label:
    printk("%s: a = %d\n", __func__, a);
    return 0;
}
```

这段代码比较简单，用于判断参数 *a* 是否为 1。如果为 1，则跳转到 label 处；否则，直接返回 0。

关于内嵌汇编代码，注意以下 3 点。

- GDB 不能单步调试内嵌汇编代码，所以建议使用纯汇编的方式验证过之后，再移植到内嵌汇编代码中。
- 仔细检查内嵌汇编代码的参数，此处很容易搞错。
- 输出部分和输入部分的修饰符不能用错，否则程序会出错。

如图 10.3 所示，输出部分的 dst 参数从"+r"（dst）改成"=r"（dst），导致程序崩溃。原因是在 STR 指令中参数 dst 既要可读取，又要可写入。

```
static void my_memcpy_asm_test(unsigned long src, unsigned long dst,
        unsigned long counter)
{
        unsigned long tmp;
        unsigned long end = src + counter;

        asm volatile (
                        "1: ldr %1, [%2], #8\n"
                        "str %1, [%0], #8\n"
                        "cmp %2, %3\n"
                        "b.cc 1b"
                        : "=r" (dst), "+r" (tmp), "+r" (src)
                        : "r" (end)
                        : "memory");
}
```

"+r"（dst）改成"=r"（dst）导致程序崩溃

▲图 10.3　出错的程序

10.2 案例分析

下面的代码片段用于实现两字节交换的功能。

```
1     #include <stdio.h>
2     #include <stdlib.h>
3
4     #define SIZE 10
5
6     static void swap_data(unsigned char *src, unsigned char *dst,unsigned int size)
7     {
8         unsigned int len = 0;
9         unsigned int tmp;
10
11        asm volatile (
12            "1: ldrh w5, [%[src]], #2\n"
13            "lsl w6, w5, #8\n"
14            "orr %w[tmp], w6, w5, lsr #8\n"
15            "strh %w[tmp], [%[dst]], #2\n"
16            "add %[len], %[len], #2\n"
17            "cmp %[len], %[size]\n"
```

```
18            "bne 1b\n"
19            : [dst] "+r" (dst), [len] "+r"(len), [tmp] "+r" (tmp)
20            : [src] "r" (src), [size] "r" (size)
21            : "memory"
22        );
23    }
24
25    int main(void)
26    {
27        int i;
28        unsigned char *bufa = malloc(SIZE);
29        if (!bufa)
30            return 0;
31        unsigned char *bufb = malloc(SIZE);
32        if (!bufb) {
33            free(bufa);
34            return 0;
35        }
36
37        for (i = 0; i < SIZE; i++) {
38            bufa[i] = i;
39            printf("%d ", bufa[i]);
40        }
41        printf("\n");
42
43        swap_data(bufa, bufb, SIZE);
44
45        for (i = 0; i < SIZE; i++)
46            printf("%d ", bufb[i]);
47        printf("\n");
48
49        free(bufa);
50        free(bufb);
51        return 0;
52        }
```

在安装了 Linux 系统的树莓派 4B 开发板上编译和运行后的结果如下。

```
pi@raspberrypi:~$ gcc in_test.c -o in_test -O2
pi@raspberrypi:~$ ./in_test
0 1 2 3 4 5 6 7 8 9
1 0 3 2 5 4 7 6 9 8
munmap_chunk(): invalid pointer
Aborted
```

从上述日志可知，字节交换功能实现了，但是在释放 bufa 指针时出现错误，错误日志为“munmap_chunk(): invalid pointer”，请读者认真阅读上面的示例代码并找出错误的原因。

我们可以在第 43 行的 swap_data()函数前后都添加“printf("%p \n", bufa)”，用来输出 bufa 指向的地址，然后重新编译并运行。

```
pi@raspberrypi:~$ gcc in_test.c -o in_test -O2
pi@raspberrypi:~$ ./in_test
0xaaaae60b52a0
0 1 2 3 4 5 6 7 8 9
0xaaaae60b52aa
1 0 3 2 5 4 7 6 9 8
munmap_chunk(): invalid pointer
Aborted
```

在 C 语言中，指针形参 src 会自动生成一个副本 src_p，然后在函数里 src 指针会自动替换成副本 src_p。在第 12 行中，LDRH 指令采用后变基模式，加载完成之后会自动加载 src_p + 2。从日志可知，bufa 指向的地址在 swap_data()函数前后发生了变化，可是把一级指针 bufa 作为形参传递给 swap_data()函数是不会修改形参（指针参数）的指向的，那在本案例中，为什么一级指针 bufa 的指向发生了变化呢？

这里主要原因是，当使用 GCC O2 优化选项时，GCC 会打开“-finline-small-functions”优化选项，它会把一些短小和简单的函数集成到它们的调用者中。本案例中，swap_data()函数在编译阶段会被集成到 main()函数中。此外，如果 GCC 发现 src 形参在函数内只参与读操作，那么 GCC 在把 swap_data()函数集成到 main()函数的过程中不会为 src 形参单独生成一个 src_p 副本。当执行 LDRH 指令时，直接修改了 src 指针的指向，从而导致 bufa 指向的地址发生了改变，释放内存时出错。

我们仔细分析 swap_data()的内嵌汇编，发现参数 src 指定的属性不正确。参数 src 应该具有可读可写属性，因为 LDRH 指令采用后变基模式，加载完成后会修改 src 指针的指向。在第 20 行，src 参数被安排在输入部分，输入部分用来描述在指令部分只能读取的 C 语言变量以及约束条件。

另外还有一个错误的地方。第 12~14 行显式地使用了 W5 和 W6 两个通用寄存器，因此需要在损坏部分里声明这两个寄存器已经被内嵌汇编代码使用了，从而使编译器在为内嵌汇编参数安排通用寄存器的时候不再使用 W5 和 W6 寄存器。

综上所述，swap_data()函数正确的写法如下。

```
1    static void swap_data(unsigned char *src, unsigned char *dst,unsigned int size)
2    {
3        unsigned int len = 0;
4        unsigned int tmp;
5
6        asm volatile (
7            "1: ldrh w5, [%[src]], #2\n"
8            "lsl w6, w5, #8\n"
9            "orr %w[tmp], w6, w5, lsr #8\n"
10           "strh %w[tmp], [%[dst]], #2\n"
11           "add %[len], %[len], #2\n"
12           "cmp %[len], %[size]\n"
13           "bne 1b\n"
14           : [dst] "+r" (dst), [len] "+r"(len), [tmp] "+r" (tmp),
15             [src] "+r" (src)
16           : [size] "r" (size)
17           : "memory", "w5", "w6"
18       );
19   }
```

主要改动见第 15 行和第 17 行。在第 15 行中，把参数 src 放到了输出部分，并且指定它具有可读可写属性。在第 17 行中，在内嵌汇编代码的损坏部分中添加了 W5 和 W6 寄存器的声明，告诉编译器这两个寄存器在内嵌汇编代码中已经使用了。

读者还可以通过反汇编的方式来对比修改前后的区别。通过如下命令得到反汇编文件 in_test.s。

```
pi@raspberrypi:~$ gcc in_test.c -S -O2
```

下面是修改前 in_test.c 的反汇编代码片段。

```
1    main:
2        ...
```

```
3        bl      malloc
4        mov     x21, x0
5
6    #APP
7    // 11 "in_test.c" 1
8        1: ldrh w5, [x21], #2
9            lsl w6, w5, #8
10           orr w1, w6, w5, lsr #8
11           strh w1, [x2], #2
12           add x0, x0, #2
13           cmp x0, x19
14           bne 1b
15   #NO_APP
16
17       movx0, x21
18       blfree
```

在第 4 行中，X21 寄存器指向 bufa 的地址。

在第 8 行中，直接使用 X21 寄存器来执行 LDRH 指令，并且修改了 X21 寄存器的内容。

在第 17 行中，使用修改后的 X21 寄存器的值作为地址来调用 free()，导致出现“munmap_chunk(): invalid pointer”问题。

下面是修改后 in_test.c 的反汇编代码片段。

```
1    main:
2        ...
3        bl      malloc
4        mov     x21, x0
5
6        mov     x3, x21
7
8    #APP
9    // 11 "in_test.c" 1
10       1: ldrh w5, [x3], #2
11           lsl w6, w5, #8
12           orr w1, w6, w5, lsr #8
13           strh w1, [x2], #2
14           add x0, x0, #2
15           cmp x0, x19
16           bne 1b
17   #NO_APP
18
19       movx0, x21
20       blfree
```

对比上述两段汇编可以发现，最大的区别是第 6 行以及第 10 行，GCC 为 bufa 指针（X21 寄存器）分配了一个临时寄存器 X3，相当于为形参 src 分配了一个副本 src_p，然后在内嵌汇编代码（见第 10 行）中使用该临时寄存器，从而避免第 10 行的 LDRH 指令修改 bufa 指针的指向。

使用内嵌汇编常见的陷阱如下。

- 需要明确每个 C 语言参数的约束条件，例如，参数应该在输出部分还是输入部分。
- 正确使用每个 C 语言参数的约束符，使用错误的读写属性会导致程序出错。
- 当输入部分和输出部分显式地使用了通用寄存器时，应该在损坏部分明确告诉编译器。
- 如果内嵌汇编代码修改了内存地址的值，则需要在损坏部分使用“memory”参数。

- ❑ 如果内嵌汇编代码修改了状态寄存器的相关标志位，则需要在损坏部分使用“cc”参数。
- ❑ 如果内嵌汇编代码隐含了内存屏障指令，例如，使用了加载-获取/存储-释放（load-acquire/store-release）语义，则需要在损坏部分使用“memory”参数。
- ❑ 如果内嵌汇编使用 LDXR/STXR 等原子操作指令，建议使用“Q”约束符来实现地址寻址。

10.3 实验

10.3.1 实验 10-1：实现简单的 memcpy 函数

1. 实验目的

熟悉内嵌汇编代码的使用方式。

2. 实验要求

使用内嵌汇编代码实现简单的 memcpy 函数：从 0x80000 地址复制 32 字节到 0x100000 地址处，并使用 GDB 来验证数据是否复制正确。

10.3.2 实验 10-2：使用汇编符号名编写内嵌汇编代码

1. 实验目的

熟悉内嵌汇编代码的编写。

2. 实验要求

在实验 10-1 的基础上尝试使用汇编符号名编写内嵌汇编代码。

10.3.3 实验 10-3：使用内嵌汇编代码完善__memset_16bytes 汇编函数

1. 实验目的

熟悉内嵌汇编函数的应用。

2. 实验要求

本实验要求使用内嵌汇编函数来完成__memset_16bytes 汇编函数。

10.3.4 实验 10-4：使用内嵌汇编代码与宏

1. 实验目的

熟悉使用宏编写内嵌汇编代码。

2. 实验要求

实现一个宏 MY_OPS(ops，instruction)，它可以对某个内存地址实现 or、xor、and、andnot 等 ops 操作。

提示：由于目前的 BenOS 还没有使能 MMU，因此 LDXR 和 STXR 指令还不能使用，我们就使用简单的 LDR 和 STR 指令来代替。

10.3.5 实验 10-5：实现读和写系统寄存器的宏

1. 实验目的

熟悉使用宏编写内嵌汇编代码。

2. 实验要求

（1）实现一个对应 read_sysreg(reg)以及 write_sysreg(val, reg)的宏，用于读取 ARM64 中的系统寄存器，例如，CurrenEL 读取当前 EL 的等级。

（2）测试：读取 CurrentEL 寄存器的值，读取当前 EL。

10.3.6 实验 10-6：goto 模板的内嵌汇编函数

1. 实验目的

熟悉使用 goto 模板的内嵌汇编函数。

2. 实验要求

使用 goto 模板实现一个内嵌汇编函数，判断函数参数是否为 1。如果为 1，则跳转到 label 处，并且输出参数的值；否则，直接返回。

```
int test_asm_goto(int a)
```

第 11 章　异常处理

本章思考题

1. 在 ARM64 处理器中，异常有哪几类？
2. ARM64 处理器支持几种异常等级？它们分别有什么作用？
3. 同步异常和异步异常有什么区别？
4. 在 ARM64 处理器中，异常发生后 CPU 自动做了哪些事情？软件需要做哪些事情？
5. 两个寄存器 LR 和 ELR 存放了返回地址，它们有什么区别？
6. 返回时，异常是返回到发生异常的指令还是下一条指令？
7. 在 ARM64 处理器中，SP_EL1t 和 SP_EL1h 有什么区别？
8. 返回时，异常如何选择处理器的执行状态？
9. 请简述 ARMv8 异常向量表。
10. 异常发生后，软件需要保存异常上下文，异常上下文包括哪些内容？
11. 异常发生后，软件如何知道异常类型？
12. 如何从 EL2 切换到 EL1？

本章主要介绍与 ARM64 处理器异常处理相关的知识。

11.1　异常处理的基本概念

在 ARMv8 体系结构中，异常和中断都属于异常处理。

11.1.1　异常类型

本节介绍异常的类型。

1. 中断

在 ARM64 处理器中，中断请求分成普通中断请求（Interrupt Request，IRQ）和快速中断请求（Fast Interrupt Request，FIQ）两种。其中，FIQ 的优先级要高于 IRQ。在芯片内部，分别有连接到处理器内部的 IRQ 和 FIQ 两根中断线。通常系统级芯片内部会有一个中断控制器，众多的外部设备的中断引脚会连接到中断控制器，由中断控制器负责中断优先级调度，然后发送中断信号给 ARM 处理器。中断模型如图 11.1 所示。

外设中发生了重要的事情之后，需要通知处理器，中断发生的时刻与当前正在执行的指令无关，因此中断的发生时间点是异步的。对于处理器来说，不得不停止当前正在执行的指令来处理中断。在 ARMv8 体系结构中，中断属于异步模式的异常。

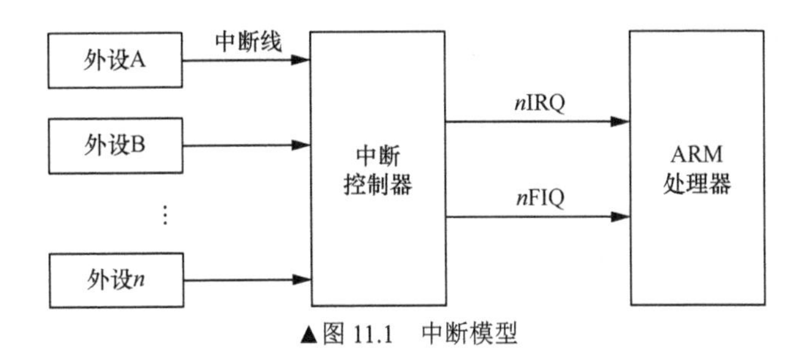

▲图 11.1 中断模型

2. 中止[①]

中止主要有指令中止（instruction abort）和数据中止（data abort）两种。它们通常是指访问内存地址时发生了错误（如缺页等），处理器内部的 MMU 捕获这些错误并且报告给处理器。

指令中止是指当处理器尝试执行某条指令时发生了错误，而数据中止是指使用加载或者存储指令读写外部存储单元时发生了错误。

3. 复位

复位（reset）操作是优先级最高的一种异常处理。复位操作通常用于让 CPU 复位引脚产生复位信号，让 CPU 进入复位状态，并重新启动。

4. 系统调用

ARMv8 体系结构提供了 3 种软件产生的异常和 3 种系统调用。系统调用允许软件主动地通过特殊指令请求更高异常等级的程序所提供的服务。

- SVC 指令：允许用户态应用程序请求操作系统内核的服务。
- HVC 指令：允许客户操作系统（guest OS）请求虚拟机监控器（hypervisor）的服务。
- SMC 指令：允许普通世界（normal world）中的程序请求安全监控器（secure monitor）的服务。

11.1.2 异常等级

在操作系统里，处理器运行模式通常分成两种：一种是特权模式，另一种是非特权模式。操作系统内核运行在特权模式，访问系统的所有资源；而应用程序运行在非特权模式，它不能访问系统的某些资源，因为它权限不够。除此之外，ARM64 处理器还支持虚拟化扩展以及安全模式的扩展。ARM64 处理器支持 4 种特权模式，这些特权模式在 ARMv8 体系结构手册里称为异常等级（Exception Level，EL）。

- EL0 为非特权模式，用于运行应用程序。
- EL1 为特权模式，用于运行操作系统内核。
- EL2 用于运行虚拟化管理程序。
- EL3 用于运行安全世界的管理程序。

11.1.3 同步异常和异步异常

在 ARMv8 体系结构里，异常分成同步异常和异步异常两种。同步异常是指处理器执行某条指令而直接导致的异常，往往需要在异常处理函数里处理该异常之后，处理器才能继续

① 有的教科书称为异常。

执行。例如，当数据中止时，我们知道发生数据异常的地址，并且在异常处理函数中修改这个地址。

常见的同步异常如下。

- 尝试访问一个异常等级不恰当的寄存器。
- 尝试执行关闭或者没有定义（undefined）的指令。
- 使用没有对齐的 SP。
- 尝试执行与 PC 指针没有对齐的指令。
- 软件产生的异常，如执行 SVC、HVC 或 SMC 指令。
- 地址翻译或者权限等导致的数据异常。
- 地址翻译或者权限等导致的指令异常。
- 调试导致的异常，如断点异常、观察点异常、软件单步异常等。

而异步异常是指异常触发的原因与处理器当前正在执行的指令无关的异常，中断属于异步异常的一种。因此，指令异常和数据异常称为同步异常，而中断称为异步异常。

常见的异步异常包括物理中断和虚拟中断。

- 物理中断分为 3 种，分别是 SError、IRQ、FIQ。
- 虚拟中断分为 3 种，分别是 vSError、vIRQ、vFIQ。

11.2 异常处理与返回

11.2.1 异常入口

当一个异常发生时，CPU 内核能感知异常发生，而且会生成一个目标异常等级（target exception level）。CPU 会自动做如下一些事情[①]。

- 把 PSTATE 寄存器的值保存到对应目标异常等级的 SPSR_EL*x* 中。
- 把返回地址保存在对应目标异常等级的 ELR_EL*x* 中。
- 把 PSTATE 寄存器里的 *D*、*A*、*I*、*F* 标志位都设置为 1，相当于把调试异常、SError、IRQ 以及 FIQ 都关闭。
- 对于同步异常，要分析异常的原因，并把具体原因写入 ESR_EL*x*。
- 切换 SP 寄存器为目标异常等级的 SP_El*x* 或者 SP_EL0 寄存器。
- 从异常发生现场的异常等级切换到对应目标异常等级，然后跳转到异常向量表里。

上述是 ARMv8 处理器检测到异常发生后自动做的事情。操作系统需要做的事情是从中断向量表开始，根据异常发生的类型，跳转到合适的异常向量表。异常向量表的每个项都会保存一条跳转指令，然后跳转到恰当的异常处理函数并处理异常。

11.2.2 异常返回

当操作系统的异常处理完成后，执行一条 ERET 指令即可从异常返回。这条指令会自动完成如下工作。

- 从 ELR_EL*x* 中恢复 PC 指针。
- 从 SPSR_EL*x* 中恢复 PSTATE 寄存器的状态。

中断处理过程是关闭中断的情况下进行的，那中断处理完成后什么时候把中断打开呢？

① 见《ARM Architecture Reference Manual, ARMv8, for ARMv8-A architecture profile》v8.6 版本的 D.1.10 节。

当中断发生时，CPU 会把 PSTATE 寄存器的值保存到对应目标异常等级的 SPSR_EL*x* 中，并且把 PSTATE 寄存器里的 *D*、*A*、*I*、*F* 标志位都设置为 1，这相当于把本地 CPU 的中断关闭。

当中断处理完成后，操作系统调用 ERET 指令返回中断现场，并且会把 SPSR_EL*x* 恢复到 PSTATE 寄存器中，这相当于把中断打开。

异常触发与返回的流程如图 11.2 所示。

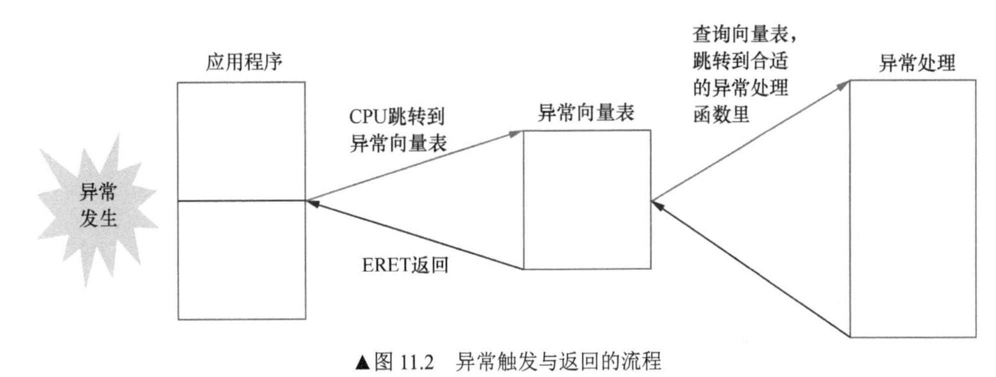

▲图 11.2 异常触发与返回的流程

11.2.3 异常返回地址

以下两个寄存器存放了不同的返回地址。

- X30 寄存器（又称为 LR），存放的是子函数的返回地址，一般是用于完成函数调用的，可以使用 RET 指令来返回父函数。
- ELR_EL*x*，存放的异常返回的地址，即发生异常那一瞬间的地址，它可能是在用户空间中的地址，也可能是在内核空间中的地址，不管它在哪个空间，执行 ERET 指令就可以返回异常现场。

既然 ELR_El*x* 保存了异常返回地址，那么这个返回地址是指向发生异常时的指令还是下一条指令呢？我们需要区分不同的情况。

对于异步异常（中断），返回地址指向第一条还没执行或由于中断没有成功执行的指令。

对于不是系统调用的同步异常，比如数据异常、访问了没有映射的地址等，返回的是触发同步异常的那条指令。例如，通过 LDR 指令访问一个地址，这个地址没有建立地址映射。CPU 访问这个地址时触发了一个数据异常，陷入内核态。在内核态里，操作系统把这个地址映射建立起来，然后再返回异常现场。此时，CPU 会继续执行这条 LDR 指令。刚才因为地址没有映射而触发异常，异常处理中修复了这个映射关系，所以 LDR 可以访问这个地址。

系统调用返回的是系统调用指令（例如 SVC 指令）的下一条指令。

11.2.4 异常处理路由

异常处理路由指的是当异常发生时应该在哪个异常等级处理。下面是异常处理路由的一些规则。

- 当异常发生时，根据系统的配置，例如 SCR_EL3 以及 HCR_EL2 里相应的字段，异常可以在当前的异常等级里处理，也可以陷入更高优先级的异常等级里并处理。
- EL0 不能用来处理异常，EL0 是最低权限的异常等级，一般用来运行用户态程序。
- 在一些情况下，同步异常可能会在当前异常等级里处理，例如在内核（EL1）中发生缺页错误，通常不会改变异常等级。另一些情况下，同步异常可能会导致陷入更高异常等级，例如在开启了虚拟化时，虚拟机访问尚未映射的客户物理地址（Guest Physical

Address，GPA）会发生二阶段页表缺页错误，此时会从 EL1 陷入 EL2，由虚拟机监控器处理该异常。

- 对于中断，我们可以路由到 EL1、EL2 甚至 EL3 并处理，但是需要配置 HCR_EL2 以及 SCR_EL3 相关寄存器。

SCR_EL3 是安全世界中 EL3 的配置寄存器，下面介绍其中与异常处理路由相关的几个字段。

NS 字段（Bit[0]）的含义如下。

- 0 表示 EL0 和 EL1 都处于安全状态（secure state）。
- 1 表示低于 EL3 的异常级别处于非安全状态，因此来自这些异常级别的内存访问指令不能访问安全内存。

IRQ 字段（Bit[1]）的含义如下。

- 0 表示来自低于 EL3 的异常级别的 IRQ 不会路由到 EL3。
- 1 表示来自低于 EL3 的异常级别的 IRQ 会路由到 EL3。

FIQ 字段（Bit[2]）的含义如下。

- 0 表示来自低于 EL3 的异常级别的 FIQ 不会路由到 EL3。
- 1 表示来自低于 EL3 的异常级别的 FIQ 会路由到 EL3。

EA 字段（Bit[3]）的含义如下。

- 0 表示来自低于 EL3 的异常级别的外部中止和 SError 中断不会路由到 EL3。来自 EL3 的外部中止也不会路由到 EL3，而来自 EL3 的 SError 中断会路由到 EL3。
- 1 表示来自低于 EL3 的异常级别的外部中止和 SError 中断会路由到 EL3。

RW 字段（Bit[10]）的含义如下。

- 0 表示低于 EL3 的异常级别都在 AArch32 执行状态下。
- 1 表示低于 EL3 的异常级别都在 AArch64 执行状态下。

HCR_EL2 寄存器是虚拟管理程序配置寄存器。下面介绍其中与异常处理路由相关的几个字段。

RW 字段（Bit[31]）的含义如下。

- 0 表示低于 EL2 的异常级别都在 AArch32 执行状态下。
- 1 表示 EL1 在 AArch64 执行状态下，而 EL0 则需要根据 PSTATE.nRW 字段来判断。

TGE 字段（Bit[27]）的含义如下。

- 0 表示对 EL0 的执行没有影响。
- 1 表示如果系统实现了 EL2，那么所有原本要路由到 EL1 的异常都将路由到 EL2。如果系统没有实现 EL2，那么对 EL0 的异常没有影响。TGE 字段主要用在虚拟化主机扩展（Virtualization Host Extention，VHE）中。

AMO 字段（Bit[5]）的含义如下。

- 0 表示来自低于 EL2 的异常级别的 SError 中断不会路由到 EL2。
- 1 表示来自低于 EL2 的异常级别的 SError 中断会路由到 EL2。
- 当 TGE 字段为 1 并且实现了 EL2 时，不管 AMO 字段的值是多少，都会路由到 EL2。

IMO 字段（Bit[4]）的含义如下。

- 0 表示来自低于 EL2 的异常级别的 IRQ 不会路由到 EL2。
- 1 表示来自低于 EL2 的异常级别的 IRQ 会路由到 EL2。
- 当 TGE 字段为 1 并且实现了 EL2 时，不管 IMO 字段的值是多少，都会路由到 EL2。

FMO 字段（Bit[3]）的含义如下。

- 0 表示来自低于 EL2 的异常级别的 FIQ 不会路由到 EL2。
- 1 表示来自低于 EL2 的异常级别的 FIQ 会路由到 EL2。
- 当 TGE 字段为 1 并且实现了 EL2 时，不管 FMO 字段的值是多少，都会路由到 EL2。

11.2.5 栈的选择

在 ARMv8 体系结构里，每个异常等级都有对应的栈指针（SP）寄存器。例如，EL0 有一个对应的栈指针寄存器 SP_EL0，同理，EL1 也有一个对应的栈寄存器 SP_EL1。当 CPU 运行在任何一个异常等级时，它可以配置 SP 使用 SP_EL0 或者 SP_EL*x*。

我们可以通过 SPSel 寄存器来配置 SP。SPSel 寄存器中的 SP 字段设置为 0 表示在所有的 EL 中使用 SP_EL0 作为栈指针寄存器，设置为 1 表示使用 SP_EL*x* 作为栈指针寄存器。

当配置 SP_EL0 作为栈指针时，我们可以使用后缀“t”来标记。例如，如果在 EL1 里使用 SP_EL0 作为栈指针，我们可以使用“SP_EL1t”来表示。当配置 SP_EL*x* 作为栈指针时，我们可以使用后缀“h”来标记。例如，如果在 EL1 里使用 SP_EL1 作为栈指针，我们可以使用“SP_EL1h”来表示，如表 11.1 所示。

表 11.1 栈指针

异常等级	栈 指 针
EL0	SP_EL0t
EL1	SP_EL1t, SP_EL1h
EL2	SP_EL2t, SP_EL2h
EL3	SP_EL3t, SP_EL3h

栈必须按 16 字节对齐，否则在函数调用时会出现问题，因为函数调用的过程会使用栈。此外，我们可以通过配置寄存器来让 CPU 自动检测栈指针是否对齐。如果没有对齐，则触发一个 SP 对齐错误（SP alignment fault）。

当异常发生时，SP 应该指向哪里？其实，当异常发生时，CPU 会跳转到目标异常等级。此时，CPU 会自动选择 SP_EL*x*。注意，CPU 会自动根据目标异常等级选择栈指针，例如，如果 CPU 正在 EL0 中运行用户空间进程，突然触发了一个中断，CPU 就会跳转到 EL1 来处理这个中断，因此 CPU 会自动选择 SP_EL1 指向的栈空间。

操作系统负责分配和保证每个异常等级对应的栈空间是可用的。以 BenOS 的实验代码为例，在汇编代码准备跳转到 C 语言的 main()函数之前，我们需要分配栈的空间，比如 4 KB 或者 8 KB，然后设置 SP，跳转到 C 语言的 main()函数。

11.2.6 异常处理的执行状态

如果异常发生并且要切换到高级别的异常等级（例如从 EL0 切换到 EL1），那么跳转到 EL1 之后，CPU 运行在哪个执行状态下呢？是 AArch64 执行状态还是 AArch32 执行状态呢？

HCR_EL2 寄存器中有一个 RW 域（Bit[31]），它记录了异常发生后 EL1 要处在哪个执行状态下。

- 1 表示在 AArch64 执行状态下。
- 0 表示在 AArch32 执行状态下。

其实，当异常发生之后执行状态是可以发生改变的。例如，在一个 64 位的系统里，内核在

AArch64 执行状态下。如果一个 32 位的应用程序在运行时触发了一个中断，那么它会陷入内核态里，因此，在 AArch64 执行状态下处理这个中断。

11.2.7 异常返回的执行状态

当异常处理结束之后，调用 ERET 指令返回时要不要切换执行模式呢？这里需要看 SPSR 的相关记录。

- SPSR.M[3:0]字段记录了返回哪个异常等级，如表 11.2 所示。
- SPSR.M[4]字段记录了返回哪个执行状态。
  - 0：表示 AArch64 执行状态。
  - 1：表示 AArch32 执行状态。

表 11.2 返回异常等级

SPSR.M[3:0]	返回异常等级和栈指针
0b1101	EL3h
0b1100	EL3t
0b1001	EL2h
0b1000	EL2t
0b0101	EL1h
0b0100	EL1t
0b0000	EL0t

11.3 异常向量表

11.3.1 ARMv8 异常向量表

当异常发生时，处理器必须跳转和执行与异常相关的处理指令。异常相关的处理指令通常存储在内存中，这个存储位置称为异常向量。在 ARM 体系结构中，异常向量存储在一个表中，称为异常向量表。在 ARMv8 体系结构中，每个异常级别都有自己的向量表，即 EL3、EL2 和 EL1 各有一个异常向量表。

ARMv7 体系结构的异常向量表比较简单，每个表项是 4 字节，每个表项里存放了一条跳转指令。但是 ARMv8 的异常向量表发生了变化，每一个表项是 128 字节，这样可以存放 32 条指令。注意，ARMv8 指令集支持 64 位指令集，但是每一条指令的位宽是 32 位，而不是 64 位。ARMv8 体系结构的异常向量表如表 11.3 所示。

表 11.3 ARMv8 体系结构的异常向量表

地址（基地址为 VBAR_EL*x*）	异 常 类 型	描 述
+ 0x000	同步	使用 SP_EL0 执行状态的当前异常等级
+ 0x080	IRQ/vIRQ	
+ 0x100	FIQ/vFIQ	
+ 0x180	SError/vSError	
+0x200	同步	使用 SP_EL*x* 执行状态的当前异常等级
+0x280	IRQ/vIRQ	
+0x300	FIQ/vFIQ	
+0x380	SError/vSError	

续表

地址（基地址为 VBAR_ELx）	异常类型	描述
+0x400	同步	在 AArch64 执行状态下的低异常等级
+0x480	IRQ/vIRQ	
+0x500	FIQ/vFIQ	
+0x580	SError/vSError	
+0x600	同步	在 AArch32 执行状态下的低异常等级
+0x680	IRQ/vIRQ	
+0x700	FIQ/vFIQ	
+0x780	SError/vSError	

在表 11.3 中，异常向量表存放的基地址可以通过向量基址寄存器（Vector Base Address Register，VBAR）来设置。

处理器在内核态（EL1 异常等级）中触发了 IRQ，并且系统通过配置 SPSel 寄存器来使用 SP_ELx 寄存器作为栈指针，处理器会跳转到"VBAR_EL1 + 0x280"地址处的异常向量中。如果系统通过配置 SPSel 寄存器来使用 SP_EL0 寄存器作为栈指针，那么处理器会跳转到"VBAR_EL1 + 0x80"地址处的异常向量中。

处理器在用户态（EL0）执行时触发了 IRQ，假设用户态的执行状态为 AArch64 并且该异常会陷入 EL1 中，那么处理器会跳转到"VBAR_EL1 + 0x480"地址处的异常向量中。假设用户态的执行状态为 AArch32 并且该异常会陷入 EL1 中，那么处理器会跳转到"VBAR_EL1 + 0x680"地址处的异常向量中。

11.3.2 Linux 5.0 内核的异常向量表

Linux 5.0 内核中关于异常向量表的描述在 arch/arm64/ kernel/entry.S 汇编文件中。

```
<arch/arm64/kernel/entry.S>

/*
 * 异常向量表
 */
     .pushsection ".entry.text", "ax"

     .align      11
ENTRY(vectors)
     #EL1t 模式下的异常向量
     kernel_ventry      1, sync_invalid              // EL1t 模式下的同步异常
     kernel_ventry      1, irq_invalid               // EL1t 模式下的 IRQ
     kernel_ventry      1, fiq_invalid               // EL1t 模式下的 FIQ
     kernel_ventry      1, error_invalid             // EL1t 模式下的 SError

     #EL1h 模式下的异常向量
     kernel_ventry      1, sync                      // EL1h 模式下的同步异常
     kernel_ventry      1, irq                       // EL1h 模式下的 IRQ
     kernel_ventry      1, fiq_invalid               // EL1h 模式下的 FIQ
     kernel_ventry      1, error                     // EL1h 模式下的 SError

     #在 64 位 EL0 下的异常向量
     kernel_ventry      0, sync                     // 处于 64 位的 EL0 下的同步异常
     kernel_ventry      0, irq                      // 处于 64 位的 EL0 下的 IRQ
     kernel_ventry      0, fiq_invalid              // 处于 64 位的 EL0 下的 FIQ
```

```
    kernel_ventry     0, error                          // 处于 64 位的 EL0 下的 SError

    # 在 32 位 EL0 模式下的异常向量
    kernel_ventry     0, sync_compat, 32                // 处于 32 位的 EL0 下的同步异常
    kernel_ventry     0, irq_compat, 32                 // 处于 32 位的 EL0 下的 IRQ
    kernel_ventry     0, fiq_invalid_compat, 32         // 处于 32 位的 EL0 的 FIQ
    kernel_ventry     0, error_compat, 32               // 处于 32 位的 EL0 下的 SError
END(vectors)
```

上述异常向量表的定义和表 11.3 是一致的。其中 align 是一条伪指令，align 11 表示按照 2^{11} 字节（即 2048 字节）来对齐。

kernel_ventry 是一个宏，它实现在同一个文件中，简化后的代码片段如下。

```
<arch/arm64/kernel/entry.S>

    .macro kernel_ventry, el, label, regsize = 64
    .align 7
    sub   sp, sp, #S_FRAME_SIZE
    b     el\()\el\()_\label
    .endm
```

align 7 表示按照 2^7 字节（即 128 字节）来对齐。

sub 指令用于让 sp 减去一个 S_FRAME_SIZE，其中 S_FRAME_SIZE 称为寄存器框架大小，也就是 pt_regs 数据结构的大小。

```
<arch/arm64/kernel/asm-offsets.c>

DEFINE(S_FRAME_SIZE, sizeof(struct pt_regs));
```

b 指令的语句比较有意思，这里出现了两个“el”和 3 个“\”。其中，第一个“el”表示 el 字符，第一个“\()”在汇编宏实现中可以用来表示宏参数的结束字符，第二个“\el”表示宏的参数 el，第二个“\()”也用来表示结束字符，最后的“\label”表示宏的参数 label。以发生在 EL1 的 IRQ 为例，这条语句变成了“b el1_irq”。

在 GNU 汇编的宏实现中，“\()”是有妙用的，如以下汇编语句所示。

```
.macro opcode base length
   \base.\length
.endm
```

当使用 opcode store l 来调用该宏时，它并不会产生 store.l 指令，因为编译器不知道如何解析参数 base，它不知道 base 参数的结束字符在哪里。这时，我们可以使用“\()”告诉汇编器 base 参数的结束字符在哪里。

```
.macro opcode base length
       \base\().\length
.endm
```

11.3.3　VBAR_ELx

ARMv8 体系结构提供了一个 VBAR_ELx 寄存器来设置异常向量表的地址。在早期的 ARM 里异常向量表固定存储在 0x0 地址，后来新增这个功能，软件可以随意设置异常向量表的基地址，只要这个异常向量表存放在内存里即可。VBAR_ELx 如图 11.3 所示，其中 Bit[63:11]存放异常向量表，而 Bit[10:0]是保留的，异常向量表的基地址就需要与 2 KB 地址对齐了。在编码时，如果异常向量表的基地址没有和 2 KB 对齐，那就会出问题。

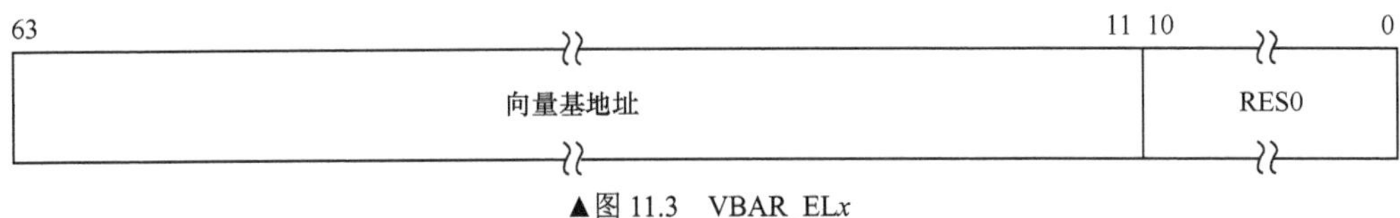

▲图 11.3 VBAR_EL*x*

综上所述，ARMv8 体系结构的异常向量表有如下一些特点。

- 除 EL0 之外，每个 EL 都有自己的异常向量表。
- 异常向量表的基地址需要设置到 VBAR_EL*x* 中。
- 异常向量表的起始地址必须以 2 KB 字节对齐。
- 每个表项可以存放 32 条指令，一共 128 字节。

11.4 异常现场

在异常发生时需要保存发生异常的现场，以免破坏了异常发生前正在处理的数据和程序状态。以 ARM64 处理器为例，我们需要在栈空间里保存如下内容：

- PSTATE 寄存器的值；
- PC 值；
- SP 值；
- X0～X30 寄存器的值。

这个栈空间指的是发生异常时进程的内核态的栈空间。在操作系统中，每个进程都有一个内核态的栈空间。异常包括同步异常和异步异常（中断），第 12 章将详细介绍异常现场的保存和恢复。

11.5 同步异常的解析

ARMv8 体系结构中有一个与访问失效相关的寄存器——异常综合信息寄存器（Exception Syndrome Register，ESR）。

ESR_EL*x* 如图 11.4 所示。

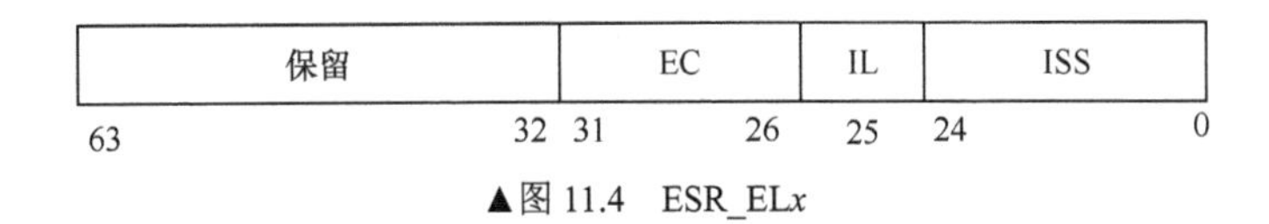

▲图 11.4 ESR_EL*x*

ESR_EL*x* 一共包含如下 4 个字段。

- Bit[63:32]：保留的位。
- Bit[31:26]：表示异常类（Exception Class，EC），这个字段指示发生的异常的分类，同时用来索引 ISS 字段（Bit[24:0]）。
- Bit[25]：表示同步异常的指令长度（Instruction Length，IL）。
- Bit[24:0]：具体的异常指令综合（Instruction Specific Syndrome，ISS）编码信息。这个异常指令编码依赖异常类型，不同的异常类型有不同的编码格式。

当异常发生时，软件通过读取 ESR_EL*x* 可以知道当前发生异常的类型，然后再解析 ISS 字段。不同的异常类型有不同的 ISS 编码，需要根据异常类型解析 ISS 字段，如图 11.5 所示。

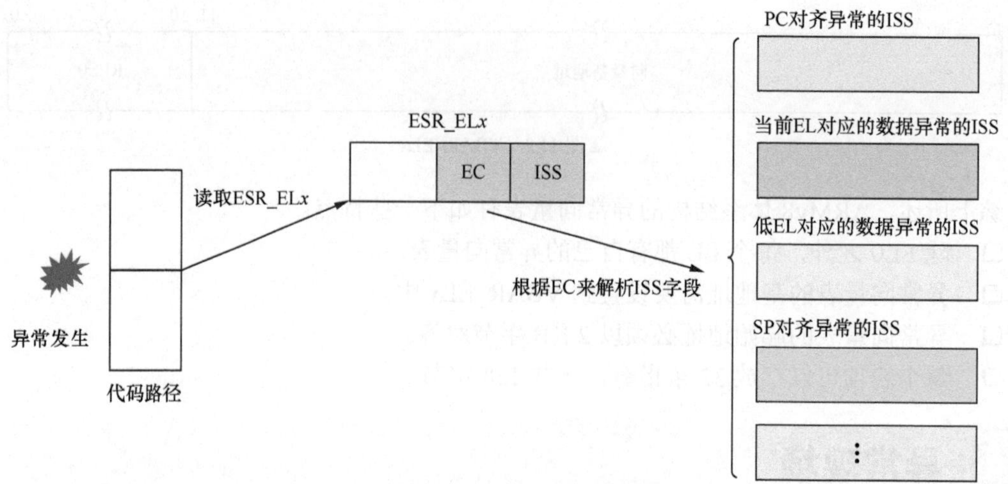

▲图 11.5　ESR_ELx 的查询过程

11.5.1　异常类型

如表 11.4 所示，ESR 支持几十种不同的异常类型。

表 11.4　ESR 支持的异常类型

异常类型	编　码	产生异常的原因
ESR_ELx_EC_UNKNOWN	0x0	未知的异常错误
ESR_ELx_EC_WFx	0x01	陷入 WFI 或者 WFE 指令的执行
ESR_ELx_EC_CP15_32	0x03	陷入 MCR 或者 MRC 访问
ESR_ELx_EC_CP15_64	0x04	陷入 MCRR 或者 MRRC 访问
ESR_ELx_EC_CP14_MR	0x05	陷入 MCR 或者 MRC 访问
ESR_ELx_EC_CP14_LS	0x06	陷入 LDC 或者 STC 访问
ESR_ELx_EC_FP_ASIMD	0x07	访问 SVE、高级 SIMD 或者浮点运算功能
ESR_ELx_EC_ILL	0x0E	非法的执行状态
ESR_ELx_EC_SVC32	0x11	在 AArch32 执行状态下 SVC 指令导致的异常
ESR_ELx_EC_HVC32	0x12	在 AArch64 执行状态下 HVC 指令导致的异常
ESR_ELx_EC_SVC64	0x15	在 AArch64 执行状态下 SVC 指令导致的异常
ESR_ELx_EC_SYS64	0x18	在 AArch64 执行状态下 MSR、MRS 或者系统指令导致的异常
ESR_ELx_EC_SVE	0x19	访问 SVE 功能
ESR_ELx_EC_IABT_LOW	0x20	低级别的异常等级的指令异常
ESR_ELx_EC_IABT_CUR	0x21	当前异常等级的指令异常
ESR_ELx_EC_PC_ALIGN	0x22	PC 指针没对齐导致的异常
ESR_ELx_EC_DABT_LOW	0x24	低级别的异常等级的数据异常
ESR_ELx_EC_DABT_CUR	0x25	当前的异常等级的数据异常
ESR_ELx_EC_SP_ALIGN	0x26	SP 指令没对齐导致的异常
ESR_ELx_EC_FP_EXC32	0x28	在 AArch32 执行状态下浮点运算导致的异常
ESR_ELx_EC_FP_EXC64	0x2C	在 AArch64 执行状态下浮点运算导致的异常
ESR_ELx_EC_SERROR	0x2F	系统错误（system error）
ESR_ELx_EC_BREAKPT_LOW	0x30	低级别的异常等级产生的断点异常
ESR_ELx_EC_BREAKPT_CUR	0x31	当前的异常等级产生的断点异常
ESR_ELx_EC_SOFTSTP_LOW	0x32	低级别的异常等级产生的软件单步异常（software step exception）

续表

异常类型	编码	产生异常的原因
ESR_ELx_EC_SOFTSTP_CUR	0x33	当前异常等级产生的软件单步异常
ESR_ELx_EC_WATCHPT_LOW	0x34	低级别的异常等级产生的观察点异常（watchpoint exception）
ESR_ELx_EC_WATCHPT_CUR	0x35	当前异常等级产生的观察点异常
ESR_ELx_EC_BKPT32	0x38	在 AArch32 执行状态下 BKPT 指令导致的异常
ESR_ELx_EC_BRK64	0x3C	在 AArch64 执行状态下 BKPT 指令导致的异常

11.5.2 数据异常

ESR 中的 ISS 字段根据异常类型有不同的编码方式。对于数据异常，例如表 11.4 中的 ESR_EL*x*_EC_DABT_LOW 与 ESR_EL*x*_EC_DABT_CUR，ISS 表的编码方式如图 11.6 所示。

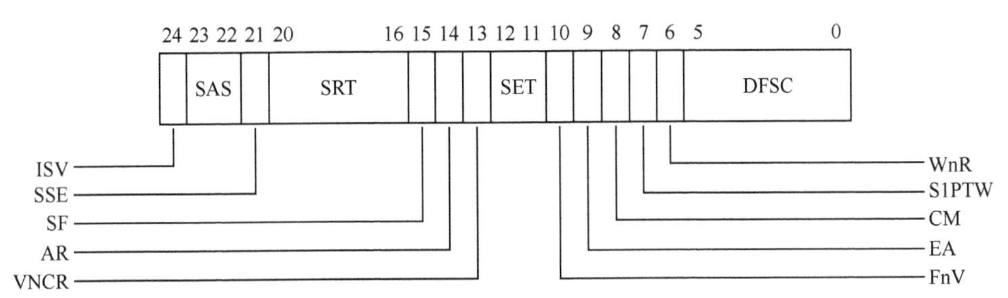

▲图 11.6 ISS 表的编码方式①

ISS 表中重要的字段如表 11.5 所示。

表 11.5 ISS 表中重要的字段

字段	位	描述
DFSC	Bit[5:0]	数据异常状态码
WnR	Bit[6]	读或者写。 0：异常发生的原因是从一个内存区域读数据。 1：异常发生的原因是往一个内存区域写数据
S1PTW	Bit[7]	0：异常不来自从阶段 2 到阶段 1 的页表转换。 1：异常来自从阶段 2 到阶段 1 的页表转换
CM	Bit[8]	高速缓存维护。 0：异常不来自高速缓存维护等相关指令。 1：异常发生在执行高速缓存维护等相关指令或者执行地址转换指令时
EA	Bit[9]	外部异常类型
FnV	Bit[10]	FAR 地址是无效的
SET	Bit[12:11]	同步错误类型
VNCR	Bit[13]	表示异常是否来自 VNCR_EL2
AR	Bit[14]	获取/释放
SF	Bit[15]	指令宽度 0：加载和存储 32 位宽的寄存器。 1：加载和存储 64 位宽的寄存器
SRT	Bit[20:16]	综合寄存器转移（Syndrome Register Transfer）

① 详见《ARM Architecture Reference Manual, ARMv8, for ARMv8-A architecture profile》v8.4 版本的第 12 章。

续表

字　段	位	描　述
SSE	Bit[21]	综合符号扩展（Syndrome Sign Extend）
SAS	Bit[23:22]	访问大小
ISV	Bit[24]	有效位

其中，DFSC 字段包含了具体数据异常的状态，如访问权限错误还是页表翻译错误等。DFSC 错误编码如表 11.6 所示。

表 11.6　DFSC 错误编码

DFSC 错误编码	描　述
0b000000	地址大小错误。L0 页表或者页表基地址寄存器发生大小错误
0b000001	L1 页表发生地址大小错误
0b000010	L2 页表发生地址大小错误
0b000011	L3 页表发生地址大小错误
0b000100	L0 页表翻译错误
0b000101	L1 页表翻译错误
0b000110	L2 页表翻译错误
0b000111	L3 页表翻译错误
0b001001	L1 页表访问标志位错误
0b001010	L2 页表访问标志位错误
0b001011	L3 页表访问标志位错误
0b001101	L1 页表访问权限错误
0b001110	L2 页表访问权限错误
0b001111	L3 页表访问权限错误
0b010000	外部访问错误，不是查询页表的错误
0b010001	标签检查错误
0b010100	查询页表的过程中，在查询 L0 页表时发生错误
0b010101	查询页表的过程中，在查询 L1 页表时发生错误
0b010110	查询页表的过程中，在查询 L2 页表时发生错误
0b010111	查询页表的过程中，在查询 L3 页表时发生错误
0b011000	访问内存的过程中，在同步奇偶校验或者错误检查与纠正时发生错误
0b011100	在同步奇偶校验或者错误检查与纠正的过程中，错误发生在查询 L0 页表时
0b011101	在同步奇偶校验或者错误检查与纠正的过程中，错误发生在查询 L1 页表时
0b011110	在同步奇偶校验或者错误检查与纠正的过程中，错误发生在查询 L2 页表时
0b011111	在同步奇偶校验或者错误检查与纠正的过程中，错误发生在查询 L3 页表时
0b100001	对齐错误
0b110000	TLB 冲突
0b110001	如果硬件实现了 ARMv8.1 中的 TTHM（硬件更新页表中的访问标志位和脏状态位）特性，那么表示不支持的硬件原子更新错误；否则，表示预留的错误
0b111101	段域错误
0b111110	页域错误

11.6 案例分析

11.6.1 从 EL2 切换到 EL1

树莓派 4B 上电复位时，运行在最高异常等级——EL3，经过固件的初始化，从 GPU 固件（start4.elf）跳转到 BenOS 入口地址 0x80000 时，异常等级已经从 EL3 切换到 EL2 了。那么在 BenOS 的启动汇编中，我们需要把 EL2 切换到 EL1 里。

在从 EL2 切换到 EL1 的过程中，我们需要了解几个相关的寄存器。

1. HCR_EL2

HCR_EL2 是虚拟化管理软件配置寄存器，用来配置 EL2。HCR_EL2 中 RW 字段（Bit[31]）用来控制低异常等级的执行状态。

RW 字段的含义如下。

- 0：表示 EL0 和 EL1 都在 AArch32 执行状态下。
- 1：表示 EL1 的执行状态为 AArch64，而 EL0 的执行状态由 PSTATE.nRW 字段来确定。

2. SCTLR_EL1

SCTLR_EL1 是系统控制器寄存器。其中，如下的几个字段与本次异常等级切换相关。

- **EE 字段（Bit[25]）**：用来设置 EL1 下数据访问的大小端，也包括 MMU 中遍历页表的访问（阶段 1）。
  - 0：小端。
  - 1：大端。
- **EOE 字段（Bit[24]）**：用来设置 EL0 下数据访问的大小端。
  - 0：小端。
  - 1：大端。
- **M 字段（Bit[0]）**：用来使能 MMU，主要是阶段 1 的 MMU 映射。

3. SPSR_EL

SPSR_EL2 主要是用来保存发生异常时的 PSTATE 寄存器。其中，SPSR.M[3:0]字段记录了返回哪个异常等级。

4. ELR_EL2

ELR_EL2 主要用来保存异常返回的地址。

下面是从 EL2 切换到 EL1 的汇编代码。

```
1    #define HCR_RW          (1 << 31)
2
3    #define SCTLR_EE_LITTLE_ENDIAN          (0 << 25)
4    #define SCTLR_EOE_LITTLE_ENDIAN         (0 << 24)
5    #define SCTLR_MMU_DISABLED    (0 << 0)
6    #define SCTLR_VALUE_MMU_DISABLED (SCTLR_MMU_DISABLED | SCTLR_EE_LITTLE_ENDIAN |
     SCTLR_EOE_LITTLE_ENDIAN )
7
8    #define SPSR_MASK_ALL (7 << 6)
```

```
9
10  #define SPSR_EL1h (5 << 0)
11  #define SPSR_EL2h (9 << 0)
12
13  #define SPSR_EL1 (SPSR_MASK_ALL | SPSR_EL1h)
14  #define SPSR_EL2 (SPSR_MASK_ALL | SPSR_EL2h)
15
16  el2_entry:
17      bl print_el
18
19      /* EL1 的执行状态设置为 AArch64 */
20      ldr x0, =HCR_RW
21      msr hcr_el2, x0
22
23      ldr x0, =SCTLR_VALUE_MMU_DISABLED
24      msr sctlr_el1, x0
25
26      ldr x0, =SPSR_EL1
27      msr spsr_el2, x0
28
29      adr x0, el1_entry
30      msr elr_el2, x0
31
32      eret
```

在第 1～14 行中，定义相关寄存器，例如 HCR_EL2、SCTLR_EL1 等。

在第 16～32 行中，从 EL2 切换到 EL1。

在第 17 行中，print_el 用来输出当前异常等级，这里仅仅用于调试。

在第 20～21 行中，设置 HCR_EL2 的 RW 字段为 1，表明 EL1 在 AArch64 执行状态下。如果不设置这个 RW 字段，程序有可能在运行时出错。

在第 23～24 行中，设置系统的大小端，关闭 MMU。

在第 26～27 行中，设置 SPSR_EL2。其中，SPSR_EL1 宏包括两部分，SPSR_MASK_ALL 表示会关闭系统 DAIF（关闭调试、系统错误、IRQ 和 FIQ），SPSR_EL1h 表示异常返回时的执行等级为 EL1h。

在第 29～30 行中，设置 EL1 的入口地址（el1_entry 函数）到 ELR_EL2 中。当从 EL2 切换到 EL1 时，CPU 会根据 ELR_EL2 记录的地址来跳转。

在第 32 行中，ERET 指令实现异常返回。

从 EL2 切换到 EL1 其实也实现了一次异常返回。下面总结一下从 EL2 切换到 EL1 的过程。

（1）设置 HCR_EL2，重要的是设置 RW 字段，表示 EL1 要在哪个执行状态下。

（2）设置 SCTLR_EL1，需要设置大小端并关闭 MMU。

（3）设置 SPSR_EL2，设置 M 字段为 EL1h，需要关闭 PSTATE 寄存器中的 *D*、*A*、*I*、*F*。

（4）设置异常返回 ELR_EL2，让其返回 el1_entry 汇编函数。

（5）执行 ERET 指令来实现异常返回。

11.6.2　指令不对齐的同步异常处理

在本案例中，我们在 BenOS 里制造一个指令不对齐访问的同步异常，然后在异常处理中输出异常的类型、出错的地址以及 ESR 的值。

我们首先需要在汇编代码中创建异常向量表，这部分内容可参考 Linux 内核的实现。

异常向量表项只有 128 字节，我们也需要让它按 128 字节对齐。每个表项只包含一条跳转指令以及跳转目的地。el1_sync_invalid 函数的定义如下。

```
el1_sync_invalid:
	inv_entry 1, BAD_SYNC
el1_irq_invalid:
	inv_entry 1, BAD_IRQ
el1_fiq_invalid:
	inv_entry 1, BAD_FIQ
el1_error_invalid:
	inv_entry 1, BAD_ERROR
el0_sync_invalid:
	inv_entry 0, BAD_SYNC
el0_irq_invalid:
	inv_entry 0, BAD_IRQ
el0_fiq_invalid:
	inv_entry 0, BAD_FIQ
el0_error_invalid:
	inv_entry 0, BAD_ERROR
```

上述代码使用 inv_entry 宏来表示。

```
#define BAD_SYNC        0
#define BAD_IRQ         1
#define BAD_FIQ         2
#define BAD_ERROR       3

/*
   处理无效的异常向量
 */
	.macro inv_entry el, reason
	mov x0, sp
	mov x1, #\reason
	mrs x2, esr_el1
	b bad_mode
	.endm
```

inv_entry 宏读取当前 SP 的值，读取 ESR_EL1 的值，然后跳转到 bad_mode()函数里。bad_mode()函数是 C 语言函数，只用来输出当前异常发生的信息，例如异常类型（EC）、FAR_EL1 以及 ESR_EL1 的值。

```
static const char * const bad_mode_handler[] = {
	"Sync Abort",
	"IRQ",
	"FIQ",
	"SError"
};

void bad_mode(struct pt_regs *regs, int reason, unsigned int esr)
{
	printk("Bad mode for %s handler detected, far:0x%x esr:0x%x\n",
			bad_mode_handler[reason], read_sysreg(far_el1),
			esr);
}
```

要触发一个同步异常，最简单的办法是制造一次对齐访问异常。

```
.global string_test
string_test:
    .string "t"

.global trigger_alignment
trigger_alignment:
    ldr x0, =0x80002
    ldr x1, [x0]
    ret
```

符号 string_test 用来定义一个字符串，这个字符串只有一个“t”字符。紧接着是 trigger_alignment 函数，这样可以制造出指令不对齐的访问。我们也可以查看 benos.map 文件。

如图 11.7 所示，string_test 的链接地址为 0x83004，trigger_alignment 函数的链接地址为 0x83006，这个地址不是按 4 字节对齐的。由于 A64 指令集中的指令都是 32 位指令，它们必须是按 4 字节对齐的，因此触发了一个指令不对齐的异常。

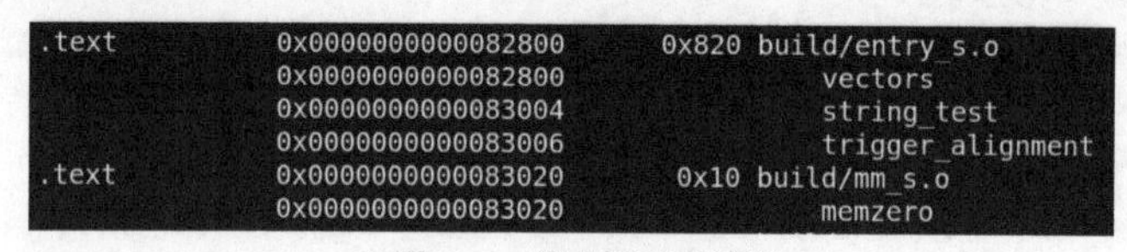
```
.text          0x0000000000082800      0x820 build/entry_s.o
               0x0000000000082800                vectors
               0x0000000000083004                string_test
               0x0000000000083006                trigger_alignment
.text          0x0000000000083020       0x10 build/mm_s.o
               0x0000000000083020                memzero
```

▲图 11.7 指令不对齐访问

下面是运行结果。

```
rlk@master:lab01$ make run
qemu-system-aarch64 -machine raspi4 -nographic -kernel benos.bin
Booting at EL2
Booting at EL1
Welcome BenOS!

BenOS image layout:
  .text.boot: 0x00080000 - 0x000800d8 (    216 B)
      .text: 0x000800d8 - 0x000832e0 ( 12808 B)
      .rodata: 0x000832e0 - 0x00083566 (    646 B)
      .data: 0x00083566 - 0x000838c0 (    858 B)
      .bss: 0x00083970 - 0x000a3d80 (132112 B)

Bad mode for Sync Abort handler detected, far:0x0 esr:0x2000000
```

11.7 实验

11.7.1 实验 11-1：切换到 EL1

1. 实验目的

熟悉异常切换的流程。

2. 实验要求

树莓派 4B 从固件跳转到 BenOS 上时处于 EL2 中，请把 BenOS 切换到 EL1 中，并且输出当前 EL 的值，如图 11.8 所示。

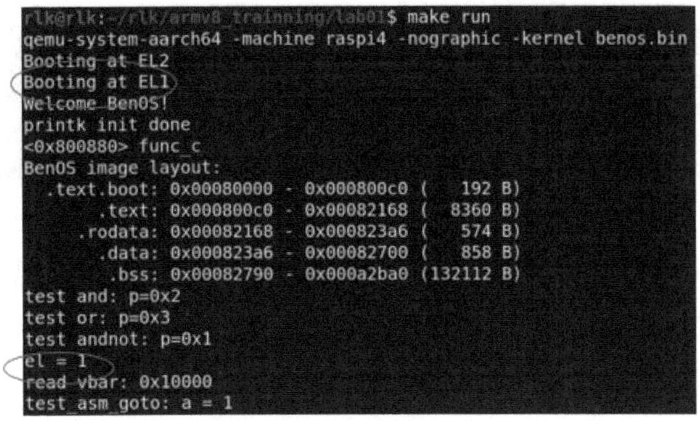

```
rlk@rlk:~/rlk/armv8_trainning/lab01$ make run
qemu-system-aarch64 -machine raspi4 -nographic -kernel benos.bin
Booting at EL2
Booting at EL1
Welcome BenOS!
printk init done
<0x800880> func_c
BenOS image layout:
  .text.boot: 0x00080000 - 0x000800c0 (   192 B)
       .text: 0x000800c0 - 0x00082168 (  8360 B)
     .rodata: 0x00082168 - 0x000823a6 (   574 B)
       .data: 0x000823a6 - 0x00082700 (   858 B)
        .bss: 0x00082790 - 0x000a2ba0 (132112 B)
test and: p=0x2
test or: p=0x3
test andnot: p=0x1
el = 1
read vbar: 0x10000
test_asm_goto: a = 1
```

▲图 11.8 切换 EL

11.7.2 实验 11-2：建立异常向量表

1. 实验目的

熟悉 ARMv8 体系结构的异常向量表。

2. 实验要求

（1）新建一个 entry.S 汇编文件，建立 ARMv8 异常向量表。

（2）制造一个指令不对齐访问的同步异常，在异常中输出异常的类型、出错的地址、ESR 的值。

（3）在 QEMU 虚拟机上运行本实验，运行结果如图 11.9 所示。

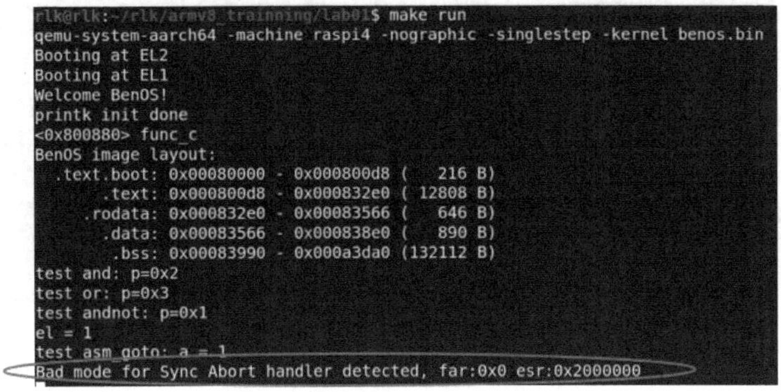

```
rlk@rlk:~/rlk/armv8_trainning/lab01$ make run
qemu-system-aarch64 -machine raspi4 -nographic -singlestep -kernel benos.bin
Booting at EL2
Booting at EL1
Welcome BenOS!
printk init done
<0x800880> func_c
BenOS image layout:
  .text.boot: 0x00080000 - 0x000800d8 (   216 B)
       .text: 0x000800d8 - 0x000832e0 ( 12808 B)
     .rodata: 0x000832e0 - 0x00083566 (   646 B)
       .data: 0x00083566 - 0x000838e0 (   890 B)
        .bss: 0x00083990 - 0x000a3da0 (132112 B)
test and: p=0x2
test or: p=0x3
test andnot: p=0x1
el = 1
test_asm_goto: a = 1
Bad mode for Sync Abort handler detected, far:0x0 esr:0x2000000
```

▲图 11.9 运行结果

11.7.3 实验 11-3：寻找树莓派 4B 上触发异常的指令

1. 实验目的

- 熟悉异常处理流程。
- 提高解决问题的能力。

2. 实验要求

在树莓派 4B 上运行实验 11-2 的代码，对比在 QEMU 虚拟机上运行的日志，发现日志少了很多。运行到“printk init done”就输出一句“Bad mode for Sync Abort …”，之后就死机了，如图 11.10 所示。

```
Starting start4.elf @ 0xfec00200

Booting at EL2
              Booting at EL1
                            Welcome BenOS!
printk init done
Bad mode for Sync Abort handler detected, far:0x8311c esr:0x96000021
```

▲图 11.10　树莓派 4B 死机

请使用 J-link EDU 仿真器来单步调试代码，找出导致死机的指令，以及导致“Bad mode for Sync Abort …”的指令。

11.7.4　实验 11-4：解析数据异常的信息

1. 实验目的

熟悉与异常处理相关的寄存器，例如 ESR 等。

2. 实验要求

在实验 11-3 的基础上解析 ESR 的相关信息，如图 11.11 所示。

```
Starting start4.elf @ 0xfec00200

Booting at EL2
              Booting at EL1
                            Welcome BenOS!
printk init done
<0x800880> func_c
BenOS image layout:
  .text.boot: 0x00080000 - 0x000800d8 (   216 B)
       .text: 0x000800d8 - 0x00083ad8 ( 14848 B)
     .rodata: 0x00083ad8 - 0x000842fe (  2086 B)
       .data: 0x000842fe - 0x000846d0 (   978 B)
        .bss: 0x00084b30 - 0x000a4f40 (132112 B)
test and: p=0x2
test or: p=0x3
test andnot: p=0x1
el = 1
test_asm_goto: a = 1
Bad mode for Sync Abort handler detected, far:0x80002 esr:0x96000061 - DABT (current EL)
ESR info:
  ESR = 0x96000061
  Exception class = DABT (current EL), IL = 32 bits
  Data abort:
  SET = 0, FnV = 0
  EA = 0, S1PTW = 0
  CM = 0, WnR = 1
  DFSC = Alignment fault
```

▲图 11.11　解析 ESR 的相关信息

第12章　中断处理

本章思考题

1. 请简述中断处理的一般过程。
2. 在树莓派4B的传统中断控制器里，如何查询一个中断的中断状态？
3. 什么是中断现场？对于ARM64处理器来说，中断现场应该保存哪些内容？
4. 中断现场保存到什么地方？

本章主要介绍ARM64处理器里与中断处理相关的知识。

12.1 中断处理背景知识

在ARM体系结构里，中断是属于异步异常的一种，其处理过程与异常处理很类似。

12.1.1 中断引脚

ARM64处理器有两个与中断相关的引脚——nIRQ和nFIQ（如表12.1所示）。这两个引脚直接连接到ARM64处理器内核上。ARM处理器把中断请求分成普通IRQ（Interrupt Request）和FIQ（Fast Interrupt Request）两种。

表12.1　中断信号线

信　号	类　型	说　明
nIRQ	输入	IRQ信号，每个CPU内核都有一根nIRQ信号线。它是一个低电平有效的信号线。低电平表示要激活这个IRQ；高电平表示不要激活这个IRQ。nIRQ一直保持高电平直到触发IRQ
nFIQ	输入	FIQ信号，每个CPU内核都有一根nFIQ信号线。它是一个低电平有效的信号线。低电平表示要激活这个FIQ；高电平表示不要激活这个FIQ。nFIQ一直保持高电平直到触发FIQ

PSTATE寄存器里面有两位与中断相关，它们相当于CPU内核的中断总开关。

- I：用来屏蔽和打开IRQ。
- F：用来屏蔽和打开FIQ。

12.1.2 中断控制器

随着SoC越来越复杂，需要支持的中断源越来越多，需要支持的中断类型也越来越多，通常ARM64处理器内置了中断控制器，如图12.1所示。例如，树莓派4B上使用的BMC2711芯片内置了传统的中断控制器和GIC-400。

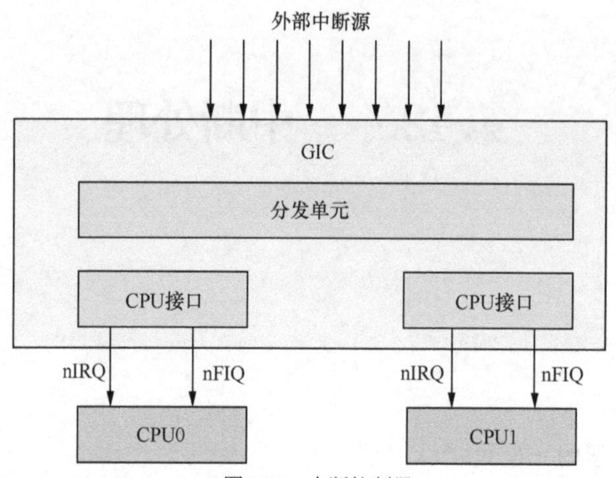

▲图 12.1　中断控制器

12.1.3　中断处理过程

本节以一个例子来说明中断处理的一般过程。如图 12.2 所示，假设有一个正在运行的程序，这个程序可能运行在内核态，也可能运行在用户态，此时，一个外设中断发生了。

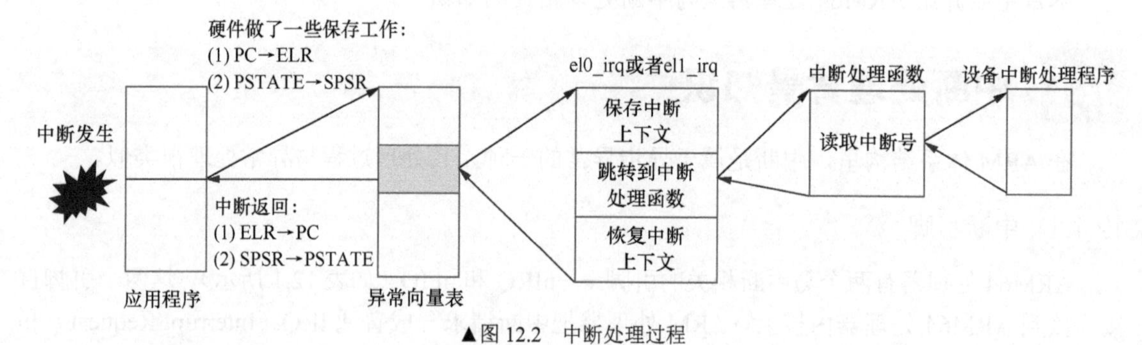

▲图 12.2　中断处理过程

中断处理过程如下。

（1）CPU 面对中断会自动做一些事情，例如，把当前的 PC 值保存到 ELR 中，把 PSTATE 寄存器的值保存到 SPSR 中，然后跳转到异常向量表里面。

（2）在异常向量表里，CPU 会跳转到对应的汇编处理函数。对于 IRQ，若中断发生在内核态，则跳转到 el1_irq 汇编函数；若中断发生在用户态，则跳转到 el0_irq 汇编函数。

（3）在上述汇编函数里保存中断现场。

（4）跳转到中断处理函数。例如，在 GIC 驱动里读取中断号，根据中断号跳转到设备中断处理程序。

（5）在设备中断处理程序里，处理这个中断。

（6）返回 el1_irq 或者 el0_irq 汇编函数，恢复中断上下文。

（7）调用 ERET 指令来完成中断返回。CPU 会把 ELR 的值恢复到 PC 寄存器，把 SPSR 的值恢复到 PSTATE 寄存器。

（8）CPU 继续执行中断现场的下一条指令。

12.2　树莓派 4B 上的传统中断控制器

树莓派 4B 支持两种中断控制器：一种是传统中断控制器（见图 12.3），基于寄存器来管理中断；另一种是 GIC-400。这两个中断控制器是不能同时使用的。树莓派 4B 默认使用 GIC-400。在使用树莓派 4B 调试中断时一定注意中断处理程序是不是基于 GIC-400 的。如果不是，那么有可能永远也等不到中断信号。

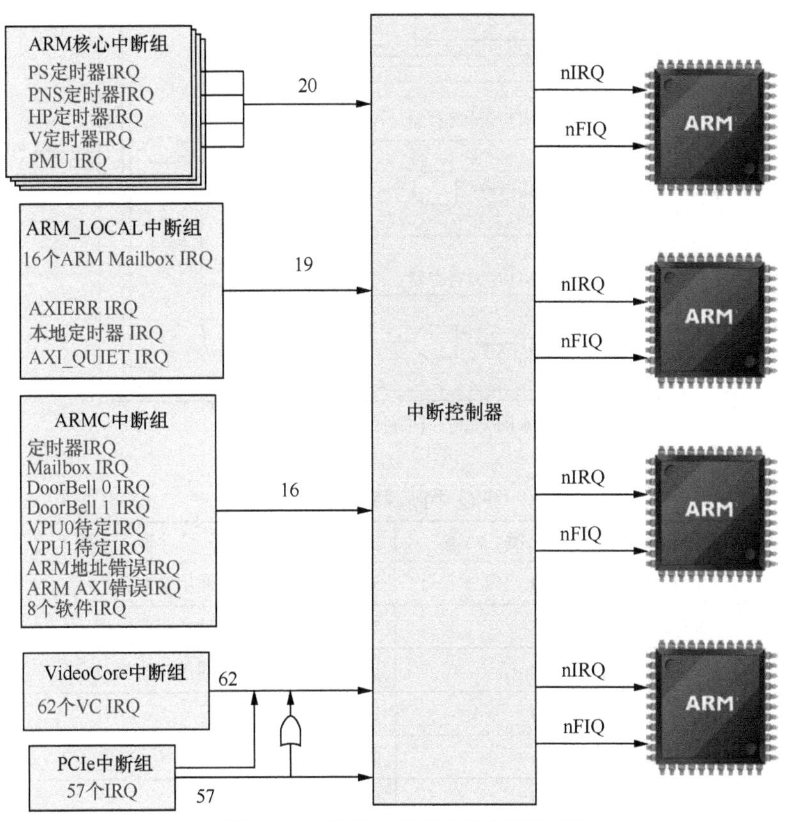

▲图 12.3 树莓派 4B 上的传统中断控制器

树莓派 4B 主要支持以下 5 种中断组。

- ARM 核心中断组。
- ARM_LOCAL 中断组。树莓派 4B 内置了 CPU 和 GPU。这里的中断源指的是只有 CPU 才能访问的中断。
- ARMC 中断组，指的是 CPU 和 GPU 都能访问的中断源。
- VideoCore 中断组，指的是 GPU 触发的中断。
- PCIe 中断组。

传统中断控制器通常通过寄存器路由和管理中断源。为了管理数量众多的中断源，通常通过串联的方式管理中断状态寄存器。如图 12.4 所示，树莓派 4B 把 ARM_LOCAL 中断组的中断状态寄存器与 ARMC 中断组的状态寄存器串联起来。

如图 12.4 所示，树莓派 4B 上一共有 3 个中断待定（pending）状态寄存器和一个中断源寄存器。如果中断源寄存器（FIQ/IRQ_SOURCE*n*）的 Bit[8]被置位了，那么需要读 PENDING2 寄存器。如果 PENDING2 寄存器的 Bit[24]也被置位了，那么需要继续读 PENDING0 寄存器。如果 PENDING2 寄存器的 Bit[25]也被置位了，那么需要读 PENDING1 寄存器。

中断源寄存器一共有 4 个，每个 CPU 内核一个，分别是 IRQ_SOURCE0、IRQ_SOURCE1、IRQ_SOURCE2、IRQ_SOURCE3。另外，中断源寄存器还分成 IRQ 中断源寄存器以及 FIQ 中断源寄存器。IRQ 中断源寄存器如表 12.2 所示。

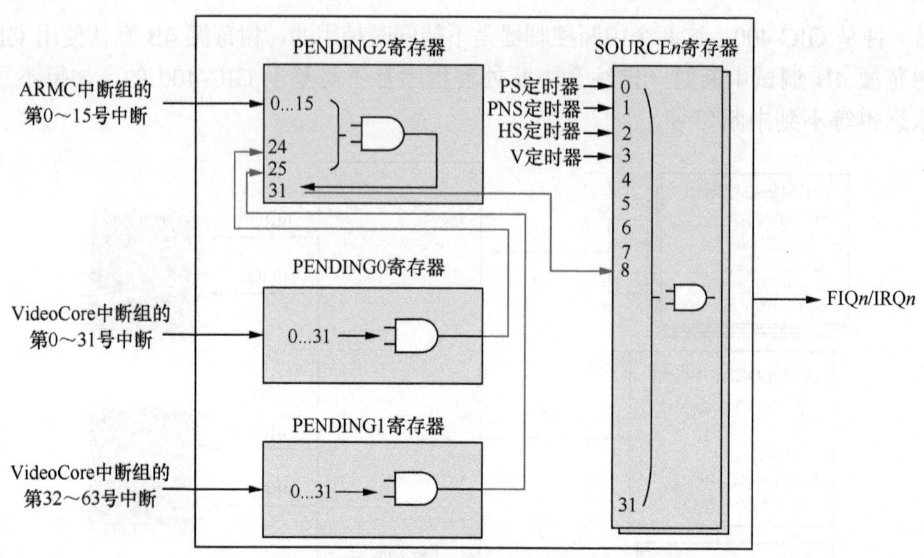

▲图 12.4　中断状态寄存器路由

表 12.2　IRQ 中断源寄存器

位	名　称	类　型	说　明
Bit[0]	CNT_PS_IRQ	RO	安全世界里的物理通用定时器
Bit[1]	CNT_PNS_IRQ	RO	非安全世界里的物理通用定时器
Bit[2]	CNT_HP_IRQ	RO	虚拟环境下的物理通用定时器
Bit[3]	CNT_V_IRQ	RO	虚拟通用定时器
Bit[7:4]	MAILBOX_IRQ	RO	邮箱中断
Bit[8]	CORE_IRQ	RO	VideoCore 中断请求
Bit[9]	PMU_IRQ	RO	PMU 中断
Bit[10]	AXI_QUIET	RO	AXI 完成请求，仅限于 CPU0
Bit[11]	TIMER_IRQ	RO	本地定时器
Bit[29:12]	保留	—	—
Bit[30]	AXI_IRQ	RO	AXI 总线错误
Bit[31]	保留	—	—

中断待定寄存器一共有 3 类。

- ❑ 中断待定寄存器 0（IRQ0_PENDING0），如表 12.3 所示。
- ❑ 中断待定寄存器 1（IRQ0_PENDING1），如表 12.4 所示。
- ❑ 中断待定寄存器 2（IRQ0_PENDING2），如表 12.5 所示。

表 12.3　中断待定寄存器 0

位	名　称	类　型	说　明
Bit[31:00]	VC_IRQ_31_0	RO	分别对应 VideoCore 中断组中的第 0～31 号中断

表 12.4　中断待定寄存器 1

位	名　称	类　型	说　明
Bit[31:00]	VC_IRQ_63_32	RO	分别对应 VideoCore 中断组中的第 32～63 号中断

表 12.5 中断待定寄存器 2

位	名　称	类　型	说　明
Bit[0]	TIMER_IRQ	RO	定时器中断
Bit[1]	MAILBOX_IRQ0	RO	0 号邮箱中断
Bit[2]	BELL_IRQ0	RO	0 号 DoorBell 中断
Bit[3]	BELL_IRQ1	RO	1 号 DoorBell 中断
Bit[4]	VPU_C0_C1_HALT	RO	GPU 内核 0 进入调试模式而暂停
Bit[5]	VPU_C1_HALT	RO	GPU 内核 1 进入调试模式而暂停
Bit[6]	ARM_ADDR_ERROR	RO	ARM 侧的地址发生错误
Bit[7]	ARM_AXI_ERROR	RO	ARM 侧的 AXI 总线发生错误
Bit[15:8]	SW_TRIG_INT	RO	触发软中断
Bit[23:16]	保留	—	—
Bit[24]	INT31_0	RO	说明中断待定寄存器 0 里有中断源触发了中断
Bit[25]	INT63_32	RO	说明中断待定寄存器 1 里有中断源触发了中断
Bit[30:26]	保留	—	—
Bit[31]	IRQ	RO	ARM 侧触发了中断

每个 CPU 内核分别有一组中断待定寄存器。以 CPU0 为例，中断待定寄存器分别是 IRQ0_PENDING0、IRQ0_PENDING1 以及 IRQ0_PENDING2。

12.3 ARM 内核上的通用定时器

Cortex-A72 内核内置了 4 个通用定时器。

- PS 定时器：EL1 里的物理通用定时器（安全模式），其中断源为 CNT_PS_IRQ。
- PNS 定时器：EL1 里的物理通用定时器（非安全模式），其中断源为 CNT_PNS_IRQ。
- HP 定时器：EL2 虚拟环境下的物理通用定时器，对应中断源为 CNT_HP_IRQ。
- V 定时器：EL1 里的虚拟定时器，其中断源为 CNT_V_IRQ。

这 4 个通用定时器的中断设置在 ARM_LOCAL 中断组的以下寄存器里完成。

- IRQ_SOURCE*n*：IRQ 的源状态寄存器，*n* 可以取 0～3 的整数，每个 CPU 内核有一个。
- FIQ_SOURCE*n*：FIQ 的源状态寄存器，*n* 可以取 0～3 的整数，每个 CPU 内核有一个。
- TIMER_CNTRL*n*：定时器中断控制器寄存器，*n* 可以取 0～3 的整数，每个 CPU 内核有一个。

我们接下来以 PNS 定时器（CNT_PNS_IRQ）中断源为例来说明中断处理过程。这个通用定时器的相关描述参见《ARMv8 体系结构手册》，与之相关的寄存器有两个。

1. CNTP_CTL_EL0 寄存器。

CNTP_CTL_EL0 寄存器的描述如图 12.5 所示。

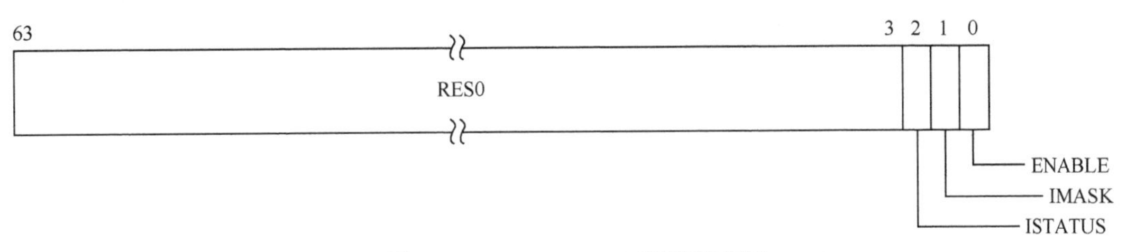

▲图 12.5　CNTP_CTL_EL0 寄存器的描述

其中，部分字段的含义如下。

- ENABLE 字段：打开和关闭定时器。
- IMASK 字段：中断掩码。
- ISTATUS 字段：中断状态位。

2. CNTP_TVAL_EL0 寄存器

CNTP_TVAL_EL0 寄存器的描述如图 12.6 所示。

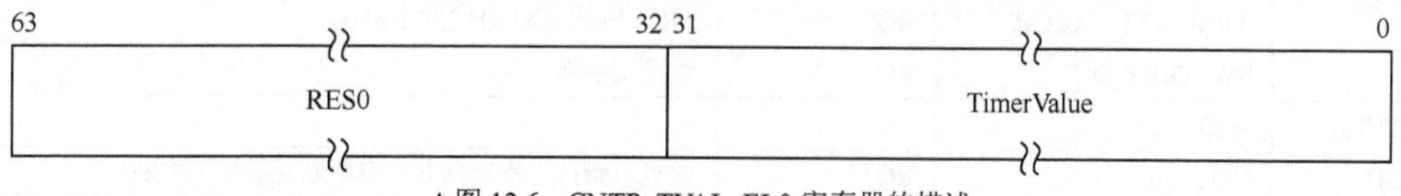

▲图 12.6 CNTP_TVAL_EL0 寄存器的描述

TimerValue 表示定时器的初始值。定时器最简单的使用方式就是使用 TimerValue，给定时器赋一个初始值，让它递减。当递减到 0 时触发中断，在中断处理程序里重新给定时器赋值。

3. TIMER_CNTRL*x* 寄存器

TIMER_CNTRL*x* 寄存器是树莓派 4B 上关于 Cortex-A72 内核的通用定时器的控制寄存器，如表 12.6 所示。每个 CPU 内核有一个 TIMER_CNTRL*x* 寄存器。

表 12.6 TIMER_CNTRL*x* 寄存器

位	名称	类型	说明
Bit[0]	CNT_PS_IRQ	RW	如果设置为 1，那么 Cortex-A72 处理器内核的 PS 定时器的中断将会路由到树莓派 4B 的 IRQ
Bit[1]	CNT_PNS_IRQ	RW	如果设置为 1，那么 Cortex-A72 处理器内核的 PNS 定时器的中断将会路由到树莓派 4B 的 IRQ
Bit[2]	CNT_HP_IRQ	RW	如果设置为 1，那么 Cortex-A72 处理器内核的 HP 定时器的中断将会路由到树莓派 4B 的 IRQ
Bit[3]	CNT_V_IRQ	RW	如果设置为 1，那么 Cortex-A72 处理器内核的虚拟定时器的中断将会路由到树莓派 4B 的 IRQ

使用定时器的流程如下。

（1）初始化定时器。

① 设置 CNTP_CTL_EL0 寄存器的 ENABLE 字段为 1。

② 给定时器赋一个初始值，设置 CNTP_TVAL_EL0 寄存器的 TimerValue 字段。

③ 使能中断。设置树莓派 4B 上 TIMER_CNTRL0 中的 CNT_PNS_IRQ 字段为 1。

④ 打开 PSTATE 寄存器中的 IRQ 总开关。

（2）处理定时器中断。

① 触发定时器中断。

② 跳转到 el1_irq 汇编函数。

③ 保存中断上下文（使用 kernel_entry 宏）。

④ 跳转到中断处理函数。

⑤ 读取 ARM_LOCAL 中断状态寄存器中 IRQ_SOURCE0 的值。
⑥ 判断是否为 CNT_PNS_IRQ 中断源触发的中断。
⑦ 如果是，重新设置 TimerValue。
⑧ 返回 el1_irq 汇编函数。
⑨ 恢复中断上下文。
⑩ 返回中断现场。

12.4 中断现场

在中断发生时需要保存发生中断前的现场，以免在中断处理过程中被破坏了。以 ARM64 处理器为例，我们需要在栈空间里保存如下内容：

- PSTATE 寄存器的值；
- PC 值；
- SP 值；
- X0～X30 寄存器的值。

中断也是异常的一种，因此保存和恢复中断现场的方法与保存和恢复异常现场的方法是一样的。

为了方便编程，我们可以使用一个栈框数据结构（结构体 pt_regs，如图 12.7 所示）来描述需要保存的中断现场。

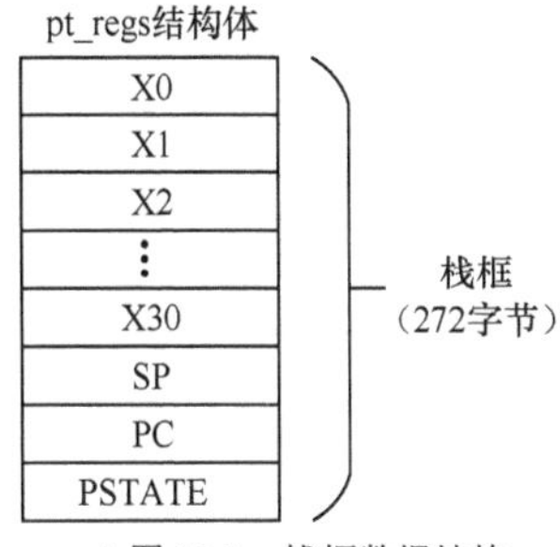

▲图 12.7　栈框数据结构

12.4.1　保存中断现场

中断发生时，我们需要把中断现场保存到当前进程的内核栈里，如图 12.8 所示。

- 栈框里的 PSTATE 保存发生中断时 SPSR_EL1 的内容。
- 栈框里的 PC 保存 ELR_EL1 的内容。
- 栈框里的 SP 保存栈顶的位置。
- 栈框里的 regs[30]保存 LR 的值。
- 栈框里的 regs[0]～regs[29]分别保存 X0～X29 寄存器的值。

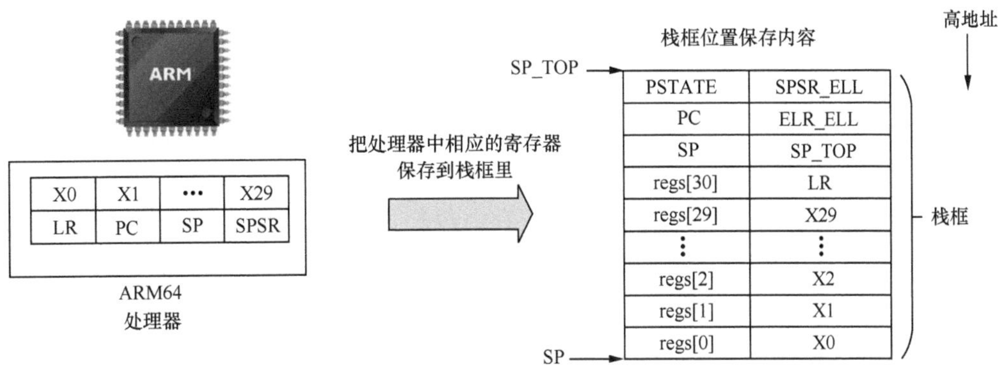

▲图 12.8　保存中断现场

12.4.2　恢复中断现场

中断返回时，从进程内核栈恢复中断现场到 CPU，如图 12.9 所示。

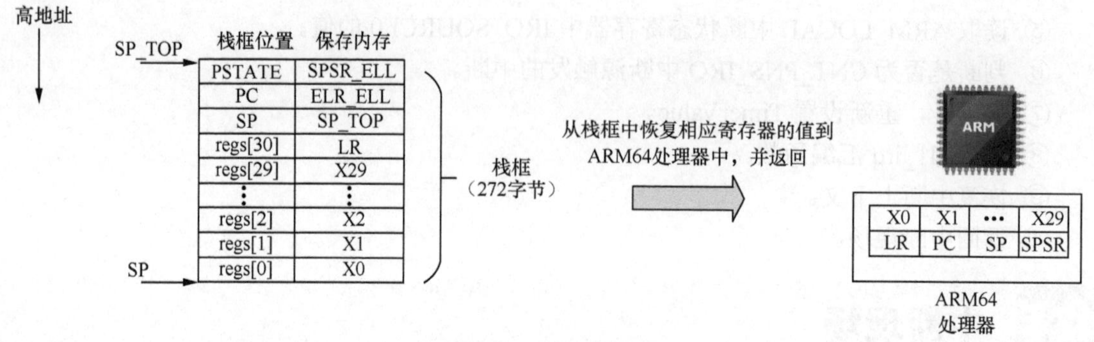

▲图 12.9 恢复中断现场

12.5 案例分析：在树莓派 4B 上实现一个定时器

12.3 节介绍了 Cortex-A72 处理器内置的通用定时器的相关信息。本节分析一下在 BenOS 里实现一个通用定时器需要做哪些工作。

12.5.1 中断现场的保存

首先，完善中断现场的保存和恢复功能。我们使用 pt_regs 数据结构来构建一个内核栈框，用来保存中断现场。

```
/*
 * pt_regs 栈框，用来保存中断现场或者异常现场
 *
 * pt_regs 栈框通常位于进程的内核栈的顶部
 * 而 sp 的栈顶通常紧挨着 pt_regs 栈框，在 pt_regs 栈框下方
 */
struct pt_regs {
	unsigned long regs[31];
	unsigned long sp;
	unsigned long pc;
	unsigned long pstate;
};
```

pt_regs 栈框位于进程内核栈的顶部，它保存的内容如下：

- ❑ X0～X30 寄存器的值；
- ❑ SP 寄存器的值；
- ❑ PC 寄存器的值；
- ❑ PSTATE 寄存器的值。

pt_regs 栈框的大小为 272 字节。我们在保存中断上下文时，按照从栈顶到栈底的方向依次保存数据。为了方便编程，我们使用 S_X0 表示栈框的 regs[0]在栈顶的偏移量，如图 12.10 所示。

```
#define S_FRAME_SIZE 272 /* sizeof(struct pt_regs)  */
#define S_X0 0 /* offsetof(struct pt_regs, regs[0]) */
#define S_X1 8 /* offsetof(struct pt_regs, regs[1]) */
#define S_X2 16 /* offsetof(struct pt_regs, regs[2])   */
#define S_X3 24 /* offsetof(struct pt_regs, regs[3])   */
#define S_X4 32 /* offsetof(struct pt_regs, regs[4])   */
#define S_X5 40 /* offsetof(struct pt_regs, regs[5])   */
```

```
#define S_X6 48 /* offsetof(struct pt_regs, regs[6])    */
#define S_X7 56 /* offsetof(struct pt_regs, regs[7])    */
#define S_X8 64 /* offsetof(struct pt_regs, regs[8])    */
#define S_X10 80 /* offsetof(struct pt_regs, regs[10]) */
#define S_X12 96 /* offsetof(struct pt_regs, regs[12]) */
#define S_X14 112 /* offsetof(struct pt_regs, regs[14])*/
#define S_X16 128 /* offsetof(struct pt_regs, regs[16])*/
#define S_X18 144 /* offsetof(struct pt_regs, regs[18])*/
#define S_X20 160 /* offsetof(struct pt_regs, regs[20])*/
#define S_X22 176 /* offsetof(struct pt_regs, regs[22])*/
#define S_X24 192 /* offsetof(struct pt_regs, regs[24])*/
#define S_X26 208 /* offsetof(struct pt_regs, regs[26])*/
#define S_X28 224 /* offsetof(struct pt_regs, regs[28])*/
#define S_FP 232 /* offsetof(struct pt_regs, regs[29]) */
#define S_LR 240 /* offsetof(struct pt_regs, regs[30]) */
#define S_SP 248 /* offsetof(struct pt_regs, sp)   */
#define S_PC 256 /* offsetof(struct pt_regs, pc)   */
#define S_PSTATE 264 /* offsetof(struct pt_regs, pstate) */
```

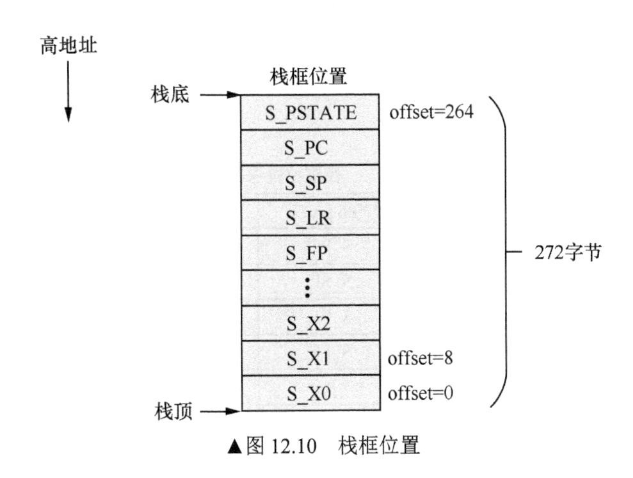

▲图 12.10　栈框位置

下面使用 kernel_entry 宏来保存中断现场。

```
1     .macro kernel_entry
2     sub sp, sp, #S_FRAME_SIZE
3
4     /*
5       保存通用寄存器 x0~x29 到栈框里 pt_regs->x0~x29
6      */
7     stp x0, x1, [sp, #16 *0]
8     stp x2, x3, [sp, #16 *1]
9     stp x4, x5, [sp, #16 *2]
10    stp x6, x7, [sp, #16 *3]
11    stp x8, x9, [sp, #16 *4]
12    stp x10, x11, [sp, #16 *5]
13    stp x12, x13, [sp, #16 *6]
14    stp x14, x15, [sp, #16 *7]
15    stp x16, x17, [sp, #16 *8]
16    stp x18, x19, [sp, #16 *9]
17    stp x20, x21, [sp, #16 *10]
18    stp x22, x23, [sp, #16 *11]
19    stp x24, x25, [sp, #16 *12]
20    stp x26, x27, [sp, #16 *13]
21    stp x28, x29, [sp, #16 *14]
```

```
22
23    /* x21: 栈顶的位置*/
24    add     x21, sp, #S_FRAME_SIZE
25
26    mrs     x22, elr_el1
27    mrs     x23, spsr_el1
28
29    /* 把 lr 保存到 pt_regs->lr 中, 把 sp 保存到 pt_regs->sp 中*/
30    stp     lr, x21, [sp, #S_LR]
31    /* 把 elr_el1 保存到 pt_regs->pc 中, 把 spsr_el1 保存到 pt_regs->pstate 中*/
32    stp     x22, x23, [sp, #S_PC]
33    .endm
```

在第 1 行中，使用“.macro”伪指令声明一个汇编宏。第 33 行的“.endm”表示汇编宏的结束。

在第 2 行中，使用 SUB 指令在进程的内核栈中开辟一段空间，用于保存 pt_regs 栈框，此时 SP 寄存器指向栈框的底部，即栈的顶部。

在第 7～21 行中，保存 X0～X29 寄存器的值到栈框里。其中，X0 寄存器中的值保存在栈框的最底部，以此类推，如图 12.11 所示。

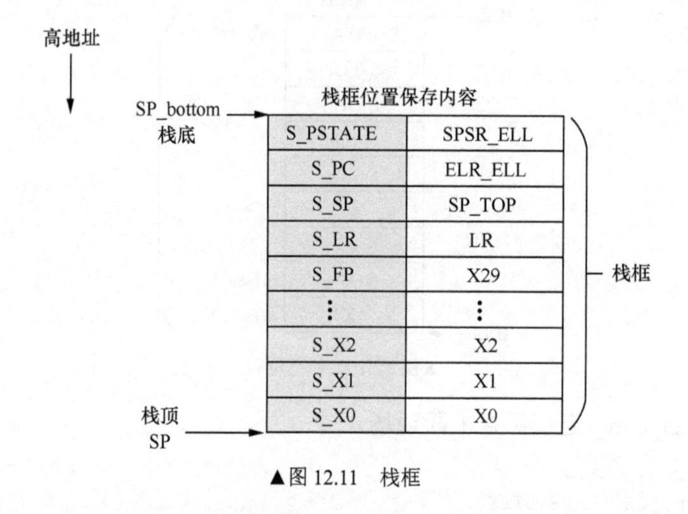

▲图 12.11　栈框

在第 24 行中，X21 寄存器中的值表示栈底的位置。

在第 26～27 行中，读取 ELR_EL1 的值到 X22 寄存器中，读取 SPSR_EL1 的值到 X23 寄存器中。

在第 30 行中，把 LR 的值保存到栈框的 S_LR 中，把栈底保存到栈框的 S_SP 中。

在第 32 行中，把 ELR_EL1 保存到栈框的 S_PC 中，把 SPSR_EL1 保存到栈框的 S_PSTATE 中。

下面使用 kernel_exit 宏来恢复中断现场。

```
1     .macro kernel_exit
2     /* 从 pt_regs->pc 中恢复 elr_el1,
3        从 pt_regs->pstate 中恢复 spsr_el1
4        */
5     ldp     x21, x22, [sp, #S_PC]
6
7     msr     elr_el1, x21
8     msr     spsr_el1, x22
9     ldp     x0, x1, [sp, #16 * 0]
10    ldp     x2, x3, [sp, #16 * 1]
11    ldp     x4, x5, [sp, #16 * 2]
```

```
12    ldp     x6, x7, [sp, #16 * 3]
13    ldp     x8, x9, [sp, #16 * 4]
14    ldp     x10, x11, [sp, #16 * 5]
15    ldp     x12, x13, [sp, #16 * 6]
16    ldp     x14, x15, [sp, #16 * 7]
17    ldp     x16, x17, [sp, #16 * 8]
18    ldp     x18, x19, [sp, #16 * 9]
19    ldp     x20, x21, [sp, #16 * 10]
20    ldp     x22, x23, [sp, #16 * 11]
21    ldp     x24, x25, [sp, #16 * 12]
22    ldp     x26, x27, [sp, #16 * 13]
23    ldp     x28, x29, [sp, #16 * 14]
24
25
26    /* 从pt_regs->lr中恢复lr*/
27    ldr     lr, [sp, #S_LR]
28    add     sp, sp, #S_FRAME_SIZE
29    eret
30    .endm
```

恢复中断现场的顺序正好和保存中断现场的相反，前者从栈底开始依次恢复数据。

在第 5～8 行中，依次从栈框的 S_PC 中恢复 ELR_EL1，从栈框的 S_PSTATE 中恢复 SPSR_EL1 的内容。

在第 9～23 行中，依次从栈框的 S_X0 到 S_FP 中恢复 X0~X29 寄存器的值。

在第 27 行中，从栈框的 S_LR 中恢复 LR 的内容。

在第 28 行中，把 SP 设置到栈框的栈底，这样这个栈就回收了。

在第 29 行中，调用 ERET 从异常中恢复异常现场。

12.5.2 修改异常向量表

为了让 BenOS 能响应 IRQ，我们需要在第 11 章的基础上修改异常向量表，当发生在 EL1 的中断触发时，使 BenOS 跳转到正确的异常向量表项中。修改异常向量表的代码如下。

```
.align 11
.global vectors
vectors:
     …
     /* EL1h模式下的异常向量
        当前系统运行在EL1并且使用SP_ELx作为栈指针，
        这说明系统在内核态发生了异常，
        我们暂时只响应IRQ
      */
     vtentry el1_sync_invalid
     vtentry el1_irq
     vtentry el1_fiq_invalid
     vtentry el1_error_invalid
  …
```

在 EL1h 模式下的异常向量表项中，把 el1_irq_invalid 函数修改成 el1_irq 函数。el1_irq 函数的实现如下。

```
     el1_irq:
         kernel_entry
         bl irq_handle
         kernel_exit
```

el1_irq 函数的实现很简单。首先调用 kernel_entry 宏来保存中断现场，然后跳转到中断处理函数 irq_handle 中。中断处理完成之后，调用 kernel_exit 宏返回中断现场。

12.5.3　通用定时器初始化

我们采用 Cortex-A72 处理器内部的 PNS 通用定时器和 TimerValue 初始化定时器。

```
void timer_init(void)
{
     generic_timer_init();
     generic_timer_reset(val);

     enable_timer_interrupt();
}
```

其中，generic_timer_init()函数是用来初始化定时器的，其代码如下。

```
static int generic_timer_init(void)
{
     asm volatile(
         "mov x0, #1\n"
         "msr cntp_ctl_el0, x0"
         :
         :
         : "memory");

     return 0;
}
```

这里设置 CNTP_CTL_EL0 寄存器的 ENABLE 字段为 1，以使能这个定时器。

generic_timer_reset()函数用于给定时器设置一个初始值，即初始化 CNTP_TVAL_EL0 寄存器的 TimerValue，其代码如下。

```
static int generic_timer_reset(unsigned int val)
{
     asm volatile(
         "msr cntp_tval_el0, %x[timer_val]"
         :
         : [timer_val] "r" (val)
         : "memory");

     return 0;
}
```

这里把定时器的初始值设置到 CNTP_TVAL_EL0 寄存器里。

enable_timer_interrupt()函数用使能 CNT_PNS_IRQ 中断源，其中 TIMER_CNTRL0 是树莓派 4B 上用来控制 Cortex-A72 内核上通用定时器的寄存器。

```
static void enable_timer_interrupt(void)
{
     writel(CNT_PNS_IRQ, TIMER_CNTRL0);
}
```

12.5.4　IRQ 处理

当中断触发后，CPU 自动跳转到相应的异常向量表项中。在 el1_irq 汇编函数里，首先需要保存中断现场，然后跳转到中断处理函数 irq_handle()里。在本案例中，irq_handle()只需要处理 PNS 中断即可，代码如下。

```
void irq_handle(void)
{
    unsigned int irq = readl(ARM_LOCAL_IRQ_SOURCE0);

    switch (irq) {
    case (CNT_PNS_IRQ):
        handle_timer_irq();
        break;
    default:
        printk("Unknown pending irq: %x\r\n", irq);
    }
}
```

首先读取 IRQ_SOURCE0 寄存器，然后判断中断是否是 PNS 定时器中断源触发的。如果是，跳转到 handle_timer_irq()函数里继续处理；否则，输出"Unknown pending irq"。

```
void handle_timer_irq(void)
{
    generic_timer_reset(val);
    printk("Core0 Timer interrupt received\r\n");
}
```

handle_timer_irq()函数只调用 generic_timer_reset()函数来重新给定时器设置初始值，然后输出"Core0 Timer interrupt received"。

中断处理完成之后，返回 el1_irq 汇编函数，调用 kernel_exit 宏来恢复中断现场，最后调用 ERET 指令返回中断现场。

12.5.5　打开本地中断

除打开 PNS 定时器的中断源之外，还需要打开处理器的本地中断，也就是打开 PSTATE 的 I 字段，I 字段是本地处理器中 IRQ 的总开关。具体代码如下。

```
static inline void arch_local_irq_enable(void)
{
    asm volatile(
        "msrdaifclr, #2"
        :
        :
        : "memory");
}

static inline void arch_local_irq_disable(void)
{
    asm volatile(
        "msrdaifset, #2"
        :
        :
        : "memory");
}
```

上面两个函数使用 MSR 指令以及 DAIF 寄存器来控制本地处理器中 IRQ 的总开关。

然后，我们需要在 kernel_main()函数里调用 timer_init()和 raw_local_irq_enable()。

```
void kernel_main(void)
{
	...

	timer_init();
	raw_local_irq_enable();

	while (1) {
		uart_send(uart_recv());
	}
}
```

下面是这个案例的运行结果。

```
rlk@master:lab01$ make run
qemu-system-aarch64 -machine raspi4 -nographic -kernel benos.bin
Booting at EL2
Booting at EL1
Welcome BenOS!
  .text.boot: 0x00080000 - 0x000800d8 (   216 B)
       .text: 0x000800d8 - 0x00083c30 ( 15192 B)
     .rodata: 0x00083c30 - 0x000844a6 (  2166 B)
       .data: 0x000844a6 - 0x00084918 (  1138 B)
        .bss: 0x00084d78 - 0x000a5188 (132112 B)
Core0 Timer interrupt received
Core0 Timer interrupt received
Core0 Timer interrupt received
Core0 Timer interrupt received
…
```

12.6　实验

12.6.1　实验 12-1：在树莓派 4B 上实现通用定时器中断

1. 实验目的

熟悉 ARM64 处理器的中断流程。

2. 实验要求

（1）在树莓派 4B 上实现通用定时器中断处理（采用 CNT_PNS_IRQ EL1 中断源），在中断处理函数里输出“Core0 Timer interrupt received”，如图 12.12 所示。本实验采用树莓派 4B 的传统中断控制器。在 QEMU 虚拟机上调试和运行。

（2）在汇编函数里实现保存中断现场的 kernel_entry 宏以及恢复中断现场的 kernel_exit 宏。读者可以参考 Linux 内核中的实现。

（3）在树莓派 4B 上运行程序，发现没有触发中断，这是为什么？

```
rlk@rlk:~/rlk/armv8_trainning/lab01$ make run
qemu-system-aarch64 -machine raspi4 -nographic -kernel benos.bin
Booting at EL2
Booting at EL1
Welcome BenOS!
printk init done
<0x800880> func_c
BenOS image layout:
  .text.boot: 0x00080000 - 0x000800d8 (   216 B)
       .text: 0x000800d8 - 0x00083c30 ( 15192 B)
     .rodata: 0x00083c30 - 0x000844a6 (  2166 B)
       .data: 0x000844a6 - 0x00084938 (  1170 B)
        .bss: 0x00084d98 - 0x000a51a8 (132112 B)
test and: p=0x2
test or: p=0x3
test andnot: p=0x1
el = 1
test_asm_goto: a = 1
done
Core0 Timer interrupt received
Core0 Timer interrupt received
Core0 Timer interrupt received
Core0 Timer interrupt received
Core0 Timer interrupt received
Core0 Timer interrupt received
Core0 Timer interrupt received
Core0 Timer interrupt received
Core0 Timer interrupt received
```

▲图 12.12　定时器中断

12.6.2 实验 12-2：使用汇编函数保存和恢复中断现场

1. 实验目的

熟悉如何保存和恢复中断现场。

2. 实验要求

（1）在实验 12-1 的基础上，把 kernel_entry 和 kernel_exit 两个宏修改成使用汇编函数实现。修改成汇编函数的实现方式需要注意什么地方?

（2）请使用 QEMU+GDB 或者 Eclipse 来单步调试中断处理流程，重点观察保存中断现场和恢复中断现场的寄存器的变化以及栈的变化情况。

第13章 GIC-V2

本章思考题

1. GIC-V2 里的 SGI、PPI 和 SPI 中断有什么区别？
2. GIC-V2 的中断号是如何分配的？
3. GIC-V2 中的 SPI 外设中断在多个 CPU 里是如何路由的？
4. 在树莓派 4B 中，以 Cortex-A72 内核内部的通用定时器为例，请描述通用定时器触发中断之后响应中断的大致流程。

本章主要介绍与 GIC-V2 中断处理相关的内容。

13.1 GIC 发展历史

在早期 ARM 系统（例如 ARM7 和 ARM9）中，采用单核处理器设计，系统支持的中断源比较少并且是单核处理器系统，使用简单的寄存器表示每个中断源的使能、关闭以及状态。假设系统一共有 64 个中断源，每个寄存器一共有 32 位，每位描述一个中断源，那么只需要两个中断使能寄存器（Interrupt Enable Register，IER）。同理，中断状态寄存器（Interrupt Status Register，ISR）也只需要两个寄存器就够了。树莓派 4B 上传统中断控制器也采用了类似的实现，只不过树莓派 4B 上的中断源比较多，采用多级串联的方式来实现。

在现在越来越复杂的 SoC 中，中断管理变得越来越困难，原因主要有以下几个方面：

- 中断源变得越来越多，有的系统中断源有几百个，甚至上千个。
- 中断类型也越来越多，比如普通的外设中断、软件触发的中断、CPU 内核间的中断，还有类似于 PCIe 上基于消息传递的中断等。
- 需要考虑虚拟化的支持。

出于上面几个原因，ARM 公司开发了 GIC，专门用来管理中断。目前最新版本是 V4，典型的 IP 是 GIC-700。GIC 的发展史如表 13.1 所示。其中，GIC-V1 指的是协议或者规范的版本，而 GIC-390 指的是具体中断控制器 IP 的型号。ARM 公司先要制定出规范，然后再设计和实现 IP。

表 13.1 GIC 的发展史

版本	GIC-V1	GIC-V2	GIC-V3	GIC-V4
新增功能	❑ 支持 8 核， ❑ 支持多达 1020 个中断源， ❑ 支持用 8 位二进制数表示的优先级， ❑ 支持软件触发中断， ❑ 支持 TrustZone	❑ 支持虚拟化 ❑ 改进对安全软件的支持	❑ 支持的 CPU 核数大于 8 ❑ 支持基于消息的中断 ❑ 支持更多的中断 ID	支持注入虚拟中断
IP 核心	GIC-390	GIC-400	GIC-500、GIC-600	GIC-700
应用场景	Cortex-A9 MPCore	Cortex-A7/A9 MPCore	Cortex-A76 MPCore	

GIC-V1 最多支持 8 个内核，最多支持 1020 个中断源，支持 8 位二进制表示的优先级，支持软件触发的中断，支持 TrustZone 安全特性。

GIC-V2 在 V1 的基础上添加了虚拟化的支持。典型的 IP 核心是 GIC-400，树莓派 4B 使用 GIC-400 控制器。

GIC-V3 主要新增了基于消息传递的中断，类似于 PCIe 中 MSIX 中断。传统的中断源是需要一个引脚的，而基于消息传递中断则不需要，只需要在设备内存里写入寄存器就触发中断，该方案非常合适 PCIe 这类设备，因为 PCIe 上物理引脚有限。另外，GIC-V3 支持 CPU 的内核数量大于 8，适合于服务器处理器。基于 GIC-V3 规范开发的 IP 内核有 GIC-500 和 GIC-600。

13.2 中断状态、中断触发方式和硬件中断号

下面介绍与中断相关的一些背景知识。

每一个中断支持的状态有以下 4 种。

- 不活跃（inactive）状态：中断处于无效状态。
- 等待（pending）状态：中断处于有效状态，但是等待 CPU 响应该中断。
- 活跃（active）状态：CPU 已经响应中断。
- 活跃并等待（active and pending）状态：CPU 正在响应中断，但是该中断源又发送中断过来。

外设中断支持两种中断触发方式。

- 边沿触发（edge-triggered）：当中断源产生一个上升沿或者下降沿时，触发一个中断。
- 电平触发（level-triggered）：当中断信号线产生一个高电平或者低电平时，触发一个中断。

对于 GIC 来说，为每一个硬件中断源分配的中断号就是硬件中断号。GIC 会为支持的中断类型分配中断号范围，如表 13.2 所示。

表 13.2　GIC 分配的中断号范围

中断类型	中断号范围
软件触发中断（SGI）	0～15
私有外设中断（PPI）	16～31
共享外设中断（SPI）	32～1019

读者可以查询每一款 SoC 的硬件设计文档，里面会有详细的硬件中断源的分配图。

13.3 GIC-V2

13.3.1 GIC-V2 概要

ARM Vexpress V2P-CA15_CA7 平台支持 Cortex-A15 和 Cortex-A7 两个 CPU 簇，如图 13.1 所示，中断控制器采用 GIC-400，支持 GIC-V2。GIC-V2 支持如下中断类型。

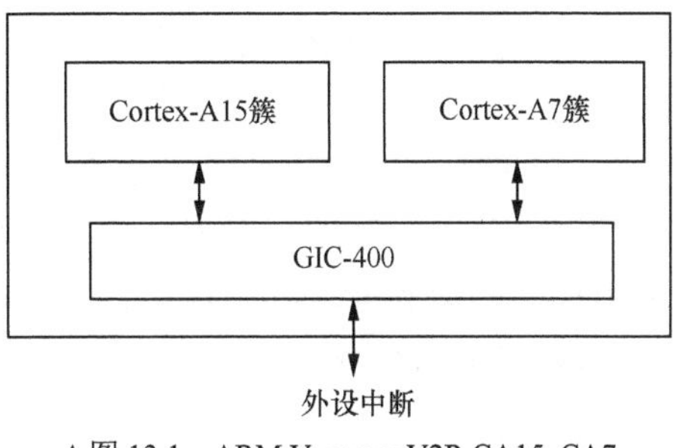

▲图 13.1　ARM Vexpress V2P-CA15_CA7 平台的中断管理

- SGI 通常用于多核之间的通信。GIC-V2 最多支持 16 个 SGI，硬件中断号范围为 0～15。SGI 通常在 Linux 内核中被用作处理器之间的中断（Inter-Processor Interrupt，IPI），并会送

达系统指定的 CPU 上。

- PPI 是每个处理器内核私有的中断。GIC-V2 最多支持 16 个 PPI，硬件中断号范围为 16～31。PPI 通常会送达指定的 CPU 上，应用场景有 CPU 本地定时器（local timer）。
- SPI 是公用的外设中断。GIC-V2 最多可以支持 988 个外设中断，硬件中断号范围为 32～1019[①]。

SGI 和 PPI 是每个 CPU 私有的中断，而 SPI 是所有 CPU 内核共享的。

GIC 主要由分发器（distributor）和 CPU 接口组成。分发器具有仲裁和分发的功能，分发器为每一个中断源维护一个状态机，支持的状态有不活跃状态、等待状态、活跃状态和活跃并等待。

13.3.2　GIC-V2 内部结构

GIC-V2 是由两个硬件单元组成的，一个是分发器，另一个是 CPU 接口（CPU interface），如图 13.2 所示。分发器主要用来做仲裁和分发，CPU 接口是与 CPU 内核连接的模块。分发器只有一个，是共用的，但是每个 CPU 内核有一个 CPU 接口，它们通过 nIRQ 与 nFIQ 这两个引脚和 CPU 内核连接在一起。

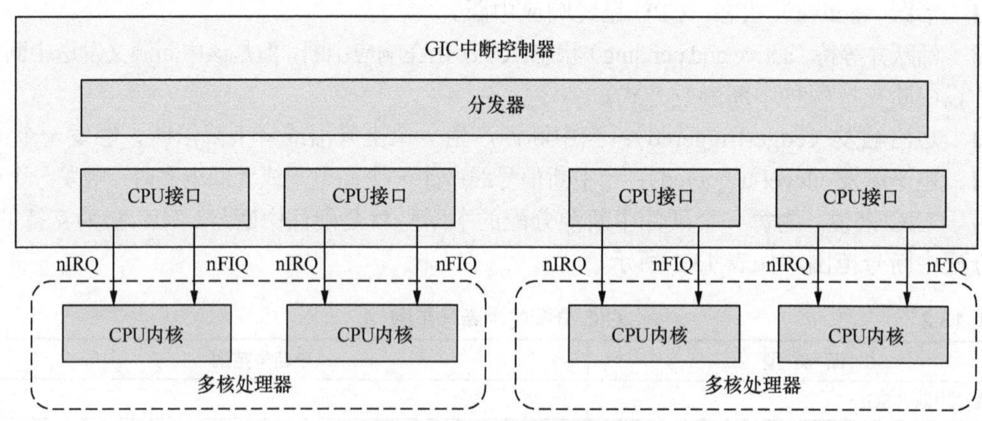

▲图 13.2　GIC-V2 的内部结构

13.3.3　中断流程

GIC 检测中断的流程如下。

（1）当 GIC 检测到一个中断发生时，会将该中断标记为等待状态。

（2）对于处于等待状态的中断，分发器会确定目标 CPU，将中断请求发送到这个 CPU。

（3）对于每个 CPU，分发器会从众多处于等待状态的中断中选择一个优先级最高的中断，发送到目标 CPU 的 CPU 接口。

（4）CPU 接口会决定这个中断是否可以发送给 CPU。如果该中断的优先级满足要求，GIC 会发送一个中断请求信号给该 CPU。

（5）CPU 进入中断异常，读取 GICC_IAR 来响应该中断（一般由 Linux 内核的中断处理程序来读寄存器）。寄存器会返回硬件中断号（hardware interrupt ID）。对于 SGI 来说，返回源 CPU 的 ID（source processor ID）。当 GIC 感知到软件读取了该寄存器后，根据如下情况处理。

- 如果该中断处于等待状态，那么状态将变成活跃。

① GIC-400 只支持 480 个 SPI。

- 如果该中断又重新产生，那么等待状态将变成活跃并等待状态。
- 如果该中断处于活跃状态，将变成活跃并等待状态。

（6）处理器完成中断服务，发送一个完成信号结束中断（End Of Interrupt，EOI）给 GIC。

GIC 支持中断优先级抢占功能。一个高优先级中断可以抢占一个处于活跃状态的低优先级中断，即 GIC 的分发器会找出并记录当前优先级最高的且处于等待状态的中断，然后抢占当前中断，并且发送这个最高优先级的中断请求给 CPU，CPU 应答了高优先级中断，暂停低优先级中断服务，转而处理高优先级中断，上述内容是从 GIC 角度来分析的[①]。总之，GIC 的分发器总会把等待状态中优先级最高的中断请求发送给 CPU。

图 13.3 所示为 GIC-400 芯片手册中的一个中断时序图，它能够帮助读者理解 GIC 的内部工作原理。

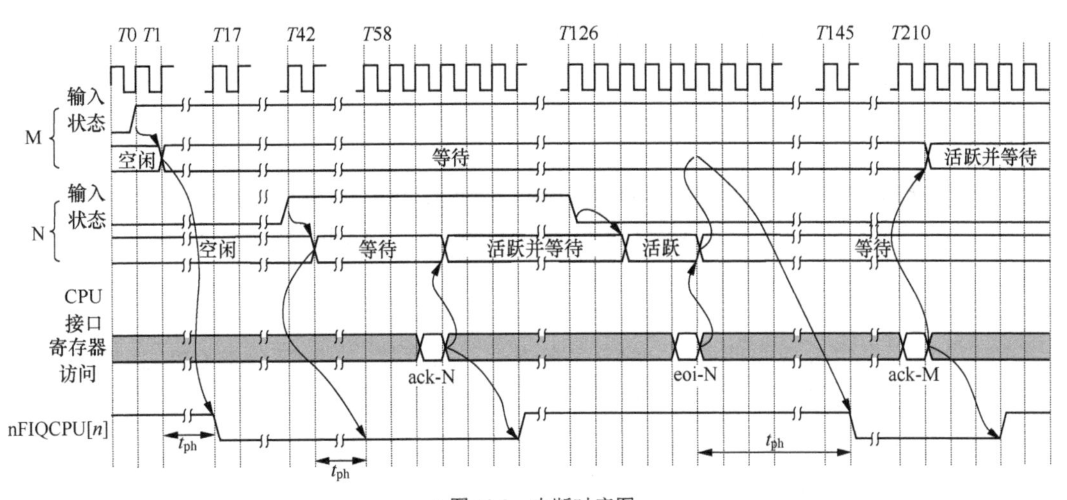

▲图 13.3　中断时序图

假设中断 N 和 M 都是 SPI 类型的外设中断且通过快速中断请求（Fast Interrupt Request，FIR）来处理，高电平触发，N 的优先级比 M 的高，它们的目标 CPU 相同。

*T*1 时刻，GIC 的分发器检测到中断 M 的电平变化。

*T*2 时刻，分发器设置中断 M 的状态为等待。

*T*17 时刻，CPU 接口会拉低 nFIQCPU[*n*]信号。在中断 M 的状态变成等待后，大概在 15 个时钟周期后会拉低 nFIQCPU[*n*]信号来向 CPU 报告中断请求。分发器需要这些时间来计算哪个是等待状态下优先级最高的中断。

*T*42 时刻，分发器检测到另外一个优先级更高的中断 N。

*T*43 时刻，分发器用中断 N 替换中断 M，作为当前等待状态下优先级最高的中断，并设置中断 N 处于等待状态。

*T*58 时刻，经过 t_{ph} 个时钟周期后，CPU 接口拉低 nFIQCPU[*n*]信号来通知 CPU。nFIQCPU[*n*]信号在 *T*17 时已经被拉低。CPU 接口会更新 GICC_IAR 的 ID 字段，该字段的值变成中断 N 的硬件中断号。

*T*61 时刻，CPU（Linux 内核的中断服务程序）读取 GICC_IAR，即软件响应了中断 N。这

① 从 Linux 内核角度来看，如果在低优先级的中断处理程序中发生了 GIC 抢占，虽然 GIC 会发送高优先级中断请求给 CPU，但是 CPU 处于关中断的状态，需要等到 CPU 开中断时才会响应该高优先级中断，后文中会有介绍。

时分发器把中断 N 的状态从等待变成活跃并等待。

*T*61～*T*131 时刻，Linux 内核处理中断 N 的中断服务程序。

- *T*64 时刻，在中断 N 被 Linux 内核响应后的 3 个时钟周期内，CPU 接口完成对 nFIQCPU[*n*]信号的复位，即拉高 nFIQCPU[*n*]信号。
- *T*126 时刻，外设也复位了中断 N。
- *T*128 时刻，退出了中断 N 的等待状态。
- *T*131 时刻，处理器（Linux 内核中断服务程序）把中断 N 的硬件 ID 写入 GICC_EOIR 来完成中断 N 的全部处理过程。

*T*146 时刻，在向 GICC_EOIR 写入中断 N 硬件 ID 后的 t_{ph} 个时钟周期后，分发器会选择下一个最高优先级的中断，即中断 M，发送中断请求给 CPU 接口。CPU 接口拉低 nFIQCPU[*n*]信号来向 CPU 报告中断 M 的请求。

*T*211 时刻，CPU（Linux 内核中断服务程序）读取 GICC_IAR 来响应该中断，分发器设置中断 M 的状态为活跃并等待。

*T*214 时刻，在 CPU 响应中断后的 3 个时钟周期内，CPU 接口拉高 nFIQCPU[*n*]信号来完成复位动作。

更多关于 GIC 的介绍可以参考《ARM Generic Interrupt Controller Architecture Specification Version 2》和《CoreLink GIC-400 Generic Interrupt Controller Technical Reference Manual》。

13.3.4　GIC-V2 寄存器

GIC-V2 寄存器也分成两部分：一部分是分发器的寄存器；另一部分是 CPU 接口的寄存器。分发器寄存器（以 GICD_为开头）包含了中断设置和配置，如表 13.3 所示。CPU 接口的寄存器（以 GICC_为开头）包含 CPU 相关的特殊设置，如表 13.4 所示。

表 13.3　　分发器的寄存器

偏 移 量	名　称	类　型	说　明
0x000	GICD_CTLR	RW	分发器控制寄存器
0x004	GICD_TYPER	RO	中断控制器类型寄存器
0x008	GICD_IIDR	RO	识别寄存器
0x080	GICD_IGROUPR*n*	RW	中断组寄存器
0x100～0x17C	GICD_ISENABLER*n*	RW	使能中断寄存器
0x180～0x1FC	GICD_ICENABLER*n*	RW	清除中断寄存器
0x200～0x27C	GICD_ISPENDR*n*	RW	中断设置待定（Set-Pending）寄存器
0x280～0x2FC	GICD_ICPENDR*n*	RW	清除待定寄存器
0x300～0x37C	GICD_ISACTIVER*n*	RW	设置活跃寄存器
0x380～0x3FC	GICD_ICACTIVER*n*	RW	清除活跃寄存器
0x400～0x7F8	GICD_IPRIORITYR*n*	RW	中断优先级
0x800～0x81C	GICD_ITARGETSR*n*	RW	设置每个中断源的目标 CPU
0xC00～0xCFC	GICD_ICFGR*n*	RW	中断配置寄存器
0xF00	GICD_SGIR	RO	软中断寄存器
0xF10～0xF1C	GICD_CPENDSGIR*n*	RW	清除待定的 SGI
0xF20～0xF2C	GICD_SPENDSGIR*n*	RW	设置待定的 SGI

表 13.4　CPU 接口的寄存器

偏移量	名称	类型	说明
0x000	GICC_CTLR	RW	CPU 接口控制寄存器
0x0004	GICC_PMR	RW	中断优先级掩码寄存器
0x0008	GICC_BPR	RW	与中断优先级相关的寄存器
0x000C	GICC_IAR	RO	中断确认寄存器
0x0010	GICC_EOIR	WO	中断结束寄存器
0x0014	GICC_RPR	RO	运行优先级寄存器
0x0018	GICC_HPPIR	RO	最高优先级待定寄存器
0x00D0～0x00DC	GICC_APR*n*	RW	活跃优先级寄存器
0x00FC	GICC_IIDR	RO	识别寄存器

GIC-V2 寄存器有一个特点：名称以 *n* 结束的寄存器会有 *n* 个，例如，GICD_ISENABLER*n* 寄存器就有 *n* 个寄存器，分别是 GICD_ISENABLER0，GICD_ISENABLER1,…,GICD_ISENABLER(*n*−1)。这是因为有些寄存器是按照中断号来描述的。例如，使用寄存器中几位来描述一个中断号的相关属性，一个 32 位寄存器只能描述几个中断号，而 GIC-V2 最多支持 1020 个中断号，所以需要 *n* 个相同的寄存器。

我们以 GICD_ISENABLER*n* 寄存器为例，它是用来使能某个中断号的。这里的“*n*”表示它有 *n* 个这样的寄存器。从表 13.3 可知，这个寄存器的偏移量是 0x100～0x17c，即包含了好几十个相同的寄存器。

如图 13.4 所示，GICD_ISENABLER*n* 的每位用来表示一个中断源。一个寄存器就可以表示 32 个中断源。GIC-V2 一共支持 1020 个中断源，所以一共需要 32 个寄存器，计算公式为 1020/32≈32。

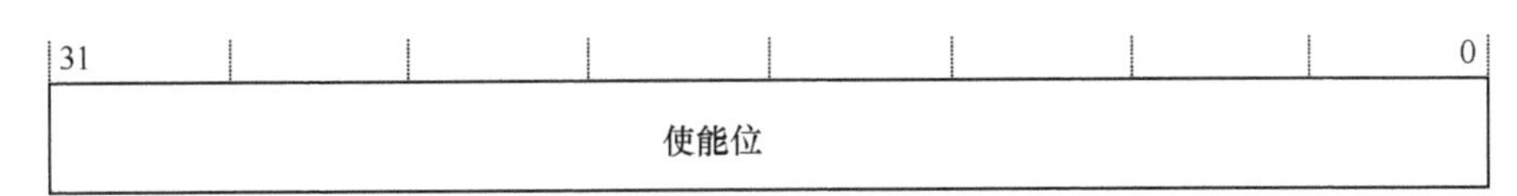

▲图 13.4　GICD_ISENABLER*n*

另外，对于中断号 *m* 来说，我们需要计算这个寄存器的偏移量。由于 GICD_ISENABLER*n* 中每位表示一个中断源，所以 $n = m/32$，然后就可以算出寄存器的地址(0x100 + (4*n*))。

有些寄存器使用多位来表示一个中断源，例如，GICD_ITARGETSR*n*，它使用 8 位来表示一个中断源所能路由的目标 CPU 有哪些，如图 13.5 所示。

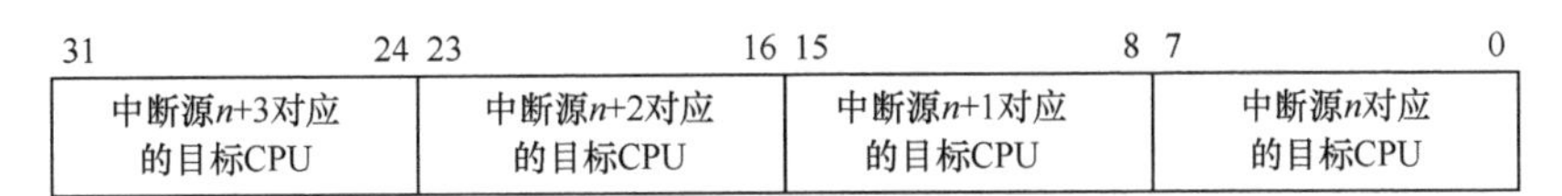

▲图 13.5　GICD_ITARGETSR*n*

n 的计算公式变成 $n = m/4$。寄存器的偏移量等于(0x800 + (4*n*))。

我们以第 50 号中断为例，$n = 50/4 \approx 12$，即 GICD_ITARGETSR12，该寄存器的偏移量为 $0x800 + 4 \times 12 = 0x830$。

13.3.5　中断路由

GIC-V2 可以配置 SPI 外设中断的路由，如图 13.6 所示。

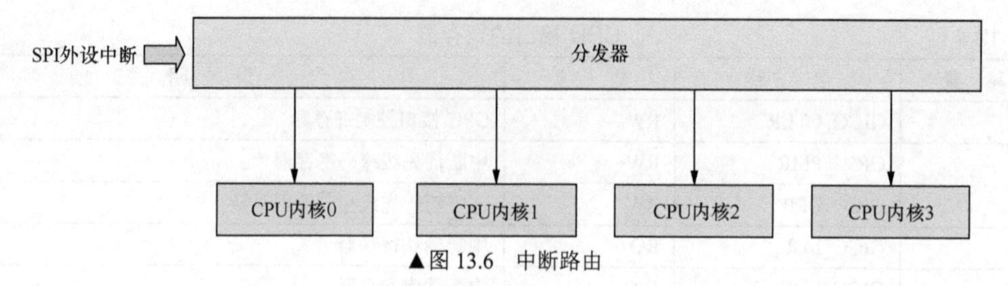

▲图 13.6 中断路由

前面提到的 GICD_ITARGETSR*n* 寄存器用来配置分发器，把某个中断分发到哪个 CPU 上。

- GICD_ITARGETSR*n* 寄存器使用 8 位来表示一个中断源，每位代表一个 CPU 编号，因为 GIC-V2 控制器最多支持 8 个 CPU。
- 某个中断源的位被设置，说明该中断源可以路由到这些位对应的 CPU 上。
- 前 32 个中断源的路由配置是硬件配置好的，它们是为 SGI 和 PPI 中断准备的，软件不能配置路由。
- 第 33～1019 号中断可以由软件来配置其路由。

13.4 树莓派 4B 上的 GIC-400

13.4.1 中断号分配

树莓派 4B 上集成了 GIC-400，它是基于 GIC-V2 架构实现的。GIC-400 中断号的分配与 SoC 芯片的实现相关，树莓派 4B 上 GIC-400 中断号的分配情况如图 13.7 所示。

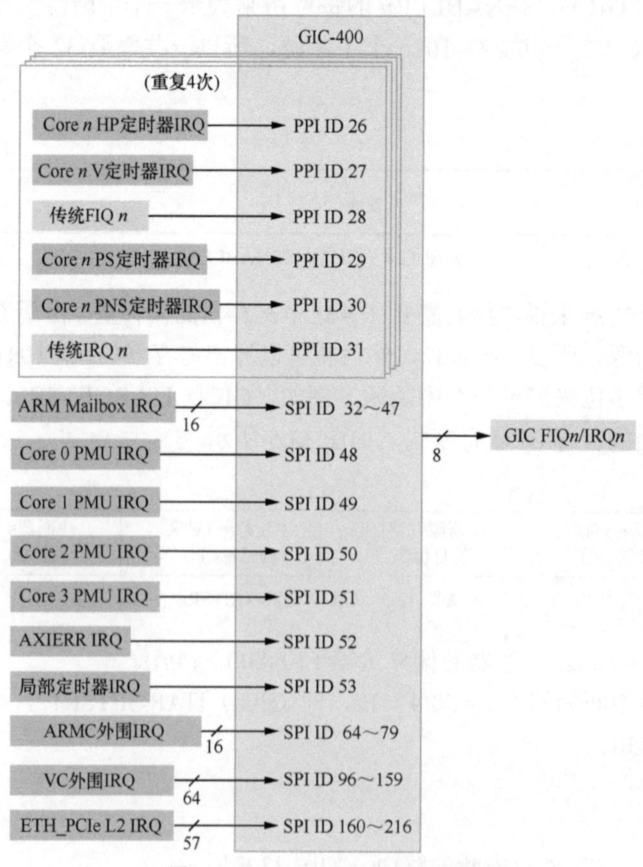

▲图 13.7 GIC-400 中断号的分配情况

GIC-400 中断号的分配分成如下 5 种情况。

- PPI 中断组，包括 ARM 核心上通用定时器，例如，PS 定时器的中断号为 29。
- ARM Local 中断组。例如，16 个 ARM 邮箱中断号为 32～47，CPU 内核 0 上的 PMU 中断号为 48。
- ARMC 中断组，它们对应的中断号为 64～79。
- VideoCore 中断组，对应的中断号为 96～159。
- 与 PCIe 相关的中断，对应中断号为 160～216。

13.4.2 访问 GIC-400 寄存器

为了在树莓派 4B 上访问 GIC-400 寄存器，我们需要知道 GIC-400 控制器在树莓派 4B 上的地址空间的基地址，这个基地址为 0xFF840000。如果树莓派使能了高地址模式，那么 GIC-400 的基地址为 0x4C0040000。

GIC-400 还定义了内部模块的地址范围，如表 13.5 所示。

表 13.5　GIC-400 中内部模块的地址范围

GIC-400 中的内部模块	地 址 范 围
保留	0x0000～0x0FFF
分发器	0x1000～0x1FFF
CPU 接口	0x2000～0x3FFF
虚拟接口控制块	0x5000～0x5FFF
虚拟 CPU 接口	0x6000～0x7FFF

假设树莓派 4B 在低地址模式下访问 GICD_ISENABLER0，那么地址的计算公式应该为 0xFF840000 + 0x1000 + 0x100 = 0xFF841100。

13.4.3 中断处理流程

1. GIC-400 的初始化

GIC-400 的初始化流程如下。

（1）设置分发器和 CPU 接口寄存器组的基地址。

（2）读取 GICD_TYPER，计算当前 GIC 最多支持的中断源数量。

（3）初始化分发器。

① 关闭分发器。

② 设置 SPI（串口中断）的路由。

③ 设置 SPI 的触发类型，例如，边缘触发等。

④ 关闭所有的中断源。

⑤ 重新打开分发器。

（4）初始化 CPU 接口。

① 设置 GIC_CPU_PRIMASK 寄存器。

② 打开 CPU 接口。

2. 注册中断

注册中断的大致流程如下。

（1）初始化外设。

（2）查找该外设中断号，例如，PNS 定时器的中断号为 30。

（3）设置 GIC_DIST_ENABLE_SET 寄存器来使能这个中断号。

（4）打开设备相关的中断控制，例如，在树莓派 4B 上，对于 PNS 定时器需要打开 ARM_LOCAL 中断组里的 TIMER_CNTRL0 的 CNT_PNS_IRQ_FIQ 字段来使能这个中断源。

（5）设置 CPU 的 PSTATE 寄存器中的 I 字段，打开本地 CPU 的 IRQ 的总开关。

3. 响应中断

响应中断的大致流程如下。

（1）中断发生，CPU 跳转到异常向量表。

（2）跳转到 GIC 中断函数，例如，gic_handle_irq()函数。

（3）读取 GICC_IAR，获取中断号。

（4）根据中断号，进行相应中断处理，例如，若读取的中断号为 30，说明这是 PNS 定时器触发的中断，跳转到定时器中断处理函数，处理中断。

（5）中断返回。

13.5 实验

13.5.1 实验 13-1：实现通用定时器中断

1. 实验目的

熟悉 GIC-400。

2. 实验要求

（1）在树莓派 4B 上实现 PNS 定时器。这需要初始化 GIC-400，然后为 PNS 定时器注册一个中断。当定时器中断触发之后，输出“Core0 Timer interrupt received”，如图 13.8 所示。

```
rlk@rlk:~/rlk/armv8_trainning/lab01$ make run
qemu-system-aarch64 -machine raspi4 -nographic -kernel benos.bin
Booting at EL2
Booting at EL1
Welcome BenOS!
printk init done
<0x800880> func_c
BenOS image layout:
  .text.boot: 0x00080000 - 0x000800d8 (   216 B)
       .text: 0x000800d8 - 0x000842f0 ( 16920 B)
     .rodata: 0x000842f0 - 0x00084b86 (  2198 B)
       .data: 0x00084b86 - 0x00085158 (  1490 B)
        .bss: 0x000855b8 - 0x000a59f0 (132152 B)
test and: p=0x2
test or: p=0x3
test andnot: p=0x1
el = 1
test_asm_goto: a = 1
done
gic_init: cpu_base:0xff842000, dist_base:0xff841000, gic_irqs:160
Core0 Timer interrupt received
Core0 Timer interrupt received
Core0 Timer interrupt received
Core0 Timer interrupt received
Core0 Timer interrupt received
```

▲图 13.8　定时器中断

（2）本实验可以先在 QEMU 虚拟机上做，后在树莓派 4B 上做。

13.5.2 实验 13-2：实现树莓派 4B 上的系统定时器

1. 实验目的

熟悉 GIC-400。

2. 实验要求

在树莓派 4B 上有系统定时器[①]（system timer）。请在树莓派 4B 上实现这个系统定时器。系统定时器有 4 个通道，大家可以使用通道 1 来实现，如图 13.9 所示。

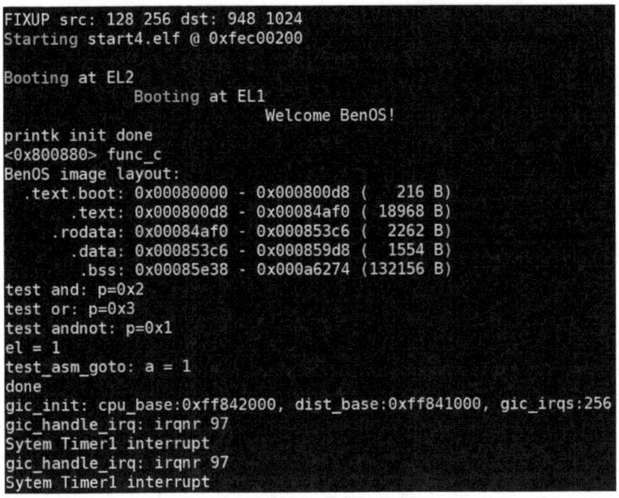

```
FIXUP src: 128 256 dst: 948 1024
Starting start4.elf @ 0xfec00200

Booting at EL2
              Booting at EL1
                            Welcome BenOS!
printk init done
<0x800880> func_c
BenOS image layout:
  .text.boot: 0x00080000 - 0x000800d8 (    216 B)
       .text: 0x000800d8 - 0x00084af0 ( 18968 B)
     .rodata: 0x00084af0 - 0x000853c6 (  2262 B)
       .data: 0x000853c6 - 0x000859d8 (  1554 B)
        .bss: 0x00085e38 - 0x000a6274 (132156 B)
test and: p=0x2
test or: p=0x3
test andnot: p=0x1
el = 1
test_asm_goto: a = 1
done
gic_init: cpu_base:0xff842000, dist_base:0xff841000, gic_irqs:256
gic_handle_irq: irqnr 97
Sytem Timer1 interrupt
gic_handle_irq: irqnr 97
Sytem Timer1 interrupt
```

▲图 13.9 系统定时器

注意，QEMU 虚拟机没有实现树莓派的系统定时器，因此本实验不能在 QEMU 虚拟机上模拟，只能在树莓派 4B 上做。

① 详见《BCM2711 ARM Peripherals》第 10 章。

第14章 内存管理

本章思考题

1. 在计算机发展历史中，为什么会出现分段机制和分页机制？
2. 为什么页表要设计成多级页表？直接使用一级页表是否可行？多级页表又引入了什么问题？
3. 为什么页表存放在主内存中而不是存放在芯片内部的寄存器中？
4. 内存管理单元（Memory Management Unit，MMU）查询页表的目的是找到虚拟地址对应的物理地址，页表项中有指向下一级页表基地址的指针，它指向的是下一级页表基地址的物理地址还是虚拟地址？
5. ARM64处理器中有TTBR0和TTBR1两个转换页表基地址寄存器，处理器如何使用它们？
6. 请简述ARM64处理器的4级页表的映射过程，假设页面粒度为4 KB，地址宽度为48位。
7. 在L0 ~ L2页表项描述符中，如何判断一个页表项是块类型还是页表类型？
8. 在ARM64处理器中，页表项属性中有一个AF访问字段，它有什么作用？
9. ARMv8体系结构处理器主要提供两种类型的内存属性，分别是普通类型内存（normal memory）和设备类型内存（device memory），它们之间有什么区别？
10. 在ARM64处理器中，页表项的AttrIndex[2:0]字段索引的是什么内容？
11. 在打开MMU时，为什么需要建立恒等映射？

本章主要介绍ARM64处理器中与内存管理相关的内容。

14.1 内存管理基础知识

14.1.1 内存管理的“远古时代”

在操作系统还没有出来之前，程序存放在卡片上，计算机每读取一张卡片就运行一条指令，这种从外部存储介质上直接运行指令的方法效率很低。后来出现了内存存储器，也就是说，程序要运行，首先要加载，然后执行，这就是所谓的“存储程序”。这一概念开启了操作系统快速发展的道路，直至后来出现的分页机制。在以上演变历史中，出现了不少内存管理思想。

- 单道编程的内存管理。所谓“单道”，就是整个系统只有一个用户进程和一个操作系统，形式上有点类似于Unikernel系统。这种模型下，用户程序始终加载到同一个内存地址并运行，所以内存管理很简单。实际上，不需要任何的内存管理单元，程序使用的地址就是物理地址，也不需要保护地址。但是缺点也很明显：其一，系统无法运行比实际物理内存大的程序；其二，系统只运行一个程序，会造成资源浪费；其三，程序无法迁移到其他的计算机中。

- 多道编程的内存管理。所谓“多道”，就是系统可以同时运行多个进程。内存管理中出现了固定分区和动态分区两种技术。

对于固定分区，在系统编译阶段，内存被划分成许多静态分区，进程可以装入大于或等于自身大小的分区。固定分区实现简单，操作系统的管理开销比较小。但是缺点也很明显：一是程序大小和分区的大小必须匹配；二是活动进程的数目比较固定；三是地址空间无法增长。

动态分区的思想就是在一整块内存中划出一块内存供操作系统本身使用，剩下的内存空间供用户进程使用。当进程 A 运行时，先从这一大片内存中划出一块与进程 A 大小一样的内存供进程 A 使用。当进程 B 准备运行时，从剩下的空闲内存中继续划出一块和进程 B 大小相等的内存供进程 B 使用，以此类推。这样进程 A 和进程 B 以及后面进来的进程就可以实现动态分区了。

如图 14.1 所示，假设现在有一块 32 MB 大小的内存，一开始操作系统使用了最低的 4 MB 大小，剩余的内存要留给 4 个用户进程使用（如图 14.1（a）所示）。进程 A 使用了操作系统往上的 10 MB 内存，进程 B 使用了进程 A 往上的 6 MB 内存，进程 C 使用了进程 B 往上的 8 MB 内存。剩余的 4 MB 内存不足以装载进程 D，因为进程 D 需要 5 MB 内存，于是这块内存的末尾就形成了第一个空洞（如图 14.1（b）所示）。假设在某个时刻操作系统需要运行进程 D，但系统中没有足够的内存，那么需要选择一个进程来换出，以便为进程 D 腾出足够的空间。假设操作系统选择进程 B 来换出，进程 D 就装载到原来进程 B 的地址空间里，于是产生了第二个空洞（如图 14.1（c）所示）。假设操作系统在某个时刻需要运行进程 B，这也需要选择一个进程来换出，假设进程 A 被换出，于是系统中又产生了第三个空洞（如图 14.1（d）所示）。

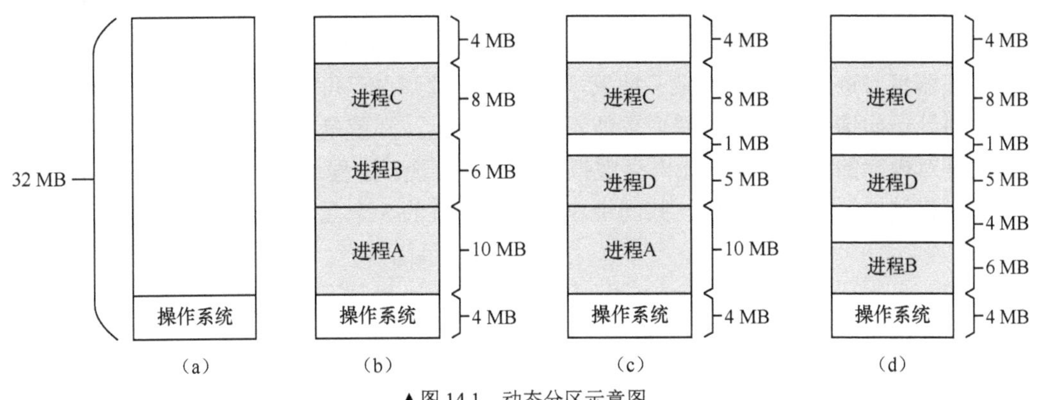

▲图 14.1　动态分区示意图

这种动态分区方法在系统刚启动时效果很好，但是随着时间的推移会出现很多内存空洞，内存的利用率随之下降，这些内存空洞便是我们常说的内存碎片。为了解决内存碎片化的问题，操作系统需要动态地移动进程，使得进程占用的空间是连续的，并且所有的空闲空间也是连续的。整个进程的迁移是一个非常耗时的过程。

总之，不管是固定分区还是动态分区，都存在很多问题。

- **进程地址空间保护问题**。所有的用户进程都可以访问全部的物理内存，所以恶意程序可以修改其他程序的内存数据，这使得进程一直处于危险的状态下。即使系统里所有的进程都不是恶意进程，但是进程 A 依然可能不小心修改了进程 B 的数据，从而导致进程 B 崩溃。这明显违背了“进程地址空间需要保护”（也就是地址空间要相对独立）的原则。因此，每个进程的地址空间都应该受到保护，以免被其他进程有意或无意地损坏。
- **内存使用效率低**。如果即将运行的进程所需要的内存空间不足，就需要选择一个进程进行整体换出，这种机制导致大量的数据需要换出和换入，效率非常低下。

- **程序运行地址重定位问题**。从图 14.1 可以看出，进程在每次换出换入时使用的地址都是不固定的，这给程序的编写带来一定的麻烦，因为访问数据和指令跳转时的目标地址通常是固定的，所以就需要使用重定位技术了。

由此可见，上述 3 个重大问题需要一个全新的解决方案，而且这个方案在操作系统层面已经无能为力，必须在处理器层面才能解决，因此产生了分段机制和分页机制。

14.1.2　地址空间的抽象

站在内存使用的角度看，进程大概在 3 个地方需要用到内存。

- 进程本身。比如，代码段以及数据段用来存储程序本身需要的数据。
- 栈空间。程序运行时需要分配内存空间来保存函数调用关系、局部变量、函数参数以及函数返回值等内容，这些也是需要消耗内存空间的。
- 堆空间。程序运行时需要动态分配程序需要使用的内存，比如，存储程序需要使用的数据等。

不管是刚才提到的固定分区还是动态分区，进程需要包含上述 3 种内存，如图 14.2（a）所示。但是，如果我们直接使用物理内存，在编写这样一个程序时，就需要时刻关心分配的物理内存地址是多少、内存空间够不够等问题。

后来，设计人员对内存进行了抽象，把上述用到的内存抽象成进程地址空间或虚拟内存。进程不用关心分配的内存在哪个地址，它只管使用。最终由处理器来处理进程对内存的请求，经过转换之后把进程请求的虚拟地址转换成物理地址。这个转换过程称为地址转换（address translation），而进程请求的地址可以理解为虚拟地址（virtual address），如图 14.2（b）所示。我们在处理器里对进程地址空间做了抽象，让进程感觉到自己可以拥有全部的物理内存。进程可以发出地址访问请求，至于这些请求能不能完全满足，那就是处理器的事情了。总之，进程地址空间是对内存的重要抽象，让内存虚拟化得到了实现。进程地址空间、进程的 CPU 虚拟化以及文件对存储地址空间的抽象，共同组成了操作系统的 3 个元素。

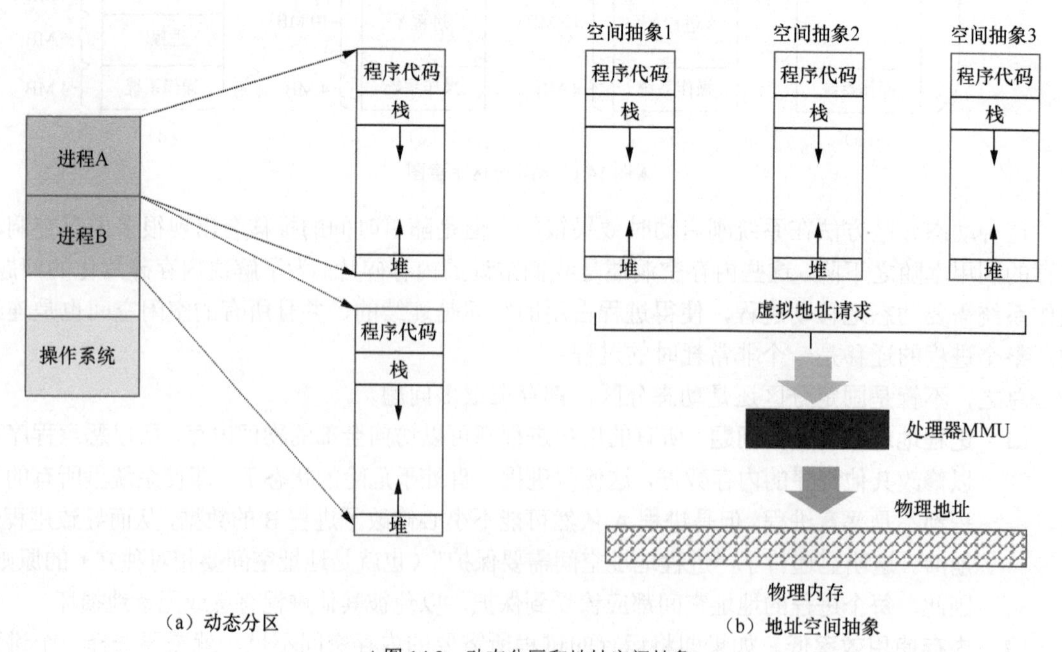

▲图 14.2　动态分区和地址空间抽象

把进程地址空间的概念引入了虚拟内存后，基于这种思想，我们可以解决刚才提到的 3 个问题。

虚拟内存机制可以提供隔离性。因为每个进程都感觉自己拥有了整个地址空间，可以随意访问，然后由处理器转换到实际的物理地址，所以进程 A 没办法访问进程 B 的物理内存，也没办法做破坏。

后来出现的分页机制可以解决动态分区中出现的内存碎片化和效率问题。

进程换入和换出时访问的地址变成相同的虚拟地址。进程不用关心具体物理地址在什么地方。

14.1.3 分段机制

基于进程地址空间这个概念，人们最早想到的一种机制叫作分段（segmentation）机制，其基本思想是把程序所需的内存空间的虚拟地址映射到某个物理地址空间。

分段机制可以解决地址空间保护问题，进程 A 和进程 B 会被映射到不同的物理地址空间，它们在物理地址空间中是不会有重叠的。因为进程看的是虚拟地址空间，不关心实际映射到哪个物理地址。如果一个进程访问了没有映射的虚拟地址空间，或者访问了不属于该进程的虚拟地址空间，那么 CPU 会捕捉到这次越界访问，并且拒绝此次访问。同时 CPU 会发送异常错误给操作系统，由操作系统去处理这些异常情况，这就是我们常说的缺页异常。另外，对于进程来说，它不再需要关心物理地址的布局，它访问的地址位于虚拟地址空间，只需要按照原来的地址编写程序并访问地址，程序就可以无缝地迁移到不同的系统上。

基于分段机制解决问题的思路可以总结为增加虚拟内存（virtual memory）。进程运行时看到的地址是虚拟地址，然后需要通过 CPU 提供的地址映射方法，把虚拟地址转换成实际的物理地址。当多个进程在运行时，这种方法就可以保证每个进程的虚拟内存空间是相互隔离的，操作系统只需要维护虚拟地址到物理地址的映射关系。

虽然分段机制有了比较明显的改进，但是内存使用效率依然比较低。分段机制对虚拟内存到物理内存的映射依然以进程为单位。当物理内存不足时，换出到磁盘的依然是整个进程，因此会有大量的磁盘访问，进而影响系统性能。站在进程的角度看，对整个进程进行换出和换入的方法还不太合理。在运行进程时，根据局部性原理，只有一部分数据一直在使用。若把那些不常用的数据交换出磁盘，就可以节省很多系统带宽，而把那些常用的数据驻留在物理内存中也可以得到比较好的性能。因此，人们在分段机制之后又发明了一种新的机制，这就是分页（paging）机制。

14.1.4 分页机制

程序运行所需要的内存往往大于实际物理内存，采用传统的动态分区方法会把整个程序交换到交换磁盘，这不仅费时费力，而且效率很低。后来出现了分页机制，分页机制引入了虚拟存储器的概念。分页机制的核心思想是让程序中一部分不使用的内存可以存放到交换磁盘中，而程序正在使用的内存继续保留在物理内存中。因此，当一个程序运行在虚拟存储器空间中时，它的寻址范围由处理器的位宽决定，比如 32 位处理器的，位宽是 32 位，地址范围是 0～4 GB。64 位处理器的虚拟地址位宽是 48 位，程序员可以访问 0x0000000000000000～0x0000FFFFFFFFFFFF 以及 0xFFFF000000000000～0xFFFFFFFFFFFFFFFF 这两段空间。在使能了分页机制的处理器中，我们通常把处理器能寻址的地址空间称为虚拟地址（virtual address）空间。和虚拟存储器对应的是物理存储器（physical memory），它对应着系统中使用的物理存储设备的地址空间，比如

DDR 内存颗粒等。在没有使能分页机制的系统中，处理器直接寻址物理地址，把物理地址发送到内存控制器；而在使能了分页机制的系统中，处理器直接寻址虚拟地址，这个地址不会直接发给内存控制器，而是先发送给内存管理单元（Memory Management Unit，MMU）。MMU 负责虚拟地址到物理地址的转换和翻译工作。在虚拟地址空间里可按照固定大小来分页，典型的页面粒度为 4 KB，现代处理器都支持大粒度的页面，比如 16 KB、64 KB 甚至 2 MB 的巨页。而在物理内存中，空间也分成和虚拟地址空间大小相同的块，称为页帧（page frame）。程序可以在虚拟地址空间里任意分配虚拟内存，但只有当程序需要访问或修改虚拟内存时，操作系统才会为其分配物理页面，这个过程叫作请求调页（demand page）或者缺页异常（page fault）。

虚拟地址 VA[31:0]可以分成两部分：一部分是虚拟页面内的偏移量，以 4 KB 页为例，VA[11:0]是虚拟页面偏移量；另一部分用来寻找属于哪个页，这称为虚拟页帧号（Virtual Page Frame Number，VPN）。物理地址中，PA[11:0]表示物理页帧的偏移量，剩余部分表示物理页帧号（Physical Frame Number，PFN）。MMU 的工作内容就是把虚拟页帧号转换成物理页帧号。处理器通常使用一张表来存储 VPN 到 PFN 的映射关系，这张表称为页表（Page Table，PT）。页表中的每一项称为页表项（Page Table Entry，PTE）。若将整张页表存放在寄存器中，则会占用很多硬件资源，因此通常的做法是把页表放在主内存里，通过页表基地址寄存器来指向这种页表的起始地址。如图 14.3 所示，处理器发出的地址是虚拟地址，通过 MMU 查询页表，处理器便得到了物理地址，最后把物理地址发送给内存控制器。

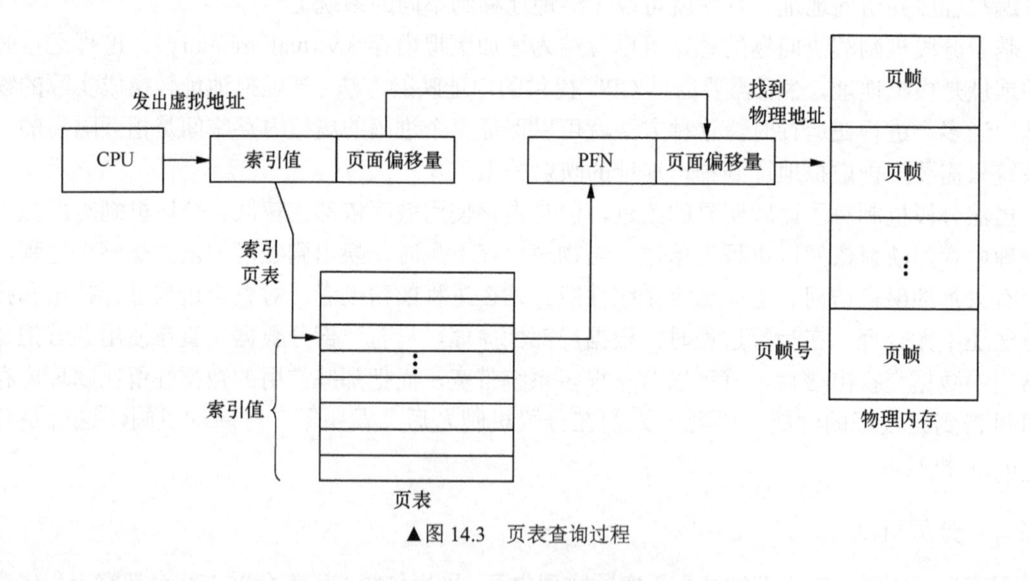

▲图 14.3　页表查询过程

下面以最简单的一级页表为例，如图 14.4 所示，处理器采用一级页表，虚拟地址空间的位宽是 32 位，寻址范围是 0～4 GB，物理地址空间的位宽也是 32 位，最多支持 4 GB 物理内存。另外，页面的大小是 4 KB。为了能映射整个 4 GB 地址空间，需要 4 GB/4 KB=2^{20} 个页表项，每个页表项占用 4 字节，需要 4 MB 大小的物理内存来存放这张页表。VA[11:0]是页面偏移量，VA[31:12]是 VPN，可作为索引值在页表中查询页表项。页表类似于数组，VPN 类似于数组的下标，用于查找数组中对应的成员。页表项包含两部分：一部分是 PFN，它代表页面在物理内存中的帧号（即页帧号），页帧号加上 VA[11:0]页内偏移量就组成了最终物理地址（PA）；另一部分是页表项的属性，比如图 14.4 中的 *V* 表示有效位。若有效位为 1，表示这个页表项对应的物理页面在物理内存中，处理器可以访问这个页面的内容；若有效位为 0，表示这个页表项对应的物理页面不在内存中，可能在交换磁盘中。如果访问该页面，那么操作系统会触发缺页异常，可在缺页异常中处理这种情况。当然，实际的处理器中还有很多其他的属性位，比如描述这个页面是否为脏页、是否可读写等。

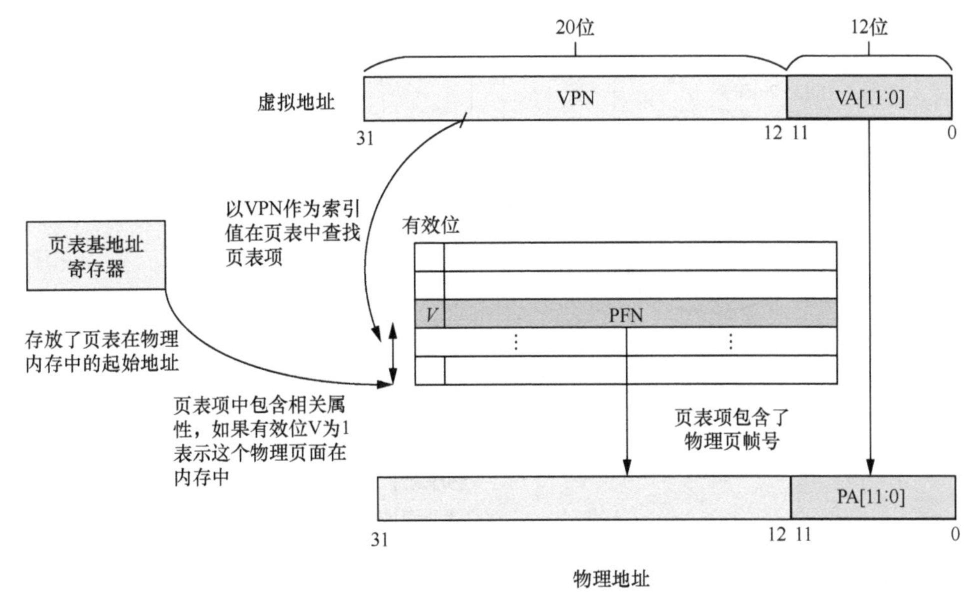

▲图 14.4 一级页表

通常操作系统支持多进程，进程调度器会在合适的时间（比如当进程 A 使用完时间片时）从进程 A 切换到进程 B。另外，分页机制也让每个进程都感觉到自己拥有了全部的虚拟地址空间。为此，每个进程拥有一套属于自己的页表，在切换进程时需要切换页表基地址。比如，对于上面的一级页表，每个进程需要为其分配 4 MB 的连续物理内存，这是无法接受的，因为这太浪费内存了。为此，人们设计了多级页表来减少页表占用的内存空间。如图 14.5 所示，把页表分成一级页表和二级页表，页表基地址寄存器指向一级页表的基地址，一级页表的页表项里存放了一个指针，指向二级页表的基地址。当处理器执行程序时，只需要把一级页表加载到内存中，并不需要把所有的二级页表都加载到内存中，而是根据物理内存的分配和映射情况逐步创建和分配二级页表。这样做有两个原因：一是程序不会马上使用完所有的物理内存；二是对于 32 位系统来说，通常系统配置的物理内存小于 4 GB，比如仅有 512 MB 内存等。

图 14.5 展示了二级页表查询过程，VA[31:20]被用作一级页表的索引，一共有 12 位，最多可以索引 4096 个页表项；VA[19:12]被用作二级页表的索引，一共有 8 位，最多可以索引 256 个页表项。当操作系统复制一个新的进程时，首先会创建一级页表，分配 16 KB 页面。在本场景中，一级页表有 4096 个页表项，每个页表项占 4 字节，因此一级页表一共有 16 KB。当操作系统准备让进程运行时，会设置一级页表在物理内存中的起始地址到页表基地址寄存器中。进程在执行过程中需要访问物理内存，因为一级页表的页表项是空的，这会触发缺页异常。在缺页异常里分配一个二级页表，并且把二级页表的起始地址填充到一级页表的相应页表项中。接着，分配一个物理页面，然后把这个物理页面的 PFN 填充到二级页表的对应页表项中，从而完成页表的填充。随着进程的执行，需要访问越来越多的物理内存，于是操作系统逐步地把页表填充并建立起来。

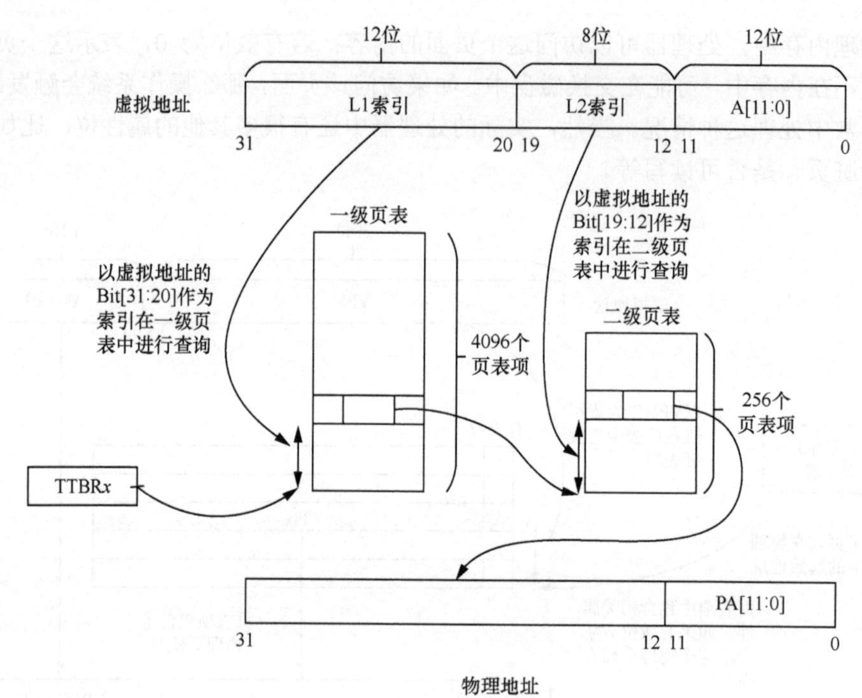

▲图 14.5　二级页表查询过程

当 TLB 未命中时，处理器的 MMU 中的页表查询过程如下。

（1）处理器根据虚拟地址判断使用 TTBR0 还是 TTBR1。TTBR 中存放着一级页表的基地址。

（2）处理器以虚拟地址的 Bit[31:20]作为索引，在一级页表中找到页表项，一级页表一共有 4096 个页表项。

（3）一级页表的页表项中存放二级页表的物理基地址。处理器使用虚拟地址的 Bit[19:12]作为索引值，在二级页表中找到相应的页表项，二级页表有 256 个页表项。二级页表的页表项里存放了 4 KB 页面的物理基地址。这样，处理器就完成了页表的查询和翻译工作。

图 14.6 展示了 4 KB 映射的一级页表的页表项，Bit[31:10]指向二级页表的物理基地址。

▲图 14.6　4 KB 映射的一级页表的页表项

图 14.7 展示了 4 KB 映射的二级页表的页表项，Bit[31:12]指向 4 KB 大小页面的物理基地址。

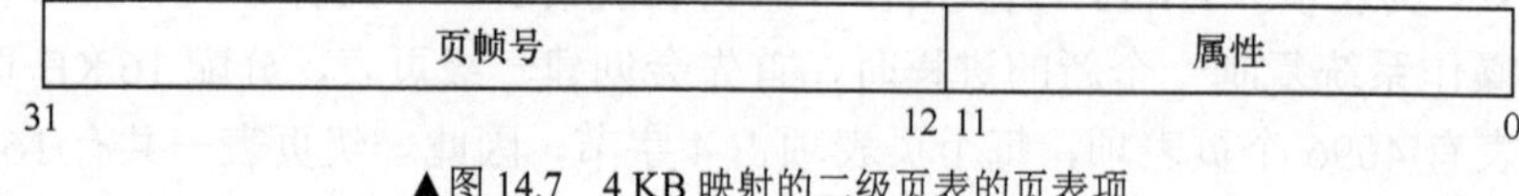

▲图 14.7　4 KB 映射的二级页表的页表项

对于 ARM64 处理器来说，通常会使用 3 级或者 4 级页表，但是原理和 2 级页表是一样的。

14.2 ARM64 内存管理

如图 14.8 所示，ARM64 处理器内核的 MMU 包括 TLB 和页表遍历单元（Table Walk Unit,

TWU）两个部件。TLB 是一个高速缓存，用于缓存页表转换的结果，从而缩短页表查询的时间。一个完整的页表翻译和查找的过程叫作页表查询，页表查询的过程由硬件自动完成，但是页表的维护需要软件来完成。页表查询是一个较耗时的过程。理想的状态下，TLB 里应有页表的相关信息。当 TLB 未命中时，MMU 才会查询页表，从而得到翻译后的物理地址。页表通常存储在内存中。得到物理地址之后，首先需要查询该物理地址的内容是否在高速缓存中有最新的副本。如果没有，则说明高速缓存未命中，需要访问内存。MMU 的工作职责就是把输入的虚拟地址翻译成对应的物理地址以及相应的页表属性和内存访问权限等信息。另外，如果地址访问失败，那么会触发一个与 MMU 相关的缺页异常。

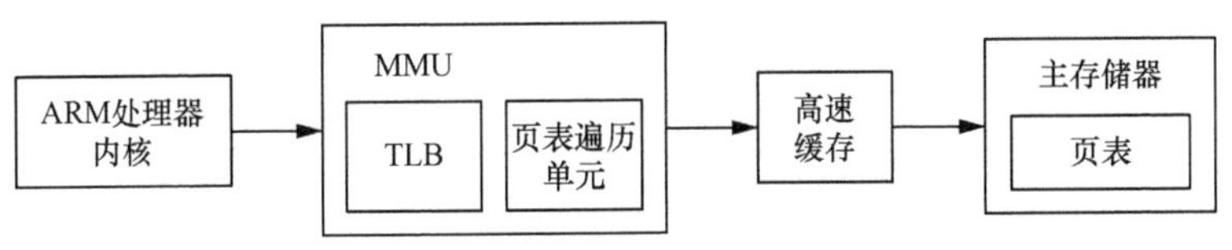

▲图 14.8 ARM 处理器的内存管理体系结构

对于多任务操作系统，每个进程都拥有独立的进程地址空间。这些进程地址空间在虚拟地址空间内是相互隔离的，但是在物理地址空间可能映射同一个物理页面。这些进程地址空间是如何映射到物理地址空间的呢？这就需要处理器的 MMU 提供页表映射和管理的功能。图 14.9 所示为进程地址空间和物理地址空间的映射关系，左边是进程地址空间视图，右边是物理地址空间视图。进程地址空间又分成内核空间（kernel space）和用户空间（user space）。无论是内核空间还是用户空间都可以通过处理器提供的页表机制映射到实际的物理地址。

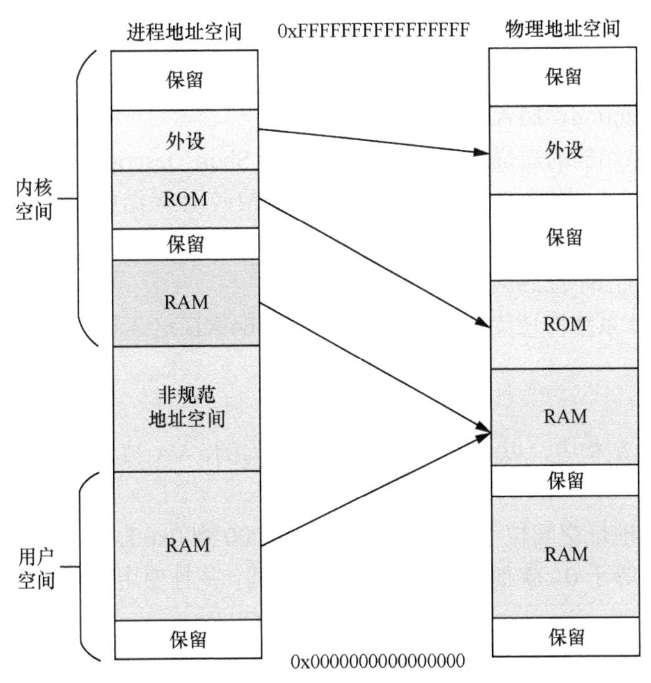

▲图 14.9 进程地址空间和物理地址空间的映射关系

在 SMP（Symmetric Multi-Processor，对称多处理器）系统中，每个处理器内核内置了 MMU 和 TLB 硬件单元。如图 14.10 所示，CPU0 和 CPU1 共享物理内存，而页表存储在物理内存中。CPU0 和 CPU1 中的 MMU 与 TLB 硬件单元也共享同一份页表。当一个 CPU 修改了页表项时，我们需要使用 BBM（Break-Before-Make）机制来保证其他 CPU 能访问正确和有效的 TLB。

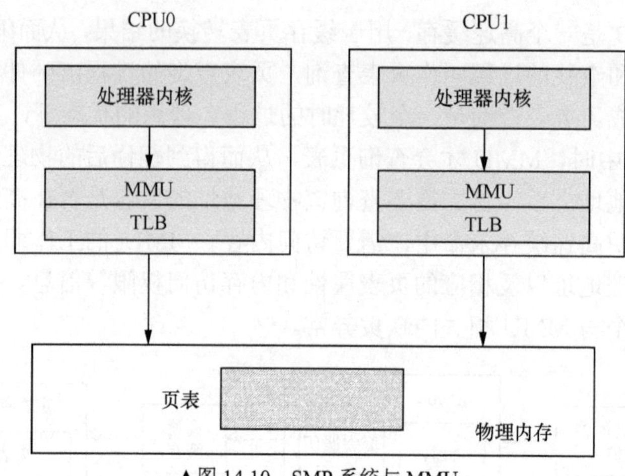

▲图 14.10 SMP 系统与 MMU

14.2.1 页表

AArch64 执行状态的 MMU 支持单一阶段的页表转换，也支持虚拟化扩展中两阶段的页表转换。

单一阶段的页表转换指把虚拟地址（VA）翻译成物理地址（PA）。

两阶段的页表转换包括两个阶段。在阶段 1，把虚拟地址翻译成中间物理地址（Intermediate Physical Address，IPA）；在阶段 2，把 IPA 翻译成最终 PA。

另外，ARMv8 体系结构支持多种页表格式，具体如下。

- ARMv8 体系结构的长描述符转换页表格式（Long Descriptor Translation Table Format）。
- ARMv7 体系结构的长描述符转换页表格式，需要打开大物理地址扩展（Large Physical Address Extention，LPAE）。
- ARMv7 体系结构的短描述符转换页表格式（Short Descriptor Translation Table Format）。

当使用 AArch32 执行状态的处理器时，使用 ARMv7 体系结构的短描述符页表格式或长描述符页表格式来运行 32 位的应用程序；当使用 AArch64 处理器时，使用 ARMv8 体系结构的长描述符页表格式来运行 64 位的应用程序。

另外，ARMv8 体系结构还支持 4 KB、16 KB 或 64 KB 这 3 种页面粒度。

14.2.2 页表映射

在 AArch64 体系结构中，以 48 位地址总线位宽为例，VA 被划分为两个空间，每个空间最多支持 256 TB。

- 低位的虚拟地址空间位于 0x0000000000000000 到 0x0000FFFFFFFFFFFF。如果虚拟地址的最高位等于 0，就使用这个虚拟地址空间，并且使用 TTBR0_EL*x* 来存放页表的基地址。
- 高位的虚拟地址空间位于 0xFFFF000000000000 到 0xFFFFFFFFFFFFFFFF。如果虚拟地址的最高位等于 1，就使用这个虚拟地址空间，并且使用 TTBR1_EL*x* 来存放页表的基地址。

AArch64 体系结构中的页表支持如下特性。

- 最多可以支持 4 级页表。
- 输入地址的最大有效位宽为 48 位。

- 输出地址的最大有效位宽为 48 位。
- 翻译的页面粒度可以是 4 KB、16 KB 或 64 KB。

图 14.11 是一个三级映射的示意图，TTBR 指向第一级页表的基地址。在第一级页表中有许多页表项，页表项通常分成页表类型页表项和块类型页表项。页表类型页表项包含了下一级页表基地址，用来指向下一级页表，而块类型页表项包含了大块物理内存的基地址，例如 1 GB、2 MB 等大块物理内存。最后一级页表由页表项组成，每个页表项指向一个物理页面，物理页面大小可以是 4 KB、16 KB 或者 64 KB。

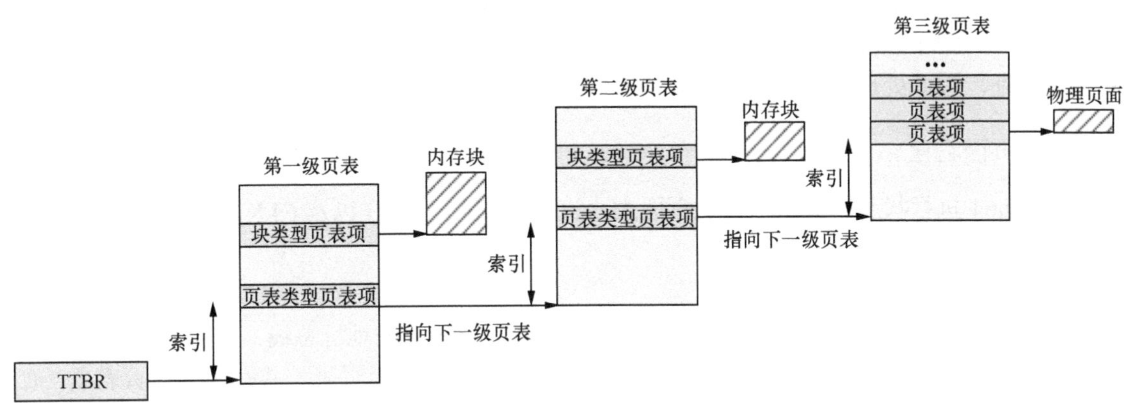

▲图 14.11 页表三级映射的示意图

在 AArch64 执行状态中，根据物理页面大小以及总线地址宽度，页表级数也会不同。以 4 KB 大小物理页面以及 48 位地址宽度为例，页表映射的查询过程如图 14.12 所示。

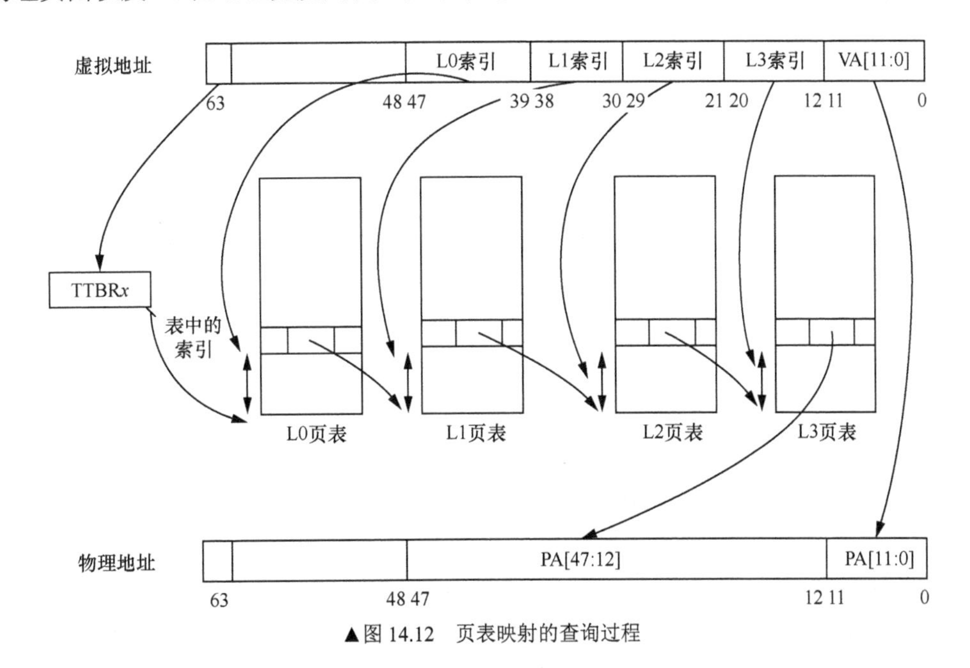

▲图 14.12 页表映射的查询过程

当 TLB 未命中时，处理器查询页表的过程如下。

（1）处理器根据虚拟地址来判断使用 TTBR0 还是 TTBR1。当虚拟地址第 63 位（简称 VA[63]）为 1 时，选择 TTBR1；当 VA[63]为 0 时，选择 TTBR0。TTBR 中存放着 L0 页表的基地址。

（2）处理器以 VA[47:39]作为 L0 索引，在 L0 页表中找到页表项，L0 页表有 512 个页表项。

（3）L0 页表的页表项中存放着 L1 页表的物理基地址。处理器以 VA[38:30]作为 L1 索引，在 L1 页表中找到相应的页表项，L1 页表有 512 个页表项。

（4）L1 页表的页表项中存放着 L2 页表的物理基地址。处理器以 VA[29:21]作为 L2 索引，在 L2 页表中找到相应的页表项，L2 页表有 512 个页表项。

（5）L2 页表的页表项中存放着 L3 页表的物理基地址。处理器以 VA[20:12]作为 L3 索引，在 L3 页表中找到相应的页表项，L3 页表有 512 个页表项。

（6）L3 页表的页表项里存放着 4 KB 页面的物理基地址，然后加上 VA[11:0]，就构成了新的物理地址，因此处理器就完成了页表的查询和翻译工作。

14.2.3　页面粒度

AArch64 执行状态的体系结构的页面大小支持 4 KB、16 KB 以及 64 KB 三种情况。

1. 4 KB 页面

当使用 4 KB 页面粒度时，处理器支持 4 级页表以及 48 位的地址总线，即 48 位有效的虚拟地址。每一级页表使用虚拟地址中的 9 位作为索引，所以每一级页表一共有 512 个页表项，如图 14.13 所示。

▲图 14.13　4 KB 页面粒度索引情况

L0 页表使用 VA[39:47]作为索引，每一个页表项指向下一级页表（即 L1 页表）的基地址。

L1 页表使用 VA[38:30]作为索引，每个页表项指向 L2 页表的基地址，每个 L1 页表项的管辖范围的大小是 1 GB，另外，它也可以指向 1 GB 的块映射。

L2 页表使用 VA[29:21]作为索引，每个页表项执行 L3 页表的基地址，每个 L2 页表项的管辖范围的大小为 2 MB，它也能指向 2 MB 的块映射。

L3 页表项指向 4 KB 页面。

2. 16 KB 页面

当使用 16 KB 页面粒度时，处理器支持 4 级页表以及 48 位的地址总线，即 48 位有效的虚拟地址。每一级页表使用虚拟地址中不同的位作为索引，如图 14.14 所示。

▲图 14.14　16 KB 页面粒度索引情况

L0 页表使用 VA[47]作为索引，只能索引两个 L1 页表，每个页表项指向 L1 页表。

L1 页表使用 VA[46:36]作为索引，可以索引 2048 个页表项，每个页表项指向 L2 页表的基地址。

L2 页表使用 VA[35:25]作为索引，可以索引 2048 个页表项，每个页表项指向 L3 页表的基地址，每个 L2 页表项的映射范围大小为 32 MB。另外，它也可以指向 32 MB 大小的块映射。

L3 页表项指向 16 KB 页面。

3. 64 KB 页面

当使用 64 KB 页面粒度时，处理器支持 3 级页表以及 48 位的地址总线，即 48 位有效的虚拟地址，如图 14.15 所示。

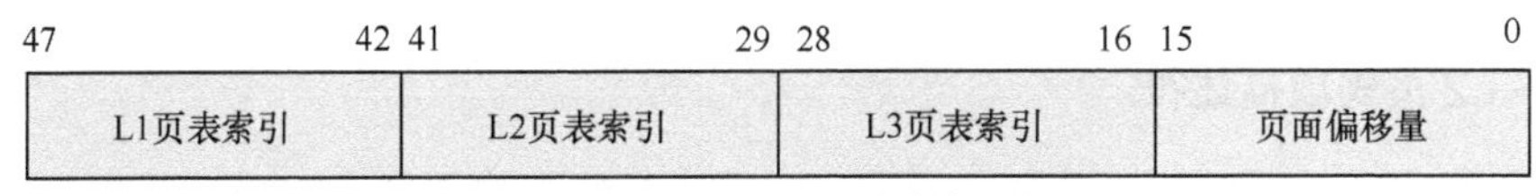

▲图 14.15 64 KB 页面粒度索引情况

L1 页表使用 VA[47:42]作为索引，只能索引 64 个 L2 页表，每个页表项指向 L2 页表的基地址。

L2 页表使用 VA[41:29]作为索引，每个页表项指向 L3 页表的基地址。另外，每个页表项也可以直接指向 512 MB 的块映射。

L3 页表使用 VA[28:16]作为索引，每个页表项指向 64 KB 页面。

14.2.4 两套页表

与 x86_64 体系结构的一套页表设计不同，AArch64 执行状态的体系结构采用分离的两套页表设计。如图 14.16 所示，整个虚拟地址空间分成 3 部分，下面是用户空间，中间是非规范区域，上面是内核空间。当 CPU 要访问用户空间的地址时，MMU 会自动选择 TTBR0 指向的页表。当 CPU 要访问内核空间的时候，MMU 会自动选择 TTBR1 这个寄存器指向的页表，这是硬件自动做的。

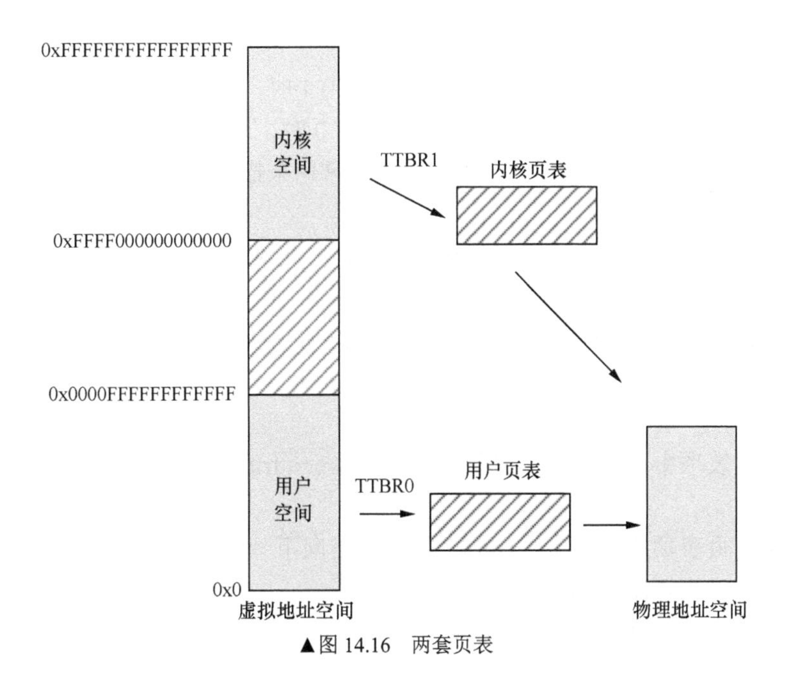

▲图 14.16 两套页表

- ❑ 当 CPU 访问内核空间地址（即虚拟地址的高 16 位为 1）时，MMU 自动选择 TTBR1_EL1 指向的页表。
- ❑ 当 CPU 访问用户空间地址（即虚拟地址的高 16 位为 0）时，MMU 自动选择 TTBR0_EL0 指向的页表。

14.2.5　页表项描述符

在 AArch64 执行状态的体系结构中，页表分成 4 级，每一级页表都有页表项，我们把它们称为页表项描述符，每个页表项描述符占 8 字节。这些页表项描述符的格式和内容是否都一样？其实不完全一样。

1. L0～L2 页表项描述符

AArch64 状态的体系结构中 L0～L3 页表项描述符的格式不完全一样。其中，L0～L2 页表项描述符的内容比较类似，如图 14.17 所示。

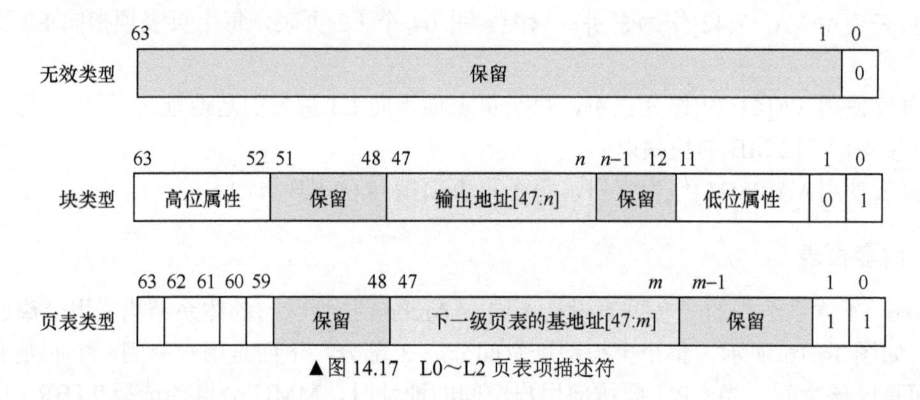

▲图 14.17　L0～L2 页表项描述符

L0～L2 页表项根据内容可以分成 3 类：一是无效的页表项；二是块（block）类型的页表项；三是页表（table）类型的页表项。

当页表项描述符的 Bit[0]为 1 时，表示有效的描述符；当 Bit[0]为 0 时，表示无效的描述符。

页表项描述符的 Bit[1]用来表示类型。当 Bit[1]为 1 时，表示该描述符包含了指向下一级页表的基地址，是一个页表类型的页表项。当 Bit[1]为 0 时，表示一个大内存块（memory block）的页表项，其中包含了最终的物理地址。大内存块通常用来描述大的、连续的物理内存，如 2 MB 或者 1 GB 大小的物理内存。

在块类型的页表项中，Bit[47:*n*]表示最终输出的物理地址。

若页面粒度是 4 KB，在 L1 页表项描述符中，*n* 为 30，表示 1 GB 大小的连续物理内存。在 L2 页表项描述符中，*n* 为 21，用来表示 2 MB 大小的连续物理内存。

若页面粒度为 16 KB，在 L2 页表项描述符中，*n* 为 25，用来表示 32 MB 大小的连续物理内存。

在块类型的页表项中，Bit[11:2]是低位属性（lower attribute），Bit[63:52]是高位属性（upper attribute）。

在页表类型的页表项描述符中，Bit[47:*m*]用来指向下一级页表的基地址。

- ❑ 当页面粒度为 4 KB 时，*m* 为 12。
- ❑ 当页面粒度为 16 KB 时，*m* 为 14。

- 当页面粒度为 64 KB 时，m 为 16。

2. L3 页表项描述符

如图 14.18 所示，L3 页表项描述符包含 5 种页表项，分别是无效的页表项、保留的页表项、4 KB 粒度的页表项、16 KB 粒度的页表项、64 KB 粒度的页表项。

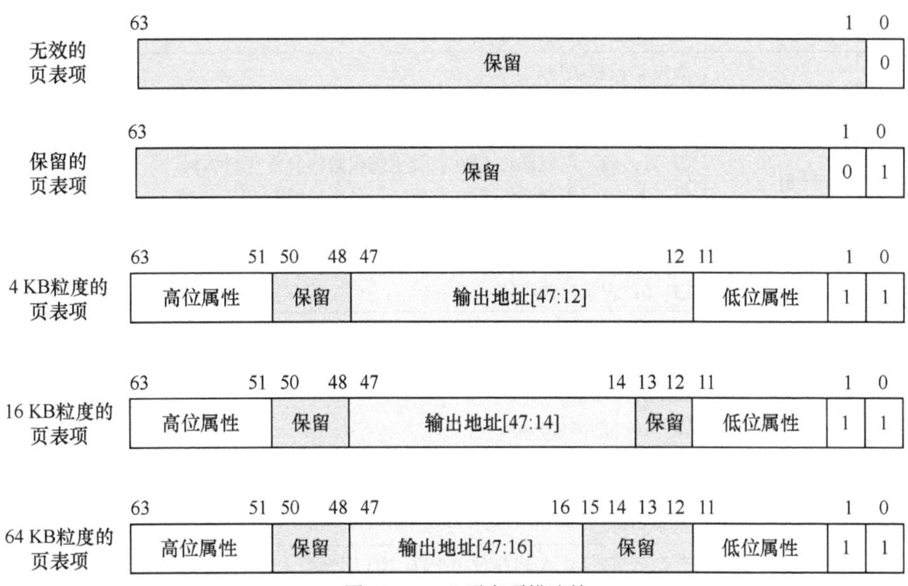

▲图 14.18 L3 页表项描述符

L3 页表项描述符的格式如下。

- 当页表项描述符的 Bit[0]为 1 时，表示有效的描述符；当为 0 时，表示无效的描述符。
- 当页表项描述符的 Bit[1]为 0 时，表示保留页表项；当为 1 时，表示页表类型的页表项。
- 页表描述符的 Bit[11:2]是低位属性，Bit[63:51]是高位属性，如图 14.19 所示。
- 页表描述符中间的位域包含了输出地址（output address），也就是最终物理页面的高地址段。
  - 当页面粒度为 4 KB 时，输出地址对应 Bit[47:12]。
  - 当页面粒度为 16 KB 时，输出地址对应 Bit[47:14]。
  - 当页面粒度为 64 KB 时，输出地址对应 Bit[47:16]。

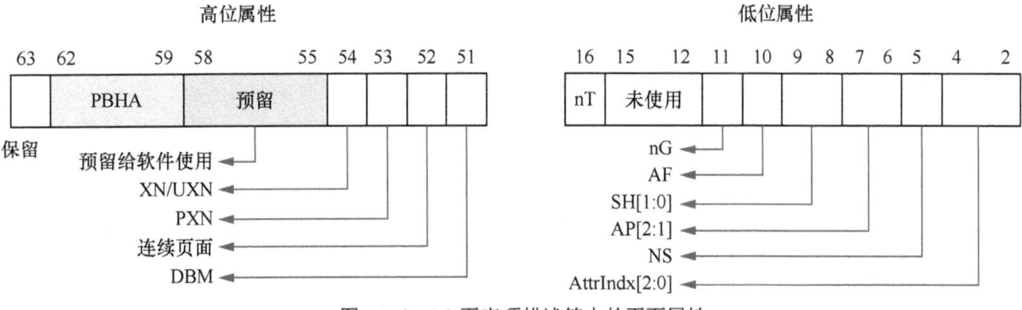

▲图 14.19 L3 页表项描述符中的页面属性

L3 页表项描述符包含了低位属性和高位属性。这些属性对应的位和描述如表 14.1 所示。

表 14.1　　页面属性对应的位和描述

名　称	位	描　述
AttrIndx[2:0]	Bit[4:2]	MAIR_EL*n* 寄存器用来表示内存的属性，如设备内存（device memory）、普通内存等。对于软件可以设置 8 个不同的内存属性。常见的内存属性有 DEVICE_nGnRnE、DEVICE_nGnRE、DEVICE_GRE、NORMAL_NC、NORMAL、NORMAL_WT。 AttrIndx 用来索引不同的内存属性
NS	Bit[5]	非安全（non-secure）位。当处于安全模式时用于指定访问的内存地址是安全映射的还是非安全映射的
AP[2:1]	Bit[7:6]	数据访问权限位。 AP[1]表示该内存允许通过用户权限（EL0）和更高权限的异常等级（EL1）来访问。在 Linux 内核中使用 PTE_USER 宏来表示可以在用户态访问该页面。 ❑ 1：表示可以通过 EL0 以及更高权限的异常等级访问。 ❑ 0：表示不能通过 EL0 访问，但是可以通过 EL1 访问。 AP[2]表示只读权限和可读、可写权限。在 Linux 内核中使用 PTE_RDONLY 宏来表示该位。 ❑ 1：表示只读。 ❑ 0：表示可读、可写
SH[1:0]	Bit[9:8]	内存共享属性。在 Linux 内核中使用 PTE_SHARED 宏来表示该位。 ❑ 00：没有共享。 ❑ 00：保留。 ❑ 10：外部可共享。 ❑ 11：内部可共享
AF	Bit[10]	访问位。Linux 内核使用 PTE_AF 宏来表示该位。当第一次访问页面时硬件会自动设置这个访问位
nG	Bit[11]	非全局位。Linux 内核使用 PTE_NG 宏来表示该位。该位用于 TLB 管理。TLB 的页表项分成全局的和进程特有的。当设置该位时表示这个页面对应的 TLB 页表项是进程特有的
nT	Bit[16]	块类型的页表项
DBM	Bit[51]	脏位。Linux 内核使用 PTE_DBM 宏来表示该位。该位表示页面被修改过
连续页面	Bit[52]	表示当前页表项处在一个连续物理页面集合中，可使用单个 TLB 页表项进行优化。Linux 内核使用 PTE_CONT 宏来表示该位
PXN	Bit[53]	表示该页面在特权模式下不能执行。Linux 内核使用 PTE_PXN 宏来表示该位
XN/UXN	Bit[54]	XN 表示该页面在任何模式下都不能执行。UXN 表示该页面在用户模式下不能执行。Linux 内核使用 PTE_UXN 宏来表示该位
预留	Bit[58:55]	预留给软件使用，软件可以利用这些预留的位来实现某些特殊功能，例如，Linux 内核使用这些位实现了 PTE_DIRTY、PTE_SPECIAL 以及 PTE_PROT_NONE
PBHA	Bit[62:59]	与页面相关的硬件属性

14.2.6　页表属性

本节介绍页表项中常见的属性。

1. 共享性与缓存性

缓存性（cacheability）指的是页面是否使能了高速缓存以及高速缓存的范围。通常只有普通内存可以使能高速缓存，通过页表项 AttrIndx[2:0]来设置页面的内存属性。另外，还能指定高速缓存是内部共享属性还是外部共享属性。通常处理器内核集成的高速缓存属于内部共享的高速缓存，而通过系统总线集成的高速缓存属于外部共享的高速缓存。

共享性指的是在多核处理器系统中某一个内存区域的高速缓存可以被哪些观察者观察到。没有共享性指的是只有本地 CPU 能观察到，内部共享性只能被具有内部共享属性的高速缓存的 CPU 观察到，外部共享性通常能被外部共享的观察者（例如系统中所有的 CPU、GPU 以及 DMA

等主接口控制器）观察到。

页表项属性中使用 SH[1:0]字段来表示页面的共享性与缓存性，如表 14.2 所示。

表 14.2 共享性与缓存性

SH[1:0]字段	说　明
00	没有共享性
01	保留
10	外部共享
11	内部共享

对于使能了高速缓存的普通内存，我们可以通过 SH[1:0]字段来设置共享属性。但是，对于设备内存和关闭高速缓存的普通内存，处理器会把它们当成外部共享属性来看待，尽管页表项中为 SH[1:0]字段设置了共享属性（SH[1:0]字段不起作用）。

2. 访问权限

页表项属性通过 AP 字段来控制 CPU 对页面的访问，例如，指定页面是否具有可读、可写权限，不同的异常等级对这个页面的访问权限等。AP 字段有两位。

AP[1]用来控制不同异常等级下 CPU 的访问权限。若 AP[1]为 1，表示在非特权模式下可以访问；若 AP[1]为 0，表示在非特权模式下不能访问。

AP[2]用来控制是否具有可读、可写权限。若 AP[2]为 1，表示只读权限；若 AP[2]为 0，表示可读、可写权限。

AP[2]与 AP[1]可以组合在一起来使用，对应的访问权限如表 14.3 所示。

表 14.3 AP[2]与 AP[1]组合使用表示的访问权限

AP[2:1]字段	非特权模式（EL0）	特权模式（EL1、EL2 以及 EL3）
00	不可读/不可写	可读/可写
01	可读/可写	可读/可写
10	不可读/不可写	只读
11	只读	只读

从表 14.3 可知，当 AP[1]为 1 时表示非特权模式和特权模式具有相同的访问权限，这样的设计会导致一个问题：特权模式下的内核态可以任意访问用户态的内存。攻击者可以在内核态任意访问用户态的恶意代码。为了修复这个漏洞，在 ARMv8.1 架构里新增了 PAN（特权禁止访问）特性，在 PSTATE 寄存器中新增一位来表示 PAN。内核态访问用户态内存时会触发一个访问权限异常，从而限制在内核态恶意访问用户态内存。

3. 执行权限

页表项属性通过 PXN 字段以及 XN/UXN 字段来设置 CPU 是否对这个页面具有执行权限。

当系统中使用两套页表时，UXN（Unprivileged eXecute-Never）用来设置非特权模式下的页表（通常指的是用户空间页表）是否具有可执行权限。若 UXN 为 1，表示不具有可执行权限；若为 0，表示具有可执行权限。当系统只使用一套页表时，使用 XN（eXecute-Never）字段。

当系统中使用两套页表时，PXN（Privileged eXecute-Never）用来设置特权模式下的页表（通常指的是内核空间页表）是否具有可执行权限。若 PXN 为 1，表示不具有可执行权限；若为 0，表示具有可执行权限。

除此之外，为了提高系统的安全性，SCTRL_ELx 寄存器中还用 WXN 字段来全局地控制执行权限。当 WXN 字段为 1 时，在 EL0 里具有可写权限的内存区域不可执行，包括特权模式（EL1）和非特权模式（EL0）；在 EL1 里具有可写权限的内存区域相当于设置 PXN 为 1，即在特权模式下不可执行。

访问权限（AP）、执行权限（UXN/PXN 以及 WXN）可以结合起来使用，如表 14.4 所示。

表 14.4 组合使用访问权限与执行权限

UXN	PXN	AP[2:1]	WXN	特权模式	非特权模式
0	0	00	0	可读、可写、可执行	可执行
		00	1	可读、可写、不可执行[①]	可执行
		01	0	可读、可写、不可执行[②]	可读、可写、可执行
		01	1	可读、可写、不可执行	可读、可写、不可执行
		10	×[③]	可读、可执行	可执行
		11	×	可读、可执行	可读、可执行
0	1	00	×	可读、可写、不可执行	可执行
		01	0	可读、可写、不可执行	可读、可写、可执行
		01	1	可读、可写、不可执行	可读、可写、不可执行
		10	×	只读、不可执行	可执行
		11	×	只读、不可执行	只读、可执行
1	0	00	0	可读、可写、可执行	不可执行
		00	1	可读、可写、不可执行	不可执行
		01	×	可读、可写、不可执行	可读、可写、不可执行
		10	×	只读、可执行	不可执行
		11	×	只读、可执行	只读、不可执行
1	1	00	×	可读、可写、不可执行	不可执行
		01	×	可读、可写、不可执行	可读、可写、不可执行
		10	×	只读，不可执行	不可执行
		11	×	只读，不可执行	只读，不可执行

4. 访问标志位

页表项属性中有一个访问字段 AF（Access Flag），用来指示页面是否被访问过。

- AF 为 1 表示页面已经被 CPU 访问过。
- AF 为 0 表示页面还没有被 CPU 访问过。

在 ARMv8.0 体系结构里需要软件来维护访问位。当 CPU 尝试第一次访问页面时会触发访问标志位异常（access flag fault），然后软件就可以设置访问标志位为 1。

操作系统使用访问标志位有如下好处。

- 用来判断某个已经分配的页面是否被操作系统访问过。如果访问标志位为 0，说明这个页面没有被处理器访问过。
- 用于操作系统中的页面回收机制。

① 当 WXN 为 1 时，可写的内存区域会在特权模式下变成不可执行的。

② 当 WXN 为 1 时，可写的内存区域会在非特权模式下变成不可执行的。

③ ×表示设置为 0 或者 1 不影响结果。

5. 全局和进程特有 TLB

页表项属性中有一个 nG 字段（non-Global）用来设置对应 TLB 的类型。TLB 的表项分成全局的和进程特有的。当设置 nG 为 1 时，表示这个页面对应的 TLB 表项是进程特有的；当为 0 时，表示这个 TLB 表项是全局的。

14.2.7 连续块表项

AArch64 状态的体系结构在页表设计方面考虑了 TLB 的优化，即利用一个 TLB 表项来完成多个连续的虚拟地址到物理地址的映射。这个就是 PTE 中的连续块页表项位。

使用连续块页表项位的条件如下。

- 页面对应的虚拟地址必须是连续的。
- 对于 4 KB 的页面，有 16 个连续的页面。
- 对于 16 KB 的页面，有 32 个或者 128 个连续的页面。
- 对于 64 KB 的页面，有 32 个连续的页面。
- 连续的页面必须有相同的内存属性。
- 起始地址必须以页面对齐。

14.3 硬件管理访问位和脏位

在 ARMv8.1 体系结构里新增了 TTHM 的特性，它支持由硬件来管理访问位（Access Flag，AF）和脏状态（dirty state）。

14.3.1 访问位的硬件管理机制

当页表转换控制寄存器（Translation Control Register，TCR）——TCR_EL1 中的 HA 字段设置为 1 时，表明使能硬件的自动更新访问标志位（AF）。当处理器访问内存地址时，处理器会自动设置 AF 访问位；在没有支持硬件更新访问位时，通过产生一个访问位的缺页异常来进行软件模拟。访问位的硬件管理如表 14.5 所示。

表 14.5 访问位的硬件管理

TCR_ELx.HA （用于使能硬件访问位管理）	AF	说　明
0	0	触发访问位缺页异常，通过软件来设置 AF
0	1	表明该页面已经被访问过
1	0	CPU 第一次访问该页面，硬件会自动设置 AF=1
1	1	表明该页面已经被访问过

14.3.2 脏位的硬件管理机制

当 TCR_EL1 中的 HD 字段设置为 1 时，表明使能硬件的脏位管理，即设置页表项属性中的 DBM 字段。当处理器写一个只读的内存地址时，硬件会检查 PTE 中的 DBM 字段。若该字段为 1，那么处理器会自动修改 AP 字段，例如清除只读标志位（AP[2]字段，Linux 内核里称为 PTE_RDONLY），使该页面具有可写权限。在没有硬件支持之前，需要通过产生一个关于访问权限的缺页异常来进行软件模拟并清除这个只读标志位。

当硬件支持上述两个机制时，硬件会自动地并且原子性地以“读-修改-回写”的方式来修改页表项。

通常 AP[2]字段和 DBM 字段联合使用，如表 14.6 所示。如果使能了脏位硬件管理（TCR_EL*x*.HD 设置为 1），并且页表项中的 DBM 字段也为 1，那么 CPU 向一个只读权限的页面中写入内容，它会原子地设置 AP[2]字段为可写属性，这是硬件自动和原子完成的。

表 14.6 联合使用 AP[2]字段和 DBM 字段

TCR_EL*x*.HD（用于使能脏位硬件管理）	AP[2]	DBM 字段	说　明
0	可读可写	—	处理器可以直接写
0	只读	—	需要触发访问权限缺页异常
1	只读	0	需要触发访问权限缺页异常
1	可读可写	1	处理器可以直接写
1	只读	1	处理器原子地和自动地修改 AP[2]，访问权限变成可读、可写

14.4 与地址转换相关的控制寄存器

与地址转换相关的控制寄存器主要有如下几个：

- 转换控制寄存器（Translation Control Register，TCR）；
- 系统控制寄存器（System Control Register，SCTLR）；
- 转换页表基地址寄存器（Translation Table Base Register，TTBR）。

14.4.1 TCR

TCR 主要包括了与地址转换相关的控制信息以及与高速缓存相关的配置信息。

TCR 中与地址转换相关的配置信息如图 14.20 所示。

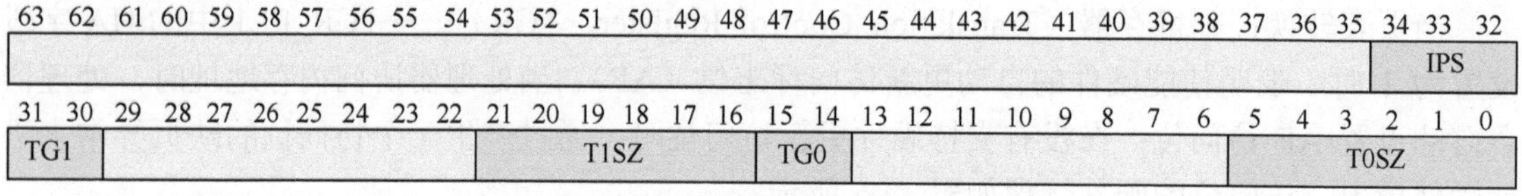

63 62 61 60 59 58 57 56 55 54 53 52 51 50 49 48 47 46 45 44 43 42 41 40 39 38 37 36 35 34 33 32

IPS

31 30 29 28 27 26 25 24 23 22 21 20 19 18 17 16 15 14 13 12 11 10 9 8 7 6 5 4 3 2 1 0

TG1　T1SZ　TG0　T0SZ

▲图 14.20 TCR 中与地址转换相关的配置信息

IPS 字段用来配置地址转换后的输出物理地址的最大值，如表 14.7 所示。

表 14.7 IPS 字段

IPS 字段的编码	输出地址大小	输出地址位宽
000	4 GB	32 位, PA[31:0]
001	64 GB	36 位, PA[35:0]
010	1 TB	40 位, PA[39:0]
011	4 TB	42 位, PA[41:0]
100	16 TB	44 位, PA[43:0]
101	256 TB	48 位, PA[47:0]
110	4 PB	52 位, PA[51:0]

如果 IPS 字段定义的输出地址大于实际物理内存地址，那么 CPU 会使用实际物理内存，因为 MMU 输出地址不能大于实际物理地址。如果页表里的输出地址超过了物理内存地址，会触发地址大小缺页异常（address size fault）或者页表转换缺页异常（translation fault）。

T*x*SZ 字段用来配置输入地址的最大值。当地址转换支持两个虚拟地址区域（即使用两套页表）时，TCR 寄存器里有两个字段，T0SZ 表示低端虚拟地址区域（lower VA range）的大小，T1SZ 表示高端虚拟地址区域（upper VA range）的大小。如果地址转换只支持一个虚拟地址区域就直接使用 T0SZ。计算输入地址最大值的公式为 $2^{64-TxSZ}$ 字节。

TG0 字段用来配置 TTBR0 页表的页面粒度大小。

- 0b00：表示 4 KB。
- 0b01：表示 16 KB。
- 0b11：表示 64 KB。

TG1 字段用来配置 TTBR1 页表的页面粒度大小。

TCR 中与高速缓存的配置信息如图 14.21 所示。

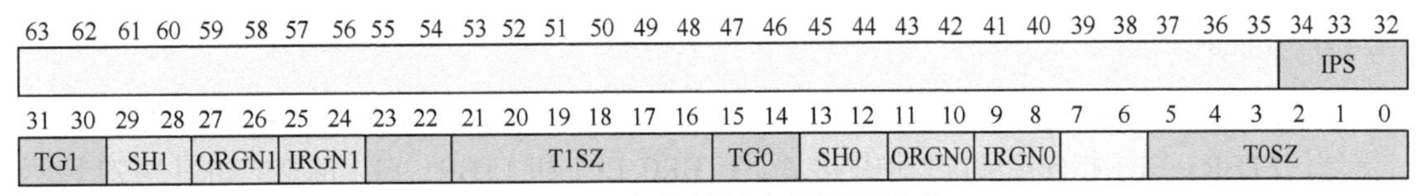

▲图 14.21　与高速缓存相关的配置信息

SHx 字段用来配置使用 TTBRx 页表相关内存的高速缓存共享属性。其中，SH0 字段描述的对象为 TTBR0，SH1 字段描述的对象为 TTBR1。

SHx 字段的选项如下。

- 0b00：表示不共享。
- 0b10：表示外部共享。
- 0b11：表示内部共享。

ORGNx 字段用来配置具有外部共享属性的内存。其中，ORGN0 字段描述这些内存是使用 TTBR0 页表来转换地址的，ORGN1 字段描述这些内存是使用 TTBR1 页表来转换地址的。

ORGNx 字段包括如下选项。

- 0b00：表示内存的属性为普通内存、外部共享且关闭了高速缓存。
- 0b01：表示内存的属性为普通内存、外部共享，高速缓存的策略是回写以及写分配/读分配。
- 0b10：表示内存属性为普通内存、外部共享，高速缓存的策略是写直通以及读分配/关闭写分配。
- 0b11：表示内存属性为普通内存、外部共享，高速缓存的策略是回写以及读分配/关闭写分配。

IRGNx 字段用来配置具有内部共享属性的内存，这些内存是使用 TTBRx 页表来转换地址的。其中，IRGN0 字段描述这些内存是使用 TTBR0 页表来转换地址的，IRGN1 字段描述这些内存是使用 TTBR1 页表来转换地址的。

IRGNx 字段包括如下选项。

- 0b00：表示内存属性为普通内存、内部共享，且关闭了高速缓存。
- 0b01：表示内存属性为普通内存、内部共享，高速存缓存的策略是回写以及写分配/读分配。
- 0b10：表示内存属性为普通内存、内部共享，高速存缓存的策略是写直通以及读分配/关闭写分配。
- 0b11：表示内存属性为普通内存、内部共享，高速存缓存的策略是回写以及读分配/关闭写分配。

有读者对 IRGNx/ORGNx 字段与页表属性中的 SH 字段感到疑惑，IRGNx/ORGNx 字段用来处理器内部专门用来缓存页表的高速缓存对应的回写策略以及读写分配策略，而 SH 字段用来表示具体某个页面的共享属性。

14.4.2 SCTLR

SCTLR 是与系统相关的控制寄存器，其中有 3 个字段与 MMU 地址转换和高速缓存相关。

- ❑ M 字段：用来打开 MMU 地址转换。若设置 M 字段为 1，表示要打开 MMU 地址转换；若设置为 0，表示要关闭 MMU 地址转换。
- ❑ C 字段：表示打开和关闭数据高速缓存。
- ❑ I 字段：表示打开和关闭指令高速缓存。

14.4.3 TTBR

TTBR 用来存储页表的基地址。当系统使用两段虚拟地址区域时，TTBR0_EL1 指向低端虚拟地址区域，TTBR1_EL1 指向高端虚拟地址区域。TTBR0_EL1 和 TTBR1_EL1 的格式如图 14.22 所示。

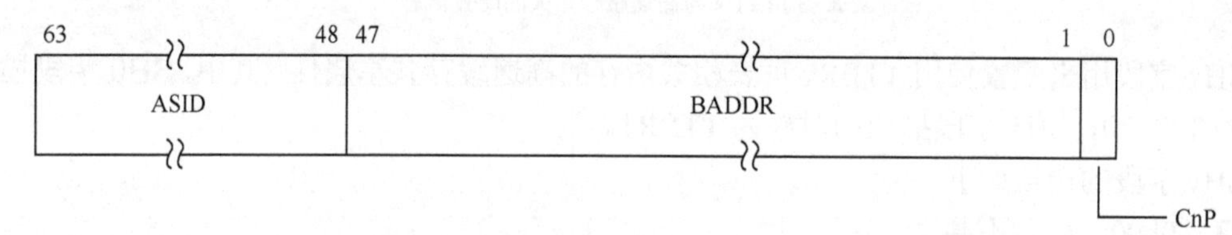

▲图 14.22 TTBR0_EL1 和 TTBR1_EL1 的格式

其中，ASID 字段用来存储硬件 ASID，BADDR 字段存储页表基地址。

当 ARMv8.2 体系结构中的 TTCNP 特性使能时才使用 CnP 字段。这个特性主要用在支持超线程技术的处理器（例如 Neoverse-E1 处理器）中。当 CnP 字段设置为 1 时，超线程处理器内核可以共享相同的 VMID 和 ASID，提高 TLB 的使用效率。

14.5 内存属性

ARMv8 体系结构处理器主要提供两种类型的内存属性，分别是普通类型内存和设备类型内存。

14.5.1 普通类型内存

普通类型内存实现的是弱一致性的（weakly ordered）内存模型，没有额外的约束，可以提供最高的内存访问性能。通常代码段、数据段以及其他数据都会放在普通内存中。普通类型内存可以让处理器做很多优化，如分支预测、数据预取、高速缓存行预取和填充、乱序加载等硬件优化。

14.5.2 设备类型内存

处理器访问设备类型内存会有很多限制，如不能进行预测访问等。设备类型内存是严格按照指令顺序来执行的。通常设备类型内存留给设备来访问。若系统中所有内存都设置为设备内存，就会有很大的副作用。ARMv8 体系结构定义了多种关于设备内存的属性：

- ❑ Device-nGnRnE；
- ❑ Device-nGnRE；
- ❑ Device-nGRE；
- ❑ Device-GRE。

Device 后的字母是有特殊含义的。

G 和 nG 分别表示聚合（Gathering）与不聚合（non Gathering）。聚合表示在同一个内存属性的区域中允许把多次访问内存的操作合并成一次总线传输。

- 若一个内存地址标记为“nG”，则会严格按照访问内存的次数和大小来访问内存，不会做合并优化。
- 若一个内存地址标记为“G”，则会做总线合并访问，如合并两个相邻的字节访问为一次多字节访问。若程序访问同一个内存地址两次，则处理器只会访问内存一次，但是在第二次访问内存指令后返回相同的值。若这个内存区域标记为“nG”，则处理器会访问内存两次。

R 和 nR 分别表示指令重排（Re-ordering）与不重排（non Re-ordering）。

E 和 nE 分别表示提前写应答（Early write acknowledgement）与不提前写应答（non Early write acknowledgement）。往外部设备写数据时，处理器先把数据写入写缓冲区（write buffer）中，若使能了提前写应答，则数据到达写缓冲区时会发送写应答；若没有使能提前写应答，则数据到达外设时才发送写应答。

内存属性并没有存放在页表项中，而存放在 MAIR_EL*n*（Memory Attribute Indirection Register_EL*n*）中。页表项中使用一个 3 位的索引来查找 MAIR_EL*n*。

如图 14.23 所示，MAIR_EL*n* 分成 8 段，每一段都可以用于描述不同的内存属性。

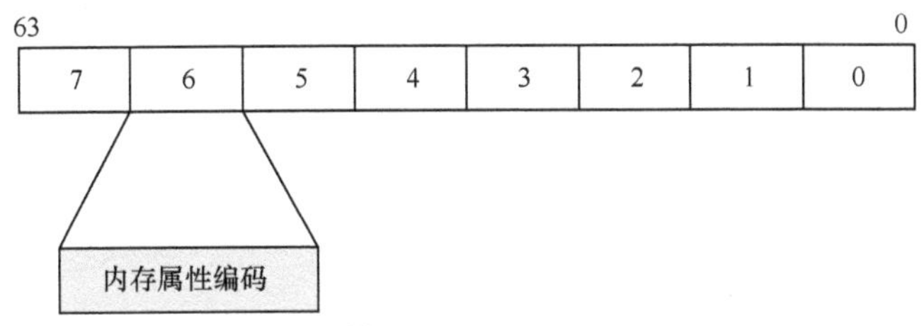

▲图 14.23 MAIR_EL*n*

在页表项中使用 AttrIndx[2:0]字段作为索引。

不同内存属性在 MAIR 中是如何编码的呢？MAIR 用 8 位来表示一种内存属性，对应编码如表 14.8 所示。

表 14.8 MAIR 的内存属性编码[①]

Bit[7:4]	Bit[3:0]	说 明
0b0000	0b0000	Device-nGnRnE 内存
0b0000	0b0100	Device-nGnRE 内存
0b0000	0b1000	Device-nGRE 内存
0b0000	0b1100	Device-GRE 内存
0b0000	0b0011	未定义
0b0011	0b0011	普通内存，写直通策略（短暂性）
0b0100	0b0100	普通内存，关闭高速缓存
0b0111	0b0111	普通内存，回写策略（短暂性）
0b1011	0b1011	普通内存，写直通策略
0b1111	0b1111	普通内存，回写策略

① 详细参考《ARM Architecture Reference Manual, for ARMv8-A architecture Profile, v8.6》D13.2.92 节。

我们以 Linux 内核为例来描述 MAIR 的内存属性编码如何使用。Linux 内核定义了如下几种内存属性。

```
<arch/arm64/include/asm/memory.h>

#define MT_DEVICE_nGnRnE    0
#define MT_DEVICE_nGnRE     1
#define MT_DEVICE_GRE       2
#define MT_NORMAL_NC        3
#define MT_NORMAL           4
#define MT_NORMAL_WT        5
```

- ❑ MT_DEVICE_nGnRnE：设备内存属性，不支持聚合操作，不支持指令重排，不支持提前写应答。
- ❑ MT_DEVICE_nGnRE：设备内存属性，不支持聚合操作，不支持指令重排，支持提前写应答。
- ❑ MT_DEVICE_GRE：设备内存属性，支持聚合操作，支持指令重排，支持提前写应答。
- ❑ MT_NORMAL_NC：普通内存属性，关闭高速缓存，其中 NC 是 Non-Cacheable 的意思。
- ❑ MT_NORMAL：普通内存属性。
- ❑ MT_NORMAL_WT：普通内存属性，高速缓存的回写策略为直写策略。

系统在上电复位并经过 BIOS 或者 BootLoader 初始化后跳转到内核的汇编代码。而在汇编代码中会对内存属性进行初始化。

```
<arch/arm64/mm/proc.S>

#define MAIR(attr, mt)    ((attr) << ((mt) * 8))

ENTRY(__cpu_setup)
    ...
    /*
     * 内存区域属性:
     *
     *   n = AttrIndx[2:0]
     *          n    MAIR
     *   DEVICE_nGnRnE  000 00000000
     *   DEVICE_nGnRE   001 00000100
     *   DEVICE_GRE     010 00001100
     *   NORMAL_NC      011 01000100
     *   NORMAL         100 11111111
     *   NORMAL_WT      101 10111011
     */
    ldr  x5, =MAIR(0x00, MT_DEVICE_nGnRnE) | \
              MAIR(0x04, MT_DEVICE_nGnRE) | \
              MAIR(0x0c, MT_DEVICE_GRE) | \
              MAIR(0x44, MT_NORMAL_NC) | \
              MAIR(0xff, MT_NORMAL) | \
              MAIR(0xbb, MT_NORMAL_WT)
    msr  mair_el1, x5
```

ARMv8 体系结构最多可以定义 8 种不同的内存属性，而 Linux 内核只定义了 5 种，例如，索引 0 表示 MT_DEVICE_nGnRnE，根据表 14.8 所示的编码值，0x0 表示 Device-nGnRnE 内存，0x4 表示 Device-nGnRE 内存，以此类推。把这些编码值分别写入 MAIR 寄存器对应的内存属性域中，在页表项中使用 AttrIndx[2:0]作为索引来索引这些内存属性，这在 Linux 内核中定义为 PTE_ATTRINDX()宏。

```
<arch/arm64/include/asm/pgtable-hwdef.h>

#define PTE_ATTRINDX(t)       (_AT(pteval_t, (t)) << 2)
```

根据内存属性，页表项的属性分成 PROT_DEVICE_nGnRnE、PROT_DEVICE_nGnRE、PROT_NORMAL_NC、PROT_NORMAL_WT 和 PROT_NORMAL。

```
<arch/arm64/include/asm/pgtable-prot.h>

#define PROT_DEVICE_nGnRnE  (PROT_DEFAULT | PTE_PXN | PTE_UXN | PTE_DIRTY | PTE_WRITE |
PTE_ATTRINDX(MT_DEVICE_nGnRnE))
#define PROT_DEVICE_nGnRE   (PROT_DEFAULT | PTE_PXN | PTE_UXN | PTE_DIRTY | PTE_WRITE |
PTE_ATTRINDX(MT_DEVICE_nGnRE))
#define PROT_NORMAL_NC      (PROT_DEFAULT | PTE_PXN | PTE_UXN | PTE_DIRTY | PTE_WRITE |
PTE_ATTRINDX(MT_NORMAL_NC))
#define PROT_NORMAL_WT      (PROT_DEFAULT | PTE_PXN | PTE_UXN | PTE_DIRTY | PTE_WRITE |
PTE_ATTRINDX(MT_NORMAL_WT))
#define PROT_NORMAL         (PROT_DEFAULT | PTE_PXN | PTE_UXN | PTE_DIRTY | PTE_WRITE |
PTE_ATTRINDX(MT_NORMAL))
```

那究竟不同类型的页面该采用什么类型的内存属性呢？之前提到，内核可执行代码段和数据段都应该采用普通内存。

```
<arch/arm64/include/asm/pgtable-prot.h>

#define PAGE_KERNEL          __pgprot(PROT_NORMAL)
#define PAGE_KERNEL_RO         __pgprot((PROT_NORMAL & ~PTE_WRITE) | PTE_RDONLY)
#define PAGE_KERNEL_ROX        __pgprot((PROT_NORMAL & ~(PTE_WRITE | PTE_PXN)) |
PTE_RDONLY)
#define PAGE_KERNEL_EXEC       __pgprot(PROT_NORMAL & ~PTE_PXN)
#define PAGE_KERNEL_EXEC_CONT     __pgprot((PROT_NORMAL & ~PTE_PXN) | PTE_CONT)
```

- PAGE_KERNEL：内核中的普通内存页面。
- PAGE_KERNEL_RO：内核中只读的普通内存页面。
- PAGE_KERNEL_ROX：内存中只读的可执行的普通页面。
- PAGE_KERNEL_EXEC：内核中可执行的普通页面。
- PAGE_KERNEL_EXEC_CONT：内核中可执行的普通页面，并且是物理连续的多个页面。

14.6 案例分析：在 BenOS 里实现恒等映射

恒等映射指的是把虚拟地址映射到同等数值的物理地址上，即虚拟地址（VA）= 物理地址（PA），如图 14.24 所示。在操作系统实现中，恒等映射是非常实用的技巧。

从 BootLoader/BIOS 跳转到操作系统（如 Linux 内核）入口时，MMU 是关闭的。关闭了 MMU 意味着不能利用高速缓存的性能。因此，我们在初始化的某个阶段需要把 MMU 打开并且使能数据高速缓存，以获得更高的性能。但是，如何打开 MMU？我们需要小心，否则会发生意想不到的问题。

在关闭 MMU 的情况下，处理器访问的地址都是物理地址。当 MMU 打开时，处理器访问的地址变成了虚拟地址。

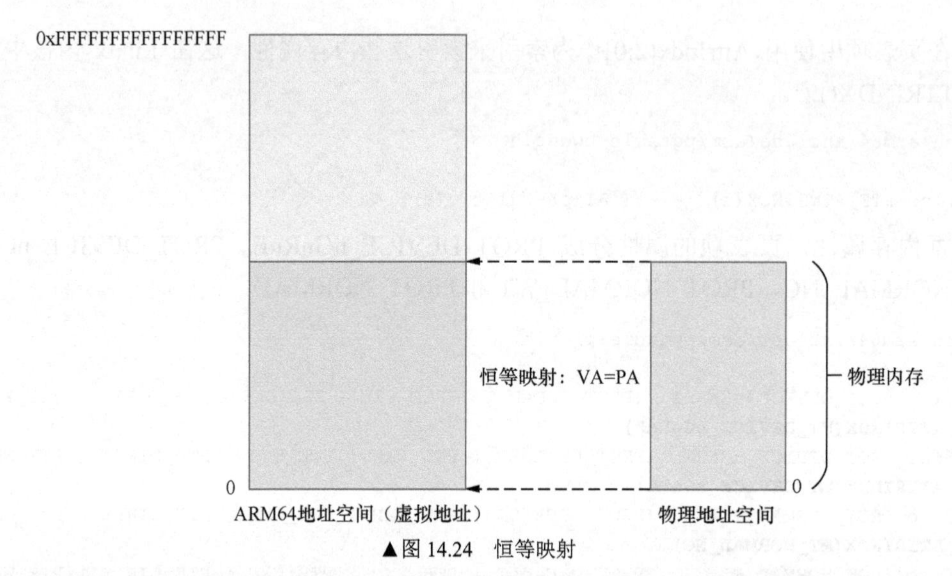

▲图 14.24 恒等映射

现代处理器大多是多级流水线体系结构，处理器会先预取多条指令到流水线中。当打开 MMU 时，处理器已经预取了多条指令，并且这些指令是使用物理地址来进行预取的。打开 MMU 的指令运行完之后，处理器的 MMU 功能生效，于是之前预取的指令会使用虚拟地址来访问，到 MMU 中查找对应的物理地址。因此，这是为了保证处理器在开启 MMU 前后可以连续取指令。

在本案例中，我们在树莓派 4B 和 BenOS 上创建一个恒等映射，把树莓派 4B 中低 512 MB 内存映射到虚拟地址中 0～512 MB 地址空间里。我们采用 4 KB 大小的页面和 48 位地址宽度来创建这个恒等映射。

14.6.1 页表定义

我们采用与 Linux 内核类似的页表定义方式，即采用以下 4 级分页模型：

- 页全局目录（Page Global Directory，PGD）；
- 页上级目录（Page Upper Directory，PUD）；
- 页中间目录（Page Middle Directory，PMD）；
- 页表（Page Table，PT）。

上述 4 级分页模型分别对应 ARMv8 体系结构中的 L0～L3 页表。上述 4 级分页模型在 64 位虚拟地址中的划分情况如图 14.25 所示。

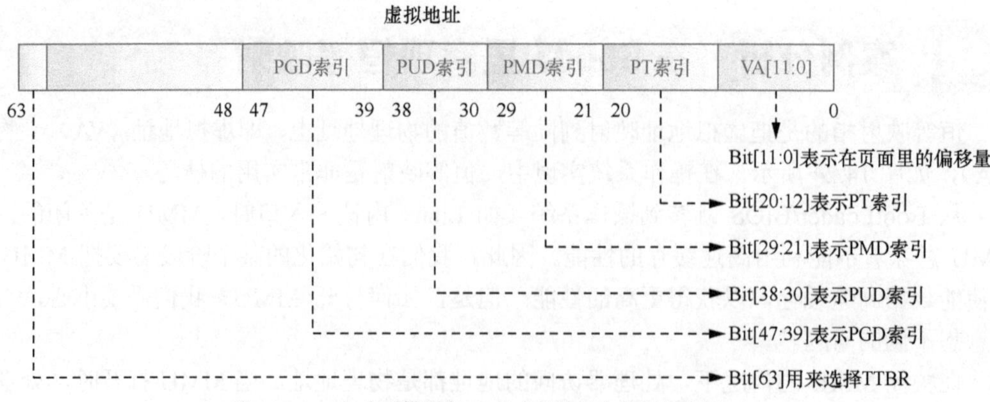

▲图 14.25 4 级分页模型在 64 位虚拟地址中的划分情况

从图 14.25 可知，PGD 的偏移量为 39，从中可以计算 PGD 页表的大小和 PGD 页表项数量。

```
/* PGD */
#define PGDIR_SHIFT 39
#define PGDIR_SIZE (1UL << PGDIR_SHIFT)
#define PGDIR_MASK (~(PGDIR_SIZE-1))
#define PTRS_PER_PGD (1 << (VA_BITS - PGDIR_SHIFT))
```

- PGDIR_SHIFT 宏表示 PGD 页表在虚拟地址中的起始偏移量。
- PGDIR_SIZE 宏表示一个 PGD 页表项所能映射的区域大小。
- PGDIR_MASK 宏用来屏蔽虚拟地址中 PUD 索引、PMD 索引以及 PT 索引字段的所有位。
- PTRS_PER_PGD 宏表示 PGD 页表中页表项的个数。其中 VA_BITS 表示虚拟地址的位宽，它在这个案例中默认为 48 位。

接下来，计算 PUD 页表的偏移量和大小。

```
/* PUD */
#define PUD_SHIFT 30
#define PUD_SIZE (1UL << PUD_SHIFT)
#define PUD_MASK (~(PUD_SIZE-1))
#define PTRS_PER_PUD (1 << (PGDIR_SHIFT - PUD_SHIFT))
```

- PUD_SHIFT 宏表示 PUD 页表在虚拟地址中的起始偏移量。
- PUD_SIZE 宏表示一个 PUD 页表项所能映射的区域大小。
- PUD_MASK 宏用来屏蔽虚拟地址中 PMD 索引和 PT 索引字段的所有位。
- PTRS_PER_PUD 宏表示 PUD 页表中页表项的个数。

接下来，计算 PMD 页表的偏移量和大小。

```
/* PMD */
#define PMD_SHIFT 21
#define PMD_SIZE (1UL << PMD_SHIFT)
#define PMD_MASK (~(PMD_SIZE-1))
#define PTRS_PER_PMD (1 << (PUD_SHIFT - PMD_SHIFT))
```

- PMD_SHIFT 宏表示 PMD 页表在虚拟地址中的起始偏移量。
- PMD_SIZE 宏表示一个 PMD 页表项所能映射的区域大小。
- PMD_MASK 宏用来屏蔽虚拟地址中的 PT 索引字段的所有位。
- PTRS_PER_PMD 宏表示 PMD 页表中页表项的个数。

最后，计算页表的偏移量。由于设置页面粒度为 4 KB，因此页表的偏移量是从第 12 位开始的。

```
/* PTE */
#define PTE_SHIFT 12
#define PTE_SIZE (1UL << PTE_SHIFT)
#define PTE_MASK (~(PTE_SIZE-1))
#define PTRS_PER_PTE (1 << (PMD_SHIFT - PTE_SHIFT))
```

- PTE_SHIFT 宏表示页表在虚拟地址中的起始偏移量。
- PTE_SIZE 宏表示一个 PTE 所能映射的区域大小。
- PTE_MASK 宏用来屏蔽虚拟地址中 PT 索引字段的所有位。
- PTRS_PER_PTE 宏表示页表中页表项的个数。

另外，ARMv8 体系结构的页表还支持 2 MB 大小块类型映射，有的书中称为段（section）映射。

```
#define SECTION_SHIFT PMD_SHIFT
#define SECTION_SIZE(1UL << SECTION_SHIFT)
#define SECTION_MASK(~(SECTION_SIZE-1))
```

- SECTION_SHIFT 宏表示段映射在虚拟地址中的起始偏移量，它等于 PMD_SHIFT。
- SECTION_SIZE 宏表示一个段映射的页表项所能映射的区域大小，通常是 2 MB 大小。
- SECTION_MASK 宏用来屏蔽虚拟地址中 SECTION 索引字段的所有位。

PTE 描述符包含了丰富的属性，它们的定义如下。

```
#define PTE_TYPE_MASK  (3UL << 0)
#define PTE_TYPE_FAULT (0UL << 0)
#define PTE_TYPE_PAGE  (3UL << 0)
#define PTE_TABLE_BIT  (1UL << 1)
#define PTE_USER       (1UL << 6)    /* AP[1] */
#define PTE_RDONLY     (1UL << 7)    /* AP[2] */
#define PTE_SHARED     (3UL << 8)    /* SH[1:0] */
#define PTE_AF         (1UL << 10)
#define PTE_NG         (1UL << 11)
#define PTE_DBM        (1UL << 51)
#define PTE_CONT       (1UL << 52)
#define PTE_PXN        (1UL << 53)
#define PTE_UXN        (1UL << 54)
#define PTE_HYP_XN     (1UL << 54)
```

内存属性并没有存放在页表项中，而存放在 MAIR_EL*n* 中。页表项中使用一个 3 位的索引来查找 MAIR_EL*n*。在页表项中使用 AttrIndx[2:0]字段作为索引。下面定义 PTE_ATTRINDX 宏来索引内存属性。

```
/*
 * AttrIndx[2:0] 的编码
 */
#define PTE_ATTRINDX(t)((t) << 2)
#define PTE_ATTRINDX_MASK(7 << 2)
```

根据内存属性，页表项的属性分成 PROT_DEVICE_nGnRnE、PROT_DEVICE_nGnRE、PROT_NORMAL_NC、PROT_NORMAL_WT 和 PROT_NORMAL。

```
#define PROT_DEVICE_nGnRnE(PROT_DEFAULT | PTE_PXN | PTE_UXN | PTE_DIRTY | PTE_WRITE |
  PTE_ATTRINDX(MT_DEVICE_nGnRnE))
#define PROT_DEVICE_nGnRE(PROT_DEFAULT | PTE_PXN | PTE_UXN | PTE_DIRTY | PTE_WRITE |
  PTE_ATTRINDX(MT_DEVICE_nGnRE))
#define PROT_NORMAL_NC(PROT_DEFAULT | PTE_PXN | PTE_UXN | PTE_DIRTY | PTE_WRITE | PTE_
  ATTRINDX(MT_NORMAL_NC))
#define PROT_NORMAL_WT(PROT_DEFAULT | PTE_PXN | PTE_UXN | PTE_DIRTY | PTE_WRITE | PTE_
  ATTRINDX(MT_NORMAL_WT))
#define PROT_NORMAL (PROT_DEFAULT | PTE_PXN | PTE_UXN | PTE_DIRTY | PTE_WRITE | PTE_
  ATTRINDX(MT_NORMAL))
```

那究竟不同类型的页面该采用什么类型的内存属性呢？例如，操作系统的可执行代码段和数据段都应该采用普通内存。

```
#define _PROT_DEFAULT(PTE_TYPE_PAGE | PTE_AF | PTE_SHARED)
#define PROT_DEFAULT (_PROT_DEFAULT)
```

```
#define PAGE_KERNEL_RO((PROT_NORMAL & ~PTE_WRITE) | PTE_RDONLY)
#define PAGE_KERNEL_ROX((PROT_NORMAL & ~(PTE_WRITE | PTE_PXN)) | PTE_RDONLY)
#define PAGE_KERNEL_EXEC(PROT_NORMAL & ~PTE_PXN)

#define PAGE_KERNEL PROT_NORMAL
```

- PAGE_KERNEL：操作系统内核中的普通内存页面。
- PAGE_KERNEL_RO：操作系统内核中只读的普通内存页面。
- PAGE_KERNEL_ROX：操作系统内核中只读的、可执行的普通页面。
- PAGE_KERNEL_EXEC：操作系统内核中可执行的普通页面。

14.6.2 页表数据结构

由于 L0～L3 页表的页表项的宽度都是 64 位，因此我们可以使用 C 语言的 unsigned long long 类型来描述。

```
typedef unsigned long long u64;

typedef u64 pteval_t;
typedef u64 pmdval_t;
typedef u64 pudval_t;
typedef u64 pgdval_t;

typedef struct {
    pteval_t pte;
} pte_t;
#define pte_val(x) ((x).pte)
#define __pte(x) ((pte_t) { (x) })

typedef struct {
    pmdval_t pmd;
} pmd_t;
#define pmd_val(x) ((x).pmd)
#define __pmd(x) ((pmd_t) { (x) })

typedef struct {
    pudval_t pud;
} pud_t;
#define pud_val(x) ((x).pud)
#define __pud(x) ((pud_t) { (x) })

typedef struct {
    pgdval_t pgd;
} pgd_t;
#define pgd_val(x) ((x).pgd)
#define __pgd(x) ((pgd_t) { (x) })
```

上面的代码中，pte_t 表示一个 PTE，pmd_t 表示一个 PMD 页表项，pud_t 表示一个 PUD 页表项，pgd_t 来表示一个 PGD 页表项。

14.6.3 创建页表

页表存储在内存中，页表的创建是需要软件来完成的，页表的遍历则是 MMU 自动完成的。在打开 MMU 之前，软件需要手动建立和填充 4 级页表的相关页表项。

我们首先在链接脚本的数据段中预留 4 KB 大小的内存空间给 PGD 页表。

```
SECTIONS
{
	. = 0x80000,
	...
	/*
	 * 数据段
	 */
	_data = .;
	.data : { *(.data) }
	. = ALIGN(4096);
	idmap_pg_dir = .;
	. += 4096;
	_edata = .;
	...
}
```

idmap_pg_dir 指向的地址空间正好是 4 KB 大小，用于 PGD 页表。接下来，使用__create_pgd_mapping()函数来逐步创建页表。

```
void __create_pgd_mapping(pgd_t *pgdir, unsigned long phys,
		unsigned long virt, unsigned long size,
		unsigned long prot,
		unsigned long (*alloc_pgtable)(void),
		unsigned long flags)
```

其中，参数的含义如下。

- pgdir：表示 PGD 页表的基地址。
- phys：表示要映射的物理地址的起始地址。
- virt：表示要映射的虚拟地址的起始地址。
- size：表示要创建映射的总大小。
- prot：表示要创建映射的内存属性。
- alloc_pgtable：用来分配下一级页表的分配内存函数。PGD 页表在链接脚本里预先分配好了，剩下的 3 级页表则需要在动态创建过程中分配内存。
- flags：传递给页表创建过程中的标志位。

在本案例中，根据内存属性，我们将创建 3 个不同的恒等映射。

- 代码段。由于代码段具有只读、可执行属性，因此它们必须映射到 PAGE_KERNEL_ROX 属性。
- 数据段以及剩下的内存。这部分内存属于普通类型内存，可以映射到 PAGE_KERNEL 属性。
- 树莓派 4B 寄存器地址空间。寄存器地址空间属于设备类型内存，映射到 PROT_DEVICE_nGnRnE 属性。

创建代码段和数据段的恒等映射的具体代码如下。

```
static void create_identical_mapping(void)
{
	unsigned long start;
	unsigned long end;

	start = (unsigned long)_text_boot;
	end = (unsigned long)_etext;
	__create_pgd_mapping((pgd_t *)idmap_pg_dir, start, start,
			end - start, PAGE_KERNEL_ROX,
```

```
              early_pgtable_alloc,
              0);

      start = PAGE_ALIGN((unsigned long)_etext);
      end = TOTAL_MEMORY;
      __create_pgd_mapping((pgd_t *)idmap_pg_dir, start, start,
              end - start, PAGE_KERNEL,
              early_pgtable_alloc,
              0);
}
```

其中，首先创建代码段的恒等映射（代码段的起始地址是_text_boot，结束地址为_etext）；然后创建数据段的恒等映射（数据段的起始地址为_etext，结束地址为内存的结束地址TOTAL_MEMORY）。

第三段恒等映射的起始地址为 PBASE，映射的大小为 DEVICE_SIZE，映射的内存属性为PROT_DEVICE_nGnRnE。

```
#define PBASE 0xFE000000
#define DEVICE_SIZE 0x2000000

static void create_mmio_mapping(void)
{
     __create_pgd_mapping((pgd_t *)idmap_pg_dir, PBASE, PBASE,
              DEVICE_SIZE, PROT_DEVICE_nGnRnE,
              early_pgtable_alloc,
              0);
}
```

接下来，分析__create_pgd_mapping()函数的实现。

```
1    static void __create_pgd_mapping(pgd_t *pgdir, unsigned long phys,
2            unsigned long virt, unsigned long size,
3            unsigned long prot,
4            unsigned long (*alloc_pgtable)(void),
5            unsigned long flags)
6    {
7        pgd_t *pgdp = pgd_offset_raw(pgdir, virt);
8        unsigned long addr, end, next;
9
10       phys &= PAGE_MASK;
11       addr = virt & PAGE_MASK;
12       end = PAGE_ALIGN(virt + size);
13
14       do {
15           next = pgd_addr_end(addr, end);
16           alloc_init_pud(pgdp, addr, next, phys,
17                   prot, alloc_pgtable, flags);
18           phys += next - addr;
19}      while (pgdp++, addr = next, addr != end);
20   }
```

在__create_pgd_mapping ()函数中，以 PGDIR_SIZE 为步长遍历内存区域[virt, virt+size]，然后通过调用 alloc_init_pud()初始化 PGD 页表项内容和 PUD。pgd_addr_end()以 PGDIR_SIZE 为步长。pgd_addr_end()函数的定义如下。

```
#define pgd_addr_end(addr, end)                                          \
  ({      unsigned long __boundary = ((addr) + PGDIR_SIZE) & PGDIR_MASK;   \
```

```
        (__boundary - 1 < (end) - 1) ? __boundary : (end);                \
})
```

alloc_init_pud()函数的定义如下。

```
1    static void alloc_init_pud(pgd_t *pgdp, unsigned long addr,
2            unsigned long end, unsigned long phys,
3            unsigned long prot,
4            unsigned long (*alloc_pgtable)(void),
5            unsigned long flags)
6    {
7        pgd_t pgd = *pgdp;
8        pud_t *pudp;
9        unsigned long next;
10
11       if (pgd_none(pgd)) {
12           unsigned long pud_phys;
13
14           pud_phys = alloc_pgtable();
15
16           set_pgd(pgdp, __pgd(pud_phys | PUD_TYPE_TABLE));
17           pgd = *pgdp;
18       }
19
20       pudp = pud_offset_phys(pgdp, addr);
21       do {
22           next = pud_addr_end(addr, end);
23           alloc_init_pmd(pudp, addr, next, phys,
24                   prot, alloc_pgtable, flags);
25           phys += next - addr;
26
27       } while (pudp++, addr = next, addr != end);
28   }
```

在第 11～18 行中，通过 pgd_none()判断当前 PGD 页表项的内容是否已空。如果 PGD 页表项的内容已空，说明下一级页表还没创建，那么需要动态分配下一级页表。首先，使用 alloc_pgtable()函数分配一个 4 KB 页面用于 PUD 页表。PUD 页表基地址 pud_phys 与相关属性 PUD_TYPE_TABLE 组成一个 PGD 的页表项，然后通过 set_pgd()函数设置到相应的 PGD 页表项中。

在第 20 行中，pud_offset_phys()函数通过 addr 和 PGD 页表项来找到对应的 PUD 页表项。

在第 21～27 行中，以 PUD_SIZE 为步长，通过 while 循环设置下一级页表，调用 alloc_init_pmd()函数来创建下一级页表。

alloc_init_pmd()函数的定义如下。

```
1    static void alloc_init_pmd(pud_t *pudp, unsigned long addr,
2            unsigned long end, unsigned long phys,
3            unsigned long prot,
4            unsigned long (*alloc_pgtable)(void),
5            unsigned long flags)
6    {
7        pud_t pud = *pudp;
8        pmd_t *pmdp;
9        unsigned long next;
10
11       if (pud_none(pud)) {
12           unsigned long pmd_phys;
```

```
13
14          pmd_phys = alloc_pgtable();
15          set_pud(pudp, __pud(pmd_phys | PUD_TYPE_TABLE));
16          pud = *pudp;
17      }
18
19      pmdp = pmd_offset_phys(pudp, addr);
20      do {
21          next = pmd_addr_end(addr, end);
22
23          if (((addr | next | phys) & ~SECTION_MASK) == 0 &&
24                  (flags & NO_BLOCK_MAPPINGS) == 0)
25              pmd_set_section(pmdp, phys, prot);
26          else
27              alloc_init_pte(pmdp, addr, next, phys,
28                      prot, alloc_pgtable, flags);
29
30          phys += next - addr;
31      } while (pmdp++, addr = next, addr != end);
32  }
```

在第 11～17 行中，如果 pud 页表项已空，说明下一级页表还没有建立，那么需要动态分配下一级页表。首先，使用 alloc_pgtable()函数分配一个 4 KB 页面用于 PMD 页表。PMD 页表基地址 pmd_phys 与相关属性 PUD_TYPE_TABLE 组成一个 PUD 的页表项，然后通过 set_pud()函数设置到相应的 PUD 页表项中。

在第 19 行中，pmd_offset_phys()函数通过 addr 和 PUD 页表项找到对应的 PMD 页表项。

在第 20～31 行中，以 PMD_SIZE 为步长，通过 while 循环设置下一级页表，调用 alloc_init_pte()函数创建下一级页表。

这里有一个小技巧，在第 23～24 行中，如果虚拟区间的开始地址（addr）、结束地址（next）和物理地址（phys）都与 SECTION_SIZE 大小（2 MB）对齐并且没有设置 NO_BLOCK_MAPPINGS 标志位，那么直接设置段映射（section mapping）的页表项，不需要映射下一级页表。

PT 是 4 级页表的最后一级，alloc_init_pte()函数配置 PTE。该函数的定义如下。

```
1   static void alloc_init_pte(pmd_t *pmdp, unsigned long addr,
2           unsigned long end, unsigned long phys,
3           unsigned long prot,
4           unsigned long (*alloc_pgtable)(void),
5           unsigned long flags)
6   {
7       pmd_t pmd = *pmdp;
8       pte_t *ptep;
9
10      if (pmd_none(pmd)) {
11          unsigned long pte_phys;
12
13          pte_phys = alloc_pgtable();
14          set_pmd(pmdp, __pmd(pte_phys | PMD_TYPE_TABLE));
15          pmd = *pmdp;
16      }
17
18      ptep = pte_offset_phys(pmdp, addr);
19      do {
20          set_pte(ptep, pfn_pte(phys >> PAGE_SHIFT, prot));
21          phys += PAGE_SIZE;
```

```
22          } while (ptep++, addr += PAGE_SIZE, addr != end);
23   }
```

在第 10～16 行中，判断 PMD 页表项的内容是否已空。如果已空，说明下一级页表还没创建。使用 alloc_pgtable()来分配一个 4 KB 页面，用于页表的 512 个页表项。

PMD 页表项的内容包括 PT 的基地址 pte_phys 以及 PMD 页表项属性 PMD_TYPE_TABLE。

在第 18 行中，pte_offset_phys()函数通过 PMD 页表项和 addr 来获取 PTE。

在第 19～22 行中，以 PAGE_SIZE（即 4 KB 大小）为步长，通过 while 循环设置 PTE。调用 set_pte()来设置 PTE。PTE 包括物理地址的页帧号（phys >> PAGE_SHIFT）以及页表属性 prot。其中，页表属性 prot 是通过__create_pgd_mapping()函数传递下来的，例如代码段的恒等映射的页表属性为 PAGE_KERNEL_ROX，即只读的、可执行的普通类型页面。

上述操作完成了一次建立页表的过程。读者需要注意两点。

- 页表的创建和填充是由操作系统来完成的，但是处理器遍历页表是由处理器的 MMU 来完成的。
- 除第一级页表（PGD 页表）是在链接脚本中预留的之外，其他的页表是动态创建的。

在创建页表的过程中，经常使用到 early_pgtable_alloc()函数，它分配 4 KB 大小的页面，用于页表。

```
static unsigned long early_pgtable_alloc(void)
{
	unsigned long phys;

	phys = get_free_page();
	memset((void *)phys, 0, PAGE_SIZE);

	return phys;
}
```

注意，early_pgtable_alloc()分配的 4 KB 页面用于页表，最好把页面内容都清空，以免残留的数据干扰了 MMU 遍历页面。

由于 BenOS 还没有实现伙伴分配系统，因此我们就使用数组分配和释放物理页面，而且直接从 0x400000 地址开始分配内存。

```
#define NR_PAGES (TOTAL_MEMORY / PAGE_SIZE)

static unsigned short mem_map[NR_PAGES] = {0,};

#define LOW_MEMORY     (0x400000) /*4MB*/
#define TOTAL_MEMORY (512 * 0x100000)  /*512MB*/

unsigned long get_free_page(void)
{
	int i;

	for (i = 0; i < NR_PAGES; i++) {
		if (mem_map[i] == 0) {
			mem_map[i] = 1;
			return LOW_MEMORY + i * PAGE_SIZE;
		}
	}
	return 0;
}
```

```
void free_page(unsigned long p)
{
    mem_map[(p - LOW_MEMORY)/PAGE_SIZE] = 0;
}
```

14.6.4 打开 MMU

创建完页表之后需要设置系统寄存器来打开 MMU，这里面的步骤涉及配置内存属性、设置 TTBR*x* 等。

```
1   static void cpu_init(void)
2   {
3       unsigned long mair = 0;
4       unsigned long tcr = 0;
5       unsigned long tmp;
6       unsigned long parang;
7
8       asm("tlbi vmalle1");
9       dsb(nsh);
10
11      mair = MAIR(0x00UL, MT_DEVICE_nGnRnE) |
12             MAIR(0x04UL, MT_DEVICE_nGnRE) |
13             MAIR(0x0cUL, MT_DEVICE_GRE) |
14             MAIR(0x44UL, MT_NORMAL_NC) |
15             MAIR(0xffUL, MT_NORMAL) |
16             MAIR(0xbbUL, MT_NORMAL_WT);
17      write_sysreg(mair, mair_el1);
18
19      tcr = TCR_TxSZ(VA_BITS) | TCR_TG_FLAGS;
20
21      tmp = read_sysreg(ID_AA64MMFR0_EL1);
22      parang = tmp & 0xf;
23      if (parang > ID_AA64MMFR0_PARANGE_48)
24          parang = ID_AA64MMFR0_PARANGE_48;
25
26      tcr |= parang << TCR_IPS_SHIFT;
27
28      write_sysreg(tcr, tcr_el1);
29  }
```

在第 8～9 行中，使当前 VMID 以及 EL1 中所有 TLB 表项（仅包括页表转换阶段 1）失效，DSB 指令保证 TLBI 指令执行完。

在第 11～17 行中，设置内存属性到 MAIR_EL1 中。

在第 19 行中，TCR_TxSZ 表示 T*x*SZ 字段，用来配置输入地址的最大值；TCR_TG_FLAGS 包括 TG0 字段和 TG1 字段，用来设置页面粒度。

在第 21～26 行中，通过读取 ID_AA64MMFR0_EL1 中的 parange 字段可以知道当前系统支持最大的物理地址范围，然后可以把这个 parange 字段的值设置到 TCR_EL1 的 IPS 字段中。

在第 28 行中，设置 TCR_EL1。

enable_mmu()函数用于启用 MMU，其定义如下。

```
1   static int enable_mmu(void)
2   {
3       unsigned long tmp;
```

```
4        int tgran4;
5
6        tmp = read_sysreg(ID_AA64MMFR0_EL1);
7        tgran4 = (tmp >> ID_AA64MMFR0_TGRAN4_SHIFT) & 0xf;
8        if (tgran4 != ID_AA64MMFR0_TGRAN4_SUPPORTED)
9        return -1;
10
11       write_sysreg(idmap_pg_dir, ttbr0_el1);
12       isb();
13
14       write_sysreg(SCTLR_ELx_M, sctlr_el1);
15       isb();
16       asm("ic iallu");
17       dsb(nsh);
18       isb();
19
20       return 0;
21   }
```

在第 6～9 行中，通过读取 ID_AA64MMFR0_EL1 的 tgran4 字段来判断系统是否支持 4 KB 页面粒度。

在第 11 行中，把 PGD 页表项基地址写入 TTBR0_EL1 中。

在第 12 行中，调用 ISB 指令让 CPU 重新取指令。

在第 14 行中，设置 SCTLR_EL1 中的 M 字段为 1 来打开 MMU，该行执行完成之后，MMU 功能就打开了。

在第 15 行中，调用 ISB 指令让 CPU 重新取指令。

在第 16 行中，使所有的指令高速缓存失效。

在第 17 行中，使用 DSB 指令保证第 16 行的 IC 指令执行完。

在第 18 行中，ISB 指令保证 CPU 重新从指令高速缓存中取指令。

执行 cpu_init()和 enable_mmu()函数之后，MMU 功能就打开了。下面是创建和打开 MMU 的整个过程。

```
1    void paging_init(void)
2    {
3        memset(idmap_pg_dir, 0, PAGE_SIZE);
4        create_identical_mapping();
5        create_mmio_mapping();
6        cpu_init();
7        enable_mmu();
8
9        printk("enable mmu done\n");
10   }
```

在第 3 行中，把 PGD 页表 idmap_pg_dir 清空。

在第 4～5 行中，动态创建 3 个恒等映射的页表。

在第 6～7 行中，调用 cpu_init()和 enable_mmu()函数来初始化并打开 MMU。

14.6.5　测试 MMU

上面介绍了如何创建页表和打开 MMU，我们需要验证 MMU 是否正常工作。测试的方法很简单，我们分别访问一个经过恒等映射和没有进过恒等映射的内存地址，观察系统会发生什么变化。

```
static int test_access_map_address(void)
{
	unsigned long address = TOTAL_MEMORY - 4096;

	*(unsigned long *)address = 0x55;

	printk("%s access 0x%x done\n", __func__, address);

	return 0;
}

/*
 * 访问一个没有建立映射的地址应该会触发页表访问错误
 */
static int test_access_unmap_address(void)
{
	unsigned long address = TOTAL_MEMORY + 4096;

	*(unsigned long *)address = 0x55;

	printk("%s access 0x%x done\n", __func__, address);

	return 0;
}
```

在恒等映射中，我们映射了从代码段结束地址_etext 到 TOTAL_MEMORY 的内存空间。test_access_map_address()函数访问（TOTAL_MEMORY－4096）地址，这个地址是映射过的。test_access_unmap_address()函数访问（TOTAL_MEMORY＋4096）地址，这个地址还没有经过映射，CPU 访问这个地址会触发一个页表访问错误。

我们在 QEMU 虚拟机上运行这个程序，结果如下。

```
rlk@master:benos$ make run
qemu-system-aarch64 -machine raspi4 -nographic -kernel benos.bin
Booting at EL2
Booting at EL1
Welcome BenOS!
BenOS image layout:
  .text.boot: 0x00080000 - 0x000800d8 (    216 B)
       .text: 0x000800d8 - 0x000852f0 ( 21016 B)
     .rodata: 0x00086000 - 0x00086976 (  2422 B)
       .data: 0x00086976 - 0x00089000 (  9866 B)
        .bss: 0x00089000 - 0x000e9444 (394308 B)
enable mmu done
test_access_map_address access 0x1ffff000 done
Bad mode for Sync Abort handler detected, far:0x20001000 esr:0x96000046 - DABT (current EL)
ESR info:
  ESR = 0x96000046
  Exception class = DABT (current EL), IL = 32 bits
  Data abort:
  SET = 0, FnV = 0
  EA = 0, S1PTW = 0
  CM = 0, WnR = 1
  DFSC = Translation fault, level2
Kernel panic
```

从上面日志可以看到，BenOS 触发了一个二级页表的地址转换异常，出错的地址为 0x20001000，

test_access_unmap_address()函数确实访问了（TOTAL_MEMORY + 4096B）对应的地址，符合我们的预期，说明 MMU 已经正常工作。

14.7 实验

14.7.1 实验 14-1：建立恒等映射

1. 实验目的

熟悉 ARM64 处理器的 MMU 工作流程。

2. 实验要求

（1）在树莓派 4B 上建立一个恒等映射的页表，即虚拟地址等于物理地址。
（2）在 C 语言中实现页表的建立和 MMU 的开启功能。
（3）写一个测试例子来验证 MMU 是否开启了。

14.7.2 实验 14-2：为什么 MMU 无法运行

1. 实验目的

（1）熟悉 ARM64 处理器的 MMU 工作流程。
（2）调试和解决问题。

2. 实验要求

某读者把实验 14-1 中的 create_identical_mapping()函数写成图 14.26 所示形式。

```
static void create_identical_mapping(void)
{
        unsigned long start;
        unsigned long end;

        /*map memory*/
        start = (unsigned long)_text_boot;
        end = TOTAL_MEMORY;
        __create_pgd_mapping((pgd_t *)idmap_pg_dir, start, start,
                        end - start, PAGE_KERNEL,
                        early_pgtable_alloc,
                        0);
}
```

▲图 14.26 create_identical_mapping()函数

他发现程序无法运行，这是什么原因导致的？请使用 QEMU 虚拟机和 GDB 单步调试代码并找出执行哪条语句发生了问题。另外，请思考为什么 MMU 无法运行。

14.7.3 实验 14-3：实现一个 MMU 页表的转储功能

1. 实验目的

熟悉 MMU 页表的转储功能。

2. 实验要求

在实验 14-1 的基础上实现一个 MMU 页表的转储（dump）功能，输出页表的虚拟地址、页表项的相关属性等信息，以方便调试和定位问题，结果如图 14.27 所示。

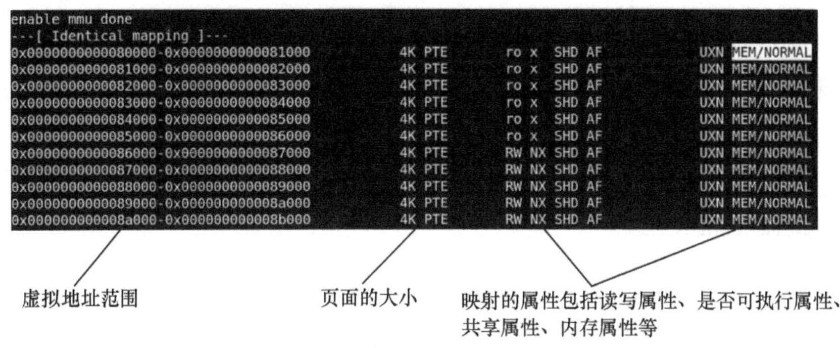

▲图 14.27 页表转储功能

14.7.4 实验 14-4：修改页面属性导致的系统死机

1. 实验目的

（1）熟悉页面属性等相关知识。

（2）熟悉解决系统死机的方法和技巧。

2. 实验要求

在系统中找出一个只读的页面，然后把这个页面的属性设置为可读、可写，使用 memset 函数往这个页面中写入内容。

实验步骤如下。

（1）找出一个 4 KB 的只读页面，得到虚拟地址 vaddr。

（2）遍历页表，找到 vaddr 对应的 PTE。

（3）修改 PTE，为它设置可读、可写属性。

（4）使用 memset 修改页面内容。

某读者修改链接脚本，在代码段申请了一个 4 KB 大小的只读页面，然后实现了一个 walk_pgtable()函数，用于遍历页表和查找对应的 PTE，如图 14.28 所示。

```
static pte_t *walk_pgtable(unsigned long address)
{
        pgd_t *pgd = NULL;
        pud_t *pud;
        pte_t *pte;
        pmd_t *pmd;

        /* pgd */
        pgd = pgd_offset_raw((pgd_t *)idmap_pg_dir, address);
        if (pgd == NULL || pgd_none(*pgd))
                return NULL;

        pud = pud_offset_phys(pgd, address);
        if (pud ==NULL || pud_none(*pud))
                return NULL;

        pmd = pmd_offset_phys(pud, address);
        if (pmd == NULL || pmd_none(*pmd))
                return NULL;
        else if (pmd_val(*pmd) & PMD_TYPE_SECT) {
                return (pte_t *)pmd;
        }

        pte = pte_offset_phys(pmd, address);
        if ((pte == NULL) || pte_none(*pte))
                return NULL;

        return pte;
}
```

▲图 14.28 walk_pgtable()函数

这位读者发现怎么设置都没法为页面设置可写属性，最终触发死机。请帮忙查找死机的原因。

14.7.5　实验 14-5：使用汇编语言来建立恒等映射和打开 MMU

1. 实验目的

（1）熟悉 ARM64 处理器的 MMU 工作流程。

（2）熟悉页表建立过程。

（3）熟悉汇编语言的使用。

2. 实验要求

（1）在实验 14-1 的基础上，在汇编阶段，使用汇编语言创建一个 2 MB 的恒等映射，并且打开 MMU。

（2）写一个测试例子来验证 MMU 是否开启。

14.7.6　实验 14-6：验证 LDXR 和 STXR 指令

1. 实验目的

了解 LDXR 和 STXR 指令与 MMU 的关系。

2. 实验要求

为什么 MMU 使能之后，在树莓派 4B 开发板上运行下面的 my_atomic_write 汇编函数，MMU 还不能运行？

```
.global my_atomic_write
my_atomic_write:
    adr x6, my_atomic_data
1:
    ldxr x2, [x6]
    orr x2, x2, x0
    stxr w3, x2, [x6]
    cbnz w3, 1b

    mov x0, x2
    ret
```

使用 J-link EDU 仿真器来单步调试 my_atomic_write 汇编函数，运行到 CBNZ 指令之后系统就死机了，如图 14.29 所示。

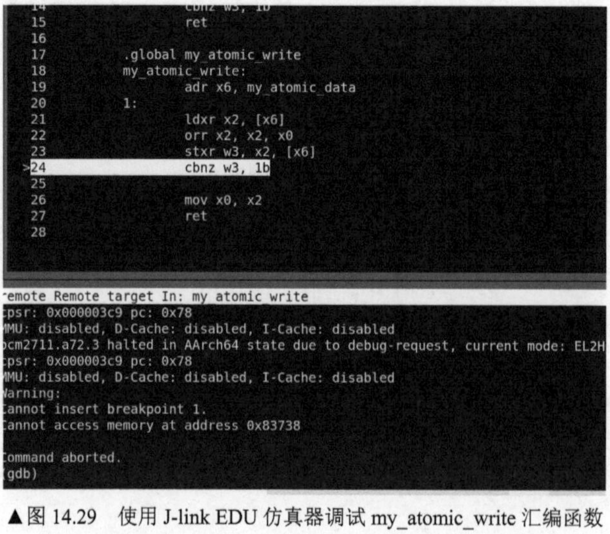

```
 15              ret
 16
 17          .global my_atomic_write
 18          my_atomic_write:
 19              adr x6, my_atomic_data
 20          1:
 21              ldxr x2, [x6]
 22              orr x2, x2, x0
 23              stxr w3, x2, [x6]
>24              cbnz w3, 1b
 25
 26              mov x0, x2
 27              ret
 28

emote Remote target In: my atomic write
psr: 0x000003c9 pc: 0x78
MU: disabled, D-Cache: disabled, I-Cache: disabled
cm2711.a72.3 halted in AArch64 state due to debug-request, current mode: EL2H
psr: 0x000003c9 pc: 0x78
MU: disabled, D-Cache: disabled, I-Cache: disabled
arning:
annot insert breakpoint 1.
annot access memory at address 0x83738

ommand aborted.
(gdb)
```

▲图 14.29　使用 J-link EDU 仿真器调试 my_atomic_write 汇编函数

14.7.7 实验 14-7：AT 指令

1. 实验目的

了解和熟悉地址转换指令——AT 指令。

2. 实验要求

使用 AT 指令来验证对于某个虚拟地址是否建立了映射，并且输出相关属性，如图 14.30 所示。

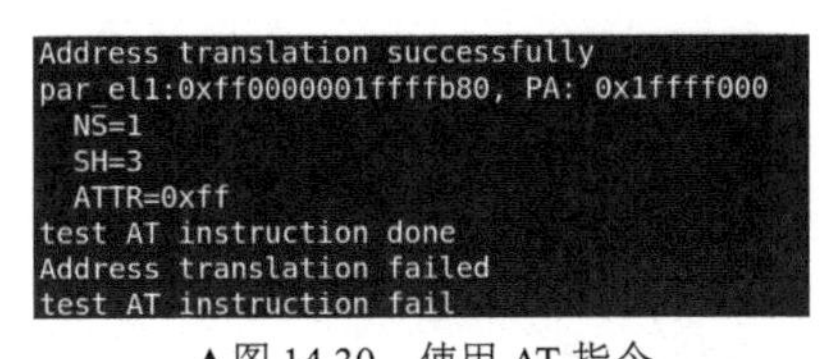

▲图 14.30　使用 AT 指令

第 15 章　高速缓存基础知识

本章思考题

1. 为什么需要高速缓存？
2. 请简述 CPU 访问各级内存设备的延时情况。
3. 请简述 CPU 查询高速缓存的过程。
4. 请简述直接映射、全相连映射以及组相连映射的高速缓存的区别。
5. 在组相连高速缓存里，组、路、高速缓存行、标记域的定义分别是什么？
6. 什么是虚拟高速缓存和物理高速缓存？
7. 什么是高速缓存的重名问题？
8. 什么是高速缓存的同名问题？
9. VIPT 类型的高速缓存会产生重名问题吗？
10. 高速缓存中的写直通和回写策略有什么区别？
11. 在 ARM64 处理器中，什么是内部共享和外部共享的高速缓存？如何区分？
12. 在 ARM64 处理器中，什么是 PoU 和 PoC？

高速缓存是处理器内部一个非常重要的硬件单元，虽然对软件是透明的，但是合理利用高速缓存的特性能显著提高程序的效率。本章主要介绍高速缓存的工作原理、映射方式，虚拟高速缓存与物理高速缓存，重名与别名问题，以及高速缓存访问延时、高速缓存的访问策略、共享属性、高速缓存维护指令等方面的基础知识。

15.1 为什么需要高速缓存

在现代处理器中，处理器的访问速度已经远远超过了主存储器的访问速度。一条加载指令需要上百个时钟周期才能从主存储器读取数据到处理器内部的寄存器中，这会导致使用该数据的指令需要等待加载指令完成才能继续执行，处理器处于停滞状态，严重影响程序的运行速度。解决处理器访问速度和内存访问速度严重不匹配的问题，是高速缓存设计的初衷。在处理器内部设置一个缓冲区，该缓冲区的速度与处理器内部的访问速度匹配。当处理器第一次从内存中读取数据时，也会把该数据暂时缓存到这个缓冲区里。这样，当处理器第二次读时，直接从缓冲区中取数据，从而大大地提升了第二次读的效率。同理，后续读操作的效率也得到了提升。这个缓冲区的概念就是高速缓存。第二次读的时候，如果数据在高速缓存里，称为高速缓存命中（cache hit）；如果数据不在高速缓存里，称为高速缓存未命中（cache miss）。

高速缓存一般是集成在处理器内部的 SRAM（Static Random Access Memory），相比外部的内存条造价昂贵，因此，高速缓存的容量一般比较小，成本高，访问速度快。如果一个程序的高速缓存命中率比较高，那么还不仅能提升程序的运行速度，还能降低系统功耗。因为高速缓存命中时就不需要访问外部的内存模块，从而有助于降低系统功耗。

通常，在一个系统的设计过程中，需要在高速缓存的性能和成本之间权衡，因此现代处理器系统都采用多级高速缓存的设计方案。越靠近CPU内核的高速缓存速度越快，成本越高，容量越小。如图15.1所示，一个经典的ARM64体系结构处理器系统包含了多级的高速缓存。Cortex-A53处理器族包含了两个CPU内核，每个CPU内核都有自己的L1高速缓存。L1高速缓存采用分离的两部分高速缓存。图中的L1 D表示L1数据高速缓存，L1 I表示L1指令高速缓存。这两个CPU内核共享一个L2高速缓存，L2高速缓存采用混合的方式，不再区分指令和数据高速缓存。同理，在Cortex-A72的处理器族也包含了两个CPU内核，每个CPU内核都有自己的L1高速缓存，同样这两个CPU内核都共享一个L2高速缓存。在这个系统中，还外接了一个扩展的L3高速缓存，Cortex-A53处理器族和Cortex-A72处理器族都能共享这个L3高速缓存。

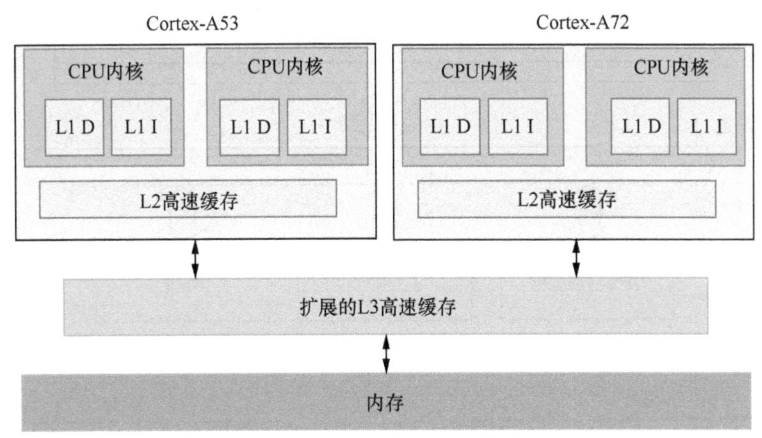

▲图15.1 经典的高速缓存系统方案

高速缓存除带来性能的提升和功耗的降低之外，还会带来一些副作用，例如，高速缓存一致性问题，高速缓存伪共享，自修改代码导致的指令高速缓存和数据高速缓存的一致性等问题，本章会介绍这方面的内容。

15.2 高速缓存的访问延时

在现代广泛应用的计算机系统中，以内存为研究对象可以分成两种体系结构：一种是统一内存访问（Uniform Memory Access，UMA）体系结构，另一种是非统一内存访问（Non-Uniform Memory Access，NUMA）体系结构。

- UMA体系结构：内存有统一的结构并且可以统一寻址。目前大部分嵌入式系统、手机操作系统以及台式机操作系统采用UMA体系结构。如图15.2所示，该系统使用UMA体系结构，有4个CPU，它们都有L1高速缓存。其中，CPU0和CPU1组成一个簇（Cluster0），它们共享一个L2高速缓存。另外，CPU2和CPU3组成另外一个簇（Cluster1），它们共享另外一个L2高速缓存。4个CPU都共享同一个L3高速缓存。最重要的一点是，它们可以通过系统总线来访问DDR物理内存。
- NUMA体系结构：系统中有多个内存节点和多个CPU簇，CPU访问本地内存节点的速度最快，访问远端内存节点的速度要慢一点。如图15.3所示，该系统使用NUMA体系结构，有两个内存节点。其中，CPU0和CPU1组成一个节点（Node0），它们可以通过系统总线访问本地 DDR 物理内存，同理，CPU2 和 CPU3 组成另外一个节点（Node1），它们也可以通过系统总线访问本地的 DDR 物理内存。如果两个节点通过超路径互连总线（Ultra Path Interconnect，UPI）连接，那么 CPU0 可以通过这条内部总线访问远端的内存节点的物理内存，但是访问速度要比访问本地物理内存慢很多。

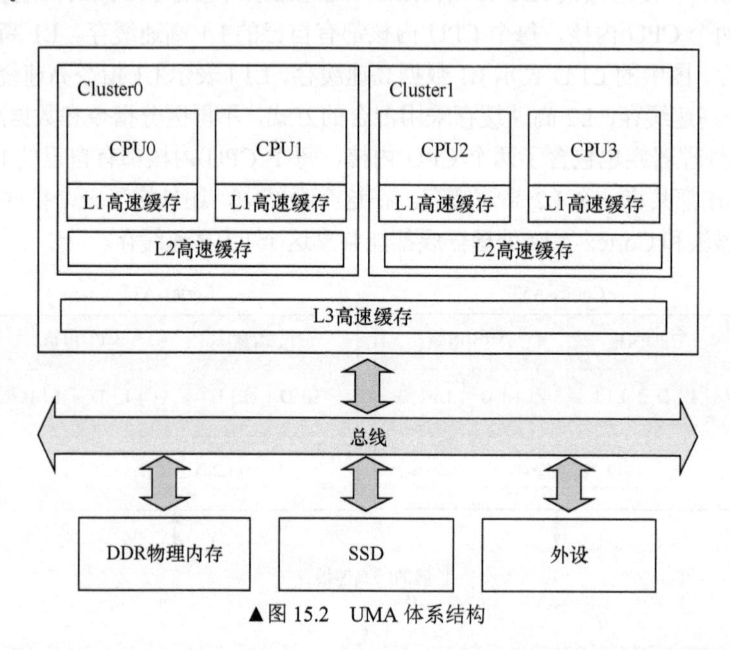

▲图 15.2　UMA 体系结构

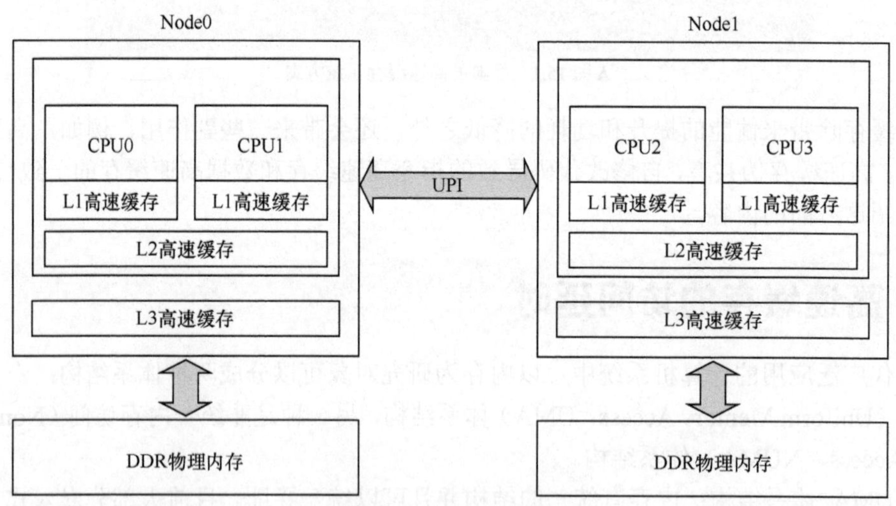

▲图 15.3　NUMA 体系结构

UMA 和 NUMA 体系结构中，CPU 访问各级内存的速度是不一样的。表 15.1 展示了某一款服务器芯片访问各级内存设备的访问延时。

表 15.1　CPU 访问各级内存设备的延时

访 问 类 型	访 问 延 时
L1 高速缓存命中	约 4 个时钟周期
L2 高速缓存命中	约 10 个时钟周期
L3 高速缓存命中（高速缓存行没有共享）	约 40 个时钟周期

续表

访问类型	访问延时
L3 高速缓存命中（和其他 CPU 共享高速缓存行）	约 65 个时钟周期
L3 高速缓存命中（高速缓存行被其他 CPU 修改过）	约 75 个时钟周期
访问远端的 L3 高速缓存	约 100～300 个时钟周期
访问本地 DDR 物理内存	约 60 ns
访问远端内存节点的 DDR 物理内存	约 100 ns

从表 15.1 可知，当 L1 高速缓存命中时，CPU 只需要大约 4 个时钟周期即可读取数据；当 L1 高速缓存未命中而 L2 高速缓存命中时，CPU 访问数据的延时比 L1 高速缓存命中时要长，访问延时变成了大约 10 个时钟周期。同理，如果 L3 高速缓存命中，那么访问延时就更长。最差的情况是访问远端内存节点的 DDR 物理内存。因此，越靠近 CPU 的高速缓存命中，访问延时就越低。

15.3 高速缓存的工作原理

处理器访问主存储器使用地址编码方式。高速缓存也使用类似的地址编码方式，因此处理器使用这些编码地址可以访问各级高速缓存。图 15.4 所示为一个经典的高速缓存体系结构。

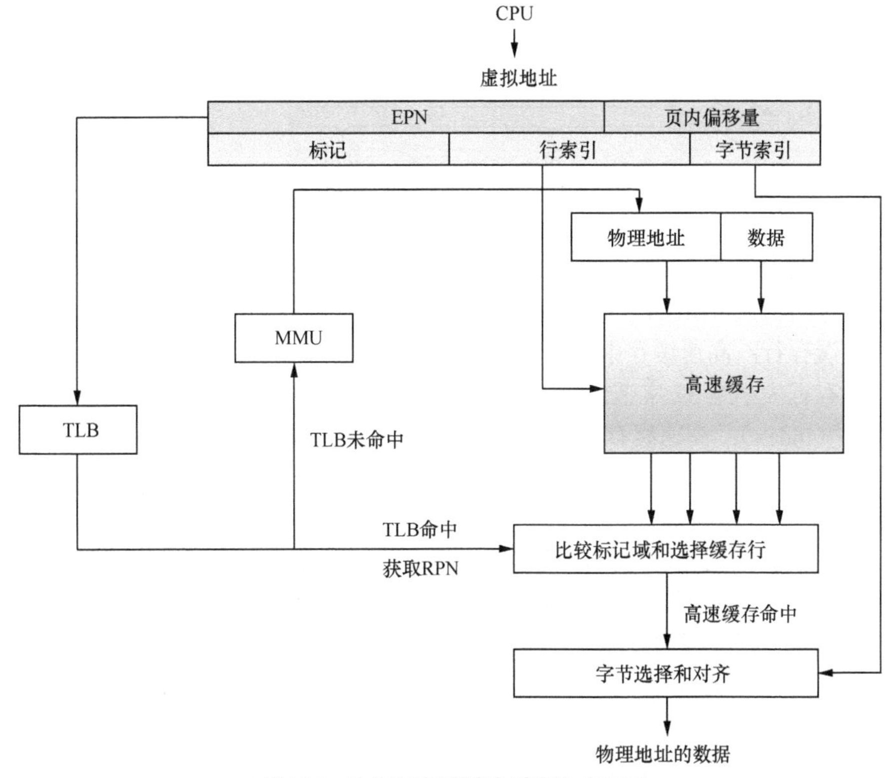

▲图 15.4　经典的高速缓存体系结构（VIPT）

处理器在访问存储器时会把虚拟地址同时传递给 TLB 和高速缓存。TLB 是一个用于存储虚拟地址到物理地址转换的小缓存，处理器先使用有效页帧号（Effective Page Number，EPN）在

TLB 中查找最终的实际页帧号（Real Page Number，RPN）。如果其间发生 TLB 未命中（TLB miss），将会带来一系列严重的系统惩罚，处理器需要查询页表。假设发生 TLB 命中（TLB hit），就会很快获得合适的 RPN，并得到相应的物理地址。

同时，处理器通过高速缓存编码地址的索引（index）域可以很快找到高速缓存行对应的组。但是这里的高速缓存行中数据不一定是处理器所需要的，因此有必要进行一些检查，将高速缓存行中存放的标记域和通过虚实地址转换得到的物理地址的标记域进行比较。如果相同并且状态位匹配，就会发生高速缓存命中，处理器通过字节选择与对齐（byte select and align）部件就可以获取所需要的数据。如果发生高速缓存未命中，处理器需要用物理地址进一步访问主存储器来获得最终数据，数据也会填充到相应的高速缓存行中。上述为 VIPT 类型的高速缓存组织方式。

图 15.5 所示为高速缓存的基本结构。

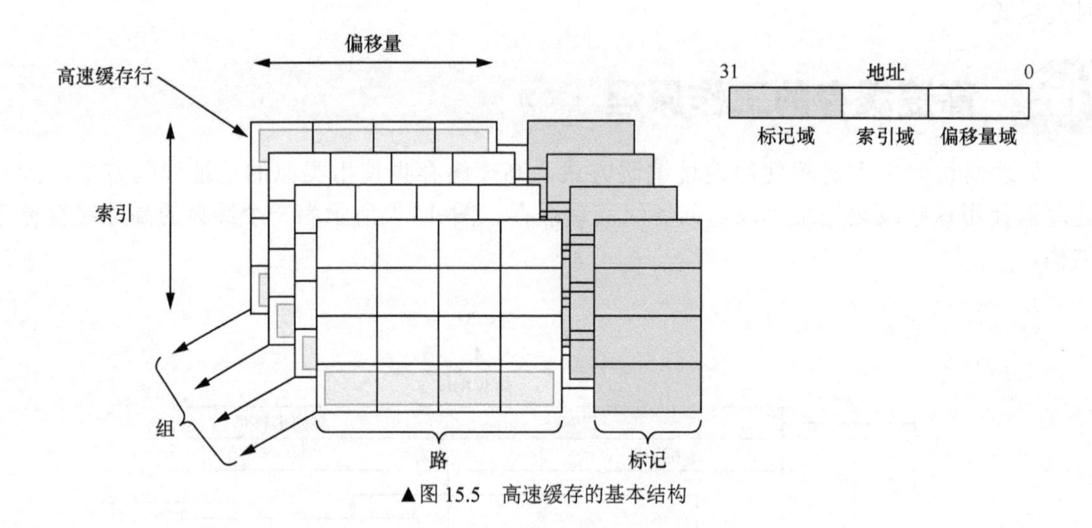

▲图 15.5　高速缓存的基本结构

- 地址：图 15.5 以 32 位地址为例，处理器访问高速缓存时的地址编码，分成 3 个部分，分别是偏移量（offset）域、索引域和标记（tag）域。
- 高速缓存行：高速缓存中最小的访问单元，包含一小段主存储器中的数据。常见的高速缓存行大小是 32 字节或 64 字节。
- 索引（index）：高速缓存地址编码的一部分，用于索引和查找地址在高速缓存的哪一组中。
- 组（set）：由相同索引的高速缓存行组成。
- 路（way）：在组相连的高速缓存中，高速缓存分成大小相同的几个块。
- 标记（tag）：高速缓存地址编码的一部分，通常是高速缓存地址的高位部分，用于判断高速缓存行缓存的数据的地址是否和处理器寻找的地址一致。
- 偏移量（offset）：高速缓存行中的偏移量。处理器可以按字（word）或者字节（byte）来寻址高速缓存行的内容。

综上所述，处理器访问高速缓存的流程如下。

（1）处理器对访问高速缓存时的地址进行编码，根据索引域来查找组。对于组相连的高速缓存，一个组里有多个高速缓存行的候选者。图 15.5 中，有一个 4 路组相连的高速缓存，一个组里有 4 个高速缓存行候选者。

（2）在 4 个高速缓存行候选者中通过标记域进行比对。如果标记域相同，则说明命中高速缓存行。

（3）通过偏移量域来寻址高速缓存行对应的数据。

15.4　高速缓存的映射方式

根据组的高速缓存行数，高速缓存可以分为不同的映射方式：

- 直接映射（direct mapping）；
- 全相连映射（fully associative mapping）；
- 组相连映射（set associative mapping）。

15.4.1　直接映射

当每个组只有一个高速缓存行时，高速缓存称为直接映射高速缓存。

下面用一个简单的高速缓存来说明。如图 15.6 所示，这个高速缓存只有 4 个高速缓存行，每行有 4 个字（word），1 个字是 4 字节，共 16 字节。高速缓存控制器可以使用 Bit[3:2]来选择高速缓存行中的字，使用 Bit[5:4]作为索引来选择 4 个高速缓存行中的 1 个，其余的位用于存储标记值。从路和组的角度来看，这个高速缓存只有 1 路，每路里有 4 组，每组里只有一个高速缓存行。

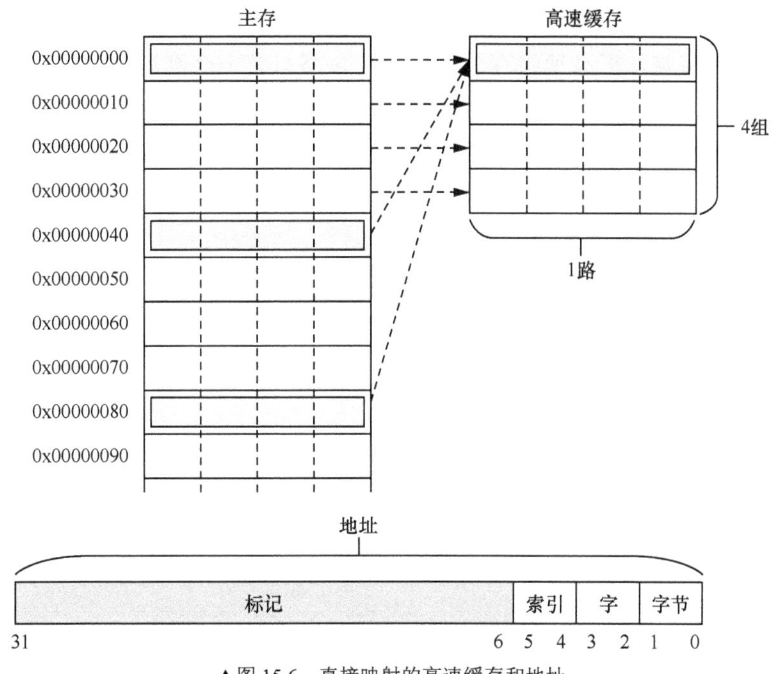

▲图 15.6　直接映射的高速缓存和地址

在这个高速缓存查询过程中，使用索引域来查找组，然后比较标记域与查询的地址，当它们相等并且有效位等状态也匹配时，发生高速缓存命中，可以使用偏移量域来寻址高速缓存行中的数据。如果高速缓存行包含有效数据，但是标记域是其他地址的值，那么这个高速缓存行需要被替换。因此，在这个高速缓存中，主存储器中所有 Bit[5:4]相同值的地址都会映射到同一个高速缓存行中，并且同一时刻只有 1 个高速缓存行。若高速缓存行被频繁换入、换出，会导致严重的高速缓存颠簸（cache thrashing）。

在下面的代码片段中，假设 result、data1 和 data2 分别指向地址空间中的 0x00、0x40 和 0x80，那么它们都会使用同一个高速缓存行。

```
void add_array(int *data1, int *data2, int *result, int size)
{
    int i;
    for (i=0 ; i<size ; i++) {
         result[i] = data1[i] + data2[i];
    }
}
```

当第一次读 data1（即 0x40）中的数据时，因为数据不在高速缓存行中，所以把从 0x40 到 0x4F 地址的数据填充到高速缓存行中。

当读 data2（即 0x80）中的数据时，数据不在高速缓存行中，需要把从 0x80 到 0x8F 地址的数据填充到高速缓存行中。因为 0x80 和 0x40 映射到同一个高速缓存行，所以高速缓存行发生替换操作。

当把 result 写入 0x00 地址时，同样发生了高速缓存行替换操作。

因此上面的代码片段会发生严重的高速缓存颠簸。

15.4.2　全相连映射

若高速缓存里有且只有一组，即主内存中只有一个地址与 n 个高速缓存行对应，称为全相连映射，这又是一种极端的映射方式。直接映射方式要把高速缓存分成 1 路（块）；而全相连映射方式则是另外一个极端，把高速缓存分成 n 路，每路只有一个高速缓存行，如图 15.7 所示。换句话说，这个高速缓存只有一组，该组里有 n 个高速缓存行。

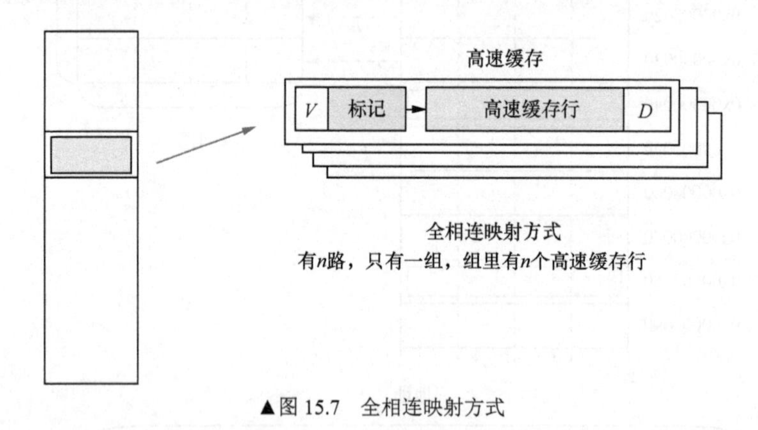

▲图 15.7　全相连映射方式

15.4.3　组相连映射

为了解决直接映射高速缓存中的高速缓存颠簸问题，组相连的高速缓存结构在现代处理器中得到广泛应用。

如图 15.8 所示，以一个 2 路组相连的高速缓存为例，每一路包括 4 个高速缓存行，因此每组有两个高速缓存行，可以提供高速缓存行替换。

地址 0x00、0x40 或者 0x80 中的数据可以映射到同一组的任意一个高速缓存行。当高速缓存行要进行替换操作时，有 50%的概率可以不被替换出去，从而缓解了高速缓存颠簸问题。

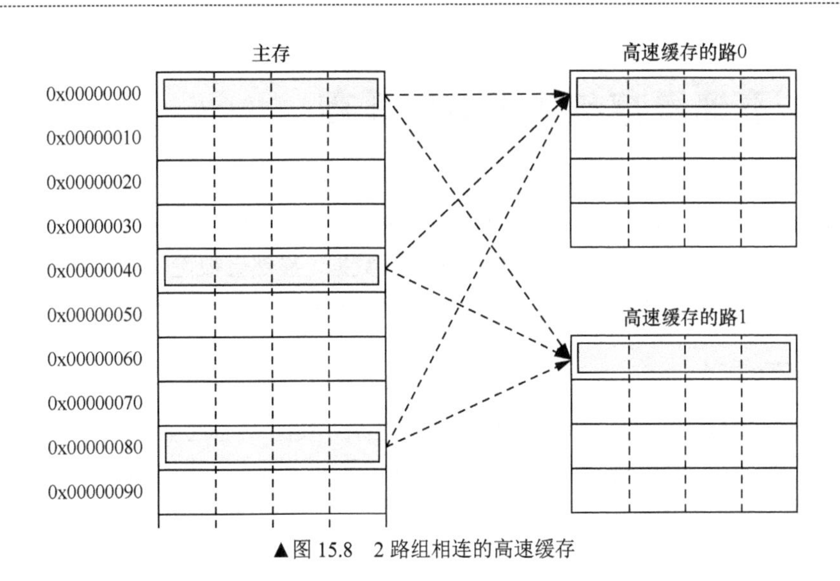

▲图 15.8　2 路组相连的高速缓存

15.4.4　组相连的高速缓存的例子

32 KB 大小的 4 路组相联高速缓存如图 15.9 所示。下面分析这个高速缓存的结构。

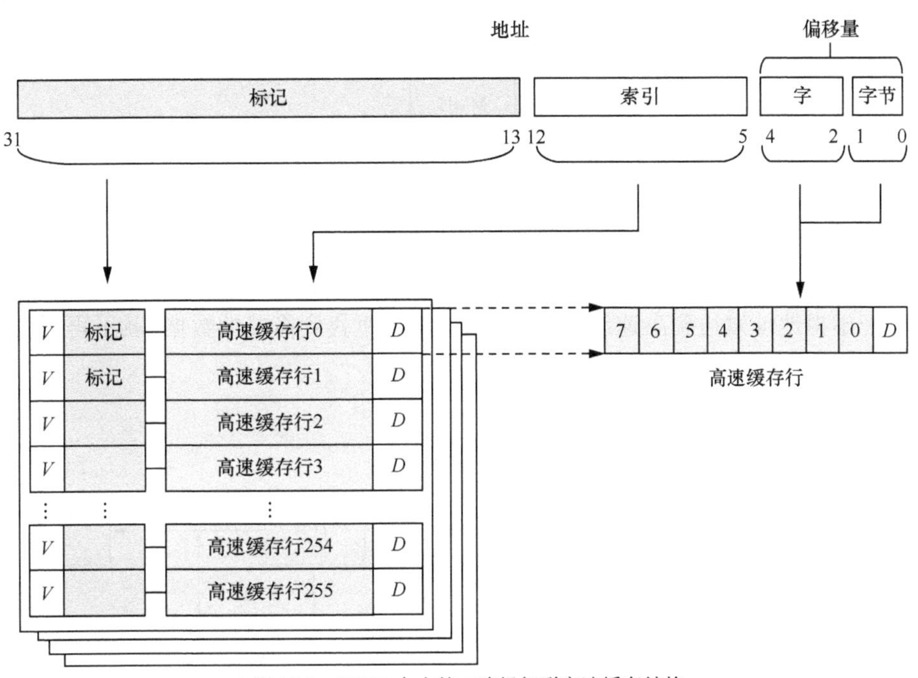

▲图 15.9　32 KB 大小的 4 路组相联高速缓存结构

高速缓存的总大小为 32 KB，并且是 4 路的，所以每一路的大小为 8 KB。

way_size = 32 KB/ 4 = 8 KB

高速缓存行的大小为 32 字节，所以每一路包含的高速缓存行数量如下。

num_cache_line = 8 KB/32 B = 256

所以在高速缓存编码的地址中，Bit[4:0]用于选择高速缓存行中的数据。其中，Bit[4:2]可用于寻址 8 个字，Bit[1:0]可用于寻址每个字中的字节。Bit[12:5]用于在索引域中选择每一路上的高速缓存行，Bit[31:13]用作标记域，如图 15.9 所示。这里，*V* 表示有效位，*D* 表示脏位。

15.5 虚拟高速缓存与物理高速缓存

处理器在访问存储器时，访问的地址是虚拟地址（Virtual Address，VA），经过 TLB 和 MMU 的映射后变成物理地址（Physical Address，PA）。TLB 只用于加速虚拟地址到物理地址的转换过程。得到物理地址之后，若每次都直接从物理内存中读取数据，显然会很慢。实际上，处理器都配置了多级的高速缓存来加快数据的访问速度，那么查询高速缓存时使用虚拟地址还是物理地址呢？

15.5.1　物理高速缓存

当处理器查询 MMU 和 TLB 并得到物理地址之后，使用物理地址查询高速缓存，这种高速缓存称为物理高速缓存。使用物理高速缓存的缺点就是处理器在查询 MMU 和 TLB 后才能访问高速缓存，增加了流水线的延迟时间。物理高速缓存的工作流程如图 15.10 所示。

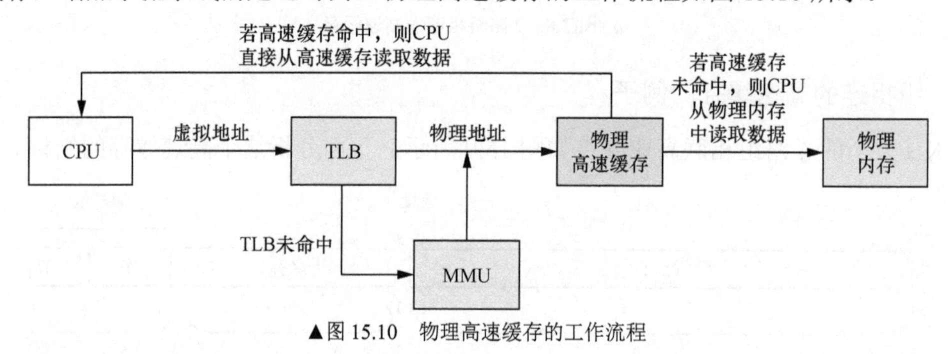

▲图 15.10　物理高速缓存的工作流程

15.5.2　虚拟高速缓存

若处理器使用虚拟地址来寻址高速缓存，这种高速缓存就称为虚拟高速缓存。处理器在寻址时，首先把虚拟地址发送到高速缓存，若在高速缓存里找到需要的数据，就不再需要访问 TLB 和物理内存。虚拟高速缓存的工作流程如图 15.11 所示。

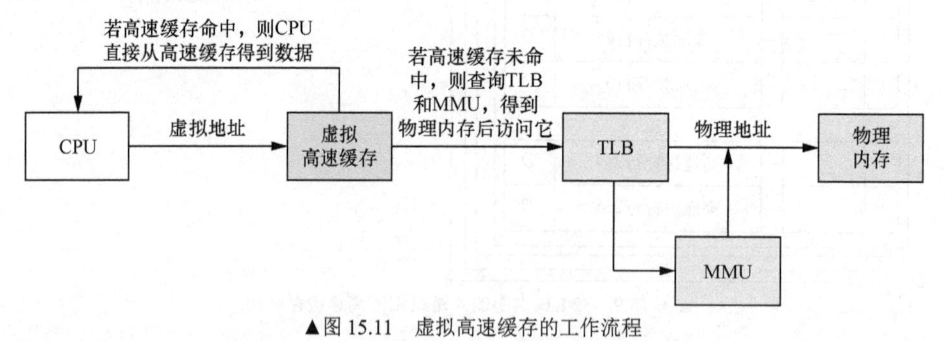

▲图 15.11　虚拟高速缓存的工作流程

15.5.3　VIPT 和 PIPT

在查询高速缓存时使用了索引域和标记域，那么在查询高速缓存组时，使用虚拟地址的索引域还是物理地址的索引域呢？当找到高速缓存组时，使用虚拟地址还是物理地址的标记域来匹配高速缓存行呢？

高速缓存可以设计成通过虚拟地址或者物理地址来访问，这在处理器设计时就确定下来了，并且对高速缓存的管理有很大的影响。高速缓存可以分成如下 3 类。

- VIVT（Virtual Index Virtual Tag）：使用虚拟地址的索引域和虚拟地址的标记域，相当于虚拟高速缓存。

- PIPT（Physical Index Physical Tag）：使用物理地址的索引域和物理地址的标记域，相当于物理高速缓存。
- VIPT（Virtual Index Physical Tag）：使用虚拟地址的索引域和物理地址的标记域。

早期的 ARM 处理器（如 ARM9 处理器）采用 VIVT 方式，不用经过 MMU 的翻译，直接使用虚拟地址的索引域和标记域来查找高速缓存行，这种方式会导致高速缓存重名问题。例如，一个物理地址的内容可以出现在多个高速缓存行中，当系统改变了虚拟地址到物理地址的映射时，需要清空这些高速缓存并使它们失效，这会导致系统性能降低。

ARM11 系列处理器采用 VIPT 方式，即处理器输出的虚拟地址会同时发送到 TLB/MMU，进行地址翻译，在高速缓存中进行索引并查询高速缓存。在 TLB/MMU 里，会把 VPN 翻译成 PFN，同时用虚拟地址的索引域和偏移量来查询高速缓存。高速缓存和 TLB/MMU 可以同时工作，当 TLB/MMU 完成地址翻译后，再用物理标记域来匹配高速缓存行，如图 15.12 所示。采用 VIPT 方式的好处之一是在多任务操作系统中，修改了虚拟地址到物理地址的映射关系，不需要使相应的高速缓存失效。

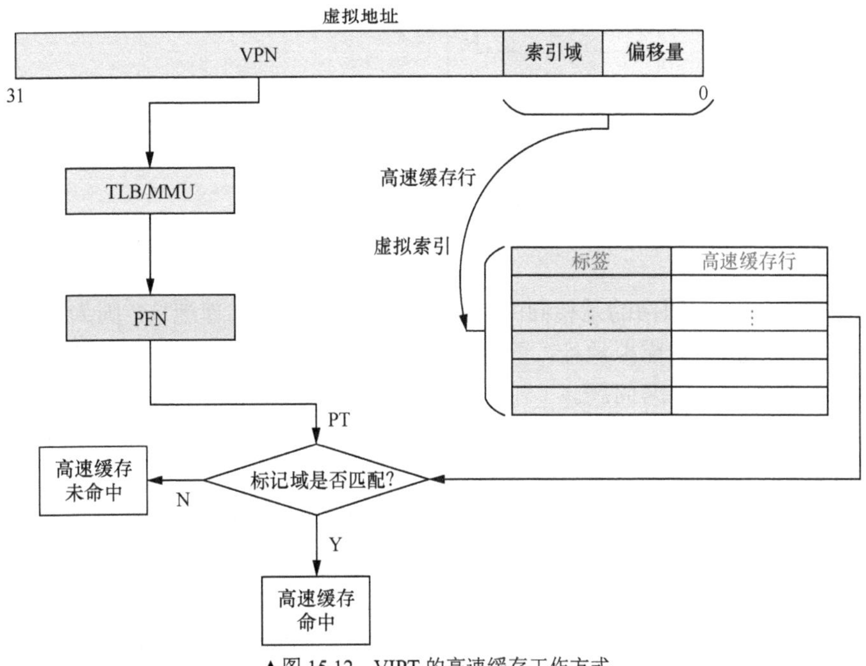

▲图 15.12　VIPT 的高速缓存工作方式

15.6 重名和同名问题

虚拟高速缓存容易引入重名和同名的问题，这是系统软件开发人员需要特别注意的地方。

15.6.1 重名问题

在操作系统中，多个不同的虚拟地址可能映射到相同的物理地址。因为采用虚拟高速缓存，所以这些不同的虚拟地址会占用高速缓存中不同的高速缓存行，但是它们对应的是相同的物理地址，这样会引发歧义。这个称为重名（aliasing）问题，有的教科书中也称为别名问题。

重名问题的缺点如下。

- 浪费高速缓存空间，造成高速缓存等效容量减少。

- 当执行写操作时，只更新了其中一个虚拟地址对应的高速缓存，而其他虚拟地址对应的高速缓存并没有更新，因此处理器访问其他虚拟地址时可能得到旧数据。

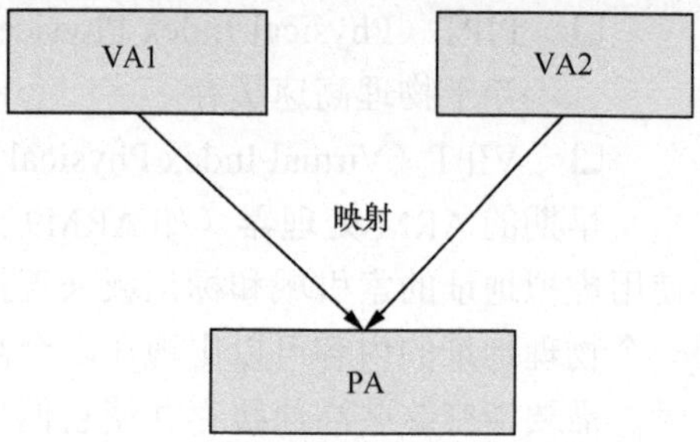

▲图 15.13　两个虚拟地址映射到相同的物理地址

如图 15.13 所示，如果 VA1（虚拟地址 1）映射到 PA（物理地址），VA2（虚拟地址 2）也映射到 PA，那么在虚拟高速缓存中可能同时缓存了 VA1 和 VA2。

当程序往 VA1 中写入数据时，虚拟高速缓存中 VA1 对应的高速缓存行和 PA 的内容会被更改，但是 VA2 还保存着旧数据。由于一个物理地址在虚拟高速缓存中保存了两份数据，因此会产生歧义，如图 15.14 所示。

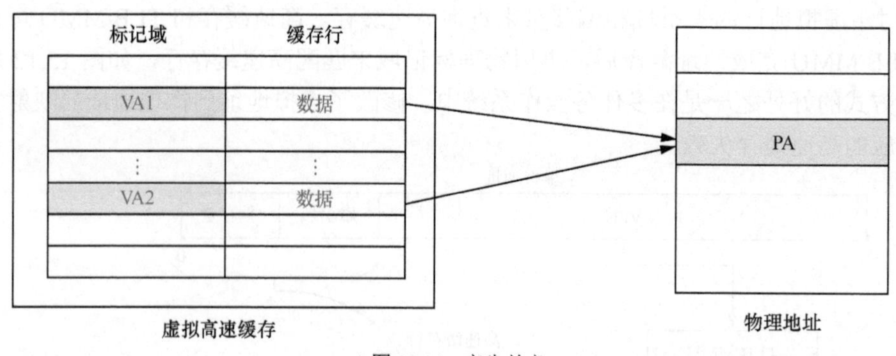

▲图 15.14　产生歧义

15.6.2　同名问题

同名（homonyms）问题指的是相同的虚拟地址对应不同的物理地址。因为操作系统的不同的进程中会存在很多相同的虚拟地址，而这些相同的虚拟地址在经过 MMU 转换后得到不同的物理地址，所以就产生了同名问题。

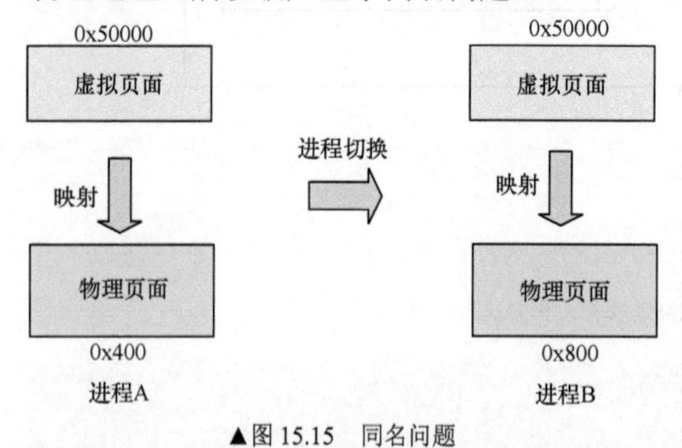

▲图 15.15　同名问题

同名问题常见出现的场景是进程切换。当一个进程切换到另外一个进程时，若新进程使用虚拟地址来访问高速缓存，新进程会访问到旧进程遗留下来的高速缓存，这些高速缓存数据对于新进程来说是错误和没用的。如图 15.15 所示，进程 A 和进程 B 都使用了 0x50000 的虚拟地址，但是它们映射到的物理地址是不相同的。当从进程 A 切换到进程 B 时，虚拟高速缓存中依然保存了虚拟地址 0x50000 的缓冲行，它的数据为物理地址 0x400 中的数据。当进程 B 运行时，如果进程 B 访问虚拟地址 0x50000，那么会在虚拟高速缓存中命中，从而获取了错误的数据。

解决办法是在进程切换时先使用 clean 命令把脏的缓存行的数据写回到内存中，然后再使所有的高速缓存行都失效，这样就能保证新进程执行时得到“干净的”虚拟高速缓存。同样，需要使 TLB 无效，因为新进程在切换后会得到一个旧进程使用的 TLB，里面存放了旧进程的虚拟地址到物理地址的转换结果。这对于新进程来说是无用的，因此需要把 TLB 清空。

采用虚拟地址的索引域的高速缓存会不可避免地遇到同名问题，因为同一个虚拟地址可能会映射到不同的物理地址上。而采用物理地址的索引域的高速缓存则可以避免同名问题，因为索引域的值是通过 MMU 转换地址得到的。

综上所述，重名问题是多个虚拟地址映射到同一个物理地址引发的问题，而同名问题是一个虚拟地址在进程切换等情况下映射到不同的物理地址而引发的问题。

15.6.3　VIPT 产生的重名问题

采用 VIPT 方式也可能导致高速缓存重名问题。在 VIPT 中，若使用虚拟地址的索引域来查找高速缓存组，可能导致多个高速缓存组映射到同一个物理地址。以 Linux 内核为例，它是以 4 KB 为一个页面大小进行管理的，因此对于一个页面来说，虚拟地址和物理地址的低 12 位（Bit [11:0]）是一样的。因此，不同的虚拟地址会映射到同一个物理地址，这些虚拟页面的低 12 位是一样的。总之，多个虚拟地址对应同一个物理地址，虚拟地址的索引域不同导致了重名问题。解决这个问题的办法是让多个虚拟地址的索引域也相同。

如果索引域位于 Bit[11:0]，就不会发生高速缓存重名问题，因为该范围相当于一个页面内的地址。那什么情况下索引域会在 Bit[11:0]内呢？索引域是用于在一个高速缓存路中查找高速缓存行的，当一个高速缓存路的大小为 4 KB 时，索引域必然在 Bit[11:0]范围内。例如，如果高速缓存行大小是 32 字节，那么偏移量域占 5 位，有 128 个高速缓存组，索引域占 7 位，这种情况下刚好不会发生重名。

下面举一个例子，假设高速缓存的路的大小是 8 KB，并且两个虚拟页面 Page1 和 Page2 同时映射到同一个物理页面，如图 15.16（a）所示。因为高速缓存的路是 8 KB，所以索引域的范围会在 Bit[12:0]。假设这两个虚拟页面恰巧被同时缓存到高速缓存中，而且正好填充满了一个高速缓存的路，如图 15.16（b）所示。因为高速缓存采用的是虚拟地址的索引域，所以虚拟页面 Page1 和 Page2 构成的虚拟地址索引域有可能让高速缓存同时缓存了 Page1 和 Page2 的数据。

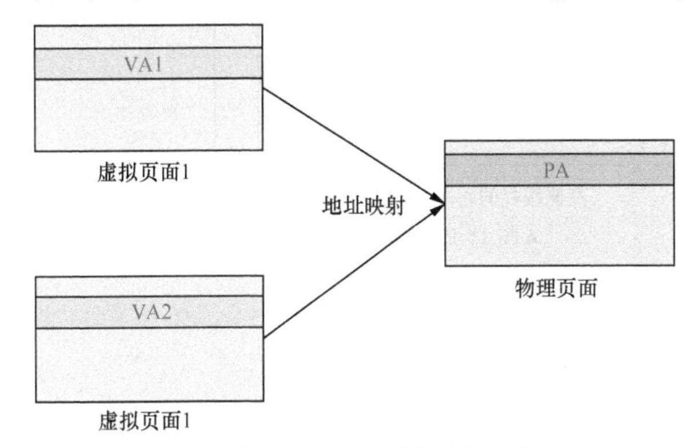

（a）两个虚拟页面映射到同一个物理页面

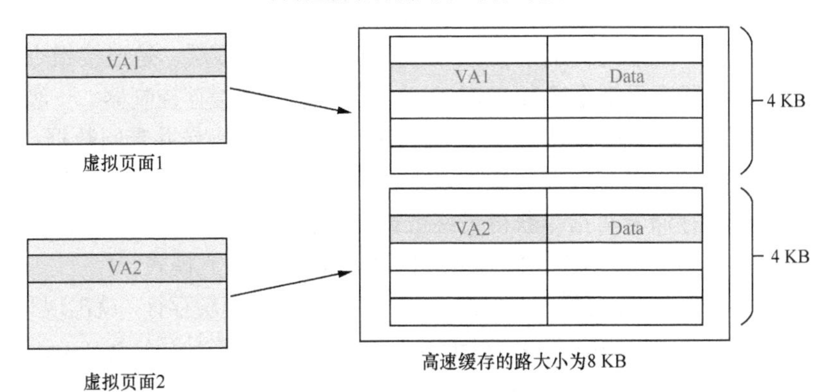

（b）两个虚拟页面同时缓存到高速缓存的一个路中

▲图 15.16　VIPT 可能导致重名问题

我们研究其中的虚拟地址 VA1 和 VA2，这两个虚拟地址的第 12 位可能是 0，也可能是 1。当 VA1 的第 12 位为 0、VA2 的第 12 位为 1 时，在高速缓存中会在两个不同的地方存储同一个 PA 的值，这样就导致了重名问题。当修改虚拟地址 VA1 的内容后，访问虚拟地址 VA2 会得到一个旧值，导致错误发生，如图 15.17 所示。

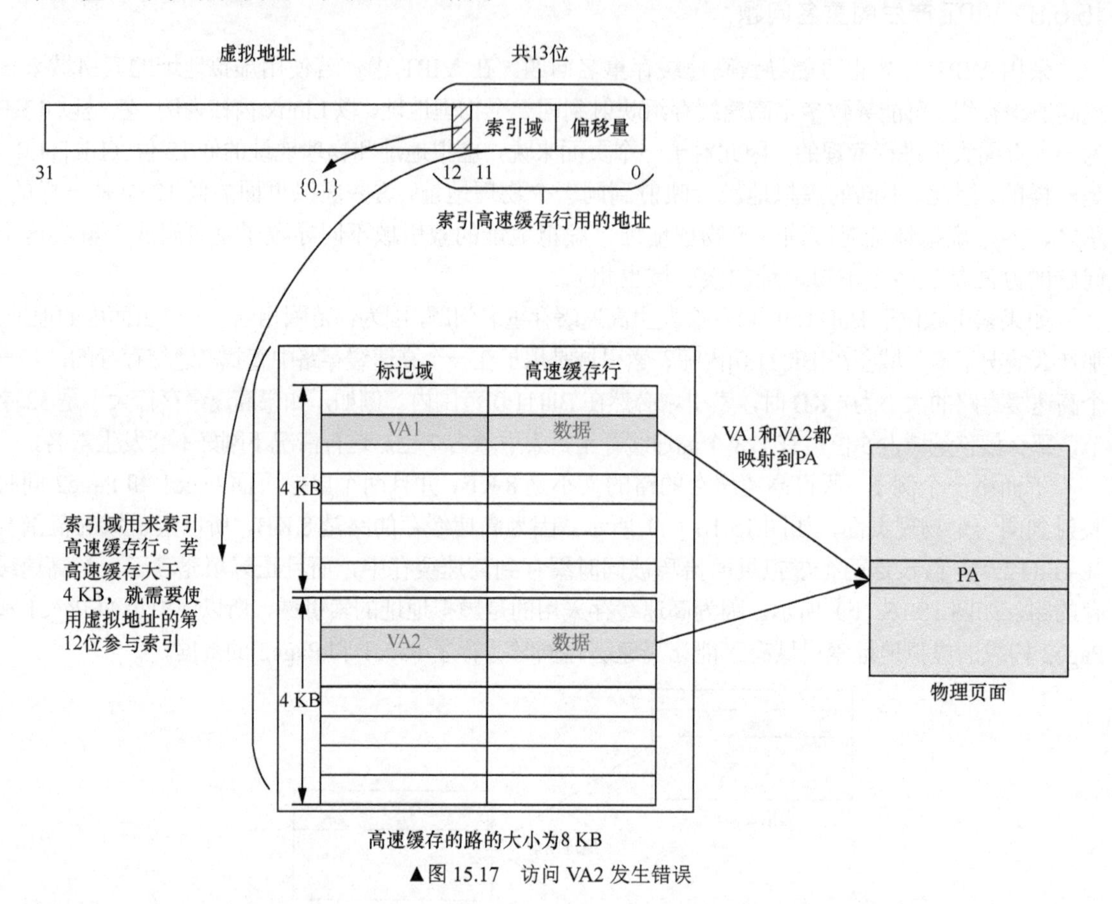

▲图 15.17　访问 VA2 发生错误

15.7 高速缓存策略

在处理器内核中，一条存储器读写指令经过取指、译码、发射和执行等一系列操作之后，首先到达 LSU（Load Store Unit）。LSU 包括加载队列（load queue）和存储队列（store queue）。LSU 是指令流水线中的一个执行部件，是处理器存储子系统的顶层，是连接指令流水线和高速缓存的一个支点。存储器读写指令通过 LSU 之后，会到达一级缓存控制器。一级缓存控制器首先发起探测（probe）操作。对于读操作，发起高速缓存读探测操作并带回数据；对于写操作，发起高速缓存写探测操作。发起写探测操作之前，需要准备好待写的高速缓存行。探测操作返回时，将会带回数据。存储器写指令获得最终数据并进行提交操作之后，才会将数据写入。这个写入可以采用直写（write through）模式或者回写（write back）模式。

在上述的探测过程中，对于写操作，如果没有找到相应的高速缓存行，就出现写未命中（write miss）；否则，就出现写命中（write hit）。对于写未命中的处理策略是写分配（write-allocate），即一级缓存控制器将分配一个新的高速缓存行，之后和获取的数据进行合并，然后写入一级缓存中。

如果探测的过程是写命中的，那么在真正写入时有如下两种模式。

- 直写模式：进行写操作时，数据同时写入当前的高速缓存、下一级高速缓存或主存储器中，如图 15.18 所示。直写模式可以降低高速缓存一致性的实现难度，其最大的缺点是会消耗比较多的总线带宽，性能和回写模式相比也有差距。

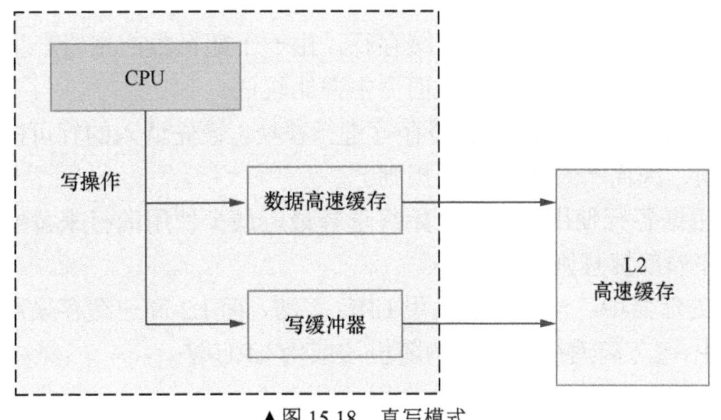

▲图 15.18 直写模式

- 回写模式：在进行写操作时，数据直接写入当前高速缓存，而不会继续传递，当该高速缓存行被替换出去时，被改写的数据才会更新到下一级高速缓存或主存储器中，如图 15.19 所示。该策略增加了高速缓存一致性的实现难度，但是有效减少了总线带宽需求。

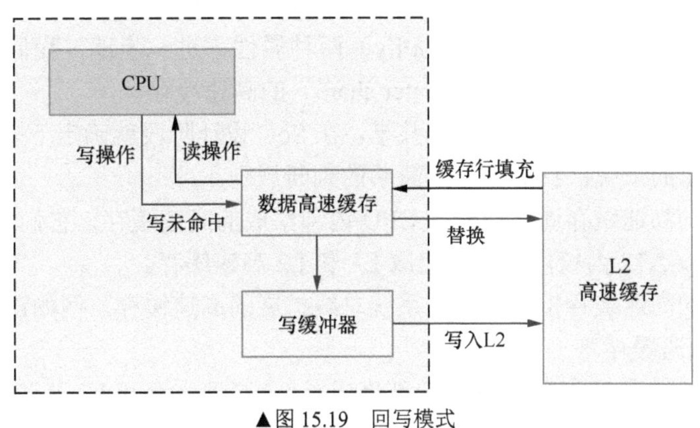

▲图 15.19 回写模式

如果写未命中，那么也存在两种不同的策略。

- 写分配（write-allocate）策略：先把要写的数据加载到高速缓存中，后修改高速缓存的内容。
- 不写分配（no write-allocate）策略：不分配高速缓存，而直接把内容写入内存中。

对于读操作，如果命中高速缓存，那么直接从高速缓存中获取数据；如果没有命中高速缓存，那么存在如下两种不同的策略。

- 读分配（read-allocate）策略：先把数据加载到高速缓存中，后从高速缓存中获取数据。
- 读直通（read-through）策略：不经过高速缓存，直接从内存中读取数据。

由于高速缓存的容量远小于主存储器，高速缓存未命中意味着处理器不仅需要从主存储器中获取数据，而且需要将高速缓存的某个高速缓存行替换出去。在高速缓存的标记阵列中，除地址信息之外，还有高速缓存行的状态信息。不同的高速缓存一致性策略使用的高速缓存状态信息并不相同。在 MESI 协议中，一个高速缓存行通常包括 M、E、S 和 I 这 4 种状态。

高速缓存的替换策略有随机法（random policy）、先进先出（First in First out，FIFO）法和最近最少使用（Least Recently Used，LRU）法。

- 随机法：随机地确定替换的高速缓存行，由一个随机数产生器产生随机数来确定替换行，这种方法简单、易于实现，但命中率比较低。
- FIFO 法：选择最先调入的高速缓存行进行替换，最先调入的行可能被多次命中，但是被优先替换，因而不符合局部性规则。
- LRU 法：根据各行使用的情况，始终选择最近最少使用的行来替换，这种算法较好地反映了程序局部性规则。

在 Cortex-A57 处理器中，一级缓存采用 LRU 算法，而 L2 高速缓存采用随机法。在最新的 Cortex-A72 处理器中，L2 高速缓存采用伪随机法或伪 LRU 法。

15.8 高速缓存的共享属性

下面介绍高速缓存的共享属性的相关内容。

15.8.1 共享属性

在 ARMv8 体系结构下，对于普通内存（normal memory），可以为高速缓存设置可缓存的（shareability）和不可缓存的（non-shareability）两种属性。进一步地，我们可以设置高速缓存为内部共享（inner share）和外部共享（outer share）的高速缓存。

一个高速缓存属于内部共享还是外部共享，在 SoC 设计阶段就确定下来了，不同的设计方案有不同的结果。总的来说，我们有如下简单的判断规则。

- 内部共享的高速缓存通常指的是 CPU 内部集成的高速缓存，它们最靠近处理器内核，例如 Cortex-A72 内核内部可以集成 L1 和 L2 高速缓存。
- 外部共享的高速缓存指的是通过系统总线扩展的高速缓存，例如连接到系统总线上的扩展 L3 高速缓存。

如图 15.20（a）所示，系统的 CPU 内部集成了 L1 高速缓存和 L2 高速缓存，L1 高速缓存和 L2 高速缓存就构成了内部共享的高速缓存。另外，通过系统总线还扩展了 L3 高速缓存，这个 L3 高速缓存就称为外部共享的高速缓存。

如图 15.20（b）所示，系统的 CPU 内部只集成了 L1 高速缓存，这个系统只有 L1 高速缓存属于内部共享的高速缓存。另外，通过系统总线扩展了 L2 高速缓存，这个 L2 高速缓存就称为外部共享的高速缓存。因此，对比这两个系统我们可知，L2 高速缓存究竟属于内部共享还是外部共享的高速缓存，取决于 SoC 的设计方案。

根据共享的范围，高速缓存可以分成 4 个共享域（share domain）——不可共享域、内部共享域、外部共享域以及系统共享域。共享域的目的是指定其中所有可以访问内存的硬件单元实现缓存一致性的范围，主要用于高速缓存维护指令以及内存屏障指令，如图 15.21 所示。

一个处理器系统中，除处理器之外，还有其他的可以访问内存的硬件单元。这些硬件单元（如 DMA 设备、GPU 等）通常具有访问内存总线的能力，这些硬件单元可以称为处理器之外的观察点。在一个多核系统中，DMA 设备和 GPU 通过系统总线连接到 DDR 内存，而处理器也通过系统总线连接到 DDR 内存，它们都能同时通过系统总线访问内存。

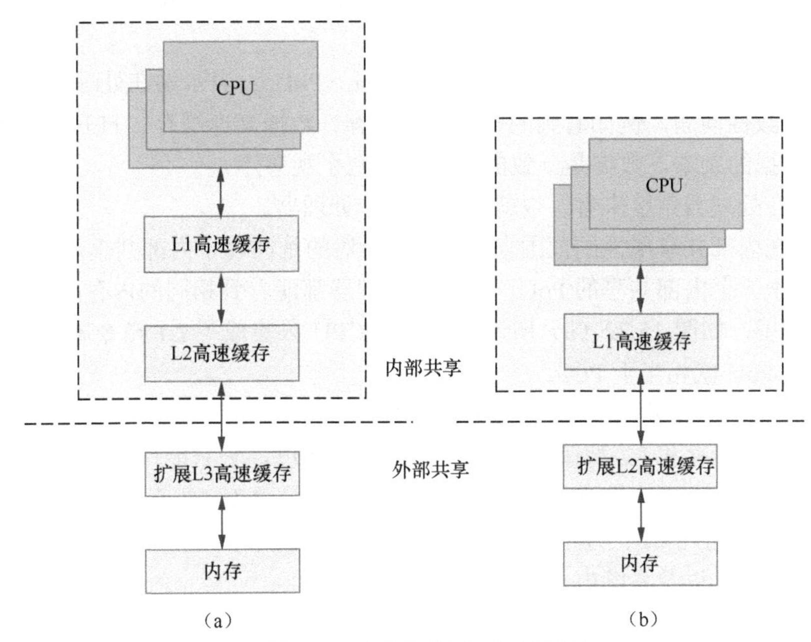

▲图 15.20 内部共享和外部共享例子

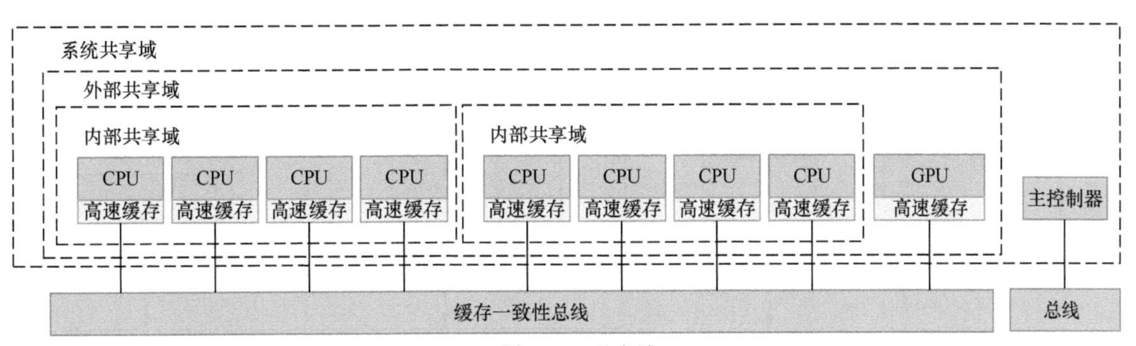

▲图 15.21 共享域

如果一个区域被标记为“不可共享的”，表示它只能被一个处理器访问，其他处理器不能访问。

如果一个区域被标记为“内部共享的”，表示这个区域里的处理器可以访问这些共享的高速缓存，但是系统中其他区域的硬件单元（如 DMA 设备、GPU 等）就不能访问了。

如果一个区域被标记为“外部共享的”，表示这个区域里的处理器以及具有访问内存能力的硬件单元（如 GPU 等）都可以相互访问和共享高速缓存。

如果一个内存区域被标记为“系统共享的”，表示系统中所有访问内存的单元都可以访问和共享这个区域。

15.8.2 PoU 和 PoC 的区别

当对一个高速缓存行进行操作时，我们需要知道高速缓存操作的范围。ARMv8 体系结构将从以下角度观察内存。

- ❑ 全局缓存一致性角度（Point of Coherency，PoC）：系统中所有可以发起内存访问的硬件单元（如处理器、DMA 设备、GPU 等）都能保证观察到的某一个地址上的数据是一致的或者是相同的副本。通常 PoC 表示站在系统的角度来看高速缓存的一致性问题。

- 处理器缓存一致性角度（Point of Unification，PoU）：表示站在处理器角度来看高速缓存的一致性问题，例如看到的指令高速缓存、数据高速缓存、TLB、MMU 等都是同一份数据的副本，数据是一致的。PoU 有两个观察点。
  - 站在处理器角度来看，也就是针对单个处理器。
  - 站在内部共享属性的范围来看，这里针对的是同属于内部共享属性的一组处理器。对于一个内部共享的 PoU，所有的处理器都能看到相同的内存副本。

下面举个例子，如图 15.22（a）所示，系统的 CPU 只集成了 L1 指令高速缓存和 L1 数据高速缓存，因此 PoU 就相当于 PoC。

如图 15.22（b）所示，系统有 CPU 和 GPU 模块，它们都具有访问系统内存的能力。在 CPU 侧，包含了 L1 高速缓存和 L2 高速缓存，站在 CPU 的角度，它只能保证 L1 高速缓存和 L2 高速缓存的一致性，如果 GPU 修改某个内存地址，可能会导致 L1 高速缓存和 L2 高速缓存的数据和主内存不一致，因此 L1 高速缓存和 L2 高速缓存形成了 PoU。如果我们站在全系统的角度来观察，CPU 和 GPU 以及系统内存形成了 PoC。

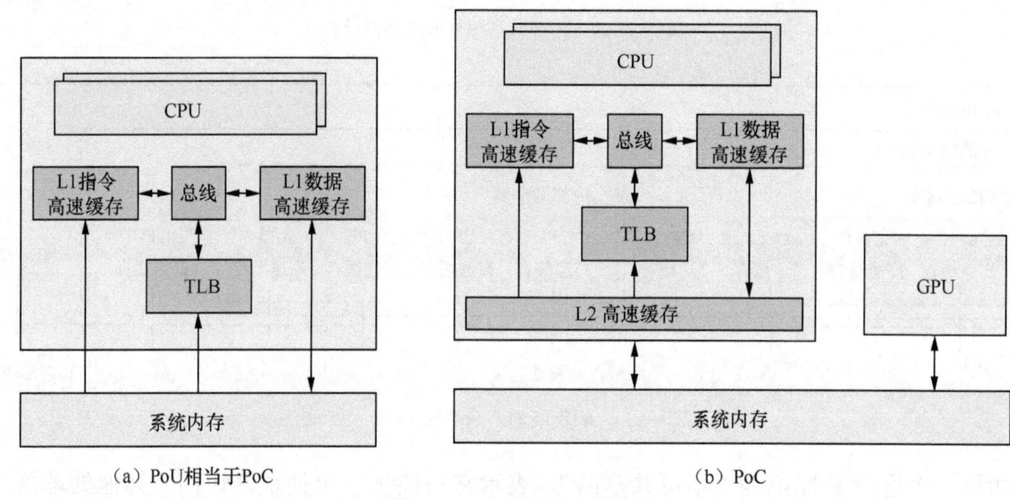

（a）PoU相当于PoC　　（b）PoC

▲图 15.22　PoU 和 PoC 的区别

如果以 PoU 看高速缓存，那么这个观察点就是 L2 高速缓存，因为处理器都可以在 L2 高速缓存中看到相同的副本。

如果以 PoC 看高速缓存，那么这个观察点是系统内存，因为 CPU 和 GPU 都能共同访问系统内存。

PoC 站在整个系统的角度来观察，它需要保证系统中所有的观察者都能看到同一份数据的副本，这些观察者是系统中所有具有访问系统内存的模块，例如 CPU、GPU、DMA 等。而 PoU 站在单个处理器或者内部共享的处理器的角度来观察，PoC 的范围通常包括系统扩展的高速缓存（例如扩展的 L3 高速缓存）以及系统内存。

为什么 ARM64 体系结构里要区分 PoU 和 PoC？这两个概念是为高速缓存维护指令准备的。高速缓存维护操作（例如无效操作或者清理操作）需要知道操作的作用范围。而共享属性在内存管理以及内存屏障中会使用到。

15.9 高速缓存的维护指令

ARM64 指令集提供了对高速缓存进行管理的指令，其中包括管理无效高速缓存和清理高速缓存的指令。在某些情况下，操作系统或者应用程序会主动调用高速缓存管理指令对高速缓存进行干预和管理。例如，当进程改变了地址空间的访问权限、高速缓存策略或者虚拟地址到物理地址的映射时，通常需要对高速缓存做一些同步管理，如清理对应高速缓存中旧的内容。

高速缓存的管理主要有如下 3 种情况。

- 失效（invalidate）操作：使整个高速缓存或者某个高速缓存行失效。之后，丢弃高速缓存上的数据。
- 清理（clean）操作：把标记为脏的整个高速缓存或者某个高速缓存行写回下一级高速缓存中或者内存中，然后清除高速缓存行中的脏位。这使得高速缓存行的内容与下一级高速缓存或者内存中的数据保持一致。
- 清零（zero）操作：在某些情况下，用于对高速缓存进行预取和加速。例如，当程序需要使用较大的临时内存时，如果在初始化阶段对这块内存进行清零操作，高速缓存控制器就会主动把这些零数据写入高速缓存行中。若程序主动使用高速缓存的清零操作，那么将大大减小系统内部总线的带宽。

另外，ARM64 体系结构还提供了一种混合的操作，即清理并使其失效（clean and invalidate），它会先执行清理操作，然后再使高速缓存行失效。

对高速缓存的操作可以指定如下不同的范围。

- 整块高速缓存。
- 某个虚拟地址。
- 特定的高速缓存行或者组和路。

另外，在 ARMv8 体系结构中最多可以支持 7 级高速缓存，即 L1～L7 高速缓存。当对一个高速缓存行进行操作时，我们需要知道高速缓存操作的范围。ARMv8 体系结构中将从以下角度观察内存。

- 全局缓存一致性角度。
- 处理器缓存一致性角度。

ARMv8 体系结构提供 DC 和 IC 两条与高速缓存相关的指令，它们根据辅助操作符可以有不同的含义。DC 和 IC 指令的格式如下。

```
数据缓存指令：DC  <operation>,  <Xt>
指令缓存指令：IC  <operation>,  <Xt>
```

如图 15.23 所示，DC 和 IC 指令包含两个参数：一个是操作码；另一个是 X*t*，用于传递参数，例如虚拟地址等。操作码可以分成 4 部分。

- 功能：包括高速缓存指令的功能，例如清理等。
- 类型：用来指定指令操作的类型，例如，VA 是针对单个虚拟地址的操作，SW 表示针对高速缓存中的路和组进行操作，ALL 表示针对整个高速缓存。
- 观察点：表示站在哪个角度来对高速缓存进行操作，U 表示站在处理器缓存一致性角度，C 表示站在全局缓存一致性角度。
- 共享：IS 表示内部共享属性。

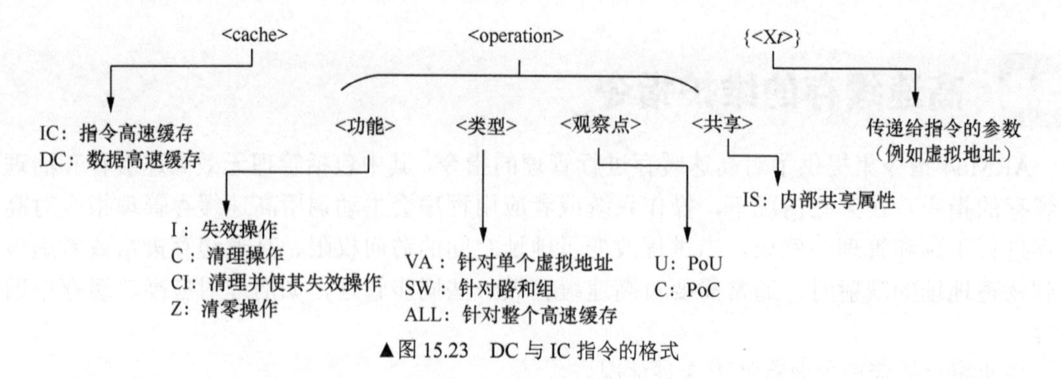

▲图 15.23　DC 与 IC 指令的格式

IC 指令格式中的 U 还可以和共享属性 IS 结合来表示属于同一个内部共享域的一组处理器。例如，“ic ialluis”指令表示使内部共享域中所有处理器的指令高速缓存都失效。

ARMv8 体系结构支持的高速缓存指令如表 15.2 所示。

表 15.2　ARMv8 体系结构支持的高速缓存指令

指令的类型	辅助操作符	描　述
DC	cisw	清理并使指定的组和路的高速缓存失效
	civac	站在 PoC，清理并使指定的虚拟地址对应的高速缓存失效
	csw	清理指定的组或路的高速缓存
	cvac	站在 PoC，清理指定的虚拟地址对应的高速缓存
	cvau	站在 PoU，清理指定的虚拟地址对应的高速缓存
	isw	使指定的组或路的高速缓存失效
	ivac	站在 PoC，使指定的虚拟地址中对应的高速缓存失效
	zva	把虚拟地址中的高速缓存清零
IC	ialluis	站在 PoU，使所有的指令高速缓存失效，这些指令高速缓存是内部共享的
	iallu	站在 PoU，使所有的指令高速缓存失效
	ivau	站在 PoU，使指定虚拟地址对应的指令高速缓存失效

15.10　高速缓存枚举

当我们做高速缓存维护操作时，需要知道高速缓存的如下信息。

- ❑ 系统支持多少级高速缓存？
- ❑ 高速缓存行的大小是多少？
- ❑ 对于每一级的高速缓存，它的路和组是多少？

对于清理操作，我们需要知道一次清理操作最多可以清理多少数据。

上述这些信息可以通过 ARMv8 提供的系统寄存器来获取。一般来说，在系统启动时，通过访问这些寄存器，枚举高速缓存，得到上述信息。

1. CLIDR_EL1

这个寄存器用来标识高速缓存的类型以及系统最多支持几级高速缓存。

CLIDR_EL1 的格式如图 15.24 所示。

Ctype<*n*>字段用来描述缓存的类型。系统最多支持的高速缓存是 7 级，软件需要遍历 Ctype<*n*>字段。当读到的值为 000 时，说明已经找到系统实现的最高级的高速缓存了。例如，当 Ctype3 的值为 000 时，说明系统中最高级的高速缓存为 L2 高速缓存。Ctype<*n*>字段的含义如下。

- ❑ 0b000：表示该级没有实现高速缓存。
- ❑ 0b001：表示该级为指令高速缓存。
- ❑ 0b010：表示该级为数据高速缓存。
- ❑ 0b011：表示分离的高速缓存。
- ❑ 0b100：表示联合的高速缓存（unified cache）。

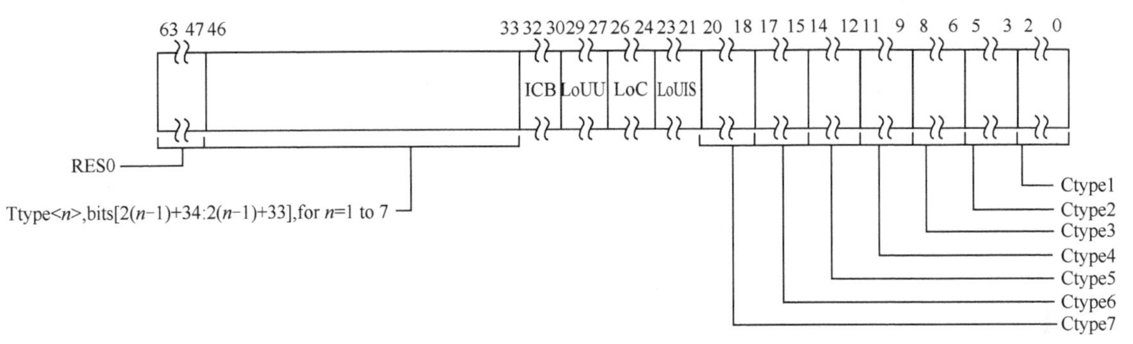

▲图 15.24 CLIDR_EL1 的格式

LoUIS 字段表示内部共享 PoU 的边界所在的高速缓存级别。

LoC 字段表示 PoC 的边界所在的高速缓存级别。

LoUU 字段表示单处理器 PoU 的边界所在的高速缓存级别。

ICB 字段表示内部缓存（inner cache）边界。ICB 字段的编码如下。

- ❑ 0b001：L1 是最高级别的内部共享的高速缓存。
- ❑ 0b010：L2 是最高级别的内部共享的高速缓存。
- ❑ 0b011：L3 是最高级别的内部共享的高速缓存。
- ❑ 0b100：L4 是最高级别的内部共享的高速缓存。
- ❑ 0b101：L5 是最高级别的内部共享的高速缓存。
- ❑ 0b110：L6 是最高级别的内部共享的高速缓存。
- ❑ 0b111：L7 是最高级别的内部共享的高速缓存。

Ttype<*n*>字段表示高速缓存标记域的类型。

2. CTR_EL0

CTR_EL0 记录了高速缓存的相关信息，例如高速缓存行大小、高速缓存策略等。

CTR_EL0 的格式如图 15.25 所示。

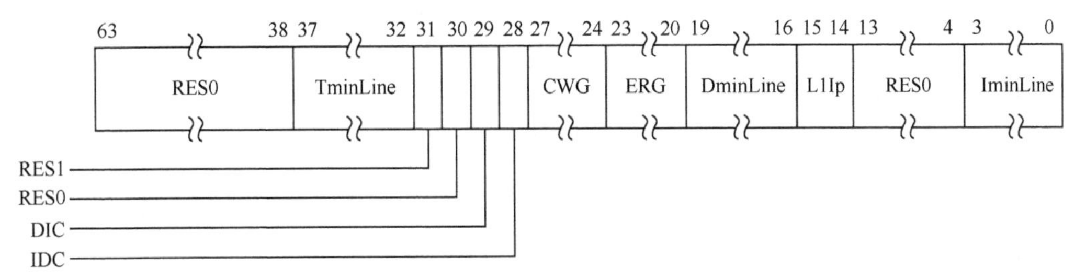

▲图 15.25 CTR_EL0 的格式

IminLine 字段表示指令高速缓存的缓冲行大小。

L1Ip 字段表示 L1 指令高速缓存的策略。该字段的值如下。

- 0b00：表示通过 VMID 指定的高速缓存策略为物理索引物理标记。
- 0b01：表示通过 ASID 指定的高速缓存策略为虚拟索引虚拟标记。
- 0b10：表示高速缓存的策略为虚拟索引物理标记。
- 0b11：表示高速缓存的策略为物理索引物理标记。

DminLine 字段表示数据高速缓存或者联合高速缓存的缓冲行大小。

ERG 字段表示独占访问的最小单位，用于独占加载和存储指令。

CWG 字段表示高速缓存回写的最小单位。

IDC 字段表示清理数据高速缓存时是否要求指令对数据的一致性。

DIC 字段表示无效指令高速缓存时是否要求数据与指令的一致性。

TminLine 字段表示缓冲行中标签的大小。

3. CSSELR_EL1 与 CCSIDR_EL1

软件需要协同使用 CSSELR_EL1 和 CCSIDR_EL1 两个寄存器来查询每一级高速缓存的相关信息。

CSSELR_EL1 的格式如图 15.26 所示。

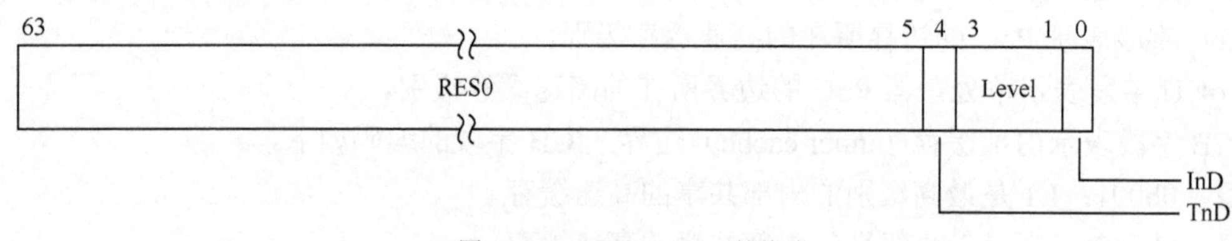

▲图 15.26　CSSELR_EL1 的格式

InD 字段用来表示指定高速缓存的类型。该字段的值如下。

- 0b0：表示数据高速缓存或者联合高速缓存。
- 0b1：表示指令高速缓存。

Level 字段指定要查询的高速缓存的层级。

TnD 字段用来指定高速缓存标记的类型。该字段的值如下。

- 0b0：表示数据、指令或者联合高速缓存。
- 0b1：表示独立分配标记的高速缓存。

CCSIDR_EL1 的格式如图 15.27 所示。

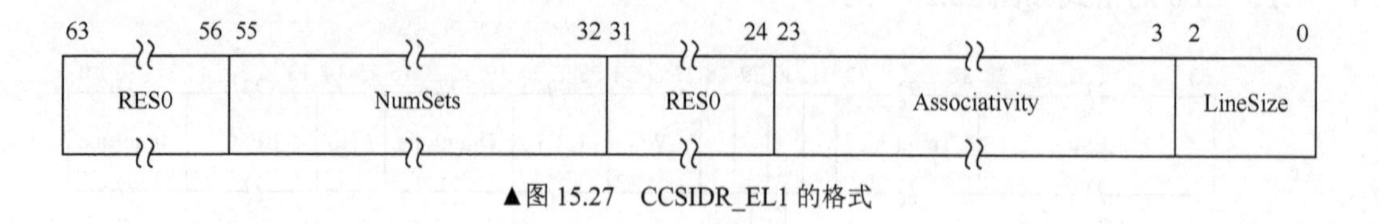

▲图 15.27　CCSIDR_EL1 的格式

LineSize 字段表示高速缓存行的大小。

Associativity 字段表示路的数量。

NumSets 字段表示组的数量。

4. DCZID_EL0 寄存器

这个寄存器用来指定清零操作（DC ZVA）的数据块大小。

15.11 实验

15.11.1 实验 15-1：枚举高速缓存

1. 实验目的

熟悉 ARMv8 的高速缓存枚举过程。

2. 实验要求

在 BenOS 里枚举出当前树莓派 4B 的高速缓存相关信息。

（1）系统包含几级高速缓存？

（2）每一级高速缓存是独立高速缓存还是统一高速缓存？

（3）每一级高速缓存中缓存行的大小是多少字节？

（4）每一级高速缓存的路和组是多少？高速缓存的总容量是多少？

（5）这个系统中 PoC 指的是哪一级高速缓存?

（6）单处理器 PoU 指的是哪一级高速缓存？

（7）内部共享的 PoU 指的是哪一级高速缓存？

（8）L1 指令高速缓存实现的 VIPT 还是 PIPT？

15.11.2 实验 15-2：清理高速缓存

1. 实验目的

熟悉高速缓存维护指令的使用。

2. 实验要求

（1）在 BenOS 里写一个 flush_cache_range()汇编函数。

```
void flush_cache_range(start_addr, end_addr)
```

该函数用来清理指定范围的数据高速缓存并使指定范围的数据高速缓存失效。

（2）写一个测试程序，测试 flush_cache_range()函数对性能的影响，可以使用时钟中断作为系统的 jiffies 来计算时间。jiffies 表示系统开机到现在总共的时钟中断次数。

注意，本实验要在树莓派 4B 开发板上做，不推荐在 QEMU 虚拟机里做，因为 QEMU 虚拟机里测量的时间不太准确。

第 16 章 缓存一致性

本章思考题

1. 为什么需要缓存一致性？
2. 缓存一致性的解决方案一般有哪些？
3. 为什么软件维护缓存一致性会在降低性能的同时增加功耗？
4. 什么是 MESI 协议？MESI 这几个字母分别代表什么意思？
5. 假设系统中有 4 个 CPU，每个 CPU 都有各自的一级高速缓存，处理器内部实现的是 MESI 协议，它们都想访问相同地址的数据 *a*，大小为 64 字节，这 4 个 CPU 的高速缓存在初始状态下都没有缓存数据 *a*。在 *T*0 时刻，CPU0 访问数据 *a*。在 *T*1 时刻，CPU1 访问数据 *a*。在 *T*2 时刻，CPU2 访问数据 *a*。在 *T*3 时刻，CPU3 想更新数据 *a* 的内容。请依次说明，*T*0 ~ *T*3 时刻，4 个 CPU 中高速缓存行的变化情况。
6. MOESI 协议中的 O 代表什么意思？
7. 什么是高速缓存伪共享？请阐述高速缓存伪共享发生时高速缓存行状态变化情况，以及软件应该如何避免高速缓存伪共享。
8. DMA 和高速缓存容易产生缓存一致性问题。从 DMA 缓冲区（内存）到设备的 FIFO 缓冲区搬运数据时，应该如何保证缓存一致性？从设备的 FIFO 缓冲区到 DMA 缓冲区（内存）搬运数据时，应该如何保证缓存一致性？
9. 什么是自修改代码？自修改代码是如何产生缓存一致性问题的？该如何解决？

本章重点介绍缓存一致性等相关问题，包括为什么需要缓存一致性，缓存一致性有哪些分类，在业界缓存一致性有哪些常用的解决方案。另外本章，还会重点介绍 MESI 协议，包括如何看懂 MESI 协议的状态转换图、MESI 协议的应用场景等。最后，本章通过三个案例来分析缓存一致性的相关问题。

16.1 为什么需要缓存一致性

什么是缓存一致性呢？缓存一致性关注的是同一个数据在多个高速缓存和内存中的一致性问题。那为什么会产生缓存一致性问题呢？

要了解这个问题，我们需要从单核处理器进化到多核处理器这个过程开始说起。以 ARM Cortex-A 系列处理器为例，在 Cortex-A8 阶段，采用单核处理器，到了 Cortex-A9 之后，就有了多核处理器。在多核处理器里，每个内核都有自己的 L1 高速缓存，多核之间可能共享一个 L2 高速缓存等。

以图 16.1 为例，CPU0 有自己的 L1 高速缓存，CPU1 也有自己的 L1 高速缓存。如果 CPU0

率先访问内存地址 A，这个地址的数据就会加载到 CPU0 的 L1 高速缓存里。如果 CPU1 也想访问这个数据，那应该怎么办呢？它应该从内存中读，还是向 CPU0 要数据呢？这种情况下就产生了缓存一致性问题。因为内存地址 A 的数据在系统中存在两个副本，一个在内存地址 A 中，另一个在 CPU0 本地的 L1 高速缓存里。如果 CPU0 修改了本地的 L1 高速缓存的数据，那么这两个数据副本就不一致，此时就出现了缓存一致性问题。

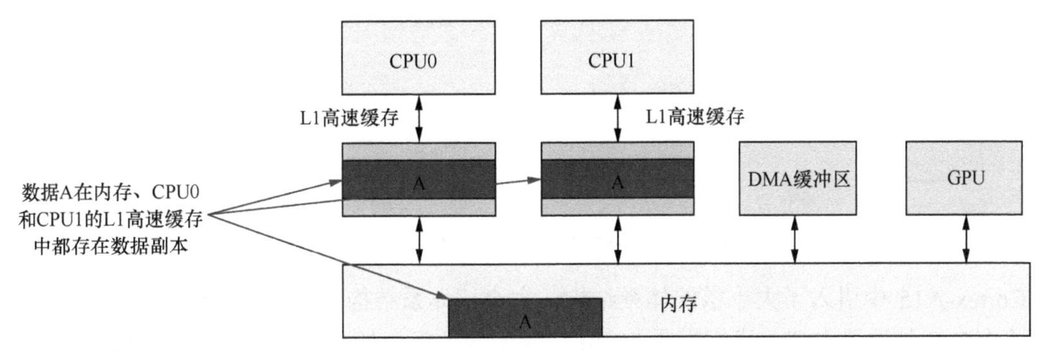

▲图 16.1 缓存一致性问题

如图 16.1 所示，数据 A 在三个地方——内存、CPU0 的高速缓存、CPU1 的高速缓存。这个系统有 4 个观察者（observer）——CPU0、CPU1、DMA 缓冲区以及 GPU，那么在 4 个观察者眼中，内存 A 的数据会是一致的吗？有没有可能产生不一致的情况呢？这就是缓存一致性的问题，包括了核与核之间的缓存一致性、DMA 缓冲区和高速缓存之间的一致性等。

缓存一致性关注的是同一个数据在多个高速缓存和内存中的一致性问题。解决高速缓存一致性的方法主要是总线监听协议，例如 MESI 协议等。所以本章主要介绍 MESI 协议的原理和应用。

虽然 MESI 协议对软件是透明的，即完全是硬件实现的，但是在有些场景下需要软件手工来干预。下面举几个例子。

- 驱动程序中使用 DMA 缓冲区造成数据高速缓存和内存中的数据不一致。这很常见。设备内部一般有 FIFO 缓冲区。当我们需要把设备的 FIFO 缓冲区中的数据写入内存的 DMA 缓冲区时，需要考虑高速缓存的影响。当需要把内存中 DMA 缓冲区的数据搬移到设备的 FIFO 缓冲区时，也需要思考高速缓存的影响。
- 自修改代码（Self-Modifying Code，SMC）导致数据高速缓存和指令高速缓存不一致，因为数据高速缓存里的代码可能比指令高速缓存里的要新。
- 修改页表导致不一致（TLB 里保存的数据可能过时）。

16.2 缓存一致性的分类

16.2.1 ARM 处理器缓存一致性发展历程

ARM 处理器的缓存一致性的发展历程如图 16.2 所示。

在 2006 年，Cortex-A8 处理器横空出世。Cortex-A8 是一个单核的设计，只有一个 CPU 内核，没有多核之间的缓存一致性问题，不过会有 DMA 缓冲区和高速缓存的一致性问题。

Cortex-A9 中加入多核（MPcore）设计，需要在内核与内核之间通过硬件来保证缓存一致性，通常的做法是实现 MESI 之类的协议。

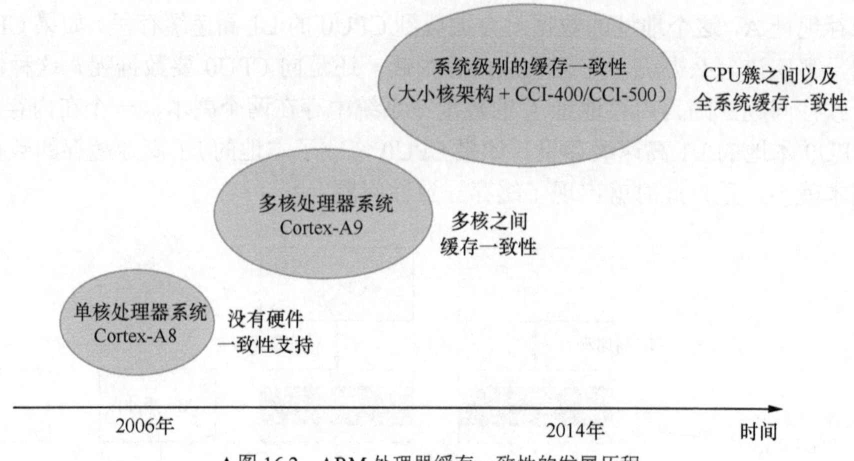

▲图 16.2 ARM 处理器缓存一致性的发展历程

Cortex-A15 中引入了大小核的体系结构。大小核体系结构里有两个 CPU 簇（cluster），每个簇里有多个处理器内核。我们需要 MESI 协议来保证多个处理器内核的缓存一致性。那 CPU 簇与簇之间如何来保证缓存一致性呢？这时候就需要一个实现 AMBA 缓存一致性扩展（AMBA coherency extension）协议的控制器来解决这个问题了。这就是系统级别的缓存一致性问题。ARM 公司在这方面做了不少工作，有现成的 IP（比如 CCI-400、CCI-500 等）可以使用。

16.2.2 缓存一致性分类

缓存一致性根据系统设计的复杂度可以分成两大类。

- 多核间的缓存一致性，通常指的是 CPU 簇内的处理器内核之间的缓存一致性。
- 系统间的缓存一致性，包括 CPU 簇与簇之间的缓存一致性以及全系统（例如 CPU 与 GPU）间的缓存一致性。

在单核处理器系统里，系统只有一个 CPU 和高速缓存，不会有第二个访问高速缓存的 CPU，因此，在单核处理器系统里没有缓存一致性问题。注意，这里说的缓存一致性问题指的是多核之间的缓存一致性问题，单处理器系统依然会有 DMA 和 CPU 高速缓存之间的一致性问题。此外，在单核处理器系统里，高速缓存的管理指令的作用范围仅仅限于单核处理器。

我们看一下多核处理器的情况，例如，基于 Cortex-A9 的多核处理器系统在硬件上就支持多核间的缓存一致性，硬件上实现了 MESI 协议。在 ARM 的芯片手册里，实现 MESI 协议的硬件单元一般称为侦听控制单元（Snoop Control Unit，SCU）。另外，在多核处理器系统里，高速缓存维护指令会发广播消息到所有的 CPU 内核，这一点和单核处理器不一样。

图 16.3（a）所示是单核处理器的情况，它只有一个 CPU 内核和单一的高速缓存，没有多核间的缓存一致性问题。图 16.3（b）所示是一个双核的处理器，每个内核内部有自己的 L1 高速缓存，因此就需要一个硬件单元来处理多核间的缓存一致性问题，通常就是我们说的 SCU 了。

图 16.4 所示是 ARM 大小核系统体系结构，它由两个 CPU 簇组成，每个 CPU 簇有两个内核。我们来看其中一个 CPU 簇，它由 SCU 保证 CPU 内核之间的缓存一致性。于是，在最下面有一个缓存一致性控制器，例如 ARM 公司的 CCI-400 控制器，它保证这两个 CPU 簇之间的缓存一致性问题。

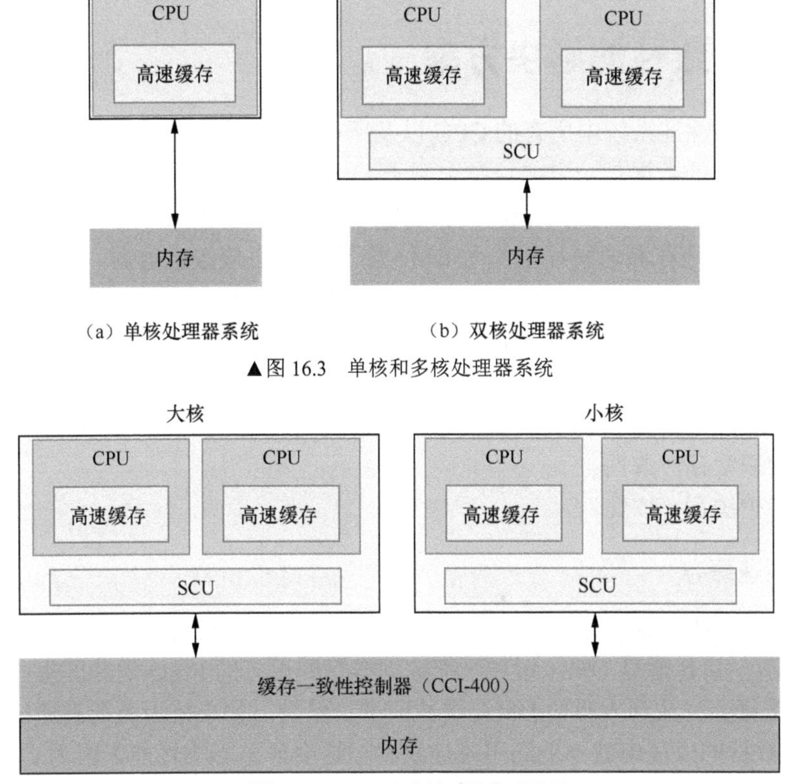

▲图 16.3　单核和多核处理器系统

▲图 16.4　ARM 大小核系统体系结构

16.2.3　系统缓存一致性问题

现在 ARM 系统越来越复杂了，从多核发展到多簇，例如大小核体系结构等。图 16.5 所示是一个典型的大小核体系结构，小核由 Cortex-A53 组成，大核由 Cortex-A72 组成，两个 Core-A53 内核构成了一个 CPU 簇。在一个 CPU 簇里，每个 CPU 都有各自独立的 L1 高速缓存，共享一个 L2 高速缓存，然后通过一个 ACE 的硬件单元连接到缓存一致性控制器（例如 CCI-500）里。ACE（AXI Coherent Extension）是 AMBA 4 协议中定义的。在这个系统里，除 CPU 之外，还有 GPU，比如 ARM 公司的 Mali GPU。此外，还有一些带有 DMA 功能的外设等，这些设备都有独立访问内存的能力，因此它们也必须通过 ACE 接口来连接到这个缓存一致性总线上。这个缓存一致性总线就是用来实现系统级别的缓存一致性的。

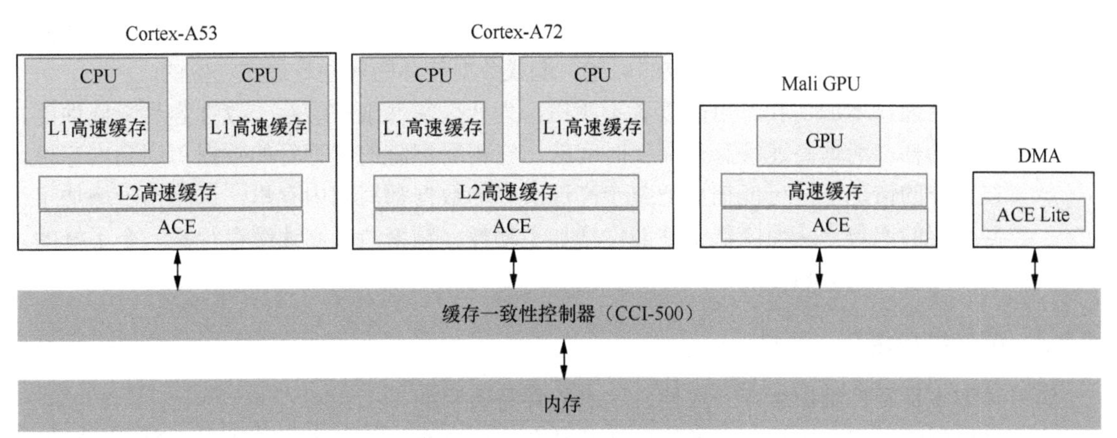

▲图 16.5　典型的大小核体系结构

16.3 缓存一致性的解决方案

缓存一致性需要保证系统中所有的 CPU 以及所有的主控制器（例如 GPU、DMA 等）观察到的某一个内存单元的数据是一致的。举个例子，外设使用 DMA，如果主机软件产生了一些数据，然后想通过 DMA 把这些数据搬运到外设。如果 CPU 和 DMA 看到的数据不一致，例如 CPU 产生的最新数据还在高速缓存里，而 DMA 从内存中直接搬运数据，那么 DMA 搬运了一个旧的数据，从而产生了数据的不一致。因为最新的数据在 CPU 侧的高速缓存里。这个场景下，CPU 是生产者，它来负责产生数据，而 DMA 是消费者，它负责搬运数据。

解决缓存一致性问题，通常有 3 种方案。

- ❑ 关闭高速缓存。
- ❑ 软件维护缓存一致性。
- ❑ 硬件维护缓存一致性。

16.3.1 关闭高速缓存

第一种方案是关闭高速缓存，这是最简单的办法，不过，它会严重影响性能。例如，主机软件产生了数据，然后想通过 DMA 缓冲区把数据搬运到设备的 FIFO 缓冲区里。在这个例子里，CPU 产生的新数据会先放到内存的 DMA 缓冲区里。但是，如果采用关闭高速缓存的方案，那么 CPU 在产生数据的过程中就不能利用高速缓存，这会严重影响性能，因为 CPU 要频繁访问内存的 DMA 缓冲区，这样导致性能下降和功耗增加。

16.3.2 软件维护缓存一致性

第二种方案是软件维护缓存一致性，这是最常用的方式，软件需要在合适时清除脏的缓存行或者使缓存行失效。这种方式增加了软件的复杂度。

这种方案的优点是硬件实现会相对简单。

缺点如下。

- ❑ 软件复杂度增加。软件需要手动清理脏的缓存行或者使缓存行失效。
- ❑ 增加调试难度。因为软件必须在合适的时间点清除缓存行并使缓存行失效。如果不在恰当的时间点处理缓存行，那么 DMA 可能会传输错误的数据，这是很难定位和调试的。因为只在某个偶然的时间点传输了错误的数据，而且并没有造成系统崩溃，所以调试难度相对大。常用的方法是一帧一帧地把数据抓出来并对比，而且我们还不一定会想到是没有正确处理缓存一致性导致的问题。造成数据破坏的问题是最难定位的。
- ❑ 降低性能，增加功耗。可能读者不明白，为什么软件维护缓存一致性容易降低性能，增加功耗。清理高速缓存是需要时间的，它需要把脏的缓存行的数据写回到内存里。在糟糕的情况下，可能需要把整个高速缓存的数据都写回内存里，这相当于增加了访问内存的次数，从而降低了性能，增加了功耗。频繁清理高速缓存行是一个不好的习惯，这会大大影响性能。

16.3.3 硬件维护缓存一致性

第三种方案是硬件维护缓存一致性，这对软件是透明的。

对于多核间的缓存一致性，通常的做法就是在多核里实现一个 MESI 协议，实现一种总线侦听的控制单元，例如 ARM 的 SCU。

对于系统级别的缓存一致性，需要实现一种缓存一致性总线协议。在 2011 年，ARM 公司在 AMBA 4 协议里提出了 AXI 总线缓存一致性扩展（AXI Coherency Extension，ACE）协议。ACE 协议用来实现 CPU 簇之间的缓存一致性。另外，ACE Lite 协议用来实现 I/O 设备（比如 DMA、GPU 等）的缓存一致性。

16.4 MESI 协议

在一个处理器系统中，不同 CPU 内核上的高速缓存和内存可能具有同一个数据的多个副本，在仅有一个 CPU 内核的处理器系统中不存在一致性问题。维护高速缓存一致性的关键是跟踪每一个高速缓存行的状态，并根据处理器的读写操作和总线上相应的传输内容来更新高速缓存行在不同 CPU 内核上的高速缓存中的状态，从而维护高速缓存一致性。维护高速缓存一致性有软件和硬件两种方式。有的处理器体系结构（如 PowerPC）提供显式操作高速缓存的指令，不过现在大多数处理器体系结构采用硬件方式来维护它。在处理器中通过高速缓存一致性协议实现，这些协议维护一个有限状态机（Finite State Machine，FSM），根据存储器读写的指令或总线上的传输内容，进行状态迁移和相应的高速缓存操作来维护高速缓存一致性，不需要软件介入。

高速缓存一致性协议主要有两大类别：一类是监听协议（snooping protocol），每个高速缓存都要被监听或者监听其他高速缓存的总线活动，如图 16.6 所示；另一类是目录协议（directory protocol），用于全局统一管理高速缓存状态。

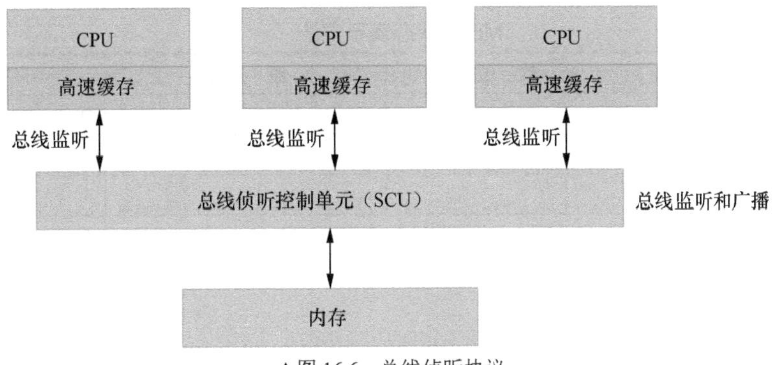

▲图 16.6　总线侦听协议

1983 年，James Goodman 提出 Write-Once 总线监听协议，后来演变成目前很流行的 MESI 协议。Write-Once 总线监听协议依赖这样的事实，即所有的总线传输事务对于处理器系统内的其他单元是可见的。总线是一个基于广播通信的机制，因而可以由每个处理器的高速缓存来监听。这些年来人们已经提出了数十种协议，这些协议基本上是 Write-Once 总线监听协议的变种。不同的协议需要不同的通信量，通信量要求太多会浪费总线带宽，因为它使总线争用情况变多，留给其他部件使用的带宽减少。因此，芯片设计人员尝试将保持一致性协议所需要的总线通信量最小化，或者尝试优化某些频繁执行的操作。

目前，ARM 或 x86 等处理器广泛使用 MESI 协议来维护高速缓存一致性。MESI 协议的名字源于该协议使用的修改（Modified，M）、独占（Exclusive，E）、共享（Shared，S）和无效（Invalid，I）这 4 个状态。高速缓存行中的状态必须是上述 4 个状态中的 1 个。MESI 协议还有一些变种，如 MOESI 协议等，部分 ARMv7-A 和 ARMv8-A 处理器使用该变种协议。

16.4.1　MESI 协议简介

高速缓存行中有两个标志——脏（dirty）和有效（valid）。它们很好地描述了高速缓存和内存之间的数据关系，如数据是否有效、数据是否被修改过。

表 16.1 所示为 MESI 协议中 4 个状态的说明。

表 16.1　MESI 协议中 4 个状态的说明

状　态	说　明
M	这行数据有效，数据已被修改，和内存中的数据不一致，数据只存在于该高速缓存中
E	这行数据有效，数据和内存中数据一致，数据只存在于该高速缓存中
S	这行数据有效，数据和内存中数据一致，多个高速缓存有这行数据的副本
I	这行数据无效

修改和独占状态的高速缓存行中，数据都是独有的，不同点在于修改状态的数据是脏的，和内存不一致；独占状态的数据是干净的，和内存一致。拥有修改状态的高速缓存行会在某个合适的时刻把该高速缓存行写回内存中。

共享状态的高速缓存行中，数据和其他高速缓存共享，只有干净的数据才能被多个高速缓存共享。

无效状态表示这个高速缓存行无效。

在 MESI 协议中，每个高速缓存行可以使用脏、有效以及共享（share）三位的组合来表示修改、独占、共享以及无效这 4 个状态，如表 16.2 所示。例如，对于修改状态，如果有效位和脏位都为 1 并且共享位为 0，那么我们认为这个缓存行的状态就是 MESI 协议规定的 M 状态。

表 16.2　MESI 状态表示方法

状　态	有 效 位	脏　位	共 享 位
修改	1	1	0
独占	1	0	0
共享	1	0	1
无效	0	0	0

16.4.2　本地读写与总线操作

MESI 协议在总线上的操作分成本地读写和总线操作，如表 16.3 所示。初始状态下，当缓存行中没有加载任何数据时，状态为 I。本地读写指的是本地 CPU 读写自己私有的高速缓存行，这是一个私有操作。总线读写指的是有总线的事务（bus transaction），因为实现的是总线监听协议，所以 CPU 可以发送请求到总线上，所有的 CPU 都可以收到这个请求。总之，总线读写操作指的是某个 CPU 收到总线读或者写的请求信号，这个信号是远端 CPU 发出并广播到总线的；而本地读写操作指的是本地 CPU 读写本地高速缓存。

表 16.3　本地读写和总线操作

操 作 类 型	描　述
本地读（Local Read/PrRd）	本地 CPU 读取缓存行数据
本地写（Local Write/PrWr）	本地 CPU 更新缓存行数据
总线读（Bus Read/BusRd）	总线监听到一个来自其他 CPU 的读缓存请求。收到信号的 CPU 先检查自己的高速缓存中是否缓存了该数据，然后广播应答信号

续表

操作类型	描　述
总线写（Bus Write/BusRdX）	总线监听到一个来自其他 CPU 的写缓存请求。收到信号的 CPU 先检查自己的高速缓存中是否缓存了该数据，然后广播应答信号
总线更新（BusUpgr）	总线监听到更新请求，请求其他 CPU 做一些额外事情。其他 CPU 收到请求后，若 CPU 上有缓存副本，则需要做额外的一些更新操作，如使本地的高速缓存行失效等
刷新（Flush）	总线监听到刷新请求。收到请求的 CPU 把自己的高速缓存行的内容写回主内存中
刷新到总线（FlushOpt）	收到该请求的 CPU 会把高速缓存行内容发送到总线上，这样发送请求的 CPU 就可以获取这个高速缓存行的内容

16.4.3 MESI 状态转换图

MESI 状态转换图如图 16.7 所示，实线表示处理器请求响应，虚线表示总线监听响应。那如何解读这个图呢？当本地 CPU 的高速缓存行的状态为 I 时，若 CPU 发出 PrRd 请求，本地缓存未命中，则在总线上产生一个 BusRd 信号。其他 CPU 会监听到该请求并且检查它们的缓存来判断是否拥有了该副本。下面分两种情况来考虑。

- 如果 CPU 发现本地副本，并且这个高速缓存行的状态为 S，见图 16.7 中从 I 状态到 S 状态的“PrRd/BusRd(shared)”实线箭头，那么在总线上回复一个 FlushOpt 信号，即把当前的高速缓存行发送到总线上，高速缓存行的状态还是 S，见 S 状态的“PrRd/BusRd/FlushOpt”实线箭头。
- 如果 CPU 发现本地副本并且高速缓存行的状态为 E，见图 16.7 中从 I 状态到 E 状态的“PrRd/BusRd(!shared)”实线箭头，则在总线上回应 FlushOpt 信号，即把当前的高速缓存行发送到总线上，高速缓存行的状态变成 S，见 E 状态到 S 状态的“BusRd/FlushOpt”虚线箭头。

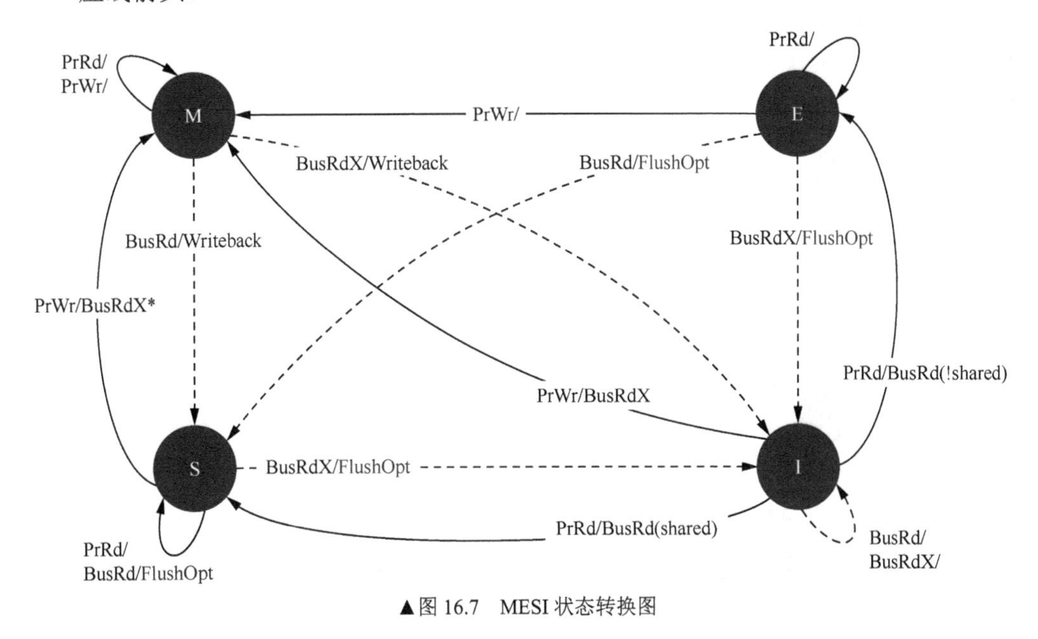

▲图 16.7　MESI 状态转换图

16.4.4 初始状态为 I

接下来，我们通过逐步分解的方式来解读 MESI 状态转换图。我们先来看初始状态为 I 的高速缓存行的相关操作。

1. 当本地 CPU 的高速缓存行的状态为 I 时，发起本地读操作

我们假设 CPU0 发起了本地读请求，发出读 PrRd 请求。因为本地高速缓存行处于无效状态，所以在总线上产生一个 BusRd 信号，然后广播到其他 CPU。其他 CPU 会监听到该请求（BusRd 信号的请求）并且检查它们的本地高速缓存是否拥有了该数据的副本。下面分 4 种情况来讨论。

- 如果 CPU1 发现本地副本，并且这个高速缓存行的状态为 S，那么在总线上回复一个 FlushOpt 信号，即把当前高速缓存行的内容发送到总线上，那么刚才发出 PrRd 请求的 CPU0 就能得到这个高速缓存行的数据，然后 CPU0 状态变成 S。这个时候高速缓存行的变化情况是，CPU0 上的高速缓存行的状态从 I 变成 S，CPU1 上的高速缓存行的状态保持 S 不变，如图 16.8 所示。

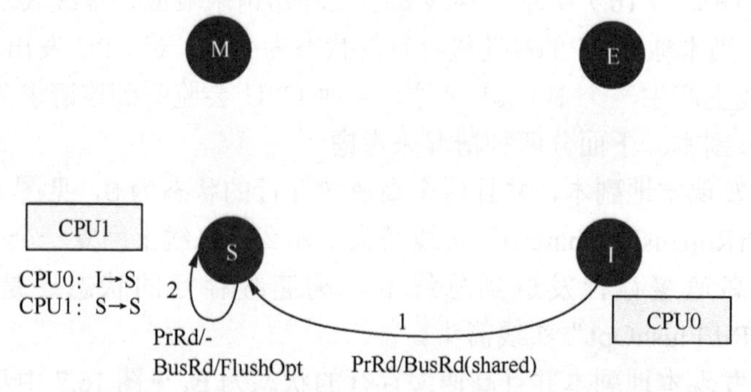

▲图 16.8 向 S 状态的缓存行发出总线读操作时的状态变化

- 假设 CPU2 发现本地副本并且高速缓存行的状态为 E，则在总线上回应 FlushOpt 信号，即把当前高速缓存行的内容发送到总线上，CPU2 上的高速缓存行的状态变成 S。这个时候高速缓存行的变化情况是 CPU0 的高速缓存行状态从 I 变成 S，而 CPU2 上高速缓存行的状态从 E 变成了 S，如图 16.9 所示。

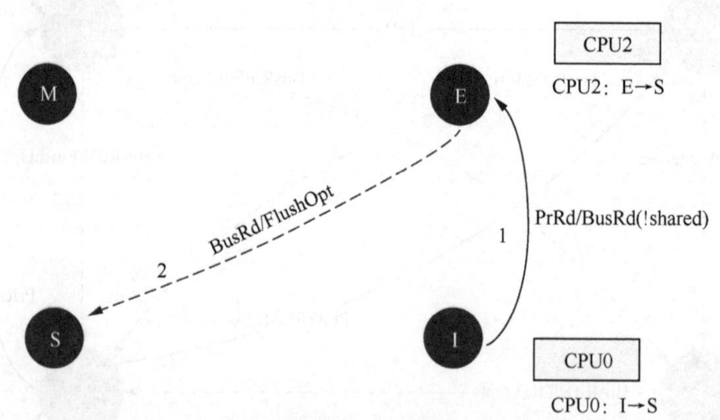

▲图 16.9 向 E 状态的缓存行发出总线读操作时的状态变化

- 假设 CPU3 发现本地副本并且高速缓存行的状态为 M，将数据更新到内存，那么两个高速缓存行的状态都为 S。我们来看一下高速缓存行的变化情况：CPU0 上高速缓存行的状态从 I 变成 S，CPU3 上高速缓存行的状态从 M 变成 S，如图 16.10 所示。
- 假设 CPU1、CPU2、CPU3 上的高速缓存行都没有缓存数据，状态都是 I，那么 CPU0 会从内存中读取数据到 L1 高速缓存，把高速缓存行的状态设置为 E。

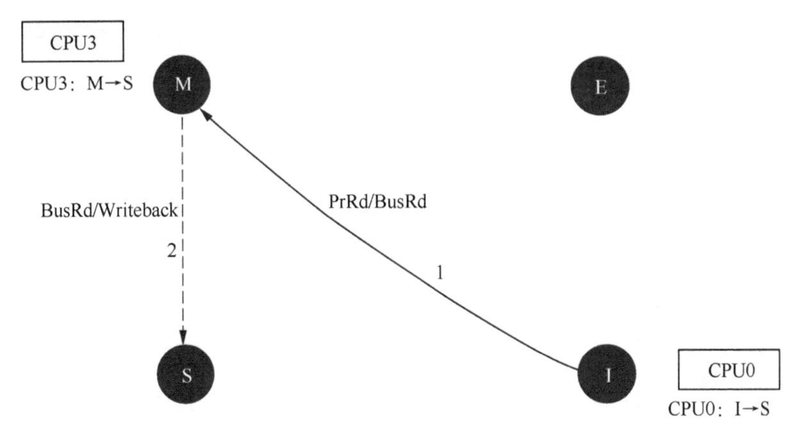

▲图 16.10 向 M 状态的缓存行发出总线读操作时的状态变化

2. 当本地 CPU 的缓存行状态为 I 时，收到一个总线读写的信号

如果处于 I 状态的缓存行收到一个总线读或者写操作，它的状态不变，给总线回应一个广播信号，说明它没有数据副本。

3. 当初始状态为 I 时，发起本地写操作

如果初始化状态为 I 的高速缓存行发起一个本地写操作，那么高速缓存行会有什么变化？

假设 CPU0 发起了本地写请求，即 CPU0 发出 PrWr 请求。

由于本地高速缓存行是无效的，因此 CPU0 发送 BusRdX 信号到总线上。这种情况下，本地写操作就变成了总线写，我们要看其他 CPU 的情况。

其他 CPU（例如 CPU1 等）收到 BusRdX 信号，先检查自己的高速缓存中是否有缓存副本，广播应答信号。

假设 CPU1 上有这份数据的副本，且状态为 S，CPU1 收到一个 BusRdX 信号之后会回复一个 FlushOpt 信号，把数据发送到总线上，然后把自己的高速缓存行的状态设置为无效，状态变成 I，然后广播应答信号，如图 16.11 所示。

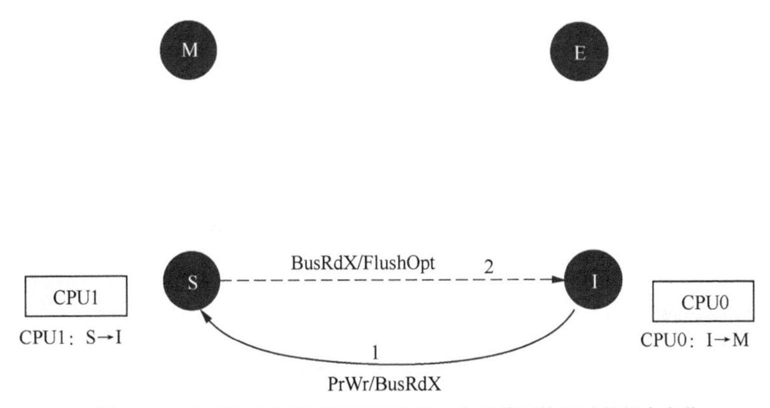

▲图 16.11 状态为 S 的高速缓存行收到一个总线写信号时的状态变化

假设 CPU2 上有这份数据的副本，且状态为 E，CPU2 收到这个 BusRdX 信号之后，会回复一个 FlushOpt 信号，把数据发送到总线上，同时会把自己的高速缓存行状态设置为无效，然后广播应答信号，如图 16.12 所示。

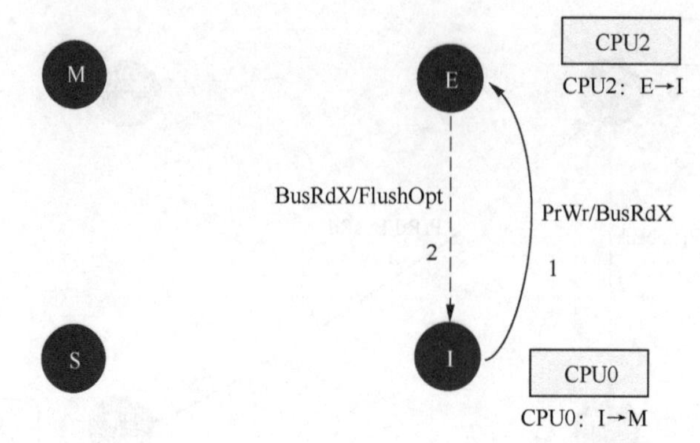

▲图 16.12 状态为 E 的高速缓存行收到一个总线写信号时的状态变化

假设 CPU3 上有这份数据的副本，状态为 M，CPU3 收到这个 BusRdX 信号之后，会把数据更新到内存，缓存行状态变成 I，然后广播应答信号，如图 16.13 所示。

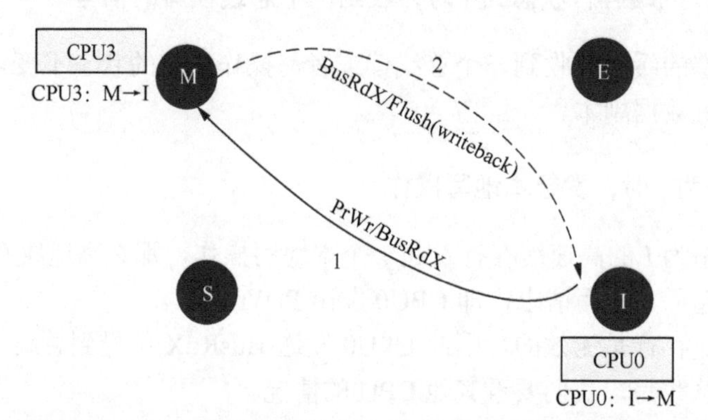

▲图 16.13 状态为 M 的高速缓存行收到一个总线写信号时的状态变化

若其他 CPU 上也没有这份数据的副本，也要广播一个应答信号。

CPU0 会接收其他 CPU 的所有的应答信号，确认其他 CPU 上没有这个数据的缓存副本后，CPU0 会从总线上或者从内存中读取这个数据。

- 如果其他 CPU 的状态是 S 或者 E，会把最新的数据通过 FlushOpt 信号发送到总线上。
- 如果总线上没有数据，那么直接从内存中读取数据。

最后才修改数据，并且本地高速缓存行的状态变成 M。

16.4.5 初始状态为 M

我们来看当 CPU 中本地高速缓存行的状态为 M 时的情况。最简单的就是本地读写，因为 M 状态说明系统中只有该 CPU 有最新的数据，而且是脏的数据，所以本地读写的状态不变，如图 16.14 所示。

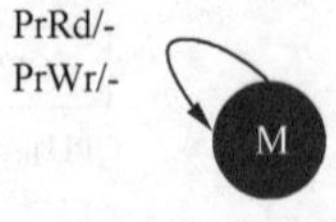

PrRd/-
PrWr/-
M
本地读写操作的状态不变

▲图 16.14 状态为 M 的高速缓存行本地读写操作的状态

1. 收到一个总线读信号

假设本地 CPU（例如 CPU0）上的高速缓存行状态为 M，而在其他 CPU 上没有这个数据的副本，当其他 CPU（如 CPU1）想读这份数据时，CPU1 会发起一次总线读操作。

由于 CPU0 上有这个数据的副本，因此 CPU0 收到信号后把高速缓存行的内容发送到总线上，之后 CPU1 就获取这个高速缓存行的内容。另外，CPU0 同时会把相关内容发送到主内存控制器，把高速缓存行的内容写入主内存中。这时候 CPU0 的状态从 M 变成 S，如图 16.15 所示。

然后，更改 CPU1 的高速缓存行的状态为 S。

2. 收到一个总线写信号

假设本地 CPU（例如 CPU0）上的高速缓存行的状态为 M，而其他 CPU 上没有这个数据的副本，当某个 CPU（假设 CPU1）想更新（写）这份数据时，CPU1 就会发起一个总线写操作。

由于 CPU0 上有这个数据的副本，CPU0 收到总线写信号后，把自己的高速缓存行的内容发送到内存控制器，并把该缓存行的内容写入主内存中。CPU0 上的高速缓存行状态变成 I，如图 16.16 所示。

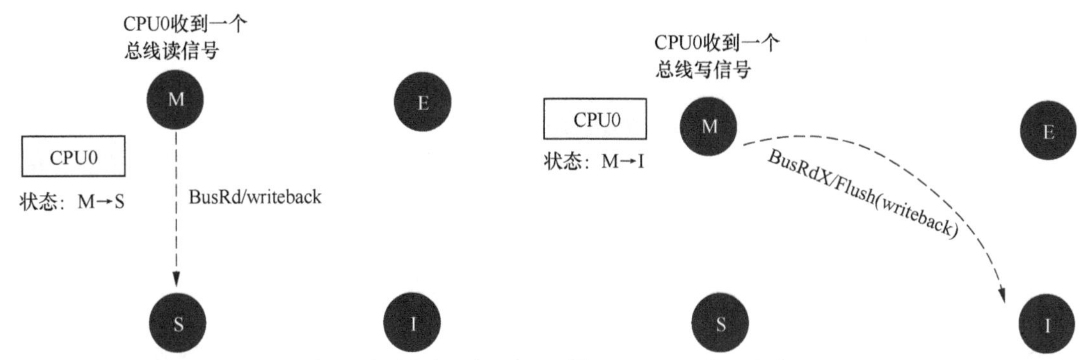

▲图 16.15　状态为 M 的高速缓存行收到一个总线读信号　▲图 16.16　状态为 M 的高速缓存行收到一个总线写信号

CPU1 从总线或者内存中取回数据到本地缓存行，然后修改自己本地的高速缓存行的内容。最后，CPU1 的状态变成 M。

16.4.6 初始状态为 S

以下是当本地 CPU 的高速缓存行的状态为 S 时，发生本地读写和总线读写信号之后的操作情况。

- 如果 CPU 发出本地读操作，高速缓存行状态不变。
- 如果 CPU 收到总线读（BusRd），状态不变，并且回应一个 FlushOpt 信号，把高速缓存行的数据内容发到总线上，如图 16.17 所示。

▲图 16.17　对状态为 S 的高速缓存行进行读操作

如果 CPU 发出本地写操作（PrWr），具体操作如下。

（1）本地 CPU 修改本地高速缓存行的内容，状态变成 M。

（2）发送 BusUpgr 信号到总线上。

（3）若其他 CPU 收到 BusUpgr 信号，检查自己的高速缓存中是否有副本。若有，将其状态改成 I，如图 16.18 所示。

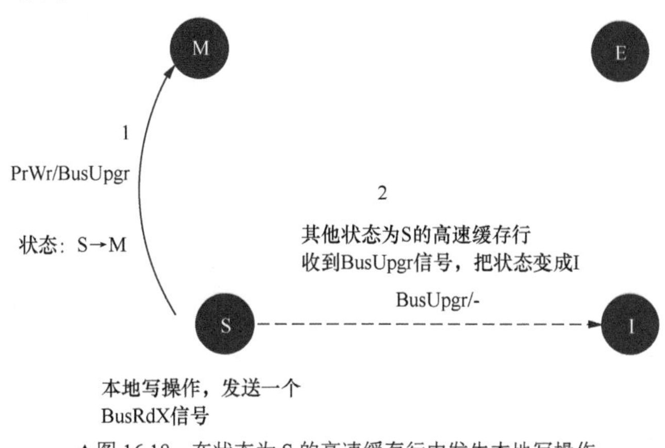

▲图 16.18　在状态为 S 的高速缓存行中发生本地写操作

16.4.7　初始状态为 E

当本地 CPU 的缓存行状态为 E 时，根据以下情况操作。

- 对于本地读，状态不变。
- 对于本地写，CPU 直接修改该缓存行的数据，状态变成 M，如图 16.19 所示。

如果收到一个总线读信号，具体操作如下。

（1）高速缓存行的状态变成 S。

（2）发送 FlushOpt 信号，把高速缓存行的内容发送到总线上。

（3）发出总线读信号的 CPU 从总线上获取了数据，状态变成 S。

若收到一个总线写信号，数据被修改，具体操作如下。

（1）缓存行的状态变成 I。

（2）发送 FlushOpt 信号，把缓存行的内容发送到总线上。

（3）发出总线写信号的 CPU 从总线上获取数据，然后修改，状态变成 M。具体情况如图 16.20 所示。

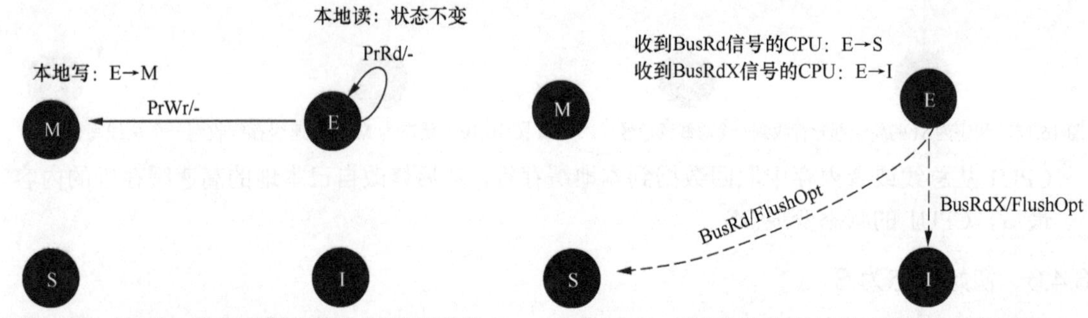

▲图 16.19　状态为 E 的高速缓存行发生本地读写操作　▲图 16.20　状态为 E 的高速缓存行收到总线读写信号

16.4.8　总结与案例分析

表 16.4 所示为 MESI 协议中各个状态的转换关系。

表 16.4　MESI 状态转换关系

当前状态	本地读	本地写	本地换出[①]	总线读[②]	总线写	总线更新
I	发出总线读信号。如果没有共享者，则状态 I 变成 E。如果有共享者，状态 I 变成 S	发出总线写信号，状态 I 变成 M	状态不变	状态不变，忽略总线上的信号	状态不变，忽略总线上的信号	状态不变，忽略总线上的信号
S	状态不变	发出总线更新信号，状态 S 变成 M	S 变成 I	状态不变，回应 FlushOpt 信号并且把内容发送到总线上	状态 S 变成 I	状态 S 变成 I
E	状态不变	E 变成 M	E 变成 I	回应 FlushOpt 信号并把内容发送到总线上，状态 E 变成 S	状态 E 变成 I	错误状态
M	状态不变	状态不变	写回数据到内存，M 变成 I	回应 FlushOpt 信号并把内容发送到总线上和内存中，状态 M 变成 S	回应 FlushOpt 信号并把内容发送到总线上和内存中，状态 M 变成 I	错误状态

① 指的是本地换出（local eviction）高速缓存行。

② 这里指在当前 MESI 状态下的高速缓存行收到总线读信号。

下面我们以一个例子来说明 MESI 协议的状态转换。假设系统中有 4 个 CPU，每个 CPU 都有各自的一级缓存，它们都想访问相同地址的数据 *a*，其大小为 64 字节。

*T*0 时刻，假设初始状态下数据 *a* 还没有缓存到高速缓存中，4 个 CPU 的高速缓存行的默认状态是 I，如图 16.21 所示。

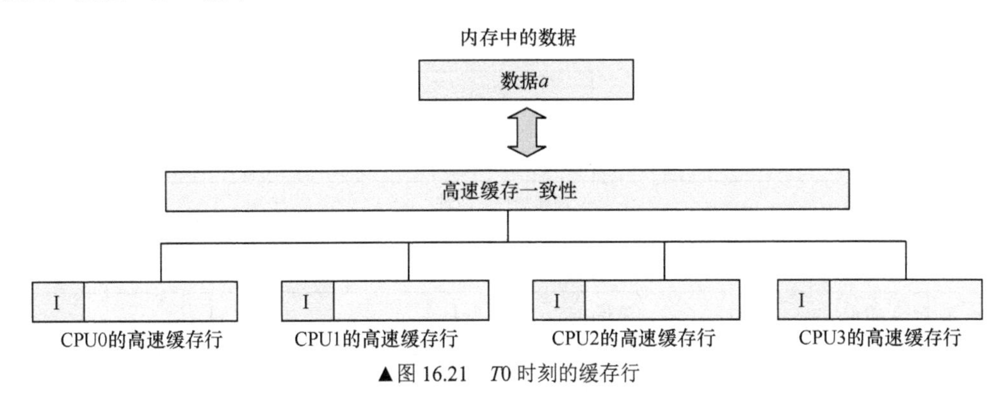

▲图 16.21 *T*0 时刻的缓存行

*T*1 时刻，CPU0 率先发起访问数据 *a* 的操作。对于 CPU0 来说，这是一次本地读。由于 CPU0 本地的高速缓存并没有缓存数据 *a*，因此 CPU0 首先发送一个 BusRd 信号到总线上。它想询问一下其他 3 个 CPU：“小伙伴们，你们有缓存数据 *a* 吗？如果有，麻烦发一份给我。”其他 3 个 CPU 收到 BusRd 信号后，马上查询本地高速缓存，然后给 CPU0 回应一个应答信号。若 CPU1 在本地查询到缓存副本，则它把高速缓存行的内容发送到总线上并回应 CPU0：“CPU0，我这里缓存了一份副本，我发你一份。”若 CPU1 在本地没有缓存副本，则回应：“CPU0，我没有缓存数据 *a*。”假设 CPU1 上有缓存副本，那么 CPU1 把缓存副本发送到总线上，CPU0 的本地缓存中就有了数据 *a*，并且把这个高速缓存行的状态设置为 S。同时，提供数据的缓存副本的 CPU1 也知道一个事实，数据的缓存副本已经共享给 CPU0 了，因此 CPU1 的高速缓存行的状态也设置为 S。在本场景中，由于其他 3 个 CPU 都没有数据 *a* 的缓存副本，因此 CPU0 只能老老实实地从主内存中读取数据 *a* 并将其缓存到 CPU0 的高速缓存行中，把高速缓存行的状态设置为 E，如图 16.22 所示。

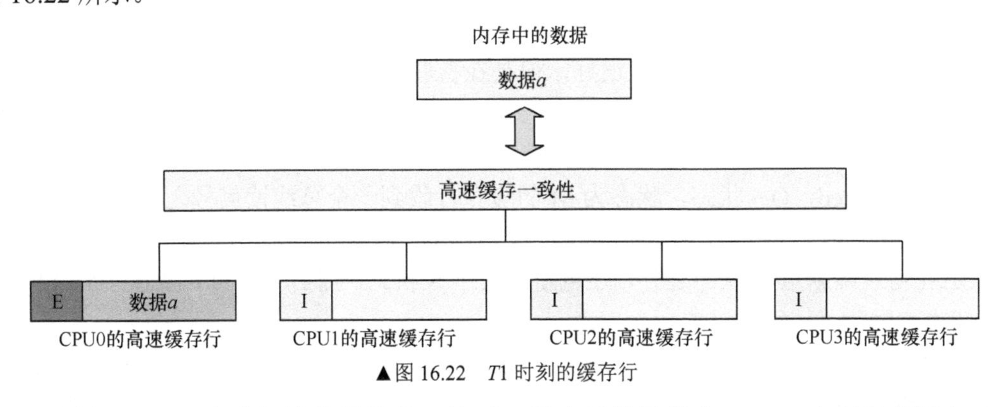

▲图 16.22 *T*1 时刻的缓存行

*T*2 时刻，CPU1 也发起读数据操作。这时，整个系统里只有 CPU0 中有缓存副本，CPU0 会把缓存的数据发送到总线上并且应答 CPU1，最后 CPU0 和 CPU1 都有缓存副本，状态都设置为 S，如图 16.23 所示。

*T*3 时刻，CPU2 中的程序想修改数据 *a* 中的数据。这时 CPU2 的本地高速缓存并没有缓存数据 *a*，高速缓存行的状态为 I，因此，这是一次本地写操作。首先 CPU2 会发送 BusRdX 信号到总线上，其他 CPU 收到 BusRdX 信号后，检查自己的高速缓存中是否有该数据。若

CPU0 和 CPU1 发现自己都缓存了数据 a，那么会使这些高速缓存行失效，然后发送应答信号。虽然 CPU3 没有缓存数据 a，但是它也回复了一条应答信号，表明自己没有缓存数据 a。CPU2 收集完所有的应答信号之后，把 CPU2 本地的高速缓存行状态改成 M，M 状态表明这个高速缓存行已经被自己修改了，而且已经使其他 CPU 上相应的高速缓存行失效，如图 16.24 所示。

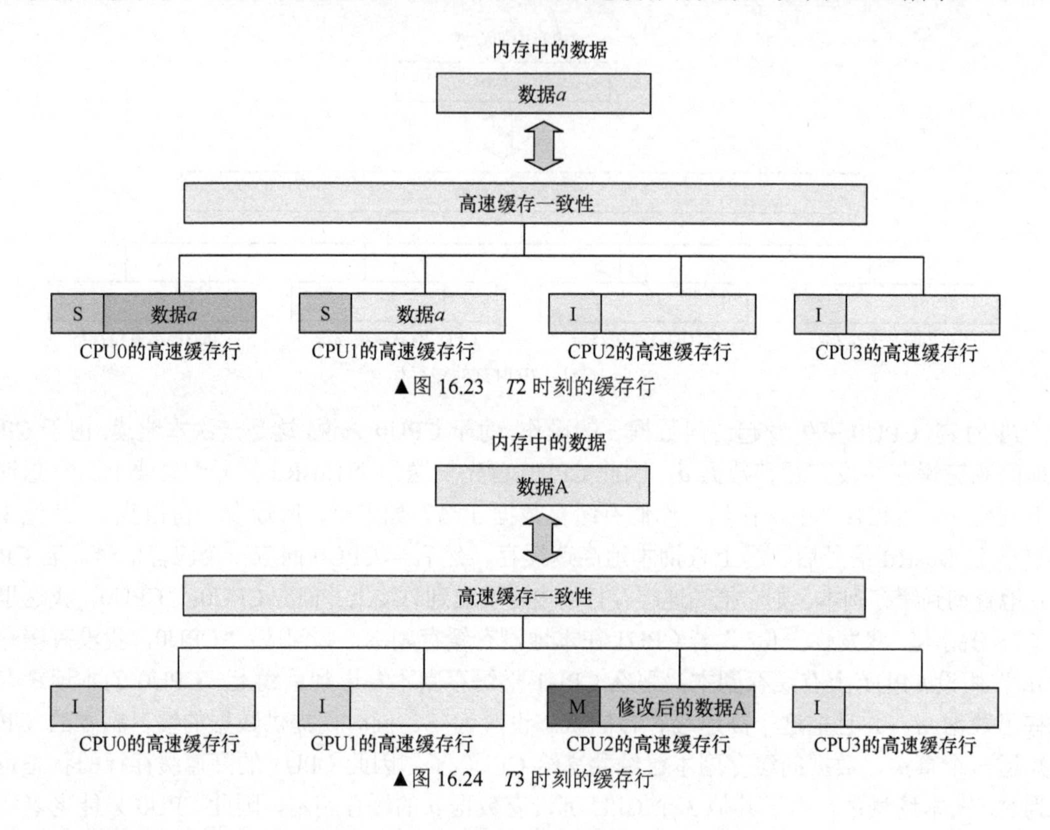

▲图 16.23　$T2$ 时刻的缓存行

▲图 16.24　$T3$ 时刻的缓存行

上述就是 4 个 CPU 访问数据 A 时对应的高速缓存状态转换过程。

16.4.9　MOESI 协议

MESI 协议在大部分场景下效果很好，但是在有些场景下会出现性能问题。例如，当状态为 M 的缓存行收到一个总线读信号时，它需要把脏数据写回内存中，然后才能和其他 CPU 共享这个数据，因此频繁写回内存的操作会影响系统性能，那如何继续优化呢？MOESI 协议增加了一个拥有（Owned，O）状态，状态为 M 的缓存行收到一个总线读信号之后，它不需要把缓存行的内容写入内存，而只需要把 M 状态转成 O 状态。

MOESI 协议除新增 O 状态之外，还重新定义了 S 状态，而 E、M 和 I 状态与 MESI 协议中的对应状态相同。

与 MESI 协议中的 S 状态不同，根据 MOESI 协议，状态为 O 的高速缓存行中的数据与内存中的数据并不一致。状态为 O 的缓存行收到总线读信号，不需要把缓存行内容写回内存中。

在 MOESI 协议中，S 状态的定义发生了细微的变化。当一个高速缓存行的状态为 S 时，它包含的数据并不一定与内存一致。如果在其他 CPU 的高速缓存中不存在状态为 O 的副本，该高速缓存行中的数据与内存一致；如果在其他 CPU 的高速缓存中存在状态为 O 的副本，该高速缓存行中的数据与内存可能不一致。

16.5 高速缓存伪共享

高速缓存是以高速缓存行为单位来从内存中读取数据并且缓存数据的，通常一个高速缓存行的大小为 64 字节（以实际处理器的一级缓存为准）。C 语言定义的数据类型中，int 类型的数据大小为 4 字节，long 类型数据的大小为 8 字节（在 64 位处理器中）。当访问 long 类型数组中某一个成员时，处理器会把相邻的数组成员都加载到一个高速缓存行里，这样可以加快数据的访问。但是，若多个处理器同时访问一个高速缓存行中不同的数据，反而带来了性能上的问题，这就是高速缓存伪共享（false sharing）。

如图 16.25 所示，假设 CPU0 上的线程 0 想访问和更新 data 数据结构中的 x 成员，同理 CPU1 上的线程 1 想访问和更新 data 数据结构中的 y 成员，其中 x 和 y 成员都缓存到同一个高速缓存行里。

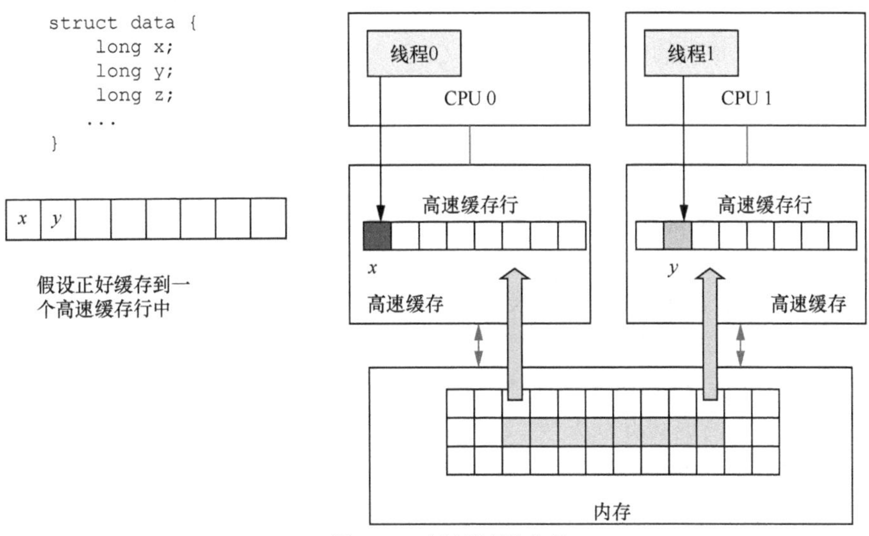

▲图 16.25　高速缓存伪共享

根据 MESI 协议，我们可以分析出 CPU0 和 CPU1 之间对高速缓存行的争用情况。初始状态下（$T0$ 时刻），CPU0 和 CPU1 上缓存行的状态都为 I，如图 16.26 所示。

当 CPU0 第一次访问 x 成员时（$T1$ 时刻），因为 x 成员还没有缓存到高速缓存，所以高速缓存行的状态为 I。CPU0 把整个 data 数据结构都缓存到 CPU0 的 L1 高速缓存里，并且把高速缓存行的状态设置为 E，如图 16.27 所示。

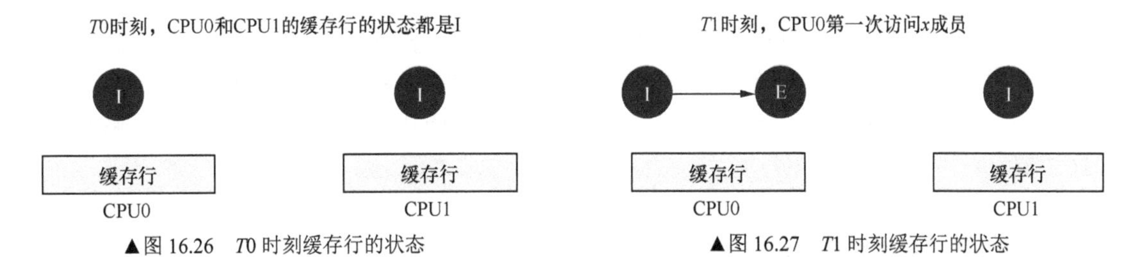

▲图 16.26　$T0$ 时刻缓存行的状态　　▲图 16.27　$T1$ 时刻缓存行的状态

当 CPU1 第一次访问 y 成员时（$T2$ 时刻），因为 y 成员已经缓存到高速缓存中，而且该高速缓存行的状态是 E，所以 CPU1 先发送一个读总线的请求。CPU0 收到请求后，先查询本地高速缓存中是否有这个数据的副本，若有，则把这个数据发送到总线上。CPU1 获取了数据后，把本地的高速缓存行的状态设置为 S，并且把 CPU0 上本地高速缓存行的状态也设置为 S，因此所有 CPU 上对应的高速缓存行状态都设置为 S，如图 16.28 所示。

当 CPU0 想更新 *x* 成员的值时（*T*3 时刻），CPU0 和 CPU1 上高速缓存行的状态为 S。CPU0 发送 BusUpgr 信号到总线上，然后修改本地高速缓存行的数据，将其状态变成 M。其他 CPU 收到 BusUpgr 信号后，检查自己的高速缓存行中是否有副本。若有，则将其状态改成 I。*T*3 时刻缓存行的状态如图 16.29 所示。

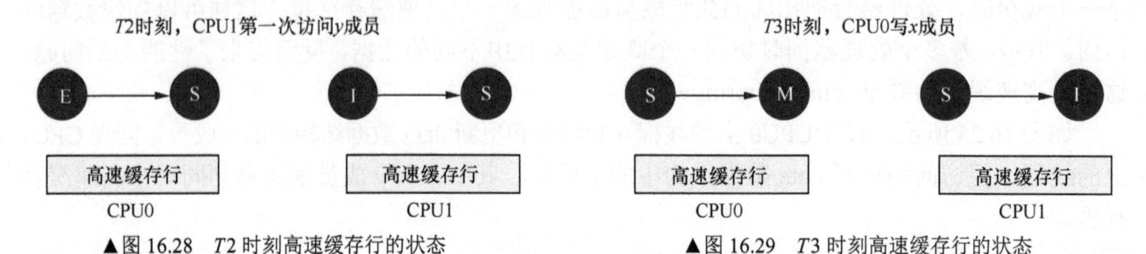

▲图 16.28　*T*2 时刻高速缓存行的状态　　▲图 16.29　*T*3 时刻高速缓存行的状态

当 CPU1 想更新 *y* 成员的值时（*T*4 时刻），CPU1 上高速缓存行的状态为 I，而 CPU0 上的高速缓存行缓存了旧数据，并且状态为 M。这时，CPU1 发起本地写的请求，根据 MESI 协议，CPU1 会发送 BusRdX 信号到总线上。其他 CPU 收到 BusRdX 信号后，先检查自己的高速缓存行中是否有该数据的副本，然后广播应答信号。这时 CPU0 上有该数据的缓存副本，并且状态为 M。CPU0 先将数据更新到内存，更改其高速缓存行的状态为 I，然后发送应答信号到总线上。CPU1 收到所有 CPU 的应答信号后，才能修改 CPU1 上高速缓存行的内容。最后，CPU1 上高速缓存行的状态变成 M。*T*4 时刻高速缓存行的状态如图 16.30 所示。

若 CPU0 想更新 *x* 成员的值（*T*5 时刻），这和上一段的操作类似，发送本地写请求后，根据 MESI 协议，CPU0 会发送 BusRdX 信号到总线上。CPU1 接收该信号后，把高速缓存行中数据写回内存，然后使该高速缓存行失效，即把 CPU1 上的高速缓存行状态变成 I，然后广播应答信号。CPU0 收到所有 CPU 的应答信号后才能修改 CPU0 上高速缓存行的内容。最后，CPU0 上高速缓存行的状态变成 M。*T*5 时刻高速缓存行的状态如图 16.31 所示。

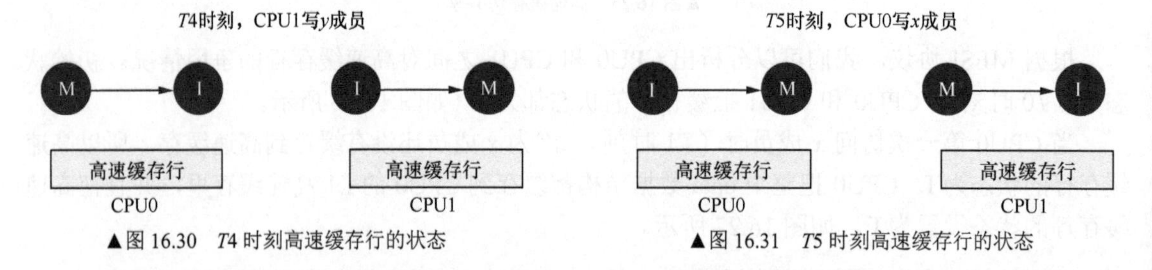

▲图 16.30　*T*4 时刻高速缓存行的状态　　▲图 16.31　*T*5 时刻高速缓存行的状态

综上所述，如果 CPU0 和 CPU1 反复修改，就会不断地重复 T4 时刻和 T5 时刻的操作，两个 CPU 都在不断地争夺对高速缓存行的控制权，不断地使对方的高速缓存行失效，不断地把数据写回内存，导致系统性能下降，这种现象叫作高速缓存伪共享。高速缓存伪共享的解决办法见 16.7 节。

16.6　CCI 和 CCN 缓存一致性控制器

16.6.1　CCI 缓存一致性控制器

对于系统级别的缓存一致性，ARM 公司在 AMBA4 总线协议上提出了 ACE 协议，即 AMBA

缓存一致性扩展协议，在 ACE 协议基础上，ARM 公司开发了多款缓存一致性控制器，例如 CCI-400、CCI-500 以及 CCI-550 等控制器等，如表 16.5 所示。

表 16.5 CCI 缓存一致性控制器

控制器	ACE 从设备接口数量	处理器核心数量	ACE Lite 从设备接口数量	内存地址	缓存一致性机制
CCI-550	1～6	24	7	32～48 位物理地址	集成侦听过滤器
CCI-500	1～4	16	7	32～44 位物理地址	集成侦听过滤器
CCI-400	2	8	3	40 位物理地址	基于广播的侦听机制

我们以常见的 CCI-400 为例，它支持两个 CPU 簇，最多支持 8 个 CPU 核心，支持两个 ACE 从设备（slave）接口，最多支持 3 个 ACE Lite 从设备接口。CCI-400 控制器使用基于广播的侦听机制来实现缓存一致性，不过这种机制比较消耗内部总线带宽，所以在 CCI-500 控制器之后使用基于侦听过滤器的方式来实现缓存一致性，以有效提高总线带宽的利用率。

图 16.32 是使用大小核的经典框图，并且使用了 CCI-400 缓存一致性控制器。

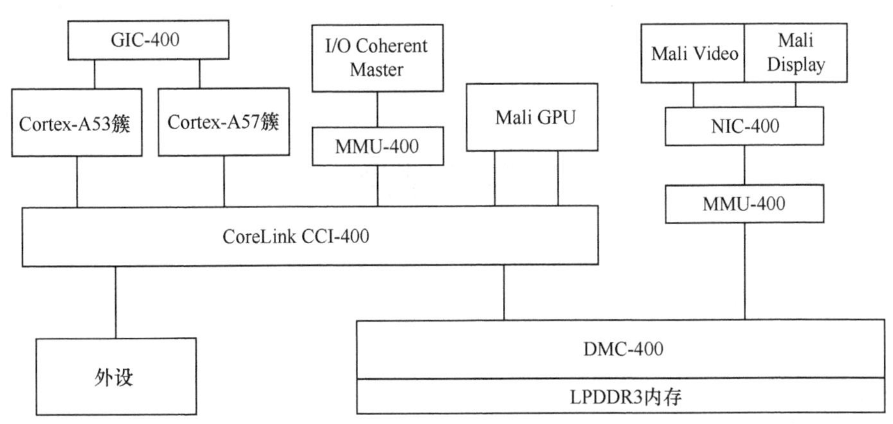

▲图 16.32 使用大小核的经典框图

16.6.2 CCN 缓存一致性控制器

ARM 一直想冲击服务器市场，一般服务器 CPU 内核的数量都是几十，甚至上百，前面介绍的 CCI 控制器显然不能满足服务器的需求，所以 ARM 公司重新设计了一个新的缓存一致性控制器，叫作缓存网络控制器（Cache Coherent Network，CCN）。CCN 基于最新的 AMBA 5 协议来实现，最多支持 48 个 CPU 内核，内置 L3 高速缓存。之后 ARM 公司基于 AMBA 5 协议又提出了 AMBA 5 CHI（Coherent Hub Interface）协议。常见的 CCN 缓存一致性控制器如表 16.6 所示。

表 16.6 CCN 缓存一致性控制器

控 制 器	性 能	处理器核心数量	IO	DDR	L3 高速缓存
CCN-512	225 GB/s	48	24 个 AXI/ACE Lite 接口	1～4 通道	1～32 MB
CCN-508	200 GB/s	32	24 个 AXI/ACE Lite 接口	1～4 通道	1～32 MB
CCN-504	150 GB/s	16	18 个 AXI/ACE Lite 接口	1～2 通道	1～16 MB
CCN-502	100 GB/s	16	9 个 AXI/ACE Lite 接口	1～4 通道	0～8 MB

表 16.6 中的 AXI/ACE Lite 接口指的是简单的控制寄存器样式的接口，这些接口不需要实现 AXI4 的全部功能。

图 16.33 是 CCN-512 的典型应用，例如 ARM 服务器。CCN-512 最多可以支持 48 个 CPU 内核，例如 48 个 Cortex-A72。另外 CCN-512 控制器里还内置了 32 MB 的 L3 高速缓存。

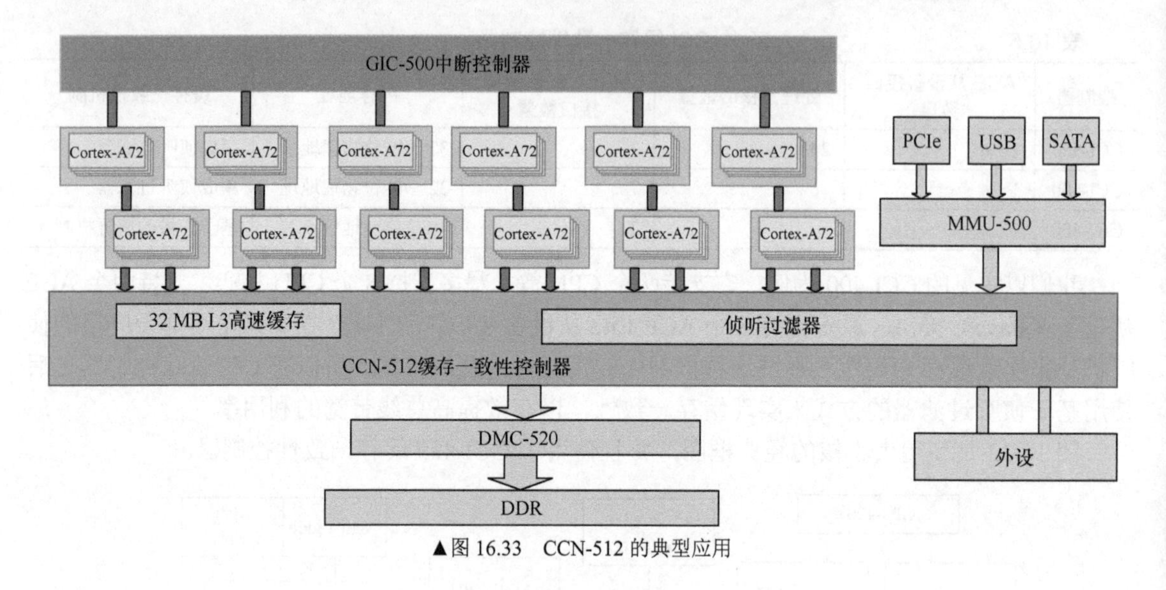

▲图 16.33　CCN-512 的典型应用

16.7 案例分析 16-1：伪共享的避免

高速缓存伪共享的解决办法就是让多线程操作的数据处在不同的高速缓存行，通常可以采用高速缓存行填充（padding）技术或者高速缓存行对齐（align）技术，即让数据结构按照高速缓存行对齐，并且尽可能填充满一个高速缓存行大小。

1. 高速缓存行对齐技术

一些常用的数据结构在定义时就约定数据结构按一级缓存对齐。

下面的代码定义一个 counter_s 数据结构，它的起始地址按高速缓存行的大小对齐，通过填充 pad[4]成员，使整个 counter_s 数据结构都缓存到一个高速缓存行里。

```
typedef struct counter_s
{
    uint64_t packets;
    uint64_t bytes;
    uint64_t failed_packets;
    uint64_t failed_bytes;
    uint64_t pad[4];
}counter_t __attribute__((__aligned__((L1_CACHE_BYTES)));
```

例如，使用如下的宏来让数据结构首地址按 L1 高速缓存对齐。下面这个宏利用了 GCC 的_attribute 的属性，来让数据结构的起始地址按某个数字对齐，这里按 L1 高速缓存对齐。

```
#define cacheline_aligned    __attribute__((__aligned__(L1_CACHE_BYTES)))
```

2. 高速缓存行填充技术

数据结构中频繁访问的成员可以单独占用一个高速缓存行，或者相关的成员在高速缓存行中彼此错开，以提高访问效率。

例如，Linux 内核中的 zone 数据结构使用填充字节的方式让频繁访问的成员在不同的缓存行中。下面的示例代码中，lock 和 lru_lock 会在高速缓存行里彼此错开。

```
struct zone {
        …
        spinlock_t        lock;
        struct zone_padding pad2;
        spinlock_t        lru_lock;
        …

} __cacheline_in_smp;
```

其中，zone_padding 数据结构的定义如下。

```
struct zone_padding {
     char x[0];
} cacheline_aligned;
```

在有些情况下，高速缓存伪共享会严重影响性能，而且比较难发现，所以需要在编程的时候特别小心。编写代码时，我们需要特别留意在数据结构里有没有可能出现不同的 CPU 频繁访问某些成员的情况。

16.8　案例分析 16-2：DMA 和高速缓存的一致性

DMA（Direct Memory Access，直接内存访问）在传输过程中不需要 CPU 干预，可以直接从内存中读写数据，如图 16.34 所示。DMA 用于解放 CPU。CPU 搬移大量数据的速度会比较慢，而 DMA 的速度就比较快。假设需要把数据从内存 A 搬移到内存 B，如果由 CPU 负责搬移，那么首先要从内存 A 中把数据搬移到通用寄存器里，然后从通用寄存器里把数据搬移到内存 B，而且搬移的过程中有可能被别的事情打断。而 DMA 就是专职做内存搬移的，它可以操作总线，直接从内存 A 搬移数据到内存 B，只要 DMA 开始工作了，就没有东西来打扰它了，所以 DMA 比 CPU 的搬运速度要快。

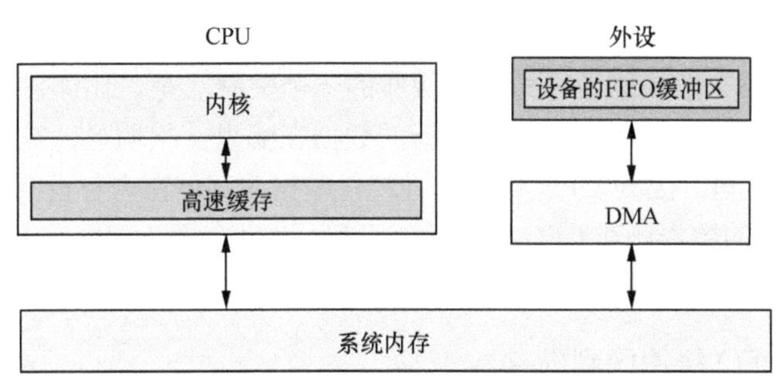

▲图 16.34　使用 DMA 的外设

DMA 有不少优点，但是如果 DMA 驱动程序处理不当，DMA 与 CPU 的高速缓存会产生缓存一致性的问题，产生的原因如下。

- DMA 直接操作系统总线来读写内存地址，而 CPU 并不会感知到。
- 如果 DMA 修改的内存地址在 CPU 高速缓存中有缓存副本，那么 CPU 并不知道内存数据被修改了，依然访问高速缓存，导致读取了旧的数据。

解决 DMA 和高速缓存之间的缓存一致性问题，主要有 3 种解决方案。

- 关闭高速缓存。这种方案最简单，但效率最低，会严重降低性能，并增加功耗。
- 使用硬件缓存一致性控制器。这个方案需要使用类似于 CCI-400 这样的缓存一致性控制器，而且需要查看一下 SoC 是否支持类似的控制器。

- ❑ 软件管理缓存一致性。这个方案是比较常见的，特别是在类似于 CCI 这种缓存一致性控制器没有出来之前，都用这种方案。

对于 DMA 缓冲区的操作，我们可以根据数据流向分成两种情况。

- ❑ 从 DMA 缓冲区（内存）到设备的 FIFO 缓冲区。
- ❑ 从设备的 FIFO 缓冲区到 DMA 缓冲区（内存）。

16.8.1　从内存到设备的 FIFO 缓冲区

我们先来看从内存到设备的 FIFO 缓冲区传输路径的情况，例如，网卡设备通过 DMA 读取内存数据到设备的 FIFO 缓冲区，然后把网络包发送出去。这种场景下，通常都允许在 CPU 侧的网络协议栈或者网络应用程序产生新的网络数据，然后通过 DMA 把数据搬运到设备的 FIFO 缓冲区中。这非常类似网卡设备的发包过程。从 DMA 缓冲区搬运数据到设备的 FIFO 缓冲区的流程如图 16.35 所示。

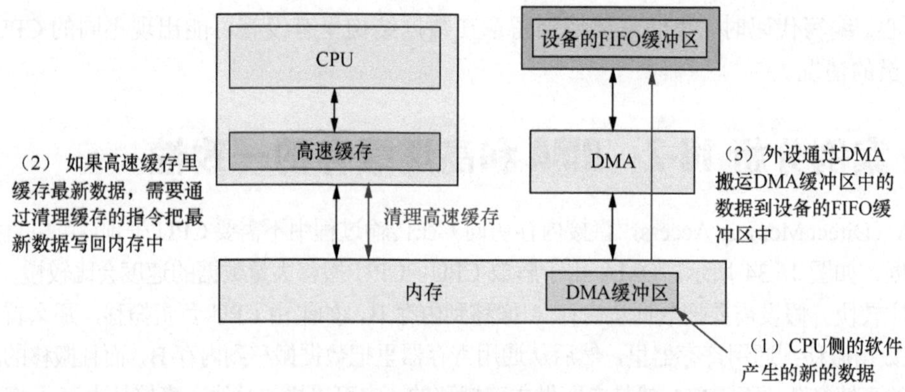

▲图 16.35　从 DMA 缓冲区搬运数据到设备的 FIFO 缓冲区的流程

在通过 DMA 传输之前，CPU 的高速缓存可能缓存了最新的数据，需要调用高速缓存的清理操作，把缓存内容写回内存中。因为 CPU 的高速缓存里可能还有最新的数据。

理解这里为什么要先做高速缓存的清理操作的一个关键点是，比如，在图 16.35 中，我们要想清楚，在通过 DMA 开始传输之前，最新的数据在哪里。很明显，在这个场景下，最新数据有可能还在高速缓存里。因为 CPU 侧的软件产生数据并存储在内存设备的 DMA 缓冲区里，这个过程中，有可能新的数据还在 CPU 的高速缓存里，而没有更新到内存中。所以，在启动 DMA 之前，我们需要调用高速缓存的清理操作，把高速缓存中的最新数据写回内存的 DMA 缓冲区里。

16.8.2　从设备的 FIFO 缓冲区到内存

我们来看通过 DMA 把设备的 FIFO 缓冲区的数据搬运到内存的 DMA 缓冲区的情况。在这个场景下，设备收到或者产生了新数据，这些数据暂时存放在设备的 FIFO 缓冲区中。接下来，需要通过 DMA 把数据写入内存中的 DMA 缓冲区里。最后，CPU 侧的软件就可以读到设备中的数据，这非常类似于网卡的收包过程。从设备的 FIFO 缓冲区搬运数据到 DMA 缓冲区的流程如图 16.36 所示。

在启动 DMA 传输之前，我们先来观察最新的数据在哪里。很显然，在这个场景下，最新的数据存放在设备的 FIFO 缓冲区中。那我们再来看 CPU 高速缓存里的数据是否有用。因为最新的数据存放在设备的 FIFO 缓冲区里，这个场景下要把设备的 FIFO 缓冲区中的数据写入 DMA 缓冲区里，而高速缓存里的数据显然是无用和过时的，所以要使 DMA 缓存区对应的高速缓存失效。因此，在 DMA 缓冲区启动之前，需要使相应的高速缓存中的内容失效。

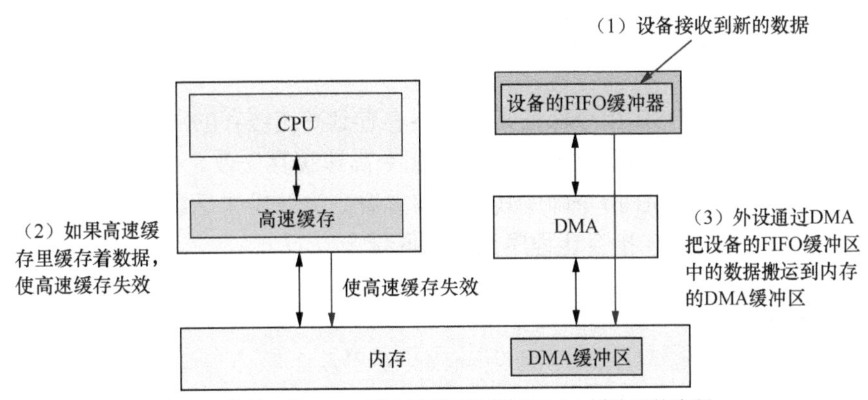
（1）设备接收到新的数据
CPU
设备的FIFO缓冲器
高速缓存
DMA
（2）如果高速缓存里缓存着数据，使高速缓存失效
使高速缓存失效
（3）外设通过DMA把设备的FIFO缓冲区中的数据搬运到内存的DMA缓冲区
内存
DMA缓冲区

▲图 16.36 从设备的 FIFO 缓冲区搬运数据到 DMA 缓冲区的流程

综上所述，在使用高速缓存维护指令来管理 DMA 缓冲区的缓存一致性时，我们需要思考如下两个问题。

- 在启动 DMA 缓冲区之前，最新的数据源在哪里？是在 CPU 侧还是设备侧？
- 在启动 DMA 缓冲区之前，DMA 缓冲区对应的高速缓存数据是最新的还是过时的？

上述两个问题思考清楚了，我们就能知道是要对高速缓存进行清理操作还是使其失效了。

16.9 案例分析 16-3：自修改代码的一致性

一般情况下，指令高速缓存和数据高速缓存是分开的。指令高速缓存一般只有只读属性。指令代码通常不能修改，但是指令代码（比如自修改代码）存在被修改的情况。自修改代码是一种修改代码的行为，即当代码执行时修改它自身的指令。自修改代码一般有如下用途。

- 防止被破解。隐藏重要代码，防止反编译。
- GDB 调试的时候，也会采用自修改代码的方式来动态修改程序。

自修改代码在执行过程中修改自己的指令，具体过程如下。

（1）把要修改的指令代码读取到内存中，这些指令代码会同时被加载到数据高速缓存里。

（2）程序修改新指令，数据高速缓存里缓存了最新的指令。但是 CPU 依然从指令高速缓存里取指令。

上述过程会导致如下问题。

- 指令高速缓存依然缓存了旧的指令。
- 新指令还在数据高速缓存里。

上述问题的解决思路是使用高速缓存的维护指令以及内存屏障指令来保证数据缓存和指令缓存的一致性。例如，下面的代码片段中，假设 X0 寄存器存储了代码段的地址，通过 STR 指令把新的指令数据 W1 写入 X0 寄存器中，实现修改代码的功能。下面需要使用高速缓存的维护指令以及内存屏障指令来维护指令高速缓存和数据高速缓存的一致性。

```
1    str w1, [x0]
2    dc cvau, x0
3    dsb ish
4    ic  ivau, x0
5    dsb ish
6
7    isb
```

在第 1 行中，通过 STR 指令修改代码指令。

在第 2 行中，使用 DC 指令的清理操作，把与 X0 寄存器中地址对应的高速缓存行中的数据写回内存。

在第 3 行中，使用 DSB 指令保证其他观察者看到高速缓存的清理操作已经完成。

在第 4 行中，使 X0 寄存器中地址对应的指令高速缓存失效。

在第 5 行中，使用 DSB 指令确保其他观察者看到失效操作已经完成。

在第 7 行中，使用 ISB 指令让程序重新预取指令。

16.10 实验

16.10.1 实验 16-1：高速缓存伪共享

1. 实验目的

熟悉高速缓存伪共享产生的原因。

2. 实验要求

在 Ubuntu 主机上写一个程序，对比触发高速缓存伪共享以及没有触发高速缓存伪共享这两种情况下程序的执行时间。

提示信息如下。

（1）创建两个线程来触发高速缓存的伪共享问题，分别计算高速缓存伪共享和没有高速缓存伪共享的实际用时，从而体现高速缓存伪共享对性能的影响。

（2）实现两个场景：一是两个线程同时访问一个数组；二是两个线程同时访问一个数据结构。

（3）本实验可以在 Ubuntu 主机上完成。

16.10.2 实验 16-2：使用 Perf C2C 发现高速缓存伪共享

1. 实验目的

熟悉 Perf C2C 工具的使用。

2. 实验要求

在实验 16-1 的基础上，使用 Perf C2C 工具来抓取高速缓存的数据，分析数据，观察高速缓存行的状态变化，从中找出触发高速缓存伪共享的规律。

第17章 TLB管理

本章思考题

1. 为什么需要 TLB?
2. 请简述 TLB 的查询过程。
3. TLB 是否会产生重名问题?
4. 什么场景下 TLB 会产生同名问题? 如何解决?
5. 什么是 ASID? 使用 ASID 的好处是什么?
6. 为什么 TLB 维护指令后面需要一条 DSB 内存屏障指令?
7. 什么是 BBM 机制? BBM 机制的工作流程是什么?
8. 为什么操作系统在切换页表项时需要刷新对应的 TLB 项?

在现代处理器中，软件使用虚拟地址访问内存，而处理器的 MMU 负责把虚拟地址转换成物理地址。为了完成这个转换过程，软件和硬件要共同维护一个多级映射的页表。这个多级页表存储在主内存中，在最坏的情况下处理器每次访问一个相同的虚拟地址都需要通过 MMU 访问在内存里的页表，代价是访问内存导致处理器长时间的延迟，进一步变成性能瓶颈。

为了解决这个性能瓶颈，我们可以参考高速缓存的思路，把 MMU 的地址转换结果缓存到一个缓冲区中，这个缓冲区叫作 TLB（Translation Lookaside Buffer，变换先行缓冲区），也称为快表。一次地址转换之后，处理器很可能很快就会再一次访问，所以对地址转换结果进行缓存是有意义的。当第二次访问相同的虚拟地址时，MMU 先从这个缓存中查询一下是否有地址转换结果。如果有，那么 MMU 不必执行地址转换，免去了访问内存中页表的操作，直接得到虚拟地址对应的物理地址，这个叫作 TLB 命中。如果没有查询到，那么 MMU 执行地址转换，最后把地址转换的结果缓存到 TLB 中，这个过程叫作 TLB 未命中，如图 17.1 所示。

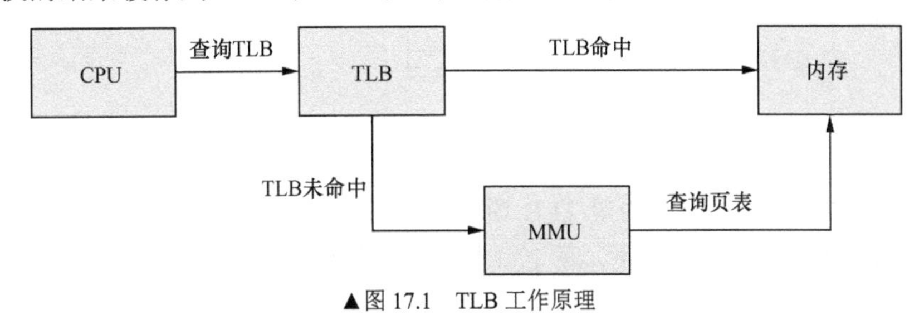

▲图 17.1 TLB 工作原理

本章包括如下方面的内容：

- ❑ TLB 基础知识；
- ❑ TLB 重名和同名问题；
- ❑ ASID 机制；

- TLB 管理指令；
- TLB 案例分析。

17.1 TLB 基础知识

TLB 是一个很小的高速缓存，专门用于缓存已经翻译好的页表项，一般在 MMU 内部。TLB 项（TLB entry）数量比较少，每项主要包含虚拟页帧号（VPN）、物理页帧号（PFN）以及一些属性等。

当处理器要访问一个虚拟地址时，首先会在 TLB 中查询。如果 TLB 中没有相应的表项（称为 TLB 未命中），那么需要访问页表来计算出相应的物理地址。当 TLB 未命中（也就是处理器没有在 TLB 找到对应的表项）时，处理器就需要访问页表，遵循多级页表规范来查询页表。因为页表通常存储在内存中，所以完整访问一次页表，需要访问多次内存。ARMv8 体系结构可以实现 4 级页表，因此完整访问一次页表需要访问内存 4 次。当处理器完整访问页表后会把这次虚拟地址到物理地址的转换结果存储到 TLB 表项中，后续处理器再访问该虚拟地址时就不需要再访问页表，从而提高性能。

如果 TLB 中有相应的项（称为 TLB 命中），那么直接从 TLB 项中获取物理地址，如图 17.2 所示。

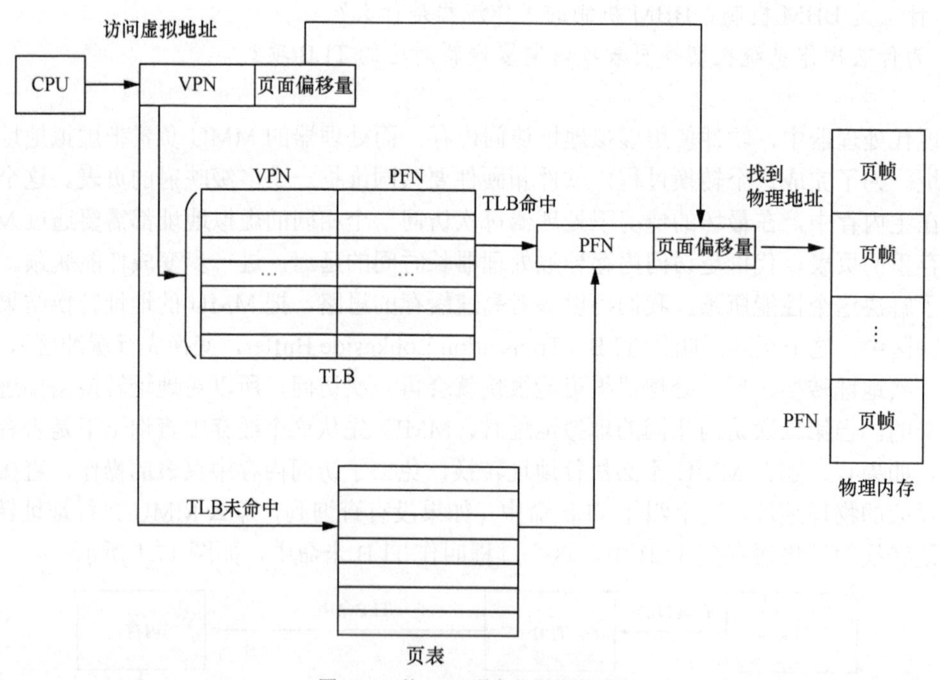

▲图 17.2　从 TLB 项中获取物理地址

ARMv8 体系结构手册中没有约定 TLB 项的结构，图 17.3 是一个 TLB 项的示意图，除 VPN 和 PFN 之外，还包括 *V*、nG 等属性。表 17.1 展示了 TLB 项的相关属性。

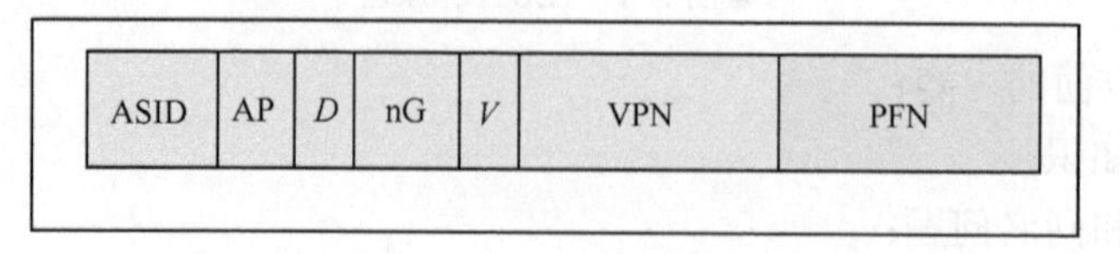

▲图 17.3　TLB 项的示意图

表 17.1 TLB 项的相关属性

属　性	描　述
VPN	虚拟地址页帧号
PFN	物理地址页帧号
V	有效位
nG	表示是否是全局 TLB 或者进程特有的 TLB
D	脏位
AP	访问权限
ASID	进程地址空间 ID（Address Space ID，ASID）

TLB 类似于高速缓存，支持直接映射方式、全相连映射方式以及组相连映射方式。为了提高效率，现代处理器中的 TLB 大多采用组相连映射方式。图 17.4 所示是一个 3 路组相连的 TLB。

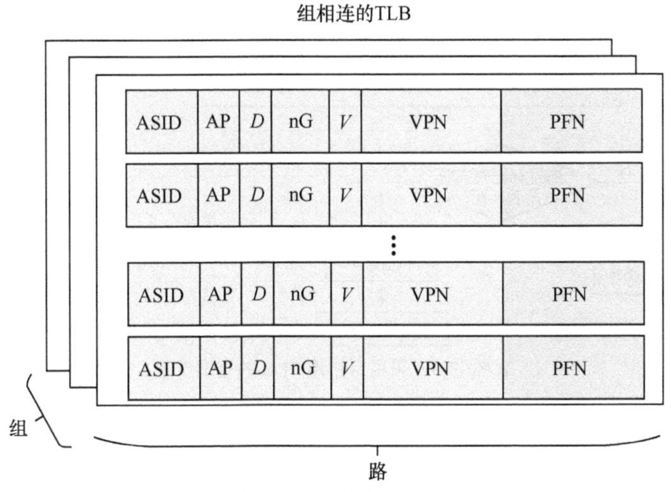

▲图 17.4　3 路组相连的 TLB

当处理器采用组相连映射方式的 TLB 时，虚拟地址会分成三部分，分别是标记域、索引域以及页内偏移量。处理器首先使用索引域去查询 TLB 对应的组，如图 17.5 所示，在一个 3 路组相连的 TLB 中，每组包含 3 个 TLB 项。在找到对应组之后，再用标记域去比较和匹配。若匹配成功，说明 TLB 命中，再加上页内偏移量即可得到最终物理地址。

Cortex-A72 处理器中，为了提高访问速度，每个处理器内核都包含了 L1 TLB 和 L2 TLB。其中，L1 TLB 包括指令 TLB 和数据 TLB，而 L2 TLB 则是一个统一的 TLB 体系结构。

全相连的 L1 指令 TLB 包括 48 个表项。全相连的 L1 数据 TLB 包括 32 个表项。4 路组相连的 L2 TLB 包括 1024 个表项。

指令 TLB 主要用于缓存指令的虚拟地址到物理地址的映射结果，数据 TLB 用来缓存数据的虚拟地址到物理地址的映射结果。Cortex-A72 处理器中的 L1 指令和数据 TLB 支持 4 KB、64 KB 以及 1 MB 大小的页面的地址转换，而 L2 TLB 则支持更多的页面大小。

Cortex-A72 处理器中的 L1 高速缓存采用 PIPT 映射方式，因此处理器读取某个地址的数据时，TLB 与数据高速缓存将协同工作。处理器发出的虚拟地址将首先发送到 TLB，TLB 利用虚拟地址中的索引域和标记域来查询 TLB。假设 TLB 命中，那么得到虚拟地址对应的 PFN。PFN 和虚拟地址中的页内偏移量组成了物理地址。这个物理地址将送到 PIPT 映射方式的数据高速缓存。高速缓存也会把物理地址拆分成索引域和标记域，然后查询高速缓存，如果高速缓存命中，那么处理器便从高速缓存行中提取数据，如图 17.6 所示。

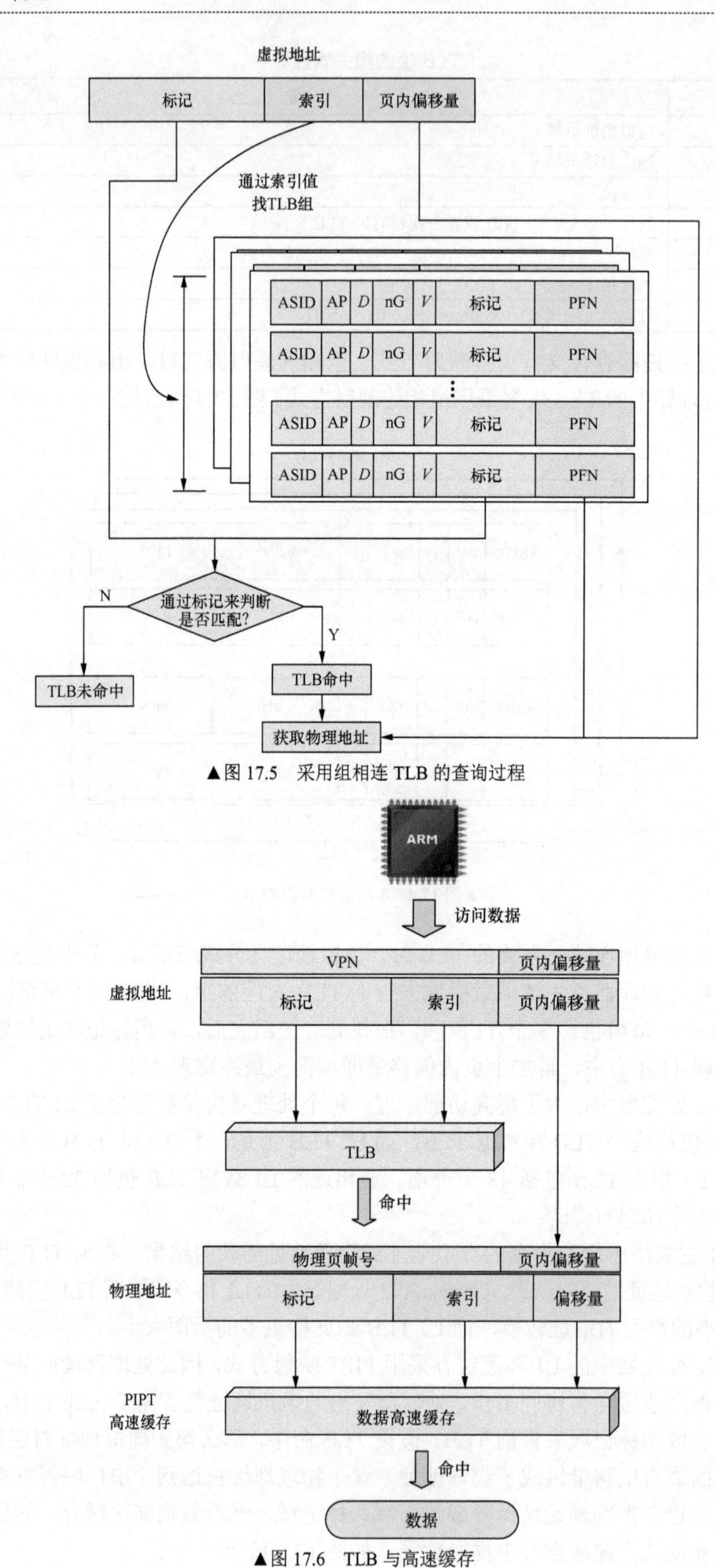

▲图 17.5　采用组相连 TLB 的查询过程

▲图 17.6　TLB 与高速缓存

17.2 TLB 重名与同名问题

TLB 本质上也是高速缓存的一种，那它会不会和高速缓存一样有重名和同名的问题呢?

17.2.1 重名问题

高速缓存根据索引域和标记域是虚拟地址还是物理地址分成 VIVT、PIPT 以及 VIPT 三种类型，TLB 非常类似于 VIVT 类型的高速缓存。因为索引域和标记域都使用虚拟地址。VIVT 和 VIPT 类型的高速缓存都会有重名问题。所谓的重名问题，就是多个虚拟地址映射到同一个物理地址引发的问题。

我们回顾一下高速缓存的重名问题。如图 17.7 所示，在 VIVT 类型的高速缓存中，假设两个虚拟页面 Page1 和 Page2 映射到同一个物理页面 Page_*P* 上，虚拟高速缓存中路的大小是 8 KB，那么就有可能把 Page1 和 Page2 的内容正好都缓存到虚拟高速缓存里。当程序往虚拟地址 VA1 写入数据时，虚拟高速缓存中 VA1 对应的高速缓存行以及物理地址（PA）的内容会被更改，但是虚拟地址 VA2 对应的高速缓存还保存着旧数据。因此，一个物理地址在虚拟高速缓存中保存了两份数据，这就产生了重名问题。

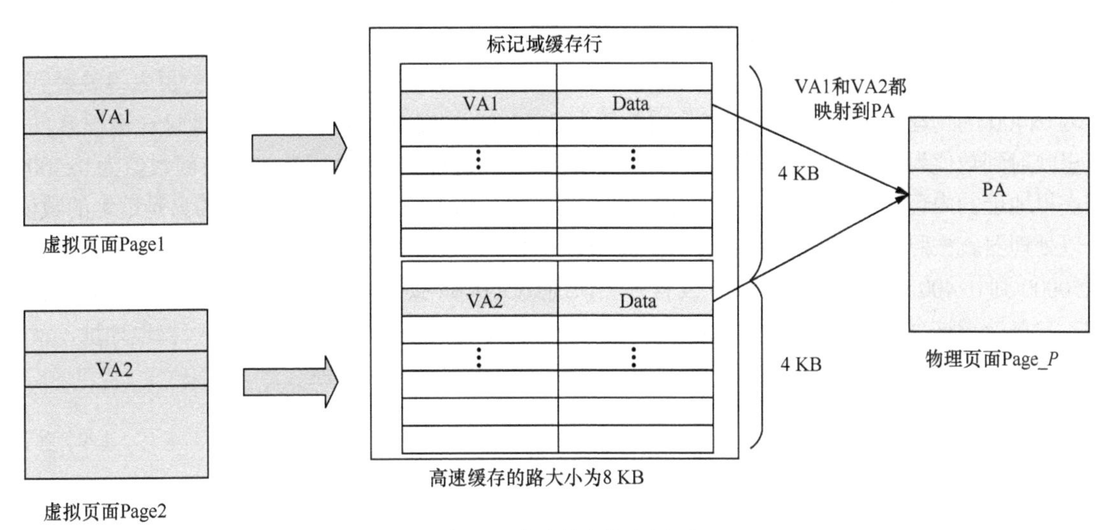

▲图 17.7 高速缓存的重名问题

我们再看 TLB 的情况，如果两个虚拟页面 Page1 和 Page2 映射到同一个物理页面 Page_*P*，那么在 TLB 里就会有两个 TLB 表项，但是这两个 TLB 表项的 PFN 都指向同一个物理页面。所以当程序访问 VA1 时，TLB 命中，从 TLB 获取的物理地址是 PA。当程序访问 VA2 时，TLB 也命中，从 TLB 里获取的物理地址也是 PA。所以，不会有重名的问题。有的读者可能会迷糊了，为什么一样的场景中高速缓存会产生重名问题而 TLB 没有，主要的原因是 TLB 和高速缓存的内容不一样，高速缓存中存放的是数据，而 TLB 缓存中存放的是 VA 到 PA 的映射关系，如图 17.8 所示。

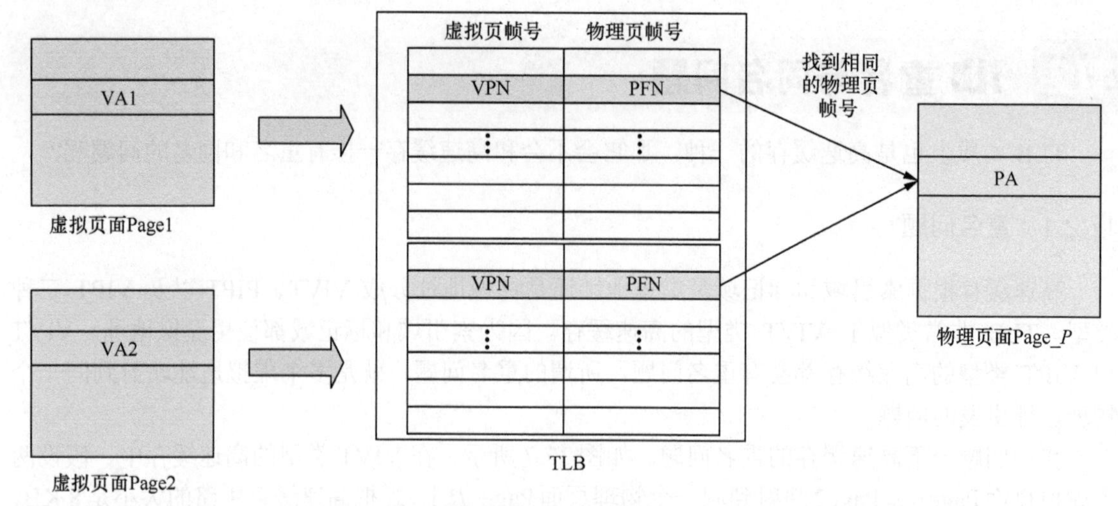

图 17.8 TLB 的映射情况

17.2.2 同名问题

现代处理器都支持分页机制，在 MMU 的支持下，每个进程仿佛拥有了全部的地址空间，进程 A 和进程 B 都看到了全部地址空间，只不过它们的地址空间是相对隔离的，或者说，每个进程都有自己独立的一套进程地址空间。但是高速缓存和 TLB 没有这么幸运，它们看到的是地址的数值（绝对数值），这就容易产生问题。

举个例子，进程 A 使用数值为 0x50000 的虚拟地址，这个虚拟地址在进程 A 的页表里映射到数值为 0x400 的物理地址上。进程 B 也使用数值为 0x50000 的虚拟地址，这个虚拟地址在进程 B 的页表里映射到数值为 0x800 的物理地址上。当进程 A 切换到进程 B 时，进程 B 也要访问数值为 0x50000 的虚拟地址的内容，它首先要去查询 TLB。对于高速缓存和 TLB 来说，它们看到的只是地址的数值，所以处理器就按照 0x50000 这个数值去查询 TLB 了。经过查询发现 TLB 里有一个表项里缓存了 0x50000 到 0x400 的映射关系。TLB 没有办法识别 0x50000 对应的虚拟地址是进程 A 的还是进程 B 的，它直接把这个 0x400 对应物理地址返回给了进程 B。若进程 B 访问 0x400 对应物理地址，就会获取错误的数据，因为进程 B 完全没有映射 0x400 对应的物理地址，所以发生了同名问题，如图 17.9 所示。

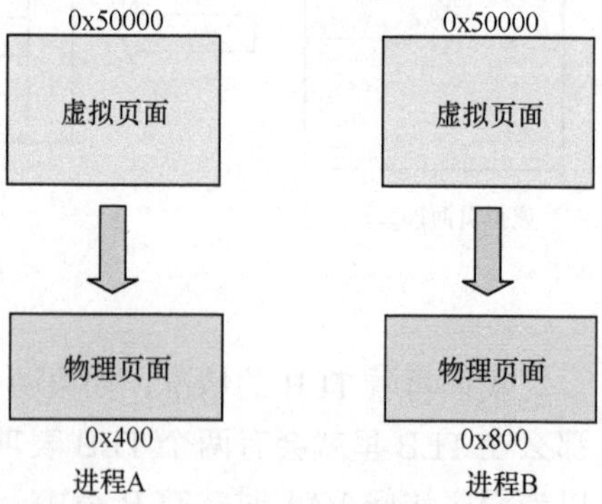

综上所述，TLB 和 VIVT 类型的高速缓存一样，在进程切换时都会发生同名问题。

解决办法是在进程切换时使旧进程遗留下来的 TLB 失效。因为新进程在切换后会得到一个旧进程使用的 TLB，里面存放了旧进程的虚拟地址到物理地址的转换结果，这对于新进程来说是无用的，甚至有害。因此需要使 TLB 失效。同样，也需要使旧进程对应的高速缓存失效。

▲图 17.9 同名问题

但是，这种方法是不严谨的，对于进程来说，这会对性能有一定的影响。因为进程切换之后，新进程面对的是一个空白的 TLB。进程相当于冷启动了，切换进程之前建立的 TLB 表项都用不了。那要怎么解决这个问题呢？我们后面会讲到 ASID 的硬件方案。

17.3 ASID

前文提到，进程切换时需要对整个 TLB 进行刷新操作（在 ARM 体系结构中也称为失效操作）。但是这种方法不太合理，对整个 TLB 进行刷新操作后，新进程面对一个空白的 TLB，因此新进程开始执行时会出现很严重的 TLB 未命中和高速缓存未命中的情况，导致系统性能下降。

如何提高 TLB 的性能？这是最近几十年来芯片设计人员和操作系统设计人员共同努力解决的问题。从操作系统（例如 Linux 内核）角度看，地址空间可以划分为内核地址空间和用户地址空间，TLB 可以分成以下两种。

- 全局类型的 TLB。内核空间是所有进程共享的空间，因此这部分空间的虚拟地址到物理地址的转换是不会变化的，可以理解为全局的。
- 进程独有类型的 TLB。用户地址空间是每个进程独立的地址空间。举个例子，进程切换时，例如，从 prev 进程切换到 next 进程，TLB 中缓存的 prev 进程的相关数据对于 next 进程是无用的，因此可以刷新，这就是所谓的进程独有类型的 TLB。

为了支持进程独有类型的 TLB，ARM 体系结构提供了一种硬件解决方案，叫作进程地址空间 ID（Address Space ID，ASID），TLB 可以识别哪些 TLB 项是属于哪个进程的。ASID 方案让每个 TLB 项包含一个 ASID，ASID 用于标识每个进程的地址空间，在原来以虚拟地址为判断条件的基础上，给 TLB 命中的查询标准加上 ASID。有了 ASID 硬件机制的支持，进程切换不需要刷新 TLB，即使 next 进程访问了相同的虚拟地址，prev 进程缓存的 TLB 表项也不会影响到 next 进程，因为 ASID 机制从硬件上保证了 prev 进程和 next 进程的 TLB 不会产生冲突。总之，ASID 机制实现了进程独有类型的 TLB。

ARMv8 的 ASID 存储在 TTBR0_EL1 或者 TTBR1_EL1 中，如图 17.10 所示，其中 Bit[47:0]用来存储页表的基地址，Bit[63:48]用来存储 ASID。

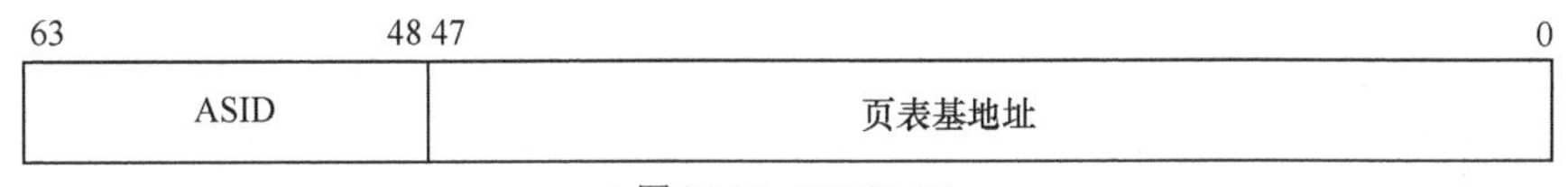

▲图 17.10 TTBR_ELx

ARMv8 有两个 TTBR，一个是 TTBR0_EL1，另一个是 TTBR1_EL1，那是不是 ASID 都存储在这两个寄存器里呢？其实不是的，我们只需要存储在其中一个里面即可。通过 TCR 的 A1 域来设置和选择其中一个 TTBR 来存储 ASID。

在 ARMv8 里支持两种宽度的 ASID：一种是 8 位宽的 ASID，它最多支持的 ASID 个数就是 256；另一种是 16 位宽的 ASID，它最多支持的 ASID 个数是 65 536。

那么，ASID 究竟是怎么产生的？是不是就等同于进程的 ID 呢？答案是否定的。

ASID 不等于进程的 PID，它们是两个不同的概念，虽然都有 ID 的含义。进程的 ID 是操作系统分配给进程的唯一标识，是进程在操作系统中的唯一身份，类似于我们的身份证号码，而 ASID 是用于 TLB 查询的。通常，我们是不把进程 ID 当作 ASID 来用的。一般操作系统会通过位图（bitmap）管理和分配 ASID。以 8 位宽的 ASID 来举例，它最多支持 256 个号码，因此就可以使用 256 位的位图来管理它。用位图来管理 ASID 是比较方便的，因为我们轻松地使用位图这样的数据结构来分配和释放位。如果 ASID 分配完，那么操作系统需要冲刷全部 TLB，然后重新分配 ASID。

当为 TLB 添加了 ASID 之后，要确定 TLB 是否命中就需要查询 ASID，如图 17.11 所示。

第一步，通过虚拟地址的索引域来查找对应的 TLB 组。

第二步，通过虚拟地址的标记域来做比对。

第三步，和 TTBR 中的 ASID 去比对，若标记域和 ASID 以及相应的属性都匹配，则 TLB

命中，这是新增的步骤。

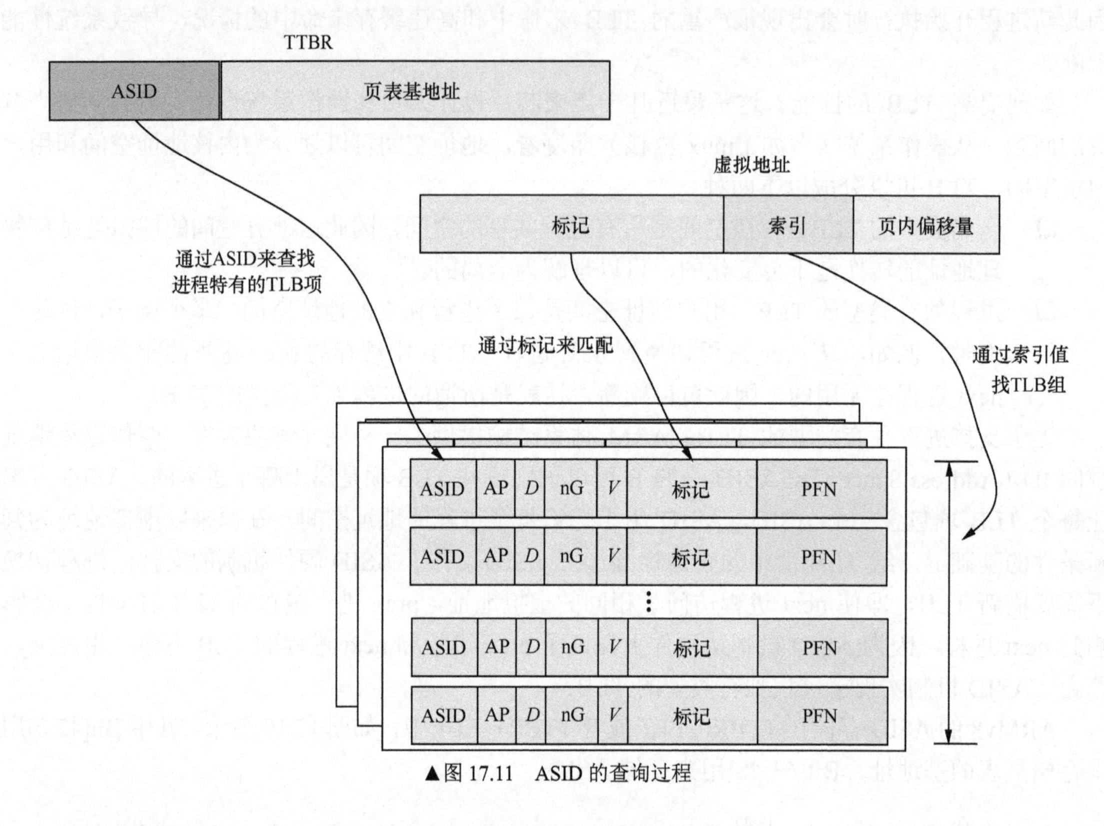

▲图 17.11　ASID 的查询过程

在页表项（PTE）里，有一位和 TLB 相关，它就是 nG 位。

- 当 nG 位为 1 时，这个页表对应的 TLB 项是进程独有的，需要使用 ASID 来识别。
- 当 nG 位为 0 时，这个页表对应的 TLB 项是全局的。

除 ASID 之外，ARMv8 体系结构还为虚拟化提供类似的功能——VMID（Virtual Machine IDentifier）。ASID 用来标识进程，而 VMID 用来标识虚拟机（virtual machine）。当系统使能虚拟化扩展后，如果 TLB 项包含 VMID 信息，当从一个虚拟机切换到另外一个虚拟机时，不需要刷新这些 TLB。

17.4 TLB 管理指令

ARMv8 体系结构提供了 TLB 管理指令来帮助刷新 TLB，这里说的刷新 TLB 主要做失效操作。有一些场景下，我们需要手动使用这些 TLB 管理指令来维护 TLB 一致性。

如果一个 PTE 被修改了，那么它对应的 TLB 项必须先刷新，然后再修改 PTE。处理器支持乱序执行，有可能导致后续的指令被预取，而使用了旧 TLB 项的数据，从而出现错误。

若修改了内存的高速缓存属性，也需要使用 TLB 维护指令。

ARMv8 体系结构提供如下 TLB 维护操作。

- 使所有的 TLB 表项失效。
- 使 ASID 对应的某一个 TLB 项失效。
- 使 ASID 对应的所有的 TLB 项失效。
- 使虚拟地址对应的所有 TLB 项失效。

17.4.1 TLB 维护指令介绍

ARMv8 体系结构提供了 TLBI 指令。TLBI 指令的格式如下。

```
TLBI      <type><level>{IS}      { <Xt>}
```

TLBI 指令的参数如表 17.2 所示。

表 17.2 TLBI 指令的参数

参数	描述
type	❑ 如果设置为 All，表示整个 TLB ❑ 如果设置为 VMALL，表示在当前 VMID 中所有的 TLB 项（仅包括页表转换阶段 1） ❑ 如果设置为 VMALLS12，表示在当前 VMID 中所有的 TLB 项（包括页表转换阶段 1 和阶段 2） ❑ 如果设置为 ASID，表示和 ASID 匹配的 TLB 项，ASID 由 X*t* 寄存器来指定 ❑ 如果设置为 VA，表示虚拟地址指定的 TLB 项，X*t* 指定虚拟地址以及 ASID ❑ 如果设置为 VAA，表示虚拟地址指定的 TLB 项，X*t* 指定了虚拟地址，但是不包括 ASID
level	异常等级（EL*n*，其中 *n* 可以是 3、2 或者 1）
IS	❑ 如果设置为 IS，表示该指令作用于内部共享域范围里的所有 CPU，这些 CPU 都会收到广播，并且执行相应的 TLB 维护操作 ❑ 如果设置为 OS，表示该指令作用于外部共享域范围里的所有 CPU，这些 CPU 都会收到广播，并且执行相应的 TLB 维护操作 ❑ 若没指定该参数则表示执行该指令的 CPU
X*t*	由虚拟地址和 ASID 组成的参数如下。 ❑ Bit[63:48]：ASID。 ❑ Bit[47:44]：TTL，用于指明使哪一级页表保存的地址失效。若为 0，表示需要使所有级别的页表失效。 ❑ Bit[43:0]：虚拟地址的 Bit[55:12]

ARMv8 体系结构中 TLBI 指令的操作符如表 17.3 所示。

表 17.3 TLBI 指令的操作符

操作符	描述
ALLE*n*	使 EL*n* 中所有的 TLB 失效
ALLE*n*IS	使 EL*n* 中所有内部共享的 TLB 失效
ASIDE1	使 EL1 中 ASID 包含的 TLB 失效
ASIDE1IS	使 EL1 中 ASID 包含的内部共享的 TLB 失效
VAAE1	使 EL1 中虚拟地址指定的所有 TLB（包含所有 ASID）失效
VAAE1IS	使 EL1 中虚拟地址指定的所有 TLB（包含所有 ASID）失效，这里仅仅指的是内部共享的 TLB
VAE*n*	使 EL*n* 中所有由虚拟地址指定的 TLB 失效
VAE*n*IS	使 EL*n* 中所有由虚拟地址指定的 TLB 失效，这里仅仅指的是内部共享的 TLB
VALE*n*	使 EL*n* 中所有由虚拟地址指定的 TLB 失效，但只使最后一级的 TLB 失效
VMALLE1	在当前 VMID 中，使 EL1 中指定的 TLB 失效，这里仅仅包括虚拟化场景下阶段 1 的页表项
VMALLS12E1	在当前 VMID 中，使 EL1 中指定的 TLB 失效，这里包括虚拟化场景下阶段 1 和阶段 2 的页表项

表 17.3 中，阶段 1 和阶段 2 的页表项指的是虚拟化场景下两阶段映射中的页表项。

在 ARMv8.4 版本中，TLBI 指令新增了一个特性，它可以指定地址范围，指令格式如下。

```
TLBI      R<type><level>{IS}      { <Xt>}
```

如果 R 参数出现在操作符中，则表示使指定地址范围里所有的 TLB 失效；否则，只使指定地址的 TLB 失效。除此之外，X*t* 寄存器的编码格式也发生了变化。

❑ Bit[63:48]：ASID。

❑ Bit[47:46]：TG，用来表示页面粒度大小。

- Bit[45:44]：SCALE，用于计算地址范围。
- Bit[43:39]：NUM，用于计算地址范围。
- Bit[38:37]：TTL。
- Bit[36:0]：BaseADDR（基地址）。不同页面粒度表示的基地址有所不同。例如，对于 4 KB 页面粒度，表示虚拟地址 Bit[48:12]；对于 16 KB 页面粒度，表示虚拟地址 Bit[50:14]；对于 64 KB 页面粒度，表示虚拟地址 Bit[52:16]。

最后，X*t* 寄存器表示的地址范围可以用如下公式来计算。

```
BaseADDR <= input_address < BaseADDR + ((NUM +1)*2^(5*SCALE +1) * Translation_Granule_Size)
```

17.4.2　TLB 广播

TLB 维护指令具有广播功能，可以在指定的高速缓存共享域中发送广播，在此共享域中的 CPU 收到广播之后，会执行相应的 TLB 维护操作。

例如，下面两段伪代码执行的 TLB 维护指令的广播范围就不一样。

```
1    void local_flush_tlb_all(void)
2    {
3    __tlbi(vmalle1);
4    }
5
6    void flush_tlb_all(void)
7    {
8    __tlbi(vmalle1is);
9    }
```

local_flush_tlb_all()函数使用的参数为 vmalle1，表示在当前 VMID 中，使 EL1 中指定的 TLB 失效，这个参数并没有指定高速缓存共享域，所以它只能使本地 CPU 的 TLB 失效，不会广播到其他 CPU 上。而 flush_tlb_all()函数使用的参数为 vmalle1is，它带了 IS 内部共享域的参数，因此它发送广播到本地 CPU 所在的内部共享域中，在这个域里所有的 CPU 都会收到这个广播并且做相同的 TLB 维护操作。

17.4.3　TLB 维护指令的执行次序

TLB 维护指令具有广播性，当所有收到广播的 CPU 都完成了 TLB 维护操作之后，这条 TLB 维护指令才算执行完。另外，TLB 指令在内存执行次序（memory order）上没有特殊的权限，它和普通的加载和存储操作类似，可以被处理器任意排序和乱序执行。

因此，如果想要保证 TLB 维护指令的执行次序，我们需要使用内存屏障指令。在一个单处理器系统中，使用“DSB NSH”来保证 TLB 维护指令执行完；在一个多核处理器中，使用“DSB ISH”内存屏障指令来保证在内部共享域中所有的 CPU 都执行完 TLB 维护指令。注意，在这个场景下，只有执行 TLB 维护指令的那个 CPU 执行的内存屏障指令有效，共享域中其他 CPU 执行的内存屏障指令是无效的。

17.5　TLB 案例分析

下面通过 Linux 内核的几个使用案例来帮助大家进一步理解 TLB。

17.5.1　TLB 在 Linux 内核中的应用

在介绍 TLB 在 Linux 内核应用之前，我们需要了解 CPU 熔断漏洞以及 KPTI（Kernel

Page-Table Isolation）方案。CPU 熔断漏洞巧妙地利用现代处理器中乱序执行的副作用进行侧信道攻击，破坏基于地址空间隔离的安全机制，使得用户态程序可以读出内核空间的数据，包括个人私有数据和密码等。解决 CPU 熔断漏洞的方案之一就是 KPTI 方案。本节介绍不采用与采用 KPTI 方案这两种情况。

1. 不采用 KPTI 方案

在 ARM64 的 Linux 内核中已经使用了两套页表的方案。当 CPU 访问用户空间时，从 TTBR0 中获取用户页表的基地址（用户页表的基地址存储在进程的 mm->pgd 中）。当 CPU 访问内核空间时，从 TTBR1 获取内核页表的基地址（swapper_pg_dir）。但是，内核空间中页表的属性设置为全局类型的 TLB。内核空间是所有进程共享的空间，因此这部分空间的虚拟地址到物理地址的翻译是不会变化的。在熔断漏洞攻击场景下，用户程序访问内核空间地址时，TLB 硬件单元依然可以产生 TLB 命中，从而得到物理地址。

PTE 属性中用来管理 TLB 是全局类型还是进程独有类型的位就是 nG 位。当 nG 位为 1 时，这个页表对应的 TLB 项是进程独有的，需要使用 ASID 来识别。当 nG 位为 0 时，这个页表对应的 TLB 项是全局的。使用 KPIT 之前的 TLB 访问情况如图 17.12 所示。

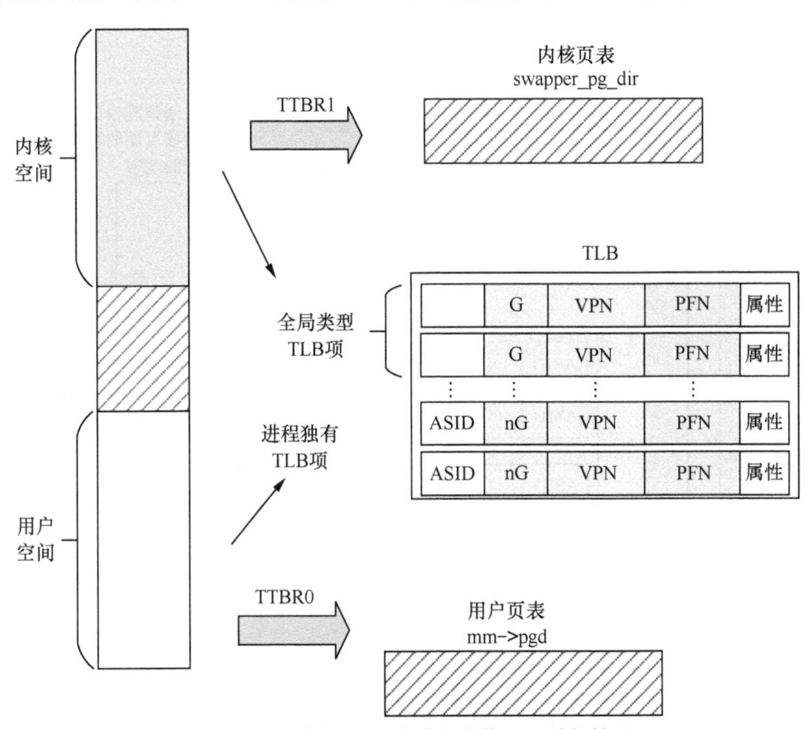

▲图 17.12　使用 KPTI 方案之前的 TLB 访问情况

假设一个进程运行在用户态，当访问用户地址空间时，CPU 会带着 ASID 去查询 TLB。如果 TLB 命中，那么可以直接访问物理地址；否则，就要查询页表。当有攻击者想在用户态访问内核地址空间时，CPU 会查询 TLB。由于此时内核页表的 TLB 是全局类型的，因此可以从 TLB 中查询到物理地址。CPU 访问内核空间的地址最终会产生异常，但是因为乱序执行，CPU 会预取内核空间的数据，这就导致了熔断漏洞。

2. 采用 KPTI 方案

KPTI 方案的总体思路是把每个进程使用的一张页表分隔成了两张——内核页表和用户页

表。当进程运行在用户空间时，使用的是用户页表。当发生中断、异常或者主动调用系统调用时，用户程序陷入内核态。进入内核空间后，通过一小段内核跳板（trampoline）程序将用户页表切换到内核页表。当进程从内核空间跳回用户空间时，页表再次被切换回用户页表。当进程运行在内核态时，进程可以访问内核页表和用户页表，内核页表包含了全部内核空间的映射，因此进程可以访问全部内核空间和用户空间。而当进程运行在用户态时，内核页表仅仅包含跳板页表，而其他内核空间的映射是无效映射，因此进程无法访问内核空间的数据。

在 ARM64 Linux 内核中，KPTI 方案把每个进程的内核页表设置成进程独有类型的 TLB，即每个进程使用一对 ASID，内核页表使用偶数 ASID，用户页表使用奇数 ASID。

假设一个进程运行在用户态，当访问用户地址空间时，CPU 会使用奇数 ASID 去查询 TLB。如果 TLB 命中，那么可以直接访问物理地址；否则，就要查询页表。当有攻击者想在用户态访问内核地址空间时，CPU 依然使用奇数 ASID 去查询 TLB。由于此时的内核页表只映射了一个跳板页面，而其他内核空间的映射是无效映射，因此攻击者最多只能访问这个跳板页面的数据，从而杜绝了类似于熔断漏洞的攻击。在使用 KPTI 方案的情况下，用户态进程访问内核地址空间和用户地址空间的方式如图 17.13 所示。

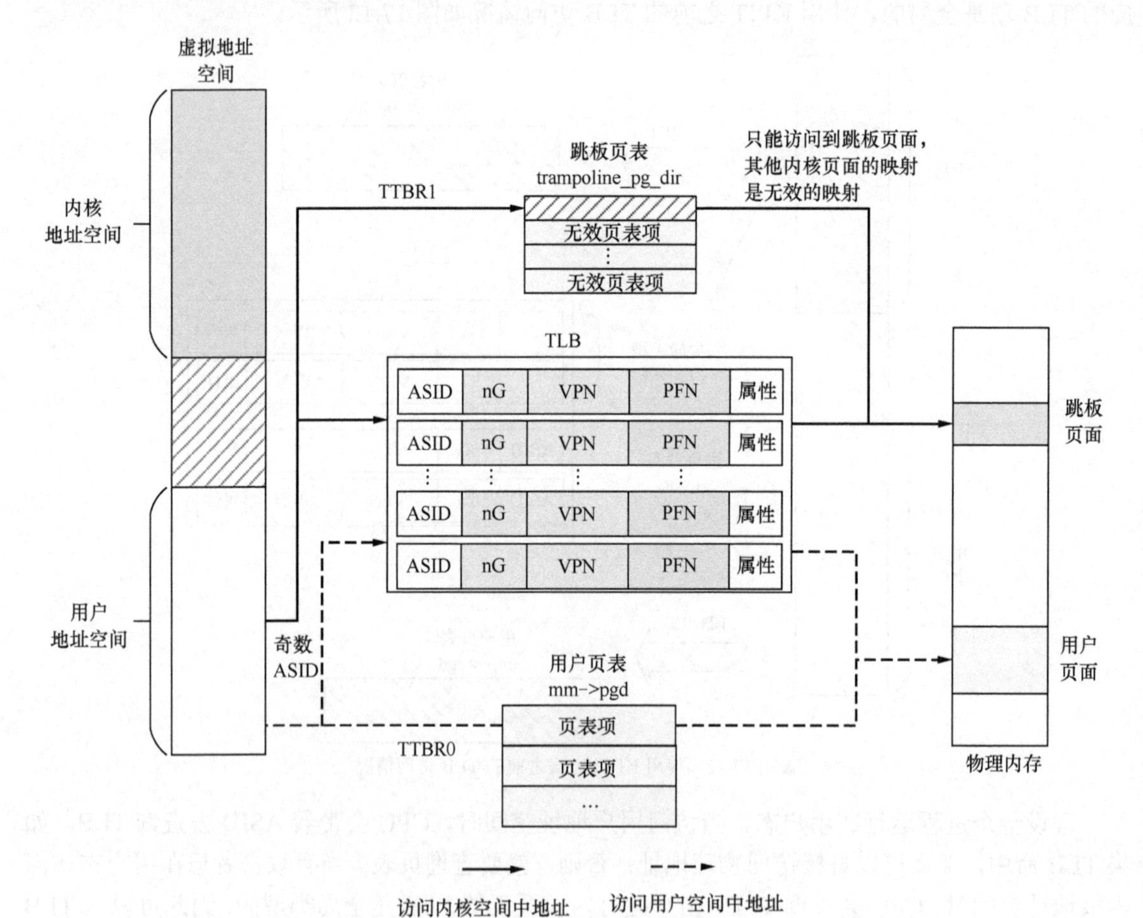

▲图 17.13 用户态进程访问内核地址空间和用户地址空间的方式（使用 KPTI 方案）

当进程运行在内核态时，它可以访问全部内核地址空间，如图 17.14 所示。此时，CPU 使用偶数 ASID 去查询 TLB，得到物理地址后就可以访问内核页面。当访问用户地址空间时，进程依然使用偶数 ASID 去查询 TLB，通常情况下未命中 TLB，转而通过 MMU 来得到物理地址，然后就可以访问用户页面。但是，内核有一个 PAN（Privileged Access Never）的功能，它的目的是防止内核或者驱动开发者随意访问用户地址空间而造成安全问题。这迫使内核或者驱动开发者使用 copy_to_user()以及 copy_from_user()等接口函数，提升系统的安全性。

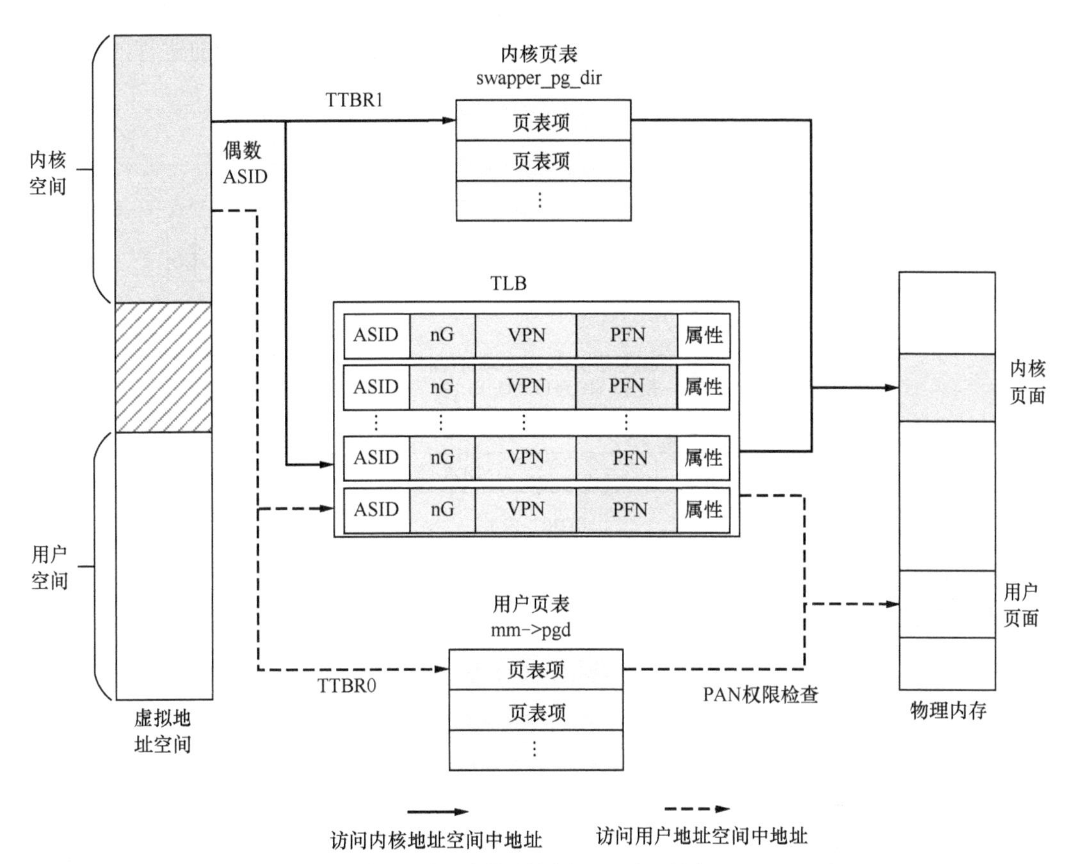

▲图 17.14 在内核态访问内核地址空间和用户地址空间（KPTI 方案）

当运行在内核态的进程通过 copy_to_user()和 copy_from_user()等接口函数访问用户空间地址时，依然使用偶数 ASID 来查询 TLB，导致 TLB 未命中，因为当前 CPU 只有一个 ASID 在使用，即分配给内核空间的偶数 ASID。所以，需要通过 MMU 做地址转换才能得到物理地址，这会有一点点性能损失。ARM64 目前不能同时使用两个 ASID 来查询 TLB，即访问内核空间地址时使用偶数 ASID，访问用户空间地址时使用奇数 ASID。

17.5.2 ASID 在 Linux 内核中的应用

前文提到，硬件 ASID 通过位图来分配和管理。进程切换的时候，需要把进程持有的硬件 ASID 写入 TTBR1_EL1 里。对于新创建的进程，第一次调度运行的时候，还没有分配 ASID。此时，操作系统需要使用位图机制来分配一个空闲的 ASID，然后把这个 ASID 填充到 TTBR1 里。

当系统中 ASID 加起来超过硬件最大值时，会发生溢出，需要冲刷全部 TLB，然后重新分配 ASID。这里需要注意，硬件 ASID 不是无限量供应的：8 位宽的 ASID 机制最多支持 256 个 ASID，16 位宽的 ASID 机制最多支持 65 536 个 ASID。若 ASID 用完了，分配不出来了怎么办？这就需要冲刷全部的 TLB，然后重新分配 ASID。

Linux 内核里为每个进程分配两个 ASID，即奇、偶 ASID 组成一对。

当进程运行在用户态时，使用奇数 ASID 来查询 TLB；当进程陷入内核态运行时，使用偶数 ASID 来查询 TLB。

在 Linux 内核里，进程切换出去之后会把 ASID 存储在 mm 数据结构的 context 域里面。当进程再度切换回来的时候，把 ASID 设置到 TTBR1 里，这样 CPU 就知道当前进程的 ASID 了。所以，整个机制是需要软件和硬件一起协同工作的，如图 17.15 所示。

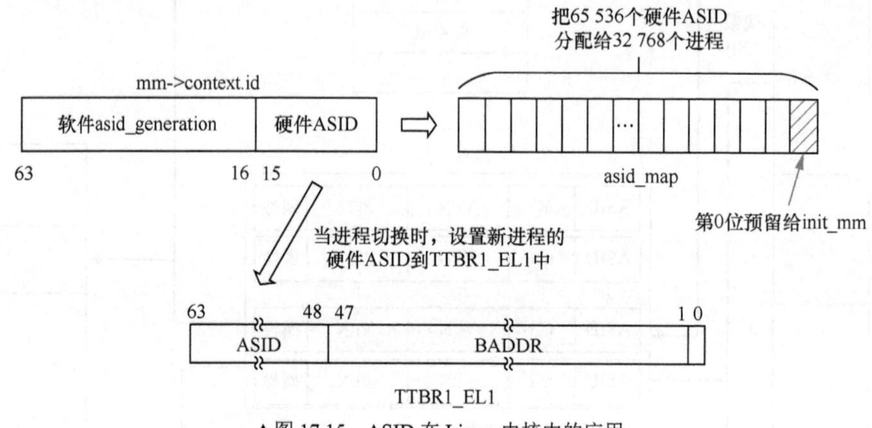

▲图 17.15　ASID 在 Linux 内核中的应用

17.5.3　Linux 内核中的 TLB 维护操作

Linux 内核中提供了多个管理 TLB 的接口函数，如表 17.4 所示。这些接口函数定义在 arch/arm64/include/asm/tlbflush.h 文件中。

表 17.4　Linux 内核中管理 TLB 的接口函数

接 口 函 数	描　　述
flush_tlb_all()	使所有处理器上的整个 TLB（包括内核空间和用户空间的 TLB）失效
flush_tlb_mm(mm)	使一个进程中整个用户空间地址的 TLB 失效
flush_tlb_range(vma, start, end)	使进程地址空间的某段虚拟地址区间（从 start 到 end）对应的 TLB 失效
flush_tlb_kernel_range(start, end)	使内核地址空间的某段虚拟地址区间（从 start 到 end）对应的 TLB 失效
flush_tlb_page(vma, addr)	使虚拟地址（addr）所映射页面的 TLB 页表项失效
local_flush_tlb_all()	使本地 CPU 对应的整个 TLB 失效

表 17.4 中参数的说明如下。

- mm 表示进程的内存描述符 mm_struct。
- vma 表示进程地址空间的描述符 vm_area_struct。
- start 表示起始地址。
- end 表示结束地址。
- addr 表示虚拟地址。

下面结合两个例子展示这些接口函数是如何实现的。flush_tlb_all()函数的实现如下。

```
<arch/arm64/include/asm/tlbflush.h>

1    static inline void flush_tlb_all(void)
2    {
3        dsb(ishst);
4        __tlbi(vmalle1is);
```

```
5        dsb(ish);
6        isb();
7    }
```

首先，调用 dsb()来保证内存访问指令已经完成，如修改页表等操作。

__tlbi()是一个 TLB 的宏操作，参数 vmalle1is 表示使 EL1 中所有 VMID 指定的 TLB 失效，这里仅仅指的是内部共享的 TLB。然后，再次调用 dsb()，保证前面的 TLBI 指令执行完成。最后，调用 isb()，在流水线中丢弃已经从旧的页表映射中获取的指令。

所有的过程可以概括为下面的伪代码。

```
1    dsb ishst        // 确保之前更新页表的操作已经完成
2    tlbi ...         // 使 TLB 失效
3    dsb ish          // 确保使 TLB 失效的操作已经完成
4    if (invalidated kernel mappings)
5        isb          // 丢弃所有从旧页表映射中获取的指令
```

Linux 内核中定义了一个__tlbi()宏来实现上述的 TLBI 指令。

```
<arch/arm64/include/asm/tlbflush.h>

1    #define __TLBI_0(op, arg) asm ("tlbi " #op "\n"     \
2              ALTERNATIVE("nop\n            nop",       \
3                      "dsb ish\n        tlbi " #op,   \
4                      ARM64_WORKAROUND_REPEAT_TLBI, \
5                      CONFIG_ARM64_WORKAROUND_REPEAT_TLBI) \
6                    : : )
7
8    #define __TLBI_1(op, arg) asm ("tlbi " #op ", %0\n" \
9              ALTERNATIVE("nop\n            nop",     \
10                     "dsb ish\n        tlbi " #op ", %0",\
11                     ARM64_WORKAROUND_REPEAT_TLBI,       \
12                     CONFIG_ARM64_WORKAROUND_REPEAT_TLBI) \
13                   : : "r" (arg))
14
15   #define __TLBI_N(op, arg, n, ...) __TLBI_##n(op, arg)
16
17   #define __tlbi(op, ...)     __TLBI_N(op, ##__VA_ARGS__, 1, 0)
```

上述__tlbi()宏主要通过 TLBI 指令来实现。需要特别注意的是 ALTERNATIVE 宏的实现。系统定义了 CONFIG_ARM64_WORKAROUND_REPEAT_TLBI，说明使用权衡的方法来修复处理器中的硬件故障，它会重复执行 TLBI 指令两次，中间还执行一次 DSB 指令。

Linux 内核中关于 TLB 操作另一个重要的地方就是 ASID。ASID 方案让每个 TLB 项包含一个 ASID，为每个进程分配进程地址空间标识符，TLB 命中查询的标准由原来的虚拟地址判断再加上 ASID 条件。ASID 软件计数存放在 mm->context.id 的 Bit[31:8]中。__TLBI_VADDR 宏的实现如下。

```
1    #define ASID(mm)    ((mm)->context.id.counter & 0xffff)
2
3    #define __TLBI_VADDR(addr, asid)                     \
4        ({                                           \
5            unsigned long __ta = (addr) >> 12;           \
6            __ta &= GENMASK_ULL(43, 0);               \
7            __ta |= (unsigned long)(asid) << 48;          \
8            __ta;                                \
9        })
```

在一个 TLB 项中，ASID 存放在 TLB 项的 Bit[63:48]中。__TLBI_VADDR()宏通过虚拟地址 ID 和 ASID 来组成 TLBI 指令需要的参数 X*t*。

另外一个常用的 TLB 管理函数是__flush_tlb_range()，它用于使进程地址空间中某一段区间对应的 TLB 失效。这个函数使用上述的__TLBI_VADDR()宏实现。

```
<arch/arm64/include/asm/tlbflush.h>

1    static inline void __flush_tlb_range(struct vm_area_struct *vma,
2                         unsigned long start, unsigned long end,
3                         unsigned long stride)
4    {
5        unsigned long asid = ASID(vma->vm_mm);
6        unsigned long addr;
7
8        stride >>= 12;
9
10       start = __TLBI_VADDR(start, asid);
11       end = __TLBI_VADDR(end, asid);
12
13       dsb(ishst);
14       for (addr = start; addr < end; addr += stride) {
15               __tlbi(vae1is, addr);
16               __tlbi_user(vae1is, addr);
17       }
18       dsb(ish);
19   }
20
21   static inline void flush_tlb_range(struct vm_area_struct *vma,
22                       unsigned long start, unsigned long end)
23   {
24       __flush_tlb_range(vma, start, end, PAGE_SIZE, false);
25   }
```

ASID()宏用于获取当前进程对应的 ASID，__TLBI_VADDR()宏通过虚拟地址 ID 和 ASID 来组成 TLBI 指令需要的参数，然后通过__tlbi()宏以及__tlbi_user()宏来执行 TLBI 指令。在实现了 KPTI 方案的 Linux 内核中，为每个进程分配两个 ASID，内核空间使用偶数的 ASID，用户空间使用奇数的 ASID。__tlbi()用来刷新内核空间的 TLB，__tlbi_user()用来刷新用户空间的 TLB。

TLBI 指令中的操作符 VAE1IS 用于使 EL1 中所有由虚拟地址指定的 TLB（这里指的是内部共享的 TLB）失效。

17.5.4　BBM 机制

在多核系统中多个虚拟地址可以同时映射到同一个物理地址，出现为同一个物理地址创建了多个 TLB 表项的情况，而更改其中一个页表项会破坏缓存一致性以及内存访问时序等，从而导致系统出问题。例如，若从一个旧的页表项替换到一个新的页表项，ARMv8 体系结构要求使用 BBM（Break-Before-Make）机制来保证 TLB 的正确；否则，有可能导致新的页表项和旧的页表项同时都缓存在 TLB（特别是不同的 CPU 中的 TLB）中，导致程序访问出错。

除更改页表项之外，其他的一些操作也需要使用 BBM 机制。

- 修改内存类型，例如从普通类型内存变成设备类型内存。
- 修改高速缓存的属性，例如修改高速缓存的策略，从写回策略改成写直通策略。

- 修改 MMU 转换后的输出地址，或者新的输出地址的内容和旧的输出地址的内容不一致。
- 修改页面的大小。

BBM 机制的工作流程如下。

（1）使用一个失效的页表项来替换旧的页表项，执行一个 DSB 指令。

（2）使用 TLB 指令来使这个页表项失效，执行 DSB 指令，保证无效 TLB 指令已经完成。

（3）写入新的页表项，然后执行 DSB 指令，保证这个新的 DSB 指令被其他 CPU 观察者看到。

Linux 内核中也广泛应用了 BBM 机制，例如在切换新的 PTE 之前，先把 PTE 内容清除，再刷新对应的 TLB，是为了防止一个可能发生的竞争问题，如一个线程在执行自修改代码，另外一个线程在做写时复制。

下面举一个例子来说明这个场景。

假设主进程有两个线程——线程 1 和线程 2，线程 1 运行在 CPU0 上，线程 2 运行在 CPU1 上，它们共同访问一个虚拟地址。这个 VMA（Linux 内核采用 vm_area_struct 数据结构来描述一段进程地址空间，简称 VMA）映射到 Page0 上。

线程 1 在这个 VMA 上运行代码，初始状态如图 17.16（a）所示。

主进程通过 fork 调用创建一个子进程，如图 17.16（b）所示。子进程会通过写时复制得到一个新的 VMA1，而且这个 VMA1 也映射到 Page0，子进程对应的页表项为 PTE1。在 fork 过程中，父进程和子进程的页表项都会设置只读属性（PTE_RDONLY）。

当线程 2 想往该虚拟地址中写入新代码时，它会触发写错误的缺页异常，在 Linux 内核里执行写时复制操作。

线程 2 创建了一个新的页面 Page1，并且把 Page0 的内容复制到 Page1 上，然后切换页表项并指向 Page1，最后往 Page1 写入新代码，如图 17.16（c）所示。

此时，在 CPU0 上运行的线程 1 的指令和数据 TLB 依然指向 Page0，线程 1 依然从 Page0 上获取指令，这样线程 1 获取了错误的指令，从而导致线程 1 运行错误，如图 17.16（d）所示。

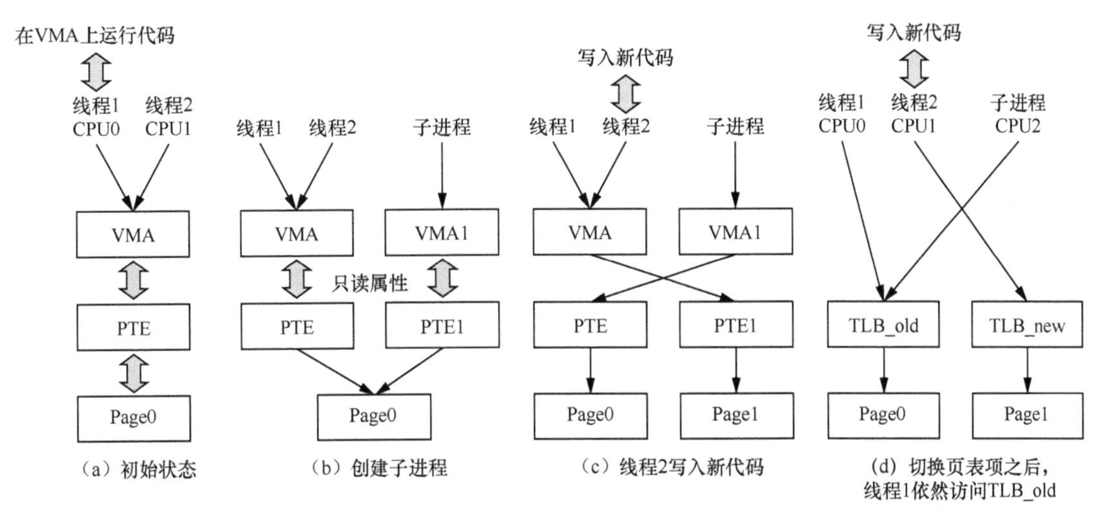

▲图 17.16 切换页表再刷新 TLB

所以，根据 BBM 机制，图 17.16（c）对应的步骤中，CPU1（线程 2）需要分解成如下几个步骤。

（1）在切换页表项之前，CPU1 把旧的页表项内容清除掉。

（2）刷新对应的 TLB，这个步骤会发送广播到其他 CPU 上。

（3）设置新的页表项（PTE1）。

（4）对线程 2 来说，VMA 虚拟地址映射到 Page1 上，线程 2 才能往 Page1 中写入新代码。

CPU1 发出的刷新 TLB 指令会广播到其他的 CPU 上，例如 CPU0（线程 1）收到广播之后也会刷新本地对应的 TLB 项，这样 CPU0 就不会再使用旧的 TLB 项，而是通过 MMU 获取 Page1 的物理地址，从而访问 Page1 上最新的代码。如果没有实现上述 BBM 机制，CPU0 依然访问旧的 TLB 项，访问了 Page0 上的旧代码，导致程序出错。

为什么 BBM 机制要率先使用一个无效的页表项来替换旧的页表项（即为什么要先执行 break 动作）呢？

在实现 BBM 机制的过程中，如果其他 CPU 也访问这个虚拟地址，那么它会因为失效的页表项而进入操作系统的缺页异常处理机制。操作系统的缺页异常处理器机制一般会使用相应的锁机制来保证多个缺页异常处理的串行执行（在 Linux 内核的缺页异常处理中会申请一个进程相关的读写信号量 mm->mmap_sem），从而保证数据的一致性。如果在 BBM 机制中没有率先使用一个无效的页表项来替换旧的页表项，那么在实现 BBM 机制的过程中，其他 CPU 也可能同时访问这个页面，导致数据访问出错。

我们以上述场景为例，CPU1 清除旧的页表项时，CPU0 也来访问 VMA 虚拟地址，此时 VMA 对应的页表项已经被替换成无效的页表项，CPU0 会触发一个缺页异常。由于 CPU1 此时正在处理写时复制的缺页异常，并且已经申请了锁保护，因此 CPU0 只能等待 CPU1 完成缺页异常处理并且释放锁。当 CPU0 申请到锁时，CPU1 已经完成了写时复制，VMA 对应的页表项已经指向 Page1，CPU0 退出缺页异常处理并且直接访问 Page1 的内容。

第18章 内存屏障指令

本章思考题

1. 内存乱序产生的原因是什么？
2. 什么是顺序一致性内存模型？
3. 什么是处理器一致性内存模型？
4. 什么是弱一致性内存模型？
5. 请列出三个需要使用内存屏障指令的场景。
6. DMB 和 DSB 指令的区别是什么？
7. 在下面代码片段中，ADD 指令能重排到 DMB 指令前面吗？

```
ldr x0, [x1]
dmb ish
add x2, x3, x4
```

8. 什么是加载-获取屏障原语？什么是存储-释放屏障原语？
9. 若 CPU 执行如下两条指令对 X2 寄存器中的地址进行高速缓存维护，会有什么问题？

```
dc  civau  x2
ic   ivau  x2
```

10. 当多个线程正在使用同一个页表项时，如果需要更新这个页表项的内容，如何保证多个线程都能正确访问更新后的页表项？

11. 下面是一个使指令高速缓存失效的代码片段，请解释为什么在指令高速缓存失效之后要发送一个 IPI，而且这个 IPI 的回调函数还是空的。

```
void flush_icache_range(unsigned long start, unsigned long end)
{
     flush_icache_range(start, end);
     smp_call_function(do_nothing, NULL, 1);
}
```

内存屏障指令是系统编程中很重要的一部分，特别是在多核并行编程中。本章重点介绍内存屏障指令产生的原因、ARM64 处理器内存屏障指令以及内存屏障的案例分析等内容。

18.1 内存屏障指令产生的原因

若程序在执行时的实际内存访问顺序和程序代码指定的访问顺序不一致，会出现内存乱序访问。内存乱序访问的出现是为了提高程序执行时的效率。内存乱序访问主要发生在如下两个阶段。

- 编译时。编译器优化导致内存乱序访问。

- ❑ 执行时。多个 CPU 的交互引起内存乱序访问。

编译器会把符合人类思维逻辑的高级语言代码（如 C 语言的代码）翻译成符合 CPU 运算规则的汇编指令。编译器会在翻译成汇编指令时对其进行优化，如内存访问指令的重新排序可以提高指令级并行效率。然而，这些优化可能会与程序员原始的代码逻辑不符，导致一些错误发生。编译时的乱序访问可以通过 barrier()函数来规避。

```
#define barrier() __asm__ __volatile__ ("" ::: "memory")
```

barrier()函数告诉编译器，不要为了性能优化而将这些代码重排。

在古老的处理器设计当中，指令是完全按照顺序执行的，这样的模型称为顺序执行模型（sequential execution model）。现代 CPU 为了提高性能，已经抛弃了这种古老的顺序执行模型，采用很多现代化的技术，比如流水线、写缓存、高速缓存、超标量技术、乱序执行等。这些新技术其实对编程者来说是透明的。在一个单处理器系统里面，不管 CPU 怎么乱序执行，它最终的执行结果都是程序员想要的结果，也就是类似于顺序执行模型。在单处理器系统里，指令的乱序和重排对程序员来说是透明的，但是在多核处理器系统中，一个 CPU 内核中内存访问的乱序执行可能会对系统中其他的观察者（例如其他 CPU 内核）产生影响，即它们可能观察到的内存执行次序与实际执行次序有很大的不同，特别是多核并发访问共享数据的情况下。因此，这里引申出一个**存储一致性问题**，即系统中所有处理器所看到的对不同地址访问的次序问题。缓存一致性协议（例如 MESI 协议）用于解决多处理器对同一个地址访问的一致性问题，而存储一致性问题是多处理器对多个不同内存地址的访问次序引发的问题。在使能与未使能高速缓存的系统中都会存在存储一致性问题。

由于现代处理器普遍采用超标量架构、乱序发射以及乱序执行等技术来提高指令级并行效率，因此指令的执行序列在处理器流水线中可能被打乱，与程序代码编写时的序列不一致，这就产生了**程序员错觉**——处理器访问内存的次序与代码的次序相同。

另外，现代处理器采用多级存储结构，如何保证处理器对存储子系统访问的正确性也是一大挑战。

例如，在一个系统中有 n 个处理器 P_1～P_n，假设每个处理器包含 S_i 个存储器操作，那么从全局来看，可能的存储器访问序列有多种组合。为了保证内存访问的一致性，需要按照某种规则来选出合适的组合，这个规则叫作内存一致性模型（memory consistency model）。这个规则需要在保证正确性的前提下，同时保证多个处理器访问时有较高的并行度。

18.1.1　顺序一致性内存模型

在一个单核处理器系统中，保证访问内存的正确性比较简单。每次存储器读操作所获得的结果是最近写入的结果，但是在多个处理器并发访问存储器的情况下就很难保证其正确性了。我们很容易想到使用一个全局时间比例（global time scale）部件来决定存储器访问时序，从而判断最近访问的数据。这种访问的内存一致性模型是严格一致性（strict consistency）内存模型，称为**原子一致性**（atomic consistency）内存模型。实现全局时间比例部件的代价比较大，因此退而求其次。采用每一个处理器的局部时间比例（local time scale）部件来确定最新数据的内存模型称为**顺序一致性**（Sequential Consistency，SC）内存模型。1979 年，Lamport 提出了顺序一致性的概念。顺序一致性可以总结为两个约束条件。

- ❑ 从单处理器角度看，存储访问的执行次序以程序为准。
- ❑ 从多处理器角度看，所有的内存访问都是原子性的，其执行顺序不必严格遵循时间顺序。

在下面的例子中，假设系统实现的是顺序一致性内存模型，变量 a、b、x 和 y 的初始化值为 0。

```
CPU0                                CPU1
--------------------------------------------------------------
a = 1                                x = b

b = 1                                y = a
```

当 CPU1 读出 b（为 1）时，我们不可能读出 a 的值（为 0）。根据顺序一致性内存模型的定义，在 CPU0 侧，先写入变量 a，后写入变量 b，这个写操作次序是可以得到保证的。同理，在 CPU1 侧，先读 b 的值，后读 a 的值，这两次读操作的次序也是可以得到保证的。当 CPU1 读取 b（为 1）时，表明 CPU0 已经把 1 成功写入变量 b，于是 a 的值也会被成功写入 1，所以我们不可能读到 a 的值为 0 的情况。但是，如果这个系统实现的不是顺序一致性模型，那么 CPU1 有可能读到 $a=0$，因为读取 a 的操作可能会重排到读取 b 的操作前面，即不能保证这两次读的次序。

总之，顺序一致性内存模型保证了每一条加载/存储指令与后续加载/存储指令严格按照程序的次序来执行，即保证了“读→读”“读→写”“写→写”以及“写→读”4 种情况的次序。

18.1.2 处理器一致性内存模型

处理器一致性（Processor Consistency，PC）内存模型是顺序一致性内存模型的进一步弱化，放宽了较早的写操作与后续的读操作之间的次序要求，即放宽了“写→读”操作的次序要求。处理器一致性模型允许一条加载指令从存储缓冲区（store buffer）中读取一条还没有执行的存储指令的值，而且这个值还没有被写入高速缓存中。x86_64 处理器实现的全序写（Total Store Ordering，TSO）模型就属于处理器一致性内存模型的一种。

18.1.3 弱一致性内存模型

对处理器一致性内存模型进一步弱化，可以放宽对“读→读”“读→写”“写→写”以及“写→读”4 种情况的执行次序要求，不过这并不意味着程序就不能得到正确的预期结果。其实在这种情况下，程序需要添加适当的同步操作。例如，若一个处理器的存储访问想在另外一个处理器的存储访问之后发生，我们需要使用同步来实现，这里说的同步操作指的是内存屏障指令。

对内存的访问可以分成如下几种方式。

- 共享访问：多个处理器同时访问同一个变量，都是读操作。
- 竞争访问：多个处理器同时访问同一个变量，其中至少有一个是写操作，因此存在竞争访问。例如，一个写操作和一个读操作同时发生可能会导致读操作返回不同的值，这取决于读操作和写操作的次序。

在程序中适当添加同步操作可以避免竞争访问的发生。与此同时，在同步点之后处理器可以放宽对存储访问的次序要求，因为这些访问次序是安全的。基于这种思路，存储器访问指令可以分成**数据访问指令**和**同步指令（也称为内存屏障指令）**两大类，对应的内存模型称为弱一致性（weak consistency）内存模型。

1986 年，Dubois 等发表的论文描述了弱一致性内存模型的定义，在这个定义中使用全局同步变量（global synchronizing variable）来描述一个同步访问，这里的全局同步变量可以理解为内存屏障指令。在一个多处理器系统中，满足如下 3 个条件的内存访问称为弱一致性的内存访问。

- ❑ 对全局同步变量的访问是顺序一致的。
- ❑ 在一个同步访问（例如发出内存屏障指令）可以执行之前，所有以前的数据访问必须完成。
- ❑ 在一个正常的数据访问可以执行之前，所有以前的同步访问（内存屏障指令）必须完成。

弱一致性内存模型实质上把一致性问题留给了程序员来解决，程序员必须正确地向处理器表达哪些读操作和写操作是需要同步的。

ARM64 处理器实现了这种弱一致性内存模型，因此 ARM64 处理器使用内存屏障指令实现同步访问。内存屏障指令的基本原则如下。

- ❑ 在内存屏障指令后面的所有数据访问必须等待内存屏障指令（例如 ARM64 的 DMB 指令）执行完。
- ❑ 多条内存屏障指令是按顺序执行的。

当然，处理器会根据内存屏障的作用进行细分，例如，ARM64 处理器把内存屏障指令细分为数据存储屏障指令、数据同步屏障指令以及指令同步屏障指令。

18.1.4 ARM64 处理器的内存模型

前面介绍了几种内存模型，其中弱一致性内存模型在 ARM64 处理器上得到广泛应用。在普通类型内存里实现的就是弱一致性内存模型。在弱一致性内存模型下，CPU 的加载和存储访问的序列有可能和程序中的序列不一致。因此，ARM64 体系结构的处理器支持如下预测式的操作。

- ❑ 从内存中预取数据或者指令。
- ❑ 预测指令预取。
- ❑ 分支预测（branch prediction）。
- ❑ 乱序的数据加载（out of order data load）。
- ❑ 预测的高速缓存行的填充（speculative cache line fill），这里主要涉及包括 LSU（Load Store Unit，加载存储单元）、存储缓冲区、无效队列以及缓存等与内存相关的子系统。

注意，预测式的数据访问只支持普通类型内存，设备类型内存是不支持预测式的数据访问的，因为设备内存实现的是强一致性的内存模型，它的内存访问次序是强一致性的。

另一个场景是指令的预取是否支持预测式。指令预取和数据存储是两种不同的方式，一个在 CPU 的前端，一个在 CPU 的后端。在 ARMv8 体系结构里，预测式的指令预取是可以支持任意内存类型的，包括普通内存和设备内存。

18.2 ARM64 中的内存屏障指令

18.2.1 使用内存屏障的场景

在大部分场景下，我们不用特意关注内存屏障的，特别是在单处理器系统里，虽然 CPU 内部支持乱序执行以及预测式的执行，但是总体来说，CPU 会保证最终执行结果符合程序员的要求。在多核并发编程的场景下，程序员需要考虑是不是应该用内存屏障指令。下面是一些需要考虑使用内存屏障指令的典型场景。

- ❑ 在多个不同 CPU 内核之间共享数据。在弱一致性内存模型下，某个 CPU 乱的内存访问次序可能会产生竞争访问。
- ❑ 执行和外设相关的操作，例如 DMA 操作。启动 DMA 操作的流程通常是这样的：第一步，把数据写入 DMA 缓冲区里；第二步，设置 DMA 相关寄存器来启动 DMA。如果这中间没有内存屏障指令，第二步的相关操作有可能在第一步前面执行，这样 DMA 就传输了错误的数据。

- 修改内存管理的策略，例如上下文切换、请求缺页以及修改页表等。
- 修改存储指令的内存区域，例如自修改代码的场景。

总之，我们使用内存屏障指令的目的是想让 CPU 按照程序代码逻辑来执行，而不是被 CPU 乱序执行和预测执行打乱了代码的执行次序。

18.2.2 ARM64 里的内存屏障指令

ARMv8 指令集提供了 3 条内存屏障指令。

- **数据存储屏障（Data Memory Barrier，DMB）指令**：仅当所有在它前面的存储器访问操作都执行完毕后，才提交（commit）在它后面的访问指令。DMB 指令保证的是 DMB 指令之前的所有内存访问指令和 DMB 指令之后的所有内存访问指令的执行顺序。也就是说，DMB 指令之后的内存访问指令不会被处理器重排到 DMB 指令的前面。DMB 指令不会保证内存访问指令在内存屏障指令之前完成，它仅仅保证内存屏障指令前后的内存访问的执行顺序。DMB 指令仅仅影响内存访问指令、数据高速缓存指令以及高速缓存管理指令等，并不会影响其他指令（例如算术运算指令等）的顺序。
- **数据同步屏障（Data Synchronization Barrier，DSB）指令**：比 DMB 指令要严格一些，仅当所有在它前面的内存访问指令都执行完毕后，才会执行在它后面的指令，即任何指令都要等待 DSB 指令前面的内存访问指令完成。位于此指令前的所有缓存（如分支预测和 TLB 维护）操作需要全部完成。
- **指令同步屏障（Instruction Synchronization Barrier，ISB）指令**：确保所有在 ISB 指令之后的指令都从指令高速缓存或内存中重新预取。它刷新流水线（flush pipeline）和预取缓冲区后才会从指令高速缓存或者内存中预取 ISB 指令之后的指令。ISB 指令通常用来保证上下文切换（如 ASID 更改、TLB 维护操作等）的效果。

18.2.3 DMB 指令

DMB 指令仅仅影响数据访问的序列。注意，DMB 指令不能保证任何指令必须在某个时刻一定执行完，它仅仅保证的是 DMB 指令前后的内存访问指令的执行次序。数据访问包括普通的加载操作（load）和存储操作（store），也包括数据高速缓存（data cache）维护指令（因为它也算数据访问指令）。

DMB 指令通常用来保证 DMB 指令之前的数据访问可以被 DMB 后面的数据访问指令观察到。所谓的观察到指的是先执行完 A 指令，然后执行 B 指令，于是 B 指令可以观察到 A 指令的执行结果。如果 B 指令先于 A 指令执行，那么 B 指令没有办法观察到 A 指令的执行结果。

总之，DMB 指令强调的是内存屏障前后数据访问指令的访问次序。这里有两个要点：一个是数据访问指令，另一个是保证访问的次序。

DMB 指令后面必须带参数，用来指定共享属性域（share ability domain）以及指定具体的访问顺序（before-after）。

【例 18-1】CPU 执行下面两条指令。

```
ldr x0, [x1]
str x2, [x3]
```

LDR 指令读取 X1 地址的值，STR 指令把 X2 的值写入 X3 地址。如果这两条指令没有数据依赖（data dependency）或者地址依赖（address dependency），那么 CPU 可以先执行 STR 指令或者先执行 LDR 指令，从最终结果来看没有区别。

数据依赖指的是相邻的读写操作是否存在数据依赖，例如，从 *Xn* 地址读取内容到 *Xm* 地址中，然后把 *Xm* 地址中的值写入 *Xy* 地址中，那么 *Xm* 为这两条指令的数据依赖，下面是伪代码。

```
ldr xm, [xn]
str xm, [xy]
```

地址依赖指的相邻的读写操作是否存在地址依赖，例如，从 *Xn* 地址读取内容到 *Xm* 地址中，然后把另外的一个值 *Xy* 写入 *Xm* 地址中，那么 *Xm* 为这两条指令的地址依赖，下面是伪代码。

```
ldr xm, [xn]
str xy, [xm]
```

在例 18-1 中，如果想要确保 CPU 一定按照写的序列来执行代码，那么就需要加入一条 DMB 指令，这样就可以保证 CPU 一定先执行 LDR 指令，后执行 STR 指令，例如下面的代码片段。

```
ldr x0, [x1]
dmb ish
str x2, [x3]
```

【例 18-2】CPU 执行下面两条指令。

```
ldr x0, [x1]
str x0, [x3]
```

LDR 指令读取 X1 地址的值到 X0 寄存器，然后把 X0 寄存器的值写入 X3 地址。这两条指令存在数据依赖，不使用内存屏障指令也能保证上述两条指令的执行次序。

【例 18-3】CPU 执行如下 3 条指令。

```
ldr x0, [x1]
dmb ish
add x2, x3, x4
```

第一条指令是加载指令，第二条指令是 DMB 内存屏障指令，第三条指令是算术运算（ADD）指令。尽管加载和算术运算指令之间有一条 DMB 内存屏障指令，但是第三条指令是有可能在加载指令前面执行的。DMB 内存屏障指令只能保证数据访问指令的执行次序，但是 ADD 指令不是数据访问指令，因此无法阻止 ADD 指令被重排到第一条指令前面。解决办法是把 DMB 指令换成 DSB 指令。

【例 18-4】CPU 执行如下 4 条指令。

```
ldr   x0,    [x2]
dmb ish
add  x3,    x3, #1
str   x4,    [x5]
```

第一条指令是 LDR 指令，把 X2 地址的内容加载到 X0 寄存器。第二条指令是 DMB 指令，第三条指令是 ADD 运算指令，它不属于数据访问指令。第四条指令是 STR 指令，把 X4 寄存器的值存到 X5 地址处。这里的数据访问指令只有第一条和第四条，因此 LDR 指令的执行结果必须要被 DMB 后面的 STR 指令观察到，即 LDR 指令要先于 STR 指令执行。此外，由于这里的 ADD 指令不是数据访问指令，因此它可以被乱序重排到 LDR 指令前面。

【例 18-5】CPU 执行如下 4 条指令。

```
dc cvac, x6
ldr  x1,  [x2]
dmb ish
ldr x3, [x7]
```

第一条指令是数据高速缓存维护指令，它用于清理 X6 对应地址的数据高速缓存。第二条指令是 LDR 指令，第三条指令是 DMB 指令，第四条指令也是 LDR 指令。前面两条指令之间没有 DMB 指令，而且都是数据访问指令，因此从执行顺序角度来观察，LDR 指令可以乱序重排到 DC 指令前面。第四条指令能观察到 DC 指令执行完成，或者说第四条指令不能在 DMB 指令前面执行。

数据高速缓存和统一高速缓存（unified cache）相关的维护指令其实也算数据访问指令，所以，在 DMB 指令前面的数据高速缓存维护指令必须在 DMB 指令后面的内存访问指令之前执行完。

通过上述几个例子的分析可知，DMB 指令关注的是内存访问的序列，不需要关心内存访问指令什么时候执行完。DMB 前面的数据访问指令必须被 DMB 后面的数据访问指令观察到。

18.2.4 DSB 指令

DSB 指令要比 DMB 指令严格得多。DSB 后面的任何指令必须满足下面两个条件才能开始执行。

- DSB 指令前面的所有数据访问指令（内存访问指令）必须执行完。
- DSB 指令前面的高速缓存、分支预测、TLB 等维护指令也必须执行完。

这两个条件满足之后才能执行 DSB 指令后面的指令。注意，DSB 指令后面的指令指的是任意指令。

与 DMB 指令相比，DSB 指令规定了 DSB 指令在什么条件下才能执行，而 DMB 指令仅仅约束屏障前后的数据访问指令的执行次序。

【例 18-6】CPU 执行如下 3 条指令。

```
ldr x0, [x1]
dsb ish
add x2, x3, x4
```

ADD 指令必须要等待 DSB 指令执行完才能开始执行，它不能重排到 LDR 指令前面。如果把 DSB 指令换成 DMB 指令，那么 ADD 指令可以重排到 LDR 指令前面。

【例 18-7】CPU 执行如下 4 条指令。

```
dc  civa  x5
str   x1,  [x2]
dsb ish
add x3, x3, #1
```

第一条指令是 DC 指令，它清空虚拟地址（X5 寄存器）对应的数据高速缓存并使其失效。第二条指令把 X1 寄存器的值存储到 X2 地址处。第三条指令是 DSB 指令。第四条指令是 ADD 指令，让 X3 寄存器的值加 1。

DC 指令和 STR 指令必须在 DSB 指令之前执行完。ADD 指令必须等到 DSB 指令执行完才能开始执行。尽管 ADD 指令不是数据访问指令，但是它也必须等到 DSB 指令执行完才能开始执行。

在一个多核系统里，高速缓存和 TLB 维护指令会广播到其他 CPU 内核，执行本地相关的维护操作。DSB 指令等待这些广播并收到其他 CPU 内核发送的应答信号才算执行完。所以，当 DSB 指令执行完时，其他 CPU 内核已经看到第一条 DC 指令执行完。

18.2.5　DMB 和 DSB 指令的参数

DMB 和 DSB 指令后面可以带参数，用于指定共享属性域以及具体的访问顺序。

共享属性域是内存屏障指令的作用域。ARMv8 体系结构里定义了 4 种域。

- 全系统共享（full system sharable）域，指的是全系统的范围。
- 外部共享（outer sharable）域。
- 内部共享（inner sharable）域。
- 不指定共享（non-sharable）域。

除指定范围之外，我们还可以进一步细化内存屏障指令的访问方向，例如，细分为读内存屏障、写内存屏障以及读写内存屏障。

第一种是读内存屏障（Load-Load/Store）指令，在参数里的后缀为 LD。在内存屏障指令之前的所有加载指令必须完成，但是不需要保证存储指令执行完。在内存屏障指令后面的加载和存储指令必须等到内存屏障指令执行完。

第二种是写内存屏障（Store-Store）指令，在参数里的后缀为 ST。写内存屏障指令仅仅影响存储操作，对加载操作则没有约束。

第三种为读写内存屏障指令。在内存屏障指令之前的所有读写指令必须在内存屏障指令之前执行完。

第一种和第二种指令相当于把功能弱化成单一功能的内存屏障指令，而第三种指令就是全功能的内存屏障指令。

内存屏障指令的参数如表 18.1 所示。

表 18.1　内存屏障指令的参数

参　数	访 问 顺 序	共 享 属 性
SY	内存读写指令	全系统共享域
ST	内存写指令	
LD	内存读指令	
ISH	内存读写指令	内部共享域
ISHST	内存写指令	
ISHLD	内存读指令	
NSH	内存读写指令	不指定共享域
NSHST	内存写指令	
NSHLD	内存读指令	
OSH	内存读写指令	外部共享域
OSHST	内存写指令	
OSHLD	内存读指令	

18.2.6　单方向内存屏障原语

ARMv8 指令集还支持隐含内存屏障原语的加载和存储指令，这些内存屏障原语影响了加载和存储指令的执行顺序，它们对执行顺序的影响是单方向的。

- 获取（acquire）屏障原语：该屏障原语之后的读写操作不能重排到该屏障原语前面，通常该屏障原语和加载指令结合。

- 释放（release）屏障原语：该屏障原语之前的读写操作不能重排到该屏障原语后面，通常该屏障原语和存储指令结合。
- 加载-获取（load-acquire）屏障原语：含有获取屏障原语的读操作，相当于单方向向后的屏障指令。所有加载-获取内存屏障指令后面的内存访问指令只能在加载-获取内存屏障指令执行后才能开始执行，并且被其他 CPU 观察到。如图 18.1 所示，读指令 1 和写指令 1 可以向前（如图 18.1 中指令执行的方向）越过该屏障指令，但是读指令 2 和写指令 2 不能向后（如图 18.1 中指令执行的方向）越过该屏障指令。

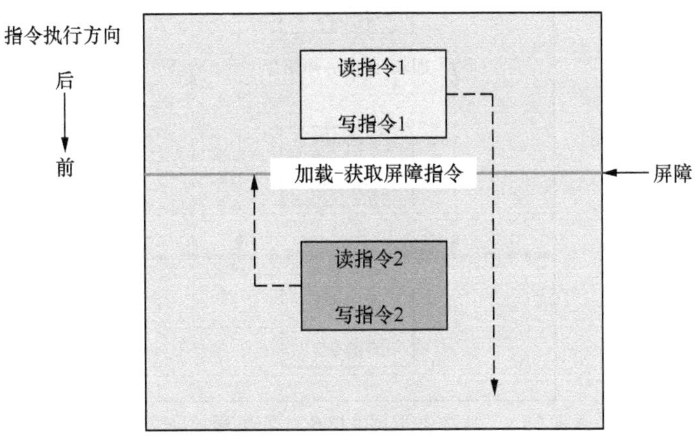

▲图 18.1　加载-获取屏障原语

- 存储-释放（store-release）屏障原语：含有释放屏障原语的写操作，相当于单方向向前的屏障指令。只有所有存储-释放屏障原语之前的指令完成了，才能执行存储-释放屏障原语之后的指令，这样其他 CPU 可以观察到存储-释放屏障原语之前的指令已经执行完。读指令 2 和写指令 2 可以向后（如图 18.2 中指令执行的方向）越过存储-释放屏障指令，但是读指令 1 和写指令 1 不能向前（如图 18.2 中指令执行的方向）越过存储-释放屏障指令。

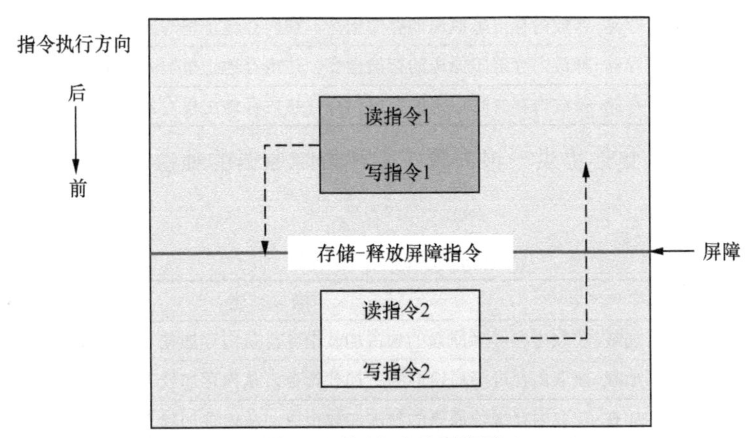

▲图 18.2　存储-释放屏障原语

加载-获取和存储-释放屏障指令相当于单方向的 DMB 指令，而 DMB 指令相当于全方向的栅障。任何读写操作都不能越过该栅障。它们组合使用可以增强代码灵活性并提高执行效率。

如图 18.3 所示，加载-获取屏障指令和存储-释放屏障指令组成了一个临界区，这相当于一个栅障。

- 读指令 1 和写指令 1 可以挪到加载-获取屏障指令后面，但是不能向前（如图 18.3 中指令执行的方向）越过存储-释放屏障指令。
- 读指令 3 和写指令 3 不能向后（如图 18.3 中指令执行的方向）越过加载-获取屏障指令。
- 在临界区中的内存访问指令不能越过临界区，如读指令 2 和写指令 2 不能越过临界区。

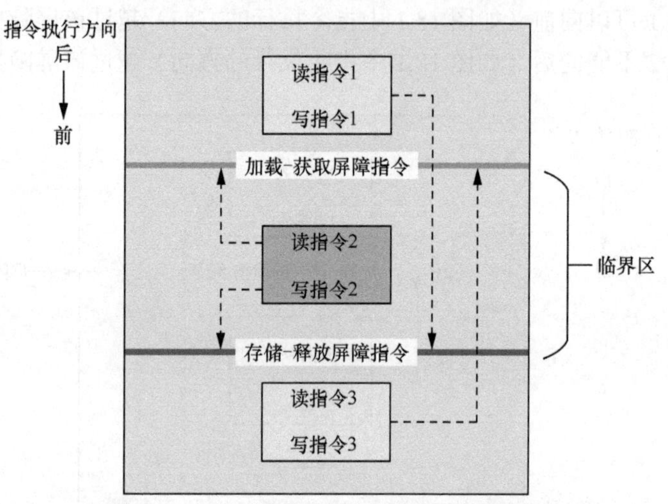

▲图 18.3　加载-获取屏障指令与存储-释放屏障指令

ARMv8 体系结构还提供一组新的加载和存储指令，其中显式包含了上述内存屏障原语，如表 18.2 所示。

表 18.2　新的加载和存储指令

指　令	描　述
LDAR	隐含了加载-获取内存屏障原语的加载指令，从内存加载 4 字节或者 8 字节数据
LDARB	隐含了加载-获取内存屏障原语的加载指令，从内存加载 1 字节数据
LDARH	隐含了加载-获取内存屏障原语的加载指令，从内存加载 2 字节数据
STLR	隐含了存储-释放内存屏障原语的存储指令，往内存地址里写入 4 字节或者 8 字节数据
STLRB	隐含了存储-释放内存屏障原语的存储指令，往内存地址里写入 1 字节数据
STLRH	隐含了存储-释放内存屏障原语的存储指令，往内存地址里写入 2 字节数据

此外，ARMv8 指令集还提供一组内置了上述屏障原语的独占加载与存储指令，如表 18.3 所示。

表 18.3　独占加载和存储指令

指　令	描　述
LDAXR	隐含了加载-获取内存屏障原语的独占加载指令，从内存加载 4 字节或者 8 字节数据
LDAXRB	隐含了加载-获取内存屏障原语的独占加载指令，从内存加载 1 字节数据
LDAXRH	隐含了加载-获取内存屏障原语的独占加载指令，从内存加载 2 字节数据
LDAXP	隐含了加载-获取内存屏障原语的多字节独占加载指令
STLXR	隐含了存储-释放内存屏障原语的独占存储指令，往内存地址里写入 4 字节或者 8 字节数据
STLXRB	隐含了存储-释放内存屏障原语的独占存储指令，往内存地址里写入 1 字节数据
STLXRH	隐含了存储-释放内存屏障原语的独占存储指令，往内存地址里写入 2 字节数据
STLXP	隐含了存储-释放内存屏障原语的多字节独占存储指令

18.2.7 ISB 指令

ISB 指令会冲刷流水线，然后从指令高速缓存或者内存中重新预取指令。

ARMv8 体系结构中有一个术语——更改上下文操作（context-changing operation）。更改上下文操作包括高速缓存、TLB、分支预测等维护操作以及改变系统控制寄存器等操作。使用 ISB 确保在 ISB 之前执行的上下文更改操作的效果对在 ISB 指令之后获取的指令是可见的。更改上下文操作的效果仅仅在上下文同步事件（context synchronization event）之后能看到。上下文同步事件包括：

- 发生一个异常（exception）；
- 从一个异常返回；
- 执行了 ISB 指令。

发生上下文同步事件产生的影响包括：

- 在上下文同步事件发生时挂起的所有未屏蔽中断都会在上下文同步事件之后的第一条指令执行之前处理；
- 在触发上下文同步事件的指令后面的所有指令不会执行，直到上下文同步事件处理完；
- 在上下文同步事件之前完成的使 TLB 失效、指令高速缓存以及分支预测操作，都会影响在上下文同步事件后面出现的指令。例如，如果在上下文同步事件之前完成了使指令高速缓存失效的操作，那么在上下文同步事件之后，CPU 会从指令高速缓存中重新取指令，相当于把流水线之前预取的指令清空。

另外，修改系统控制寄存器通常是需要使用 ISB 指令的，但是并不是修改所有系统寄存器都需要 ISB 指令，例如修改 PSTATE 寄存器就不需要 ISB 指令。

【例 18-8】CPU 执行如下代码来打开 FPU 功能。

```
//打开 FPU
mrs  x1, cpacr_el1
orr x1, x1 #(0x3 << 20)
msr cpacr_el1, x1

isb

fadd   s0, s1, s2
```

把 cpacr_el1 的 Bit[21:20]设置为 0x3，即可以打开浮点运算单元。但是在打开之后，马上执行一条 FADD 指令，有可能会导致 CPU 异常。因为 FADD 这条指令可能已经在流水线里，并且有可能会提前执行，即打开浮点运算单元之前就提前执行了，所以出现错误了。

解决办法就是插入一条 ISB 指令。这里的 ISB 指令是为了保证前面打开 FPU 的设置已经完成，才从指令高速缓存里预取 FADD 这条指令。

【例 18-9】改变页表项。

```
1    str x10, [x1]
2    dsb ish
3    tlbi    vaelis,  x11
4    dsb ish
5    isb
```

在第 1 行中，[x1]是页表项的地址，这里 STR 指令用来更新这个页表项的内容。

在第 2 行中，DSB 指令保证 STR 指令执行完。

在第 3 行中，使页表项对应的 TLB 项失效。

在第 4 行中，DSB 指令保证 TLB 指令执行完。

在第 5 行中，触发一个上下文同步事件，保证 ISB 后面的指令可以看到上述操作都完成，并且从指令高速缓存里重新预取指令。

第 5 行是否可以换成 DSB 指令？

答案是不可以，因为后面的指令在第 2 行以及第 4 行的指令没执行完时可能已经位于流水线中，即已经预取了旧的页表项的内容，这会导致程序执行错误。

【例 18-10】下面是一段自修改代码。自修改代码就是当代码执行时修改自身的指令。要保证自修改代码执行的正确性，需要使用高速缓存维护指令和内存屏障指令。在本案例中我们重点关注内存屏障指令的使用。

首先，CPU0 修改代码。

```
1    str  x11, [x1]
2    dc   cvau, x1
3    dsb  ish
4    ic   ivau, x1
5    dsb  ish
6    str  x0, [x2]
7    isb
8    br   x1
```

在第 1 行中，[x1]是执行代码存储的地方，这里 STR 指令修改和更新最新代码。

在第 2 行中，清理[x1]地址处的代码对应的数据高速缓存，把[x1]对应的数据高速缓存写回[x1]指向的地址中。

在第 3 行中，DSB 指令保证 DC 指令执行完，所有的 CPU 内核都看到这条指令已经执行完。

在第 4 行中，使[x1]对应的指令高速缓存失效。

在第 5 行中，DSB 指令保证其他 CPU 内核都能观察到，使指令高速缓存失效的操作完成。

在第 6 行中，[x2]表示标志位（flag），设置标志位为 1，通知其他 CPU 代码已经更新了。

在第 7 行中，ISB 指令保证 CPU0 从指令高速缓存中重新预取指令。

在第 8 行中，跳转到最新的代码中。

上述的第 7 行指令一定使用 ISB 指令，否则第 8 行指令就会提前位于流水线里，预取 X1 寄存器的旧数据，导致程序错误。

CPU1 也开始执行新代码。

```
1    WAIT (x2 == 1)
2    isb
3    br x1
```

第 1 行的伪代码 WAIT 表示等待标志位置位。当置位之后，我们需要使用一条 ISB 指令来保证 CPU1 从指令高速缓存里重新预取指令。

在这个例子里，有如下几个有趣的地方。

- 在更新代码与清理对应数据高速缓存之间（见 CPU0 的代码片段中的第 1 行和第 2 行）没有使用内存屏障指令。因为更新代码内容和清理数据高速缓存都操作相同的地址，它们之间有数据依赖性，可以理解为相同的观察者，所以可以保证程序执行的次序（program order）。
- 在清理数据高速缓存和使指令高速缓存无效之间需要内存屏障指令（见 CPU0 的代码

片段中第 2～4 行）。虽然这两条高速缓存维护指令都操作相同的地址，但是它们是不同的观察者（一个在数据访问端，另一个在指令访问端），因此需要使用 DSB 指令来保证清理完数据高速缓存之后才去使指令高速缓存失效。

- 在一个多核一致性的系统中，DSB 指令能保证高速缓存维护指令执行完，其他 CPU 内核能观察到高速缓存维护指令完。DSB 指令会等待高速缓存维护指令发送广播到其他 CPU 内核，并且等待这些 CPU 内核返回应答信号。

18.2.8 高速缓存维护指令与内存屏障指令

在 ARMv8 体系结构里，高速缓存维护指令（例如 DC 和 IC 指令）的执行顺序需要分情况来讨论。指令单元、数据单元、MMU 等都可以看成不同的观察者。

【例 18-11】CPU 执行如下两条指令。

```
dc  civau  x2
ic   ivau  x2
```

第一条是数据高速缓存维护指令，第二条是指令高速缓存维护指令。尽管二者都对 X2 寄存器进行高速缓存的维护，但是 IC 指令可以乱序并提前执行，或者 DC 指令还没清理完高速缓存就开始执行 IC 指令，这会导致 IC 指令有可能获取了 X2 寄存器中的旧数据。

解决办法是在上述两条指令中间加入一条 DSB 指令，保证 DC 和 IC 指令的执行顺序，这样 IC 指令就可以获取 X2 的最新数据了。

这里加入一条 DMB 指令行不行？数据高速缓存维护指令可以当成数据访问指令，但是指令高速缓存维护指令不能当成数据访问指令。如果这里改成 DMB 指令，那么后面的 IC 指令可能会在 DC 指令前面执行。因此，这里必须使用 DSB 指令。

下面总结数据高速缓存、指令高速缓存以及 TLB 与内存屏障指令之间执行次序的关系。

1. 数据高速缓存与统一高速缓存维护指令

通常 L1 高速缓存分成指令高速缓存和数据高速缓存，而 L2 和 L3 高速缓存是统一高速缓存。在单处理器系统中，使用一条 DMB 指令来保证数据高速缓存和统一高速缓存维护指令执行完。在多核系统中，同样使用 DMB 指令来保证高速缓存维护指令在指定的共享域中执行完。这里说的指定共享域通常指的是内部共享域和外部共享域。

以 DC 指令为例，使某个虚拟地址（VA）失效。在多核系统中，这条使高速缓存失效的指令会向所有 CPU 内核的 L1 高速缓存发送广播，然后等待回应。当所有的 CPU 内核都回复了一个回应信号之后，这条指令才算执行完。DMB 指令会等待和保证在指定共享域中所有的 CPU 都完成了使本地高速缓存失效的操作并回复了应答信号。注意，加载-获取和存储-释放内存屏障原语对高速缓存维护指令没有作用，它不能等待高速缓存的广播答应。

DC 指令与其他指令之间的执行次序需要分多种情况来讨论，我们假设这些指令之间没有显式地使用 DSB/DMB 指令（下面不讨论 DC ZVA 指令）。

DC 指令与加载/存储指令之间保证程序执行次序（program order）的条件如下。

- 加载/存储指令访问的地址属于内部回写或者写直通策略的普通类型内存，并且它们访问的地址在同一个高速缓存行中。
- DC 指令指定的地址与加载/存储指令访问的地址具有同一个高速缓存共享属性。

DC 指令与加载/存储指令之间可以是任意执行次序的情况有好几种。

第一种情况如下。

- ❑ 加载/存储指令访问的地址属于内部回写或者写直通策略的普通类型内存，并且访问的地址在同一个高速缓存行中。
- ❑ DC 指令指定的地址与加载和存储指令访问的地址不具有同一个高速缓存共享属性。
- ❑ DC 指令与加载/存储指令之间没有使用 DSB 或者 DMB 指令。

第二种情况如下。

- ❑ 加载/存储指令访问的地址属于设备类型内存或者没有使能高速缓存的普通类型内存。
- ❑ DC 指令与加载/存储指令之间没有使用 DSB 或者 DMB 指令。

第三种情况是加载/存储指令访问的地址和 DC 指令指定的地址不在同一个高速缓存行。

多条 DC 指令之间的执行次序如下：

如果 DC 指令指定的地址属于同一个高速缓存行，那么多条 DC 指令之间可以保证程序执行次序；如果 DC 指令指定的地址不在同一条高速缓存行或者没有指定地址，那么多条 DC 指令之间可以有任意执行次序。

DC 指令与 IC 指令之间可以有任意执行次序。

综上所述，如果想保证 DC 指令与其他指令的执行次序，建议在 DC 指令后面添加 DSB/DMB 等内存屏障指令。

2. 指令高速缓存维护指令

指令高速缓存与数据高速缓存在内存系统中是两个独立的观察者。与指令高速缓存相关的一些操作包括指令的预取、指令高速缓存行的填充等。与数据高速缓存相关的一些操作包括数据高速缓存行填充和数据预取等。

在指令高速缓存维护操作完成之后需要执行一条 DSB 指令，确保在指定的共享域里所有的 CPU 内核都能看到这条高速缓存维护指令执行完。使指令高速缓存失效的指令会向指定共享域中所有 CPU 内核发送广播，DSB 指令会等待所有 CPU 内核的回应。

3. TLB 维护指令

遍历页表的硬件单元和数据访问的硬件单元在内存系统中是两个不同的观察者。遍历页表的硬件单元就包括 MMU 以及 TLB 操作。

在 TLB 维护指令后面需要执行一条 DSB 指令，来保证在指定的共享域里面的所有 CPU 内核都能完成了 TLB 维护操作。在多核处理器系统中，TLB 维护指令会发广播给指定共享域中的所有 CPU 内核，DSB 指令会等待这些 CPU 的应答信号。

4. ISB 指令不会等待广播应答

ISB 指令不会等待广播应答信号，如果有需要，则每个 CPU 内核单独调用 ISB 指令。

18.3 案例分析

下面对本节的案例做一些约定。

- ❑ WAIT([xn]==1)，表示一直在等待 X*n* 寄存器的值等于 1，伪代码如下。

```
loop
     ldr w12, [xn]
     cmp w12, #1
     b.ne loop
```

- ❑ WAIT_ACQ([xn]==1)，在 WAIT 后面加了 ACQ，表示加了加载-获取内存屏障原语。从原来的 LDR 指令改成了内置加载-获取内存屏障原语的 LDAR 指令，因此 WAIT_ACQ 后面的加载存储指令不会提前执行，这对等待标志位的操作是非常有用的，伪代码如下。

```
loop
    ldar w12, [xn]
    cmp w12, #1
    b.ne loop
```

- P0～P*n* 是高速缓存一致性观察范围里的 CPU，例如 Cortex-A 系列的处理器。E0～E*n* 是没有在高速缓存一致性观察范围里的其他 CPU（例如 Cortex-M 系列的处理器），执行 ARMv8 指令并实现弱一致性内存模型，如图 18.4 所示。

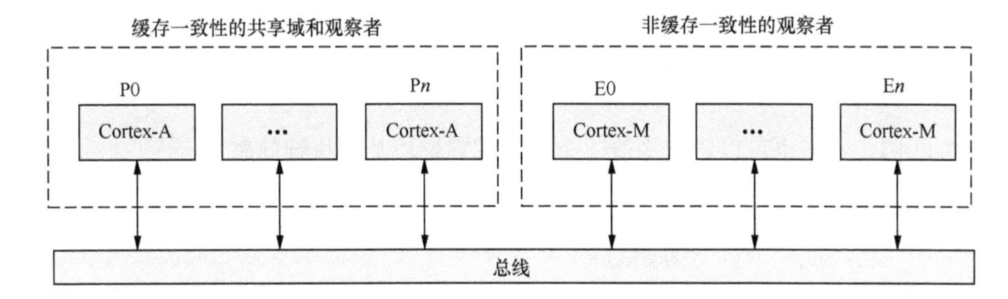

▲图 18.4　缓存一致性与非缓存一致性观察者

- 所有的内存变量都初始化为 0。
- X0 和 W0 寄存器的初始值均为 1。
- X1～X4 寄存器包含不相关的地址。
- 对于 X5～X8 寄存器，如果使用存储指令，则包含 0x55、0x66、0x77 和 0x88；如果使用加载指令，初始值都是 0。
- X11 寄存器包含新的指令或者新的 PTE。X10 寄存器包含了这个页表项对应的虚拟地址和 ASID。
- 所有内存区域为普通类型内存。

18.3.1　消息传递问题

【例 18-12】在弱一致性内存模型下，CPU1 和 CPU2 通过传递以下代码片段来传递消息。

```
//CPU1
    str x5, [x1] ; //写入新数据
    str x0, [x2] ; //设置标志位

//CPU2
    WAIT([x2]==1) ; //等待标志位
    ldr x5, [x1] ; //读取新数据
```

CPU1 先执行 STR 指令，往[x1]处写入新数据，然后设置 X2 寄存器来通知 CPU2，数据已经准备好了。在 CPU2 侧，使用 WAIT 语句将 X2 寄存器置位，然后读取[x1]的内容。

CPU1 和 CPU2 都是乱序执行的 CPU，所以 CPU 不一定会按照次序来执行程序。例如，CPU1 可能会先设置 X2 寄存器，然后再写入新数据，因此 CPU2 就有可能先读 X1 寄存器，然后再等 X2 寄存器的标志位，于是 CPU2 读取了错误的数据。

我们可以使用加载-获取以及存储-释放内存屏障原语来解决这个问题，代码如下。

```
1    //CPU1
2         str x5, [x1] ; //写入新数据
3         stlr x0, [x2] ; //设置标志位
4
5    //CPU2
6         WAIT_ACQ([x2]==1) ; //等待标志位
7         ldr x5, [x1] ; //读取新数据
```

在 CPU1 侧，使用 STLR 指令来存储[X2]的值。第 2 行的 STR 指令不能向前越过 STLR 指令，例如提前重排到第 4 行，因为 STLR 指令本身就内置了存储-释放内存屏障原语。

在 CPU2 侧，使用 WAIT_ACQ 来等待[X2]置位。前面提到，WAIT_ACQ 会内置加载-获取内存屏障原语。第 7 行的 LDR 指令不能向后越过 WAIT_ACQ，例如往后重排到第 5 行，因为 WAIT_ACQ 使用了 LDAR 指令，隐含了加载-获取内存屏障。

使用加载-获取和存储-释放内存屏障原语的组合，比直接使用 DMB 指令，在性能上要好一些。

在 CPU2 侧，我们也可以通过构造一个地址依赖解决乱序执行问题。

```
1    //CPU1
2         str x5, [x1]; //写入新数据
3         stlr x0, [x2]; //设置标志位
4
5    //CPU2
6         WAIT([x2]==1); //等待标志位
7         and w12, w12, wzr; //w12 寄存器在 WAIT 宏中
8         ldr x5, [x1, w12];  //读取新数据
```

上述代码巧妙地利用 W12 寄存器构造了一个地址依赖关系。

在第 6 行中，WAIT 宏使用了 W12 寄存器。

在第 7 行中，使用 W12 寄存器的值作为地址偏移量，它们之间存在地址依赖，因此这里不需要使用加载-获取内存屏障原语。

18.3.2　单方向内存屏障与自旋锁

ARMv8 指令集里把加载-获取和存储-释放内存屏障原语集成到了独占内存访问指令中。根据结合的情况，分成下面 4 种情况。

- 没有集成屏障原语的 LDXR 和 STXR 指令。注意，ARM64 的指令的写法是 LDXR 和 STXR，ARM32 指令的写法是 LDREX 和 STREX。
- 仅仅集成了加载-获取内存屏障原语的 LDAXR 和 STXR 指令。
- 仅仅集成了存储-释放内存屏障原语的 LDXR 和 STLXR 指令。
- 同时集成了加载-获取和存储-释放内存屏障原语的 LDAXR 和 STLXR 指令。

在使用原子加载存储指令时可以通过清除全局监视器来触发一个事件，从而唤醒因为 WFE 指令而睡眠的 CPU，这样不需要 DSB 和 SEV 指令，这通常会在自旋锁（spin lock）的实现中用到。

1. 获取一个自旋锁

自旋锁的实现原理非常简单。当 lock 为 0 时，表示锁是空闲的；当 lock 为 1 时，表示锁已经被 CPU 持有。

【例 18-13】下面是一段获取自旋锁的伪代码，其中 X1 寄存器存放了自旋锁，W0 寄存器的值为 1。

```
1    prfm pstl1keep, [x1]
2    loop
3        ldaxr w5, [x1]
4        cbnz w5, loop
5        stxr w5, w0, [x1]
6        cbnz w5, loop
7         ;   //成功获取了锁
```

在第 1 行中，PRFM 是预取指令，把 lock 先预取到高速缓存里，起到加速的作用。

在第 3 行中，使用内置了加载-获取内存屏障原语的独占访问指令来读取 lock 的值。

在第 4 行中，判断 lock 的值是否为 0，如果不等于 0，说明其他 CPU 持有了锁，那只能继续跳转到 loop 标签处并自旋。当 lock 的值为 0 的时候，说明这个锁已经释放了，是空闲的。

在第 5 行中，使用 STXR 指令来把 W0 的值写入 lock 地址，这样就获取了锁。这里 W0 寄存器的初始值为 1。

在第 6 行中，LDXR 和 STXR 指令是配对使用的，STXR 指令有一个返回值（W5）。如果返回值等于 0，说明原子性的写入成功；如果不等于 0，说明写入失败，只能继续跳转到 loop 标签。

在第 7 行中，成功获取了锁。

这里只使用内置加载-获取内存屏障原语的独占访问指令就足够了，主要用于防止在临界区里的加载/存储指令被乱序重排到临界区外面。

2. 释放锁

释放自旋锁不需要使用独占存储指令，因为通常只有锁持有者会修改和更新这个锁。不过，为了让其他观察者（其他 CPU 内核）能看到这个锁的变化，还需要使用存储-释放内存屏障原语。

【例 18-14】释放锁的伪代码如下。

```
...   //锁的临界区里的读写操作
stlr wzr, [x1] ; 清除锁
```

释放锁时只需要使用 STLR 指令往 lock 里写 0 即可。STLR 指令内置了存储-释放内存屏障原语，阻止锁的临界区里的加载/存储指令越出临界区。

3. 使用 WFE 和 SEV 指令优化自旋锁

ARMv8 体系结构对自旋锁有一个特殊的优化——使用 WFE（Wait For Event）机制降低在自旋等待锁时的功耗，它会让 CPU 进入低功耗模式，直到有一个异步异常或者特定事件才会被唤醒。通常这个事件可以通过清除全局独占监视器的方式来触发、唤醒。

【例 18-15】使用 WFE 和 SEV 指令优化自旋锁的代码如下。

```
1    sevl
2    prfm pstl1keep, [x1]
3    loop
4        wfe
5        ldaxr w5, [x1]
6        cbnz w5, loop
7        stxr w5, w0, [x1]
8        cbnz w5, loop
```

```
9        // 成功获取了锁
10           ...
```

在第 1 行中，SEVL 指令是 SEV 指令的本地版本，它会向本地 CPU 发送一个唤醒事件。它通常在以一个 WFE 指令开始的循环里使用。这里，SEVL 指令的作用是让第一次调用 WFE 指令时 CPU 不会睡眠。

在第 2 行中，把 lock 地址的内容预取到高速缓存里。

在第 4 行中，第一次调用 WFE 指令时，CPU 不会睡眠，因为前面有一个 SEVL 指令。

在第 5 行中，通过 LDAXR 指令来读取 lock 的值到 W5 寄存器中。

在第 6 行中，判断 lock 是否为 0，如果不为 0，说明这个锁已经被其他 CPU 持有了，跳转到 loop 标签处并自旋。第二次执行 loop 时会调用 WFE 指令让 CPU 进入睡眠状态。那么 CPU 什么时候会被唤醒呢？其实，持有锁的 CPU 释放锁时就会让 CPU 唤醒。

在第 7 行中，如果 lock 空闲，往 lock 里写入 1 来获取这个锁。

在第 8 行中，用来判断 STXR 指令的返回值，如果返回值为 0，说明第 7 行写入成功。

至此，我们就成功获取了锁。

【例 18-16】下面的代码释放锁。

```
...    //锁的临界区里的读写操作
stlr wzr, [x1] ; 清除锁
```

释放锁的操作很简单，使用 STLR 指令把 lock 的值设置为 0。

使用 STLR 指令来释放锁并且让处理器的独占监视器（exclusive monitor）监测到锁临界区被清除，即处理器的全局监视器监测到有内存区域从独占访问状态（exclusive access state）变成开放访问状态（open access state），从而触发一个 WFE 事件，来唤醒等待这个自旋锁的 CPU。

18.3.3　邮箱传递消息

多核之间可以通过邮箱机制来共享数据。下面举个例子，两个 CPU 通过邮箱机制来共享数据，其中全局变量 SHARE_DATA 表示共享的数据，FLAGS 表示标志位。

【例 18-17】下面是 CPU0 侧的伪代码。

```
1     ldr x1, =SHARE_DATA
2     ldr x2, =FLAGS
3
4     str x6, [x1]   //写新数据
5     dmb  ishst
6     str  xzr, [x2] //更新 flags 为 0 通知 CPU1 数据已经准备好
```

CPU0 用来发消息。首先，它把数据写入 X1 寄存器，也就是写入 SHARE_DATA 里，然后执行一个 DMB 指令，最后把 FLAGS 标志位设置成 0，通知 CPU1 数据已经更新完成。

下面是 CPU1 侧的伪代码。

```
1     ldr x1, =SHARE_DATA
2     ldr x2, =FLAGS
3
4     //等待 CPU0 更新 flags
5     loop:
6            ldr x7, [x2]
7            cbnz   x7, loop
8
9     dmb ishld
10
```

```
11    //读取共享数据
12    ldr x8, [x1]
```

CPU1 用来接收数据。第 5 行的 loop 操作循环等待 CPU0 更新 FLAGS 标志位。接下来，执行一条 DMB 指令，读取共享数据。

在本例中，CPU0 和 CPU1 均使用了 DMB 指令。在 CPU0 侧，DMB 指令是为保证这两次存储操作的执行次序的。如果先执行更新 FLAGS 操作，那么 CPU1 就可能读到错误的数据。

在 CPU1 侧，在等待 FLAGS 和读共享数据之间插入 DMB 指令，是为了保证读到 FLAGS 之后才读共享数据，要不然就读到错误的数据了。注意这两条 DMB 指令带的参数。在 CPU0 侧使用 ishst，ish 表示内部共享域，st 表示内存屏障指令的访问次序为存储-存储操作，即在内部共享域里实现写内存屏障。在 CPU1 侧使用 isbld 参数，ld 表示内存屏障访问次序方向为加载-加载操作，即在内部共享域里的读内存屏障。

18.3.4 与数据高速缓存相关的案例

本节介绍与数据高速缓存相关的案例。

1. 单核系统发送消息

【例 18-18】在单核系统中 CPU 发送消息给非一致性的观察者，非一致性的观察者可以是系统中的其他处理器，例如 Cortex-M 系列的处理器。

```
1    CPU0:
2        str w5, [x1]
3        dc cvac, x1
4        dmb ish
5        str w0, [x4]
6
7    E0:
8        WAIT_ACQ ([X4] == 1)
9        ldr w5, [x1]
```

在 CPU0 侧，具体操作如下。

在第 2 行中，STR 指令更新 X1 地址的值。X1 地址存储的共享内存。

在第 3 行中，DC 指令用来清理 X1 地址对应的数据高速缓存。DC 指令的参数为 cvac，最后一个 c 表示全系统的缓存一致性，即在全系统的范围内清理 X1 对应的数据高速缓存，E0 处理器对应的高速缓存也会清理。

在第 4 行中，DMB 指令保证后面的 STR 指令执行之前能看到 DC 指令执行完。

在第 5 行中，设置 X4 寄存器来通知 E0 处理器。

在非高速缓存一致性的 E0 处理器里，使用 WAIT_ACQ 宏来等待 X4 寄存器置位，然后从共享内存 X1 中读取数据。

2. 多核系统发送消息

在多核系统中，数据高速缓存维护指令会发送广播到其他 CPU 上，通常高速缓存维护指令需要和内存屏障指令一起使用。

【例 18-19】CPU0 和 CPU1 以及 E0 三个 CPU 直接共享数据和发送消息。CPU0 先把数据写入内存中，然后发送一个消息给 CPU1。CPU1 等待消息，然后再发消息，通知 E0 处理器来读取数据，伪代码如下。

```
1    CPU0:
2         str w5, [x1]
3         stlr w0, [x2]
4
5
6    CPU1:
7         WAIT ([x2] == 1)
8         dmb sy
9         dc cavc, x1
10        dmb sy
11        str w0, [x4]
12
13
14   E0:
15        WAIT_ACQ ([x4] == 1)
16        ldr w5, [x1]
```

在 CPU0 侧，具体操作如下。

在第 2 行中，写入新数据到 X1 地址处。

在第 3 行中，设置 X2 寄存器，相当于设置标志位来通知 CPU1。

在 CPU1 侧，具体操作如下。

在第 7 行中，循环等待 CPU0 设置 X2 寄存器。

在第 8 行中，DMB 指令来保证清理高速缓存操作是正确读取了 X2 标志位之后才执行的。

在第 9 行中，使用 PoC 的方式来清理高速缓存，系统中所有的 CPU（包括 CPU0、CPU1 与 E0）以及缓存了 X1 地址的高速缓存都会被清理。

在第 10 行中，DMB 指令保证在给 E0 设置标志位之前完成对 X1 地址的共享内存中高速缓存的清理操作。

在第 11 行中，设置 X4 寄存器，相当于给 E0 处理器设置标志位。

在 E0 侧，具体操作如下。

在第 15 行中，使用 WAIT_ACQ 宏来循环等待标志位，然后再读共享内存的内容。

3. 无效 DMA 缓冲区

与外部观察者共享数据时，我们需要考虑数据可能随时被缓存到高速缓存里，例如把数据写入一个使能了高速缓存的内存区域的场景。

【例 18-20】CPU0 准备了一个 DMA 缓冲区，并且使对应的数据高速缓存都失效，然后发送一条消息给 E0 处理器。E0 收到消息之后往这个 DMA 缓冲区里写数据。写完之后再发送一条消息给 CPU0。CPU0 收到消息之后把 DMA 缓冲区的内容读出来。对应的伪代码如下。

```
1    CPU0:
2         dc ivac, x1
3         dmb sy
4         str w0, [x3]
5         WAIT_ACQ ([x4]==1)
6         ldr w5, [x1]
7
8    E0:
9         WAIT ([x3] == 1)
10        str w5, [x1]
11        stlr w0, [x4]
```

在 CPU0 侧，具体操作如下。

在第 2 行中，使 DMA 缓冲区（X1 寄存器）对应的高速缓存失效。

在第 3 行中，保证前面的 DC 指令执行完，它会使 CPU0 以及 E0 里缓存了 X1 地址的高速缓存都无效。

在第 4 行中，设置 X3 寄存器，相当于向 E0 发送消息。

在第 6 行中，循环等待 E0 设置标志位。

在第 7 行中，读取 DMA 缓冲区的内容。

在 E0 侧，具体操作如下。

在第 9 行中，循环等待 CPU0 发送消息给 E0。

在第 10 行中，往 DMA 缓冲区里写入新数据。

在第 11 行中，设置 X4 寄存器，相当于向 CPU0 发送消息。

在第 5 行中，使用内置了加载-获取内存屏障原语的 WAIT_ACQ 宏，它可以防止第 6 行提前执行（例如提前到第 4 行和第 5 行之间）。但是，它不能保证在 E0 写入最新数据到 DMA 缓冲区之前，CPU0 已经缓存了旧数据，在第 6 行代码中有可能读到一个提前缓存的旧数据。虽然 WAIT_ACQ 阻止了 LDR 指令提前执行的可能性，但是没有办法阻止高速缓存预取 DMA 缓冲区的数据。

对应这个问题，下面的伪代码是修复方案。

```
1    CPU0:
2        dc ivac, x1
3        dmb sy
4        str w0, [x3]
5        WAIT_ACQ ([x4]==1)
6        dmb sy
7        dc ivac, x1
8        ldr w5, [x1]
9
10   E0:
11       WAIT ([x3] == 1)
12       str w5, [x1]
13       stlr w0, [x4]
```

在第 5 行代码后面新增了两条指令。第一条是 DMB 指令（见第 6 行），保证后面的 DC 指令可以看到 E0 已经设置了标志位。第二条 DC 指令（见第 7 行），它使 DMA 缓冲区对应的数据高速缓存都失效，这样 LDR 指令就能从 DMA 缓冲区里读取到最新的数据了。

18.3.5 与指令高速缓存相关的案例

本节主要介绍指令高速缓存维护指令与内存屏障之间的关系，通过两个案例来展示在单核处理器系统和多核处理器系统中如何更新代码。

1. 在单核处理器系统中更新代码

在一个单核处理器系统里，在内存系统看来，指令预取或者指令高速缓存行的填充与数据访问的硬件单元是两个不同的观察者。使用 DSB 指令是为了确保使高速缓存失效的操作执行完。DSB 指令确保，DSB 指令之前的高速缓存维护指令已经执行完。如果需要丢弃已经预取到流水线的指令，那么需要使用 ISB 指令。

【例 18-21】下面是一个在单核处理器系统中更新代码的案例。

```
1    str w11, [x1]
2    dc cvau, x1
```

```
3    dsb ish
4    ic ivau, x1
5    dsb ish
6    isb
7    br x1
```

在第 1 行中，X1 指向存储代码的地方，STR 指令修改了代码。

在第 2 行中，把 X1 对应的高速缓存清空，DC 指令使用的参数为 cvau，u 表示在 PoU 的范围内清理高速缓存。

在第 3 行中，DSB 指令保证后面的 IC 指令能看到前面 DC 指令的执行结果。

在第 4 行中，IC 指令使 X1 对应的指令高速缓存都失效。

在第 5 行中，DSB 指令保证 IC 指令执行完。

在第 6 行中，ISB 指令保证 CPU 开始执行的指令是从指令高速缓存或者内存中重新预取的。

在第 7 行中，跳转到 X1 指向的最新代码。

如果修改的代码横跨了多个高速缓存行，那么需要对每一个高速缓存行的数据高速缓存和指令高速缓存进行清理并使其失效。

2. 在多核处理器系统中更新代码

在指令高速缓存维护操作完成之后执行一条 DSB 指令，是为了确保在指定共享域里所有的 CPU 内核都能看到这条高速缓存维护指令执行完。这里说的指定共享域包括内部共享域和外部共享域。

【例 18-22】CPU0 修改了代码，CPU0 自己也跳转到最新修改的代码，其他 CPU（例如 CPU1、CPU2）也准备跳到最新修改的代码。

```
1    CPU0:
2         str x11, [x1]
3         dc cvau, x1
4         dsb isb
5         ic ivau, x1
6         dsb ish
7
8         str w0, [x2]
9         isb
10        br x1
11
12
13   CPU1-CPUn:
14        WAIT ([x2] == 1)
15        isb
16        br x1
```

在 CPU0 侧与例 18-21 基本相同，唯一不同的地方是第 8 行通过 X2 发送消息给其他 CPU。

在 CPU1～CPU*n* 侧，首先通过 WAIT 宏来等待 X2 置位，执行一条 ISB 指令后才能跳转到 X1 处执行，否则它可能预取了 X1 地址里的指令到流水线中，导致执行错误。

注意，ISB 指令不会发送或者等待广播，也不会影响其他 CPU 的执行。如果其他 CPU 也想从指令高速缓存中重新获取指令，那么就需要执行 ISB 指令。

如果第 6 行代码换成“dmb ish”，那么就不能保证其他 CPU 能看到使高速缓存失效的指令（第 5 行代码）执行完，从而出现问题。

18.3.6 与 TLB 相关的案例

本节主要通过案例介绍指令高速缓存维护指令与内存屏障之间的关系。

1. 在单核处理器系统中更新页表

在内存系统看来，遍历页表的硬件单元和访问数据的硬件单元是两个不同的观察者。要保证所有观察者看到使 TLB 失效的操作完成需要使用一条 DSB 指令。当更新页表项时，TLB 项里可能保留了旧的数据，我们需要使它失效。在使 TLB 项失效之后执行 DSB 和 ISB 指令会影响所有已经预取的指令和访问的数据，因为它们都会被丢弃掉。

【例 18-23】以下代码在单核处理器系统中更新页表。

```
1    str x11, [x1]
2    dsb ish
3    tlbi vae1, x10
4    dsb ish
5    isb
```

在第 1 行中，X1 为 PTE 的地址，STR 指令更新 PTE 的内容。

在第 2 行中，执行一条 DSB 指令保证更新 PTE 的动作已经完成。

在第 3 行中，TLBI 指令使 PTE 对应的 TLB 表项都失效。

在第 4 行中，DSB 指令保证 TLB 指令执行完。

在第 5 行中，ISB 指令保证 CPU 从指令高速缓存中重新预取指令。

上述操作完成之后，CPU 就可以使用这个新 PTE 的内容，并且保证其他使用旧的映射的访问都完成了。操作系统必须提供一种机制（例如 Linux 内核提供的页面统计计数，比如_refcount 和_mapcount 等）来确保对一个被标记为失效的内存区域的任何访问在被标记为失效之前已经完成。

2. 在多核处理器系统中更新页表

在多核处理器系统中，TLB 维护指令会向指定共享域里的所有 CPU 发送广播消息，收到广播信息的 CPU 也会执行相应的 TLB 维护操作。TLB 维护指令后面需要执行一条 DSB 指令，这样可以保证在指定共享域里的所有 CPU 都能完成相应的 TLB 维护操作，这些 CPU 本地使用的旧映射的 TLB 项也会失效。

【例 18-24】下面的代码与例 18-23 的代码一样，只不过在多核处理器系统中，TLBI 指令具有广播性。

```
1    str x11, [x1]
2    dsb ish
3    tlbi vae1, x10
4    dsb ish
5    isb
```

注意，等待 TLB 维护指令的完成需要执行 TLB 指令的 CPU 执行 DSB 指令，其他 CPU 执行 DSB 指令是没有效果的。

3. 使用 BBM 机制来更新页表项

ARMv8 体系结构虽然实现的是弱一致性内存模型，但是若对同一个内存地址进行多次读操作，处理器会按照读的次序来执行。多个线程正在使用同一个页表项时，如果需要更新这个页表项，那么需要使用 BBM 机制来修改这个页表项。改变页表项包括下面几个方面：

- ❑ 修改内存的类型；
- ❑ 修改内存共享属性；
- ❑ 修改输出地址。

BBM 机制的做法就是先使页表项失效，然后再写入新的内容到页表项。

【例 18-25】下面的代码用于更新页表项，其中，x1~x4 的含义如下。

- ❑ x1：表示一个无效 PTE 的内容。
- ❑ x2：表示 PTE 的地址。
- ❑ x3：包含这个页表项对应的虚拟地址和 ASID。
- ❑ x4：表示 PTE 的新内容。

```
1    str x1, [x2]
2    dsb ish
3    tlbi vaelis, x3
4    dsb ish
5    ic ivau x3
6    str x4, [x2]
7    dsb ish
8    isb
```

在第 1 行中，设置该 PTE 为无效类型的页表项。

在第 2 行中，执行 DSB 指令确保上述写入操作已经完成。

在第 3 行中，使这个 PTE 对应的 TLB 表项失效。

在第 4 行中，执行 DSB 指令确保 TLBI 指令执行完，TLBI 指令的参数为 vae1is，is 表示内部共享域，即在内部共享域中所有的 CPU 都需要对使该 PTE 失效。

在第 5 行中，使这个虚拟地址 VA 对应的指令高速缓存失效。

在第 6 行中，写入新内容到 PTE。

在第 7 行中，执行 DSB 指令确保上述写入操作已经完成。

在第 8 行中，执行 ISB 指令来让 CPU 从指令高速缓存中重新取指令。

我们按照上述步骤来更新页表项就能保证其他 CPU 从这个虚拟地址中读的内容都是正确的。

18.3.7　DMA 案例

【例 18-26】下面是一段与 DMA 相关的代码，在写入新数据到 DMA 缓冲区以及启动 DMA 传输之间需要插入一条 DSB 指令。

```
str w5, [x2]   //写入新数据到 DMA 缓冲区
dsb st
str w0, [x4]   //启动 DMA 引擎
```

通过 DMA 引擎读取数据也需要插入一条 DSB 指令。

```
WAIT ([X4] == 1)   //等待 DMA 引擎的状态置位，表示数据已经准备好了
dsb st
ldr w5, [x2]    //从 DMA 缓冲区中读取新数据
```

18.3.8　Linux 内核中使指令高速缓存失效

Linux 内核中使指令高速缓存失效的函数是 flush_icache_range()。

```
<linux5.0/arch/arm64/include/asm/cacheflush.h>

1    static inline void flush_icache_range(unsigned long start, unsigned long end)
```

```
2    {
3        __flush_icache_range(start, end);
4
5        /*
6         * IPI all online CPUs so that they undergo a context synchronization
7         * event and are forced to refetch the new instructions.
8         */
9        smp_mb();
10       smp_call_function(do_nothing, NULL, 1);
11   }
```

第 3 行的__flush_icache_range()函数会调用“ic ivau”指令来使[start, end]地址空间对应的指令高速缓存失效。为什么第 9～10 行需要触发 IPI 呢？这个 IPI 的回调函数是一个空函数，即 do_nothing()。

从第 6～7 行的英文注释可知，向所有的 CPU 发送一个 IPI 可以让这些 CPU 经历一次上下文同步事件，从而强迫这些 CPU 重新从指令高速缓存中取指令。

从例 18-22 可知，若某个 CPU（例如 CPU0）执行了使指令高速缓存失效的指令，会发送广播到指定共享域，指定共享域中的 CPU 收到广播之后也会使本地对应的指令高速缓存失效，完成之后回应一个应答信号。CPU0 通过执行 DSB 指令来等待其他 CPU 的回应信号。如果使指令高速缓存失效之后，CPU 想从指令高速缓存中重新取指令，那么需要执行一条 ISB 指令。ISB 指令不会发送或者等待广播，也不会影响其他 CPU 的执行。如果其他 CPU 也想从指令高速缓存中重新获取指令，那么就需要执行 ISB 指令。

flush_icache_range()函数中的一个高级的技巧就是利用 ARMv8 体系结构的上下文同步事件来替代执行 ISB 指令。在上下文同步事件之前完成的使 TLB 失效、指令高速缓存以及分支预测器的操作，都会影响在上下文同步事件后面出现的指令。例如，如果在上下文同步事件之前执行了使指令高速缓存无效的操作，那么在上下文同步事件之后，CPU 会从指令高速缓存中重新取指令，相当于把流水线之前预取的指令清空。这里通过向所有 CPU 发送 IPI，相当于所有 CPU 触发了一个上下文同步事件。

第 19 章　合理使用内存屏障指令

本章思考题

1. 假设在下面的执行序列中，CPU0 先执行 a=1 和 b=1，然后 CPU1 一直循环判断 b 是否等于 1，如果等于 1 则跳出 while 循环，最后执行“assert (a == 1)”语句来判断 a 是否等于 1，那么 assert 语句有可能会失败吗？

```
CPU0                          CPU1
--------------------------------------------------------------
void func0()                  void func1()
{                             {
    a = 1;                        while (b == 0) continue;
    b = 1;                        assert (a == 1)
}                             }
```

2. 什么是存储缓冲区？
3. 什么是无效队列？
4. 请描述 ARM64 处理器中 DMB、DSB、ISB 三条内存屏障指令的区别。
5. 在操作系统（例如 Linux 内核）中用于 SMP 的内存屏障接口函数如（smp_rmb()），为什么只使用 DMB 指令而不使用 DSB 指令？

前面介绍了内存屏障相关的背景知识，不过有不少读者对读内存屏障指令和写内存屏障指令依然感到迷惑。在 ARMv8 手册里并没有详细介绍这两种内存屏障指令产生的原因，我们需要从计算机体系结构入手，特别是内存屏障与缓存一致性协议（MESI 协议）有密切的关系。本章假定处理器实现的内存模型为弱一致性内存模型。

下面从一个例子引发的问题来开始。

【例 19-1】假设在下面的执行序列中，CPU0 先执行了 a=1 和 b=1，然后 CPU1 一直循环判断 b 是否等于 1，如果等于 1 则跳出 while 循环，最后执行“assert (a == 1)”语句来判断 a 是否等于 1，那么 assert 语句有可能会失败吗？

```
<例子>

CPU0                          CPU1
--------------------------------------------------------------
void func0()                  void func1()
{                             {
    a = 1;                        while (b == 0) continue;
    b = 1;                        assert (a == 1)
}                             }
```

这个例子的结论是 assert 语句有可能会失败。

有的读者可能会认为，由于 CPU0 乱序执行，CPU0 先执行了 b=1 的操作，然后 CPU1 执行 while 语句以及 assert 语句，最后 CPU0 才执行了 b=1 的操作，所以该例子中 assert 语句会失败。这个分析是可能的场景之一，但是其中已经约定了 CPU0 和 CPU1 的执行顺序，即 CPU0 先执行了 a=1 和 b=1，接着 CPU1 才执行 while 语句和 assert 语句，执行次序如图 19.1 所示。

那为什么按照图 19.1 的执行次序，assert 语句还有可能会失败呢？

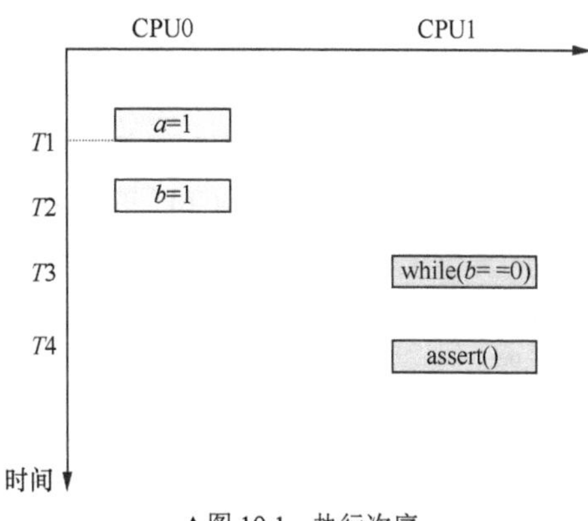

▲图 19.1　执行次序

19.1　存储缓冲区与写内存屏障指令

MESI 协议是一种基于总线侦听和传输的协议，其总线传输带宽与 CPU 间互联的总线负载以及 CPU 核数量有关系。另外，高速缓存行状态的变化严重依赖其他高速缓存行的应答信号，即必须收到其他所有 CPU 的高速缓存行的应答信号才能进行下一步的状态转换。在总线繁忙或者总线带宽紧张的场景下，CPU 可能需要比较长的时间来等待其他 CPU 的应答信号，这会大大影响系统性能，这个现象称为 CPU 停滞（CPU stall）。

例如，在一个 4 核 CPU 系统中，数据 a 在 CPU1、CPU2 以及 CPU3 上共享，它们对应的高速缓存行的状态为 S（共享），a 的初始值为 0。而数据 a 在 CPU0 的高速缓存中没有缓存，其状态为 I（无效），如图 19.2 所示。此时，如果 CPU0 往数据 a 中写入新值（例如写入 1），那么这些高速缓存行的状态会如何发生变化呢？

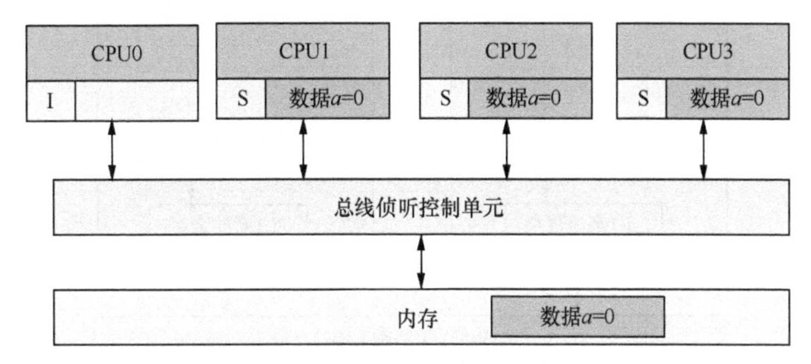

▲图 19.2　初始化状态

我们可以把 CPU0 往数据 a 写入新值的过程进行分解。

$T1$ 时刻，CPU0 往数据 a 写入新值，这是一次本地写操作，由于数据 a 在 CPU0 的本地高速缓存行里没有命中，因此高速缓存行的状态为 I。CPU0 发送总线写（BusRdX）信号到总线上。这种情况下，本地写操作变成了总线写操作。

$T2$ 时刻，其他三个 CPU 收到总线发来的 BusRdX 信号。

$T3$ 时刻，以 CPU1 为例，它会检查自己本地高速缓存中是否有缓存数据 a 的副本。CPU1 发现本地有这份数据的副本，且状态为 S。CPU1 回复一个 FlushOpt 信号并且把数据发送到总线上，然后把自己的高速缓存行状态设置为无效，状态变成 I，最后广播应答信号。

$T4$ 时刻，CPU2 以及 CPU3 也收到总线发来的 BusRdX 信号，同样需要检查本地是否有数据的副本。如果有，那么需要把本地的高速缓存状态设置为无效，然后广播应答信号。

*T*5 时刻，CPU0 需要接收其他 CPU 的应答信号，确认其他 CPU 上没有这个数据的缓存副本或者缓存副本已经失效之后，才能修改数据 *a*。最后，CPU0 的高速缓存行状态变成 M。

在上述过程中，在 *T*5 时刻，CPU0 有一个等待的过程，它需要等待其他所有 CPU 的应答信号，并且确保其他 CPU 的高速缓存行的内容都已经失效之后才能继续做写入的操作，如图 19.3 所示。在收到所有应答信号之前，CPU0 不能做任何关于数据 *a* 的操作，只能持续等待其他 CPU 的应答信号。这个等待过程严重依赖系统总线的负载和带宽，有一个不确定的延时。

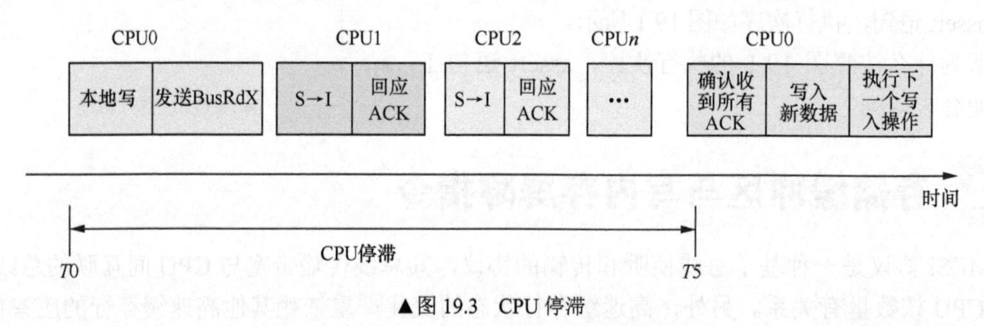

▲图 19.3　CPU 停滞

为了解决这种等待导致的系统性能下降问题，在高速缓存中引入了存储缓冲区（store buffer），它位于 CPU 和 L1 高速缓存中间，如图 19.4 所示。在上述场景中，CPU0 在 *T*5 时刻不需要等待其他 CPU 的应答信号，可以先把数据写入存储缓冲区中，继续执行下一条指令。当 CPU0 收到了其他 CPU 回复的应答信号之后，CPU0 才从存储缓冲区中把数据 *a* 的最新值写入本地高速缓存行，并且修改高速缓存行的状态为 M，这就解决了前文提到的 CPU 停滞的问题。

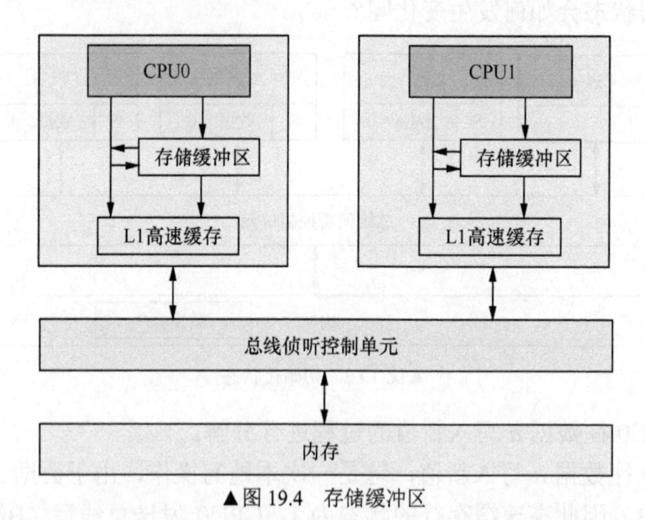

▲图 19.4　存储缓冲区

每个 CPU 内核都会有一个本地存储缓冲区，它能提高 CPU 连续写的性能。当 CPU 进行加载（load）操作时，如果存储缓冲区中有该数据的副本，那么它会从存储缓冲区中读取数据，这个功能称为存储转发（store forwarding）。

存储缓冲区除带来性能的提升之外，在多核环境下会带来一些副作用。下面举一个案例，假设数据 *a* 和 *b* 的初始值为 0，CPU0 执行 func0()函数，CPU1 执行 func1()函数。数据 *a* 在 CPU1 的高速缓存行里有副本，且状态为 E，数据 *b* 在 CPU0 的高速缓存行里有副本，且状态为 E，如图 19.5 所示。

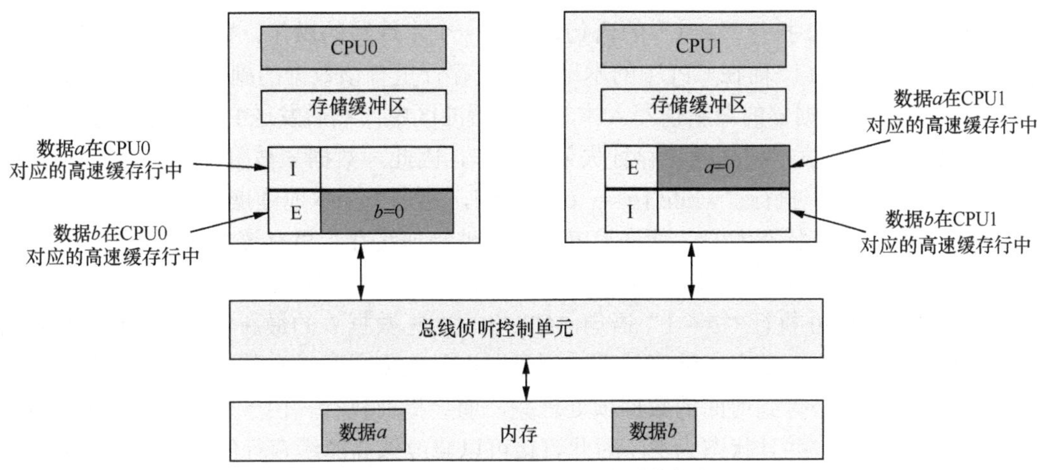

▲图 19.5　存储缓冲区示例的初始化状态

【例 19-2】下面是关于存储缓冲区的示例代码。

```
CPU0                                CPU1
-------------------------------------------------------------
void func0()                        void func1()
{                                   {
     a = 1;                              while (b == 0) continue;
     b = 1;                              assert (a == 1)
}                                    }
```

CPU0 和 CPU1 执行上述示例代码的时序如图 19.6 所示。

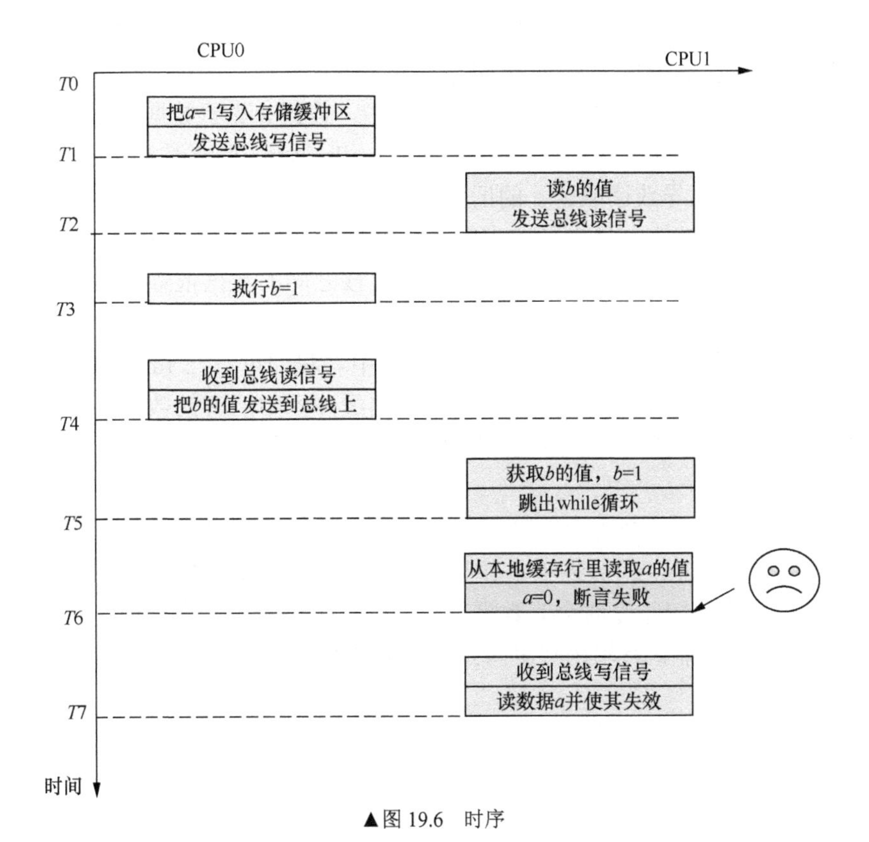

▲图 19.6　时序

在 *T*1 时刻，CPU0 执行“*a*=1”的语句，这是一个本地写的操作。数据 *a* 在 CPU0 的本地高速缓存行中的状态为 I，而在 CPU1 的本地高速缓存行里有该数据的副本，因此高速缓存行的状态为 E。CPU0 把数据 *a* 的最新值写入本地存储缓冲区中，然后发送 BusRdX 信号到总线上，要求其他 CPU 检查并执行使高速缓存行失效的操作，因此，数据 *a* 被阻塞在存储缓存区里。

在 *T*2 时刻，CPU1 执行“while (*b* == 0)”语句，这是一个本地读操作。数据 *b* 不在 CPU1 的本地高速缓存行里（状态为 I），而在 CPU0 的本地高速缓存行里有该数据的副本，因此高速缓存行的状态为 E。CPU1 发送 BusRd 信号到总线上，向 CPU0 获取数据 *b* 的内容。

在 *T*3 时刻，CPU0 执行“*b* = 1”语句，CPU0 也会把数据 *b* 的最新值写入本地存储缓冲区中。现在数据 *a* 和数据 *b* 都在本地存储缓冲区里，而且它们之间没有数据依赖。所以，在存储缓冲区中的数据 *b* 不必等到前面的数据项处理完，而会提前执行。由于数据 *b* 在 CPU0 的本地高速缓存行中有副本，并且状态为 E，因此直接可以修改该高速缓存行的数据，把数据 *b* 写入高速缓存行中，最后高速缓存行的状态变成 M。

在 *T*4 时刻，CPU0 收到了一个总线读的信号，然后把最新的数据 *b* 发送到总线上，并且数据 *b* 对应的高速缓存行的状态变成 S。

在 *T*5 时刻，CPU1 从总线上得到了最新的数据 *b*，*b* 的内容为 1。这时，CPU1 跳出了 while 循环。

在 *T*6 时刻，CPU1 继续执行“assert (*a* == 1)”语句。CPU1 直接从本地高速缓存行中读取数据 *a* 的旧值，即 *a* = 0，此时断言失败。

在 *T*7 时刻，CPU1 才收到 CPU0 发来的对数据 *a* 的总线写操作，要求 CPU1 使该数据的本地高速缓存行失效，但是这时已经晚了，在 *T*6 时刻断言已经失败。

综上所述，上述断言失败的主要原因是 CPU0 在对数据 *a* 执行写入操作时，直接把最新数据写入本地存储缓冲区，在等待其他 CPU（例如本例子中的 CPU1）完成失效操作的应答信号之前就继续执行“*b*=1”的操作。数据 *b* 也被写入本地存储缓冲区中。数据项在本地存储缓冲区只要没有依赖关系，就可以乱序执行。在本案例中，数据 *b* 先于数据 *a* 写入高速缓存行中。CPU1 提前获取了 *b* 的最新值（*b*=1），CPU1 跳出了 while 循环。而此时 CPU1 还没有收到 CPU0 发出的总线写信号，从而导致读取了 *a* 的旧值。

存储缓冲区是 CPU 设计人员为了减少在多核处理器之间长时间等待应答信号导致的性能下降而进行的一个优化设计，但是 CPU 无法感知多核之间的数据依赖关系，例如本例子中数据 *a* 和数据 *b* 在 CPU1 里存在依赖关系。为此，CPU 设计人员给程序员来提供另外一种方法规避上述问题，这就是内存屏障指令。在上述例子中，我们可以在 func0()函数中插入一个写内存屏障语句（例如 smp_wmb()），它会把当前存储缓冲区中所有的数据都做一个标记，然后冲刷存储缓冲区，保证之前写入存储缓冲区的数据更新到高速缓存行，然后才能执行后面的写操作。

【例 19-3】假设有这么一个写操作序列，先执行{*A*, *B*, *C*, *D*}数据项的写入操作，后执行一条写内存屏障指令，写入{*E*, *F*}数据项，并且这些数据项都存储在存储缓冲区里，如图 19.7 所示。那么在执行写内存屏障指令时会为数据项{*A*, *B*, *C*, *D*}都设置一个标记，确保这些数据都写入 L1 高速缓存之后，才能执行写内存屏障指令后面的数据项{*E*, *F*}。

```
写入{A, B, C, D}

写内存屏障指令

写入{E, F}
```

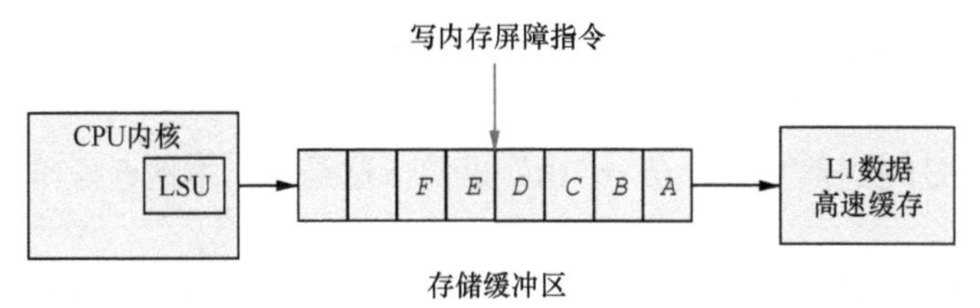

▲图 19.7　写内存屏障指令与存储缓冲区

在例 19-2 中，加入写屏障语句的示例代码如下。

```
<存储缓冲区示例代码>

CPU0                          CPU1
-------------------------------------------------------------
void func0()                  void func1()
{                             {
    a = 1;                        while (b == 0) continue;
    smp_wmb();
    b = 1;                        assert (a == 1)
}                              }
```

加入写屏障语句之后的执行时序如图 19.8 所示。

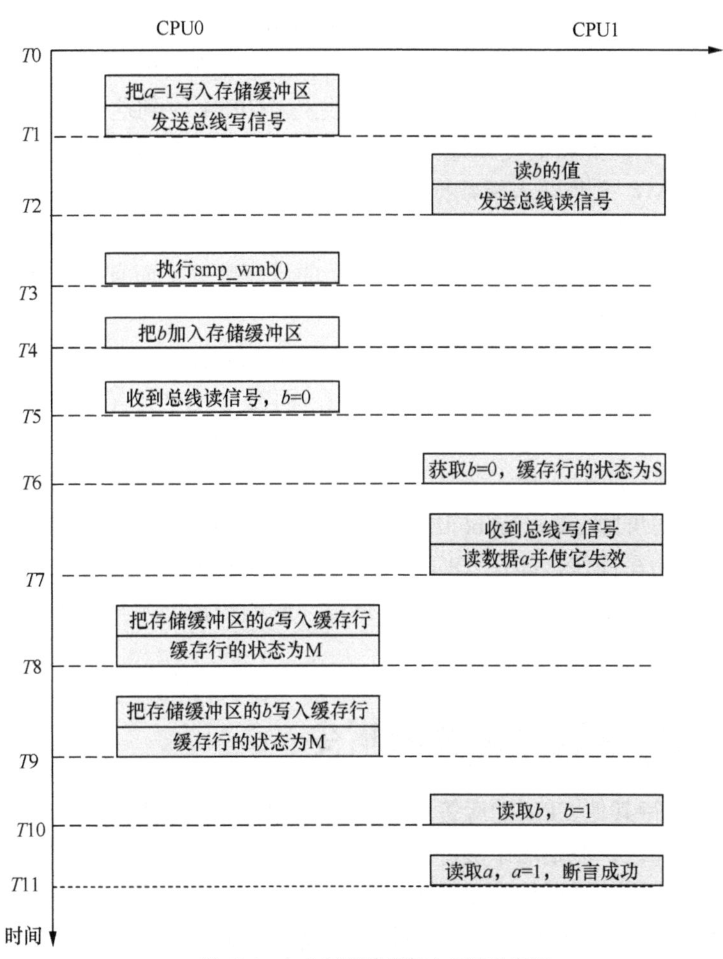

▲图 19.8　加入写屏障语句之后的时序图

在 $T1$ 时刻，CPU0 执行“a=1”的语句，CPU0 把数据 a 的最新数据写入本地存储缓冲区中，然后发送 BusRdX 信号到总线上。

在 $T2$ 时刻，CPU1 执行“while (b == 0)”语句，这是一个本地读操作。CPU1 发送 BusRd 信号到总线上。

在 $T3$ 时刻，CPU0 执行 smp_wmb()语句，给存储缓冲区中的所有数据项做一个标记。

在 $T4$ 时刻，CPU0 继续执行“b = 1”语句，虽然数据 b 在 CPU0 的高速缓存行是命中的，并且高速缓存行的状态是 E，但是由于存储缓冲区中还有标记的数据项，有标记的数据项表明这些数据项存在某种依赖关系，因此不能直接把 b 的最新值更新到高速缓存行里，只能把 b 的新值加入存储缓冲区里，对于这个数据项没有设置标记。

在 $T5$ 时刻，CPU0 收到总线发来的总线读信号，获取数据 b。CPU0 把“b=0”发送到总线上，并且高速缓存行的状态变成了 S。

在 $T6$ 时刻，CPU1 从总线读取了“b=0”，本地高速缓存行的状态也变成 S。CPU1 继续在 while 循环里打转。

在 $T7$ 时刻，CPU1 收到 CPU0 在 $T1$ 时刻发送的 BusRdX 信号，并使数据 a 对应的本地高速缓存行失效，然后回复一个应答信号。

在 $T8$ 时刻，CPU0 收到应答信号，并且把缓冲区中数据 a 的最新值写入高速缓存行里，高速缓存行的状态设置为 M。

在 $T9$ 时刻，在 CPU0 的存储缓冲区中等待的数据 b 也可以写入相应的高速缓存行里。从存储缓冲区写入高速缓存行，相当于一个本地写操作。由于现在 CPU0 上数据 b 对应的高速缓存行的状态为 S，因此需要发送 BusUpgr 信号到总线上。CPU1 收到这个 BusUpgr 信号之后，发现自己也缓存了数据 b，因此将会使本地的高速缓存行失效。CPU0 把本地的数据 b 对应的高速缓存行的状态修改为 M，并且写入新数据，b=1。

在 $T10$ 时刻，CPU1 继续执行“while (b == 0)”语句，这是一次本地读操作。CPU1 发送 BusRd 信号到总线上。CPU1 可以从总线上获取 b 的最新数据，而且 CPU0 和 CPU1 上数据 b 的相应的高速缓存行的状态都变成 S。

在 $T11$ 时刻，CPU1 跳出了 while 循环，继续执行“assert (a == 1)”语句。这是本地读操作，而数据 a 在 CPU1 的高速缓存行中的状态为 I，而在 CPU0 上有该数据的副本，因此高速缓存行的状态为 M。CPU1 发送总线读信号，从 CPU0 获取数据 a 的值。CPU1 从总线上获取了数据 a 的新值，a=1，断言成功。

综上所述，加入写屏障 smp_wmb()语句之后，CPU0 必须等到该屏障语句前面的写操作完成之后才能执行后面的写操作，即在 $T8$ 时刻之前，数据 b 也只能暂时待在存储缓冲区里，并没有真正写入高速缓存行里。只有当前面的数据项（例如数据 a）写入缓存行之后，才能执行数据 b 的写入操作。

19.2 无效队列与读内存屏障指令

为了解决 CPU 等待其他 CPU 的应答信号引发的 CPU 停滞问题，在 CPU 和 L1 高速缓存之间新建了一个存储缓冲区，但是这个缓冲区也不可能无限大，它的表项数量不会太多。当 CPU 频繁执行写操作时，该缓冲区可能会很快被填满。此时，CPU 又进入了等待和停滞状态，之前的问题还没有得到彻底解决。CPU 设计人员为了解决这个问题，引入了一个叫作无效队列的硬件单元。

当CPU收到大量的总线读或者总线写信号时，如果这些信号都需要使本地高速缓存失效，那么只有当失效操作完成之后才能回复一个应答信号（表明失效操作已经完成）。然而，让本地高速缓存行失效的操作需要一些时间，特别是在CPU做密集加载和存储操作的场景下，系统总线数据传输量变得非常大，导致让高速缓存行失效的操作会比较慢。这样导致其他CPU长时间在等待这个应答信号。其实，CPU不需要完成让高缓缓存行失效的操作就能回复一个应答信号，因为等待这个让高速缓存行失效的操作的应答信号的CPU本身也不需要这个数据。因此，CPU可以把这些让高速缓存行失效的操作缓存起来，先给请求者回复一个应答信号，然后再慢慢让高速缓存行失效，这样其他CPU就不必长时间等待了。这就是无队列的核心思路。

无效队列的结构如图19.9所示。当CPU收到总线请求之后，如果需要执行使本地高速缓存行失效的操作，那么会把这个请求加入无效队列里，然后立马给对方回复一个应答信号，而无须使该高速缓存行失效之后再应答，这是一个优化。如果CPU将某个请求加入无效队列，在该请求对应的失效操作完成之前，那么CPU不能向总线发送任何与该请求对应的高速缓存行相关的总线消息。

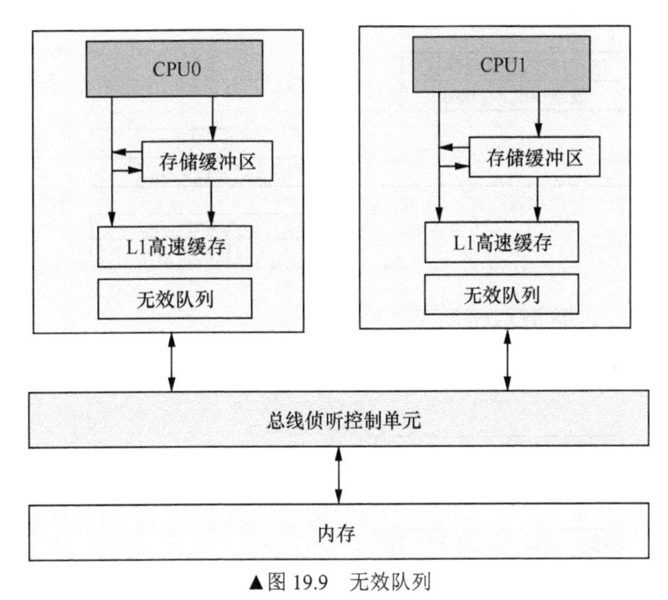

▲图19.9 无效队列

不过，无效队列在某些情况下依然会有副作用。

【例19-4】假设数据 a 和数据 b 的初始值为0，数据 a 在CPU0和CPU1中都有副本，缓存行的状态为S，数据 b 在CPU0上有缓存副本，高速缓存行的状态为E，如图19.10所示。CPU0执行func0()函数，CPU1执行func1()函数，代码如下。

```
<无效队列示例代码>

CPU0                              CPU1
------------------------------------------------------------
void func0()                      void func1()
{                                 {
     a = 1;                            while (b == 0) continue;
     smp_wmb();
     b = 1;                            assert (a == 1)
}
                                  }
```

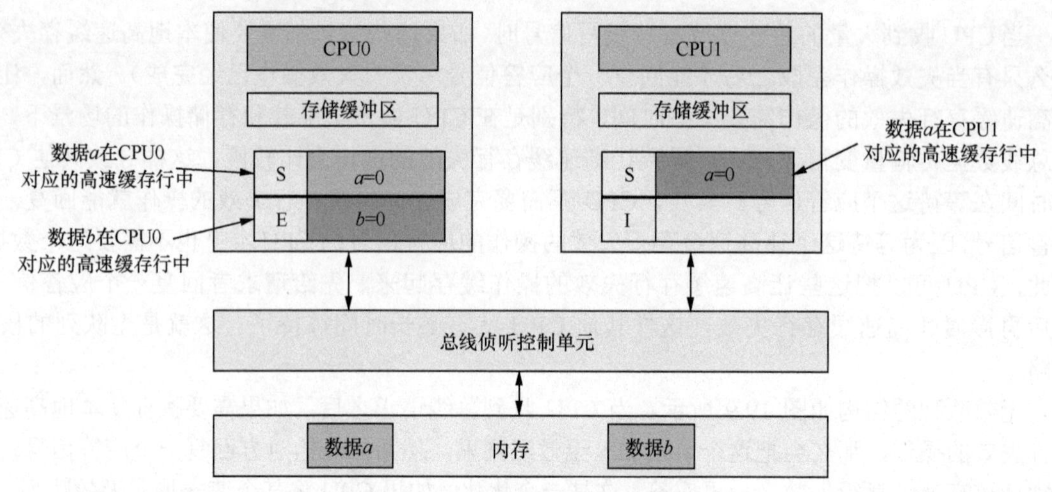

▲图 19.10　无效队列案例分析之初始状态

CPU0 和 CPU1 执行上述示例代码的时序如图 19.11 所示。

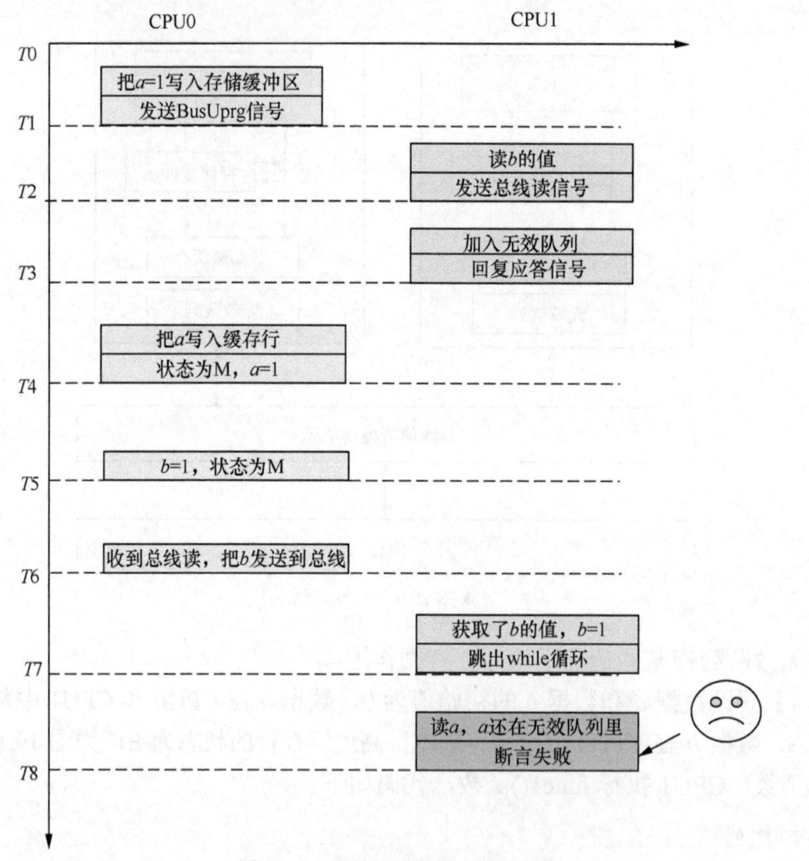

▲图 19.11　无效队列案例分析时序图

在 $T1$ 时刻，CPU0 执行“a=1”，这是一个本地写操作。由于数据 a 在 CPU0 和 CPU1 上都有缓存副本，而且高速缓存行的状态都为 S，因此 CPU0 把“a=1”加入存储缓冲区，然后发送 BusUpgr 信号到总线上。

在 $T2$ 时刻，CPU1 执行“b == 0”，这是一个本地读操作。由于 CPU1 没有缓存数据 b，因此发送一个总线读信号。

在 $T3$ 时刻，CPU1 收到 BusUpgr 信号，发现自己的高速缓存行里有数据 a 的副本，需要执行使高速缓存行失效的操作。把该操作加入无效队列里，立马回复一个应答信号。

在 *T*4 时刻，CPU0 收到 CPU1 回复的应答信号之后，把存储缓冲区的数据 *a* 写入高速缓存行里，缓存行的状态变成 M，*a*=1。

在 *T*5 时刻，CPU0 执行“*b* = 1”，存储缓存区为空，所以直接把数据 *b* 写入高速缓存行里，缓存行的状态变成 M，*b*=1。

在 *T*6 时刻，CPU0 收到 *T*2 时刻发来的总线读信号，把 *b* 的最新值发送到总线上，CPU0 上数据 *b* 对应的高速缓存行的状态变成 S。

在 *T*7 时刻，CPU1 获取数据 *b* 的新值，然后跳出 while 循环。

在 *T*8 时刻，CPU1 执行“assert (*a* == 1)”语句。此时，CPU1 还在执行无效队列中的失效请求，CPU1 无法读到正确的数据，断言失败。

综上所述，无效队列的出现导致了问题，即在 *T*3 时刻，CPU1 并没有真正执行使数据 *a* 对应的高速缓存行失效的操作，而是加入无效队列中。我们可以使用读内存屏障指令来解决该问题。读内存屏障指令可以让无效队列里所有的失效操作都执行完才执行该读屏障指令后面的读操作。读内存屏障指令会标记当前无效队列中所有的失效操作（每个失效操作用一个表项来记录）。只有当这些标记过的表项都执行完成时，才会执行后面的读操作。

【例 19-5】下面是使用读内存屏障指令的解决方案。

```
<无效队列示例代码：新增读内存屏障指令>

CPU0                        CPU1
-------------------------------------------------------------
void func0()                void func1()
{                           {
     a = 1;                      while (b == 0) continue;
     smp_wmb();                  smp_rmb();
     b = 1;                      assert (a == 1)
}
                            }
```

我们接着上述的时序图来继续分析，假设在 *T*8 时刻，CPU1 执行读内存屏障语句。在 *T*9 时刻，执行“assert (*a* == 1)”，CPU 已经把无效队列中所有的失效操作执行完了。*T*9 时刻，CPU 读数据 *a*，由于数据 *a* 在 CPU1 的高速缓存行的状态已经变成 I，因为刚刚执行完失效操作。而数据 *a* 在 CPU0 的高速缓存里有缓存副本，并且状态为 M。于是，CPU1 会发送一个总线读信号，从 CPU0 获取数据 *a* 的内容，CPU0 把数据 *a* 的内容发送到总线上，最后 CPU0 和 CPU1 都缓存了数据 *a*，高速缓存行的状态都变成 S，因此 CPU1 得到了数据 *a* 最新的值，即 *a* 为 1，断言成功。

19.3 内存屏障指令总结

综上所述，从计算机体系结构的角度来看，读内存屏障指令作用于无效队列，让无效队列中积压的使高速缓存行失效的操作尽快执行完才能执行后面的读操作。写内存屏障指令作用于存储缓冲区，让存储缓冲区中数据写入高速缓存行之后才能执行后面的写操作。读写内存屏障指令同时作用于使高速缓存行失效的队列和存储缓冲区。从软件角度来看，读内存屏障指令保证所有在读内存屏障指令之前的加载操作完成之后才会处理该指令之后的加载操作。写内存屏障指令可以保证所有写内存屏障指令之前的存储操作完成之后才处理该指令之后的存储操作。

每种处理器体系结构都有不同的内存屏障指令设计。例如，ARM64 体系结构提供了三条内存屏障指令。另外，DMB 和 DSB 指令还能指定共享域的范围。

Linux 内核抽象出一种最小的共同性（集合），用于内存屏障 API 函数，这个集合支持大多数的处理器体系。表 19.1 是 Linux 内核提供的与处理器体系结构无关的内存屏障 API 函数。

表 19.1　Linux 内核提供的与处理器体系结构无关的内存屏障 API 函数

内核 API	含　义	ARM64 的实现
rmb()	单处理器系统版本的读内存屏障指令	`#define rmb()  asm volatile("dsb ld : : : memory")`
wmb()	单处理器系统版本的写内存屏障指令	`#define wmb()  asm volatile("dsb st : : : memory")`
mb()	单处理器系统版本的读写内存屏障指令	`#define mb()  asm volatile("dsb sy : : : memory")`
smp_rmb()	用于 SMP 环境下的读内存屏障指令	`#define smp_rmb()  dmb(ishld)`
smp_wmb()	用于 SMP 环境下的写内存屏障指令	`#define smp_wmb()  dmb(ishst)`
smp_mb()	用于 SMP 环境下的读写内存屏障指令	`#define smp_mb()  dmb(ish)`

19.4 ARM64 的内存屏障指令的区别

有不少读者依然对 ARM64 提供 3 条内存屏障指令（DMB、DSB 以及 ISB）感到疑惑，不能正确理解它们之间的区别。我们可以从处理器体系结构图的角度来看这 3 条内存屏障指令的区别。

内存屏障指令的区别如图 19.12 所示。DMB 指令涉及的硬件单元位于处理器的存储系统，包括 LSU（Load Store Unit，加载存储单元）、存储缓冲区以及无效队列。DMB 指令保证的是 DMB 指令之前的所有内存访问指令和 DMB 指令之后的所有内存访问指令的顺序。在一个多核处理器系统中，每个 CPU 都是一个观察者，这些观察者依照缓存一致性协议（例如 MESI 协议）来观察数据在系统中的状态变化。从本地 CPU 的角度来看，如果在存储缓冲区里的两个数据没有依赖性，但是不能保证从其他观察者的角度来看，它们的执行顺序对程序的运行产生数据依赖。例如在例 19-2 中，在数据 *a* 和数据 *b* 在 CPU0 的存储缓冲区的执行顺序对 CPU1 读取数据 *a* 产生了影响，这需要结合 MESI 协议来分析。

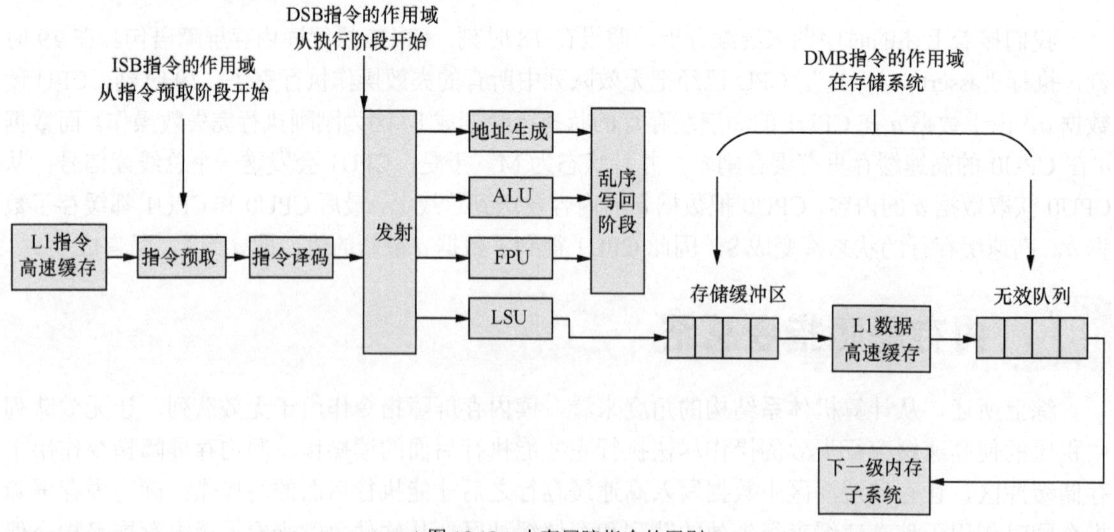

▲图 19.12　内存屏障指令的区别

因此，在多核系统中有一个有趣的现象：

我们假定本地 CPU（例如 CPU0）执行一段没有数据依赖性的访问内存序列，那么系统中其他的观察者（CPU）观察这个 CPU0 的访问内存序列的时候，我们不能假定 CPU0 一定按照这个序列的顺序访问内存。因为这些访问序列对本地 CPU 来说是没有数据依赖性的，所以 CPU 的相关硬件单元会乱序执行代码，乱序访问内存。

对于例 19-1，如图 19.13 所示，CPU0 有两个访问内存的序列，分别设置数据 *a* 和数据 *b* 的值为 1，站在 CPU0 的角度看，先设置数据 *a* 为 1 还是先设置数据 *b* 为 1 并不影响程序的最终结果。但是，系统中的另外一个观察者（CPU1）不能假定 CPU0 先设置数据 *a* 后设置数据 *b*，因为数据 *a* 和数据 *b* 在 CPU0 里没有数据依赖性，数据 *b* 可以先于数据 *a* 写入高速缓存行里，所以 CPU1 就会遇到 19.1 节描述的问题。

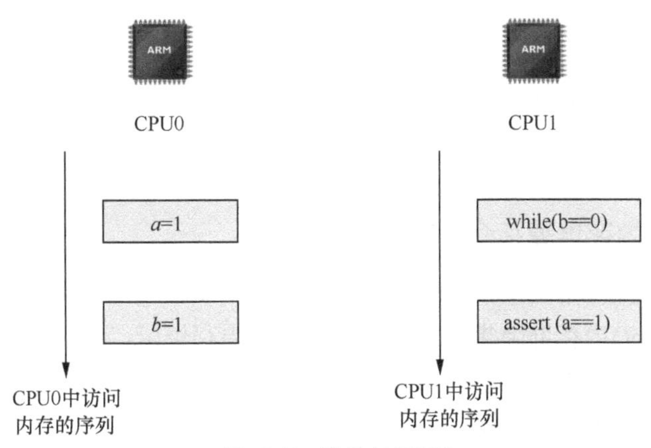

▲图 19.13　访问内存序列

为此，CPU 设计人员给程序设计人员提供了内存屏障指令。当程序设计人员认为一个 CPU 上的访问内存序列的顺序对系统中其他的观察者（其他的 CPU）产生影响时，需要手动添加内存屏障指令来保证其他观察者能观察到正确的访问序列。

DSB 指令涉及的单元从处理器的执行系统开始，包括指令发射、地址生成，以及算术逻辑单元（Arithmetic-Logic Unit，ALU）与浮点单元（FPU）等。DSB 指令保证当所有在它前面的访问指令都执行完毕后，才会执行在它后面的指令，即任何指令都要等待 DSB 指令前面的访问指令执行完。位于此指令前的所有缓存（如分支预测和 TLB 维护）操作需要全部完成。

ISB 指令会刷新流水线和预取缓冲区，然后才会从高速缓存或者内存中预取 ISB 指令之后的指令。因此，ISB 指令的涉及面更广，包括指令预取、指令译码以及指令执行等硬件单元。

19.5 案例分析：Linux 内核中的内存屏障指令

内存屏障模型在 Linux 内核编程中广泛运用，本章通过 Linux 内核中 try_to_wake_up()函数里内置的 4 个内存屏障的使用场景，介绍内存屏障在实际编程中的使用。

【例 19-6】try_to_wake_up()函数里内置了 4 条内存屏障指令，我们需要分析这 4 条内存屏障指令的使用场景和逻辑。

```
<linux5.0/kernel/sched/core.c>

static int
try_to_wake_up(struct task_struct *p, unsigned int state, int wake_flags)
{

    raw_spin_lock_irqsave(&p->pi_lock, flags);
    smp_mb__after_spinlock(); //第一次使用内存屏障指令
```

```
    if (!(p->state & state))
        goto out;

    smp_rmb();  //第二次使用内存屏障指令
    if (p->on_rq && ttwu_remote(p, wake_flags))
        goto stat;

    smp_rmb(); //第三次使用内存屏障指令

    smp_cond_load_acquire(&p->on_cpu, !VAL);  //第四次使用内存屏障指令

    p->state = TASK_WAKING;

    ttwu_queue(p, cpu, wake_flags);
    …
}
```

19.5.1　第一次使用内存屏障指令

这里使用了一个比较新的函数 smp_mb__after_spinlock()，从函数名可以知道它在 spin_lock()函数后面添加 smp_mb()内存屏障指令。锁机制隐含了内存屏障，那为什么在自旋锁后面要显式地添加 smp_mb()内存屏障指令呢？这需要从自旋锁的实现开始讲起。其实自旋锁的实现隐含了内存屏障指令。当然，不同的体系结构隐含的内存屏障是不一样的，例如，x86 体系结构实现的是 TSO（Total Store Order）强一致性内存模型，而 ARM64 实现的是弱一致性内存模型。对于 TSO 内存模型，原子操作指令隐含了 smp_mb()内存屏障指令，但是对于弱一致性内存模型的处理器来说，spin_lock 的实现其实并没有隐含 smp_mb()内存屏障指令。

在 ARM64 体系结构里，实现自旋锁最简单的方式是使用 LDAXR 和 STXR 指令。我们以 Linux 3.7 内核的源代码中自旋锁的实现为例进行说明。

```
<linux-3.7/arch/arm64/include/asm/spinlock.h>

static inline void arch_spin_lock(arch_spinlock_t *lock)
{
    unsigned int tmp;

    asm volatile(
    "   sevl\n"
    "1: wfe\n"
    "2: ldaxr   %w0, [%1]\n"
    "   cbnz    %w0, 1b\n"
    "   stxr    %w0, %w2, [%1]\n"
    "   cbnz    %w0, 2b\n"
    : "=&r" (tmp)
    : "r" (&lock->lock), "r" (1)
    : "memory");
}
```

从上面的代码可以看到，自旋锁采用 LDAXR 和 STXR 的指令组合来实现，LDAXR 指令隐含了加载-获取内存屏障原语。加载-获取屏障原语之后的读写操作不能重排到该屏障原语前面，但是不能保证屏障原语前面的读写指令重排到屏障原语后面。如图 19.14 所示，读指令 1 和写指令 1

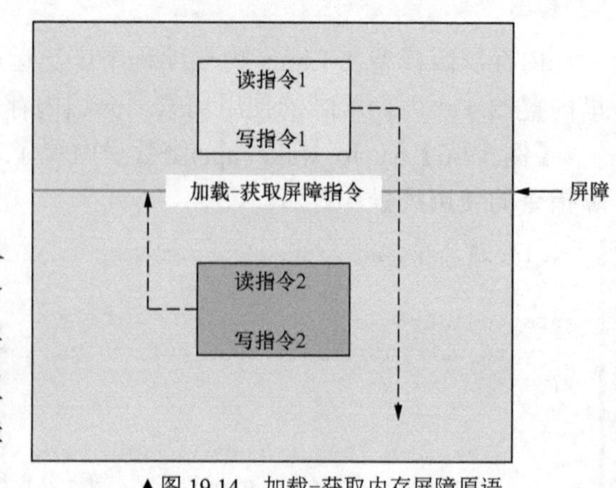

▲图 19.14　加载-获取内存屏障原语

有可能重排到屏障原语后面，而读指令 2 和写指令 2 不能重排到屏障原语指令的前面。

所以，在 ARM64 体系结构里，自旋锁隐含了一条单方向（one-way barrier）的内存屏障指令，在自旋锁临界区里的读写指令不能向前越过临界区，但是自旋锁临界区前面的读写指令可以穿越到临界区里，这会引发问题。

smp_mb__after_spinlock()函数在 x86 体系结构下是一个空函数，而在 ARM64 体系结构里则是一个隐含了 smp_mb()内存屏障指令的函数。

```
//对于 X86 体系结构，这是一个空函数
#define smp_mb__after_spinlock()do { } while (0)

//对于 ARM64 体系结构，其中隐含了 smp_mb()内存屏障指令
#define smp_mb__after_spinlock()smp_mb()
```

try_to_wake_up()函数通常用来唤醒进程。在 SMP 的情况下，观察睡眠者和唤醒者之间的关系，如图 19.15 所示。

```
CPU 1 (Sleeper)                   CPU 2 (Waker)
===============================   ===============================
set_current_state();              STORE event_indicated
  smp_store_mb();                 wake_up();
    STORE current->state            ...
    <general barrier>               <general barrier>
LOAD event_indicated                if ((LOAD task->state) & TASK_NORMAL)
                                      STORE task->state
```

▲图 19.15　睡眠者与唤醒者之间的关系

CPU1（睡眠者）在更改当前进程 current->state 后，插入一条内存屏障指令，保证加载唤醒标记（LOAD event_indicated）不会出现在修改 current->state 之前。

CPU2（唤醒者）在唤醒标记 STORE 和把进程状态修改成 RUNNING 的 STORE 之间插入一条内存屏障指令，保证唤醒标记 event_indicated 的修改能被其他 CPU 看到。

从这个场景来分析，要唤醒进程，CPU2 需要先设置 event_indicated 为 1。而 CPU1（Sleeper）一直在 for 循环里等待这个 event_indicated 被置 1。那怎么让 CPU1 能观察到 CPU2 写入的 event_indicated 值呢？

当 CPU2 写入 event_indicated 之后，插入一条内存屏障指令，然后判断 task->state 值是否等于 TASK_NORMAL，这个值是 CPU1 写入的。如果等于 1，那么说明 CPU1 已经执行完写入 current->state 的指令了。这时，就能保证 CPU1 读取的 event_indicated 值是正确的，即为 CPU2 写入的值。

这个场景简化后的内存屏障模型如图 19.16 所示，假设 X 和 Y 的初始值都为 0。

当 CPU1 读取的 X 值为 1 时，CPU0 读取的 Y 值也一定为 1。

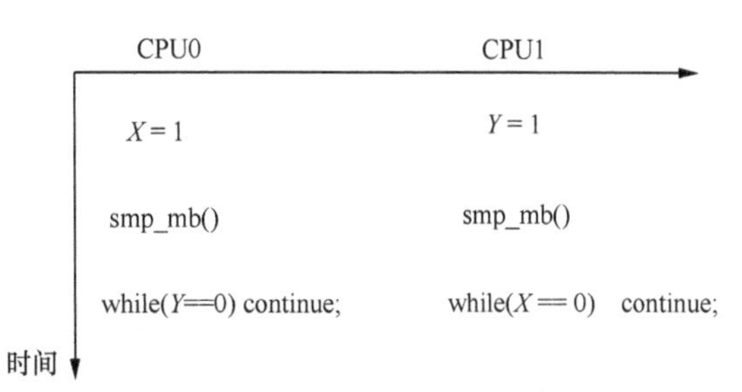

▲图 19.16　简化后的内存屏障模型

图 19.17 展示了为什么要使用 smp_mb__after_spinlock()函数，结合上文分析，我们不难理解它的意思：如果我们想要唤醒一个正在等待 CONDITION 条件标志位的线程，那么我们需要保证检查 p->state 的语句不会重排到前面，即先执行“CONDITION=1”，然后再检查 p->state。该函数需要和睡眠者线程的 smp_mb()结合一起来使用，它隐含在 set_current_state()中。

无独有偶，smp_mb__after_spinlock()函数有一段相关的注释，它在 include/linux/spinlock.h 头文件中。

```
1972        /*
1973         * If we are going to wake up a thread waiting for CONDITION we
1974         * need to ensure that CONDITION=1 done by the caller can not be
1975         * reordered with p->state check below. This pairs with mb() in
1976         * set_current_state() the waiting thread does.
1977         */
1978        raw_spin_lock_irqsave(&p->pi_lock, flags);
1979        smp_mb__after_spinlock();
1980        if (!(p->state & state))
1981                goto out;
```

▲图 19.17 为什么使用 smp_mb__after_spinlak()函数

图 19.18 里展示的场景与图 19.17 类似。在 CPU0 侧，首先往 X 里写入 1，然后采用 spin_lock()和 smp_mb__after_spinlock()组成的内存屏障指令，最后读取 Y 值。在 CPU1 侧，先写入 Y 值，然后执行 smp_mb()内存屏障指令，最后读取 X 值。当 CPU1 读取的 X 值为 1 时，CPU0 读取的 Y 值也为 1。

```
124 *
125 *      { X = 0; Y = 0; }
126 *
127 *      CPU0                            CPU1
128 *
129 *      WRITE_ONCE(X, 1);               WRITE_ONCE(Y, 1);
130 *      spin_lock(S);                   smp_mb();
131 *      smp_mb__after_spinlock();       r1 = READ_ONCE(X);
132 *      r0 = READ_ONCE(Y);
133 *      spin_unlock(S);
134 *
135 *   it is forbidden that CPU0 does not observe CPU1's store to Y (r0 = 0)
136 *   and CPU1 does not observe CPU0's store to X (r1 = 0); see the comments
137 *   preceding the call to smp_mb__after_spinlock() in __schedule() and in
138 *   try_to_wake_up().
139 *
```

▲图 19.18 smp_mb__after_spinlock()函数的使用场景

19.5.2 第二次使用内存屏障指令

这里需要考虑多个 CPU 同时调用 try_to_wake_up()来唤醒同一个进程的场景。

【例 19-7】假设 CPU0 运行着进程 P，进程调用如下代码片段进入睡眠状态。

```
<CPU0 运行如下代码进入睡眠状态>
while () {
   if (cond)
       break;
   do {
      schedule();
      set_current_state(TASK_UN..)
   } while (!cond);

}

 spin_lock_irq(wait_lock)
 set_current_state(TASK_RUNNING);
 list_del(&waiter.list);
 spin_unlock_irq(wait_lock)
```

CPU1 调用如下代码片段来唤醒进程 P。

```
<CPU1 唤醒进程 P>

spin_lock_irqsave(wait_lock)
wake_up_process()
try_to_wake_up()
spin_unlock_irqstore(wait_lock)
```

CPU1 释放了 wait_lock 自旋锁之后，CPU2 抢先获取了 wait_lock 自旋锁，执行如下代码。

```
<CPU2 再一次唤醒进程 P>

raw_spin_lock_irqsave(wait_lock)
 if (!list_empty)
   wake_up_process()
   try_to_wake_up()
         raw_spin_lock_irqsave(p->pi_lock)
            if (!(p->state & state))
                 goto out;
            ..
            if (p->on_rq && ttwu_wakeup())
            ..
            while (p->on_cpu)
                cpu_relax()
   ..
```

CPU2 又调用 try_to_wake_up()函数来唤醒进程 P，但是进程 P 已经被 CPU1 唤醒过一次了。此时，CPU2 读取的 p->on_rq 值有可能为 0，读取的 p->on_cpu 值为 1，然后在 while()循环里进入死循环。唤醒进程的流程如图 19.19 所示。

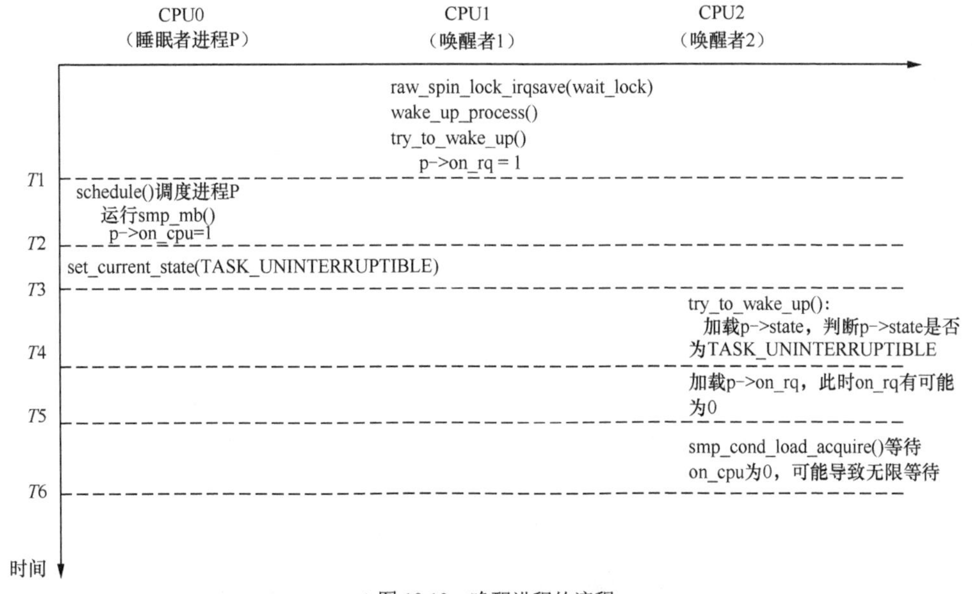

▲图 19.19 唤醒进程的流程

在 *T*1 时刻，CPU1 第一次调用 try_to_wake_up()函数来唤醒进程 P。在 try_to_wake_up()函数里会把进程 P 添加到就绪队列中，并且设置 p->on_rq 值为 1。

在 *T*2 时刻，调度器选择进程 P 来运行。在 schedule()函数里隐含 smp_mb()内存屏障指令，设置 p->on_cpu 值为 1。此时，进程 P 在 CPU0 上运行。

在 *T*3 时刻，进程 P 执行 set_current_state()函数来设置进程的状态为 TASK_UNINTERRUPTIBLE。

在 *T*4 时刻，CPU2 获取 wait_lock，然后调用 try_to_wake_up()函数来唤醒进程 P。接下来，加载 p->state 值，p->state 值为 TASK_UNINTERRUPTIBLE。

在 *T*5 时刻，CPU2 获取 p->on_rq 的值，有可能读取的值为 0，从而获取了一个错误的值。此时，p->on_rq 的正确值应为 1。

在 *T*6 时刻，CPU2 在 smp_cond_load_acquire()函数里循环等待 p->on_cpu 值为 0。因为 p->on_cpu 的值为 1，所以一直无限循环。

这个问题其实可以简化成经典的内存屏障问题，如图 19.20 所示。

CPU0 CPU1

p->on_rq = 1

If (p->state != TASK_UNINTERRUPTIBLE)
goto out;

smp_mb()

p->state = TASK_UNINTERRUPTIBLE 读取p->on_rq

时间

▲图 19.20 简化后的内存屏障问题

在上面的这个简化模型中，CPU0 分别写入 p->on_rq 和 p->state 值。与此同时，在 CPU1 侧，如果读取到 p->state 正确的值，那么就一定能读取到 p->on_rq 正确的值吗？答案是否定的。原因是 CPU 内部有一个名为无效队列的硬件单元，这会导致 CPU1 读取不到 p->on_rq 正确的值，正确的解决办法是加入一条读内存屏障指令，来保证 CPU1 执行完当前的无效队列之后才读 p->on_rq 的值。这个需要结合内存屏障指令与高速缓存一致性来分析，可以参考第 16 章相关内容。

解决办法是在 CPU1 读取 p->state 和 p->on_rq 之间插入一条 smp_rmb()读内存屏障指令，确保 CPU1 能读到 p->on_rq 正确的值，如图 19.21 所示。

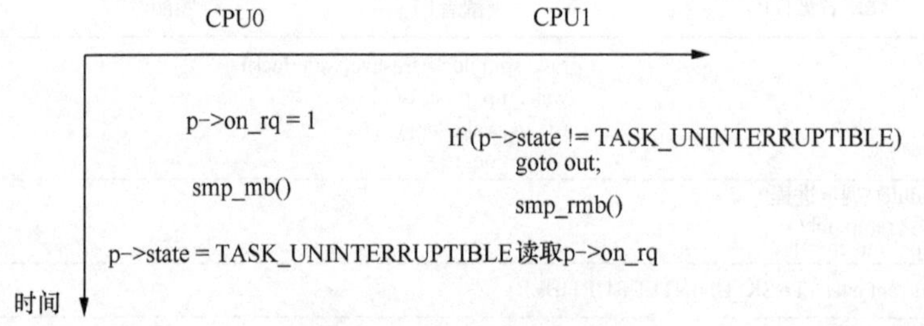

▲图 19.21 加入读内存屏障指令

图 19.22 展示了第 2009 行为什么使用 smp_rmb()读内存屏障指令。这是为了保证先加载 p->state，再加载 p->on_rq，否则就会出问题，即有可能观察到 p->on_rq 等于 0 的情况，从而进入 smp_cond_load_acquire()函数，然后一直循环等待 on_cpu 为 0。此时 p->on_cpu 为 1，导致出现无限循环问题。

```
1989        /*
1990         * Ensure we load p->on_rq _after_ p->state, otherwise it would
1991         * be possible to, falsely, observe p->on_rq == 0 and get stuck
1992         * in smp_cond_load_acquire() below.
1993         *
1994         * sched_ttwu_pending()                 try_to_wake_up()
1995         *   STORE p->on_rq = 1                   LOAD p->state
1996         *   UNLOCK rq->lock
1997         *
1998         * __schedule() (switch to task 'p')
1999         *   LOCK rq->lock                        smp_rmb();
2000         *   smp_mb__after_spinlock();
2001         *   UNLOCK rq->lock
2002         *
2003         * [task p]
2004         *   STORE p->state = UNINTERRUPTIBLE     LOAD p->on_rq
2005         *
2006         * Pairs with the LOCK+smp_mb__after_spinlock() on rq->lock in
2007         * __schedule().  See the comment for smp_mb__after_spinlock().
2008         */
2009        smp_rmb();
2010        if (p->on_rq && ttwu_remote(p, wake_flags))
2011                goto stat;
2012
```

▲图 19.22 为什么使用 smp_rmb()读内存屏障指令

接下来的第 1994～2004 行表达的流程图和图 19.20 类似。最后，这里的注释还告诉我们，“LOCK+smp_mb__after_spinlock()”的组合在__schedule()函数里，这里隐式地实现了一条内存屏障指令。

这个案例简化后的内存屏障模型如图 19.23 所示，假设 X 和 Y 的初始值都为 0。

CPU0 分别写入 1 到 X 和 Y，在它们中间插入一条 smp_mb()读内存屏障指令。当 CPU1 读取的 Y 值为 1 时，它读取的 X 值一定也为 1，但其中需要加入一条 smp_rmb()读内存屏障指令。

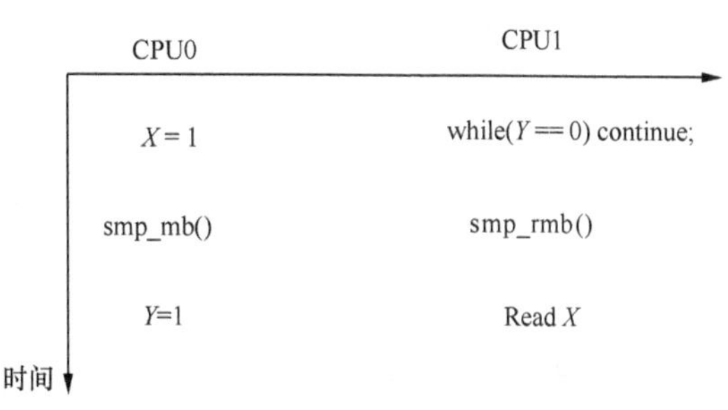

▲图 19.23　简化后的内存屏障模型

无独有偶，smp_mb__after_spinlock()函数有一段相关的注释，它在 include/linux/spinlock.h 头文件中。

图 19.24 展示的场景与图 19.23 类似，只不过在图 19.24 中，CPU0 和 CPU1 通过自旋锁来实现某种串行执行，CPU0 先获取自旋锁，把 X 值设置为 1，然后 CPU1 获取自旋锁，采用 spin_lock()和 smp_mb__after_spinlock()组成的内存屏障指令，接着设置 Y 值为 1。在 CPU2 侧，当 CPU2 观察到 Y 值为 1 时，CPU2 也必然观察到 X 值为 1。

```
141  *
142  *   { X = 0;  Y = 0; }
143  *
144  *   CPU0                CPU1                        CPU2
145  *
146  *   spin_lock(S);       spin_lock(S);               r1 = READ_ONCE(Y);
147  *   WRITE_ONCE(X, 1);   smp_mb__after_spinlock();   smp_rmb();
148  *   spin_unlock(S);     r0 = READ_ONCE(X);          r2 = READ_ONCE(X);
149  *                       WRITE_ONCE(Y, 1);
150  *                       spin_unlock(S);
151  *
152  *      it is forbidden that CPU0's critical section executes before CPU1's
153  *      critical section (r0 = 1), CPU2 observes CPU1's store to Y (r1 = 1)
154  *      and CPU2 does not observe CPU0's store to X (r2 = 0); see the comments
155  *      preceding the calls to smp_rmb() in try_to_wake_up() for similar
156  *      snippets but "projected" onto two CPUs.
```

▲图 19.24　smp_mb__after_spinlock()函数的使用场景

19.5.3　第三次使用内存屏障指令

try_to_wake_up()函数在读取 p->on_rq 与 p->on_cpu 之间插入了一条 smp_rmb()读内存屏障指令，原理和前面类似。

这里的流程如图 19.25 所示。

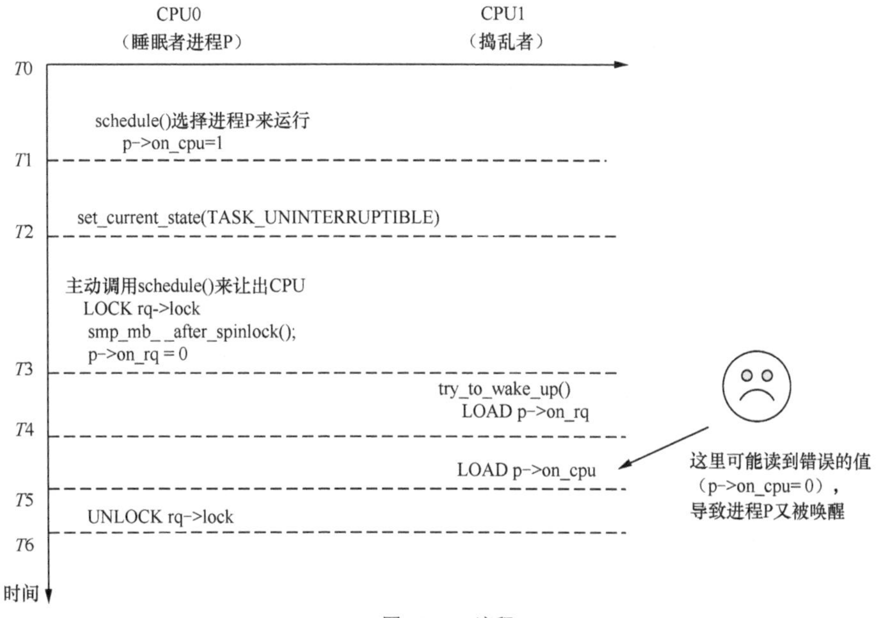

▲图 19.25　流程

在 *T*0 时刻，进程 P 在 CPU0 上睡眠。

在 *T*1 时刻，进程 P 被唤醒，CPU0 的调度器选择进程 P 来运行。这时，会设置 p->on_cpu 值为 1。

在 *T*2 时刻，进程 P 运行 set_current_state()函数来设置进程的状态为 TASK_UNINTERRUPTIBLE。

在 *T*3 时刻，进程 P 主动调用 schedule()函数来让出 CPU。在 schedule()函数里，会申请一个 rq->lock 并通过 smp_mb__after_spinlock()函数来使用内存屏障指令，然后设置 p->on_rq 等于 0。

在 *T*4 时刻，CPU1 开始捣乱了，调用 try_to_wake_up()函数来唤醒进程 P。它首先会读取 p->on_rq 值，它读到的 p->on_rq 值为 0。

在 *T*5 时刻，CPU1 继续加载 p->on_cpu 值，它有可能读到错误值（此时 p->on_cpu 正确的值应该为 1），从而导致 CPU1 继续执行 try_to_wake_up()函数，成功地唤醒进程 P，而此时进程 P 在 CPU0 里还准备要让出 CPU，因此，这里就出现错误。

这个场景的一个关键点是，在 *T*3 时刻，在 CPU0 执行 schedule()函数的过程中，CPU1 并发地调用了 try_to_wake_up()函数来唤醒进程 P，这导致在 try_to_wake_up()函数里面会读取到错误的 p->on_cpu 值，从而引发错误。解决办法就是在 *T*4 和 *T*5 之间插入一条 smp_rmb()读内存屏障指令，这样，CPU1 在 *T*5 时刻才能读到 p->on_cpu 正确的值。

简化后的模型如图 19.26 所示。在这个模型里，CPU0 先设置 p->on_cpu 为 1，接着设置 p->on_rq 为 0。这两个写入操作中间用一条读内存屏障指令来保证它们写入的次序。

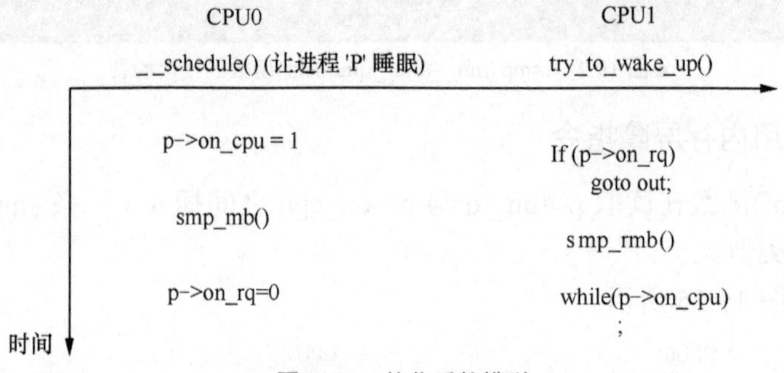

▲图 19.26　简化后的模型

在 CPU1 侧，当读取 p->on_rq 正确的值之后，需要加入一条 smp_rmb()读内存屏障指令来确保能读取 p->on_cpu 正确的值。如果没有这条读内存屏障指令，那么可能读到 p->on_cpu 错误的值。

19.5.4　第四次使用内存屏障指令

smp_cond_load_acquire()内置了加载-获取（ACQUIRE）内存屏障原语，确保读取 p->on_cpu 的操作不会重排到读取 p->on_rq 前面。在 ARM64 体系结构中，smp_load_acquire()的实现如下。

```
#define smp_cond_load_acquire(ptr, cond_expr)                    \
({                                                   \
 typeof(ptr) __PTR = (ptr);                                    \
 typeof(*ptr) VAL;                                  \
 for (;;) {                                         \
     VAL = smp_load_acquire(__PTR);                            \
     if (cond_expr)                                 \
         break;                                     \
     __cmpwait_relaxed(__PTR, VAL);                            \
```

```
    }                                    \
    VAL;                                 \
})
```

19.5.5　总结：内存屏障指令的使用

通过对 try_to_wake_up()函数里内置的 4 个内存屏障指令的分析，我们深刻感觉到要正确使用内存屏障指令是有一定难度的，需要读者对可能发生的并发访问场景多加思考，特别是在多核以及多线程的编程环境中。

若我们在阅读 Linux 内核源代码时遇到 smp_rmb()、smp_wmb()以及 smp_mb()，需要停下来多多思考代码的作者为什么要在这里使用内存屏障指令，如果不使用会发生什么后果，有哪些可能会发生的并发访问的场景。

在实际的多核编程中，读者需要从复杂的场景中甄别出内存屏障模型，并合理使用内存屏障指令。

第 20 章　原子操作

本章思考题

1. 什么是原子操作？
2. 什么是 LL/SC 机制？
3. 在 ARM64 处理器中，如何实现独占访问内存？
4. 如果多个核同时使用 LDXR 和 STXR 对同一个内存地址进行访问，如何保证数据的一致性？
5. 假设 CPU0 使用 LDRXB/STXRB 指令对 0x341B0 地址进行独占访问操作，CPU1 也使用 LDRXB/STXRB 指令对 0x341B4 地址进行独占地读操作，CPU1 能成功独占访问吗？
6. 什么是 CAS 指令？CAS 指令在操作系统编程中有什么作用？
7. 在 ARM64 处理器中，可以使用 WFE 机制来优化自旋锁，请简述其工作原理以及如何唤醒这些等待自旋锁的 CPU。

本章主要介绍 ARMv8 体系结构中原子操作相关的指令和实现原理。

20.1 原子操作介绍

原子操作是指保证指令以原子的方式执行，执行过程不会被打断。

【例 20-1】在如下代码片段中，假设 thread_A_func 和 thread_B_func 都尝试进行 *i*++操作，thread-A-func 和 thread-B-func 执行完后，*i* 的值是多少？

```
static int i =0;

void thread_A_func()
{
     i++;
}

void thread_B_func()
{
     i++;
}
```

有的读者可能认为 *i* 等于 2，但也可能不等于 2，代码的执行过程如下。

```
     CPU0                                        CPU1
-------------------------------------------------------------------
  thread_A_func
    load i= 0
                                           thread_B_func
                                              Load i=0

     i++
                                                i++
```

```
    store i (i=1)
                                    store i (i=1)
```

从上面的代码执行过程来看，最终 i 也可能等于 1。因为变量 i 位于临界区，CPU0 和 CPU1 可能同时访问，发生并发访问。从 CPU 角度来看，变量 i 是一个静态全局变量，存储在数据段中，首先读取变量的值并存储到通用寄存器中，然后在通用寄存器里做加法运算，最后把寄存器的数值写回变量 i 所在的内存中。在多处理器体系结构中，上述动作可能同时进行。即使在单处理器体系结构上依然可能存储并发访问，例如 thread_B_func 在某个中断处理函数中执行。

原子操作需要保证不会被打断，如上述的 i++语句就可能被打断。要保证操作的完整性和原子性，通常需要"原子地"（不间断地）完成**"读-修改-回写"机制**，中间不能被打断。在下述操作中，如果其他 CPU 同时对该原子变量进行写操作，则会造成数据破坏。

（1）读取原子变量的值，从内存中读取原子变量的值到寄存器。

（2）修改原子变量的值，在寄存器中修改原子变量的值。

（3）把新值写回内存中，把寄存器中的新值写回内存中。

处理器必须提供原子操作的汇编指令来完成上述操作，如 ARM64 处理器提供 LDXR 和 STXR 独占访问内存的指令以及原子内存访问操作指令。

20.2 独占内存访问指令

原子操作需要处理器提供硬件支持，不同的处理器体系结构在原子操作上会有不同的实现。ARMv8 使用两种方式来实现原子操作：一种是经典的独占加载（Load-Exclusive）和独占存储（Store-Exclusive）指令，这种实现方式叫作连接加载/条件存储（Load-Link/Store-Conditional，LL/SC）；另一种是在 ARMv8.1 体系结构上实现的 LSE 指令。

LL/SC 最早用于并发与同步访问内存的 CPU 指令，它分成两部分。第一部分（LL）表示从指定内存地址读取一个值，并且处理器会监控这个内存地址，看其他处理器是否修改该内存地址。第二部分（SC）表示如果这段时间内其他处理器没有修改该内存地址，则把新值写入该地址。因此，一个原子的 LL/SC 操作就是通过 LL 读取值，进行一些计算，最后通过 SC 来写回。如果 SC 失败，那么重新开始整个操作。LL/SC 常常用于实现无锁算法与"读-修改-回写"原子操作。很多 RISC 体系结构实现了这种 LL/SC 机制，比如 ARMv8 指令集里实现了 LDXR 和 STXR 指令。

LDXR 指令是内存独占加载指令，它从内存中以独占方式加载内存地址的值到通用寄存器里。

以下是 LDXR 指令的原型，它把 Xn 或者 SP 地址的值原子地加载到 Xt 寄存器里。

```
ldxr <xt> , [xn | sp]
```

STXR 指令是内存独占存储指令，它以独占的方式把新的数据存储到内存中。这是 STXR 指令的原型。

```
stxr <ws>, <xt>, [xn | sp]
```

它把 Xt 寄存器的值原子地存储到 Xn 或者 SP 地址里，执行的结果反映到 Ws 寄存器中。若 Ws 寄存器的值为 0，说明 LDXR 和 STXR 指令都执行完。如果结果不是 0，说明 LDXR 和 STXR 指令都已经发生错误，此时需要跳转到 LDXR 指令处，重新做原子加载以及原子存储操作。

LDXP 和 STXP 指令是多字节独占内存访问指令，一条指令可以独占地加载和存储 16 字节。

```
ldxp <xt1>, <xt2>, [xn|sp]

stxp <ws>, <xt1>, <xt2>, [<xn|sp>]
```

LDXR 和 STXR 指令还可以和加载-获取以及存储-释放内存屏障原语结合使用，构成一个类似于临界区的内存屏障，在一些场景（比如自旋锁的实现）中非常有用。

【例 20-2】下面的代码使用了原子的加法函数。atomic_add(*i*,*v*)函数非常简单，它是原子地给 *v* 加上 *i*。

```
1    void atomic_add(int i, atomic_t *v)
2    {
3        unsigned long tmp;
4        int result;
5
6        asm volatile("// atomic_add\n"
7        "1: ldxr%w0, [%2]\n"
8        "   add%w0, %w0, %w3\n"
9        "   stxr%w1, %w0, [%2]\n"
10       "   cbnz%w1, 1b"
11       : "=&r" (result), "=&r" (tmp)
12       : "r" (&v->counter), "Ir" (i)
13       : "cc");
14   }
```

其中 atomic_t 变量的定义如下。

```
typedef struct {
    int counter;
} atomic_t;
```

在第 6～13 行中，通过内嵌汇编的方式实现 atomic_add 功能。

在第 7 行中，通过 LDXR 独占加载指令来加载 v->counter 的值到 result 变量中，该指令会标记 v->counter 的地址为独占。

在第 8 行中，通过 ADD 指令让 v->counter 的值加上变量 *i* 的值。

在第 9 行中，通过 STXR 独占存储指令来把最新的 v->counter 的值写入 v->counter 地址处。

在第 10 行中，判断 tmp 的值。如果 tmp 的值为 0，说明 STXR 指令存储成功；否则，存储失败。如果存储失败，那只能跳转到第 7 行重新使用 LDXR 指令。

在第 11 行中，输出部分有两个参数，其中 result 和 tmp 具有可写属性。

在第 12 行中，输入部分有两个参数，v->counter 的地址只有只读属性，*i* 也只有只读属性。

20.3 独占内存访问工作原理

我们在前文已经介绍了 LDXR 和 STXR 指令。LDXR 是内存加载指令的一种，不过它会通过独占监视器（exclusive monitor）来监控对内存的访问。

20.3.1 独占监视器

独占监视器会把对应内存地址标记为独占访问模式，保证以独占的方式来访问这个内存地址，不受其他因素的影响。而 STXR 是有条件的存储指令，它会把新数据写入 LDXR 指令标记独占访问的内存地址里。

【例 20-3】下面是一段使用 LDXR 和 STXR 指令的简单代码。

```
<独占访问例子>

1   my_atomic_set:
```

```
2   1:
3       ldxr x2, [x1]
4       orr x2, x2, x0
5       stxr w3, x2, [x1]
6       cbnz w3, 1b
```

在第 3 行中，读取 X1 寄存器的值，然后以 X1 寄存器的值为地址，以独占的方式加载该地址的内容到 X2 寄存器中。

在第 4 行中，通过 ORR 指令来设置 X2 寄存器的值。

在第 5 行中，以独占的方式把 X2 寄存器的值写入 X1 寄存器里。若 W3 寄存器的值为 0，表示写入成功；若 W3 寄存器的值为 1，表示不成功。

在第 6 行中，判断 W3 寄存器的值，如果 W3 寄存器的值不为 0，说明 LDXR 和 STXR 指令执行失败，需要跳转到第 2 行的标签 1 处，重新使用 LDXR 指令进行独占加载。

注意，LDXR 和 STXR 指令是需要配对使用的，而且它们之间是原子的，即使我们使用仿真器硬件也没有办法单步调试和执行 LDXR 和 STXR 指令，即我们无法使用仿真器来单步调试第 3～5 行的代码，它们是原子的，是一个不可分割的整体。

LDXR 指令本质上也是 LDR 指令，只不过在 ARM64 处理器内部使用一个独占监视器来监视它的状态。独占监视器一共有两个状态——开放访问状态和独占访问状态。

当 CPU 通过 LDXR 指令从内存加载数据时，CPU 会把这个内存地址标记为独占访问，然后 CPU 内部的独占监视器的状态变成独占访问状态。当 CPU 执行 STXR 指令的时候，需要根据独占监视器的状态来做决定。

如果独占监视器的状态为独占访问状态，并且 STXR 指令要存储的地址正好是刚才使用 LDXR 指令标记过的，那么 STXR 指令存储成功，STXR 指令返回 0，独占监视器的状态变成开放访问状态。

如果独占监视器的状态为开放访问状态，那么 STXR 指令存储失败，STXR 指令返回 1，独占监视器的状态不变，依然保持开放访问状态。

对于独占监视器，ARMv8 体系结构根据缓存一致性的层级关系可以分成多个监视器。以 Cortex-A72 处理器为例，独占监视器可以分成三种①，如图 20.1 所示。

- 本地独占监视器（local monitor）：这类监视器处于处理器的 L1 内存子系统中。L1 内存子系统支持独占加载、独占存储、独占清除等这些同步原语。对于非共享（non-shareable）的内存，本地独占监视器可以支持和监视它们。
- 内部缓存一致性全局独占监视器（internal coherent global monitor）：这类全局监视器会利用多核处理器的 L1 高速缓存一致性相关信息来实现独占监视。这类全局监视器适合监视普通类型的内存，并且内存属性是共享，对应的高速缓存的策略是写回。这种情况下需要软件打开 MMU 并且使能高速缓存才能生效。这类全局监视器可以驻留在处理器的 L1 内存子系统中，也可以驻留在 L2 内存子系统中，通常需要和本地独立监视器协同工作。
- 外部全局独占监视器（external global monitor）：这种外部全局独占监视器通常位于芯片的内部总线（interconnect bus）中，例如，AXI 总线支持独占方式的读操作（read-exclusive）和独占方式的写操作（write-exclusive）。当访问设备类型的内存地址或者访问内部共享但是没有使能高速缓存的内存地址时，我们就需要这种外部全局独占监视器。通常缓存一致性控制器支持这种独占监视器。

① 详见《ARM® Cortex®-A72 MPCore Processor Technical Reference Manual》6.4.5 节。

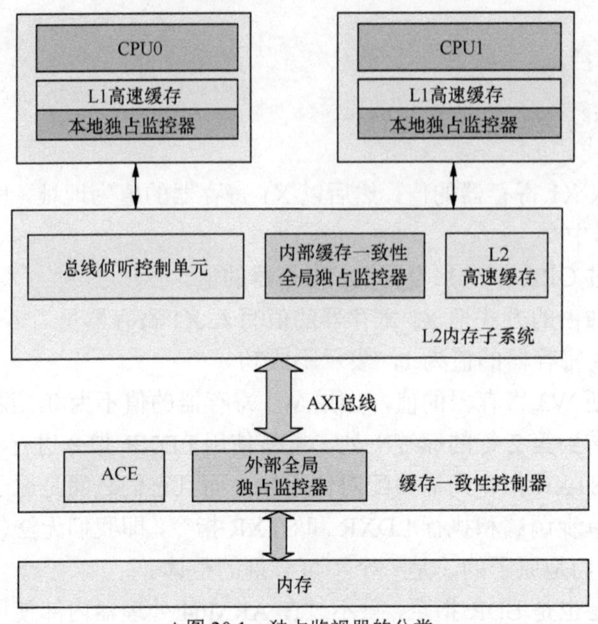

▲图 20.1　独占监视器的分类

以树莓派 4B 开发板为例，内部使用 BCM2711 芯片。这颗芯片没有实现外部全局独占监视器。因此，在 MMU 没有使能的情况下，访问物理内存变成访问设备类型的内存，此时，使用 LDXR 指令和 STXR 指令会产生不可预测的错误。

20.3.2　独占监视器与缓存一致性

LDXR 指令和 STXR 指令在多核之间利用高速缓存一致性协议以及独占监视器来保证执行的串行化和数据一致性。以 Cortex-A72 为例，L1 数据高速缓存之间的缓存一致性是通过 MESI 协议来实现的。

【例 20-4】为了说明 LDXR 指令和 STXR 指令在多核之间获取锁的场景，假设 CPU0 和 CPU1 同时访问一个锁（lock），这个锁的地址为 X0 寄存器的值，下面是获取锁的伪代码。

```
<获取锁的伪代码>

1    /*
2        get_lock(lock)
3    */
4    .global get_lock
5    get_lock:
6
7    retry:
8        ldxr w1, [x0] //独占地访问 lock
9        cmp  w1, #1
10       b.eq retry      //如果 lock 为 1，说明锁已经被其他 CPU 持有，只能不断地尝试
11
12       /* 锁已经释放，尝试去获取 lock */
13       mov w1, #1
14       stxr w2, w1, [x0]  //往 lock 写 1，以获取锁
15       cbnz w2, try       //若 w2 寄存器的值不为 0，说明独占访问失败，只能跳转到 try 处
16
17       ret
```

经典自旋锁的执行流程如图 20.2 所示。接下来，我们考虑多个 CPU 同时访问自旋锁的情

况。CPU0 和 CPU1 的访问时序如图 20.3 所示。

在 *T*0 时刻，初始化状态下，在 CPU0 和 CPU1 中，高速缓存行的状态为 I（无效）。CPU0 和 CPU1 的本地独占监视器的状态都是开放访问状态，而且 CPU0 和 CPU1 都没有持有这个锁。

在 *T*1 时刻，CPU0 执行第 8 行的 LDXR 指令加载锁的值。

在 *T*2 时刻，LDXR 指令访问完成。根据 MESI 协议，CPU0 上的高速缓存行的状态变成 E（独占），CPU0 上本地独占监视器的状态变成独占访问状态。

在 *T*3 时刻，CPU1 也执行到第 8 行代码，通过 LDXR 指令加载锁的值。根据 MESI 协议，CPU0 上对应的高速缓存行的状态则从 E 变成 S（共享），并且把高速缓存行的内容发送到总线上。CPU1 从总线上得到锁的内容，高速缓存行的状态从 I 变成 S。CPU1 上本地独占监视器的状态从开放访问状态变成独占访问状态。

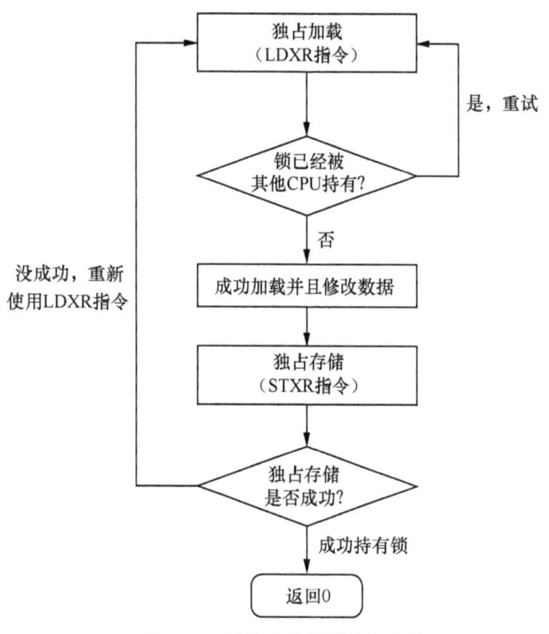

▲图 20.2 经典自旋锁的执行流程

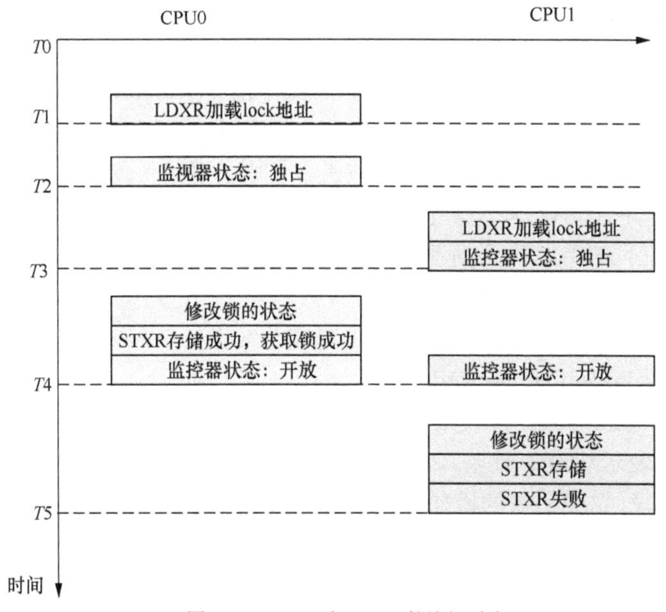

▲图 20.3 CPU0 和 CPU1 的访问时序

在 *T*4 时刻，CPU0 执行第 14 行代码，修改锁的状态，然后通过 STXR 指令来写入锁的地址 addr 中。在这个场景下，STXR 指令执行成功，CPU0 则成功获取锁，另外，CPU0 的本地独占监视器会把状态修改为开放访问状态。根据缓存一致性原则，内部缓存一致性的全局独占监视器能监听到 CPU0 的状态已经变成开放访问状态，因此也会把 CPU1 的本地独占监视器的状态同步设置为开放访问状态。根据 MESI 协议，CPU0 对应的高速缓存行状态会从 S 变成 M（修改），并且发送 BusUpgr 信号到总线，CPU1 收到该信号之后会把自己本地对应的高速缓存行设置为 I。

在 *T*5 时刻，CPU1 也执行到第 14 行代码，修改锁的值。这时候 CPU1 中高速缓存行的状态为 I，因此 CPU1 会发出一个 BusRdx 信号到总线上。CPU0 中高速缓存行的状态为 M，CPU0

收到这个 BusRdx 信号之后会把本地的高速缓存行的内容写回内存中，然后高速缓存行的状态变成 I。CPU1 直接从内存中读取这个锁的值，修改锁的状态，最后通过 STXR 指令写回锁地址 addr 里。但是此时，由于 CPU1 的本地监视器状态已经在 *T*4 时刻变成开放访问状态，因此 STXR 指令就写不成功了。CPU1 获取锁失败，只能跳转到第 7 行的 retry 标签处继续尝试。

综上所述，要理解 LDXR 指令和 STXR 指令的执行过程，需要从独占监视器的状态以及 MESI 状态的变化来综合分析。

20.3.3　独占监视器的粒度

如果使用 LDXR 指令和 STXR 指令来对 8 字节的地址变量进行操作，那么独占监视器仅仅监视这 8 字节的内存地址吗？其实不是的，它有一个粒度（Exclusive Reservation Granule，ERG）的问题。ARM64 处理器根据 LL/SC 机制来实现独占内存访问指令。从系统中读取内存，通常会预取一个高速缓存行的内容，因此独占监视器的监视粒度是一个高速缓存行。对高速缓存行的任何改动（例如普通的存储操作等）都会导致独占存储失败。我们可以通过 CTR 中的 ERG 域来读出它的独占监视器的最小粒度。

假设 ERG 是 2^4，即 16 字节，如果使用 LDRXB 指令对 0x341B4 地址进行独占地读操作，那么从 0x341B0～0x341BF 都会标记为独占访问。

20.4　原子内存访问操作指令

在 ARMv8.1 体系结构中新增了原子内存访问操作指令（atomic memory access instruction），这个也称为 LSE（Large System Extension）。原子内存访问操作指令需要 AMBA 5 总线中的 CHI（Coherent Hub Interface）的支持。AMBA 5 总线引入了原子事务（atomic transaction），允许将原子操作发送到数据，并且允许原子操作在靠近数据的地方执行，例如在互连总线上执行原子算术和逻辑操作，而不需要加载到高速缓存中处理。原子事务非常适合要操作的数据离处理器核心比较远的情况，例如数据在内存中。

如图 20.4 所示，所有的 CPU 连接到 CHI 互连总线上，图中的 HN-F（Fully coherent Home Node）表示缓存一致性的根节点，它位于互连总线内部，接收来自 CPU 的事务请求。SN-F（Slave Node）表示从设备节点，它通常用于普通内存，接收来自 HN-F 的请求，完成所需的操作。ALU（Arithmetic and Logic Unit）表示算术逻辑单元，完成算术运算和逻辑运算的硬件单元。不仅 CPU 内部有 ALU，还在 HN-F 里集成了 ALU。

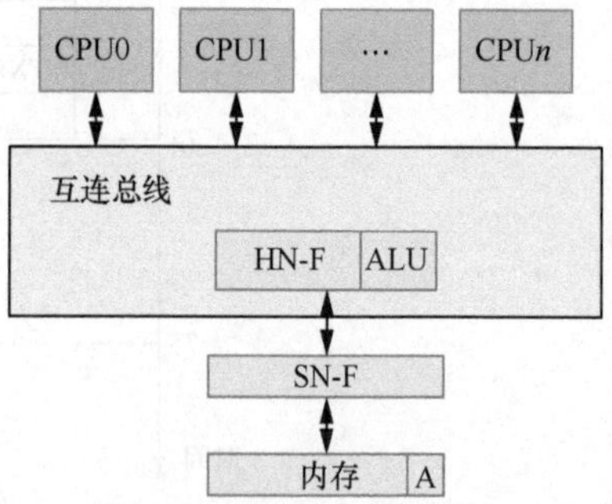

图 20.4　原子内存访问架构

假设内存中的地址 A 存储了一个计数值，CPU0 执行一条 stadd 原子内存访问指令把 A 计数加 1。下面是 STADD 指令的执行过程。

（1）CPU0 执行 STADD 指令时，会发出一个原子存储事务（AtomicStore Transaction）请求到互连总线上。

（2）互连总线上的 HN-F 接收到该请求。HN-F 会协同 SN-F 以及 ALU 来完成加法原子操作。

（3）因为原子存储事务是不需要等待回应的事务，CPU 不会跟踪该事务的处理过程，所以 CPU0 发送完该事务就认为 STADD 指令已经执行完。

从上述步骤可知，原子内存操作指令会在靠近数据的地方执行算术运算，大幅度提升原子操作的效率。

综上所述，原子内存访问操作指令与独占内存访问指令最大的区别在于效率。我们举一个自旋锁竞争激烈的场景，在 SMP 系统中，假设自旋锁 lock 变量存储在内存中。

与之相比，在独占内存访问架构下，ALU 位于每个 CPU 内核内部。例如，使用 LDXR 和 STXR 指令来对某地址上的 *A* 计数进行原子加 1 操作，首先使用 LDXR 指令加载计数 *A* 到 L1 高速缓存中，由于其他 CPU 可能缓存了 *A* 数据，因此需要通过 MESI 协议来处理 L1 高速缓存一致性的问题，然后利用 CPU 内部的 ALU 来完成加法运算，最后通过 STXR 指令写回内存中。因此，整个过程中，需要多次处理高速缓存一致性的情况，效率低下。独占内存访问架构如图 20.5 所示。假设 CPU0～CPU*n* 同时对计数 *A* 进行独占访问，即通过 LDXR 和 STXR 指令来实现"读-修改-写"操作，那么计数 *A* 会被加载到 CPU0～CPU*n* 的 L1 高速缓存中，CPU0～CPU*n* 将会引发激烈的竞争，导致高速缓存颠簸，系统性能下降。而原子内存操作指令则会在互连总线中的 HN-F 节点中对所有发起访问的 CPU 请求进行全局仲裁，并且在 HN-F 节点内部完成算术运算，从而避免高速缓存颠簸消耗的总线带宽。

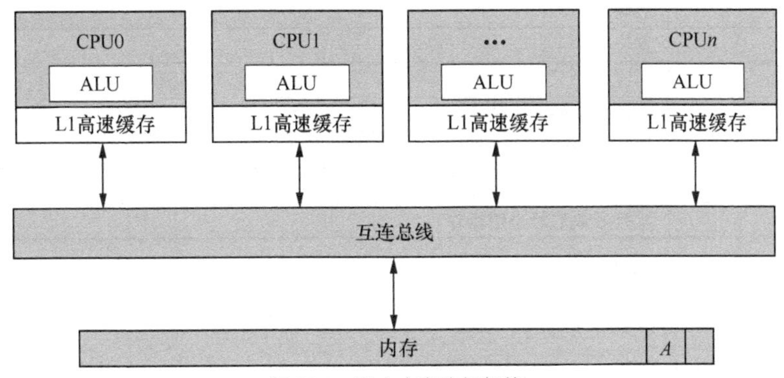

图 20.5 独占内存访问架构

使用独占内存访问指令会导致所有内 CPU 核都把锁加载到 L1 高速缓存中，然后不停地尝试获取锁（使用 LDXR 指令来读取锁）和检查独占监视器的状态，导致高速缓存颠簸。这个场景在 NUMA 体系结构下会变得更糟糕，远端节点（remote node）的 CPU 需要不断地跨节点访问数据。另外一个问题是不公平，当锁持有者释放锁时，所有的 CPU 都需要抢这把锁（使用 STXR 指令写这个 lock 变量），有可能最先申请锁的 CPU 反而没有抢到锁。

如果使用原子内存访问操作指令，那么最先申请这个锁的 CPU 内核会通过 CHI 互连总线的 HN-F 节点完成算术和逻辑运算，不需要把数据加载到 L1 高速缓存，而且整个过程都是原子的。

在使用这些指令之前需要确认一下你使用的 CPU 是否支持这个特性。我们可以通过 ID_AA64ISAR0_EL1 寄存器中的 atomic 域来判断 CPU 是否支持 LSE 特性。

LSE 指令中主要新增了如下三类指令。

- 比较并交换（Compare And Swap，CAS）指令。
- 原子内存访问指令，比如 LDADD 指令，用于原子地加载内存地址的值，然后进行加法运算。STADD 指令原子地对内存地址的值进行加法运算，然后把结果存储到这个内存地址里。
- 交换指令。

原子内存访问指令分成两类。

- 原子加载（atomic load）指令，先原子地加载，然后做运算。
- 原子存储（atomic store）指令，先运算，然后原子地存储。

上述两类指令的执行过程都是原子性的。

原子加载指令的格式如下。

```
ld<op>  <xs>, <xt>, [<xn|sp>]
```

上面的指令格式中，LD 后面的 op 表示操作后缀，如表 20.1 所示，例如 ADD 表示加法，SET 为置位等。指令中的[<X*n*|SP>]表示以 X*n* 或者 SP 寄存器中的值作为地址。所以，原子加载指令对[X*n*]的值与 X*s* 寄存器的值执行对应操作，并更新结果到以 X*n* 寄存器的值为地址的内存中，最后 X*t* 寄存器返回[X*n*]的旧值。

```
tmp = *xn;
*xn = *xn <op> xs;
xt = tmp;
```

表 20.1　　原子操作后缀

原子操作后缀	说　明
add	加法运算
clr	清零
set	置位
eor	异或操作
smax	有符号数的最大值操作
smix	有符号数的最小值操作
umax	无符号数的最大值操作
umix	无符号数的最小值操作

原子的存储操作的指令格式如下。

```
st<op>  <xs>,  [<xn|sp>]
```

上述指令对 X*n* 地址的值和 X*s* 寄存器的值做一个操作，然后把结果存储到 X*n* 寄存器中。

【例 20-5】下面以 STADD 指令来实现 atomic_add()函数。

```
1     static inline void atomic_add(int i, atomic_t *v)
2     {
3         asm volatile(
4       "   stadd        %w[i], %[v]\n")
5         : [i] "+r" (i), [v] "+Q" (v->counter)
6         :
7         : "cc");
8     }
```

在第 4 行中，使用 STADD 指令来把变量 *i* 的值添加到 v->counter 中。

在第 5 行中，输出操作数列表，描述在指令部分中可以修改的 C 语言变量以及约束条件，其中变量 *i* 和 v->counter 都具有可读、可写属性。

在第 7 行中，改变资源列表。即告诉编译器哪些资源已修改，需要更新。

使用原子内存访问操作指令来实现 atomic_add()函数非常高效。

【例 20-6】下面使用 LDUMAX 指令来实现经典的自旋锁。

获取自旋锁的函数原型为 get_lock()。

```
#define LOCK 1
#define UNLOCK 0

//函数原型：get_lock(lock)
get_lock:
      mov   x1, #LOCK
```

```
retry:
    ldumaxa  x1, x2, [x0]
    cbnz  x2, retry
    ret
```

首先比较 X1 寄存器的值与[X0]（[X0]表示以 X0 寄存器的值为地址）的值，然后把最大值写入以 X0 寄存器的值为地址的内存中。最后，返回[X0]的旧值，存放在 X2 寄存器中。X2 寄存器存储了锁的旧值，如果 X2 寄存器的值为 1，那么说明锁已经被其他进程持有了，当前 CPU 获取锁失败。如果 X2 寄存器的值为 0，说明当前 CPU 成功获取了锁。

释放锁比较简单，使用 STLR 指令来往锁的地址写 0 即可。

```
//释放锁：release_lock(lock)
release_lock:
   mov x1, #UNLOCK
   stlr  x1, [x0]
```

20.5 比较并交换指令

比较并交换（CAS）指令在无锁实现中起到非常重要的作用。比较并交换指令的伪代码如下。

```
int compare_swap(int *ptr, int expected, int new)
{
     int actual = *ptr;
     if (actual == expected) {
          *ptr = new;
     }
     return actual;
}
```

CAS 指令的基本思路是检查 ptr 指向的值与 expected 是否相等。若相等，则把 new 的值赋值给 ptr；否则，什么也不做。不管是否相等，最终都会返回 ptr 的旧值，让调用者来判断该比较并交换指令执行是否成功。

ARM64 处理器提供了 CAS 指令。CAS 指令根据内存屏障属性分成 4 类，如表 20.2 所示。

- 隐含了加载-获取内存屏障原语。
- 隐含了存储-释放内存屏障原语。
- 同时隐含了加载-获取和存储-释放内存屏障原语。
- 不隐含内存屏障原语。

表 20.2 CAS 指令

指令	访问类型	内存屏障原语
casab	8 位	加载-获取
casalb	8 位	加载-获取和存储-释放
casb	8 位	—
caslb	8 位	存储-释放
casah	16 位	加载-获取
casalh	16 位	加载-获取和存储-释放
cash	16 位	—
caslh	16 位	存储-释放
casa	32 位或者 64 位	加载-获取
casal	32 位或者 64 位	加载-获取和存储-释放
cas	32 位或者 64 位	—
casl	32 位或者 64 位	存储-释放

Linux 内核中常见的比较并交换函数是 cmpxchg()。由于 Linux 内核最早是基于 x86 体系结构来实现的，x86 指令集中对应的指令是 CMPXCHG 指令，因此 Linux 内核使用该名字作为函数名。

【例 20-7】对于 ARM64 体系结构，cmpxchg()_mb_64 函数的实现如下。

```
1    u64 cmpxchg_mb_64(volatile void *ptr, u64 old, u64 new)
2    {
3        u64 tmp;
4
5        asm volatile(
6       "    mov      x30, %x[old]\n"
7       "    casal  x30, %x[new], %[v]\n"
8       "    mov      %x[ret], x30")
9       : [ret] "+r" (tmp), [v] "+Q" (*(unsigned long *)ptr)
10      : [old] "r" (old), [new] "r" (new)
11      : "memory");
12
13      return tmp;
14   }
```

在第 6 行中，把 old 参数加载到 X30 寄存器中。

在第 7 行中，使用 CASAL 指令来执行比较并交换操作。比较 ptr 的值是否与 X30 的值相等，若相等，则把 new 的值设置到 ptr 中。注意，这里 CASAL 指令隐含了加载-获取和存储-释放内存屏障原语。

在第 8 行中，通过 ret 参数返回 X30 寄存器的值。

除 cmpxchg()函数之外，Linux 内核还实现了多个变体，如表 20.3 所示。这些函数在无锁机制的实现中起到了非常重要的作用。

表 20.3　cmpxchg()函数的变体

cmpxchg()函数的变体	描　述
cmpxchg_acquire()	比较并交换操作，隐含了加载-获取内存屏障原语
cmpxchg_release()	比较并交换操作，隐含了存储-释放内存屏障原语
cmpxchg_relaxed()	比较并交换操作，不隐含任何内存屏障原语
cmpxchg()	比较并交换操作，隐含了加载-获取和存储-释放内存屏障原语

20.6　WFE 指令在自旋锁中的应用

原子操作一个常见的应用场景是经典自旋锁。自旋锁有一个特点，当自旋锁已经被其他 CPU 持有时，想获取锁的 CPU 只能在锁外面不停地尝试，这样很浪费 CPU 资源，而且会造成高速缓存行颠簸，导致性能下降。如何解决这个问题呢？Linux 内核采用 MCS 算法解决这个问题。另外，ARM64 处理器支持 WFE 机制，即 CPU 在自旋等待锁时让其进入低功耗睡眠模式，这既可以解决性能问题，还能降低功耗。

【例 20-8】下面是使用 WFE 指令的经典自旋锁的实现代码。

```
1     get_lock:
2         sevl
3         prfm pstl1keep, [x0]
4     loop
```

```
5           wfe
6           ldaxr w5, [x0]
7           cnbz w5, loop
8           stxr w5, w1, [x0]
9           cnbz w5, loop
10
11          ret
```

上述 get_lock 汇编函数中，X0 寄存器存放了锁，X1 的初始值为 1。

在第 2 行中，SEVL 指令是 SEV 指令的本地 CPU 版本，它只会向本地 CPU 发送一个唤醒事件，通常在从一条 WFE 指令开始的循环里使用。因此，这里的 SEVL 指令让第一次调用 WFE 指令时，CPU 不会睡眠。

在第 3 行中，把 lock 地址的内容预取到高速缓存里。

在第 5 行中，第一次调用时不会睡眠，因为前面有一条 SEVL 指令。

在第 6 行中，通过 LDAXR 指令读取 lock 的值到 W5 寄存器中。

在第 7 行中，判断 lock 是否为 0，如果不为 0，说明这个锁已经被其他 CPU 持有了，跳转到 loop 里并自旋。第二次执行到 loop 标签时调用 WFE 指令让 CPU 进入睡眠状态。CPU 什么时候会被唤醒呢？当释放锁时会唤醒 CPU。

在第 8 行中，如果 lock 空闲，往 lock 里写入 1，尝试获取这个锁。

在第 9 行中，CNBZ 指令用来判断 STXR 指令是否写入成功，W5 表示返回值。如果返回值为 0，说明 LDXR 指令和 STXR 指令执行成功，并且获取了锁，否则 LDXR 指令和 STXR 指令执行失败，跳转到 loop 标签处，重新执行。

综上所述，使用 WFE 指令可以让 CPU 在获取不到锁时进入低功耗模式，等持有锁的 CPU 来唤醒它。

下面是释放锁的示例代码。

```
release_lock:
stlr wzr, [x0]
```

使用 STLR 指令来释放锁，并且让处理器的独占监视器监测到锁临界区被清除，即处理器的全局监视器监测到有内存区域从独占访问状态变成开放访问状态，从而触发一个 WFE 事件，来将等待这个自旋锁并且睡眠的 CPU 唤醒。

通过 WFE 睡眠的 CPU 大致可以通过下面的方式唤醒：

- 不可屏蔽的中断；
- 唤醒事件。

哪些事件（event）可以唤醒通过 WFE 指令进入睡眠状态的 CPU？

- 执行 SEV 指令可以唤醒通过 WFE 睡眠的所有 CPU。
- 执行 SEVL 指令阻止本地 CPU 执行 WFE 指令进入睡眠状态，这仅仅对第一次调用的 WFE 指令有效。
- 往独占内存区域写入数据可以触发一个唤醒事件，来唤醒通过 WFE 指令进入睡眠状态的 CPU。清除独占监视器，从独占状态变成开放状态从而触发一个唤醒事件。

第 21 章　操作系统相关话题

本章思考题

1. 什么是 C 语言的整型提升？请从 ARM64 处理器角度来解释整型提升。
2. 在下面的代码中，最终输出值分别是多少？

```
#include <stdio.h>

void main()
{
      unsigned char a = 0xa5;
      unsigned char b = ~a>>4 + 1;

      printf("b=%d\n", b);
}
```

3. 假设函数调用关系为 main()→func1()→func2()，请画出 ARM64 体系结构下函数栈的布局。
4. 在 ARM64 体系结构中，子函数的栈空间的 FP 指向哪里？
5. 操作系统中的 0 号进程指的是什么？
6. 什么是进程上下文切换？对于 ARM64 处理器来说，进程上下文切换需要保存哪些内容？保存到哪里？
7. 新创建的进程第一次执行时的第一条指令在哪里？
8. 假设系统中只有两个内核进程——进程 A 和进程 B。0 号进程先运行，时钟周期到来时会递减 0 号进程的时间片，当时间片用完之后，需要调用 schedule()函数切换到进程 A。假设在时钟周期的中断处理函数 task_tick_simple()或者 handle_timer_irq()里，直接调用 schedule()函数，会发生什么情况？
9. 调度器通过 switch_to()来从进程 A 切换到进程 B。那么进程 B 是否在切换完成之后，马上执行 kernel_thread2()回调函数呢？

本章主要介绍 ARMv8 体系结构中与原子操作相关的指令及其原理。

21.1　C 语言常见陷阱

本节主要介绍在 ARM64 下编程的常见陷阱。

21.1.1　数据模型

在 ARM32 下通常采用 ILP32 数据模型，而在 ARM64 下可以采用 LP64 和 ILP64 数据模型。在 Linux 系统下默认采用 LP64 数据模型，在 Windows 系统下采用 ILP64 数据模型。在 64 位机器上，若 int 类型是 32 位，long 类型为 64 位，指针类型也是 64 位，那么该机器就是 LP64 的。其中，L 表示 Long，P 表示 Pointer。而 ILP64 表示 int 类型是 64 位，long 类型是 64 位，long long 类型是 64 位，指针类型是 64 位。ILP32、ILP64、LP64 数据模型中不同数据类型的长度如表 21.1 所示。

表 21.1　　ILP32、ILP64、LP64 数据模型中不同数据类型的长度

数据类型/字节	ILP32 数据模型中的长度（以字节为单位）	ILP64 数据模型中的长度（以字节为单位）	LP64 数据模型中的长度（以字节为单位）
char	1	1	1
short	2	2	2
int	4	4	4
long	4	4	8
long long	8	8	8
pointer	4	8	8
size_t	4	8	8
float	4	4	4
double	8	8	8

在 32 位系统里，由于整型和指针长度相同，因此某些代码会把指针强制转换为 int 或 unsigned int 来进行地址运算。

【例 21-1】在下面的代码中，get_pte()函数根据 PTE 基地址 pte_base 和 offset 来计算 PTE 的地址，并转成指针类型。

```
1     char * get_pte(char *pte_base, int offset)
2     {
3         int pte_addr, pte;
4
5         pte_addr = (int)pte_base;
6         pte = pte_addr + offset;
7
8         return (char *)pte;
9     }
```

第 5 行使用 int 类型把 pte_base 指针转换成地址，在 32 位系统中没有问题，因为 int 类型和指针类型都占用 4 字节。但是在 64 位系统中就有问题了，int 类型占 4 字节，而指针类型占 8 字节。在跨系统的编程中，推荐使用 C99 标准定义 intptr_t 和 uintptr_t 类型，根据系统的位数来确定二者的大小。

示例代码如下。

```
#if __WORDSIZE == 64
     typedef long int                 intptr_t;
     typedef unsigned long int        uintptr_t;
#else
     typedef int                      intptr_t;
     typedef unsigned int             uintptr_t;
#endif
```

上述代码可以修改成以下形式。

```
pte_addr = (intptr_t)pte_base;
```

在 Linux 内核中，通常内存地址使用 unsigned long 来转换，这利用了指针和长整型的字节大小是相同的这个事实。

【例 21-2】下面的代码利用了指针和长整型的字节大小是相同的这个事实，来实现类型转换。

```
1    unsigned long __get_free_pages(gfp_t gfp_mask, unsigned int order)
2    {
3        struct page *page;
4
5        page = alloc_pages(gfp_mask & ~__GFP_HIGHMEM, order);
6        if (!page)
7            return 0;
8        return (unsigned long) page_address(page);
9    }
```

在第 8 行中，把 page 的指针转换成地址，使用 unsigned long，这样保证了在 32 位系统和 64 位系统中都能正常工作。

21.1.2　数据类型转换与整型提升

C 语言有隐式的数据类型转换，它很容易出错。下面是隐式数据类型转换的一般规则。

- 在赋值表达式中，右边表达式的值自动隐式转换为左边变量的类型。
- 在算术表达式中，占字节少的数据类型向占字节多的数据类型转换，如图 21.1 所示。例如，在 ARM64 系统中，当对 int 类型和 long 类型的值进行运算时，int 类型的数据需要转换成 long 类型。

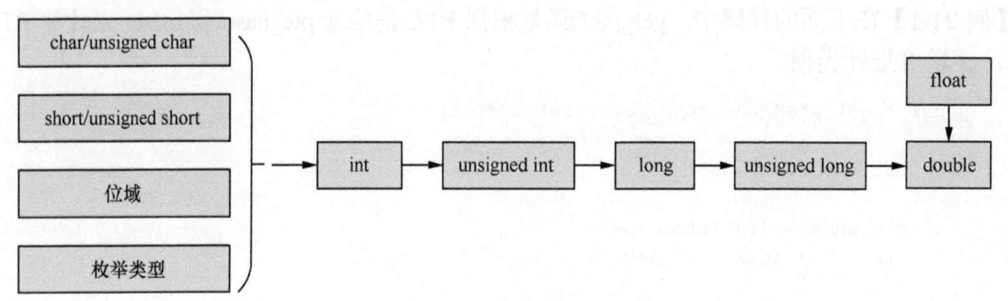

▲图 21.1　数据类型转换

- 在算术表达式中，当对有符号数据类型与无符号数据类型进行运算时，需要把有符号数据类型转换为无符号数据类型。例如，若表达式中既有 int 类型又有 unsigned int 类型，则所有的 int 类型数据都被转化为 unsigned int 类型。
- 整数常量通常是 int 类型。例如，在 ARM64 系统里，整数 8 会使用 W*n* 寄存器来存储，8LL 则会使用 X*n* 寄存器来存储。

【例 21-3】在下面的代码中，最终输出值是多少？

```
1    #include <stdio.h>
2
3    void main()
4    {
5        unsigned int i = 3;
6
7        printf("0x%x\n", i * -1);
8    }
```

首先−1 是整数常量，它可以用 int 类型表达，而变量 *i* 是 unsigned int 类型。根据上述规则，当对 int 类型和 unsigned int 类型数据进行计算时，需要把 int 类型转换成 unsigned int 类型。所以，数据−1 转成 unsigned int 类型，即 0xFFFFFFFF。表达式“*i* * −1”变成“3 * 0xFFFFFFFF”，计算结果会溢出，最后变成 0xFFFFFFFD。

C 语言规范中有一个整型提升（integral promotion）的约定。

- 在表达式中，当使用有符号或者无符号的 char、short、位域（bit-field）以及枚举类型时，都应该提升到 int 类型。
- 如果上述类型可以使用 int 类型来表示，则使用 int 类型；否则，使用 unsigned int 类型。

整型提升的意义是，使 CPU 内部的 ALU 充分利用通用寄存器的长度，例如，ARM64 处理器的通用寄存器支持 32 位宽和 64 位宽，而 int 类型和 unsigned int 类型正好是 32 位宽。对于两个 char 类型值的运算，CPU 难以直接实现字节相加的运算，在 CPU 内部要先转换为通用寄存器的标准长度。在 ARM64 处理器里，通用寄存器最小的标准长度是 32 位，即 4 字节。因此，两个 char 类型值需要存储到 32 位的 W*n* 通用寄存器中，然后再进行相加运算。

【例 21-4】在下面的代码中，*a*、*b*、*c* 的值分别是多少？

```
1     #include <stdio.h>
2
3     void main()
4     {
5         char a;
6         unsigned int b;
7         unsigned long c;
8
9         a = 0x88;
10        b = ~a;
11        c = ~a;
12
13        printf("a=0x%x, ~a=0x%x, b=0x%x, c=0x%lx\n", a, ~a, b, c);
14    }
```

在 QEMU+ARM64 系统中，运行结果如下。

```
benshushu:mnt# ./test
a=0x88, ~a=0xffffff77, b=0xffffff77, c=0xffffffffffffff77
```

有读者认为~*a* 的值应该为 0x77，但是根据整型提升的规则，表达式“~*a*”会转换成 int 类型，所以最终值为 0xFFFFFF77。

C 语言里还有一个符号扩展问题，当要把一个带符号的整数提升为同一类型或更长类型的无符号整数时，它首先被提升为更长类型的带符号等价值，然后转换为无符号值。

【例 21-5】在下面的代码中，最终输出值分别是多少？

```
1     #include <stdio.h>
2
3     struct foo {
4         unsigned int a:19;
5         unsigned int b:13;
6     };
7
8     void main()
9     {
10        struct foo addr;
11
12        unsigned long base;
13
14        addr.a = 0x40000;
15        base = addr.a <<13;
```

```
16
17        printf("0x%lx, 0x%lx\n", addr.a <<13, base);
18    }
```

addr.a 为位域类型，根据整型提升的规则，它首先会被提升为 int 类型。表达式“addr.a <<13”的类型为 int 类型，但是未发生符号扩展。在给 base 赋值时，根据带符号和无符号整数提升规则，会先转换为 long，然后转换为 unsigned long。从 int 转换为 long 时，会发生符号扩展。

上述程序最终的执行结果如下。

```
benshushu:mnt# ./test
0x80000000, 0xffffffff80000000
```

如果想让 base 得到正确的值，可以先把 addr.a 从 int 类型转换成 unsigned long 类型。

```
base = (unsigned long)addr.a <<13;
```

【例 21-6】在下面的代码中，最终输出值是多少？

```
#include <stdio.h>

void main()
{
     unsigned char a = 0xa5;
     unsigned char b = ~a>>4 + 1;

     printf("b=%d\n", b);
}
```

在表达式“~*a*>>4 + 1”中，按位取反的优先级最高，因此首先计算“~*a*”表达式。根据整型提升的规则，*a* 被提升到 int 类型，最终得到 0xFFFFFF5A。加法的优先级高于右移运算的优先级，表达式变成 0xFFFFFF5A >> 5，得到 0xFFFFFFFA。最终 *b* 的值为 0xFA，即 250。

21.1.3　移位操作

在 C 语言中，移位操作是很容易出错的地方。整数常量通常被看成 int 类型。如果移位的范围超过 int 类型，那么就会出错了。

【例 21-7】下面的代码片段有什么问题？

```
#include <stdio.h>

void main()
{
     unsigned long reg = 1 << 33;

     printf("0x%lx\n", reg);
}
```

上面代码片段在编译过程中会提示如下编译警告。

```
benshushu:mnt# gcc test.c -o test
test.c: In function 'main':
test.c:5:24: warning: left shift count >= width of type [-Wshift-count-overflow]
    5 |  unsigned long reg = 1 << 33;
      |                        ^~
```

虽然编译能通过，但是程序执行结果不正确。因为整数常量 1 被看成 int 类型，在 ARM64 处理器中会使用 W*n* 寄存器来存储。若左移 33 位，则超过了 W*n* 寄存器的范围。正确的做法是使用“1ULL”，这样编译器会这个整数常量看成 unsigned long long 类型，在 ARM64 处理器内部使用 X*n* 寄存器。正确的代码如下。

```
unsigned long reg = 1ULL << 33;
```

21.2 函数调用标准

函数调用标准（Procedure Call Standard，PCS）用来描述父/子函数是如何编译、链接的，特别是父函数和子函数之间调用关系的约定，如栈的布局、参数的传递等。每个处理器体系结构都有不同的函数调用标准，本节重点介绍 ARM64 的函数调用标准。

ARM 公司有一份描述 ARM64 体系结构函数调用的标准，参见《Procedure Call Standard for ARM 64-Bit Architecture》。

ARM64 体系结构的通用寄存器如表 21.2 所示。

表 21.2　　ARM64 体系结构的通用寄存器

寄　存　器	描　　述
SP 寄存器	SP 寄存器
X30（LR）	链接寄存器
X29（FP 寄存器）	栈帧指针（Frame Pointer）寄存器
X19～X28	被调用函数保存的寄存器。在子函数中使用时需要保存到栈中
X18	平台寄存器
X17	临时寄存器或者第二个 IPC（Intra-Procedure-Call）临时寄存器
X16	临时寄存器或者第一个 IPC 临时寄存器
X9～X15	临时寄存器
X8	间接结果位置寄存器，用于保存子程序的返回地址
X0～X7	用于传递子程序参数和结果，若参数个数多于 8，就采用栈来传递。64 位的返回结果采用 X0 寄存器保存，128 位的返回结果采用 X0 和 X1 两个寄存器保存

总之，函数调用标准可以总结成如下规则。

- 函数的前 8 个参数使用 X0～X7 寄存器来传递。
- 如果函数的参数多于 8 个，除前 8 个参数使用寄存器来传递之外，后面的参数使用栈来传递。
- 函数的返回值保存到 X0 寄存器中。
- 函数的返回地址保存在 X30（LR）寄存器中。
- 如果子函数里使用 X19～X28 寄存器，那么子函数需要先把这些寄存器的内容保存到栈中，使用完之后再从栈中恢复内容到这些寄存器里。

【例 21-8】请使用汇编语言来实现下面的 C 语言程序。

```
#include <stdio.h>

int main(void)
{
    int a = 1, b = 2, c = 3, d = 4, e = 5, f = 6, g = 7, h =8, i = 9, j = -1;

    printf("data: %d %d %d %d %d %d %d %d %d %d\n",
            a, b, c, d, e, f, g, h, i, j);

    return 0;
}
```

上面的 C 语言程序使用 printf()函数来输出 10 个参数的值。根据函数调用规则，X0～X7 寄存器可以用来传递前 8 个参数，后面的参数只能使用栈传递。下面是使用汇编语言编写的代码。

```
1        .arch armv8-a
2        .section .rodata
3        .align 3
4    string:
5        .string"data: %d %d %d %d %d %d %d %d %d %d\n"
6
7    data:
8        .word 1, 2, 3, 4, 5, 6, 7, 8, 9, -1
9
10       .text
11       .align2
12
13   .global main
14   main:
15       /*栈往下扩展 16 字节*/
16       stp x29, x30, [sp, #-16]!
17
18       /*读取 data 的地址*/
19       adr x13, data
20
21       ldr w1, [x13, #(4*0)] // w1 = a
22       ldr w2, [x13, #(4*1)] // w2 = b
23       ldr w3, [x13, #(4*2)] // w3 = c
24       ldr w4, [x13, #(4*3)] // w4 = d
25       ldr w5, [x13, #(4*4)] // w5 = e
26       ldr w6, [x13, #(4*5)] // w6 = f
27       ldr w7, [x13, #(4*6)] // w7 = g
28
29       ldr w8, [x13, #(4*7)] // w8 = h
30       ldr w9, [x13, #(4*8)] // w9 = i
31       ldr w10, [x13, #(4*9)] // w10 = j
32
33       /*把栈继续往下扩展 32 字节*/
34       add sp, sp, #-32
35
36       /* 把 w8~w10 这三个寄存器的值
37          保存到栈里
38        */
39       str w10, [sp, #16]
40       str w9, [sp, #8]
41       str w8, [sp]
42
43       /*printf*/
44       adr px0, string
45       add x0, x0, :lo12:string
46       bl printf
47
48       /*释放刚才扩展的 32 字节的栈空间*/
49       add sp, sp, #32
50
51       mov w0, 0
52       /*恢复 x29 和 x30，然后 SP 回到原点*/
53       ldp x29, x30, [sp], #16
54       ret
```

第 2～8 行定义了一个只读数据段，其中 string 用于 printf()函数输出的字符串。data 是一组数据。

在第 16 行中，首先把栈空间往下生长（扩展）16 字节，然后把 X29 和 X30 寄存器的值保存到栈里，其中 X29 寄存器的值保存到 SP 指向的位置上，X30 寄存器的值保存到 SP 指向的位置加 8 的位置上，如图 21.2（a）所示。

在第 19 行中，使用 ADR 指令来读取 data 的地址。

在第 21～31 行中，使用 LDR 指令来读取 data 中数据元素到 W1～W10 寄存器中。

在第 34 行中，把栈的空间继续往下扩展 32 字节，用来存储参数。

在第 39～41 行中，把 W8~W10 这三个寄存器的值存储到栈里，其中 W8 寄存器的值存储到 SP 指向的位置上，W9 寄存器的值存储到 SP 指向的位置加 8 的位置上，W10 寄存器的值存储到 SP 指向的位置加 16 的位置上，如图 21.2（b）所示。

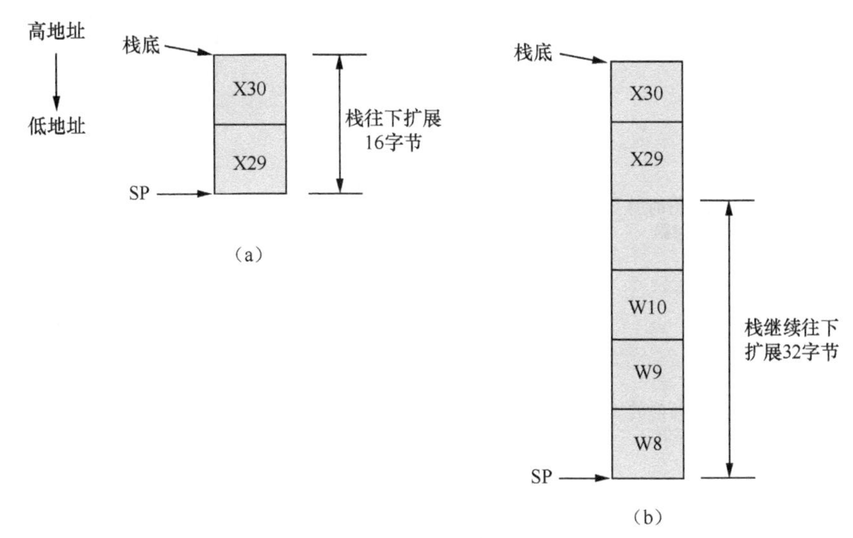

▲图 21.2 栈

在第 44～46 行中，使用 ADRP 与 ADD 指令来加载 string，并且把 string 的地址作为第一个参数传递给 printf()函数。把 W1～W7 寄存器中的 7 个参数也传递给 printf()函数。剩余的参数（即 W8～W10 寄存器中的这三个参数）则通过栈传递。

在第 49 行中，printf()执行完成后，通过 ADD 指令释放栈空间。

在第 51 行中，设置 main()的返回值为 0。

在第 53 行中，从栈里恢复 X29 和 X30 寄存器的值。

在第 54 行中，通过 RET 指令返回。

21.3 栈布局

在 ARM64 体系结构中，栈从高地址往低地址生长。栈的起始地址称为栈底，而栈从高地址往低地址延伸到的某个点称为栈顶。栈在函数调用过程中起到非常重要的作用，包括存储函数使用的局部变量，传递参数等。在函数调用过程中，栈是逐步生成的。为单个函数分配的栈空间，即从该函数栈底（高地址）到栈顶（低地址）这段空间称为栈帧（stack frame）。例如，如果父函数 main()调用子函数 func1()，那么在准备执行子函数 func1()时，栈指针（SP）会向低地址延伸一段（从父函数中栈框的最低处往下延伸），为 func1()创建一个栈帧。func1()使用到的一些局部变量会存储在这个栈帧里。当从 func1()返回时，SP 会调整回父函数的栈顶。此时

func1()的栈空间就被释放了。

假设函数调用关系是 main()→func1()→func2()，图 21.3 所示为栈的布局。

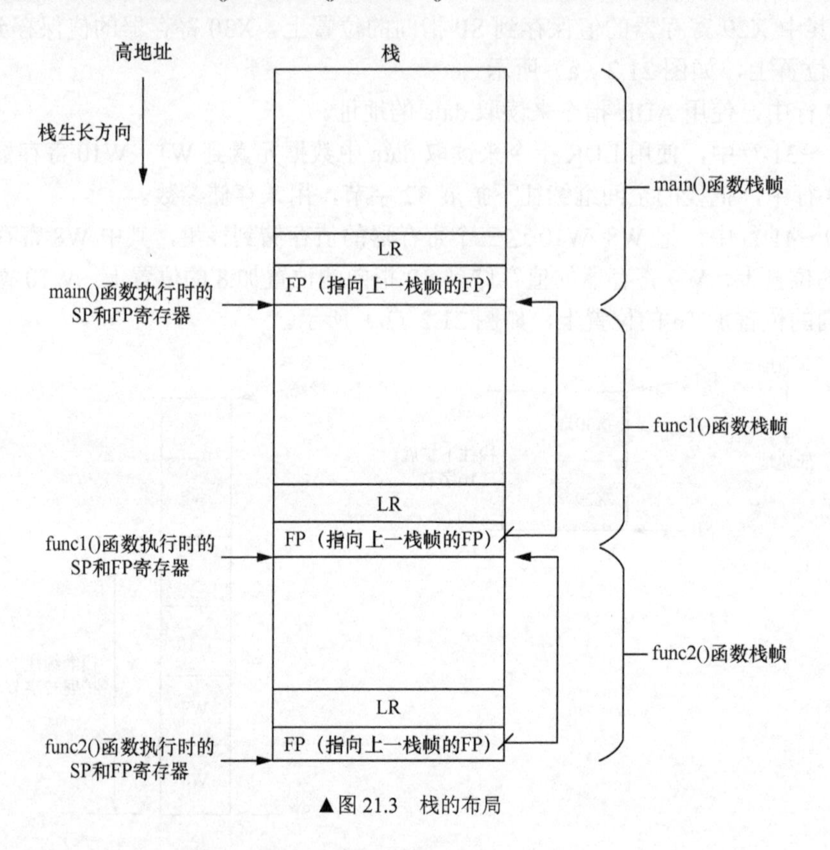

▲图 21.3　栈的布局

ARM64 体系结构的函数栈布局的关键点如下。

- 所有的函数调用栈都会组成一个单链表。
- 每个栈由两个地址来构成这个链表，这两个地址都是 64 位宽的，并且它们都位于栈顶。
  - 低地址存放：指向上一个栈帧（父函数的栈帧）的栈基地址 FP，类似于链表的 prev 指针。本书把这个地址称为 P_FP（Previous FP），以区别于处理器内部的 FP 寄存器。
  - 高地址存放：当前函数的返回地址，也就是进入该函数时 LR 的值，本书把这个地址称为 P_LR（Previous LR）。
- 处理器的 FP 和 SP 寄存器相同。在函数执行时，FP 和 SP 寄存器会指向该函数栈空间的 FP 处。
- 函数返回时，ARM64 处理器先把栈中的 P_LR 的值载入当前 LR，然后执行 RET 指令。

21.4 创建进程

本节介绍在 BenOS 里实现进程的创建时我们需要注意的几个关键点。

21.4.1　进程控制块

我们使用 task_struct 数据结构来描述一个进程控制块（Processing Control Block，PCB）。

```
struct task_struct {
	enum task_state state;
	enum task_flags flags;
	long count;
	int priority;
	int pid;
	struct cpu_context cpu_context;
};
```

- state 表示进程的状态。使用 task_state 枚举类型来列举进程的状态，其中包括运行状态（TASK_RUNNING）、可中断睡眠状态（TASK_INTERRUPTIBLE）、不可中断的睡眠状态（TASK_UNINTERRUPTIBLE）、僵尸态（TASK_ZOMBIE）以及终止态（TASK_STOPPED）。

```
enum task_state {
	TASK_RUNNING = 0,
	TASK_INTERRUPTIBLE = 1,
	TASK_UNINTERRUPTIBLE = 2,
	TASK_ZOMBIE = 3,
	TASK_STOPPED = 4,
};
```

- flags 用来表示进程的某些标志位。它目前只用来表示进程是否为内核线程。

```
enum task_flags {
	PF_KTHREAD = 1 << 0,
};
```

- count 用来表示进程调度用的时间片。
- priority 用来表示进程的优先级。
- pid 用来表示进程的 ID。
- cpu_context 用来表示进程切换时的硬件上下文。

21.4.2 0 号进程

BenOS 的启动流程是上电→树莓派固件→BenOS 汇编入口→kernel_main 函数。从进程的角度来看，init 进程可以看成系统的“0 号进程”。

我们需要对这个 0 号进程进行管理。0 号进程也需要由一个进程控制块来描述，以方便管理。下面使用 INIT_TASK 宏来静态初始化 0 号进程的进程控制块。

```
/* 0 号进程即 init 进程 */
#define INIT_TASK(task) \
{                    \
	.state = 0,     \
	.priority = 1,   \
	.flags = PF_KTHREAD,   \
	.pid = 0,     \
}
```

另外，我们还需要为 0 号进程分配栈空间。通常的做法是把 0 号进程的内核栈空间链接到数据段里。注意，这里仅仅对 0 号进程是这么做的，其他进程的内核栈是动态分配的。

首先，使用 task_union 定义一个内核栈。

```
/*
 * task_struct 数据结构存储在内核栈的底部
 */
union task_union {
```

```
    struct task_struct task;
    unsigned long stack[THREAD_SIZE/sizeof(long)];
};
```

这样，定义了一个内核栈的框架，内核栈的底部用来存储进程控制块，如图 21.4 所示。

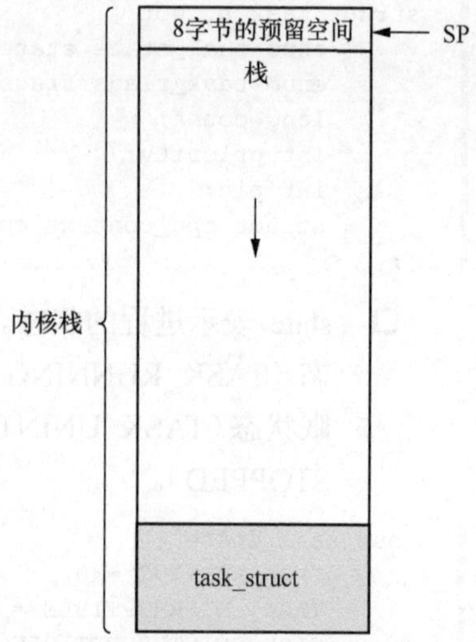

目前 BenOS 还比较简单，所以内核栈的大小定义为一个页面大小，即 4 KB。

```
/* 暂时使用 1 个 4 KB 页面来当作内核栈*/
#define THREAD_SIZE  (1 * PAGE_SIZE)
#define THREAD_START_SP  (THREAD_SIZE - 8)
```

对于 0 号进程，我们把内核栈放到.data.init_task 段里。下面通过 GCC 的__attribute__属性把 task_union 编译链接到.data.init_task 段中。

▲图 21.4　内核栈的框架

```
/* 把 0 号进程的内核栈编译链接到.data.init_task 段中 */
#define __init_task_data __attribute__((__section__(".data.init_task")))

/* 0 号进程为 init 进程 */
union task_union init_task_union __init_task_data = {INIT_TASK(task)};
```

另外，还需要在 BenOS 的链接文件 linker.ld 中新增一个名为.data.init_task 的段。修改 benos/src/linker.ld 文件，在数据段中新增.data.init_task 段。

```
SECTIONS
{
    ...
    . = ALIGN(PAGE_SIZE);
    _data = .;
    .data : {
        *(.data)
        . = ALIGN(PAGE_SIZE);
        *(.data.init_task)
    }
    ...
}
```

21.4.3　do_fork 函数的实现

我们可以使用 do_fork()函数来实现进程的创建，该函数的功能是新建一个进程。具体操作如下。

（1）新建一个 task_struct 数据结构，用于描述一个进程的进程控制块，为其分配 4 KB 页面用来存储内核栈，task_struct 数据结构存储在栈的底部。

（2）为新进程分配 PID（Process IDentification，进程标识符）。

（3）设置进程的上下文。

下面是 do_fork()函数的核心代码。

```
int do_fork(unsigned long clone_flags, unsigned long fn, unsigned long arg)
{
    struct task_struct *p;
    int pid;

    p = (struct task_struct *)get_free_page();
    if (!p)
```

```
        goto error;

    pid = find_empty_task();
    if (pid < 0)
        goto error;

    if (copy_thread(clone_flags, p, fn, arg))
        goto error;

    p->state = TASK_RUNNING;
    p->pid = pid;
    g_task[pid] = p;

    return pid;

error:
    return -1;
}
```

其中，函数的作用如下。

- get_free_page()分配一个物理页面，用于进程的内核栈。
- find_empty_task()查找一个空闲的 PID。
- copy_thread()设置新进程的上下文。

copy_thread()函数也实现在 kernel/fork.c 文件里。

```
/*
 * 设置子进程的上下文信息
 */
static int copy_thread(unsigned long clone_flags, struct task_struct *p,
        unsigned long fn, unsigned long arg)
{
    struct pt_regs *childregs;

    childregs = task_pt_regs(p);
    memset(childregs, 0, sizeof(struct pt_regs));
    memset(&p->cpu_context, 0, sizeof(struct cpu_context));

    if (clone_flags & PF_KTHREAD) {
        childregs->pstate = PSR_MODE_EL1h;
        p->cpu_context.x19 = fn;
        p->cpu_context.x20 = arg;
    }

    p->cpu_context.pc = (unsigned long)ret_from_fork;
    p->cpu_context.sp = (unsigned long)childregs;

    return 0;
}
```

PF_KTHREAD 标志位表示新创建的进程为内核线程，这时 pstate 把将要运行的模式另存为 PSR_MODE_EL1h，X19 寄存器保存内核线程的回调函数，X20 寄存器保存回调函数的参数。

PC 寄存器指向 ret_from_fork 汇编函数。SP 寄存器指向内核栈的 pt_regs 栈框。

21.4.4 进程上下文切换

BenOS 里的进程上下文切换函数为 switch_to()，用来切换到 next 进程。

```
void switch_to(struct task_struct *next)
{
    struct task_struct *prev = current;

    if (current == next)
        return;

    current = next;
    cpu_switch_to(prev, next);
}
```

其中的核心函数为 cpu_switch_to()函数，它用于保存 prev 进程的上下文，并且恢复 next 进程的上下文，函数原型如下。

```
cpu_switch_to(struct task_struct *prev, struct task_struct *next);
```

cpu_switch_to()函数实现在 benos/src/entry.S 文件里。需要保存的上下文包括 X19～X29 寄存器、SP 寄存器以及 LR，把它们保存到进程的 task_struct->cpu_context 中。进程切换过程如图 21.5 所示。

```
.align
.global cpu_switch_to
cpu_switch_to:
    add     x8, x0, #THREAD_CPU_CONTEXT
    mov     x9, sp
    stp     x19, x20, [x8], #16
    stp     x21, x22, [x8], #16
    stp     x23, x24, [x8], #16
    stp     x25, x26, [x8], #16
    stp     x27, x28, [x8], #16
    stp     x29, x9, [x8], #16
    str     lr, [x8]

    add     x8, x1, #THREAD_CPU_CONTEXT
    ldp     x19, x20, [x8], #16
    ldp     x21, x22, [x8], #16
    ldp     x23, x24, [x8], #16
    ldp     x25, x26, [x8], #16
    ldp     x27, x28, [x8], #16
    ldp     x29, x9, [x8], #16
    ldr     lr, [x8]
    mov     sp, x9
    ret
```

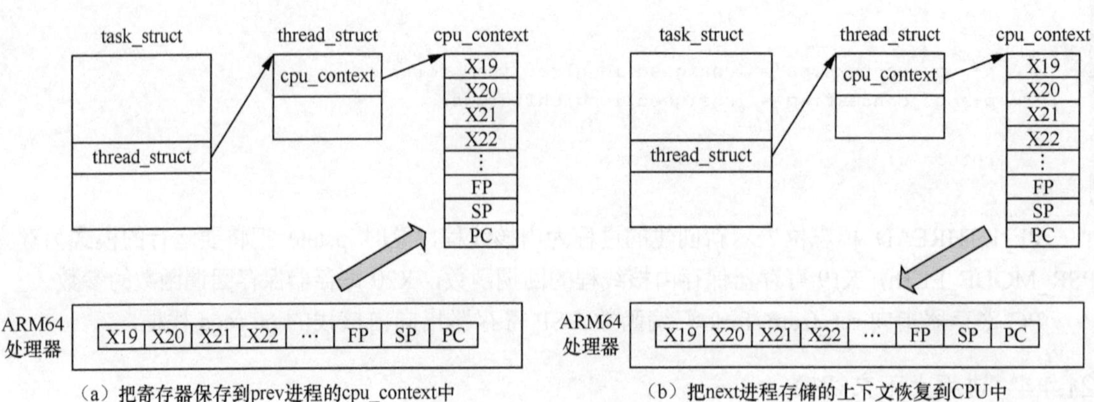

（a）把寄存器保存到prev进程的cpu_context中　　（b）把next进程存储的上下文恢复到CPU中

▲图 21.5　进程切换过程

21.4.5 新进程的第一次执行

在进程切换时，switch_to()函数会完成进程硬件上下文的切换，即把下一个进程（next 进程）的 cpu_context 数据结构保存的内容恢复到处理器的寄存器中，从而完成进程的切换。此时，处理器开始运行 next 进程。根据 PC 寄存器的值，处理器会从 ret_from_fork 汇编函数里开始执行，新进程的执行过程如图 21.6 所示。

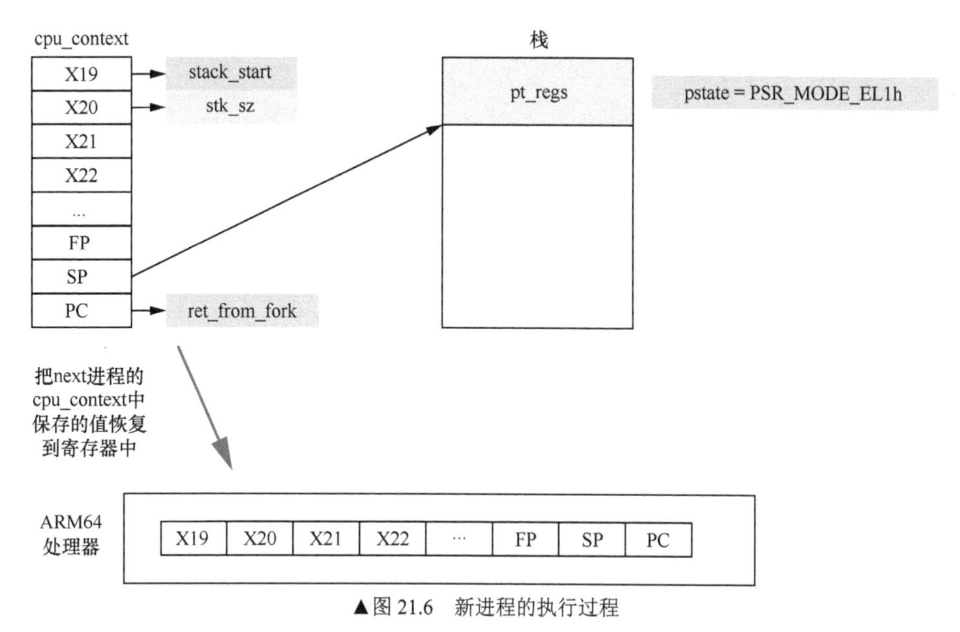

▲图 21.6　新进程的执行过程

ret_from_fork 汇编函数实现在 benos/src/entry.S 文件中。

```
1    .align 2
2    .global ret_from_fork
3    ret_from_fork:
4        cbz x19, 1f
5        mov x0, x20
6        blr x19
7    1:
8        b ret_to_user
9
10   .global ret_to_user
11   ret_to_user:
12             inv_entry 0, BAD_ERROR
```

在第 4 行中，判断 next 进程是否为内核线程。如果 next 进程是内核线程，在创建时会使 X19 寄存器指向 stack_start。如果 X19 寄存器的值为 0，说明这个 next 进程是用户进程，直接跳转到第 7 行，调用 ret_to_user 汇编函数，返回用户空间。不过，这里 ret_to_user 函数并没有实现。

在第 4～6 行中，如果 next 进程是内核线程，那么直接跳转到内核线程的回调函数里。

综上所述，当处理器切换到内核线程时，它从 ret_from_fork 汇编函数开始执行。

21.5 简易进程调度器

本节将介绍如何在 BenOS 上实现一个简易的进程调度器，以帮助读者理解进程调度器的本质。

我们需要实现如下任务：创建两个内核线程，这两个内核线程只能在内核空间中运行，线程A输出“12345”，线程B输出“abcd”，要求调度器能合理调度这两个内核线程，二者交替运行，而系统的0号进程不参与调度。

21.5.1 扩展进程控制块

下面对进程控制块的成员做一些扩展以便实现对调度器的支持。下面在task_struct数据结构中扩展一些新的成员。

```
struct task_struct {
        …
        struct list_head run_list;
        int counter;
        int priority;
        int need_resched;
        int preempt_count;
        struct task_struct *next_task;
        struct task_struct *prev_task;
};
```

其中，成员的含义如下。

- run_list：进程链表，用于把进程加入就绪队列里。
- counter：时间片计数。
- priority：优先级。
- need_resched：用于判断进程是否需要调度。
- next_task：表示将要被调度的下一个进程。
- prev_task：表示调度结束的进程，即上一个调度的进程。

21.5.2 就绪队列run_queue

当一个进程需要添加到调度器中时，它首先会添加就绪队列里。就绪队列可以是一个链表，也可以是一个红黑树等数据结构。这个实验里使用简单的链表实现就绪队列。

首先，定义一个run_queue数据结构来描述一个就绪队列。

```
  struct run_queue {
        struct list_head rq_head;
        unsigned int nr_running;
        u64 nr_switches;
        struct task_struct *curr;
};
```

其中，成员的含义如下。

- rq_head：就绪队列的链表头。
- nr_running：就绪队列中的进程数量。
- nr_switches：统计计数，统计进程切换发生的次数。
- curr：指向当前进程。

然后，定义一个全局的就绪队列g_rq。

```
static struct run_queue g_rq;
```

21.5.3 调度队列类

为了支持更多的调度算法，实现一个调度类sched_class。

```
struct sched_class {
	const struct sched_class *next;

	void (*task_fork)(struct task_struct *p);
	void (*enqueue_task)(struct run_queue *rq, struct task_struct *p);
	void (*dequeue_task)(struct run_queue *rq, struct task_struct *p);
	void (*task_tick)(struct run_queue *rq, struct task_struct *p);
	struct task_struct * (*pick_next_task)(struct run_queue *rq,
			struct task_struct *prev);
};
```

其中，成员的含义如下。

- next：指向下一个调度类。
- task_fork：在进程创建时，调用该方法来对进程做与调度相关的初始化。
- enqueue_task：把进程加入就绪队列。
- dequeue_task：把进程移出就绪队列。
- task_tick：与调度相关的时钟中断。
- pick_next_task：选择下一个进程。

这段代码实现一个类似于 Linux 0.11 内核的简单的调度算法，使用一个名为 simple_sched_class 的类来抽象和描述。

```
const struct sched_class simple_sched_class = {
	.next = NULL,
	.dequeue_task = dequeue_task_simple,
	.enqueue_task = enqueue_task_simple,
	.task_tick = task_tick_simple,
	.pick_next_task = pick_next_task_simple,
};
```

其中 dequeue_task_simple()、enqueue_task_simple()、task_tick_simple()以及 pick_next_task_simple()这 4 个函数的实现在 kernel/sched_simple.c 文件里。

enqueue_task_simple()函数的实现如下。

```
static void enqueue_task_simple(struct run_queue *rq,
		struct task_struct *p)
{
	list_add(&p->run_list, &rq->rq_head);
	rq->nr_running++;
}
```

enqueue_task_simple()函数的主要目的是把进程 p 加入就绪队列（rq->rq_head）里，并且增加 nr_running 的统计计数。

dequeue_task_simple()函数的实现如下。

```
static void dequeue_task_simple(struct run_queue *rq,
		struct task_struct *p)
{
	rq->nr_running--;
	list_del(&p->run_list);
}
```

dequeue_task_simple()函数把进程 p 从就绪队列中移出，递减 nr_running 统计计数。

task_tick_simple()函数的实现如下。

```
static void task_tick_simple(struct run_queue *rq, struct task_struct *p)
{
```

```
        if (--p->counter <= 0) {
            p->counter = 0;
            p->need_resched = 1;
            printk("pid %d need_resched\n", p->pid);
        }
}
```

当时钟中断到来的时候，task_tick_simple()会去递减当前运行进程的时间片，即 p->counter。当 p->counter 递减为 0 时，需要设置 p->need_resched 来通知调度器需要选择其他进程。

21.5.4　简易调度器的实现

pick_next_task_simple()函数是调度器的核心函数，用来选择下一个进程。我们采用的是 Linux 0.11 的调度算法。该调度算法很简单，它遍历就绪队列中所有的进程，然后找出剩余时间片最大的那个进程作为 next 进程。如果就绪队列里所有进程的时间片都用完了，那么调用 reset_score()函数来对所有进程的时间片重新赋值。

```
static struct task_struct *pick_next_task_simple(struct run_queue *rq,
            struct task_struct *prev)
{
        struct task_struct *p, *next;
        struct list_head *tmp;
        int weight;
        int c;
repeat:
        c = -1000;
        list_for_each(tmp, &rq->rq_head) {
            p = list_entry(tmp, struct task_struct, run_list);
            weight = goodness(p);
            if (weight > c) {
                c = weight;
                next = p;
            }
        }
        if (!c) {
            reset_score();
            goto repeat;
        }

        //printk("%s: pick next thread (pid %d)\n", __func__, next->pid);
        return next;
}
```

当然，读者可以根据这个调度类，方便地添加其他调度算法的实现。

21.5.5　自愿调度

在 BenOS 里，调度一般有两种情况，一个是自愿调度，另一个是抢占调度。

自愿调度就是进程主动调用 schedule()函数来放弃 CPU 的控制权。

```
/* 自愿调度 */
void schedule(void)
{
      /* 关闭抢占，以免嵌套发生调度抢占*/
      preempt_disable();
      __schedule();
```

```
    preempt_enable();
}
```

自愿调度需要考虑嵌套发生调度抢占的问题，所以这里使用 preempt_disable()来关闭抢占。关闭抢占就是指递增当前进程的抢占计数 preempt_count，这样在中断返回时就不会去考虑抢占的问题。

```
static inline void preempt_disable(void)
{
        current->preempt_count++;
}
```

自愿调度的核心函数是__schedule()。

```
static void __schedule(void)
{
        struct task_struct *prev, *next, *last;
        struct run_queue *rq = &g_rq;

        prev = current;

        /* 检查是否在中断上下文中发生了调度 */
        schedule_debug(prev);

        /* 关闭中断包含调度器，以免中断发生，影响调度器 */
        raw_local_irq_disable();

        if (prev->state)
            dequeue_task(rq, prev);

        next = pick_next_task(rq, prev);
        clear_task_resched(prev);
        if (next != prev) {
            last = switch_to(prev, next);
            rq->nr_switches++;
            rq->curr = current;
        }

        /* 由 next 进程处理 prev 进程的现场 */
        schedule_tail(last);
}
```

首先，schedule_debug()是一个辅助的检查函数，用来检查是否在中断上下文中发生了调度。

然后，raw_local_irq_disable()用来关闭本地中断，以免中断发生，影响调度器。

prev->state 为 0（即 TASK_RUNNING）说明当前进程正在运行。如果当前进程处于运行状态，说明此刻正在发生抢占调度。如果当前进程处于其他状态，说明它主动请求调度，如主动调用 schedule()函数。通常主动请求调用之前会设置当前进程的运行状态为 TASK_UNINTERRUPTIBLE 或者 TASK_INTERRUPTIBLE。若主动调度了 schedule()，则调用 dequeue_task()函数把当前进程移出就绪队列。

pick_next_task()函数用来在就绪队列中找到一个合适的 next 进程。

clear_task_resched()函数用来清除当前进程的一些状态。

只有当 prev 进程（当前进程）和 next 进程（下一个候选进程）不是同一个进程时，才调用 switch_to()函数来进行进程切换。switch_to()函数用来切换 prev 进程到 next 进程。

switch_to()函数有一些特殊的用法。例如，switch_to()函数执行完之后，已经切换到 next 进程。整个内核栈和时空都发生变化，因此这里不能使用 prev 变量来表示 prev 进程，只能通过

AArch64 的 X0 寄存器来获取 prev 进程的 task_struct 数据结构。

switch_to()函数的返回值是通过 X0 寄存器来传递的，所以这里通过 X0 寄存器来返回 prev 进程的 task_struct 数据结构。最终，last 变量表示 prev 进程的 task_struct 数据结构。

进程切换完成之后，运行的是 next 进程。但是，需要调用 schedule_tail()函数来为上一个进程（prev 进程）做一些收尾工作。

这里的 schedule_tail()函数主要由 next 进程来打开本地的中断。

```
/*
 * 处理调度完成后的一些收尾工作，由 next 进程处理
 * prev 进程遗留的工作
 *
 * 新创建的进程第一次运行时也会调用该函数来处理
 * prev 进程遗留的工作
 * ret_from_fork->schedule_tail
 */
void schedule_tail(struct task_struct *prev)
{
      /* 打开中断 */
      raw_local_irq_enable();
}
```

21.5.6　抢占调度

抢占调度是指在中断处理返回之后，检查是否可以抢占当前进程的运行权。这需要在中断处理的相关汇编代码里实现。我们来看 benos/src/entry.S 文件。

```
1    .align 2
2    el1_irq:
3        kernel_entry 1
4        bl irq_handle
5
6        get_thread_info tsk
7        ldr  w24, [tsk, #ti_preempt]
8        cbnz w24, 1f
9        ldr  w0, [tsk, #need_resched]
10       cbz w0, 1f
11       bl el1_preempt
12   1:
13       kernel_exit 1
14
15   el1_preempt:
16       mov      x24, lr
17       bl preempt_schedule_irq
18       ret      x24
```

第 3～4 行用于正常处理中断。

在第 6 行中，中断处理完成之后，调用 get_thread_info 宏来获取当前进程的 task_struct 数据结构。这里通过内核栈的结构来获取。

在第 7 行中，读取当前进程的抢占计数 preempt_count 的值。如果 preempt_count 大于 0，说明现在内核是禁止抢占的，那么只能跳转到第 12 行，退出中断现场。如果 preempt_count 为 0，说明现在内核是允许抢占的。

在第 9 行中，读取当前进程的 need_resched 成员的值，来判断当前进程是否需要抢占。如果 need_resched 为 0，当前系统不需要调度，则跳转到第 12 行；否则，跳转到第 11 行，进行抢占调度。

在第 11 行中，el1_preempt()函数最终会调用 preempt_schedule_irq()函数来实现抢占调度。preempt_schedule_irq()函数的实现如下。

```
1    /* 抢占调度
2     *
3     * 中断返回前会检查是否需要抢占调度
4     */
5    void preempt_schedule_irq(void)
6    {
7         /* this must be preemptible now*/
8         if (preempt_count())
9             printk("BUG: %s incorrect preempt count: 0x%x\n",
10                     __func__, preempt_count());
11
12        /* 关闭抢占*/
13        preempt_disable();
14        /*
15         * 这里打开中断，处理高优先级中断，
16         * 中断比抢占调度的优先级高
17         *
18         * 若这里发生中断，中断返回后，前面关闭抢占
19         * 不会发生抢占调度嵌套
20         */
21        raw_local_irq_enable();
22        __schedule();
23        raw_local_irq_disable();
24        preempt_enable();
25   }
```

注意，我们首先需要检查一下 preempt_count。接着关闭抢占，以免发生嵌套。中间可以打开中断，处理高优先级的中断，然后再调用__schedule()函数来调度 next 进程。

21.5.7 测试用例

我们创建两个内核线程来做测试。

```
void kernel_main(void)
{
      …
      pid = do_fork(PF_KTHREAD, (unsigned long)&kernel_thread1, 0);
      if (pid < 0)
          printk("create thread fail\n");

      pid = do_fork(PF_KTHREAD, (unsigned long)&kernel_thread2, 0);
      if (pid < 0)
          printk("create thread fail\n");
      …
}
```

这两个内核线程的回调函数如下。

```
void kernel_thread1(void)
{
      while (1) {
          delay(80000);
          printk("%s: %s\n", __func__, "12345");
      }
}
```

```
void kernel_thread2(void)
{
	while (1) {
		delay(50000);
		printk("%s: %s\n", __func__, "abcde");
	}
}
```

21.6 系统调用

在现代操作系统中，处理器的运行模式把地址空间分成两部分：一部分是内核空间，对应ARM64 体系结构中的 EL1；另一部分是用户空间，对应 EL0。应用程序运行在用户空间，而内核和设备驱动运行在内核空间。如果应用程序需要访问硬件资源或者需要内核提供服务，该怎么办呢？

ARM64 体系结构提供了一个系统调用指令 SVC，它允许应用程序通过 SVC 指令自陷到操作系统内核中，即陷入 EL1 中。本节结合 BenOS 介绍如何利用 SVC 指令以及异常处理来实现一个简单的系统调用。

21.6.1　系统调用介绍

如图 21.7 所示，在现代操作系统体系结构中，内核空间和用户空间之间多了一个中间层，这就是系统调用层。

系统调用层主要有如下作用。

- 为用户空间中的程序提供硬件抽象接口。这能够让程序员从硬件设备底层编程中解放出来。例如，当需要读写文件时，程序员不用关心磁盘类型和介质，以及文件存储在磁盘哪个扇区等底层硬件信息。
- 保证系统稳定和安全。应用程序要访问内核就必须通过系统调用层，内核可以在系统调用层对应用程序的访问权限、用户类型和其他一些规则进行过滤，以避免应用程序不正确地访问内核。

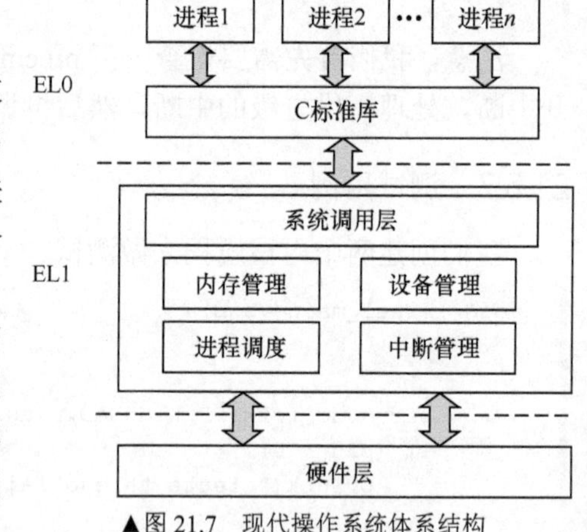

▲图 21.7　现代操作系统体系结构

- 可移植性。在不修改源代码的情况下，让应用程序在不同的操作系统或者拥有不同硬件体系结构的系统中重新编译并且运行。

UNIX 系统中早期就出现了操作系统的 API（Application Programming Interface，应用程序编程接口）层。在 UNIX 系统里，最通用的系统调用层接口是 POSIX（Portable Operating System Interface of UNIX）标准。POSIX 标准针对的是 API 而不是系统调用。当判断一个系统是否与 POSIX 兼容时，要看它是否提供一组合适的 API，而不是看它的系统调用是如何定义和实现的。BenOS 作为一个实验性质的小型 OS，并没有完全遵从 POSIX 标准。

21.6.2　用户态调用 SVC 指令

操作系统为每个系统调用赋予了一个系统调用号，当应用程序执行系统调用时，操作系统通过系统调用号知道执行和调用了哪个系统调用，从而不会造成混乱。系统调用号一旦分配之后，就不会有任何变更；否则，已经编译好的应用程序就不能运行了。在 BenOS 中简单定义几个系统调用号，例如 open()接口函数的系统调用号为 0。

```
#define __NR_open 0
#define __NR_close 1
#define __NR_read 2
#define __NR_write 3
#define __NR_clone 4
#define __NR_malloc 5
#define __NR_syscalls 6
```

在用户态，我们可以直接调用 SVC 指令来陷入操作系统内核态。下面是用户态的 open()接口函数，其中调用 syscall()函数来触发 open 的系统调用。

```
unsigned long open(const char *filename, int flags)
{
    return syscall(__NR_open, filename, flags);
}
```

syscall()函数的实现代码如下。

```
1    /*
2         syscall (int nr, ...)
3     */
4    .global syscall
5    syscall:
6        mov    w8, w0
7        mov    x0, x1
8        mov    x1, x2
9        mov    x2, x3
10       mov    x3, x4
11       mov    x4, x5
12       mov    x5, x6
13       mov    x6, x7
14       svc    0x0
15       ret
```

syscall()函数可以带 8 个参数。其中，第 0 个参数为系统调用号，剩余的 7 个参数是系统调用函数自带的参数，例如 open()函数自带的参数。第 6 行中，把系统调用号搬移到 W8 寄存器，通过 W8 寄存器把系统调用号传递到操作系统内核中。第 7～13 行中，把系统调用函数自带的参数搬移到 X0～X7 寄存器中。第 14 行调用 SVC 指令来陷入操作系统内核中。这里 SVC 指令的参数为什么是 0，而不是系统调用号呢？因为进程执行 SVC 指令会触发一个异常，在保存异常现场时所有通用寄存器的值都会记录和保存下来（保存在该进程内核栈的 pt_regs 栈框里）。操作系统一般使用通用寄存器来传递系统调用号，而 SVC 指令的参数一般用于调试。

21.6.3 内核态对系统调用的处理

如果在用户态调用 SVC 指令，那么处理器会触发一个异常，陷入 EL1。处理器会跳转到“VBAR_EL1 + 0x400”地址处的异常向量中，最后会跳转到 el0_sync 汇编函数。

```
1    el0_sync:
2        kernel_entry 0
3        mrs  x25, esr_el1
4        lsr     x24, x25, #ESR_ELx_EC_SHIFT
5        cmp     x24, #ESR_ELx_EC_SVC64
```

```
6        b.eq      el0_svc
7
8        el0_svc:
9             /* 通过 kernel_entry 保存现场
10               (中断现场或者异常现场)后
11               sp 指向 pt_regs
12            */
13            mov x0, sp
14            bl el0_svc_handler
15            b ret_to_user
```

在 el0_sync 汇编函数中，首先通过 kernel_entry 宏保存异常现场。读取 ESR_EL1 来获取异常类（EC），当异常类为 64 位系统调用异常时，跳转到 el0_svc 汇编函数。

通过 kernel_entry 宏保存异常现场之后，SP 会指向栈底，这里存放了 pt_regs 栈框（里面存放了异常现场中所有寄存器的值）。然后调用 el0_svc_handler()函数进行处理。el0_svc_handler()函数的实现如下。

```
1    static void el0_syscall_common(struct pt_regs *regs, int syscall_no,
2            int syscall_nr, const syscall_fn_t syscall_table[])
3    {
4        long ret;
5        syscall_fn_t fn;
6
7        if (syscall_no < syscall_nr) {
8            fn = syscall_table[syscall_no];
9        ret = fn(regs);
10       }
11
12       regs->regs[0] = ret;
13   }
14
15   /*
16    * 处理系统调用
17    * 参数: struct pt_regs *
18    */
19   void el0_svc_handler(struct pt_regs *regs)
20   {
21       return el0_syscall_common(regs, regs->regs[8],
22               __NR_syscalls, syscall_table);
23   }
```

前文的 syscall()函数把系统调用号存储在 X8 寄存器中，此时通过 pt_regs 栈框的 regs[8]把系统调用号取出。接下来要做的工作就是通过系统调用号查询操作系统内部维护的系统调用表（syscall_table），取出系统调用号对应的回调函数，然后执行。

21.6.4　系统调用表

如前所述，操作系统内部维护了一个系统调用表。在 BenOS 中我们使用 syscall_table[]数组来实现这个表。如图 21.8 所示，每个表项包含一个函数指针，由于系统调用号是固定的，因此只需要查表就能找到系统调用号对应的回调函数。

```
1    #define __SYSCALL(nr, sym) [nr] = (syscall_fn_t)__arm64_##sym,
2
3    /*
4     * 创建一个系统调用表 syscall_table
5     * 每个表项是一个函数指针 syscall_fn_t
```

```
6      */
7     const syscall_fn_t syscall_table[__NR_syscalls] = {
8         __SYSCALL(__NR_open, sys_open)
9         __SYSCALL(__NR_close, sys_close)
10        __SYSCALL(__NR_read, sys_read)
11        __SYSCALL(__NR_write, sys_write)
12        __SYSCALL(__NR_clone, sys_clone)
13        __SYSCALL(__NR_malloc, sys_malloc)
14    };
```

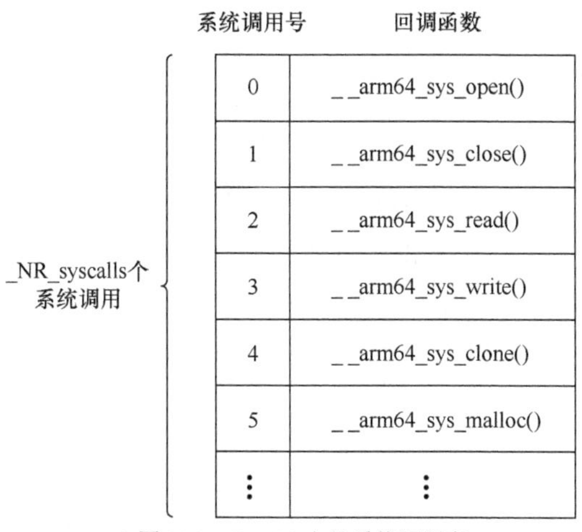

▲图 21.8 BenOS 上的系统调用表

以 open 系统调用为例，它对应的系统调用回调函数为__arm64_sys_open()。

```
long __arm64_sys_open(struct pt_regs *regs)
{
     return sys_open((const char *)regs->regs[0],
             regs->regs[1]);

}
```

其中 regs[0]表示 sys_open()函数的第一个参数，以此类推。

21.7 系统启动

Cortex-A 系列处理器在冷启动（cold reset）时进入 EL3。此时，处理器究竟处于 AArch64 还是 AArch32 执行状态，则由芯片内部的 AA64nAA32 信号来决定。若 AA64nAA32 信号处于拉低状态，处理器处于 AArch32 执行状态；若处于拉高状态，处理器处于 AArch64 执行状态。RVBARADDR 信号决定了 EL3 复位时异常向量表的地址，它也可以从 RVBAR_EL3 中读取异常向量表的入口地址。

对于热启动，Cortex-A 系列处理器提供了一个热启动管理的寄存器——RMR_EL3。热启动管理的寄存器一般只实现在最高的异常等级，例如 Cortex-A 系列处理器的 EL3。RMR_EL3 如图 21.9 所示，RR 字段表示请求热启动，AA64 字段表示当热启动完成之后处理器处于哪个执行状态，是 AArch64 还是 AArch32。

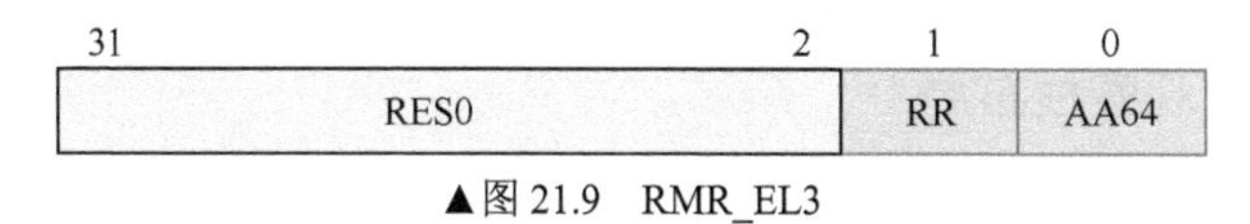

▲图 21.9 RMR_EL3

系统启动中有一个异常等级从高到低切换的过程。系统冷启动时处于 EL3，而操作系统内核运行在 EL1。所以，需要从 EL3 切换到 EL2，然后再从 EL2 切换到 EL1。

树莓派 4B 系统的启动过程有点特殊，树莓派复位上电时，CPU 处于复位状态，由 GPU 负责启动系统。GPU 首先会启动固化在芯片内部的固件（BootROM 代码 bootcode.bin）。bootcode.bin 引导程序检索 MicroSD 卡中的 GPU 固件，加载固件并启动 GPU。GPU 启动后读取 config.txt 配置文件，读取操作系统内核映像（比如 benos.bin 等）以及内核运行参数等，然后把内核映像加载到共享内存中并启动 CPU。CPU 冷启动后运行在 EL3，然后切换到 EL2，最后跳转到内核映像加载地址处。BenOS 入口处运行在 EL2，因此我们需要在 BenOS 入口汇编代码里切换到 EL1，如图 21.10 所示。

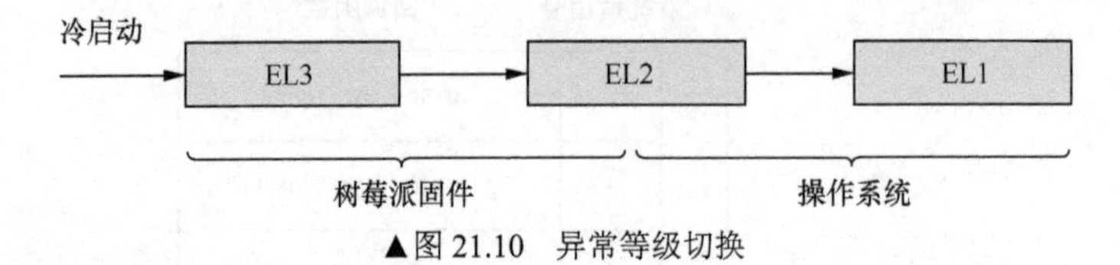

▲图 21.10　异常等级切换

BenOS 从汇编入口开始，一般来说，需要做如下的初始化来启动系统。

（1）跳入汇编入口地址处，一般入口地址为 0x80000。

（2）对于多核处理器系统，只让 CPU0 启动，其他 CPU 进入睡眠等待状态。

（3）切换到 EL1。

（4）安装异常向量表。

（5）初始化 MMU。

（6）执行与平台相关的初始化（例如，完成与 CPU 相关的配置，初始化 DDR 内存，初始化串口等）。

（7）创建恒等映射页表，打开 MMU。

（8）初始化和设置内核栈。

（9）跳转到 C 语言的入口地址，例如 kernel_main()函数。

（10）继续初始化，例如，初始化中断控制器等。

对于多核处理器系统来说，我们通常使用 CPU0 作为主处理器（primary CPU）。主处理器核心用来初始化全局的资源并引导到操作系统内核。而其他 CPU 是从处理器（secondary CPU），在主处理器唤醒它们之前，它们处于复位状态或者睡眠状态。启动多核处理器系统的流程如图 21.11 所示。

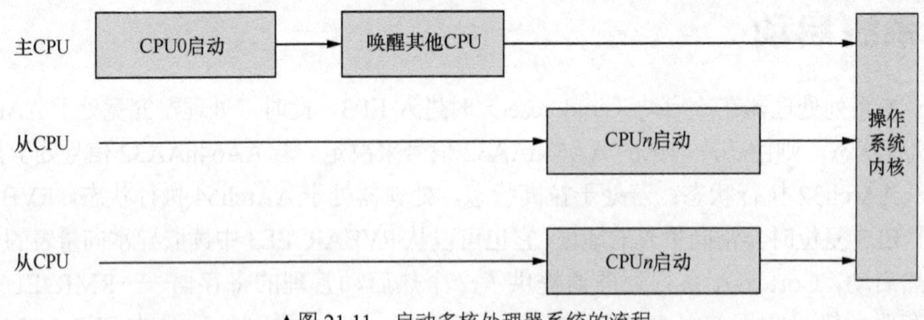

▲图 21.11　启动多核处理器系统的流程

21.8 实验

21.8.1　实验 21-1：观察栈布局

1. 实验目的

熟悉 ARM64 处理器的栈布局。

2. 实验要求

请在 BenOS 里做如下练习。

在 BenOS 里实现函数调用 kernel_main()→func1()→func2()，然后使用 GDB 来观察栈的变化情况，并画出栈布局图。

21.8.2 实验 21-2：进程创建

1. 实验目的

（1）了解进程控制块的设计与实现。

（2）了解进程的创建/执行过程。

2. 实验要求

实现 do_fork()函数以创建一个进程，该进程一直输出数字“12345”。

21.8.3 实验 21-3：进程调度

1. 实验目的

（1）了解进程的切换和基本调度过程。

（2）了解操作系统中常用的调度算法。

2. 实验要求

（1）创建两个进程，进程 1 输出“12345”的数字，而进程 2 输出“abcd”的字母，两个进程在简单调度器的调度下交替运行。

（2）为了支持多种不同调度器，设计一个调度类，调度类实现如下方法。

- pick_next_task()：选择下一个进程。
- task_tick()：调度滴答。
- task_fork()：创建进程。
- enqueue_task()：加入就绪队列。
- dequeue_task()：退出就绪队列。

（3）设计一个简单的基于优先级的调度器，可以参考 Linux 0.11 内核的调度器实现。

（4）创建两个内核线程，这两个内核线程只能运行在内核空间，线程 A 输出“12345”，线程 B 输出“abcd”，要求调度器能合理调度这两个内核线程，而系统的 0 号进程不参与调度。

21.8.4 实验 21-4：新增一个 malloc()系统调用

1. 实验目的

（1）了解系统调用的工作原理。

（2）熟悉 SVC 指令的使用。

2. 实验要求

（1）在 BenOS 中新建一个 malloc()系统调用，在内核态为用户态分配 4 KB 内存。建议本实验在关闭 MMU 的情况下完成。malloc()函数返回 4 KB 的物理内存地址，其函数原型如下。

```
unsigned long malloc(void)
```

（2）编写一个测试程序来验证系统调用的正确性。

21.8.5 实验 21-5：新增一个 clone()系统调用

1. 实验目的

（1）了解系统调用的工作原理。

（2）了解 clone()函数的实现过程。

2. 实验要求

（1）在 BenOS 中新建一个 clone()系统调用，在用户态创建一个用户进程。建议本实验在关闭 MMU 的情况下完成。用户态的 clone()函数的原型如下。

```
int clone(int (*fn)(void *arg), void *child_stack,
        int flags, void *arg)
```

其中，参数的含义如下。

- fn：用户进程的回调函数。
- child_stack：用户进程的用户栈。
- flags：创建用户进程的标志位。
- arg：传递给 fn 回调函数的参数。

（2）编写一个测试程序来验证系统调用的正确性。

第22章　浮点运算与NEON指令

本章思考题

1. 什么是SISD和SIMD指令？
2. 在ARM64体系结构中，如何表示矢量数据？V0.16B和V1.S[1]表示什么意思？
3. 计算机如何表示浮点数？
4. 把十进制浮点数（5.25）转换为计算机单精度的浮点数后，它的二进制存储格式是什么样子的？
5. 什么是LD1、LD2、LD3指令？它们之间有什么区别？

本章主要介绍ARM64体系结构中的浮点运算指令与NEON指令。在早期的ARM体系结构中，对浮点运算指令的支持是通过协处理器（coprocessor）来实现的，而在ARM64处理器中浮点（Floating Point，FP）运算指令和SIMD（Single Instruction Multiple Data）指令是集成在处理器内核中的。ARM把SIMD指令称为NEON技术。NEON技术通常用于优化并加速多媒体处理和信号处理。常见的优化场景如下：

- 视频编解码；
- 音频编解码；
- 3D图像图形处理；
- 语音处理；
- 图像处理。

本章中，浮点运算和高级SIMD简称为FP/NEON。

22.1 数据模型

ARM64体系结构为FP/NEON计算提供一组全新的寄存器——32个128位宽的通用寄存器。如图22.1所示，左边是整型计算中的31个通用寄存器、XZR、SP、PC以及PSTATE寄存器，右边为FP/NEON计算中的32个通用寄存器、FPCR以及FPSR。

在SIMD指令中常常使用矢量数据格式（vector format）。矢量被划分为多个通道（lane），每个通道包含一个矢量元素（vector element）。如图22.2所示，一个V*n*矢量寄存器可以分成8个16位数据，如通道0、通道1等。

矢量元素可以由多种不同的数据类型表示，比如128位的数据类型用V*n*来表示，64位的数据类型用D*n*来表示，32位的数据类型用S*n*来表示，16位的数据类型用H*n*来表示，8位的数据类型用B*n*来表示，如图22.3所示。

63　32 31　0　　127　0
X0 W0 V0
X1 W1 V1
X2 W2 V2
X3 W3 V3
X4 W4 V4
X5 W5 V5
X6 W6 V6
X7 W7 V7
X8 W8 V8
X9 W9 V9
X10 W10 V10
X11 W11 V11
X12 W12 V12
X13 W13 V13
X14 W14 V14
X15 W15 V15
X16 W16 V16
X17 W17 V17
X18 W18 V18
X19 W19 V19
X20 W20 V20
X21 W21 V21
X22 W22 V22
X23 W23 V23
X24 W24 V24
X25 W25 V25
X26 W26 V26
X27 W27 V27
X28 W28 V28
X29 W29 V29
X30 W30 V30
V31
XZR WZR
SP
FPCR
FPSR
PC
PSTATE

▲图 22.1　整型寄存器和 PF/NEON 寄存器

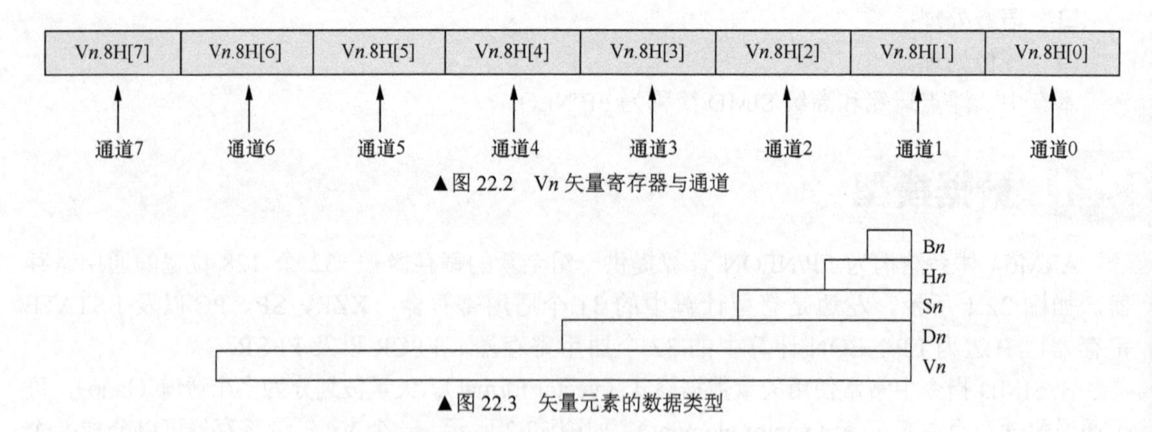

▲图 22.2　V*n* 矢量寄存器与通道

▲图 22.3　矢量元素的数据类型

如果寄存器包含多个数据元素，在这些数据元素上以并行的方式执行计算，则可以使用一个修饰符来描述这一组矢量元素，这个修饰符称为矢量形状（vector shape）。矢量形状包括数据元素的大小和数据元素的数量，如图 22.4 所示。一个 128 位矢量寄存器可以根据数据元素大小来划分通道。

- 1 个 128 位数据元素的通道 V*n*。

- 两个 64 位数据元素的通道——V*n*.2D[0]和 V*n*.2D[1]。
- 4 个 32 位数据元素的通道——V*n*.4S[0]～V*n*.4S[3]。
- 8 个 16 位数据元素的通道：V*n*.8H[0]～V*n*.8H[7]。
- 16 个 8 位数据元素的通道——V*n*.16B[0]～V*n*.16B[15]。

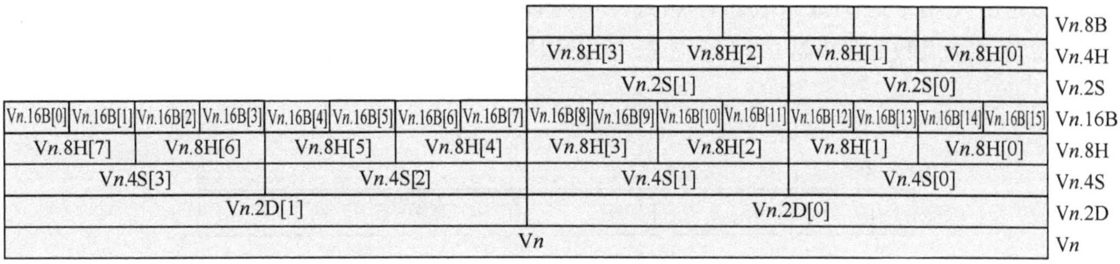

																Vn.8B
								Vn.8H[3]		Vn.8H[2]		Vn.8H[1]		Vn.8H[0]		Vn.4H
								Vn.2S[1]				Vn.2S[0]				Vn.2S
Vn.16B[0]	Vn.16B[1]	Vn.16B[2]	Vn.16B[3]	Vn.16B[4]	Vn.16B[5]	Vn.16B[6]	Vn.16B[7]	Vn.16B[8]	Vn.16B[9]	Vn.16B[10]	Vn.16B[11]	Vn.16B[12]	Vn.16B[13]	Vn.16B[14]	Vn.16B[15]	Vn.16B
Vn.8H[7]		Vn.8H[6]		Vn.8H[5]		Vn.8H[4]		Vn.8H[3]		Vn.8H[2]		Vn.8H[1]		Vn.8H[0]		Vn.8H
Vn.4S[3]				Vn.4S[2]				Vn.4S[1]				Vn.4S[0]				Vn.4S
Vn.2D[1]								Vn.2D[0]								Vn.2D
Vn																Vn

▲图 22.4　矢量组

另外，还可以只取矢量寄存器的低 64 位数据。如果数据元素的位数乘以通道数小于 128，那么高 64 位的数据就会被忽略。

矢量组的表示方法如表 22.1 所示。

表 22.1　矢量组的表示方法

矢量组的表示方法	含　义
Vn.8B	表示 8 个数据通道，每个数据元素为 8 位数据
Vn.4H	表示 4 个数据通道，每个数据元素为 16 位数据
Vn.2S	表示两个数据通道，每个数据元素为 32 位数据
Vn.1D	表示 1 个数据通道，每个数据元素为 64 位数据
Vn.16B	表示 16 个数据通道，每个数据元素为 8 位数据
Vn.4S	表示 4 个数据通道，每个数据元素为 32 位数据
Vn.2D	表示两个数据通道，每个数据元素为 64 位数据

另外，我们可以通过索引值来索引矢量组中某个数据元素，例如“V0.S[1]”表示 V0 矢量组中第 1 个 32 位的数据，即 Bit[63:32]，而第 0 个 32 位数据元素则为 Bit[31:0]。

当一条指令操作（例如加载和存储）多个寄存器时，我们可以通过大括号来指定一个矢量寄存器列表（vector register list）。矢量寄存器列表由逗号分隔的寄存器序列或由连字符分隔的寄存器范围组成。寄存器必须按递增顺序编号。下面的示例代码表示由 V4 到 V7 组成的寄存器列表，每个寄存器包含 4 个 32 位数据元素通道。

```
{ V4.4S - V7.4S } //标准写法
{ V4.4S, V5.4S, V6.4S, V7.4S } //可选的写法
```

我们可以只索引矢量寄存器列表的某个数据元素。下面的示例表示由 V4 到 V7 组成的寄存器列表，索引每个寄存器中第 3 个通道的数据元素。

```
{ V4.S - V7.S }[3]
```

22.2 浮点运算

22.2.1 浮点数

IEEE754 是浮点数运算标准，这个标准定义了表示浮点数的格式、反常值（denormal number）

以及一些特殊数值，例如无穷数（Inf）与非数值（Not a Number，NaN）等内容。

ARM64 处理器支持单精度和双精度浮点数。在 C 语言中，使用 float 类型来表示单精度浮点数，使用 double 类型表示双精度浮点数。在 ARM64 处理器中，单精度浮点数采用 32 位 S*n* 寄存器来表示，双精度浮点数采用 64 位 D*n* 寄存器来表示。

我们通常使用十进制数来表示浮点数，不过计算机不能直接识别十进制值，我们需要使用二进制数表示浮点数。浮点数由符号位 S、阶码和尾数组成。单精度浮点数的表示方法如图 22.5 所示。

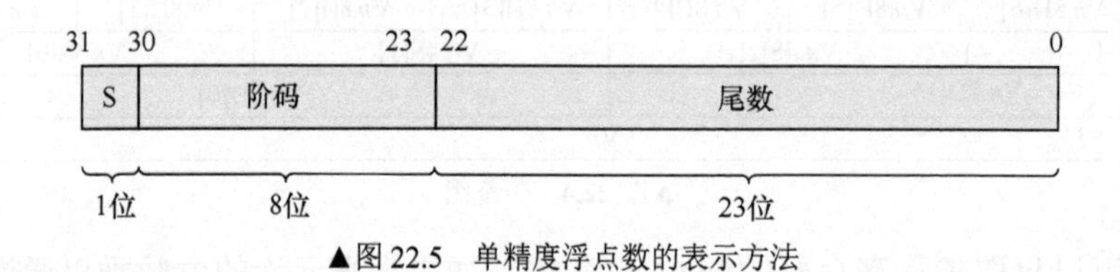

▲图 22.5　单精度浮点数的表示方法

若符号位为 0，表示正数；若为 1，表示负数。

单精度浮点数的阶码有一个固定的偏移量——127，双精度浮点的阶码偏移量为 1023。

单精度浮点数使用 32 位空间来表示，其中阶码有 8 位，尾数有 23 位。

双精度浮点数使用 64 位空间来表示，其中阶码有 11 位，尾数有 52 位。

【例 22-1】把十进制数（5.25）转换为单精度的浮点数，请计算它的二进制存储格式。

十进制数转换成浮点数的步骤如下。

（1）把十进制数转换成二进制数。整数部分直接转换成二进制数，小数部分乘 2 取整。在本例子中，整数部分为 5，小数部分为 0.25。对于整数部分，直接把 5 转变成二进制数 101。而小数部分则需要不断乘以 2，以所得积中小数点左边的数字（0 或 1）作为二进制表示法中的数字，直到满足精度要求为止。$0.25 \times 2 = 0.5$，小数点左边为 0。$0.5 \times 2 = 1.0$，小数点左边为 1。所以小数部分使用 2 位二进制数就足够。十进制数 5.25 对应的二进制数为 101.01。

（2）规格化二进制数。改变阶码，使小数点前面只有一位有效数字。二进制数位（101.01）规格化之后变成 1.0101×2^2，其中尾数为 0101，阶码为 2。

（3）计算阶码。对于单精度浮点数，需要加上偏移量 7F（127）；对于双精度浮点数，需要加上偏移量 3FF（1023）。所以，本例子中最终的阶码为 129。

（4）把数字符号位、阶码和尾数合起来就得到浮点数存储形式。本例子中，符号位为 0，阶码为 1000 0001，尾数为 0101，合起来之后为 0100 0000 1010 1000 0000 0000 0000 0000，用十六进制来表示为 0x40a80000。

我们也可以在 BenOS 上通过 FMOV 指令来加载浮点数，使用 GDB 查看寄存器的值，如下面的示例代码所示。

```
.global fp_test
fp_test:
    fmov s0, #5.25
    ret
```

当 FMOV 指令执行完成之后，我们使用 GDB 来观察 S0 寄存器的值，如图 22.6 所示。

```
rlk@master: benos                                    rlk@master: benos
┌─src/asm_test.S──────────────────────────────────────
│1
│2       #define MY_LABEL 0x20
│3
│4       .global fp_test
│5       fp_test:
B+ │6               fmov s0, #5.25
  >│7               ret
│8
└─────────────────────────────────────────────────────
remote Thread 1.1 In: fp_test
Breakpoint 1 at 0x85088: file src/asm_test.S, line 6.
(gdb) c
Continuing.

Thread 1 hit Breakpoint 1, fp_test () at src/asm_test.S:6
(gdb) s
(gdb) info reg s0
s0             {f = 0x5, u = 0x40a80000, s = 0x40a80000} {f = 5.25, u = 1084751872, s = 1084751872}
```

▲图 22.6 观察 S0 寄存器的值

22.2.2 浮点控制寄存器与浮点状态寄存器

ARM64 处理器提供了浮点控制寄存器（FPCR）和浮点状态寄存器（FPSR）。

1. FPCR

FPCR 主要设置浮点精度等。FPCR 的格式如图 22.7 所示。

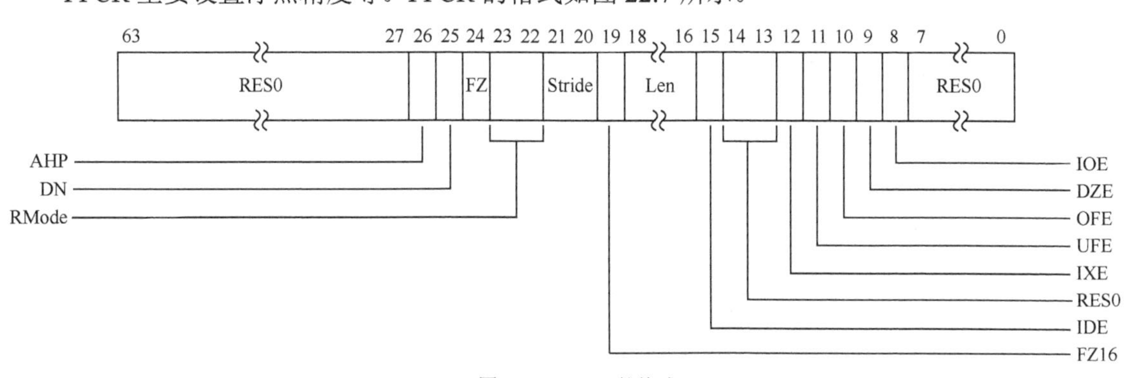

▲图 22.7 FPCR 的格式

FPCR 的字段如表 22.2 所示。

表 22.2 FPCR 的字段

字 段	位	说 明
AHP	Bit[26]	表示可选的半精度浮点数格式。 ❑ 0：使用 IEEE 标准的半精度浮点数格式。 ❑ 1：使用另外一种半精度浮点数格式
DN	Bit[25]	默认的 NaN（Not a Number，非数值）模式控制位
FZ	Bit[24]	表示冲刷到零模式（Flush-to-Zero mode）控制位
RMode	Bit[23:22]	表示舍入模式（Rounding Mode）控制位
FZ16	Bit[19]	表示是否支持半精度浮点数的冲刷到零模式
IDE	Bit[15]	表示是否使能输入非正规累积（Input Denormal Cumulative）浮点异常陷入功能。 ❑ 0：表示不发生陷入。当异常发生时，直接设置 FPSR 中的 IDC 字段为 1。 ❑ 1：表示发生陷入。当异常发生时，CPU 不会设置 FPSR 中的 IDC 字段，而由异常程序来确定是否需要设置 IDC 字段
IXE	Bit[12]	表示是否使能不精确累积（IneXact Cumulative）浮点异常的陷入功能
UFE	Bit[11]	表示是否使能下溢累积（UnderFlow Cumulative）浮点异常的陷入功能

续表

字　段	位	说　明
OFE	Bit[10]	表示是否使能上溢累积（OverFlow cumulative）浮点异常的陷入功能
DZE	Bit[9]	表示是否使能除以零累积（Divide by Zero cumulative）浮点异常的陷入功能
IOE	Bit[8]	表示是否使能无效操作累积（Invalid Operation cumulative）浮点异常的陷入功能

2. FPSR

FPSR 的格式如图 22.8 所示。

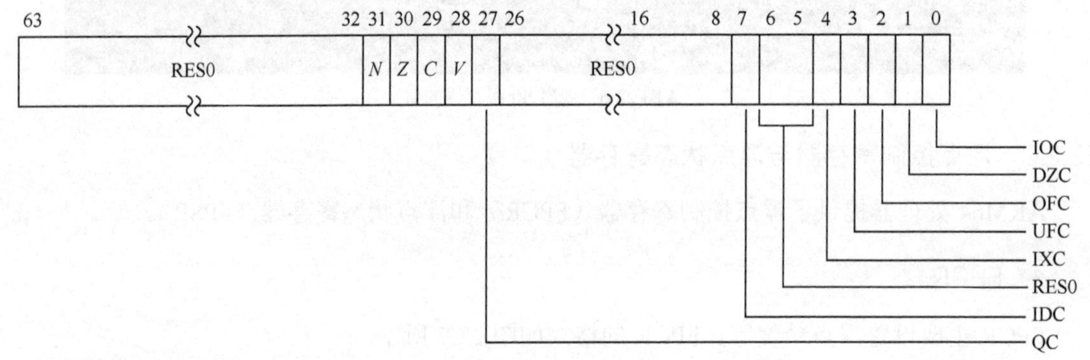

▲图 22.8　FPSR 的格式

FPSR 的字段如表 22.3 所示。

表 22.3　FPSR 的字段

字　段	位	说　明
N	Bit[31]	在 AArch64 执行状态下直接使用 PSTATE.*N*
Z	Bit[30]	在 AArch64 执行状态下直接使用 PSTATE.*Z*
C	Bit[29]	在 AArch64 执行状态下直接使用 PSTATE.*C*
V	Bit[28]	在 AArch64 执行状态下直接使用 PSTATE.*V*
QC	Bit[27]	饱和标志位。如果饱和已经发生，饱和标志通过饱和指令设置为 1
IDC	Bit[7]	表示输入非正规累积（Input Denormal Cumulative）浮点异常
IXC	Bit[4]	表示不精确累积（IneXact Cumulative）浮点异常
UFC	Bit[3]	表示下溢累积（UnderFlow Cumulative）浮点异常
OFC	Bit[2]	表示上溢累积（OverFlow Cumulative）浮点异常
DZC	Bit[1]	表示除以零累积（Divide by Zero Cumulative）浮点异常
IOC	Bit[0]	表示无效操作累积（Invalid Operation Cumulative）浮点异常

3. 陷入 EL1

ARM64 处理器中在体系结构特性访问控制寄存器——CPACR_EL1[①]（Architectural Feature Access Control Register）中有一个字段 FPEN，用来控制访问 FP/NEON 寄存器时是否会陷入 EL1。

- 当 FPEN 为 0b01 时，表示在 EL0 里访问 SVE（Scalable Vector Extension，可伸缩矢量扩展）、高级 SIMD 以及浮点单元寄存器时会陷入 EL1 中，异常类型编码为 0x7。SVE 作为 ARMv8-A/ARMv9-A 指令集的可选扩展，支持最低 128 位、最高 2048 位的矢量计算，为高性能计算进行优化。
- 当 FPEN 为 0b00 或者 0b10 时，表示在 EL0 或者 EL1 里访问 SVE、高级 SIMD 以及

① 缩略语与英文首字母不一致，ARM 官方文档是这样的。

浮点单元寄存器时会陷入 EL1 中，异常类型编码为 0x7。

- 当 FPEN 为 0b11 时，表示不会陷入 EL1 中。

如果在 BenOS 里调试 FP/NEON 指令，需要在汇编入口代码中提前设置 FPEN 字段；否则，执行时自动陷入 EL1，如下面的示例代码所示。

```
<BenOS/src/boot.S>

el1_entry:
    bl print_el

    ldr x5, =(3UL << 20);
    msr cpacr_el1, x5
    …
```

22.2.3 浮点数的条件操作码

在浮点数运算中也有与整数运算类似的条件操作码，不过有些操作码的含义与整数运算中的不完全一样，如表 22.4 所示。

表 22.4 常见的条件操作后缀

后 缀	整数运算中的含义	浮点数运算中的含义	标 志
EQ	相等	相等	Z=1
NE	不相等	不相等或者无序（unordered）	Z=0
CS/HS	发生了无符号数溢出	大于或者等于或者无序	C=1
CC/LO	没有发生无符号数溢出	小于	C=0
MI	负数	小于	N=1
PL	正数或零	大于或者等于或无序	N=0
VS	溢出	无序	V=1
VC	未溢出	有序	V=0
HI	无符号数大于	大于或者等于或无序	(C=1) && (Z=0)
LS	无符号数小于或等于	小于或者等于	(C=0) || (Z=1)
GE	有符号数大于或等于	大于或者等于	N == V
LT	有符号数小于	小于或者无序	N!=V
GT	有符号数大于	大于	(Z==0) && (N==V)
LE	有符号数小于或等于	小于或者等于或无序	(Z==1) || (N!=V)
AL	无条件（Always）执行	无条件执行	—
NV	无条件执行	无条件执行	—

表中的无序指的是两个浮点数比较时，其中一个浮点数为 NaN 的情况。此时不存在大小关系，即两个浮点数的比较存在大于、小于和等于这三种都不成立的情况。NaN 表示非数值。例如，sqrt(−16.0)的结果是复数“4i”，它已经属于复数，不属于实数。复数对应的是平面上的一个点，平面上的两个点之间不存在大小关系。

22.2.4 常用浮点运算指令

A64 指令集提供了浮点运算指令，例如加减、乘除、乘加、比较等指令，如表 22.5 所示。

表 22.5　常用浮点运算指令

指　令	描　述
FADD	浮点加法指令
FSUB	浮点减法指令
FMUL	浮点乘法指令
FMLA	浮点乘累加指令
FDIV	浮点除法指令
FMADD	浮点乘加指令
FCMP	浮点比较指令
FABS	浮点绝对值指令

22.3 NEON 指令集

NEON 指令集是适用于 Cortex-A 系列处理器的一种高级 SIMD 扩展指令集。SIMD（Single Instruction Multiple Data，一条指令操作多个数据）提供小数据并行处理能力。ARM 从 ARMv7 体系结构开始加入 NEON 指令集扩展，以支持矢量化并行计算，用于图像处理、音视频处理、视频编解码等场景。

22.3.1 SISD 和 SIMD

大多数 ARM64 指令是 SISD（Single Instruction Single Data，单指令单数据）。换句话说，每条指令在单个数据源上执行其指定的操作，所以处理多个数据项需要多条指令。例如，要执行 4 次加法，需要 4 条指令以及 4 对寄存器。

```
ADD w0, w0, w5
ADD w1, w1, w6
ADD w2, w2, w7
ADD w3, w3, w8
```

当处理比较小的数据元素（例如，将 8 位值相加）时，需要将每个 8 位值加载到一个单独的 64 位寄存器中。由于处理器、寄存器和数据路径都是为 64 位计算而设计的，因此在小数据上执行大量单独的操作不能有效地使用机器资源。

SIMD 指的是单指令多数据流，它对多个数据元素同时执行相同的操作。这些数据元素被打包成一个更大的寄存器中的独立通道。例如，ADD 指令将 32 位数据元素加在一起。这些值被打包到两对 128 位寄存器（分别是 V1 和 V2）的单独通道中。然后将第一源寄存器中的每个通道添加到第二源寄存器中的相应通道，并将其存储在目标寄存器（V10）的同一通道中。

```
ADD V0.4S, V1.4S, V2.4S
```

如图 22.9 所示，ADD 指令会并行做 4 次加法运算，它们分别位于处理器内部的 4 个计算通道并且是相互独立的，任何一个通道发生了溢出或者进位都不会影响其他通道。

V0.4S[0] = V1.4S[0] + V2.4S[0]

V0.4S[1] = V1.4S[1] + V2.4S[1]

V0.4S[2] = V1.4S[2] + V2.4S[2]

V0.4S[3] = V1.4S[3] + V2.4S[3]

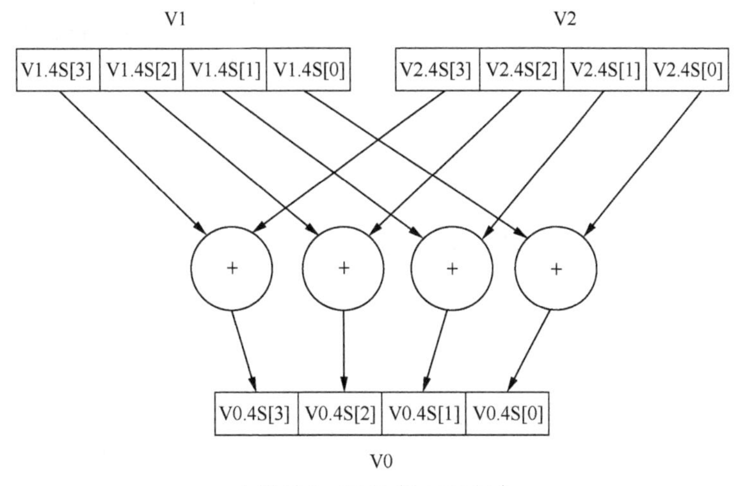

▲图 22.9　SIMD 的 ADD 指令

在图 22.9 中，一个 128 位的矢量寄存器 V*n* 可以同时存储 4 个 32 位的数据 S*n*。另外，它还可以存储两个 64 位数据 D*n*、8 个 16 位数据 H*n* 或者 16 个 8 位数据 B*n*。

SIMD 非常适合图像处理场景。图像的数据常用的数据类型是 RGB565、RGBA8888、YUV422 等格式。这些格式的数据特点是一个像素的一个分量（R、G、B 以及 A 分量）使用 8 位数据表示。如果使用传统的处理器做计算，虽然处理器的寄存器是 32 位或 64 位的，但是处理这些数据只能使用寄存器的低 8 位，这浪费了寄存器资源。如果把 64 位寄存器拆成 8 个 8 位数据通道，就能同时完成 8 个操作，计算效率提升了 7 倍。

总之，SISD 和 SIMD 的区别如图 22.10 所示。

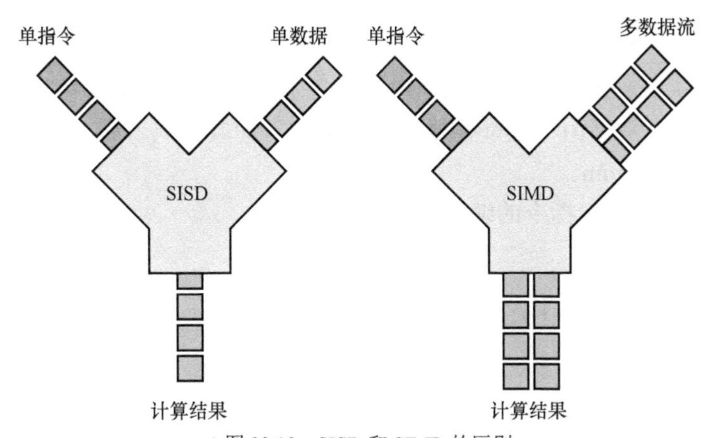

▲图 22.10　SISD 和 SIMD 的区别

22.3.2　矢量运算与标量运算

在 NEON 指令集中，指令通常可以分成两大类：一类是矢量（vector）运算指令；另一类是标量（scalar）运算指令。矢量运算指的是对矢量寄存器中所有通道的数据同时进行运算，而标量运算指的是只对矢量寄存器中某个通道的数据进行运算。

例如，MOV 指令有矢量运算版本和标量运算版本。

矢量运算版本的 MOV 指令把 V*n* 中所有通道的数据同时搬移到 V*d* 矢量寄存器中，其指令格式如下。

```
MOV <Vd>.<T>, <Vn>.<T>
```

标量运算版本的 MOV 指令把 V*n* 矢量寄存器中第 index 个通道的数据搬移到 V*d* 矢量寄存器对应的通道中，其他通道的数据不参与搬移，其指令格式如下。

```
MOV <V><d>, <Vn>.<T>[<index>]
```

22.3.3 加载与存储指令 LD1 与 ST1

NEON 指令集支持一条指令加载和存储多个数据元素，并且根据数据交错模式（interleave pattern）提供了多个变种。

1. LD1 指令

LD1 指令用来把多个数据元素加载到 1 个、2 个、3 个或 4 个矢量寄存器中。LD1 指令最多可以使用 4 个矢量寄存器。LD1 指令支持没有偏移量和后变基两种模式。没有偏移量模式的指令格式如下。

```
LD1 { <Vt>.<T> }, [<Xn|SP>]
LD1 { <Vt>.<T>, <Vt2>.<T> }, [<Xn|SP>]
LD1 { <Vt>.<T>, <Vt2>.<T>, <Vt3>.<T> }, [<Xn|SP>]
LD1 { <Vt>.<T>, <Vt2>.<T>, <Vt3>.<T>, <Vt4>.<T> }, [<Xn|SP>]
```

上述指令表示从 X*n*/SP 指向的源地址中加载多个数据元素到 V*t*、V*t*2、V*t*3 以及 V*t*4 矢量寄存器中，加载的数据类型由矢量寄存器的 T 来确定。

后变基模式的 LD1 指令格式如下。

```
LD1 { <Vt>.<T> }, [<Xn|SP>], <imm>
LD1 { <Vt>.<T>, <Vt2>.<T> }, [<Xn|SP>], <imm>
LD1 { <Vt>.<T>, <Vt2>.<T>, <Vt3>.<T> }, [<Xn|SP>], <imm>
LD1 { <Vt>.<T>, <Vt2>.<T>, <Vt3>.<T>, <Vt4>.<T> }, [<Xn|SP>], <imm>
```

上述指令表示从 X*n*/SP 指向的源地址中加载多个数据元素到 V*t*、V*t*2、V*t*3 以及 V*t*4 矢量寄存器中，加载的数据类型由矢量寄存器的 T 来确定，加载完成之后，更新 X*n*/SP 寄存器的值为 X*n*/SP 寄存器的值加 imm。

没有偏移量模式的 LD1 指令的编码如图 22.11 所示。

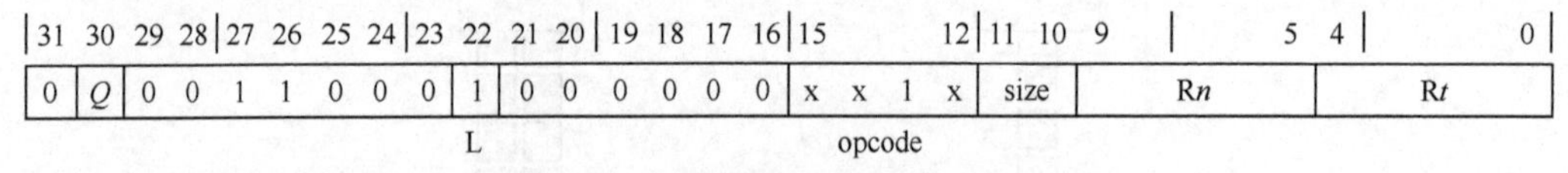

▲图 22.11 没有偏移量模式的 LD1 指令的编码

V*t* 表示第一个目标矢量寄存器，通过指令编码中的 R*t* 字段来索引矢量寄存器。

T 表示目标矢量寄存器的大小和位宽，它通过指令编码中的 size 字段和 *Q* 字段来确定，可选的选项如下。

- 8B：表示 8 个 8 位的数据元素。
- 16B：表示 16 个 8 位的数据元素。
- 4H：表示 4 个 16 位的数据元素。
- 8H：表示 8 个 16 位的数据元素。
- 2S：表示 2 个 32 位的数据元素。
- 4S：表示 4 个 32 位的数据元素。
- 1D：表示 1 个 64 位的数据元素。

- 2D：表示 2 个 64 位的数据元素。

V*t*2 表示第二个目标矢量寄存器，通过使指令编码的 R*t* 字段加 1 来获取矢量寄存器的索引值。

V*t*3 表示第三个目标矢量寄存器，通过使指令编码的 R*t* 字段加 2 来获取矢量寄存器的索引值。

V*t*4 表示第四个目标矢量寄存器，通过使指令编码的 R*t* 字段加 3 来获取矢量寄存器的索引值。

X*n*/SP 表示源地址寄存器。

上述 V*t*、V*t*2、V*t*3 以及 V*t*4 必须是连续的 4 个矢量寄存器。

【例 22-2】对于 RGB24 格式的图像，一像素用 24 位（3 字节）表示 R（红）、G（绿）、B（蓝）三种颜色。它们在内存中的存储方式是 R0、G0、B0、R1、G1、B1，以此类推，如图 22.12 所示。

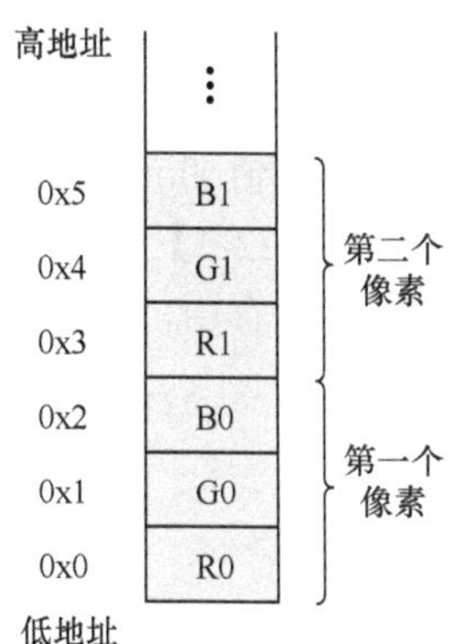

▲图 22.12　RGB24 格式的数据内存中的存储方式

我们可以使用 LD1 指令来把 RGB24 格式的数据加载到矢量寄存器中，例如：

```
LD1 { V0.16B, V1.16B, V2.16B }, [x0]
```

其中 X0 表示 RGB24 数据的源地址，这条指令会把 RGB24 的数据加载到 V0、V1 以及 V2 矢量寄存器。如图 22.13 所示，LD1 指令将 R、G 和 B 数据从内存中按顺序放入矢量寄存器中。

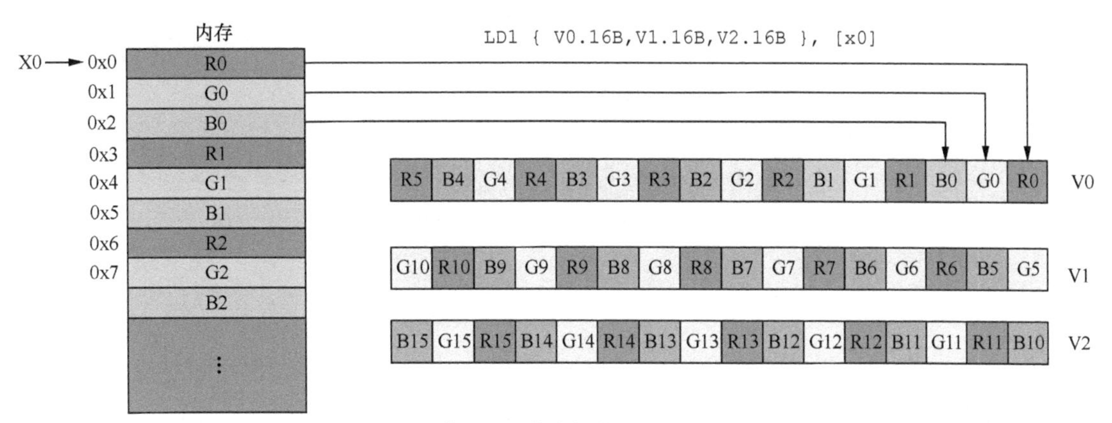

▲图 22.13　使用 LD1 指令加载 RGB24 格式的数据

如果我们想把 RGB24 格式的数据转换为 BGR24 格式，需要在不同的通道获得不同的颜色组件，然后移动这些组件并重新组合，这样效率会很低，我们会在后面介绍更高效的 LD3 加载指令。

2. ST1 指令

与 LD1 对应的存储指令为 ST1。ST1 指令把 1 个、2 个、3 个或 4 个矢量寄存器的多个数据元素的内容存储到内存中。ST1 指令最多可以使用 4 个矢量寄存器。ST1 指令支持没有偏移量和后变基两种模式。没有偏移量模式的指令格式如下。

```
ST1 { <Vt>.<T> }, [<Xn|SP>]
ST1 { <Vt>.<T>, <Vt2>.<T> }, [<Xn|SP>]
ST1 { <Vt>.<T>, <Vt2>.<T>, <Vt3>.<T> }, [<Xn|SP>]
ST1 { <Vt>.<T>, <Vt2>.<T>, <Vt3>.<T>, <Vt4>.<T> }, [<Xn|SP>]
```

上述指令表示把 V*t*、V*t*2、V*t*3 以及 V*t*4 矢量寄存器的数据元素存储到 X*n*/SP 指向的内存地址中，数据类型由矢量寄存器的 T 来确定。

后变基模式的 ST1 指令格式如下。

```
ST1 { <Vt>.<T> }, [<Xn|SP>], <imm>
ST1 { <Vt>.<T>, <Vt2>.<T> }, [<Xn|SP>], <imm>
ST1 { <Vt>.<T>, <Vt2>.<T>, <Vt3>.<T> }, [<Xn|SP>], <imm>
ST1 { <Vt>.<T>, <Vt2>.<T>, <Vt3>.<T>, <Vt4>.<T> }, [<Xn|SP>], <imm>
```

上述指令表示把 V*t*、V*t*2、V*t*3 以及 V*t*4 矢量寄存器的数据元素存储到 X*n*/SP 指向的内存地址中，数据类型由矢量寄存器的 T 来确定，存储完成之后，更新 X*n*/SP 寄存器的值为 X*n*/SP 寄存器的值加 imm。

【例 22-3】V0、V1 和 V3 矢量寄存器中存储了 RGB24 格式的数据，通过 ST1 指令把数据存储到内存中，如图 22.14 所示。

```
ST1 { V0.16B, V1.16B, V2.16B }, [x0]
```

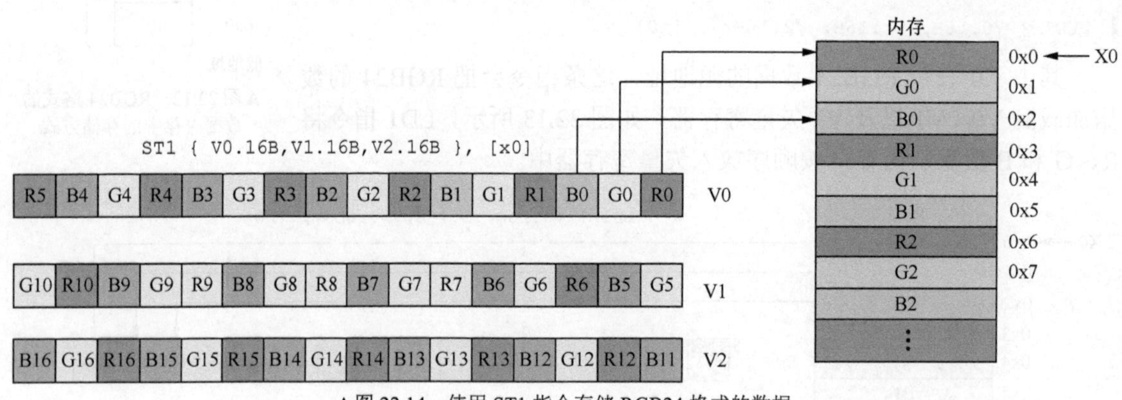

▲图 22.14　使用 ST1 指令存储 RGB24 格式的数据

22.3.4　加载与存储指令 LD2 和 ST2

LD1 和 ST1 指令按照内存顺序来加载和存储数据，而有些场景下希望能按照交替（interleave）的方式来加载和存储数据。LD2 和 ST2 指令就支持以交替方式加载和存储数据，它们包含没有偏移量和后变基两种模式。

没有偏移量模式的 LD2 和 ST2 指令格式如下。

```
LD2 { <Vt>.<T>, <Vt2>.<T> }, [<Xn|SP>]
ST2 { <Vt>.<T>, <Vt2>.<T> }, [<Xn|SP>]
```

后变基模式的 LD2 和 ST2 指令格式如下。

```
LD2 { <Vt>.<T>, <Vt2>.<T> }, [<Xn|SP>], <imm>
ST2 { <Vt>.<T>, <Vt2>.<T> }, [<Xn|SP>], <imm>
```

【例 22-4】下面这条指令把 X0 寄存器指向的内存数据加载到 V0 和 V1 矢量寄存器中。

```
LD2 {V0.8H, V1.8H}, [X0]
```

这些数据会通过交错的方式加载到 V0 和 V1 矢量寄存器中。从“8H”可知，每个矢量寄存器包括 8 个 16 位的数据元素。如图 22.15 所示，地址 0x0 中的数据元素 E0（偶数）会加载到 V0 寄存器的 8H[0]里，地址 0x2 中的数据元素 O0（奇数）会加载到 V1 寄存器的 8H[0]里，地址中 0x4 的数据元素 E1（偶数）会加载到 V0 寄存器的 8H[1]里，以此类推。

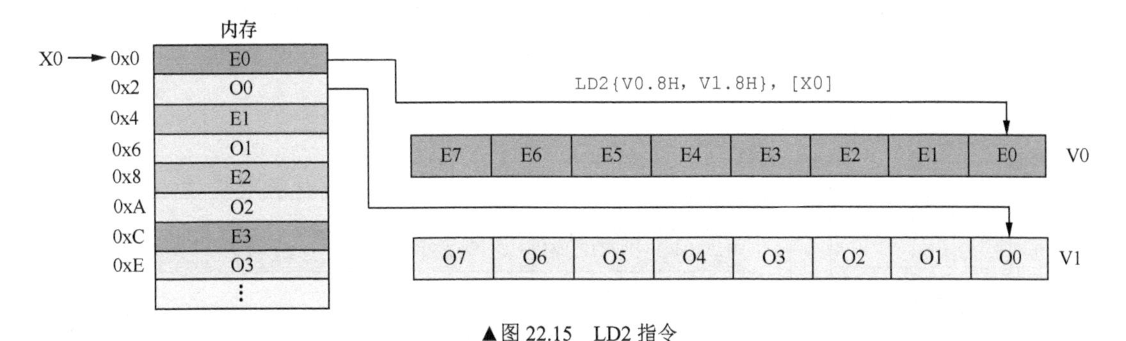

▲图 22.15 LD2 指令

22.3.5 加载与存储指令 LD3 和 ST3

在 RGB24 转 BGR24 中，如果我们使用 LD1 指令来加载 RGB24 数据到矢量寄存器，那么需要在不同的通道中获得不同的颜色组件，然后移动这些组件并重新组合，这样效率会很低。为此，NEON 指令集提供了优化此类场景的指令。LD3 指令从内存中获取数据，同时将值分割并加载到不同的矢量寄存器中，这叫作解交错（de-interleaving）。LD3 与 ST3 指令包含没有偏移量模式和后变基模式。

没有偏移量模式的 LD3 和 ST3 指令格式如下。

```
LD3 { <Vt>.<T>, <Vt2>.<T>, <Vt3>.<T> }, [<Xn|SP>]
ST3 { <Vt>.<T>, <Vt2>.<T>, <Vt3>.<T> }, [<Xn|SP>]
```

后变基模式的 LD3 和 ST3 指令格式如下。

```
LD3 { <Vt>.<T>, <Vt2>.<T>, <Vt3>.<T> }, [<Xn|SP>], <imm>
ST3 { <Vt>.<T>, <Vt2>.<T>, <Vt3>.<T> }, [<Xn|SP>], <imm>
```

注意，矢量寄存器列表中的矢量寄存器必须是 3 个编号连续递增的矢量寄存器，否则编译会出错。

```
lk@master:benos$ make
aarch64-linux-gnu-gcc -g -Iinclude  -MMD -c src/fp_neon_test.S -o build/fp_neon_test_s.o
src/fp_neon_test.S: Assembler messages:
src/fp_neon_test.S:41: Error: invalid register list at operand 1 -- `ld3 {v0.16b,v2.16b,
  v3.16b},[x0],48'
make: *** [Makefile:29: build/fp_neon_test_s.o] Error 1
```

原因是 LD3 和 ST3 指令的编码中，V*t*（*t* 表示 0～31 的整数）矢量寄存器通过指令编码中的 R*t* 字段获取矢量寄存器的索引值，而 V*t*2 则通过使 R*t* 字段加 1 获取矢量寄存器的索引值，V*t*3 通过使 R*t* 字段加 2 获取矢量寄存器的索引值。没有偏移量模式的 LD3 和 ST3 指令的编码如图 22.16 所示。

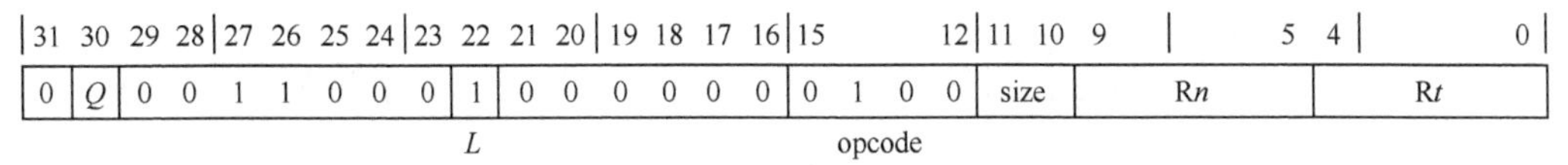

▲图 22.16 没有偏移量模式的 LD3 和 ST3 指令的编码

【例 22-5】以下代码使用 LD3 指令把 RGB24 格式的数据加载到矢量寄存器中。

```
LD3 { V0.16B, V1.16B, V2.16B }, [x0], #48
```

其中，X0 表示 RGB24 格式数据的源地址，这条指令会把 RGB24 的数据加载到 V0、V1 以及 V2 矢量寄存器。如图 22.17 所示，LD3 指令将 16 个红色（R）像素加载到 V0 矢量寄存器中，把 16 个绿色（G）像素分别 V1 矢量寄存器中，把 16 个蓝色（B）像素加载到 V2 矢量寄存器中。这条 LD3 指令一次最多可以加载 48 字节的数据。

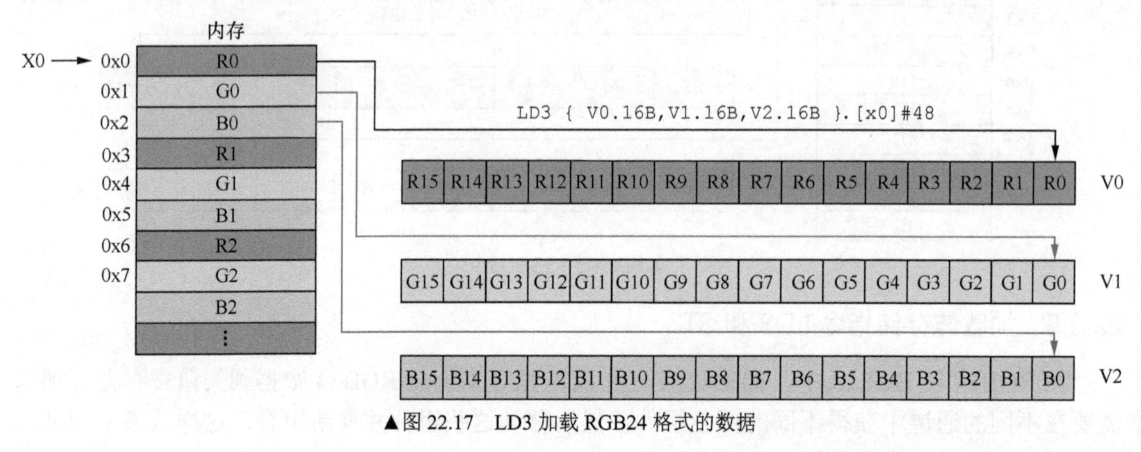

▲图 22.17　LD3 加载 RGB24 格式的数据

接下来，我们可以很方便地使用 MOV 指令和一个临时矢量寄存器 V3 快速把 RGB24 格式转换成 BGR24 格式。示例代码如下。

```
1      LD3 { V0.16B, V1.16B, V2.16B }, [x0], #48
2      MOV V3.16B, V0.16B
3      MOV V0.16B, V2.16B
4      MOV V2.16B, V3.16B
5      ST3 { V0.16B, V1.16B, V2.16B }, [x1], #48
```

在第 1 行中，使用 LD3 指令将 RGB24 格式的数据分别加载到 V0、V1 以及 V2 矢量寄存器中，这里一共加载 48 字节的数据。其中 16 个 R 像素都加载到 V0 寄存器中，16 个 G 像素都加载到 V1 寄存器中，16 个 B 像素都加载到 V2 寄存器中。另外，这条指令属于后变基模式，X0 寄存器会自动寻址下一组 48 字节的 RGB 数据。

在第 2～4 行中，对 R 像素的数据与 B 像素的数据进行交换，这里使用 V3 作为临时变量。

在第 5 行中，使用 ST3 指令把 V0～V2 寄存器的值存储到 X0 寄存器指向的内存地址中。这条指令属于后变基模式，X0 寄存器会自动寻址下一组 48 字节的 RGB 数据，如图 22.18 所示。

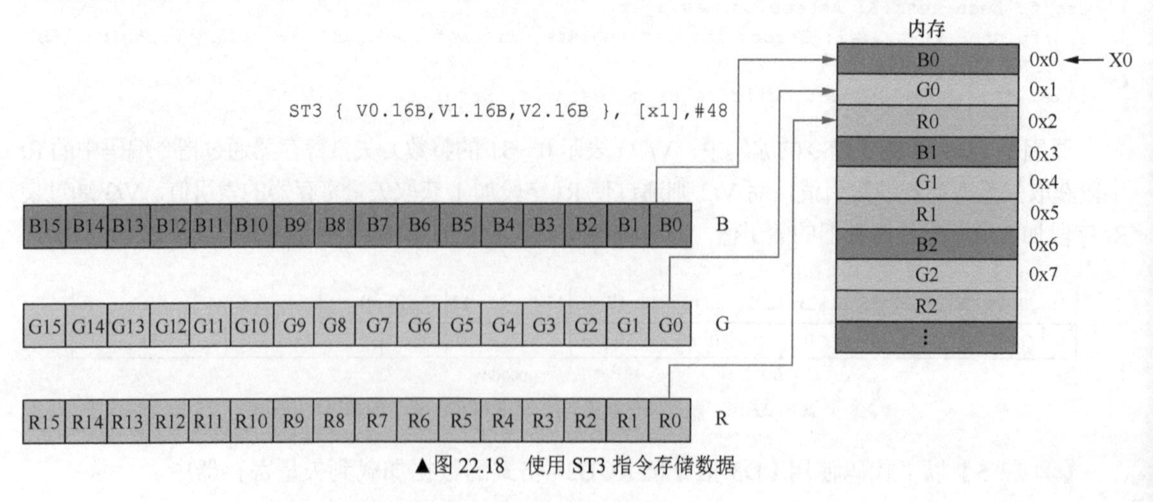

▲图 22.18　使用 ST3 指令存储数据

上述几行代码快速把 RGB24 格式转换成 BGR24 格式。

22.3.6 加载与存储指令 LD4 和 ST4

ARGB 格式在 RGB 的基础上加了 Alpha（透明度）通道。为了加快 ARGB 格式数据的加载和存储操作，NEON 指令提供了 LD4 和 ST4 指令。与 LD3 类似，不过 LD4 可以把数据解交叉地加载到 4 个矢量寄存器中。

LD4 和 ST4 指令包含没有偏移模式与后变基模式。

没有偏移模式的 LD4 和 ST4 指令格式如下。

```
LD4 { <Vt>.<T>, <Vt2>.<T>, <Vt3>.<T>, <Vt4>.<T> }, [<Xn|SP>]
ST4 { <Vt>.<T>, <Vt2>.<T>, <Vt3>.<T>, <Vt4>.<T> }, [<Xn|SP>]
```

后变基模式的 LD4 和 ST4 指令格式如下。

```
LD4 { <Vt>.<T>, <Vt2>.<T>, <Vt3>.<T>, <Vt4>.<T> }, [<Xn|SP>], <imm>
ST4 { <Vt>.<T>, <Vt2>.<T>, <Vt3>.<T>, <Vt4>.<T> }, [<Xn|SP>], <imm>
```

22.3.7 加载指令的特殊用法

LD*n* 指令有两个特殊的用法。

1. LD*n*R 指令

LD*n* 指令还有一个变种——LD*n*R 指令，R 表示重复的意思。它会从内存中加载一组数据元素，然后把数据复制到矢量寄存器的所有通道中。

【例 22-6】下面的 LD3R 指令从内存中加载单一的三元素数据，然后将该数据复制到 3 个矢量寄存器的所有通道中。

```
LD3R { V0.16B, V1.16B, V2.16B } , [x0]
```

如图 22.19 所示，V0 寄存器中 16 个通道的值全为 R0，V1 寄存器中 16 个通道的值全为 G0，V2 寄存器中 16 个通道的值全为 B0。

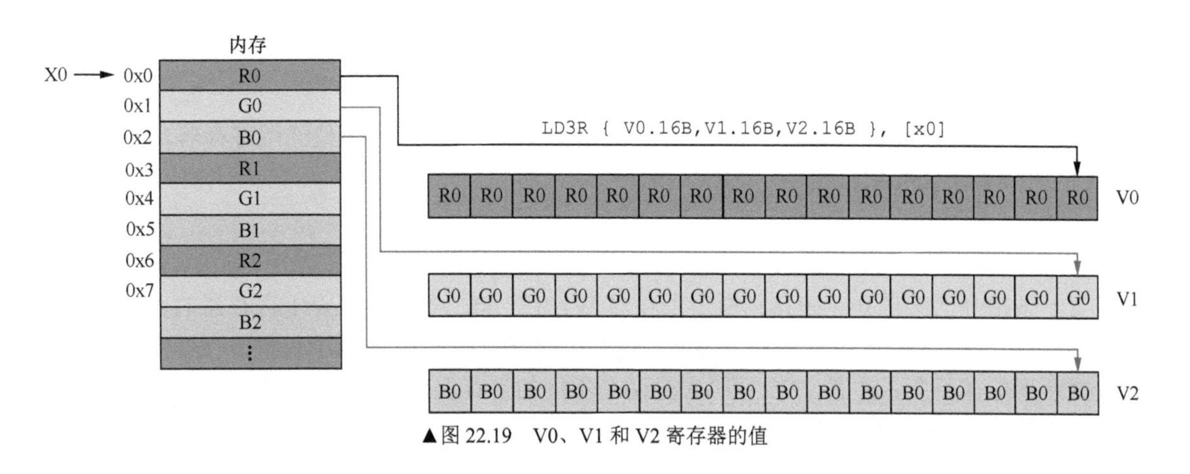

▲图 22.19 V0、V1 和 V2 寄存器的值

2. 读写某个通道的值

LD*n* 指令可以加载数据到矢量寄存器的某个通道中，而其他通道的值不变。

【例 22-7】下面的代码使用了 LD3 指令。

```
LD3 { V0.B, V1.B, V2.B }[4] , [x0]
```

这里指令只从 X0 地址处加载 3 个数据元素，把它们分别存储在 V0.16B[4]、V1.16B[4]以及 V2.16B[4]，这 3 个矢量寄存器中其他通道的值不变，如图 22.20 所示。

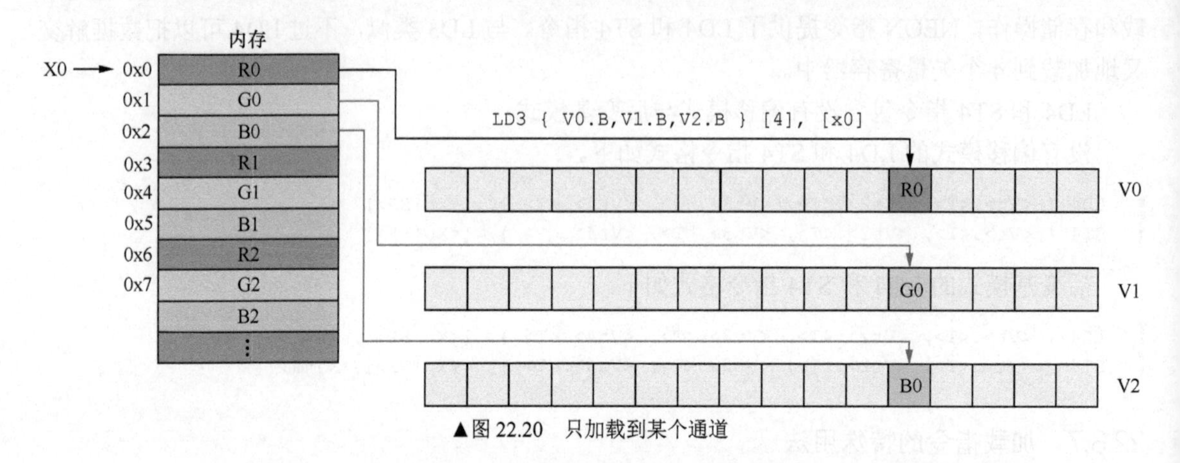

▲图 22.20　只加载到某个通道

同时，这种方式也支持存储指令，可以把矢量寄存器中某个通道的值写入内存中。

22.3.8　搬移指令

NEON 指令集也提供了 MOV 指令，用于矢量寄存器中数据元素之间的搬移。

1. 从通用寄存器中搬移数据

从通用寄存器中搬移数据的 MOV 指令格式如下。

```
MOV <Vd>.<Ts>[<index>], <R><n>
```

其中，每个部分的含义如下。

- Vd：表示目标矢量寄存器。
- Ts：表示数据元素大小，例如，B 表示 8 位，H 表示 16 位，S 表示 32 位，D 表示 64 位。
- index：数据元素的索引值。
- R：表示通用寄存器，X 表示 64 位通用寄存器，W 表示 32 位通用寄存器。

【例 22-8】下面的代码使用了 MOV 指令。

```
mov w1, #0xa
mov v1.h[2], w1
```

第一条指令把常量 0xa 搬移到通用寄存器 W1 中，第二条指令把 W1 寄存器的内容搬移到 V1 矢量寄存器的第三个 16 位数据元素中（h[2]），如图 22.21 所示。V1 矢量寄存器中其他通道的数据元素保存不变。注意，W1 和 V1 是两个不同的寄存器，一个是整数运算的通用寄存器，另一个是 FP/NEON 运算的矢量寄存器。

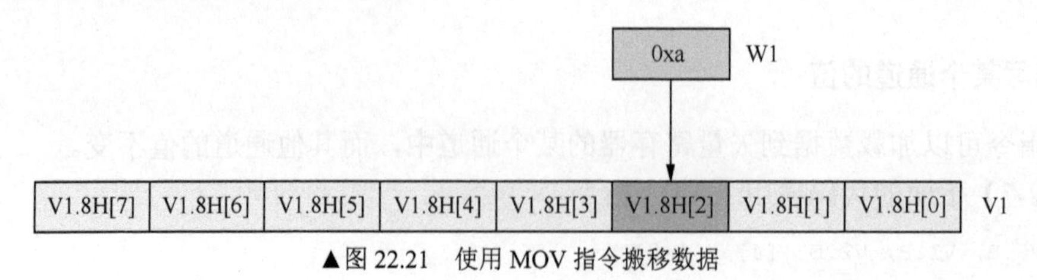

▲图 22.21　使用 MOV 指令搬移数据

2. 矢量寄存器搬移

矢量寄存器搬移指令 MOV 的格式如下。

```
MOV <Vd>.<T>, <Vn>.<T>
```

其中，每个部分的含义如下。

- ❑ V*d*：表示目标矢量寄存器。
- ❑ V*n*：表示源矢量寄存器。
- ❑ T：表示要搬移数据元素的数量，例如，8B 表示搬移 8 字节数据，16B 表示搬移 16 字节数据。

【例 22-9】下面的代码也使用了 MOV 指令。

```
MOV V3.16B, V0.16B
MOV V3.8B, V0.8B
```

第一条 MOV 指令把 V0 矢量寄存器中所有的内容搬移到 V3 矢量寄存器中，第二条 MOV 指令把 V0 矢量寄存器中低 8 字节数据搬移到 V3 矢量寄存器中。

3. 搬移数据元素到矢量寄存器

搬移某个数据元素到矢量寄存器的 MOV 指令格式如下。

```
MOV <V><d>, <Vn>.<T>[<index>]
```

其中，每个部分的含义如下。

- ❑ V*d*：表示目标矢量寄存器。这里矢量寄存器必须和 T 保存一致。
- ❑ V*n*：表示源矢量寄存器。
- ❑ T：表示数据元素大小，例如，B 表示 8 位，H 表示 16 位，S 表示 32 位，D 表示 64 位。
- ❑ index：数据元素的索引。

【例 22-10】下面的两条 MOV 指令中，哪一条的写法正确？

```
mov h2, v1.8h[2]
mov v2, v1.8h[2]
```

第一条指令把 V1 矢量寄存器中的第三个数据元素搬移到 H2 矢量寄存器中。而第二条指令是错误的指令，第一个操作数的大小必须和第二个操作数的大小保持一致。

4. 搬移数据元素

矢量寄存器之间搬移数据元素的 MOV 指令格式如下。

```
MOV <Vd>.<Ts>[<index1>], <Vn>.<Ts>[<index2>]
```

其中，每个部分的含义如下。

- ❑ V*d*：表示目标矢量寄存器。
- ❑ V*n*：表示源矢量寄存器。
- ❑ T*s*：表示数据元素大小，例如，B 表示 8 位，H 表示 16 位，S 表示 32 位，D 表示 64 位。
- ❑ index：数据元素的索引。

【例 22-11】如下指令的作用是什么？

```
mov v1.8h[2], v0.8h[2]
```

这条 MOV 指令把 V0 矢量寄存器中第三个数据元素（H[2]）搬移到 V1 矢量寄存器的第三

个数据元素（H[2]）中。

22.3.9　反转指令

REV 指令用于反转数据元素（reverse element），在很多场景下非常有用。REV 指令一共有 3 条变种指令。

- REV16 指令：表示矢量寄存器中的 16 位数据元素组成一个容器。在这个容器里，反转 8 位数据元素的顺序，即颠倒 B[0]和 B[1]的顺序。
- REV32 指令：表示矢量寄存器中的 32 位数据元素组成一个容器。在这个容器里，反转 8 位数据元素或者 16 位数据元素的顺序。
- REV64 指令：表示矢量寄存器中的 64 位数据元素组成一个容器。在这个容器里，反转 8 位、16 位或者 32 位数据元素的顺序。

【例 22-12】下面的代码使用了 REV16 指令。

```
REV16 v0.16B, v1.16B
```

在这条指令中，16 位数据组成一个容器，一个矢量寄存器一共有 8 个容器。在容器里有两个 8 位的数据。REV16 指令会分别对这 8 个容器里的 8 位数据进行反转，如图 22.22 所示。

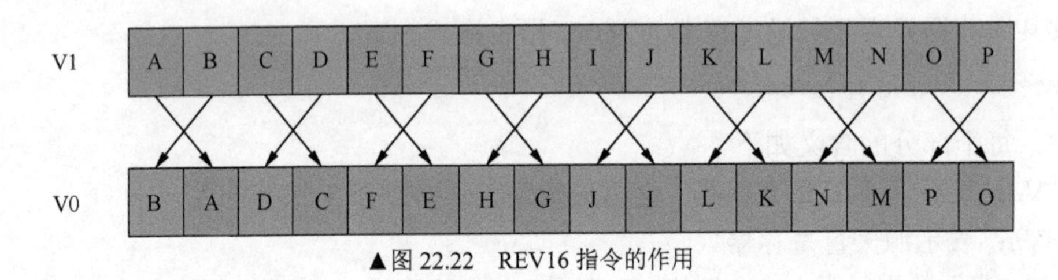

▲图 22.22　REV16 指令的作用

【例 22-13】下面的代码使用了 REV32 指令。

```
REV32 v0.16B, v1.16B
```

在这条指令中，32 位数据组成一个容器，一个矢量寄存器一共有 4 个容器。在容器里有 4 个 8 位的数据。REV32 指令会分别对这 4 个容器里的 8 位数据进行反转，如图 22.23 所示。

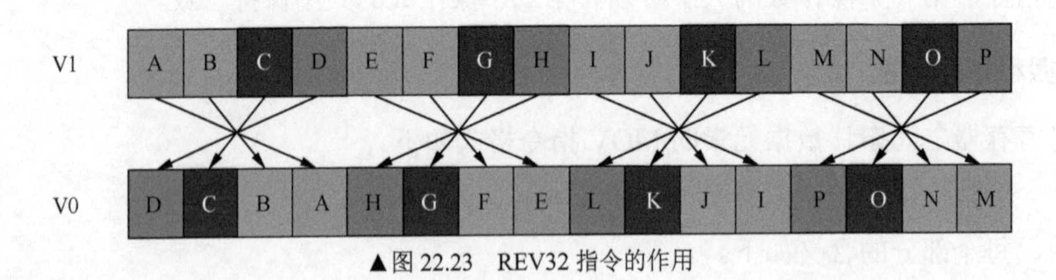

▲图 22.23　REV32 指令的作用

【例 22-14】下面的代码同样使用了 REV32 指令。

```
REV32 v0.8H, v1.8H
```

与例 22-13 一样，这也是一条 REV32 指令，不同之处在于处理数据元素的大小发生了变化，从之前的 8 位数据元素变成了 16 位数据元素。32 位数据组成一个容器，一个矢量寄存器一共有 4 个容器。在容器里有两个 16 位的数据。REV32 指令会分别对这 4 个容器里的 16 位数据进行反转，如图 22.24 所示。

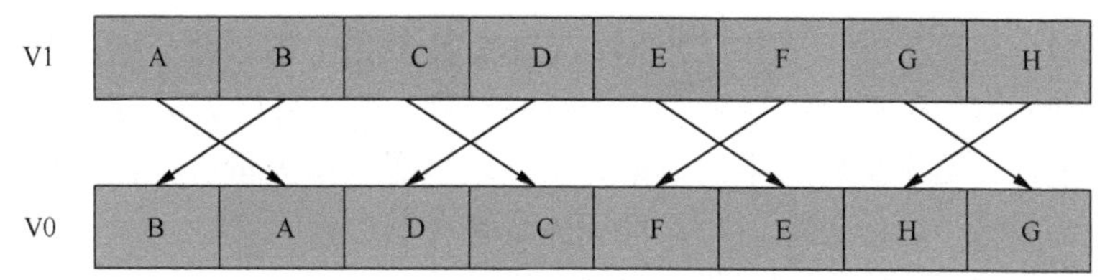

▲图 22.24 另一条 REV32 指令的作用

【例 22-15】下面是关于 REV64 指令的代码。

```
REV64 v0.16B, v1.16B
```

在这条指令中，64 位数据组成一个容器，一个矢量寄存器一共有两个容器。在容器里有 8 个 8 位的数据。REV64 指令会分别对这两个容器里的 8 位数据进行反转，如图 22.25 所示。

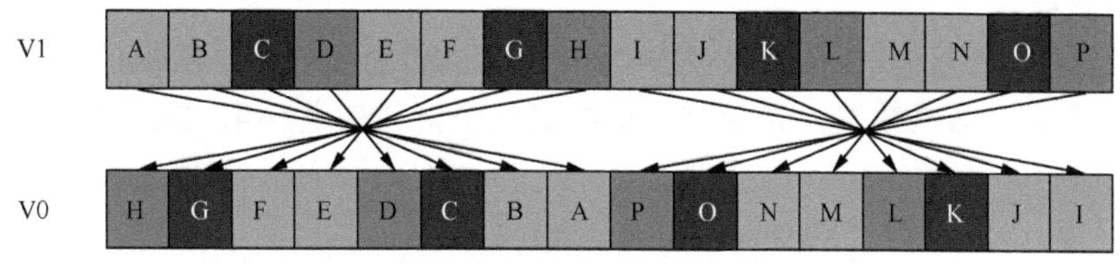

▲图 22.25 REV64 指令的作用

22.3.10 提取指令

EXT 指令从两个矢量寄存器中分别提取部分数据元素，组成一个新的矢量，并写入新的矢量寄存器中。EXT 是 Extraction 的缩写。EXT 指令的格式如下。

```
EXT <Vd>.<T>, <Vn>.<T>, <Vm>.<T>, #<index>
```

其中，每个部分的含义如下。

- V*d*：表示目标矢量寄存器。
- V*n*：表示第一个源矢量寄存器。
- V*m*：表示第二个源矢量寄存器。
- T：表示数据元素的大小和数量，例如，8B 表示有 8 个 8 位的数据元素，16B 表示有 16 个 8 位的数据元素。
- index：表示从第一个源矢量寄存器中第 index 个数据元素开始提取，剩下的数据元素需要从第二个源矢量寄存器中提取。

【例 22-16】下面是一条 EXT 指令。

```
EXT v0.16B, v2.16B, v1.16B, #3
```

16B 表示矢量寄存器一共有 16 个 8 位的数据元素。3 表示从第一个源矢量寄存器中第 3 个数据元素开始提取，剩下的 13 个数据元素需要从第二个源矢量寄存器中提取，如图 22.26 所示。

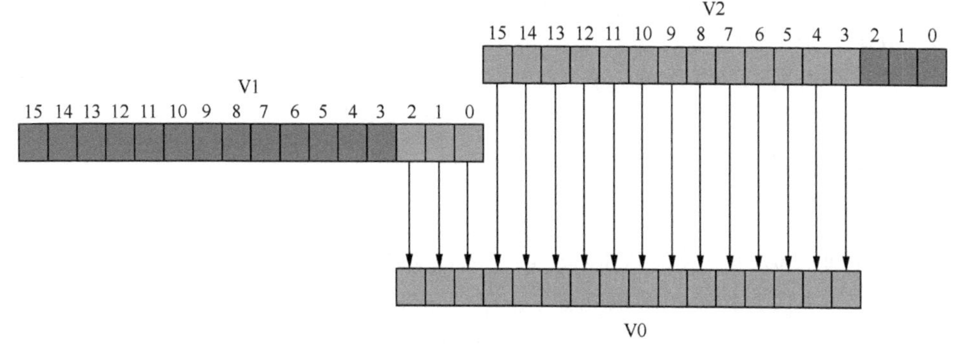

▲图 22.26 EXT 指令的作用

类似的提取指令还有 ZIP1、ZIP2、XTN、XTN2 等。ZIP1 指令会分别从两个源矢量寄存器中提取一半的数据元素，然后交织地组成一个新的矢量，写入目标矢量寄存器中。ZIP2 指令会分别从两个源矢量寄存器中提取一半的数据元素，这里提取源矢量寄存器中高位部分的数据元素，然后交织地组成一个新的矢量，写入目标矢量寄存器中。

【例 22-17】下面是 ZIP1 和 ZIP2 指令。

```
ZIP1 V0.8H, V3.8H, V4.8H
ZIP2 V1.8H, V3.8H, V4.8H
```

第一条 ZIP1 指令会从 V3 矢量寄存器中提取 A0～A3 数据元素，从 V4 矢量寄存器中提取 B0～B3 数据元素，这些数据元素会交织地组成一个新的矢量{A0，B0，A1，B1，…}，如图 22.27 左侧所示。

第二条 ZIP2 指令会从 V3 矢量寄存器中提取 A4～A7 数据元素，从 V4 矢量寄存器中提取 B4～B7 数据元素，这些数据元素会交织地组成一个新的矢量{A4，B4，A5，B5，…}，如图 22.27 右侧所示。

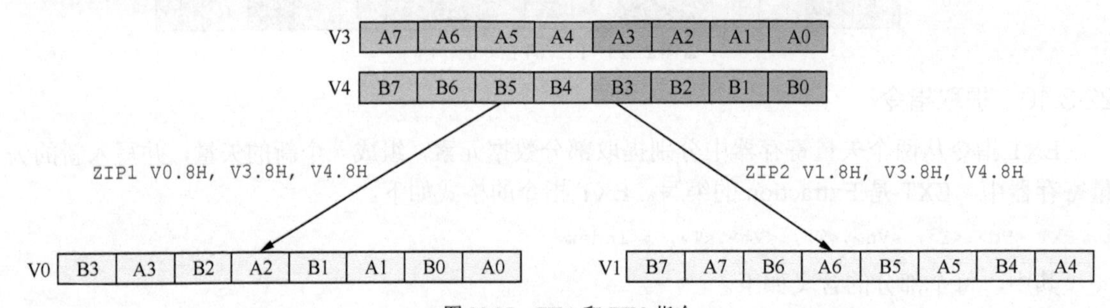

▲图 22.27 ZIP1 和 ZIP2 指令

22.3.11 交错变换指令

在数学矩阵计算中常常需要变换行和列的数据，例如，转置矩阵（transpose of a matrix）。NEON 指令集为加速转置矩阵运算提供了两条指令——TRN1 和 TRN2 指令。

TRN1 指令从两个源矢量寄存器中交织地提取奇数编号的数据元素来组成一个新的矢量，写入目标矢量寄存器中。

TRN2 指令从两个源矢量寄存器中交织地提取偶数编号的数据元素来组成一个新的矢量，写入目标矢量寄存器中。

【例 22-18】下面是 TRN1 指令。

```
TRN1 V1.4S, V0.4S, V3.4S
```

这条指令分别从 V0 和 V3 矢量寄存器中交织地去取奇数编号的数据元素，例如，从 V0 矢量寄存器中取第一个奇数编号的数据元素 D，存储到目标矢量寄存器 V1 的 S[0]上，从 V3 矢量寄存器中取第一个奇数编号的数据元素 H，存储到目标矢量寄存器 V1 的 S[1]上，以此类推，如图 22.28 所示。

【例 22-19】下面是 TRN2 指令。

```
TRN2 V2.4S, V0.4S, V3.4S
```

这条指令分别从 V0 和 V3 矢量寄存器中交织地去取偶数编号的数据元素，例如，从 V0 矢量寄存器中取第一个偶数编号的数据元素 C，存储到目标矢量寄存器 V2 的 S[0]上，从 V3 矢量寄存器中取第一个偶数编号的数据元素 G，存储到目标矢量寄存器 V2 的 S[1]上，以此类推，如图 22.29 所示。

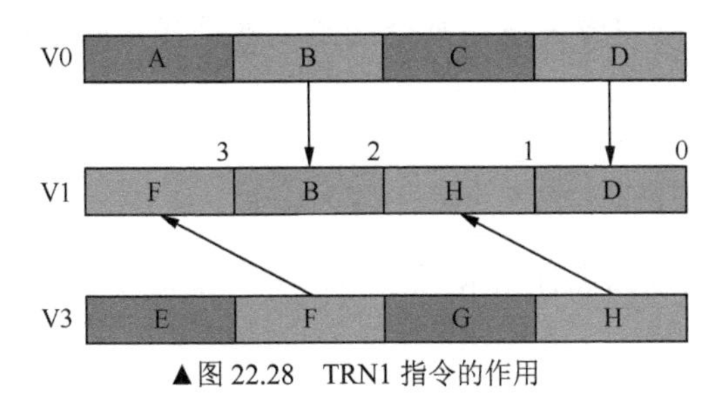

▲图 22.28 TRN1 指令的作用

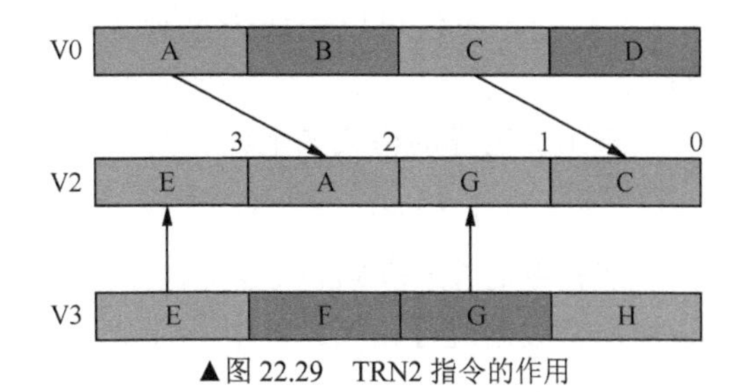

▲图 22.29 TRN2 指令的作用

22.3.12 查表指令

TBL（查表）指令的格式如下。

```
TBL <Vd>.<Ta>, { <Vn>.16B }, <Vm>.<Ta>
TBL <Vd>.<Ta>, { <Vn>.16B, <Vn+1>.16B }, <Vm>.<Ta>
TBL <Vd>.<Ta>, { <Vn>.16B, <Vn+1>.16B, <Vn+2>.16B }, <Vm>.<Ta>
TBL <Vd>.<Ta>, { <Vn>.16B, <Vn+1>.16B, <Vn+2>.16B, <Vn+3>.16B }, <Vm>.<Ta>
```

TBL 指令查询的表最多可以由 4 个矢量寄存器组成，它们分别为 V*n*～V*n*+3。其中，相关选项的含义如下。

- V*d*：表示目标源矢量寄存器。
- V*n*～V*n*+3：表示表的内容。
- V*m*：存储查表的索引值。
- T*a*：表示矢量寄存器的大小和数量，例如，8B 表示有 8 个 8 位的数据元素，16B 表示有 16 个 8 位的数据元素。

【例 22-20】以下指令使用 V1 和 V2 两个矢量寄存器里的 32 个数据元素组成一张表，这张表的索引范围为[31:0]。

```
TBL V4.16B, {V1.16B, V2.16B}, V0.16B
```

V0 矢量寄存器中的 16 个数据元素用于查表。例如，如果 V0 矢量寄存器中第一个数据元素的值为 6，那么用索引 6 查找这张表，查询的结果为 g，把这个值写入目标矢量寄存器的 B[0]通道中。注意，表的起始索引为 0。当索引大于表的范围时，TBL 值会写 0 到目标矢量寄存器的对应数据元素中。如图 22.30 所示，索引 40 已经超过这张表的最大范围，所以把 0 写入对应的数据元素中。

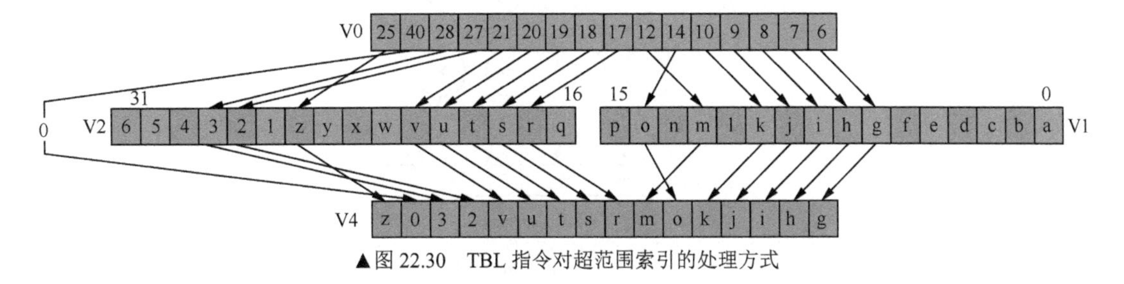

▲图 22.30 TBL 指令对超范围索引的处理方式

此外，TBL 指令还有一个变种——TBX。它们的区别在于，当索引超过表的范围时，TBL 指令把 0 写入对应的数据元素中，TBX 则保持数据元素的值不变。

22.3.13 乘加指令

MLA（乘加）指令广泛应用于矩阵运算。另外，MLA 指令还有一个变种——FMLA。它们的区别在于，FMLA 指令操作的数据为浮点数，MLA 指令操作的数据为整数。

MLA 指令不仅可以完成矢量乘加运算，还可以完成矢量与某个通道中数据元素的乘加运算。

矢量乘加运算的格式如下。

```
MLA <Vd>.<T>, <Vn>.<T>, <Vm>.<T>
```

上述指令对 V*n* 和 V*m* 矢量寄存器中各自通道的数据进行相乘，然后与 V*d* 矢量寄存器中各通道的原有数据进行相加。其中，各个选项的含义如下。

- V*d*：表示目标矢量寄存器。
- V*n*：表示第一源操作数的矢量寄存器。
- V*m*：表示第二源操作数的矢量寄存器。
- T：表示数据元素的大小和数量，例如，8B 表示 8 个 8 位的数据元素，16B 表示 16 个 8 位的数据元素，4H 表示 4 个 16 位的数据元素，8H 表示 8 个 16 位的数据元素，2S 表示两个 32 位的数据元素，4S 表示 4 个 32 位的数据元素。

矢量与某个数据通道中数据元素乘加运算的格式如下。

```
MLA <Vd>.<T>, <Vn>.<T>, <Vm>.<Ts>[<index>]
```

上述指令把 V*m* 矢量寄存器中第 index 个通道的数据分别与 V*n* 矢量寄存器中每个通道的数据进行相乘，然后与 V*d* 矢量寄存器中各通道的原有数据进行相加。其中，相关选项的含义如下。

- T*s*：表示通道大小。其中，H 表示 16 位数据大小，S 表示 32 位数据大小。
- index：表示通道的索引。

【例 22-21】下面是一条矢量乘加指令。

```
mla v2.4s, v0.4s, v1.4s
```

从上述指令可知，矢量寄存器一共有 4 个通道，每个通道的大小为 32 位。V0 矢量寄存器中 4 个通道的值分别与 V1 矢量寄存器中 4 个通道的值相乘，再与 V2 矢量寄存器中 4 个通道原有的值进行相加，如图 22.31 所示。

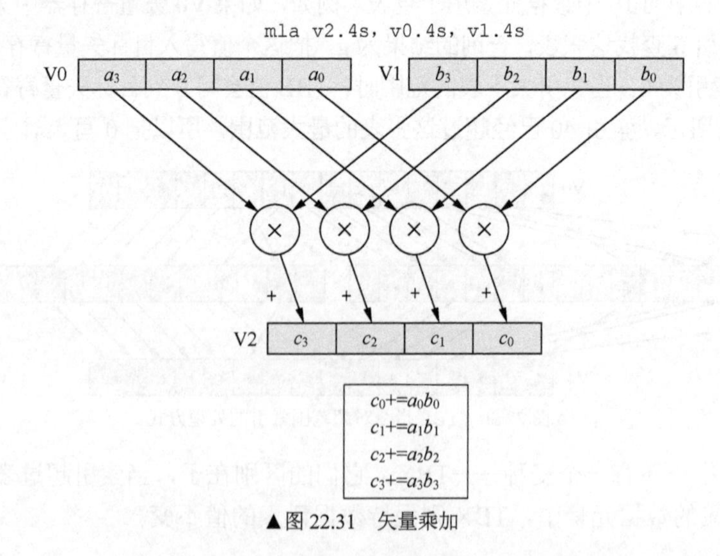

▲图 22.31　矢量乘加

【例 22-22】下面是一条使矢量与数据通道中数据元素乘加的指令。

```
mla v2.4s, v0.4s, v1.4s[0]
```

V0 矢量寄存器中 4 个通道的值分别与 V1 矢量寄存器中第 0 个通道的值相乘，再与 V2 矢量寄存器中 4 个通道原有的值进行相加，如图 22.32 所示。

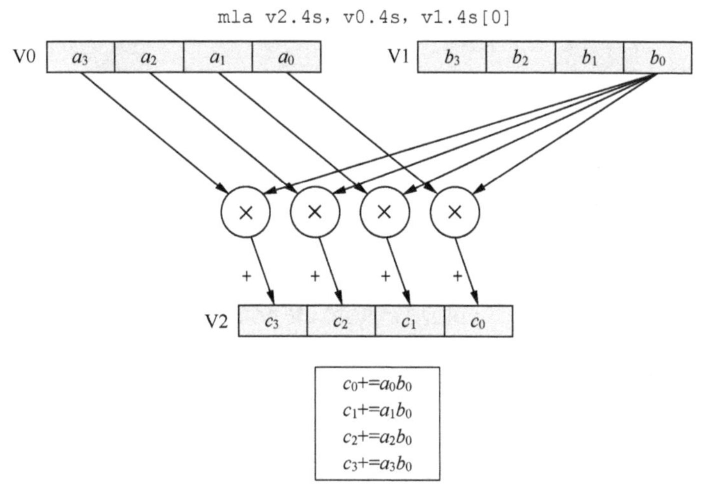

▲图 22.32　矢量与通道中的数据元素乘加

22.3.14　矢量算术指令

NEON 指令集包含大量的矢量算术指令，例如加减运算、乘除、乘加、比较、逻辑运算、移位操作、绝对值、饱和算术等指令，如表 22.6 所示。

表 22.6　常用的矢量算术指令

矢量算术指令	描　述
ADD	矢量加法指令
SUB	矢量减法指令
MUL	矢量乘法指令
MLA	矢量乘加指令
CMEQ/CMGE/CMGT/ CMHI/CMHS/CMLE/CMLT	矢量比较指令
BIC/AND/ORR/EOR	矢量逻辑运算指令
SHL/SHR/RSHL/RSHR	矢量移位操作指令
ABS	矢量绝对值指令
QADD/QSUB	矢量饱和算术指令

22.4　案例分析 22-1：RGB24 转 BGR24

在本案例中，我们分别使用 C 语言和 NEON 汇编代码来实现 RGB24 转 BGR24 的函数，然后在树莓派 4B 上运行并计算它们的执行时间，从而展现 NEON 汇编代码的优势。

RGB24 格式中，每个像素用 24 位（3 字节）表示 R（红）、G（绿）、B（蓝）三种颜色。它们在内存中的存储方式是 R0、G0、B0、R1、G1、B1，以此类推。而与 RGB24 有一点不一样，BGR24 格式在内存的存储方式是 B0、G0、R0、B1、G1、R1，以此类推，如图 22.33 所示。

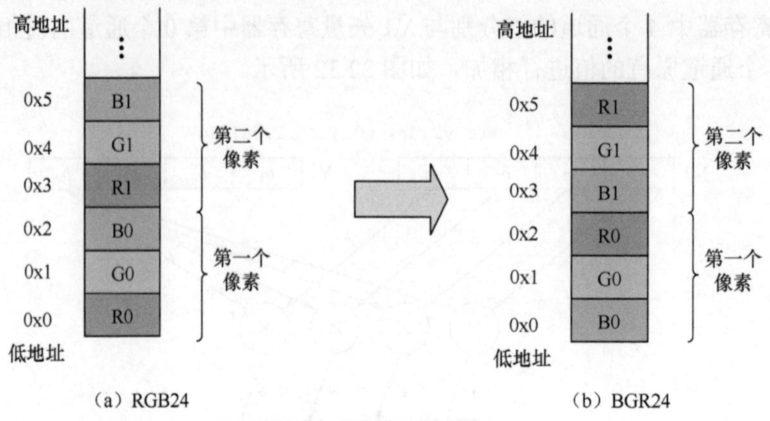

▲图 22.33　RGB24 转 BGR24

22.4.1　使用 C 语言实现 RGB24 转 BGR24

下面是 RGB24 转 BGR24 的 C 语言代码。

```
1     static void rgb24_bgr24_c(unsigned char *src, unsigned char *dst, unsigned long count)
2     {
3         unsigned long i;
4
5         for (i = 0; i < count; i++) {
6             dst[3 * i] = src[3 * i +2];
7             dst[3 * i + 1] = src[3*i + 1];
8             dst[3 * i + 2] = src[3*i];
9             }
10    }
```

其中 src 表示 RGB24 数据，dst 表示转换后的 BGR24 数据，count 表示有多少个像素，一个像素由 3 字节组成。

22.4.2　手工编写 NEON 汇编函数

下面使用 NEON 汇编函数来优化代码。

```
1     static void rgb24_bgr24_asm(unsigned char *src, unsigned char *dst, unsigned long count)
2     {
3         count = count * 3;
4         unsigned long size = 0;
5
6         asm volatile (
7             "1: ld3 {v0.16b, v1.16b, v2.16b}, [%[src]], #48 \n"
8             "mov v3.16b, v0.16b\n"
9             "mov v0.16b, v2.16b\n"
10            "mov v2.16b, v3.16b\n"
11            "st3 {v0.16b, v1.16b, v2.16b}, [%[dst]], #48\n"
12            "add %[size], %[size], #48\n"
13            "cmp %[size], %[count]\n"
14            "bne 1b\n"
15            : [dst] "+r"(dst), [src] "+r"(src), [size] "+r"(size)
16            : [count] "r" (count)
17            : "memory", "v0", "v1", "v2", "v3"
18            );
19        }
```

注意，内嵌汇编函数的第 7～11 行显式地使用 V0～V3 矢量寄存器，因此需要在内嵌汇编函数的损坏部分中告诉编译器，内嵌汇编函数使用了这几个矢量寄存器，见第 17 行。

22.4.3 使用 NEON 内建函数

GCC 编译器还提供了 NEON 内建函数（NEON intrinsics）来方便编程人员使用 NEON 汇编指令。NEON 内建函数用来封装 NEON 指令，这样我们可以通过调用函数直接访问 NEON 指令，而不用直接编写汇编代码。使用 NEON 内建函数之前需要熟悉这些内存函数的定义和用法，读者可以参考 ARM 公司的“Arm Neon Intrinsics Reference”文档。

下面是使用 NEON 内建函数优化的代码。

```
static void rgb24_bgr24_neon_intr(unsigned char *src, unsigned char *dst, unsigned
long count)
{
    unsigned long i;
    count = count * 3;

    uint8x16x3_t rgb;
    uint8x16x3_t bgr;

    for (i = 0; i < count/48; i++) {
        rgb = vld3q_u8(src + 3*16*i);

        bgr.val[2] = rgb.val[0];
        bgr.val[0] = rgb.val[2];
        bgr.val[1] = rgb.val[1];

        vst3q_u8(dst + 3 * 16 * i, bgr);
    }
}
```

uint8x16x3_t 类型定义在 GCC 工具链的 arm_neon.h 头文件中。

```
</usr/lib/gcc/aarch64-linux-gnu/9/include/arm_neon.h>

typedef struct uint8x16x3_t
{
    uint8x16_t val[3];
} uint8x16x3_t;
```

uint8x16_t 表示一个矢量，这个矢量中有 16 个 uint8 类型的数据。因此 uint8x16x3_t 表示 3 个矢量，分别用来表示 R、G、B 三个颜色的数据，类似于 C 语言的二维数组 unsigned char rgb[3][16]。

vld3q_u8()函数是封装了“LD3”汇编指令的函数，它把源数据通过 LD3 指令加载到上述 3 个矢量中。

vst3q_u8()函数通过 ST3 指令把 bgr 数据写回内存中。

22.4.4 测试

接下来，我们写一个程序来创建 10 张分辨率为 4K（即水平方向每行像素值达到或接近 4096 个）的图像的 RGB24 数据，然后分别使用 rgb24_ bgr24_c()、rgb24_bgr24_neon_intr ()以及 rgb24_bgr24_asm()函数来转换数据并记录执行时间。下面是伪代码。

```
#define IMAGE_SIZE (4096 * 2160 *10)
#define PIXEL_SIZE (IMAGE_SIZE * 3)
```

```
int main(int argc, char* argv[])
{
     unsigned long i;
     unsigned long clocks_c, clocks_asm, clocks_neon;

     unsigned char *rgb24_src = malloc(PIXEL_SIZE);
     unsigned char *bgr24_c = malloc(PIXEL_SIZE);
     unsigned char *bgr24_asm = malloc(PIXEL_SIZE);
     unsigned char *bgr24_neon = malloc(PIXEL_SIZE);

     /* 避免 OS 的缺页异常影响测试结果 */
     memset(rgb24_src, 0, PIXEL_SIZE);
     memset(bgr24_c, 0, PIXEL_SIZE);
     memset(bgr24_asm, 0, PIXEL_SIZE);
     memset(bgr24_neon, 0, PIXEL_SIZE);

     /* 准备 RGB24 数据 */
     for (i = 0; i < PIXEL_SIZE; i++) {
         rgb24_src[i] = rand() & 0xff;
     }

     /* 运行纯 C 函数 */
     clock_t start = clock();
     rgb24_bgr24_c(rgb24_src, bgr24_c, IMAGE_SIZE);
     clock_t end = clock();
     clocks_c = end - start;
     printf("c spend time :%ld\n", clocks_c);

     /* 运行使用 NEON 内建函数优化的代码 */
     start = clock();
     rgb24_bgr24_neon_intr(rgb24_src, bgr24_neon, IMAGE_SIZE);
     end = clock();
     clocks_neon = end - start;
     printf("neon intr spend time :%ld\n", clocks_neon);

     /* 运行 NEON 指令优化的代码 */
     start = clock();
     rgb24_bgr24_asm(rgb24_src, bgr24_asm, IMAGE_SIZE);
     end = clock();
     clocks_asm = end - start;
     printf("asm spend time :%ld\n", clocks_asm);

     if (memcmp(bgr24_c, bgr24_asm, PIXEL_SIZE) || memcmp(bgr24_c, bgr24_neon, PIXEL_SIZE))
          printf("error on bgr data\n");
     else
          printf("bgr result is idential\n");

          printf("asm fast than c: %f\n", (float)clocks_c/(float)clocks_asm);
          printf("asm fast than neon_intr: %f\n", (float)clocks_neon/(float)clocks_asm);

     return 0;
}
```

我们把这段代码放到运行 Linux 系统的树莓派 4B 开发板中，编译并运行。从图 22.34 可知，使用 NEON 指令优化的纯汇编代码比纯 C 语言的运行速度要快 30%，与使用 NEON 内建函数的运行速度差不多。

```
pi@raspberrypi:~$ gcc rgb24_bgr24_neon_test.c -o rgb24_bgr24_neon_test -O2
pi@raspberrypi:~$ ./rgb24_bgr24_neon_test
c spend time :506064
neon intr spend time :391123
asm spend time :385928
bgr result is idential: 265420800
asm fast than c: 1.311291
asm fast than neon intr: 1.013461
pi@raspberrypi:~$
```

▲图 22.34　C 代码与 NEON 汇编代码的对比

22.5　案例分析 22-2：4×4 矩阵乘法运算

假设 $\boldsymbol{A}$ 为 $m \times n$ 的矩阵，$\boldsymbol{B}$ 为 $n \times t$ 的矩阵，那么称 $m \times t$ 的矩阵 $\boldsymbol{C}$ 为矩阵 $\boldsymbol{A}$ 与矩阵 $\boldsymbol{B}$ 的乘积，记为 $\boldsymbol{C}=\boldsymbol{AB}$。本节以 4×4 矩阵为例子。如果我们使用 C 语言中的一维数组来表示一个 4×4 的矩阵，例如数组 $A[\,] = \{a_0, a_1, \cdots, a_{15}\}$，那么矩阵 $\boldsymbol{A}$ 的第 1 行数据为$\{a_0, a_4, a_8, a_{12}\}$，矩阵 $\boldsymbol{A}$ 的第 1 列数据为$\{a_0, a_1, a_2, a_3\}$。同理，使用数组 $B[\,]$来表示一个 4×4 的矩阵 $\boldsymbol{B}$，如图 22.35 所示。

$$\boldsymbol{A}=\begin{pmatrix} a_0 & a_4 & a_8 & a_{12} \\ a_1 & a_5 & a_9 & a_{13} \\ a_2 & a_6 & a_{10} & a_{14} \\ a_3 & a_7 & a_{11} & a_{15} \end{pmatrix}$$

$$\boldsymbol{B}=\begin{pmatrix} b_0 & b_4 & b_8 & b_{12} \\ b_1 & b_5 & b_9 & b_{13} \\ b_2 & b_6 & b_{10} & b_{14} \\ b_3 & b_7 & b_{11} & b_{15} \end{pmatrix}$$

$$\boldsymbol{C}=\boldsymbol{AB}=\begin{pmatrix} a_0b_0+a_4b_1+a_8b_2+a_{12}b_3 & a_0b_4+a_4b_5+a_8b_6+a_{12}b_7 & a_0b_8+a_4b_9+a_8b_{10}+a_{12}b_{11} & a_0b_{12}+a_4b_{13}+a_8b_{14}+a_{12}b_{15} \\ a_1b_0+a_5b_1+a_9b_2+a_{13}b_3 & a_1b_4+a_5b_5+a_9b_6+a_{13}b_7 & a_1b_8+a_5b_9+a_9b_{10}+a_{13}b_{11} & a_1b_{12}+a_5b_{13}+a_9b_{14}+a_{13}b_{15} \\ a_2b_0+a_6b_1+a_{10}b_2+a_{14}b_3 & a_2b_4+a_6b_5+a_{10}b_6+a_{14}b_7 & a_2b_8+a_6b_9+a_{10}b_{10}+a_{14}b_{11} & a_2b_{12}+a_6b_{13}+a_{10}b_{14}+a_{14}b_{15} \\ a_3b_0+a_7b_1+a_{11}b_2+a_{15}b_3 & a_3b_4+a_7b_5+a_{11}b_6+a_{15}b_7 & a_3b_8+a_7b_9+a_{11}b_{10}+a_{15}b_{11} & a_3b_{12}+a_7b_{13}+a_{11}b_{14}+a_{15}b_{15} \end{pmatrix}$$

▲图 22.35　4×4 矩阵乘法

根据矩阵乘法规则，每得到矩阵 $\boldsymbol{C}$ 的一个元素，需要将 4 次乘法的结果相加。矩阵 $\boldsymbol{C}$ 中 c_0 应该等于矩阵 $\boldsymbol{A}$ 第一行的数据乘以矩阵 $\boldsymbol{B}$ 第一列的数据并相加，即 $c_0 = a_0b_0+a_4b_1+a_8b_2+ a_{12}b_3$；矩阵 $\boldsymbol{C}$ 中 c_1 应该等于矩阵 $\boldsymbol{A}$ 第二行的数据乘以矩阵 $\boldsymbol{B}$ 第一列的数据并相加，即 $c_1 = a_1b_0+a_5b_1+a_9b_2+a_{13}b_3$，以此类推。

22.5.1　使用 C 语言实现 4×4 矩阵乘法运算

下面使用 C 语言来实现 4×4 矩阵乘法运算。

```
static void matrix_multiply_c(float32_t *A, float32_t *B, float32_t *C)
{
        for (int i_idx=0; i_idx<4; i_idx++) {
                for (int j_idx=0; j_idx<4; j_idx++) {
                        C[4*j_idx + i_idx] = 0;
                        for (int k_idx=0; k_idx<4; k_idx++) {
                                C[4*j_idx + i_idx] +=
                                        A[4*k_idx + i_idx]*B[4*j_idx + k_idx];
                        }
                }
        }
}
```

其中参数 A 表示矩阵 $\boldsymbol{A}$，参数 B 表示矩阵 $\boldsymbol{B}$，参数 C 表示矩阵乘积 $\boldsymbol{C}$。这里采用一维数组

来表示矩阵，并且矩阵的元素均为单精度浮点数。

22.5.2　手工编写 NEON 汇编函数

下面使用内嵌汇编函数来代码 NEON 汇编函数。

```
1     void matrix_multiply_4x4_asm(float32_t *A, float32_t *B, float32_t *C)
2     {
3         asm volatile (
4             "ld1 {v0.4s, v1.4s, v2.4s, v3.4s}, [%[a]]\n"
5             "ld1 {v4.4s, v5.4s, v6.4s, v7.4s}, [%[b]]\n"
6
7             "movi v8.4s, 0\n"
8             "movi v9.4s, 0\n"
9             "movi v10.4s, 0\n"
10            "movi v11.4s, 0\n"
11
12            /*计算 C0——第 1 列*/
13            "fmla v8.4s, v0.4s, v4.s[0]\n"
14            "fmla v8.4s, v1.4s, v4.s[1]\n"
15            "fmla v8.4s, v2.4s, v4.s[2]\n"
16            "fmla v8.4s, v3.4s, v4.s[3]\n"
17
18            /*计算 C1——第 2 列*/
19            "fmla v9.4s, v0.4s, v5.s[0]\n"
20            "fmla v9.4s, v1.4s, v5.s[1]\n"
21            "fmla v9.4s, v2.4s, v5.s[2]\n"
22            "fmla v9.4s, v3.4s, v5.s[3]\n"
23
24            /*计算 C2——第 3 列*/
25            "fmla v10.4s, v0.4s, v6.s[0]\n"
26            "fmla v10.4s, v1.4s, v6.s[1]\n"
27            "fmla v10.4s, v2.4s, v6.s[2]\n"
28            "fmla v10.4s, v3.4s, v6.s[3]\n"
29
30            /*计算 C3——第 4 列*/
31            "fmla v11.4s, v0.4s, v7.s[0]\n"
32            "fmla v11.4s, v1.4s, v7.s[1]\n"
33            "fmla v11.4s, v2.4s, v7.s[2]\n"
34            "fmla v11.4s, v3.4s, v7.s[3]\n"
35
36            "st1 {v8.4s, v9.4s, v10.4s, v11.4s}, [%[c]]\n"
37            :
38            : [a] "r" (A), [b] "r" (B), [c] "r" (C)
39            : "memory", "v0", "v1", "v2", "v3",
40                "v4", "v5", "v6", "v7", "v8",
41                "v9", "v10", "v11"
42            );
43    }
```

在第 4 行中，使用 LD1 指令把矩阵 ***A*** 中 16 个元素加载到 V0～V3 矢量寄存器中，把矩阵 ***A*** 第 1 列数据$\{a_0, a_1, a_2, a_3\}$加载到 V0 矢量寄存器中，把矩阵 ***A*** 的第 2 列数据$\{a_4, a_5, a_7, a_8\}$加载到 V1 矢量寄存器中，以此类推。以 V0 矢量寄存器为例，通道 0 加载了 a_0，通道 1 加载了 a_1，以此类推，如图 22.36 所示。

在第 5 行中，使用 LD1 指令把矩阵 ***B*** 中 16 个元素加载到 V4～V7 矢量寄存器中。

在第 7～10 行中，V8～V11 矢量寄存器用来存储矩阵 ***C*** 的乘积结果，这里先把矢量寄存器所有通道的值设置为 0。

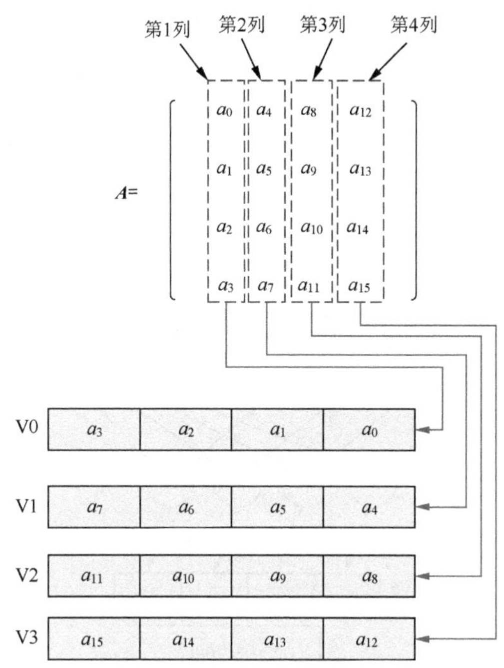

▲图 22.36 加载矩阵到矢量寄存器

在第 13～16 行中，分别计算矩阵 ***C*** 中第 1 列的 4 个数据。在第 13 行中，v4.s[0]表示矩阵 ***B*** 的 b_0 元素，v0.4s 表示矩阵 ***A*** 的第 1 列数据$\{a_0, a_1, a_2, a_3\}$，这里分别计算 b_0 元素与矩阵 ***A*** 第 1 列的 4 个数据的乘积，例如 $c_0 += a_0b_0$，$c_1 += a_1b_0$，以此类推，如图 22.37 所示。

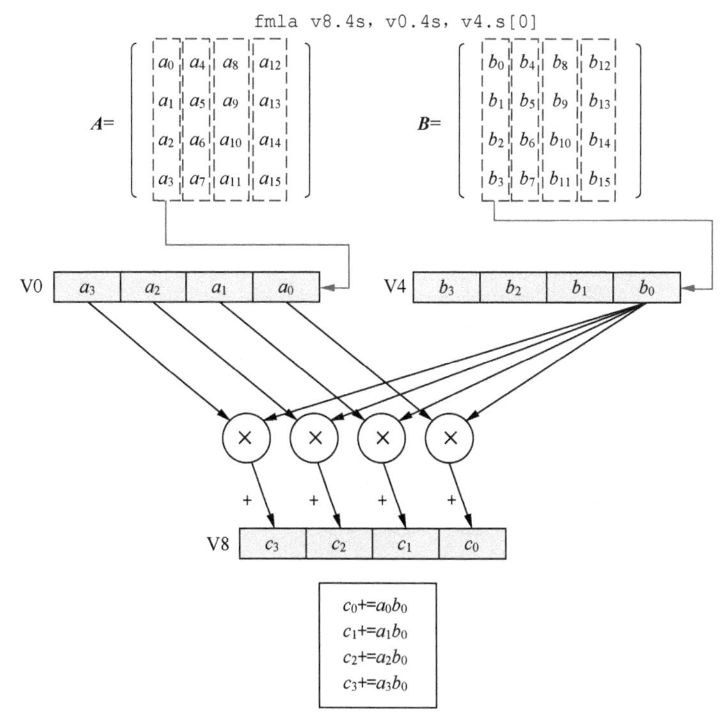

▲图 22.37 第一次执行 FMLA 指令

在第 14 行中，第二次执行 FMLA 指令。其中，v4.s[1]表示矩阵 ***B*** 的 b_1 元素，v1.4s 表示矩

阵 ***A*** 第 2 列的数据$\{a_4, a_5, a_7, a_8\}$，这里使用 b_1 元素与矩阵 ***A*** 第 2 列的 4 个数据分别相乘，最终 $c_0 += a_0b_0 + a_4b_1$，$c_1 += a_1b_0 + a_5b_1$，以此类推，如图 22.38 所示。

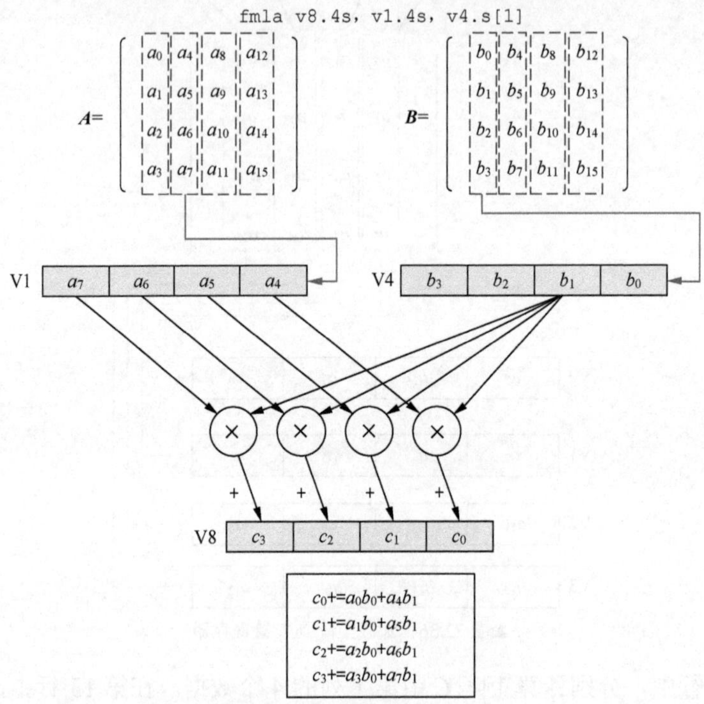

▲图 22.38　第二次执行 FMLA 指令

在第 15 行中，第三次执行 FMLA 指令。其中，v4.s[2] 表示矩阵 ***B*** 的 b_2 元素，v2.4s 表示矩阵 ***A*** 第 3 列的数据$\{a_8, a_9, a_{10}, a_{11}\}$，这里使用 b_2 元素与矩阵 ***A*** 第 3 列的 4 个数据分别相乘，最终 $c_0 += a_0b_0 + a_4b_1 + a_8b_2$，$c_1 += a_1b_0 + a_5b_1 + a_9b_2$，以此类推，如图 22.39 所示。

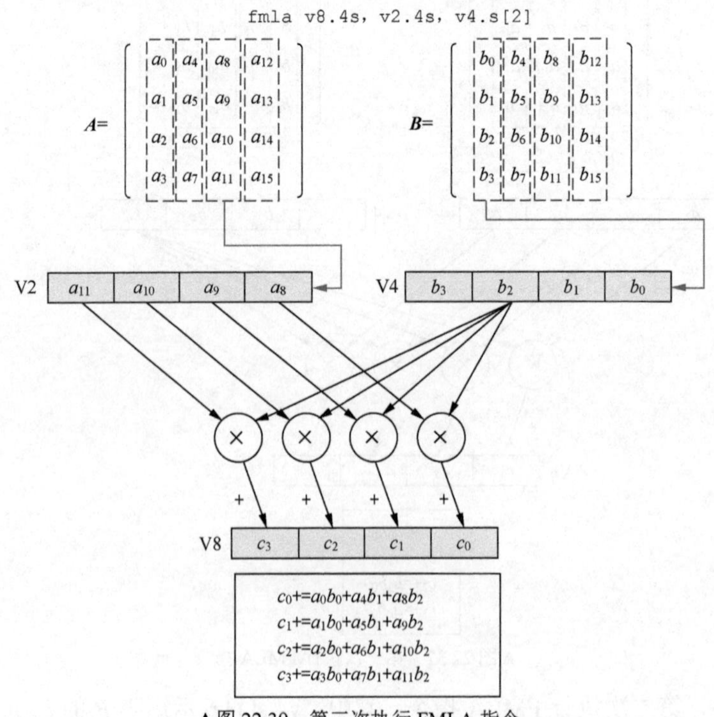

▲图 22.39　第三次执行 FMLA 指令

在第 16 行中，第四次执行 FMLA 指令。其中，v4.s[3] 表示矩阵 ***B*** 的 b_3 元素，v3.4s 表示矩阵 ***A*** 第 4 列的数据{$a_{12}, a_{13}, a_{14}, a_{15}$}，这里使用 b_3 元素与矩阵 ***A*** 第 4 列的 3 个数据分别相乘，最终 $c_0=a_0b_0+a_4b_1+a_8b_2+a_{12}b_3$，$c_1= a_1b_0+a_5b_1+a_9b_2+a_{13}b_3$，以此类推。如图 22.40 所示，上述 4 条 FMLA 指令计算完矩阵 ***C*** 的第 1 列数据，即{c_0，c_1，c_2，c_3}。

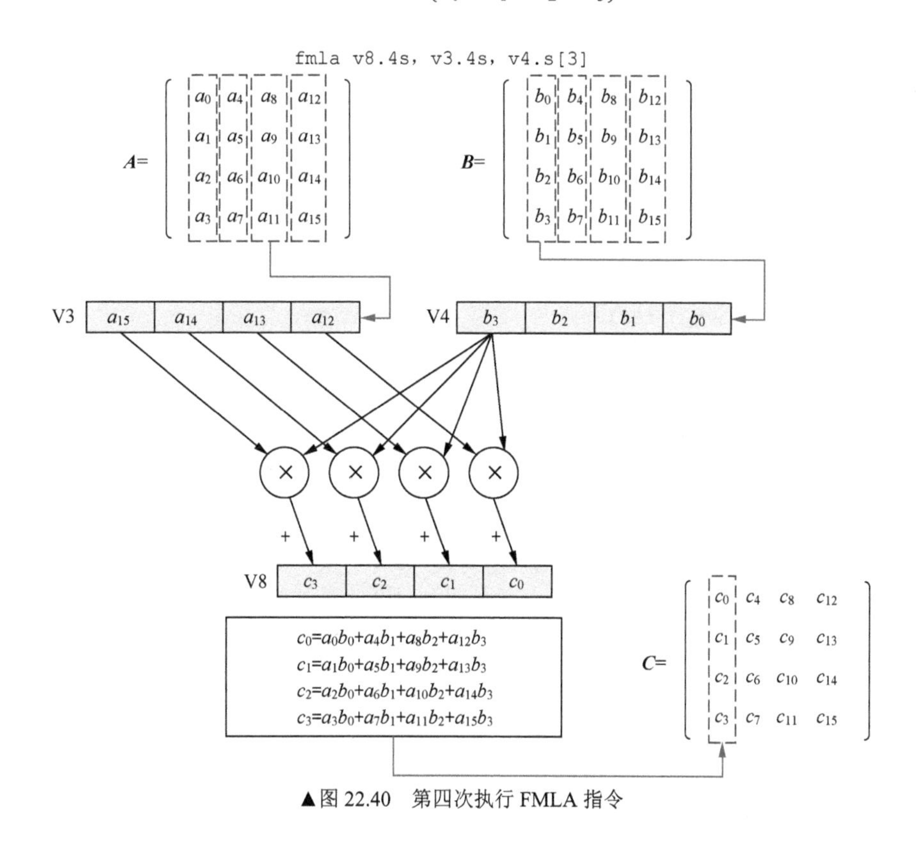

▲图 22.40　第四次执行 FMLA 指令

在第 19～22 行中，分别计算矩阵 ***C*** 第 2 列的 4 个数据。

在第 25～28 行中，分别计算矩阵 ***C*** 第 3 列的 4 个数据。

在第 31～34 行中，分别计算矩阵 ***C*** 第 4 列的 4 个数据。

在第 36 行中，把矩阵 ***C*** 的所有数据写入一维数组 *C* 中。

在第 39～41 行中，由于内嵌汇编函数显式地使用了 V0～V11 矢量寄存器，因此需要告知编译器。

22.5.3　使用 NEON 内建函数

下面使用 NEON 内建函数改写 22.5.2 节的代码。

```
1     static void matrix_multiply_4x4_neon(float32_t *A, float32_t *B, float32_t *C)
2     {
3         /*矩阵 A 分成 4 列——A0, A1, A2, A3 */
4             float32x4_t A0;
5             float32x4_t A1;
6             float32x4_t A2;
7             float32x4_t A3;
8
9         /*矩阵 B 分成 4 列——B0, B1, B2, B3 */
10            float32x4_t B0;
```

```
11          float32x4_t B1;
12          float32x4_t B2;
13          float32x4_t B3;
14
15      /*矩阵 C 分成 4 列——C0，C1，C2，C3 */
16          float32x4_t C0;
17          float32x4_t C1;
18          float32x4_t C2;
19          float32x4_t C3;
20
21          A0 = vld1q_f32(A);
22          A1 = vld1q_f32(A+4);
23          A2 = vld1q_f32(A+8);
24          A3 = vld1q_f32(A+12);
25
26          C0 = vmovq_n_f32(0);
27          C1 = vmovq_n_f32(0);
28          C2 = vmovq_n_f32(0);
29          C3 = vmovq_n_f32(0);
30
31      /*计算 C0——第 1 列*/
32          B0 = vld1q_f32(B);
33          C0 = vfmaq_laneq_f32(C0, A0, B0, 0);
34          C0 = vfmaq_laneq_f32(C0, A1, B0, 1);
35          C0 = vfmaq_laneq_f32(C0, A2, B0, 2);
36          C0 = vfmaq_laneq_f32(C0, A3, B0, 3);
37          vst1q_f32(C, C0);
38
39      /*计算 C1——第 2 列*/
40          B1 = vld1q_f32(B+4);
41          C1 = vfmaq_laneq_f32(C1, A0, B1, 0);
42          C1 = vfmaq_laneq_f32(C1, A1, B1, 1);
43          C1 = vfmaq_laneq_f32(C1, A2, B1, 2);
44          C1 = vfmaq_laneq_f32(C1, A3, B1, 3);
45          vst1q_f32(C+4, C1);
46
47      /*计算 C2——第 3 列*/
48          B2 = vld1q_f32(B+8);
49          C2 = vfmaq_laneq_f32(C2, A0, B2, 0);
50          C2 = vfmaq_laneq_f32(C2, A1, B2, 1);
51          C2 = vfmaq_laneq_f32(C2, A2, B2, 2);
52          C2 = vfmaq_laneq_f32(C2, A3, B2, 3);
53          vst1q_f32(C+8, C2);
54
55      /*计算 C3——第 4 列*/
56          B3 = vld1q_f32(B+12);
57          C3 = vfmaq_laneq_f32(C3, A0, B3, 0);
58          C3 = vfmaq_laneq_f32(C3, A1, B3, 1);
59          C3 = vfmaq_laneq_f32(C3, A2, B3, 2);
60          C3 = vfmaq_laneq_f32(C3, A3, B3, 3);
61          vst1q_f32(C+12, C3);
62  }
```

其中 vld1q_f32()函数内置了 LD1 指令，vfmaq_laneq_f32()函数内置了 FMLA 指令，vst1q_f32()函数内置了 ST1 指令。

22.5.4 测试

我们写一个测试程序来测试上述 C 代码、NEON 汇编代码以及 NEON 内建函数的执行效率。

```
<测试代码片段>

void main()
{
    ...
     matrix_init_rand(A, n*k);
     matrix_init_rand(B, k*m);
     matrix_init(C, n, m, 0);

     /* 计算 C 代码的执行时间 */
     clock_gettime(CLOCK_REALTIME,&time_start);
     for (i = 0; i < LOOP; i++)
         matrix_multiply_c(A, B, E);
     clock_gettime(CLOCK_REALTIME,&time_end);
     clocks_c = (time_end.tv_sec - time_start.tv_sec)*1000000 +
         (time_end.tv_nsec - time_start.tv_nsec)/1000;
     printf("c spent time :%ld us\n", clocks_c);
     print_matrix(E, n, m);

   /* 计算纯汇编代码的执行时间 */
     clock_gettime(CLOCK_REALTIME,&time_start);
     for (i = 0; i < LOOP; i++)
         matrix_multiply_4x4_neon(A, B, D);
     clock_gettime(CLOCK_REALTIME,&time_end);
     clocks_neon = (time_end.tv_sec - time_start.tv_sec)*1000000 +
         (time_end.tv_nsec - time_start.tv_nsec)/1000;
     printf("Neon Intrinsics spent time :%ld us\n", clocks_neon);
     print_matrix(D, n, m);

     /* 计算 NEON 内建函数的执行时间 */
     clock_gettime(CLOCK_REALTIME,&time_start);
     for (i = 0; i < LOOP; i++)
         matrix_multiply_4x4_asm(A, B, F);
     clock_gettime(CLOCK_REALTIME,&time_end);
     clocks_asm = (time_end.tv_sec - time_start.tv_sec)*1000000 +
         (time_end.tv_nsec - time_start.tv_nsec)/1000;
     printf("asm spent time :%ld us\n", clocks_asm);
     print_matrix(F, n, m);

     c_eq_neon = matrix_comp(E, D, n, m);
     printf("Neon equal to C: %s\n", c_eq_neon ? "yes":"no");
     c_eq_neon = matrix_comp(F, D, n, m);
     printf("Asm equal to C:  %s\n", c_eq_neon ? "yes" : "no");
     printf("===============================\n");

     printf("asm faster than c: %f\n", (float)clocks_c/clocks_asm);
     printf("asm faster than neon Intrinsics: %f\n", (float)clocks_neon/clocks_asm);
}
```

在测试程序中，我们分别在树莓派 4B 开发板上完成 10 000 次 4 × 4 矩阵的乘法运算，然后记录运行时间。如图 22.41 所示，使用 NEON 汇编代码优化的矩阵运算比纯 C 代码的执行速度约快 10.9 倍。

```
pi@raspberrypi:~$ gcc neon_matrix_4x4.c -o neon_matrix_4x4 -O2
pi@raspberrypi:~$ ./neon_matrix_4x4
c spent time :2325 us
1.448785 0.566593 0.572904 1.486832
0.782479 0.543299 0.268761 1.152026
1.383854 0.925461 0.422673 1.899322
1.703778 1.022692 0.614428 2.056612

Neon Intrinsics spent time :171 us
1.448785 0.566593 0.572904 1.486832
0.782479 0.543299 0.268761 1.152026
1.383854 0.925461 0.422673 1.899322
1.703778 1.022692 0.614428 2.056612

asm spent time :213 us
1.448785 0.566593 0.572904 1.486832
0.782479 0.543299 0.268761 1.152026
1.383854 0.925461 0.422673 1.899322
1.703778 1.022692 0.614428 2.056612

Neon equal to C: yes
Asm equal to C:  yes
==============================
asm faster than c: 10.915493
asm faster than neon Intrinsics: 0.802817
```

▲图 22.41　矩阵运算结果

22.6 自动矢量优化

使用 NEON 指令集优化代码有如下 3 种做法。

- 手工编写 NEON 汇编代码。
- 使用编译器提供的 NEON 内建函数。
- 使用编译器提供的自动矢量优化（auto-vectorization）选项，让编译器自动生成 NEON 指令来进行优化。

GCC 编译器内置了自动矢量优化功能。GCC 提供如下几个编译选项。

- -ftree-vectorize：执行矢量优化。这个选项会默认使能“-ftree-loop-vectorize”与“-ftree-slp-vectorize”。
- -ftree-loop-vectorize：执行循环矢量优化。展开循环以减少迭代次数，同时在每个迭代中执行更多的操作。
- -ftree-slp-vectorize：将标量操作捆绑在一起，以利用矢量寄存器的带宽。SLP 是 Superword-Level Parallelism 的缩写。

另外，GCC 的“O3”优化选项会自动使能“-ftree-vectorize”，即使能自动矢量优化功能。下面是案例分析 22-1 简化后的代码。

```
1    #include <stdio.h>
2    #include <string.h>
3    #include <stdlib.h>
4    #include <time.h>
5
6    static void rgb24_bgr24_c(unsigned char *src, unsigned char *dst, unsigned long count)
7    {
8        unsigned long i;
9
10       for (i = 0; i < count; i++) {
11           dst[3 * i] = src[3 * i +2];
12           dst[3 * i + 1] = src[3*i + 1];
13           dst[3 * i + 2] = src[3*i];
14
15       }
16   }
17
```

```
18    #define IMAGE_SIZE (1920 * 1080)
19    #define PIXEL_SIZE (IMAGE_SIZE * 3)
20
21    int main(int argc, char* argv[])
22    {
23        unsigned long i;
24        unsigned long clocks_c, clocks_asm;
25
26        unsigned char *rgb24_src = malloc(PIXEL_SIZE);
27        unsigned char *bgr24_c = malloc(PIXEL_SIZE);
28
29        clock_t start = clock();
30
31            rgb24_bgr24_c(rgb24_src, bgr24_c, IMAGE_SIZE);
32
33        clock_t end = clock();
34        clocks_c = end - start;
35        printf("c spend time :%ld\n", clocks_c);
36
37        return 0;
38    }
```

我们尝试使用 GCC 的自动矢量功能来优化 rgb24_bgr24_c()函数。

把上面代码复制到安装了 Linux 系统的树莓派 4B 开发板上，执行如下代码进行反汇编。

```
# gcc -S -O3 neon_test.c
```

上述 GCC 命令会让编译器尝试使用 NEON 指令来优化。执行完之后会生成 neon_test.s 汇编文件。

```
1         .arch armv8-a
2         .file"neon_test.c"
3         .text
4         .section.rodata.str1.8,"aMS",@progbits,1
5         .align3
6     .LC0:
7         .string"c spend time :%ld\n"
8         .section.text.startup,"ax",@progbits
9         .align2
10        .p2align 3,,7
11        .globalmain
12        .typemain, %function
13    main:
14    .LFB23:
15        stpx29, x30, [sp, -48]!
16        movx29, sp
17        strx21, [sp, 32]
18        movx21, 60416
19        movkx21, 0x5e, lsl 16
20        movx0, x21
21        stpx19, x20, [sp, 16]
22        blmalloc
23        movx20, x0
24        movx0, x21
25        blmalloc
26        movx19, x0
27        blclock
28        movx2, x19
```

```
29      addx4, x19, x21
30      movx3, x20
31      movx19, x0
32      .p2align 3,,7
33  .L2:
34      ld3{v4.16b - v6.16b}, [x3], 48
35      movv1.16b, v6.16b
36      movv2.16b, v5.16b
37      movv3.16b, v4.16b
38      st3{v1.16b - v3.16b}, [x2], 48
39      cmpx4, x2
40      bne.L2
41      blclock
42      subx1, x0, x19
43      adrpx0, .LC0
44      addx0, x0, :lo12:.LC0
45      blprintf
46      movw0, 0
47      ldpx19, x20, [sp, 16]
48      ldrx21, [sp, 32]
49      ldpx29, x30, [sp], 48
50      ret
51  .LFE23:
52      .sizemain, .-main
53      .ident"GCC: (Debian 9.3.0-22) 9.3.0"
54      .section.note.GNU-stack,"",@progbits
```

我们来解读一下这段汇编代码。

在第 18～19 行中，通过 MOV 和 MOVK 指令把 PIXEL_SIZE 的值预先计算出来。

在第 22～25 行中，调用 malloc 函数来分配 rgb24_src 和 bgr24_c 两个内存缓冲区。

在第 29 行中，X4 寄存器指向 bgr24_c 缓冲区的结束地址。

在第 34～40 行中，GCC 自动生成了 NEON 指令，生成的 NEON 汇编代码与本章前面的 rgb24_bgr24_asm()函数的汇编代码非常类似。

自动矢量优化的一个必要条件是，在循环开始时必须知道循环次数。因为 break 等中断条件意味着在循环开始时循环的次数可能是未知的，所以 GCC 自动矢量优化功能在有些情况下（例如，在有相互依赖关系的不同循环的迭代中，带有 break 子句的循环中，具有复杂条件的循环中）不能使用。

如果不可能完全避免中断条件，那么可以把 C 代码的循环分解为多个可矢量化和不可矢量化的部分。

22.7 实验

22.7.1 实验 22-1：浮点运算

1. 实验目的

熟练掌握浮点运算指令。

2. 实验要求

请把下面的 C 语言代码用汇编代码方式编写，并在 QEMU+ARM64 实验平台上编译和运行。

```
#include <stdio.h>

float main(void)
{
     float a, b, c;

     a = 0.5;
     b = -0.75;


     c = (a * b) + (a - b)/b;

     printf("c = %f\n", c);
}
```

22.7.2 实验 22-2：RGB24 转 BGR32

1. 实验目的

熟练掌握 NEON 指令。

2. 实验要求

请在基于 Linux 系统的树莓派 4B 开发板上完成本实验。

请用 NEON 汇编指令优化 rgb24to32()函数，然后分别记录纯 C 代码与 NEON 汇编代码的执行时间，以对比 NEON 汇编代码优化的效果。

```
/* RGB24 (= R, G, B) -> BGR32 (= A, R, G, B) */
void rgb24to32(const uint8_t *src, uint8_t *dst, int src_size)
{
    int i;

    for (i = 0; 3 * i < src_size; i++) {
        dst[4 * i + 0] = src[3 * i + 2];
        dst[4 * i + 1] = src[3 * i + 1];
        dst[4 * i + 2] = src[3 * i + 0];
        dst[4 * i + 3] = 255;
    }
}
```

22.7.3 实验 22-3：8×8 矩阵乘法运算

1. 实验目的

熟练掌握 NEON 汇编指令。

2. 实验要求

请在基于 Linux 系统的树莓派 4B 开发板上完成本实验。

请用 NEON 汇编指令优化 8 × 8 矩阵乘法运算，然后分别记录纯 C 代码与 NEON 汇编代码的执行时间，以对比 NEON 汇编代码优化的效果。

第23章　可伸缩矢量计算与优化

本章主要介绍ARM64体系结构中与可伸缩矢量扩展（Scalable Vector Extension，SVE）指令相关的内容。

由于本章的很多内容和概念与第22章介绍的NEON指令类似，建议读者阅读完第22章相关内容再阅读本章内容。

23.1 SVE指令介绍

第22章介绍了NEON指令集，NEON指令集是ARM64体系结构中单指令多数据流（SIMD）的标准实现。SVE是针对高性能计算（HPC）和机器学习等领域开发的一个全新的矢量指令集，它是下一代SIMD指令集的实现，而不是NEON指令集的简单扩展。SVE指令集中有很多概念（例如矢量、通道、数据元素等）与NEON指令集类似。SVE指令集定义了一个全新的概念——**可变矢量长度**（Vector Length Agnostic，VLA）**编程模型**。

传统的SIMD指令集采用固定大小的矢量寄存器，例如NEON指令集采用固定的128位长度的矢量寄存器。而支持VLA编程模型的SVE指令集支持可变长度的矢量寄存器。这样允许芯片设计者根据负载和成本来选择一个合适的矢量长度。SVE指令集最少支持128位的矢量寄存器，最多支持2048位的矢量寄存器，以128位为增量。SVE设计确保同一个应用程序可以在支持不同矢量寄存器长度的SVE指令的机器上运行，而不需要重新编译代码，这是VLA编程模型的精髓。

23.1.1 SVE寄存器组

SVE指令集提供了一组全新的寄存器。

- 32个全新的可变长矢量寄存器Z0～Z31，简称为Z寄存器。
- 16个断言寄存器[1]（predicate register）P0～P15，简称为P寄存器。
- 首次错误断言寄存器（First Fault predicate Register，FFR）。
- SVE控制寄存器——ZCR_El*x*。

1. 可变长矢量寄存器Z

Z寄存器是数据寄存器，其长度是可变的。它的长度是128的倍数，最高可达2048位。Z寄存器中的数据可以用来存储为8位、16位、32位、64位或128位的数据元素，对应的数据类型如图23.1所示。每个Z寄存器的低128位与对应的NEON寄存器共用。

---

① 本章“断言”的英文单词为predicate，它本身有一种掩码控制（mask control）的意思，用来控制矢量寄存器中哪些数据通道是活跃的或者不活跃的。

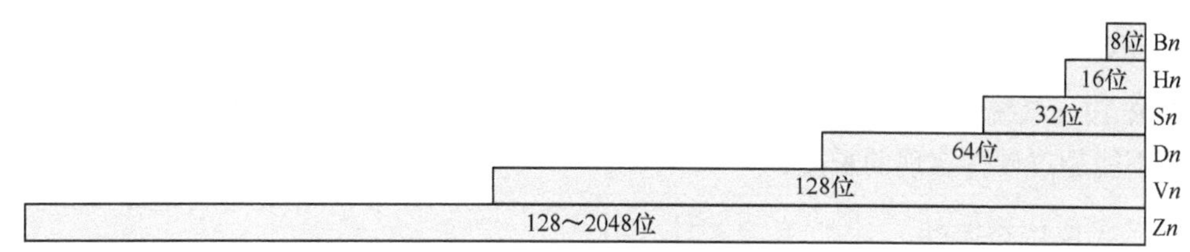

▲图 23.1　Z 寄存器中的数据类型

2. 断言寄存器 P

断言的目的是告诉处理器，在矢量寄存器中哪些通道数据是活跃的或者不活跃的。P 寄存器为 Z 寄存器中的每字节保留一位，也就是说，P 寄存器的大小总是 Z 寄存器的 1/8。断言指令（predicated instruction）使用 P 寄存器来确定要处理哪些矢量元素（通道数据）。P 寄存器有如下特点。

- P 寄存器的最大长度为 256 位，最小长度为 16 位。
- P 寄存器中的每位用于描述指定 Z 寄存器中的每个字节。
- 每个 P 寄存器可以分成 1 位、2 位、4 位、8 位的断言元素（predicate element），它们分别对应 Z 寄存器中 8 位、16 位、32 位和 64 位宽的数据元素。
- 如果断言元素的最低位为 1，那么这个断言元素的状态为活跃。
- 如果断言元素的最低位为 0，那么这个断言元素的状态为不活跃。

例如，当数据元素为 8 位宽（B*n*）时，P 寄存器可以使用 1 位来表示其活跃状态，这个位为 1 表示活跃，为 0 表示不活跃。以此类推，当数据元素为 64 位宽（D*n*）时，P 寄存器预留 8 位来表示 Z 寄存器中对应数据元素的活跃状态，不过只使用最低 1 位即可表示其活跃状态，其他位保留。

【例 23-1】假设矢量寄存器的长度为 256 位，矢量寄存器分成 8 个通道，每个通道存储 32 位宽的数据。如果在 SVE 指令中想同时操作这 8 个通道的数据，那么需要使用一个 P 寄存器来表示这 8 个数据通道的状态。如图 23.2 所示，P*n* 寄存器也分成 8 组，每组由 4 位组成，每组只使用最低的位来表示 Z*m* 寄存器中对应的数据通道（32 位宽）的活跃状态。例如，P*n* 寄存器的 Bit[3:0]表示 Z*m* 寄存器的通道 0，P*n* 寄存器的 Bit[7:4]表示 Z*m* 寄存器的通道 1，以此类推。

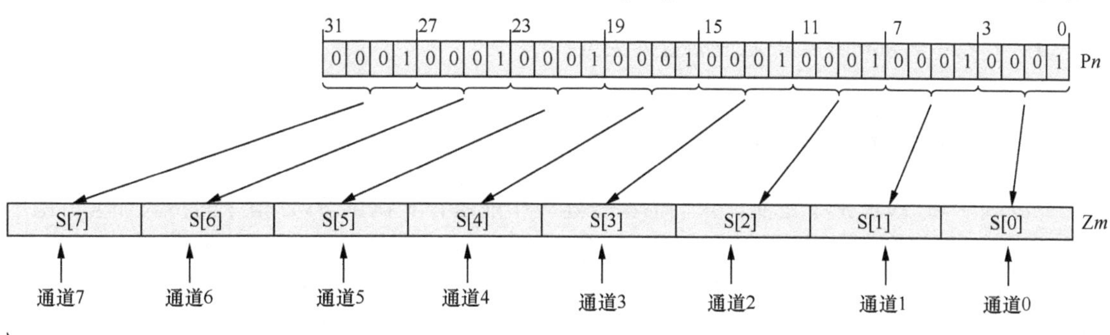

▲图 23.2　P 寄存器与 Z 寄存器

3. FFR

FFR 的大小与格式和断言寄存器 P 相同。FFR 用于第一异常断言加载指令（first fault predicate load instruction），例如 LDFF1B 指令。在使用第一异常断言加载指来加载矢量元素时，FFR 会及时更新每个数据元素的加载状态（成功或失败）。

4. ZCR_ELx

ZCR_EL*x* 系统软件可以通过 ZCR_EL*x* 中的 LEN 字段来设置矢量寄存器的长度。不过，设置的长度不能超过硬件实现的长度。

23.1.2　SVE 指令语法

SVE 指令的语法与 NEON 指令有很大不同。SVE 指令格式由操作代码、目标寄存器、P 寄存器和输入操作符等组成。下面举几个例子。

【例 23-2】下面是一条 LD1D 指令的格式。

```
LD1D { <Zt>.D }, <Pg>/Z, [<Xn|SP>, <Xm>, LSL #3]
```

其中，各个选项的含义如下。

- Z*t* 表示矢量寄存器，可以使用 Z0～Z31。
- D 表示矢量寄存器中通道的数据类型。
- P*g* 表示断言操作数（predicate operand），可以使用 P0～P15。
- <P*g*>/Z 中的 Z 表示零断言（zeroing predication），在目标矢量寄存器中不活跃状态数据元素的值填充为 0。
- X*n*/SP 表示源操作数的基地址，X*n* 为通用寄存器，SP 为栈指针寄存器。
- X*m* 表示第二个源操作数寄存器，用于偏移量，其中“LSL #3”表示偏移量乘以 8，相当于转换成字节，因为这条指令加载 64 位数据。

【例 23-3】下面是一条 ADD 指令的格式。

```
ADD <Zdn>.<T>, <Pg>/M, <Zdn>.<T>, <Zm>.<T>
```

其中，各个选项的含义如下。

- Zd*n* 表示第一个源矢量寄存器或者目标矢量寄存器。
- P*g* 表示断言寄存器，可以使用 P0~P15。
- <P*g*>/M 中的 M 表示合并断言（merging predication），在目标矢量寄存器中不活跃状态数据元素保持原值不变。
- Z*m* 表示第二个源矢量寄存器。
- T 表示矢量寄存器中通道的数据类型。

23.2　搭建 SVE 运行和调试环境

在深入学习 SVE 指令之前，我们需要搭建一个能运行和调试 SVE 指令的实验环境。由于树莓派 4B 不支持 SVE，因此我们可以采用 QEMU+ARM64 实验平台来模拟 SVE 指令。

要想在 QEMU 中使能 SVE，需要在 QEMU 程序中指定“-cpu”参数，例如“-cpu max,sve=on,sve256=on”表示使能所有 CPU 的特性，包括 SVE。另外，SVE 支持的矢量长度设置为 256 位。读者也可以设置其他长度的 SVE，例如 1024 位的 SVE。

启动 QEMU 的命令如下。

```
$ qemu-system-aarch64 -m 1024 -cpu max,sve=on,sve256=on -M virt,gic-version=3,its=on,
  iommu=smmuv3 -nographic -smp 4 -kernel arch/arm64/boot/Image  -append "noinintrd sched_
  debug root=/dev/vda rootfstype=ext4 rw crashkernel=256M loglevel=8"  -drive if=none,
  file=rootfs_debian_arm64.ext4,id=hd0 -device virtio-blk-device,drive=hd0 --fsdev local,
  id=kmod_dev,path=./kmodules,security_model=none -device virtio-9p-pci,fsdev=kmod_dev,
  mount_tag=kmod_mount
```

下面编写一个使用 SVE 指令的简单汇编程序。

```
<hello_sve.S>

1    .section .data
2
3    .align3
4    print_hello_sve:
5        .string "hello sve\n"
6
7    .section .text
8    .globl main
9    main:
10       stp    x29, x30, [sp, -16]!
11
12       mov x2, #4
13       whilelo p0.s, xzr, x2
14       mov z0.s, p0/z, #0x55
15
16       adrp x0, print_hello_sve
17       add x0, x0, :lo12:print_hello_sve
18       bl printf
19
20       mov x0, #0
21       ldp  x29, x30, [sp], 16
22       ret
```

这个汇编程序输出“hello sve”。为了测试能否编译和运行 SVE 指令，我们在第 13～14 行里添加两条 SVE 指令。其中，WHILELO 指令初始化 P0 断言寄存器，MOV 把立即数搬移到 Z0 矢量寄存器中。

首先，启动 QEMU+ARM64 实验平台。然后，运行 run_rlk_arm64.sh 脚本，输入 run 参数。run_rlk_arm64.sh 脚本已经使能了 SVE。

```
$./run_rlk_arm64.sh run
```

登录 QEMU+ARM64 平台之后，使用“/proc/cpuinfo”节点来检查系统是否支持 SVE。在“Features”中显示了当前 CPU 支持的所有硬件特性，例如 SVE 等。

```
# cat /proc/cpuinfo
processor    : 0
BogoMIPS : 125.00
Features : fp asimd evtstrm aes pmull sha1 sha2 crc32 atomics fphp asimdhp cpuid asimdrdm
  jscvt fcma dcpop sha3 sm3 sm4 asimddp sha512 sve asimdfhm flagm sb paca pacg
CPU implementer  : 0x00
CPU architecture: 8
CPU variant   : 0x0
CPU part : 0x051
CPU revision : 0
```

使用 GCC 来编译这个汇编程序。GCC 是从 GCC 8 开始支持 SVE 指令的。

```
# gcc hello_sve.S -o hello_sve
hello_sve.S: Assembler messages:
hello_sve.S:13: Error: selected processor does not support 'whilelo p0.s,xzr,x2'
hello_sve.S:14: Error: selected processor does not support 'mov z0.s,p0/z,#0x55'
```

直接使用“gcc hello_sve.S -o hello_sve”来编译，会出现不能识别 SVE 指令的错误。我们需要设置“-march”参数来指定处理器体系结构，例如“-march=armv8-a+sve”表示要编译的程序需要支持 ARMv8 体系结构以及 SVE。

```
# gcc hello_sve.S -o hello_sve -g -march=armv8-a+sve
```

编译完成之后运行 hello_sve 程序。

```
# ./hello_sve
hello sve
```

这样我们就搭建了一个能运行 SVE 指令的实验环境。

接下来，我们使用 GDB 来单步调试 SVE 指令。启动 GDB 来调试程序。

```
# gdb hello_sve
```

在 main 函数入口处，设置断点。

```
(gdb) b main
Breakpoint 1 at 0x76c: file hello_sve.S, line 10.
```

输入“r”命令来启动调试。GDB 会停在断点处。

```
(gdb) r
Starting program: /mnt/sve/example_hello_sve/hello_sve

Breakpoint 1, main () at hello_sve.S:10
10       stp    x29, x30, [sp, -16]!
(gdb)
```

使用“s”命令来单步调试。使用“info reg”命令来查看寄存器的值，如图 23.3 所示。

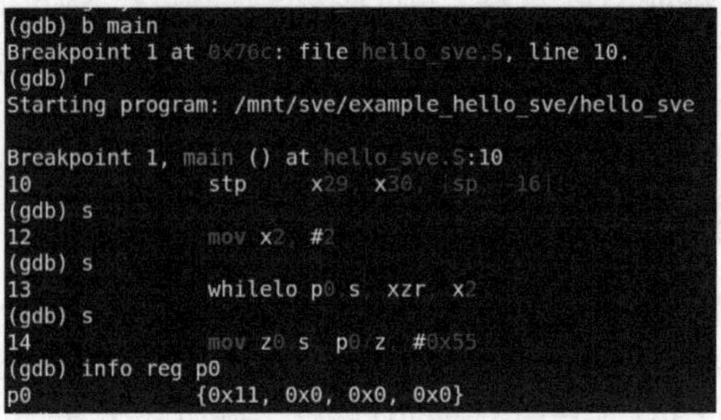

```
(gdb) b main
Breakpoint 1 at 0x76c: file hello_sve.S, line 10.
(gdb) r
Starting program: /mnt/sve/example_hello_sve/hello_sve

Breakpoint 1, main () at hello_sve.S:10
10              stp     x29, x30, [sp, -16]!
(gdb) s
12              mov x2, #2
(gdb) s
13              whilelo p0.s, xzr, x2
(gdb) s
14              mov z0.s, p0/z, #0x55
(gdb) info reg p0
p0              {0x11, 0x0, 0x0, 0x0}
```

▲图 23.3　查看寄存器的值

23.3　SVE 特有的编程模式

本节介绍 SVE 指令集独有的 4 个编程特性。

23.3.1　断言指令

SVE 指令集为支持可变长矢量计算提供了断言管理（governing predicate）机制。如果一条指令包含断言操作数，它就称为断言指令（predicated instruction）。断言指令会使用断言管理机制来控制矢量寄存器中活跃状态的数据元素有哪些。在断言指令中仅仅处理这些活跃状态的数据元素，对于不活跃的数据元素是不进行处理的。

如果某些数据元素在断言寄存器中的状态是活跃的，那么在矢量寄存器中对应的数据元素的状态也是活跃的；如果某些数据元素在断言寄存器的状态是不活跃的，那么在矢量寄存器中对应的数据元素的状态也是不活跃的。

如图 23.4 所示，Z0 和 Z1 矢量寄存器用于进行一次加法运算，P0 断言寄存器记录每个通道数据元素的状态。例如，如果通道 0 和通道 1 中的数据元素是活跃的，而通道 2 数据元素是不活跃的，那么通道 0 和通道 1 参与加法运算，而通道 2 不参与加法运算。

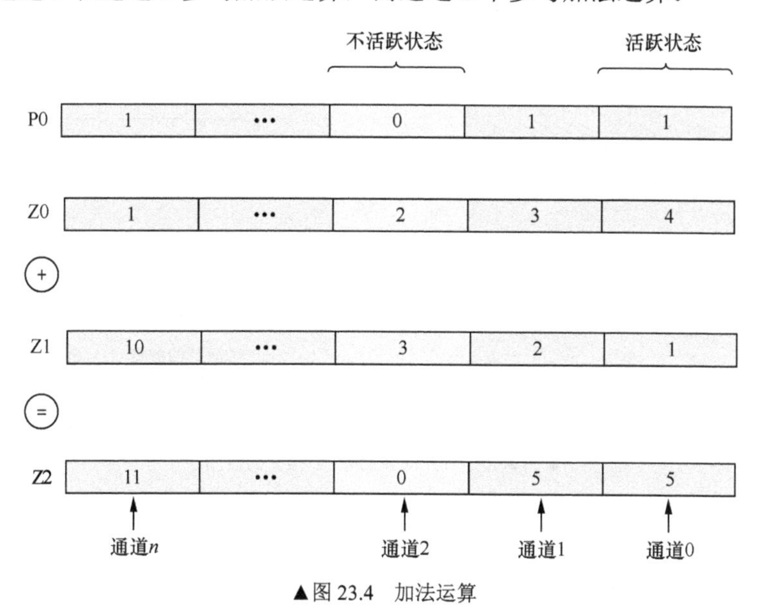

▲图 23.4　加法运算

如果一条指令没有包含断言操作数，则它称为非断言指令（unpredicated instruction）。在非断言指令中，矢量寄存器中所有通道的数据都处于活跃状态，并且同时处理所有通道的数据。

大部分指令有断言和非断言两个版本，例如 ADD 指令的两个版本如下。

```
ADD <Zdn>.<T>, <Pg>/M, <Zdn>.<T>, <Zm>.<T>     #断言版本的 ADD 指令

ADD <Zd>.<T>, <Zn>.<T>, <Zm>.<T>               #非断言版本的 ADD 指令
```

断言管理机制提供两种策略：一种是零断言（zeroing predication），另一种是合并断言（merging predication）。

- 零断言：在目标矢量寄存器中，不活跃状态数据元素的值填充为 0。
- 合并断言：在目标矢量寄存器中，不活跃状态数据元素保持原值不变。

【例 23-4】下面是一条零断言的 CPY 指令。

```
CPY Z0.B, P0/Z, #0xFF
```

CPY 指令用来复制有符号立即数到矢量寄存器中。“P0/Z”表示这条指令执行零断言，对目标矢量寄存器中不活跃的数据元素将填充 0，如图 23.5 所示。

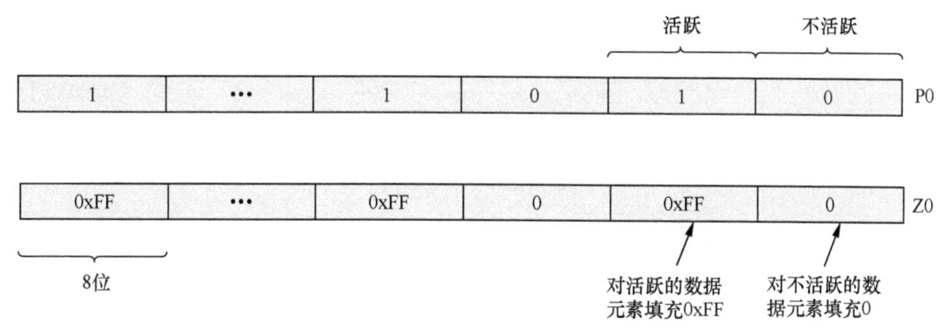

▲图 23.5　零断言的 CPY 指令的作用

【例 23-5】下面是一条合并断言的 CPY 指令。

```
CPY Z0.B, P0/M, #0xFF
```

“P0/M”表示这条指令执行合并断言，目标矢量寄存器中不活跃的数据元素将保持原值不变。如图 23.6 所示，如果通道 0 中的数据元素处于不活跃状态，那么它的值将保持不变。

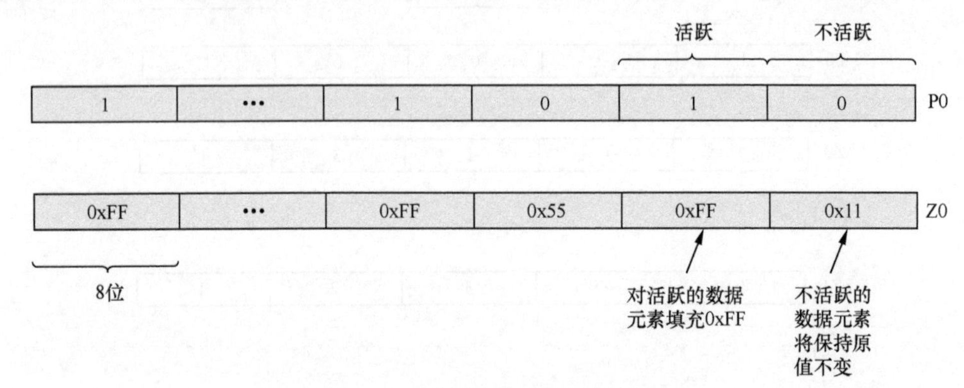

▲图 23.6　合并断言的 CPY 指令的作用

23.3.2　聚合加载和离散存储

SVE 指令集中的加载和存储指令支持聚合加载（gather-load）和离散存储（scatter-store）模式。聚合加载和离散存储指的是可以使用矢量寄存器中每个通道的值作为基地址或者偏移量来实现非连续地址的加载和存储。传统的 NEON 指令集只能支持线性地址的加载和存储功能。

【例 23-6】下面是一条聚合加载指令。

```
LD1W Z0.S, P0/Z, [Z1.S]
```

这条指令以 Z1 矢量寄存器中所有活跃状态的通道为基地址，然后分别加载 4 字节的数据到 Z0 矢量寄存器中。假设 P0 寄存器中所有通道的数据元素都是活跃的，那么 Z1 矢量寄存器相当于一个离散的基地址集合。如图 23.7 所示，P0 寄存器显示所有通道的数据元素都是活跃的，Z1 矢量寄存器中所有通道的数据元素组成了一组地址集合{0x800000, 0x800100, 0x800200, 0x800300，…}，这条指令会从这组离散地址集合中分别加载内存地址的值到 Z0 寄存器的相应通道中。

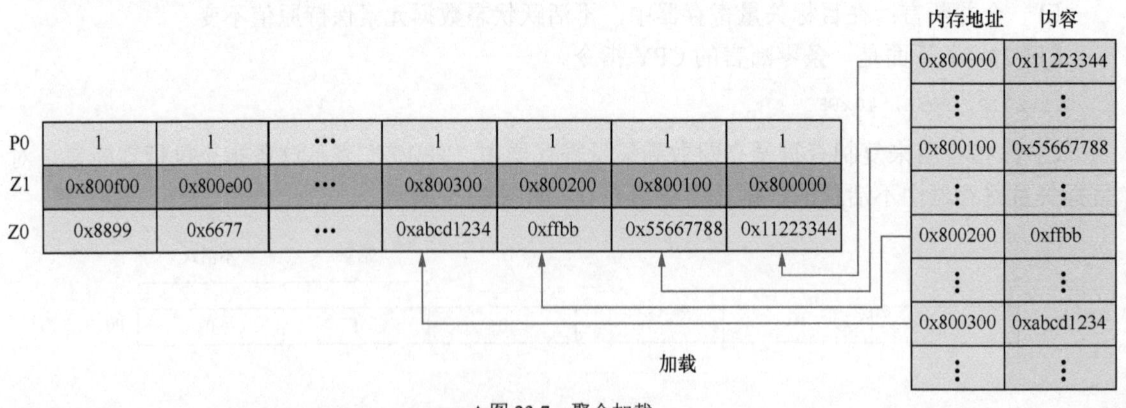

▲图 23.7　聚合加载

【例 23-7】下面是一条离散存储指令。

```
ST1W Z0.S, P0, [Z1.S]
```

这条指令把 Z0 矢量寄存器中所有活跃状态的数据元素分别存储到以 Z1 矢量寄存器的数据

元素为地址的内存中，数据元素的大小为 4 字节，如图 23.8 所示。

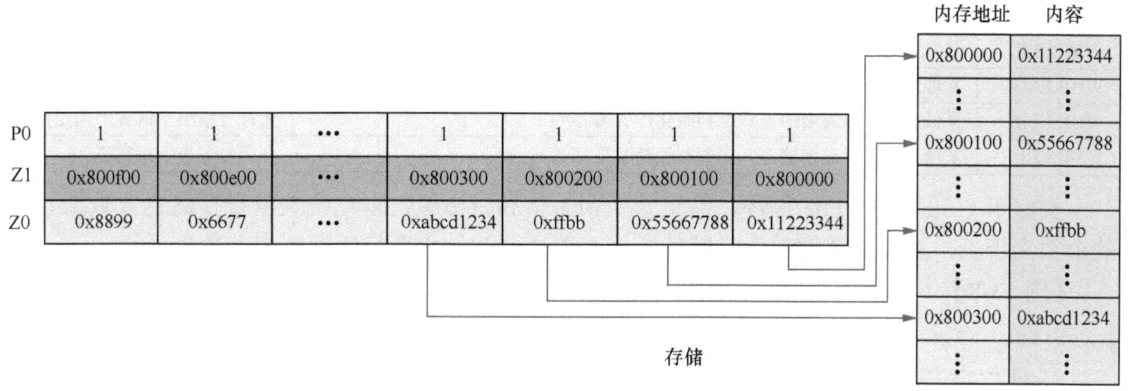

▲图 23.8 离散存储

23.3.3 基于断言的循环控制

SVE 指令集提供一种基于断言的循环控制方法，这种方法是以断言寄存器 P*n* 中活跃状态的数据元素为对象来实现循环控制的。这套以数据元素为对象的循环控制方法可以和处理器状态（PSTATE）寄存器有机结合起来。表 23.1 展示了处理器状态标志位与 SVE。

表 23.1 处理器状态标志位与 SVE

状态标志位	SVE 名称	含 义
N	FIRST	当第一个数据元素为活跃状态时，设置 N=1；否则，设置 N=0
Z	NONE	如果有任意一个数据元素为活跃状态，则设置 Z=0；否则，设置 Z=1
C	NLAST	如果最后一个数据元素为活跃状态，则设置 C=0；否则，设置 C=1
V	—	V = 0

当 SVE 指令生成一个断言结果时，会更新 PSTATE 寄存器的 N、C、V、Z 标志位。

SVE 指令会根据断言寄存器的结果或者 FFR 来更新 PSTATE 寄存器的 N、C、V、Z 标志位。

SVE 指令也可以根据 CTERMEQ/CTERMNE 指令来更新 PSTATE 寄存器的 N、C、V、Z 标志位。

SVE 指令集提供如下几组与循环控制相关的指令。

- ❑ 初始化断言寄存器的指令，例如 WHILELO、PTRUE 等。
- ❑ 以数据元素为对象的 SVE 条件操作码，与跳转指令结合（例如 B.FIRST 等）来完成条件跳转功能。
- ❑ 根据断言约束条件增加数据元素的统计计数的指令，例如 INCB 等。
- ❑ 以数据元素为对象的比较指令，例如 CMPEQ 指令等。
- ❑ 退出循环的指令，例如 BRKA 指令等。

1. 初始化断言寄存器的指令

初始化断言寄存器的指令如表 23.2 所示。

表 23.2 初始化断言寄存器的指令

指 令	描 述	判 断 条 件
WHILEGE	从高到低，以递减的方式来初始化断言寄存器	有符号数大于或等于指定值
WHILEGT	从高到低，以递减的方式来初始化断言寄存器	有符号数大于指定值
WHILEHI	从高到低，以递减的方式来初始化断言寄存器	无符号数大于指定值
WHILEHS	从高到低，以递减的方式来初始化断言寄存器	无符号数大于或等于指定值

续表

指　令	描　述	判断条件
WHILELE	从低到高，以递增的方式来初始化断言寄存器	有符号数小于或等于指定值
WHILELO	从低到高，以递增的方式来初始化断言寄存器	无符号数小于指定值
WHILELS	从低到高，以递增的方式来初始化断言寄存器	无符号数小于或等于指定值
WHILELT	从低到高，以递增的方式来初始化断言寄存器	有符号数小于指定值

类似于 C 语言的 while 循环，给定一个初始值和目标值，以一个矢量寄存器包含数据元素的个数为步长，然后以递增或者递减的方式来遍历并初始化断言寄存器中的数据元素。

【例 23-8】下面的代码用于初始化断言寄存器。

```
whilelt p0.b, xzr, x2
```

“p0.b”表示要断言的数据元素为 8 位宽数据。假设系统 SVE 指令的长度为 256 位，那么矢量寄存器最多可以存放 32 个 8 位宽的数据元素。这条 WHILELT 指令从 0 开始，以递增的方式遍历并初始化断言寄存器里数据元素的状态，遍历结束的条件是断言寄存器里所有数据元素都被初始化或者提前达到了目标值 X2。

除前面介绍的 WHILE 指令之外，SVE 还提供了 PTRUE 指令来快速初始化断言寄存器。PTRUE 指令的格式如下。

```
PTRUE <Pd>.<T> {, <pattern>}
```

其中，P*d* 表示目标断言寄存器；T 表示通道的数据类型；pattern 表示可选模式说明符，默认是 ALL，如表 23.3 所示。

表 23.3　可选模式说明符

可选模式说明符	说　明
VL*n*	表示固定的数据元素数量。例如 VL1 表示只统计 1 个数据元素，VL2 表示只统计两个数据元素
MUL3/MUL4	表示矢量寄存器中最大数据元素数量的 3 倍或者 4 倍
POW2	表示在一个矢量寄存器中能用 2 的 *n* 次方表示的最大数据元素数量
ALL	表示计算结果再乘以 imm

【例 23-9】下面使用 PTRUE 指令来初始化前 4 个数据元素的状态为活跃。

```
ptrue p0.s,vl4
```

“p0.s”表示使用 P0 断言寄存器，并且断言元素为 32 位宽数据，“vl4”表示初始化前 4 个数据通道。

2. 以数据元素为对象的 SVE 条件操作码

以数据元素为对象的 SVE 条件操作码如表 23.4 所示。SVE 条件操作可以和跳转指令（B）结合来完成条件跳转功能。

表 23.4　以数据元素为对象的 SVE 条件操作码

SVE 条件操作码	处理器状态标志位	含　义
NONE	$Z==1$	没有活跃的数据元素
ANY	$Z==0$	有一个活跃的数据元素
FIRST	$N==1$	第一个数据元素处于活跃状态
LAST	$C==0$	最后一个数据元素处于活跃状态
NFRST	$N==0$	第一个数据元素不处于活跃状态
NLAST	$C==1$	最后一个数据元素不处于活跃状态
PMORE	$C==1$ && $Z==0$	一些数据元素处于活跃状态，但是最后一个是数据元素不处于活跃状态

3. 根据断言约束条件增加数据元素的统计计数指令

根据断言约束条件增加数据元素的统计计数指令如表 23.5 所示。

表 23.5　根据断言约束条件增加数据元素的统计计数指令

指　令	含　义
INCB	增加数据元素的统计计数，数据元素的长度为 8 位
INCH	增加数据元素的统计计数，数据元素的长度为 16 位
INCW	增加数据元素的统计计数，数据元素的长度为 32 位
INCD	增加数据元素的统计计数，数据元素的长度为 64 位

统计计数指令格式如下。

```
INCB <Xdn>{, <pattern>{, MUL #<imm>}}
INCH <Xdn>{, <pattern>{, MUL #<imm>}}
INCW <Xdn>{, <pattern>{, MUL #<imm>}}
INCD <Xdn>{, <pattern>{, MUL #<imm>}}
```

其中，选项的含义如下。

- Xd*n*：表示目标通用寄存器。
- pattern：可选模式说明符，默认是 ALL。
- MUL #<imm>：表示计算结果再乘以 imm。

4. 以数据元素为对象的比较指令

以数据元素为对象的比较指令把第一个源矢量寄存器中每个活动的数据元素分别与第二个源矢量寄存器中的数据元素进行比较，也可以把前者与立即数进行比较。这些比较指令会在所有活跃的数据通道中分别进行比较。

常见的比较指令如表 23.6 所示。

表 23.6　常见的比较指令

比 较 指 令	含　义
CMPEQ	等于
CMPNE	不等于
CMPGE	有符号数大于或等于
CMPGT	有符号数大于
CMPLT	有符号数小于
CMPLE	有符号数小于或等于
CMPHI	无符号数大于
CMPHS	无符号数大于或等于
CMPLO	无符号数小于
CMPLS	无符号数小于或等于

5. 退出循环的指令

退出循环的指令以断言寄存器中第一个活跃的数据元素为边界，然后退出循环。

BRKA 指令的格式如下。

```
BRKA <Pd>.B, <Pg>/<ZM>, <Pn>.B
```

BRKA 指令从通道 0 开始遍历源断言寄存器 P*n* 中所有的候选通道（在 P*g* 寄存器中处于活

跃状态的数据通道为候选通道）。根据源断言寄存器中数据元素的判断条件，当第一个数据元素 *n* 满足判断条件时（通常设置数据元素的状态为活跃状态），退出循环，设置目标断言寄存器 P*d* 中通道 0 到通道 *n* 为活跃状态，其余的候选通道设置为不活跃状态。假设在 P*g* 断言寄存器中第 0～*m* 个数据通道都是有效的候选通道，当第 *n* 个数据通道满足判断条件时，退出循环，在 P*d* 断言寄存器中设置第 0～*n* 个通道为活跃状态，剩余的有效通道设置为非活跃状态，如图 23.9 所示。

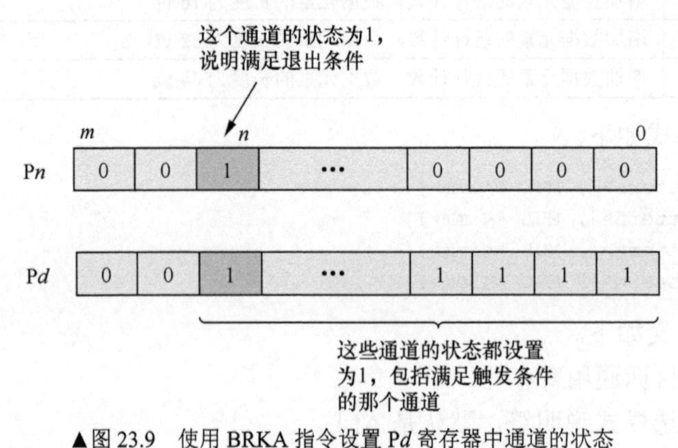

▲图 23.9　使用 BRKA 指令设置 P*d* 寄存器中通道的状态

BRKB 指令的格式如下。

```
BRKB <Pd>.B, <Pg>/<ZM>, <Pn>.B
```

BRKB 指令从通道 0 开始遍历源断言寄存器 P*n* 中所有的候选通道（在 P*g* 寄存器中处于活跃状态的数据通道为候选通道）。根据源断言寄存器中数据元素的判断条件，当第一个数据元素 *n* 满足判断条件时（通常满足判断条件时设置数据元素的状态为活跃状态），退出循环，设置目标断言寄存器 P*d* 中通道 0 到通道 *n*−1 为活跃状态，其余的候选通道设置为不活跃状态。假设在 P*g* 断言寄存器中第 0～*m* 个数据通道都是有效的候选通道，当第 *n* 个数据通道满足判断条件时，退出循环，在 P*d* 断言寄存器中设置第 0～(*n*−1)个通道为活跃状态，剩余的有效通道设置为非活跃状态，如图 23.10 所示。

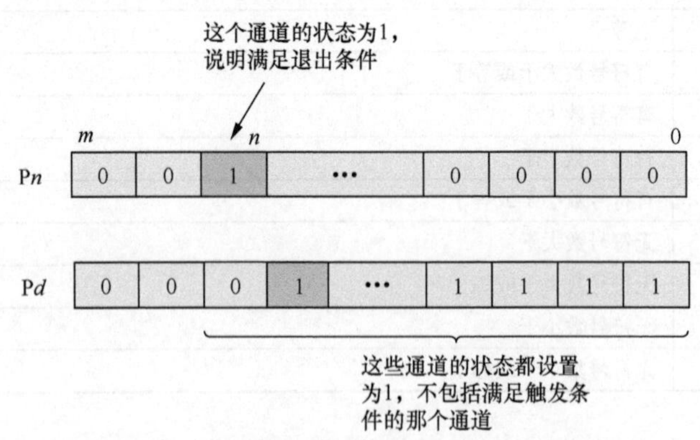

▲图 23.10　使用 BRKB 指令设置 P*d* 寄存器中通道的状态

下面以一个内存复制的例子来说明如何利用上述新增的几种指令来实现循环控制。

【例 23-10】请使用 SVE 指令来实现内存复制。下面是内存复制的 C 语言实现。

```
void *memcpy(void *dest, const void *src, size_t count)
{
    char *tmp = dest;
```

```
    const char *s = src;

    while (count--)
        *tmp++ = *s++;
    return dest;
}
```

接下来，我们以字节为单位来实现上述内存复制功能。下面的汇编代码可以实现任意大小的字节数的复制，这体现了可变矢量长度编程的优势。

```
1      .global sve_memcpy_1
2      sve_memcpy_1:
3          mov x3, #0
4          whilelt p0.b, x3, x2
5
6          1:
7          ld1b {z0.b}, p0/z, [x1, x3]
8          st1b {z0.b}, p0, [x0, x3]
9          incb x3
10         whilelt p0.b, x3, x2
11         b.any 1b
12
13         ret
```

假设 X1 为源地址，X0 为目标地址，X2 为要复制的字节数，系统支持的 SVE 矢量寄存器的长度为 256 位。上面的汇编代码使用了好几条 SVE 指令，我们逐一详细介绍。

在第 4 行中，WHILELT 是一条初始化断言寄存器的指令，这条指令从第 0 个数据元素开始以递增的方式初始化断言寄存器 P0。“P0.B”表示要断言的数据元素为 8 位宽的数据。在本场景中，系统的 SVE 矢量寄存器的长度为 256 位，一个 256 位宽的矢量寄存器最多可以存放 32 个 8 位宽的数据元素，因此 P0 寄存器最多只能断言 32 个数据元素。这条指令用于初始化 P0 寄存器，使其所有数据元素的状态都初始化为活跃状态，如图 23.11 所示。X3 寄存器用于数据元素的统计计数，初始值为 0，每次循环增加 32。

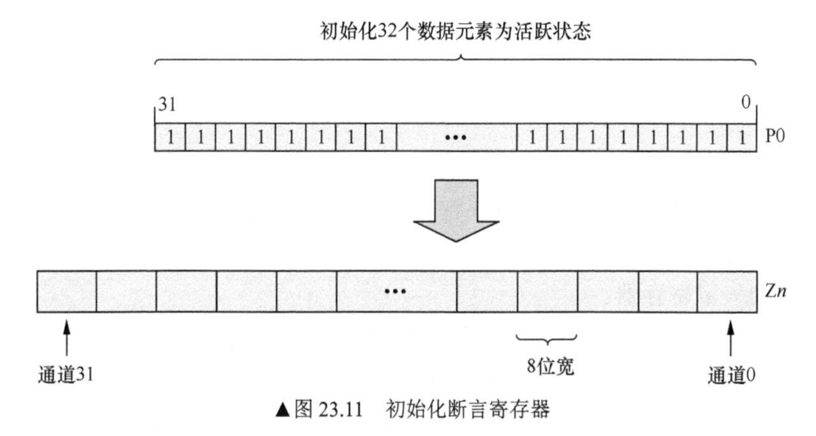

▲图 23.11　初始化断言寄存器

在第 7 行中，LD1B 指令为加载指令，它以 X1 寄存器为基地址，以 X3 寄存器为偏移地址，加载 32 个数据到 Z0 矢量寄存器中。“p0/z”表示这条指令使用 P0 断言寄存器，断言类型为零断言。

在第 8 行中，ST1B 指令为存储指令，把 Z0 矢量寄存器中 32 个数据元素依次存储到以 X0 寄存器的值为基地址，以 X3 寄存器的值为偏移地址的内存中。“p0”表示这条指令使用 P0 断言寄存器。

在第 9 行中，INCB 指令会根据断言寄存器的情况来增加统计计数。统计计数存储在 X3 寄存器中。在本场景中，P0 断言寄存器只能描述 32 个 8 位宽的数据元素，因此这里统计计数会增加 32。在第一次循环中，X3 寄存器的值从 0 变成 32。

与第 4 行类似，第 10 行也是一条 WHILELT 指令，不同的地方在于 X3 寄存器的值发生了变化。在第一次循环里，X3 寄存器的值变成了 32，这条指令会以 32 为最小数据元素，以 X2 寄存器的值（256）为最大数据元素来重新初始化 P0 矢量寄存器。

在第 11 行中，根据 P0 断言寄存器的数据元素的状态进行条件判断。B.ANY 表示只要有一个数据元素的状态是活跃的就会跳转。在第一次循环中，程序会跳转到第 6 行的 1 标签处。

【例 23-11】下面的 C 语言代码在例 23-10 的基础上做了修改，每次以 4 字节为单位进行复制，请使用 SVE 指令来实现内存复制。

```
void *memcpy_4(void *dest, const void *src, size_t count)
{
    int *tmp = dest;
    const int *s = src;
     count = count/4;

    while (count--)
        *tmp++ = *s++;
    return dest;
}
```

下面是 memcpy_4()函数对应的 SVE 汇编版本。

```
1      .global sve_memcpy_4
2      sve_memcpy_4:
3          lsr  x2, x2, 2
4          mov x3, #0
5          whilelt p0.s, x3, x2
6
7          1:
8          ld1w {z0.s}, p0/z, [x1, x3, lsl 2]
9          st1w {z0.s}, p0, [x0, x3, lsl 2]
10         incw x3
11         whilelt p0.s, x3, x2
12         b.any 1b
13
14         ret
```

假设 X1 寄存器的值表示源地址，X0 寄存器的值表示目标地址，X2 寄存器的值表示要复制的字节数，系统支持的 SVE 矢量寄存器的长度为 256 位，实际上这段汇编代码可以支持长度为 128～2048 位的矢量寄存器。

在第 3 行中，计算要复制的字节数中有多少个 32 位的数据元素。

在第 5 行中，WHILELT 是一条初始化断言寄存器的指令，这条指令从第 0 个数据元素开始以递增的方式来初始化断言寄存器 P0。“p0.s”表示要断言数据元素的类型为 32 位宽。在本场景中，SVE 矢量寄存器的长度为 256 位，一个 256 位宽的矢量寄存器最多可以存放 8 个 32 位宽的数据元素，因此 P0 寄存器最多只能断言 8 个数据元素。这条指令相当于初始化 P0 寄存器，使其所有数据元素的状态都初始化为活跃状态，如图 23.12 所示。

在第 8 行中，LD1W 指令为加载指令，它以 X1 寄存器的值为基地址，以 X3 寄存器的值为偏移地址，加载 8 个数据到 Z0 矢量寄存器中。“p0/z”表示这条指令使用 P0 断言寄存器，断言类型为零断言。X3 寄存器的值表示偏移量，它以数据元素为单位，数据元素的宽度为 32 位（4

字节），因此这里“lsl 2”相当于乘以 4，换算成以字节为单位。

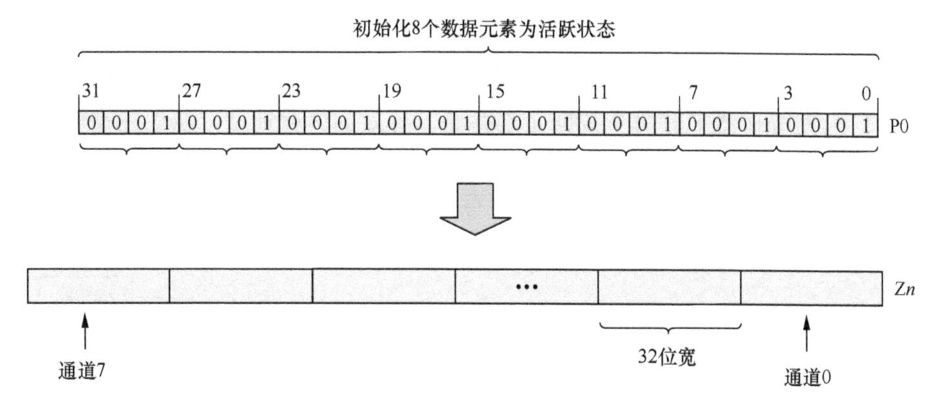

▲图 23.12　初始化数据元素

在第 9 行中，ST1W 指令为存储指令，把 Z0 矢量寄存器中 8 个数据元素依次存储到以 X0 寄存器的值为基地址，以 X3 寄存器的值为偏移量的内存单元中。“p0”表示这条指令使用 P0 断言寄存器。

在第 10 行中，INCW 指令会根据断言寄存器的情况来增加统计计数。统计计数存储在 X3 寄存器中。在本场景中，P0 断言寄存器表示 8 个 32 位宽的数据元素，因此统计计数会增加 8。在第一次循环中，X3 寄存器的值从 0 变成 8。

第 11 行与第 4 行一样，也是一条 WHILELT 指令，不同的地方在于 X3 寄存器的值发生了变化。在第一次循环里，X3 寄存器的值变成了 8，这条指令会以 8 为最小数据元素，以 X2 寄存器的值（256/4）为最大数据元素来重新初始化 P0 矢量寄存器。

在第 12 行中，根据 P0 断言寄存器中数据元素的状态进行条件判断。B.ANY 表示只要有一个数据元素的状态是活跃的就会跳转。在第一次循环中，程序会跳转到第 7 行的 1 标签处。

对比例 23-10 中的 sve_memcpy_1 汇编函数、sve_memcpy_4 汇编函数，有几个需要注意的地方。

- 数据元素从 8 位宽变成 32 位宽，断言寄存器 P0 和矢量寄存器对应的数据类型也需要修改。
- 断言寄存器和矢量寄存器能描述的数据通道个数也不同。
- 加载存储指令变成 LD1W 和 ST1W 指令。
- INCB 指令变成 INCW 指令。

23.3.4　基于软件推测的向量分区

传统的 NEON 指令不支持推测式加载操作（speculative load），但是 SVE 指令支持。推测式加载可能对传统的向量内存读取操作造成挑战。例如，如果在读取过程中某些元素发生内存错误（memory fault）或者访问了无效页面（invalid page），可能很难跟踪究竟是哪个通道的读取操作造成的。为了避免向量访问进入无效页面，SVE 引入了第一异常断言寄存器（FFR）。SVE 还引入了支持第一异常断言加载指令，例如 LDFF1B 指令。在使用第一异常断言加载指令加载矢量元素时，FFR 会及时更新每个数据元素的加载状态（成功或失败）。当某个数据元素加载失败时，FFR 会立刻把这个数据元素以及剩余的数据元素的状态设置为加载失败，并且不会向系统触发内存访问异常。

【例 23-12】下面是一条支持第一异常特性的加载指令。

```
LDFF1D Z0.D, P0/Z, [Z1.D]
```

这条指令分别以 Z1 矢量寄存器的每个数据元素为基地址，加载 64 位数据到 Z0 矢量寄存器中。假设 Z1 矢量寄存器中前两个数据元素存储了有效的内存地址，从第三个数据元素开始的数据元素存储了无效内存地址。如图 23.13 所示，FFR 记录从第三个数据元素开始都失败的加载操作，并且不向系统报告异常。Z0 矢量寄存器从第三个数据元素开始被填充为 0。

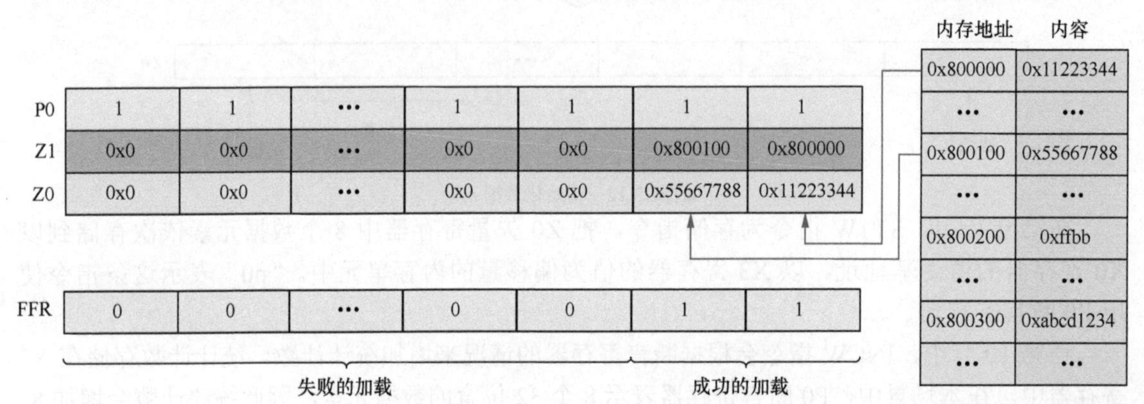

▲图 23.13　LDFF1B 指令中 FFR 记录的内容

23.4 SVE 与 SVE2 指令集

SVE 指令集是在 A64 指令集的基础上新增的一个指令集，而 SVE2 是在 ARMv9 体系结构上中新增的，它是 SVE 指令集的一个超集和扩充。

SVE 指令集包含了几百条指令，它们可以分成如下几大类：

- 加载存储指令以及预取指令；
- 向量移动指令；
- 整数运算指令；
- 位操作指令；
- 浮点数运算指令；
- 断言操作指令；
- 数据元素操作指令。

SVE2 指令集在 SVE 指令集的基础上进一步扩充和完善，新增了部分指令和扩展。本节不对每条指令做详细介绍，有兴趣的读者可以阅读《Arm A64 Instruction Set Architecture，Armv9, for Armv9-A Architecture Profile》。

23.5 案例分析 23-1：使用 SVE 指令优化 strcmp()函数

strcmp()函数是 C 语言库中用来比较两个字符串是否相等的函数。strcmp()函数的 C 语言实现如下。

```
int strcmp(const char* str1, const char* str2) {
    char c1, c2;
    do {
        c1 = *str1++;
```

```
        c2 = *str2++;
    } while (c1 != '\0' && c1 == c2);

    return c1 - c2;
}
```

当 str1 与 str2 相等时，返回 0；当 str1 大于 str2 时，返回正数；当 str1 小于 str2 时返回负数。本案例的要求是使用 SVE 指令来优化 strcmp()函数。

本案例中，假设 SVE 矢量寄存器的长度为 256 位，实际上它可以支持长度为 128～2048 位的矢量寄存器。一个 256 位的矢量寄存器一次最多可以加载和处理 32 字节，也就是同时处理 32 个 8 位的通道数据。要使用 SVE 指令来优化 strcmp()函数，有两个难点。

- 字符串 str1 和 str2 的长度是未知的。在 C 语言中通过判断字符是否为'\0'来确定字符串是否结束。而在矢量运算中，SVE 指令一次加载多个通道的数据。如果加载了字符串结束后的数据，那么会造成非法访问，导致程序出错。解决办法是使用基于软件推测的向量分区方法，使用 FFR 来确保非法访问不会触发访问异常。
- 尾数问题。字符串的长度有可能不是 32 的倍数，因此需要处理尾数（leftover）问题。如果使用 NEON 指令，那么我们需要单独处理尾数问题；如果使用 SVE 指令，那么我们可以使用相应的断言指令和循环控制指令来处理尾数问题。

23.5.1 使用纯汇编方式

我们使用纯汇编方式来实现 strcmp()函数。

```
1    .global strcmp_sve
2    strcmp_sve:
3        ptrue p5.b
4        setffr
5
6        mov x5, #0
7
8    l_loop:
9        ldff1b z0.b, p5/z, [x0, x5]
10       ldff1b z1.b, p5/z, [x1, x5]
11       rdffrs p7.b, p5/z
12       b.nlast l_fault
13
14       incb x5
15       cmpeq p0.b, p5/z, z0.b, #0
16       cmpne p1.b, p5/z, z0.b, z1.b
17   l_test:
18       orrs p4.b, p5/z, p0.b, p1.b
19       b.none l_loop
20
21   l_retrun:
22       brkb p4.b, p5/z, p4.b
23       lasta w0, p4, z0.b
24       lasta w1, p4, z1.b
25       sub w0, w0, w1
26       ret
27
28   l_fault:
29       incp x5, p7.b
30       setffr
31       cmpeq p0.b, p7/z, z0.b, #0
```

```
32        cmpne p1.b, p7/z, z0.b, z1.b
33        b l_test
```

首先 X0 寄存器表示字符串 str1 的地址，X1 寄存器表示字符串 str2 的地址。

在第 3 行中，PTRUE 指令用来把断言寄存器中所有的数据元素初始化为活跃状态。

在第 4 行中，SETFFR 指令初始化 FFR。

在第 9 行中，加载 str1 字符串到 Z0 矢量寄存器中。这里使用 LDFF1B 指令，它支持第一异常加载特性。在本场景中，它会一次加载 32 个数据到 Z0 矢量寄存器中。

在第 10 行中，加载 str2 字符串到 Z1 矢量寄存器中。

在第 11 行中，RDFFRS 指令读取 FFR 的内容，然后返回成功加载的数据元素到 P7 断言寄存器中。

在第 12 行中，如果 P7 矢量寄存器中最后一个数据元素处于不活跃状态，说明第 9~10 行的加载操作中有的数据元素触发了异常，跳转到 l_fault 标签处。

在第 14 行中，INCB 指令根据断言寄存器的情况来增加数据元素的统计计数。统计计数存储在 X5 寄存器中，在本场景中，IBCB 指令每次会增加 32。

在第 15 行中，通过 CMPEQ 指令来依次判断 Z0 矢量寄存器中所有通道的数据元素是否为 0。如果某个数据元素为 0，那么说明这个数据元素为字符串结束字符，会把 P0 断言寄存器相应的通道设置状态为 1。CMPEQ 指令会在所有活跃的数据通道中分别比较两个数据元素的值。

在第 16 行中，通过 CMPNE 指令分别比较 Z0 和 Z1 矢量寄存器中相应通道的数据元素，判断它们是否不相等。如果不相等，那么会把 P1 断言寄存器相应的通道设置状态为 1。

在第 18 行中，ORRS 指令把第 15 行和第 16 行的比较结果通过或操作汇总到 P4 断言寄存器中，即上述两个条件中，只要满足一个，在 P4 断言寄存器中相应的数据通道就会设置状态为 1。

在第 19 行中，根据 P4 断言寄存器来确定跳转指令的转向。B.NONE 表示 P4 断言寄存器中不满足第 15～16 行的判断条件，说明这一次同时处理的 32 个字符数据都是符合要求的，这样我们需要跳转到 l_loop 标签处来加载和处理下一批的 32 个数据。

在第 21 行中，程序跳转到 l_retrun 标签处，说明当前处理的是最后一批数据元素。

在第 22 行中，BRKB 指令是一个跳出循环的指令。最后一批数据元素的状态存储在 P4 断言寄存器中。BRKB 指令可以找出最后一个不相等的字符。

在第 23～24 行中，LASTA 指令会根据 P4 断言寄存器取出最后一个活跃数据元素后的下一个数据元素的值，相当于分别在 str1 和 str2 字符串中取出最后一个不相等的字符。

在第 25～26 行中，计算最后一个字符的差值，并返回。

在第 28 行中，l_fault 标签处理 LDFF1B 指令出现加载失败的情况。

在第 29 行中，INCP 指令在 P7 断言寄存器中统计加载成功的数据元素的个数。

在第 30 行中，SETFFR 指令重新初始化 FFR。

第 31～32 行与第 15～16 行类似，通过 CMP 指令对活跃通道的数据元素进行比较。

在第 33 行中，跳转到 l_test 标签处，继续处理。

综上所述，使用 SVE 指令优化 strcmp()函数的过程如图 23.14 所示。假设在第三次使用矢量寄存器来加载 str1 和 str2 字符串时会触发退出条件，那么首先会在 Pn 断言寄存器的对应通道中设置状态为 1。如果使用 BRKB 指令来判断 Pn 断言寄存器中第一个设置状态为 1 的通道，那么设置目标断言寄存器 Pd 中通道 0 到通道 n 为活跃状态，其余的数据元素设置为不活跃状态。

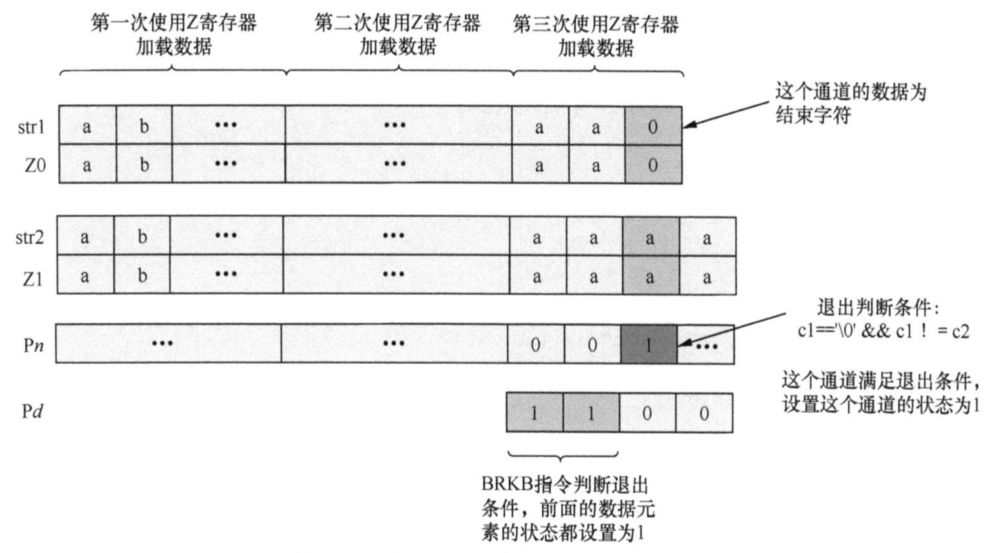

▲图 23.14　使用 SVE 指令优化 strcmp()函数的过程

23.5.2　测试

我们写一个简单的测试程序来对比使用 C 语言编写的 strcmp()函数与使用 SVE 指令编写的 strcmp_sve 汇编函数的执行结果是否一致。

```
int main(void)
{
	int i;
	int ret;

	char *str1 = "sve is good!";
	char *str2 = "sve is good!!";

	ret = strcmp(str1, str2);
	printf("C: ret = %d\n", ret);

	ret = strcmp_sve(str1, str2);
	printf("ASM: ret =%d\n", ret);
}
```

在 QEMU+ARM64 实验平台上编译。

```
# gcc sve_strcmp.c strcmp_asm.S -o sve_strcmp -march=armv8-a+sve
```

运行 sve_strcmp 程序。

```
# ./sve_strcmp s
C: ret = -33
ASM: ret =-33
```

23.6　案例分析 23-2：RGB24 转 BGR24

本节使用 SVE 指令来实现 22.4 节的案例。在本案例中，相比使用 NEON 指令，SVE 指令可以充分利用矢量寄存器的带宽，一条指令同时处理更多的像素。另外，SVE 指令还能体现出可伸缩的特性，一次编写的汇编代码可以通过支持不同矢量寄存器长度的 SVE 指令运行。

23.6.1 使用纯汇编方式

下面使用纯汇编方式来实现 RGB24 转 BGR24。

```
1     .global rgb24_bgr24_asm
2     rgb24_bgr24_asm:
3         mov x3, #0
4         whilelo p0.b, x3, x2
5
6         1:
7         ld3b    {z4.b - z6.b}, p0/z, [x0, x3]
8         mov     z1.d, z6.d
9         mov     z2.d, z5.d
10        mov     z3.d, z4.d
11        st3b    {z1.b - z3.b}, p0, [x1, x3]
12        incb    x3, all, mul #3
13        whilelo p0.b, x3, x2
14        b.any 1b
15
16        ret
```

假设 X0 为存储 RGB24 图像数据的起始地址，X1 为存储 BGR24 图像数据的起始地址，X2 为 RGB24 图像数据的字节数，系统支持的 SVE 矢量寄存器长度为 256 位。

在第 4 行中，通过 WHILELO 指令来初始化 P0 断言寄存器，它是从第 0 个数据元素开始从低到高遍历和初始化数据元素的状态。X3 寄存器用于统计数据元素，初始值为 0，每次循环增加 32。

在第 7 行中，通过 LD3B 指令来加载内存地址的数据到 Z4～Z6 矢量寄存器中。LD3B 指令与 NEON 指令集中的 LD3 指令类似，它从内存中获取数据，并同时交叉地把数据加载到不同的矢量寄存器中。

在第 8～10 行中，把存储了 R、G 以及 B 三种颜色的矢量寄存器的值复制到 B、G、R 矢量寄存器，Z1～Z3 矢量寄存器存储了 BGR 数据。

在第 11 行中，通过 ST3B 指令把 Z1～Z3 矢量寄存器的数据存储到以 X1 寄存器的值为基地址，以 X3 寄存器的值为偏移量的内存单元中。ST3B 指令与 NEON 指令集中的 ST3 指令类似。

在第 12 行中，INCB 指令增加断言寄存器中数据元素的统计计数。指令后面的“all”表示矢量寄存器中所有可用的数据元素。在本场景中，一个 256 位的矢量寄存器包含 32 个 8 位宽的数据元素，所以在第一次循环中 X3 寄存器的值从 0 增加到 32。“mul #3”表示 X3 寄存器的值还需要乘以 3，最终 X3 寄存器的值变成 96。这是因为一个 RGB24 像素占用 3 字节。

第 13 行与第 4 行的 WHILELO 指令类似，重新初始化 P0 断言寄存器。不同的地方在于，X3 寄存器的值发生了变化。

在第 14 行中，B.ANY 表示只要 P0 断言寄存器中有活跃状态的数据元素，就跳转到 1 标签处。

23.6.2 使用内嵌汇编方式

下面使用内嵌汇编方式来实现 RGB24 转 BGR24。

```
1    static void rgb24_bgr24_inline_asm(unsigned char *src, unsigned char *dst, unsigned
  long count)
2    {
3         unsigned long size = 0;
4
5         asm volatile (
6             "mov x4, %[count]\n"
7             "mov x2, #0\n"
8             "whilelo p0.b, x2, x4\n"
9
10            "1: ld3b    {z4.b - z6.b}, p0/z, [%[src], x2]\n"
11            "mov     z1.d, z6.d\n"
12            "mov     z2.d, z5.d\n"
13            "mov     z3.d, z4.d\n"
14            "st3b    {z1.b - z3.b}, p0, [%[dst], x2]\n"
15            "incb    x2, all, mul #3\n"
16            "WHILELT p0.b, x2, x4\n"
17            "b.any 1b\n"
18            : [dst] "+r"(dst), [src] "+r"(src), [size] "+r"(size)
19            : [count] "r" (count)
20            : "memory", "z1", "z2", "z3", "z4","z5","z6","x4", "x2","p0"
21            );
22   }
```

内嵌汇编代码显式地使用了 Z1～Z6 矢量寄存器、X2、X4 以及 P0 寄存器，因此需要在内嵌汇编的损坏部分中告诉编译器，内嵌汇编使用了这几个寄存器，见第 20 行。

23.6.3 测试

接下来，我们写一个程序来创建一幅分辨率为 4K 的 RGB24 图像，然后分别使用 rgb24_bgr24_c()、rgb24_bgr24_asm ()以及 rgb24_bgr24_inline_asm ()函数来转换数据，最后比较转换的结果是否相等。下面是相关的伪代码。

```
#define IMAGE_SIZE (4096 * 2160)
#define PIXEL_SIZE (IMAGE_SIZE * 3)

int main(int argc, char* argv[])
{
     unsigned long i;

     unsigned char *rgb24_src = malloc(PIXEL_SIZE);
     if (!rgb24_src)
         return 0;
     memset(rgb24_src, 0, PIXEL_SIZE);

     unsigned char *bgr24_c = malloc(PIXEL_SIZE);
     if (!bgr24_c)
         return 0;
     memset(bgr24_c, 0, PIXEL_SIZE);

     unsigned char *bgr24_inline_asm = malloc(PIXEL_SIZE);
     if (!bgr24_inline_asm)
         return 0;
     memset(bgr24_inline_asm, 0, PIXEL_SIZE);

     unsigned char *bgr24_asm = malloc(PIXEL_SIZE);
     if (!bgr24_asm)
```

```
        return 0;
    memset(bgr24_asm, 0, PIXEL_SIZE);

    for (i = 0; i < PIXEL_SIZE; i++) {
        rgb24_src[i] = rand() & 0xff;
    }

      rgb24_bgr24_c(rgb24_src, bgr24_c, PIXEL_SIZE);

    rgb24_bgr24_inline_asm(rgb24_src, bgr24_inline_asm, PIXEL_SIZE);

    rgb24_bgr24_asm(rgb24_src, bgr24_asm, PIXEL_SIZE);

    if (memcmp(bgr24_c, bgr24_inline_asm, PIXEL_SIZE))
        printf("error on bgr24_inline_asm data\n");
    else
        printf("bgr24_c (%ld) is idential with bgr24_inline_asm\n", PIXEL_SIZE);

    if (memcmp(bgr24_c, bgr24_asm, PIXEL_SIZE))
        printf("error on bgr24_asm data\n");
    else
        printf("bgr24_c (%ld) is idential with bgr24_asm\n", PIXEL_SIZE);

    free(rgb24_src);
    free(bgr24_c);
    free(bgr24_inline_asm);
    free(bgr24_asm);

    return 0;
}
```

由于树莓派 4B 不支持 SVE 指令集，因此我们使用 QEMU+ARM64 实验平台来运行该程序。在 QEMU+ARM64 实验平台里输入如下命令来编译。

```
# gcc rgb24_bgr24_sve.c rgb24_bgr24_asm.S -o rgb24_bgr24_sve -march=armv8-a+sve
```

编译 SVE 指令需要指定-march 参数，例如指定“armv8-a+sve”。

编译完成之后，运行程序。运行结果如图 23.15 所示。

```
benshushu:rgb24_bgr24# ./rgb24_bgr24_sve
bgr24_c (26542080) is idential with bgr24_inline_asm
bgr24_c (26542080) is idential with bgr24_asm
benshushu:rgb24_bgr24#
```

▲图 23.15　运行结果

23.7 案例分析 23-3：4 × 4 矩阵乘法运算

本节使用 SVE 指令来实现 22.5 节的案例。

23.7.1 使用内嵌汇编方式

4 × 4 矩阵乘法运算的 C 语言实现见 22.5 节。下面使用 SVE 指令与内嵌汇编代码实现。

```
1   void matrix_multiply_4x4_asm(float32_t *A, float32_t *B, float32_t *C)
2   {
3       asm volatile (
4           "ptrue p0.s,vl4\n"
5
```

```
6             /*加载 A 矩阵的数据到 Z0~Z3*/
7             "ld1w {z0.s}, p0/z, [%[a]]\n"
8             "incw %[a], VL4, MUL #4\n"
9             "ld1w {z1.s}, p0/z, [%[a]]\n"
10            "incw %[a], VL4, MUL #4\n"
11            "ld1w {z2.s}, p0/z, [%[a]]\n"
12            "incw %[a], VL4, MUL #4\n"
13            "ld1w {z3.s}, p0/z, [%[a]]\n"
14
15            /*加载 B 矩阵的数据到 Z4~Z7*/
16            "ld1w {z4.s}, p0/z, [%[b]]\n"
17            "incw %[b], VL4, MUL #4\n"
18            "ld1w {z5.s}, p0/z, [%[b]]\n"
19            "incw %[b], VL4, MUL #4\n"
20            "ld1w {z6.s}, p0/z, [%[b]]\n"
21            "incw %[b], VL4, MUL #4\n"
22            "ld1w {z7.s}, p0/z, [%[b]]\n"
23
24            /*计算 C0——第 0 列*/
25            "fmul z8.s, z0.s, z4.s[0]\n"
26            "fmla z8.s, z1.s, z4.s[1]\n"
27            "fmla z8.s, z2.s, z4.s[2]\n"
28            "fmla z8.s, z3.s, z4.s[3]\n"
29
30            /*计算 C1——第 1 列*/
31            "fmul z9.s, z0.s, z5.s[0]\n"
32            "fmla z9.s, z1.s, z5.s[1]\n"
33            "fmla z9.s, z2.s, z5.s[2]\n"
34            "fmla z9.s, z3.s, z5.s[3]\n"
35
36            /*计算 C2——第 2 列*/
37            "fmul z10.s, z0.s, z6.s[0]\n"
38            "fmla z10.s, z1.s, z6.s[1]\n"
39            "fmla z10.s, z2.s, z6.s[2]\n"
40            "fmla z10.s, z3.s, z6.s[3]\n"
41
42            /*计算 C3——第 3 列*/
43            "fmul z11.s, z0.s, z7.s[0]\n"
44            "fmla z11.s, z1.s, z7.s[1]\n"
45            "fmla z11.s, z2.s, z7.s[2]\n"
46            "fmla z11.s, z3.s, z7.s[3]\n"
47
48            "st1w {z8.s}, p0, [%[c]]\n"
49            "incw %[c], VL4, MUL #4\n"
50            "st1w {z9.s}, p0, [%[c]]\n"
51            "incw %[c], VL4, MUL #4\n"
52            "st1w {z10.s}, p0, [%[c]]\n"
53            "incw %[c], VL4, MUL #4\n"
54            "st1w {z11.s}, p0, [%[c]]\n"
55            :
56            : [a] "r" (A), [b] "r" (B), [c] "r" (C)
57            : "memory", "z0", "z1", "z2", "z3",
58                "z4", "z5", "z6", "z7", "z8",
59                "z9", "z10", "z11", "p0"
60             );
61    }
```

在第 4 行中，初始化 P0 断言寄存器。使用 PTRUE 指令来初始化前面 4 个数据元素的状态为活跃。

在第 7～13 行中，加载 ***A*** 矩阵的数据到 Z0～Z3 矢量寄存器中。第 8 行的 INCW 指令增加断言寄存器中数据元素的统计计数。其中“VL4”表示只统计前 4 个数据元素；“MUL #4”表示数据元素的统计计数再乘以 4，即 4 × 4，因为一个数据元素占 4 字节，最后把结果累加到变量 *A* 中。这条指令相当于在矩阵 ***A*** 基地址的基础上加上 16 字节的偏移量。

在第 16～22 行中，加载 ***B*** 矩阵的数据到 Z4～Z7 矢量寄存器中。

在第 25～28 行中，分别计算矩阵 ***C*** 的第 1 列的 4 个数据。第 25 行使用 FMUL 指令来计算第一个数据，如果改用 FMLA 指令，则需要初始化 Z8 寄存器的内容为 0；否则，会得出错误的计算结果。

在第 31～34 行中，分别计算矩阵 ***C*** 的第 2 列的 4 个数据。

在第 37～40 行中，分别计算矩阵 ***C*** 的第 3 列的 4 个数据。

在第 43～46 行中，分别计算矩阵 ***C*** 的第 4 列的 4 个数据。

在第 48～54 行中，把矩阵 ***C*** 所有数据写入一维数组 *C* 中。

在第 57～59 行中，内嵌汇编代码显式地使用了 Z0～Z11 矢量寄存器以及 P0 寄存器，因此需要告知编译器。

23.7.2　测试

我们写一个测试程序来测试上述 C 函数以及 SVE 内嵌汇编函数，并判断结果运算是否一致。

```
1    int main()
2    {
3        int i;
4        uint32_t n = BLOCK_SIZE; // rows in A
5        uint32_t m = BLOCK_SIZE; // cols in B
6        uint32_t k = BLOCK_SIZE; // cols in a and rows in b
7
8        float32_t A[n*k];
9        float32_t B[k*m];
10       float32_t C[n*m];
11       float32_t D[n*m];
12
13       bool c_eq_asm;
14       bool c_eq_neon;
15
16       matrix_init_rand(A, n*k);
17       matrix_init_rand(B, k*m);
18
19       printf("A[] data:\n");
20       print_matrix(A, m, k);
21
22       printf("B[] data:\n");
23       print_matrix(B, m, k);
24
25       for (i = 0; i < LOOP; i++)
26           matrix_multiply_c(A, B, C, n, m, k);
27       printf("C result:\n");
28       print_matrix(C, n, m);
29
30       for (i = 0; i < LOOP; i++)
31           matrix_multiply_4x4_asm(A, B, D);
32       printf("asm result:\n");
```

```
33      print_matrix(D, n, m);
34
35      c_eq_neon = matrix_comp(C, D, n, m);
36      printf("Asm equal to C:  %s\n", c_eq_neon ? "yes" : "no");
37  }
```

在 QEMU+ARM64 实验平台里输入如下命令来编译。

```
# gcc sve_matrix_4x4.c -o sve_matrix_4x4 -march=armv8-a+sve
```

编译 SVE 指令需要指定-march 参数，例如指定“armv8-a+sve”。

编译完成之后，运行程序。运算结果如图 23.16 所示。

```
benshushu:example_4x4# ./sve_matrix_4x4
A[] data:
0.840188 0.911647 0.277775 0.364784
0.394383 0.197551 0.553970 0.513401
0.783099 0.335223 0.477397 0.952230
0.798440 0.768230 0.628871 0.916195

B[] data:
0.635712 0.016301 0.156679 0.998924
0.717297 0.242887 0.400944 0.218257
0.141603 0.137232 0.129790 0.512932
0.606969 0.804177 0.108809 0.839112

C result:
1.448785 0.566593 0.572904 1.486832
0.782479 0.543299 0.268761 1.152026
1.383854 0.925461 0.422673 1.899322
1.703778 1.022692 0.614428 2.056612

asm result:
1.448785 0.566593 0.572904 1.486832
0.782479 0.543299 0.268761 1.152026
1.383854 0.925461 0.422673 1.899322
1.703778 1.022692 0.614428 2.056612

Asm equal to C:  yes
```

▲图 23.16　4 × 4 矩阵运算结果

23.8 实验

23.8.1 实验 23-1：RGB24 转 BGR32

1. 实验目的

熟练掌握 SVE 指令。

2. 实验要求

请在 QEMU+ARM64 实验平台上完成本实验。

请用 SVE 汇编指令优化 rgb24to32()函数，然后对比 C 函数与 SVE 汇编函数的执行结果是否一致。

```
/* RGB24 (= R, G, B) -> BGR32 (= A, R, G, B) */
void rgb24to32(const uint8_t *src, uint8_t *dst, int src_size)
{
    int i;

    for (i = 0; 3 * i < src_size; i++) {
        dst[4 * i + 0] = src[3 * i + 2];
        dst[4 * i + 1] = src[3 * i + 1];
        dst[4 * i + 2] = src[3 * i + 0];
        dst[4 * i + 3] = 255;
```

```
    }
}
```

23.8.2　实验 23-2：8×8 矩阵乘法运算

1. 实验目的

熟练掌握 SVE 汇编指令。

2. 实验要求

请在 QEMU+ARM64 实验平台上完成本实验。

请用 SVE 汇编指令优化 8×8 矩阵乘法运算，然后对比 C 函数与 SVE 汇编函数的执行结果是否一致。

23.8.3　实验 23-3：使用 SVE 指令优化 strcpy()函数

1. 实验目的

熟练掌握 SVE 汇编指令。

2. 实验要求

请在 QEMU+ARM64 实验平台上完成本实验。

请用 SVE 汇编指令来优化 strcpy()函数，然后写一个测试程序来验证 SVE 汇编函数的正确性。

```
char *strcpy(char *dest, const char *src)
{
    char *tmp = dest;

    while ((*dest++ = *src++) != '\0')
        /* nothing */;
    return tmp;
}
```